제3판

미분 적분학

이춘호 · 김현정 · 이경복 · 박준석 · 김완순

KM 경문사

미분적분학 (제3판)

지은이 이춘호 · 김현정 · 이경복 · 박준석 · 김완순
펴낸이 조경희
펴낸곳 경문사
펴낸날 2007년 2월 28일 1판 1쇄
2025년 2월 17일 3판 10쇄
등 록 1979년 11월 9일 제1979-000023호
주 소 04057, 서울특별시 마포구 와우산로 174
전 화 (02) 332-2004 팩스 (02) 336-5193
이메일 kyungmoon@kyungmoon.com

값 36,000원

ISBN 978-89-6105-867-4

머리말

미적분학은 자연현상의 변화를 이해하기 위해서 뉴톤과 라이프니츠에 의해 발견된 이래 현대 수학의 커다란 영역으로 자리 잡았다. 그 후 미적분학에 기초를 둔 미분방정식을 통하여 자연현상을 보다 정교하게 해석할 수 있었으며, 보다 엄밀하게 정리할 수 있었다.

미적분학은 이공계열이나 상경계열에서 배우는 기본과목으로서 그 지위가 매우 중요하나, 현재 문과와 이과학생들의 교차지원에 따라 미적분학 및 미적분학을 위한 지수, 로그, 삼각함수 등 기본내용조차도 아예 수강도 하지 않은 학생들이 상당수 있어 대학에서 새로이 이러한 학생들을 위한 교재의 개발이 절실하였다.

이 책은 대학에서 처음으로 미적분학을 배우는 학생들을 위해 저술되었으며 총 4부로 구성되어 있다.

1부에서는 미적분학에서 필요한 기본적인 내용을 고등학교 수준에서 다루는 내용으로 수록하였다. 0장과 1장에서는 실수의 성질, 함수의 성질, 특히 지수법칙, 삼각함수의 성질, 행렬의 성질과 같은 내용을 추가하였고, 2장에서는 수열 및 함수의 극한을 다루고 함수의 연속성과 그 성질에 대해서 다루었다.

2부에서는 일변수함수의 여러 가지 성질을 다루었다. 3장에서는 미분의 정의와 여러 가지 함수의 미분공식들을 소개하였으며, 4장에서는 미분을 이용한 응용문제를 다루었다. 미분을 이용하여 함수의 여러 가지 성질, 평균값 정리, 극값정리, 함수의 증감, 오목성 등을 다루었다. 5장에서는 정적분의 정의, 미적분학의 기본정리, 치환적분 등을 다루었다. 6장에서는 역함수의 정의와 역삼각함수, 쌍곡함수 등을 다루고, 7장에서는 적분의 성질을 이용하여 부분적분, 치환적분 등을 다루었다. 8장에서는 적분의 응용과 극방정식들을 다루었다.

3부에서는 무한급수, 원추곡선, 벡터에 관한 성질을 다루었다. 9장에서는 수열 및 무한급수의 수렴판정에 대해서 살펴보고, 테일러 정리를 이용한 함수값의 근사방법을 소개하였다. 10장에서는 원추곡선을 소개하여 포물선, 타원, 쌍곡선의 기본 성질을 소개하였고, 벡터의 개념, 내적, 외적 등을 소개하였다.

4부에서는 벡터함수와 다변수함수의 여러 가지 성질을 다루었다. 11장에서는 벡터함수의 정의와 성질, 도함수, 적분 등을 다루었다. 12장에서는 다변수함수를 소개하고, 연속성, 편미분, 연쇄법칙, 방향도함수, 극값, Lagrange 승수법 등을 다루었다. 13장과 14장에서는 중적분에서는 2중적분, 3중적분을 소개하고, 여러 가지 좌표계상에서의 적분법을 다루었다. 15장에서는 벡터장, 선적분, Green 정리, Stokes 정리 등 벡터장에 관한 미적분을 다루었다.

교·강사에게

이 책은 통상 2학기 내지 3학기의 분량으로 이루어져 있다. 만일 수강생이 이미 고등학교과정에서 기본적인 미적분학을 이수하였다면 1학기는 2장부터 시작하여 8장까지, 2학기는 9장부터 15장까지 이수할 수 있다. 만일 수강생이 고등학교 과정에서 문과나 수학10 과정만 이수한 경우에는 1학기는 0장부터 5장까지, 2학기는 6장부터 10장까지, 3학기는 11장부터 15장까지 이수할 수 있다. 또한 학교의 사정상 2학기에 이수해야 한다면 1학기는 0장부터 3장, 5장부터 7장까지, 2학기는 9장, 11장부터 15장까지 이수할 수 있다.

교재는 주요개념을 직관적인 방법이나 수치적인 방법을 사용하여 설명하였다. 이러한 방식은 하버드 대학의 컨소시엄이나 Five College project 에서 채택된 방법으로 학생들이 쉽게 이해하는 데 도움이 된다. 필요하다면 수학용 컴퓨터 프로그램으로 그래프를 그려서 설명하여도 좋다. 엄밀한 정의는 교재의 절이나 단원의 끝으로 놓아서 처음 배우는 학생들을 위해서는 생략하여도 상관없도록 하였다. 고등학교에서 미적분학을 이수하지 않았거나, 기본개념이 약한 학생들을 위해서는 특히 0장부터 2장까지의 내용을 자세하게 강의해주기를 당부한다. 특히 학생들 스스로 연습문제를 풀어보도록 하여 문제 해결능력을 높힐 수 있도록 지도하기를 권장한다.

학생들에게

이 책은 고등학교에서 미적분학을 배우는 데 필요한 기본과정을 이수하지 않은 학생들을 위해서 저술한 교재이다. 먼저 미적분학을 배우기 위해서는 교재의 0장부터 2장의 내용을 충실하게 이해해야 한다. 만일 0장부터 2장의 내용을 고등학교 과정에서 이수하였거나, 이해할 수 있다면 이 부분은 생략하여도 무방하다. 또한 10장과 11장은 고등학교의 기하부분에 해당하며 이 부분을 이해한다면 생략하여도 무방하다. 대부분의 학생들은 가급적 이 교재의 모든 부분을 빠짐없이 공부하기바라며, 이를 위해서는 각 절의 끝부분에 제공된 연습문제를 풀어보아야 한다. 또한 교재의 끝 부분에는 연습문제의 해답을 제공하여 스스로 푼 답이 맞는지 확인할 수 있도록 하였다. 학교의 컴퓨터실에 설치되어 있는 수학용 소프트웨어나

울프럼 알파(http:\\www.wolframalpha.com)를 이용하여 자신의 답을 확인할 수 있다.

이번 판에서는 2018년판의 오류를 바로 잡았고, 너무 어려운 증명과 내용들을 삭제하고, 몇 가지 예제를 보충하고, 14장의 풀이 과정을 상세하게 기술하였다. 높혔다. 특별히 이번 판을 위해서 많은 도움과 조언을 해주신 여러 교수님에게 감사를 드린다.

끝으로 이 책이 출판될 수 있도록 도움을 준 경문사 임직원분들에게 감사를 드린다.

2021년 1월
저자 일동

차례

0. 수와 식

CHAPTER 0

수와 식

0.1 실수의 성질

미분적분학의 중요한 개념인 극한이나 연속성 등은 모두 실수의 성질에 기반을 두고 있다. 이 책에서는 먼저 실수 전체의 집합 $\mathbb{R}$의 성질을 소개한다.

일반적으로 가장 간단한 수는 **자연수**

$$1, 2, 3, 4, 5, \cdots$$

이다. 이에 0과 음의 정수를 포함시켜, 즉

$$\cdots, -5, -4, -3, -2, -1, 0, 1, 2, 3, 4, 5, \cdots$$

등을 **정수**라 한다. 자연수의 집합은 기호 $\mathbb{N}$, 정수의 집합은 $\mathbb{Z}$로 나타내기로 한다. 집합 $\mathbb{Q} = \left\{ \frac{p}{q} \,\middle|\, p \text{ 와 } q\text{는 정수}, q \neq 0 \right\}$은 **유리수**의 집합[1]이라 하며, 유리수가 아닌 실수를 **무리수**라 한다. 무리수의 예로는 $\sqrt{2}$, π, e 등이 있다.

예제 0.1 $\sqrt{2}$가 유리수가 아님을 보여라.

풀이 $\sqrt{2}$가 유리수라 하면, $\sqrt{2} = \frac{p}{q} (q \neq 0)$인 두 정수 p와 q가 존재한다. 여기서 p와 q는 서로소라 가정해도 된다. 양변을 제곱하면 $2q^2 = p^2$을 얻는다. 이제 p^2은 짝수이므로 p 또한 짝수이다. 적당한 정수 ℓ에 대하여 $p = 2\ell$이라 두면

$$2q^2 = p^2 = (2\ell)^2 = 4\ell^2$$

이다. 따라서

$$q^2 = 2\ell^2.$$

[1]자연수들의 집합 $\mathbb{N}$은 영어의 Natural number에서 $\mathbb{N}$을, 정수의 집합 $\mathbb{Z}$은 독일어의 Zahlen(정수)에서 $\mathbb{Z}$를, 유리수의 집합 $\mathbb{Q}$는 영어의 Quotient(몫)에서 $\mathbb{Q}$를, 실수의 집합 $\mathbb{R}$은 영어의 Real number에서 $\mathbb{R}$을 따온 것이다. 대부분의 수학교재에서는 이와 같은 표현을 사용한다.

마찬가지로 q도 짝수임을 알 수 있으므로, p와 q가 서로소임에 모순이다. □

실수의 집합 $\mathbb{R}$에는 덧셈$(+)$과 곱셈$(\cdot)$이 정의되어 있으며, 다음을 만족한다.

A1. (덧셈의 교환법칙) 임의의 $a, b \in \mathbb{R}$에 대하여

$$a + b = b + a$$

A2. (덧셈의 결합법칙) 임의의 $a, b, c \in \mathbb{R}$에 대하여

$$(a + b) + c = a + (b + c)$$

A3. (영의 존재) 영(zero)이라 부르는 원소 $0 \in \mathbb{R}$이 존재하여, 모든 $a \in \mathbb{R}$에 대하여

$$a + 0 = 0 + a = a.$$

A4. (덧셈에 관한 역원의 존재) 각 $a \in \mathbb{R}$에 대하여

$$a + x = x + a = 0$$

을 만족하는 $x \in \mathbb{R}$가 유일하게 존재한다. 이때 x를 $-a$로 나타낸다.

M1. (곱셈의 교환법칙) 임의의 $a, b \in \mathbb{R}$에 대하여

$$a \cdot b = b \cdot a.$$

M2. (곱셈의 결합법칙) 임의의 $a, b, c \in \mathbb{R}$에 대하여

$$(a \cdot b) \cdot c = a \cdot (b \cdot c).$$

M3. (단위원의 존재) 단위원이라 불리는 $1(\neq 0) \in \mathbb{R}$이 존재하여, 모든 $a \in \mathbb{R}$에 대하여

$$a \cdot 1 = 1 \cdot a = a.$$

M4. (곱셈에 관한 역원의 존재) 0이 아닌 각 $a \in \mathbb{R}$에 대하여

$$a \cdot x = x \cdot a = 1$$

인 $x \in \mathbb{R}$가 유일하게 존재한다. 이 x를 a^{-1} 또는 $\dfrac{1}{a}$로 나타낸다.

D. (분배법칙) 임의의 $a, b, c \in \mathbb{R}$에 대하여

$$a \cdot (b + c) = a \cdot b + a \cdot c$$

$$(a + b) \cdot c = a \cdot c + b \cdot c$$

이 성립한다.

A1. ~ D.를 만족하는 두 연산 $+$, $\cdot$ 이 정의된 집합을 **체**라 한다. 예를 들면 유리수 전체의 집합 $\mathbb{Q}$는 체를 이루지만, 정수의 집합 $\mathbb{Z}$는 체가 아니다.

실수의 집합에는 부등식에 대한 공리를 만족하는 순서 $<$이 주어져 있다.

부등식에 대한 공리

a, b, c가 실수일 때

(i) **(추이율)** $a < b$ 이고 $b < c$ 이면 $a < c$

(ii) **(덧셈법칙)** $a < b$ 이고 $c \in \mathbb{R}$ 이면 $a + c < b + c$

(iii) **(곱셈법칙)** $a < b$ 이면 다음이 성립한다.

$$\begin{cases} ac < bc, & c > 0\text{일 때} \\ ac > bc, & c < 0\text{일 때} \end{cases}$$

(iv) **(삼분율)** 다음 중 반드시 하나만 성립한다.

(a) $a > b$ (b) $a = b$ (c) $a < b$

위의 공리로부터 임의의 실수는 0보다 크거나, 0보다 작거나, 또는 0이거나 중 오직 한 가지만 성립함을 알 수 있다. a가 b보다 작거나 같으면 '$a \leq b$'로 표시하고, a가 b보다 크거나 같으면 '$a \geq b$'로 표시한다.

정의 0.1

x가 실수일 때, x의 **절대값** $|x|$를 다음과 같이 정의한다.

$$|x| = \begin{cases} x, & x \geq 0\text{일 때} \\ -x, & x < 0\text{일 때} \end{cases}$$

정리 0.1

임의의 두 실수 x, y에 대하여 다음이 성립한다.

(i) $|x + y| \leq |x| + |y|$

(ii) $||x| - |y|| \leq |x + y|$

[증명] (i) 정의 0.1에 의하여

$$\begin{aligned} -|x| \leq x \leq |x| \\ -|y| \leq y \leq |y| \end{aligned} \tag{0.1}$$

이므로

$$-(|x| + |y|) \leq x + y \leq |x| + |y| \tag{0.2}$$

임을 알 수 있다. 식 (0.2) 로부터

$$x + y \leq |x| + |y| \tag{0.3}$$

$$-(x + y) \leq |x| + |y| \tag{0.4}$$

를 얻는다. 따라서 식 (0.3), (0.4) 로부터

$$|x + y| \leq |x| + |y|$$

가 성립한다.

(ii) (i) 에서 $x + y = a, -y = b$ 라 놓으면 $|a + b| \leq |a| + |b|$ 로부터

$$|x| \leq |x + y| + |-y| = |x + y| + |y|$$

를 얻는다. 즉

$$|x| - |y| \leq |x + y| \tag{0.5}$$

이다. 다시 한 번 (i) 에서 $x + y = a, -x = b$ 로 놓으면 $|a + b| \leq |a| + |b|$ 로부터

$$-(|x| - |y|) = |y| - |x| \leq |x + y| \tag{0.6}$$

을 얻는다. 그러므로 식 (0.5), (0.6) 으로부터

$$||x| - |y|| \leq |x + y|.$$

□

따름정리 0.2

$x_1, x_2, \cdots, x_n$ 이 실수일 때, 다음이 성립한다.

$$\left|\sum_{i=1}^{n} x_i\right| \leq \sum_{i=1}^{n} |x_i|.$$

[증명] 정리 0.1의 (i) 로부터 자명하다. □

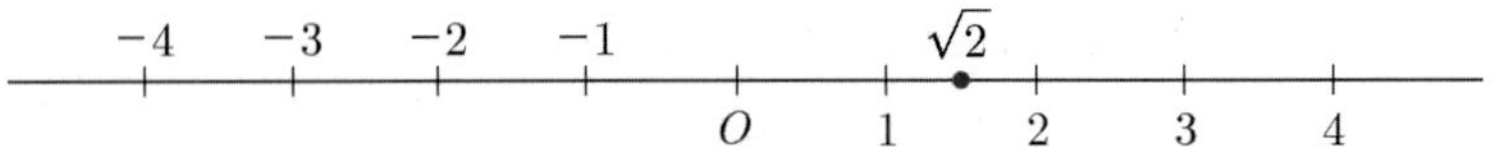

그림 0.1: 수직선

임의의 실수를 한 직선 위의 점과 일대일 대응시켜 이해할 수 있다. 이때 각 점에 실수를 대응시킨 직선을 **수직선** 또는 **실직선**이라 하고, 각 점에 대응되는 실수를 그 점의 **좌표**라 한다.

정의 0.2

두 점 a, b가 실직선상의 점일 때 $|a-b|$를 a에서 b까지의 **거리**라 한다.

그림 0.2: 거리

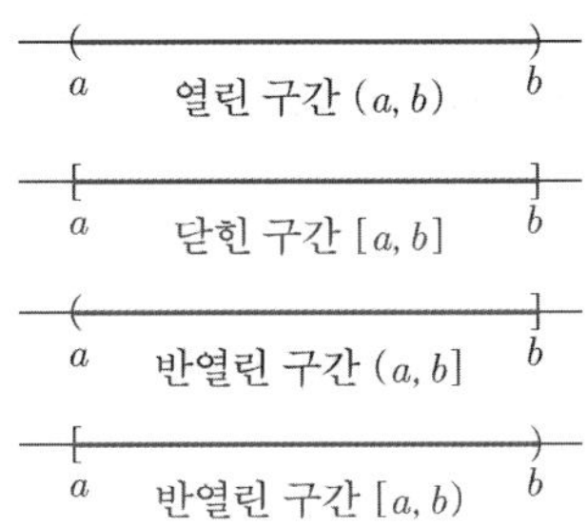

그림 0.3: 여러 가지 구간들

정의 0.3

a, b가 실수이고 $a < b$일 때, 다음을 정의한다.

$$\text{열린구간} : (a,b) = \{x | a < x < b\}$$
$$\text{닫힌구간} : [a,b] = \{x | a \le x \le b\}$$
$$\text{반열린구간} : (a,b] = \{x | a < x \le b\}$$
$$\text{반열린구간} : [a,b) = \{x | a \le x < b\}$$

또한

$$(a,\infty) = \{x \,|\, x > a\}$$
$$[a,\infty) = \{x \,|\, x \ge a\}$$
$$(-\infty,a) = \{x \,|\, x < a\}$$
$$(-\infty,a] = \{x \,|\, x \le a\}$$

를 **반직선**이라고 부른다.

구간 (a,b), $[a,b]$, $[a,b)$, $(a,b]$는 **유계구간**이고, a, b는 구간의 **끝점**이라 한다. 반직선 (a,∞), $[a,\infty)$, $(-\infty,a)$, $(-\infty,a]$는 **유계가 아닌 구간**이고 a는 이들의 **끝점**이라 한다.

예제 0.2 a가 실수, δ가 양의 실수일 때, $|x-a|<\delta$인 모든 실수 x의 집합을 구하여라.

풀이 $|x-a|<\delta \Leftrightarrow -\delta<x-a<\delta \Leftrightarrow a-\delta<x<a+\delta$이다. 즉 구간 $(a-\delta, a+\delta)$에 속하는 모든 점들의 집합이다. □

예제 0.3 a가 실수, δ가 양의 실수일 때 $0<|x-a|<\delta$를 만족하는 모든 x값을 구하여라.

풀이 $0<|x-a|<\delta \Leftrightarrow 0<|x-a|$이고 $|x-a|<\delta$.
따라서 $0<|x-a|$로부터 $x\neq a$를 얻고, $|x-a|<\delta$로부터 $a-\delta<x<a+\delta$를 얻는다. 그러므로 a를 제외한 $(a-\delta, a+\delta)$에 속하는 모든 점들의 집합이다. □

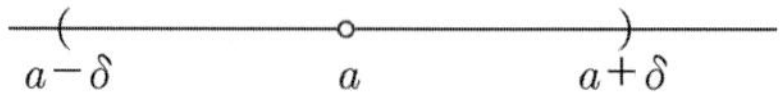

그림 0.4: a의 제외된 δ-근방

$(a-\delta, a+\delta)$를 a의 **δ-근방**이라 부르고, $(a-\delta, a)\cup(a, a+\delta)$를 a의 **제외된 δ-근방**이라 한다.

연습문제 0.1

1. $\sqrt{3}$이 무리수임을 보여라.

2. 다음 부등식을 풀어라.
   (1) $|3x+4|<8$ (2) $|4x+2|\geq 10$

3. 다음 부등식을 풀어라.
   (1) $|x-2|<3|x+7|$ (2) $2|2x-3|<|x+10|$
   (3) $|x-a|<2a$ (4) $0<|x-1|<0.5$

4. $|x|<|y|$이기 위한 필요충분조건은 $x^2<y^2$임을 보여라.

5. 모든 x에 대하여 $\left|\dfrac{x-2}{x^2+9}\right| \leq \dfrac{|x|+2}{9}$임을 보여라.

0.2 지수법칙

지수의 정의

실수 a와 자연수 n에 대해서 a를 연속하여 n번 곱한 수 $\overbrace{a\cdots a}^{n\text{개}}$를 a^n으로 나타내기로 하고 a를 **밑수**, n을 **지수**라 한다.

그러면 우리는 다음과 같은 지수법칙을 얻는다.

정리 0.3

a, b는 실수이고 m, n은 자연수일 때, 다음이 성립한다.

(i) $a^m \cdot a^n = a^{m+n}$

(ii) $(a^m)^n = a^{mn}$

(iii) $(a \cdot b)^n = a^n \cdot b^n$

(iv) $a \neq 0$이면 다음이 성립한다.

$$\frac{a^m}{a^n} = \begin{cases} a^{m-n}, & m > n \text{ 일 때} \\ 1, & m = n \text{ 일 때} \\ \dfrac{1}{a^{n-m}}, & m < n \text{ 일 때} \end{cases}$$

정리 0.3의 (iv)로부터 이제 자연수 범위의 지수를 정수 범위로 확장할 수 있다. a는 0이 아닌 실수이고, n이 자연수일 때

$$a^0 = 1, \qquad a^{-n} = \frac{1}{a^n}$$

으로 정의하면 정리 0.3를 정수 범위의 지수에 대해서 지수법칙을 얻는다.

정리 0.4

a, b는 0이 아닌 실수이고 m, n은 정수일 때, 다음이 성립한다.

(i) $a^m \cdot a^n = a^{m+n}$

(ii) $(a^m)^n = a^{mn}$

(iii) $(a \cdot b)^n = a^n \cdot b^n$

(iv) $\dfrac{a^m}{a^n} = a^{m-n}$

이제 지수법칙을 유리수로 확장하기 위해서는 먼저 2차 방정식 $x^2 = a$를 생각하자. 우리는 실근 x를 구하기 위해서 $a \geq 0$인 실수로 제한하여야 한다. 이 경우 2차 방정식의

근은 각각 $x = \sqrt{a}, -\sqrt{a}$ 임을 알 수 있다. 이제

$$\sqrt{a} = a^{\frac{1}{2}}$$

라고 쓰기로 하자. 그러면

$$x^2 = a \iff x = \pm a^{\frac{1}{2}}$$

임을 알 수 있다. 다음으로 3차 방정식 $x^3 = a$을 생각하자. 각 실수 a에 대해서 실근 $x = \sqrt[3]{a}$는 오직 한 개만 존재한다.

$$\sqrt[3]{a} = a^{\frac{1}{3}}$$

라 정의하면

$$x^3 = a \iff x = a^{\frac{1}{3}}$$

이 성립한다. 일반적인 경우로 확장하기 위해서 $a > 0$인 실수로 제한하여 $m > 0$, n이 정수일 때

$$a^{\frac{n}{m}} = \sqrt[m]{a^n}$$

으로 정의한다. 그러면 다음 정리가 성립한다.

정리 0.5

$a > 0$, $b > 0$인 실수이고 m, n이 유리수일 때 정리 0.4 (i) - (iv)가 성립한다.

실수지수에 관하여 6장에서 다시 정의할 것이다. 정리 6.6은 실수지수에 대해서도 지수법칙이 성립함을 보이고 있다.

예제 0.4 다음 식을 간단히 하여라.

(i) $(3x^4y^5)(5x^3y)$

(ii) $(2xy^2z^3)^4$

(iii) $\left(\dfrac{3y^2}{x^3}\right)^4 \left(\dfrac{4x}{y^3}\right)^5 \left(\dfrac{yx^3}{2}\right)^2$

(iv) $\dfrac{a^{-1} + b^{-2}}{a^{-3}b^{-4}}$

풀이 (i) $(3x^4y^5)(5x^3y) = 3 \cdot 5x^4 \cdot x^3 \cdot y^5 \cdot y = 15x^7y^6$

(ii) $(2xy^2z^3)^4 = 2^4x^4(y^2)^4(z^3)^4 = 16x^4y^8z^{12}$

(iii)

$$\begin{aligned}\left(\frac{3y^2}{x^3}\right)^4 \left(\frac{4x}{y^3}\right)^5 \left(\frac{yx^3}{2}\right)^2 &= \frac{3^4y^84^5x^5y^2x^6}{x^{12}y^{15}2^2} \\ &= \frac{(12)^4}{xy^5}\end{aligned}$$

(iv)

$$\begin{aligned}\frac{a^{-1}+b^{-2}}{a^{-3}b^{-4}} &= \frac{\frac{1}{a}+\frac{1}{b^2}}{\frac{1}{a^3}\cdot\frac{1}{b^4}}\cdot\frac{a^3b^4}{a^3b^4} \\ &= a^2b^4+a^3b^2\end{aligned}$$ □

연습문제 0.2

1. 다음을 간단히 하여라.

(1) $(-3/2)^3$

(2) $(4/3)^{-2}$

(3) $\dfrac{8^{-\frac{1}{3}}}{16^{\frac{1}{4}}}$

(4) $\dfrac{(12)^{18}(3)^7}{(16)(4)^{16}}$

(5) $\dfrac{4^{13}}{2^{27}}$

(6) $\dfrac{(18)^3}{3^3 2^4}$

2. 다음 식을 간단히 나타내어라.

(1) $(ab^2)^3(-a^2b)^{-1}$

(2) $(a^{-1}+a^{-2})a^3$

(3) $\dfrac{8^{-\frac{1}{3}}}{16^{\frac{1}{4}}}$

(4) $\left(\dfrac{u^{-3}v^4}{u^{-4}v^5}\right)^{-2}$

(5) $\dfrac{4^{13}}{2^{27}}$

(6) $\dfrac{c^{13}d^{24}}{(c^6d^{13})^2}$

(7) $(-2ab^3)^5\left(\dfrac{a^0}{4b^2}\right)^2$

(8) $\dfrac{u^{-4}+v^{-4}}{(uv)^{-4}}$

(9) $\left(\dfrac{r^{-1}+s^{-1}}{r^{-2}+s^{-2}}\right)^{-1}$

(10) $\left(\dfrac{r^{-2}s^{-3}}{r^{-4}+s^{-5}}\right)^{-2}$

0.3 식의 계산

중국의 구장산술이나 주비산경과 같은 고대의 산술교과서는 구체적으로 숫자가 주어진 문제를 다루었다.

> 지금 여기에 방전(方田)[2]이 있다. 가로가 15보(步)[3], 세로가 16보이다. 그렇다면 이 밭의 넓이는 얼마인가?
>
> 답: 240보
>
> 풀이 방전의 넓이를 계산할 때는 가로와 세로의 보수를 서로 곱하여 답을 구한다. 이것을 무(畝)단위로 고치려면 1무가 240보이므로 240으로 나누면 된다. 100무는 1경(頃)이다. □

이러한 경우에는 실제로 계산을 함으로써 구체적인 값을 구할 수 있으나, 광범위하게 적용할 수 없는 단점이 있었다. 이러한 단점을 극복하기 위해서는 추상적인 문자를 도입하면 된다. 이러한 시도는 1591년 François Viéte[4]가 기지량과 미지량을 문자로 나타내서 기하적인 문제를 대수적인 문제로 바꾸어 해결함으로써 이루어졌다.

0.1절에서 유리수의 원소를 두 정수 p와 q의 몫 p/q처럼 일반적으로 문자를 가지고 표현하였다. 또한 위의 경우에서처럼 기하적인 문제를 문자를 이용하여 해결하였다. 이 절에서 우리가 다루는 문자는 실제로는 실수집합의 원소이다. 따라서 문자들의 사칙연산은 실수의 원소들의 연산처럼 수행할 수 있다.

a를 문자라 하자. a를 반복적으로 더하면

$$a + a = 2 \times a, \qquad a + a + a = 3 \times a, \ldots$$

등으로 나타낼 수 있다. 일반적으로 문자 a를 반복적으로 n번 더하면 그 결과는 $n \times a$가 될 것이다. 이 경우 $n \times a$를 na 또는 $n \cdot a$로 나타내기로 하자.

우리가 실수 $\sqrt{2}$와 $\sqrt{3}$의 합이나 차를 정확하게 계산하는 것은 불가능하다. 이 경우 두 수 $\sqrt{2}$와 $\sqrt{3}$의 합, 차, 곱 및 몫을

$$\sqrt{2} + \sqrt{3}, \quad \sqrt{2} - \sqrt{3}, \quad \sqrt{2}\sqrt{3}, \quad \frac{\sqrt{2}}{\sqrt{3}}$$

로 나타낸다. 이와 같이 두 문자 또는 미지수 a와 b가 주어져 있을 때, 두 문자 및 미지수의 합, 차, 곱, 몫을

$$a + b, \quad a - b, \quad a \times b, \quad a/b$$

---

[2] 직사각형 또는 정사각형 모양의 밭

[3] 길이의 단위이며 넓이의 단위임. 길이 1보는 사람 두 걸음에 해당하는 보폭의 길이로 6척(尺), 사방 1보의 넓이를 넓이 1보라 한다. — 유휘 주, 김혜경, 윤주영 옮김, ≪구장산술rr, 서해문집, 2000년

[4] 그는 1591년에 발행된 artem analyticam isagoge(Introduction to the Analytical Art)와 1600년에 발행된 Algebra nova(New algebra)에서 수식의 문자도입을 하였다.

으로 나타낸다. 다만 두 수의 곱 $a \times b$는 위의 경우와 같이 $a \cdot b$ 또는 간단히 ab로 나타냈다. 특히 a와 b가 구체적으로 숫자로 주어지는 경우, 예를 들어 $a = 2$, $b = 3$일 때는 $ab = 23$이라 쓰면 숫자 23의 의미가 '2와 3의 곱'인지 '이십삼'인지가 구별이 되지 않으므로 $2 \cdot 3$으로 쓰거나 2×3으로 써서 숫자 23과 구별하였다. 그러나 문자식의 계산에서는 곱하기 $\times$와 문자 x가 구별이 어려워 '곱하기'의 기호를 생략하는 것이 관례화되었다. 따라서 우리는 문자식의 경우에는 특별한 경우가 아니라면 곱하기 $\times$ 대신 $\cdot$를 쓰거나 곱하기 기호를 생략하기로 한다.

또한 숫자와 문자의 곱에 관한 연산의 경우에도 곱하기 기호를 생략하여 쓰기로 한다. 예를 들어, '$2 \times a$'는 $2a$로 쓰기로 한다.

정리 0.6

문자 a, b와 실수 r, s에 대해서 다음이 성립한다.

(i) $r(a+b) = r \cdot a + r \cdot b$

(ii) $(r+s)a = r \cdot a + s \cdot a$

(iii) $1 \cdot a = a$

(iv) $r(sa) = (rs)a$

예제 0.5 다음 식

$$2x + 3y + z + x + 2y + 2z$$

을 간단히 하여라.

풀이

$$\begin{aligned} 2x + 3y + z + x + 2y + 2z &= (2x + x) + (3y + 2y) + (z + 2z) && \text{(교환법칙, 결합법칙)} \\ &= (2+1)x + (3+2)y + (1+2)z && \text{(정리 0.6 (i), (iii))} \\ &= 3x + 5y + 3z && \square \end{aligned}$$

두 개 이상의 문자에 대한 덧셈이나 뺄셈과 같은 연산은 각각 같은 문자에 대해서만 연산을 해야 한다. 그러나 곱셈과 나눗셈은 다른 문자에 대해서도 연산이 가능하다. 특히 같은 문자의 곱셈은

$$a \cdot a = a^2, a \cdot a \cdot a = a^3, \ldots$$

와 같이 지수를 이용하여 나타낼 수 있다. 수학에서 괄호의 의미는 괄호 내의 수식을 모두 하나로 생각하여 계산해야 함을 의미한다. 예를 들어

$$(a+b)^2 = (a+b) \cdot (a+b)$$

를 의미한다. 다음과 같은 전개공식을 얻는다.

정리 0.7

문자 a, b c, x에 대해서 다음이 성립한다.

(i) $a(b+c) = ab + ac$

(ii) $(a \pm b)^2 = a^2 \pm 2ab + b^2$

(iii) $(ax+b)(cx+d) = acx^2 + (ad+bc)x + bd$

(iv) $(x+a)(x+b) = x^2 + (a+b)x + ab$

(v) $(a+b)(a-b) = a^2 - b^2$

(vi) $(a \pm b)(a^2 \mp ab + b^2) = a^3 \pm b^3$

(vii) $(a \pm b)^3 = a^3 \pm 3a^2b + 3ab^2 \pm b^3$

여기서 부호는 복호동순이다.

[증명] (i)은 실수의 분배법칙으로 성립한다.

(ii)

$$\begin{aligned}(a+b)^2 &= (a+b)(a+b) \\ &= (a+b)a + (a+b)b \qquad \text{(분배법칙)} \\ &= a^2 + ba + ab + b^2 \qquad \text{(분배법칙)} \\ &= a^2 + ab + ab + b^2 \qquad \text{(교환법칙)} \\ &= a^2 + 2ab + b^2\end{aligned}$$

(iii), (iv), (v), (vi)는 (ii)와 같은 방법으로 증명하면 된다.

(vii)

$$\begin{aligned}(a+b)^3 &= (a+b)^2(a+b) \\ &= (a^2+2ab+b^2)(a+b) \qquad \text{((ii)를 이용)} \\ &= (a^2+2ab+b^2)a + (a^2+2ab+b^2)b \\ &= a^3 + 2a^2b + ab^2 + a^2b + 2ab^2 + b^3 \\ &= a^3 + 3a^2b + 3ab^2 + b^3\end{aligned}$$

□

예제 0.6 다음 식을 전개하여라.

(i) $(x+3)^2$ (ii) $(x-2)(x+1)$

(iii) $(x+2)(x^2-2x+4)$

풀이 (i) 정리 0.7의 공식 (ii)를 적용하면

$$(x+3)^2 = x^2 + 2\cdot 3\cdot x + 3^2 = x^2 + 6x + 9.$$

(ii) 정리 0.7의 공식 (iv)을 적용하면

$$(x-2)(x+1) = x^2 + (-2+1)x + (-2)(1) = x^2 - x - 2.$$

(iii) 정리 0.7의 공식 (vi)을 적용하면

$$(x+2)(x^2-2x+4) = x^3 + 8.$$

□

이러한 전개공식을 보다 발전시키면 우리는 다음과 같은 일반적인 전개공식을 얻는다.

정리 0.8 (이항정리)

a, b와 자연수 n에 대해서

$$(a+b)^n = \binom{n}{0} a^n + \binom{n}{1} a^{n-1}b + \cdots + \binom{n}{k} a^{n-k}b^k + \cdots + \binom{n}{n} b^n. \tag{0.7}$$

여기서 $0 \le k \le n$인 정수일 때

$$\binom{n}{k} = \frac{n!}{(n-k)!k!}, n! = 1\cdot 2\cdots(n-1)\cdot n$$

이고 $0! = 1$ 이다.

따름정리 0.9

a, b, c와 자연수 n에 대해서

$$(a+b+c)^n = \sum_{\substack{p+q+r=n \\ 0\le p,q,r\le n}} \frac{n!}{p!q!r!} a^p b^q c^r. \tag{0.8}$$

여기서 p, q, r은 $p+q+r=n$이 되도록 하는 0과 n 사이의 정수값이다.

예제 0.7 $(a+b+c)^2$을 전개하여라.

풀이 주어진 식은 $n = 2$이므로 $p+q+r = 2$이 되도록 순서쌍 (p,q,r)을 구하자. $0 \le p,q,r \le 2$을 만족하도록 구하면

$$(2,0,0),(0,2,0),(0,0,2),(1,1,0),(0,1,1),(1,0,1)$$

이고 주어진 공식 (0.8)에 대입하면

$$(a+b+c)^2 = a^2+b^2+c^2+2ab+2bc+2ca$$

임을 얻는다. □

어떤 식을 전개하면 우리는 대개

$$2a^2b^3 + a^3b - 4ab^2 + b^4 + 2a + b^3 + 4 \tag{0.9}$$

와 같은 식을 얻게 된다. 이 경우 관심을 어느 문자에 두든지 어떤 문자가 이미 알고 있는 양인지에 따라서 우리가 다루려고 하는 식의 표현이 달라진다. 만일 식 (0.9)에서 문자 a에 관심을 두면 나머지 문자는 이미 알고 있거나 알고 있다고 가정할 수 있다. 이 경우 a를 중심으로 하여 높은 지수를 가지는 것으로 새로 전개하여야 한다. 그러면 식 (0.9)를 a의 높은 지수로부터 차례로 정리하면

$$\begin{aligned} &a^3b + 2a^2b^3 - 4ab^2 + 2a + b^4 + b^3 + 4 \\ &= ba^3 + 2b^3a^2 + 2(1-2b^2)a + b^4 + b^3 + 4 \end{aligned}$$

를 얻는다. 여기서 a의 지수들을 살펴보면 a^3, a^2, a 그리고 a가 없는 것이 있다. 이때 a의 지수가 가장 높은 것을 a에 관한 **차수**라고 말하고 a의 거듭제곱 앞의 수를 **계수**(coefficient)라고 말한다. 그리고 a를 가지지 않은 것을 **상수항**이라 한다. 따라서 식 (0.9)는 a에 관한 3차식이고 a^2의 계수는 $2b^3$이고 상수항은 b^4+b^3+4이다.
만약 b에 관하여 이와 같이 생각하면 b에 관하여 새로이 전개해야하고, a와 b 모두에 대해서 생각하면 a와 b의 모든 곱에 대해서 가장 차수가 높은 것부터 내림차순으로 정리하여 전개해야 한다, 그러면 식 (0.9)는

$$2a^2b^3 + a^3b + b^4 - 4ab^2 + b^3 + 2a + 4$$

임을 알 수 있다. 이 경우 a와 b에 관하여 5차이고 상수항은 4이다. 4차항은 a^3b와 b^4이 된다. 이와 같이 여러 개의 항을 가진 식을 **다항식**이라 한다.

이중근호

정리 0.7 (ii)은 다음과 같은 이중근호를 푸는데 사용될 수 있다. $a = \sqrt{x}$라 두고 $b = \sqrt{y}$

라 두면 주어진 식은

$$(\sqrt{x} \pm \sqrt{y})^2 = x \pm 2\sqrt{xy} + y$$

이므로 양변에 제곱근을 취하면

$$\sqrt{(x+y) \pm 2\sqrt{xy}} = |\sqrt{x} \pm \sqrt{y}|$$

을 얻는다. 따라서 위 식의 이중근호를 풀려면 두 수의 합이 $x+y$이고 두 수의 곱이 xy인 양의 실수 x와 y를 구하면 된다.

예제 0.8 이중근호 $\sqrt{3-2\sqrt{2}}$를 풀어라.

풀이 $x=2$, $y=1$이라 두면 $x+y=3$이고 $xy=2$이므로 구하는 값은

$$\sqrt{3-2\sqrt{2}} = |\sqrt{2}-1| = \sqrt{2}-1$$

이다. □

연습문제 0.3

1. 다음 식을 간단히 정리하여라.
   (1) $2x+3y+5x+y$
   (2) $x+2y+z+3y+2z$
   (3) $2x+3y+5z^2w+3x-y-7z^2w$
   (4) $(x+2y)-(y+3z)+(2x-4z)-(2y-3z)$
   (5) $2y(x+3z)-6z(x+y)+z(4x-y)$
   (6) $x^2+2xy-x(x+y)-y(x+2)+y^2$

2. 다음 식을 전개하여라.
   (1) $(2x+3y)^2$
   (2) $(x+2y)^3$
   (3) $(2x+3y+5z)^2w$
   (4) $(x+2y)^3-(y+3z)^3$
   (5) $(x+y)^5$
   (6) $(x+y+z)^3$

3. 다음 다항식의 x, y 및 x와 y에 관한 각각의 차수와 계수를 말하여라.
   (1) $x^2y+xy+xy^3$
   (2) $x(x+y)+y(x-y)$
   (3) $x^2+2xy+y^3$
   (4) $x^2+10xy+y$
   (5) $x^3+4x^2y+6xy^2+y^3+2x+y+4$

4. 다음 이중근호를 풀어라.
   (1) $\sqrt{6+\sqrt{20}}$
   (2) $\sqrt{2+\sqrt{3}}$
   (3) $\sqrt{7-4\sqrt{3}}$
   (4) $\sqrt{3-\sqrt{5}}$

0.4 인수분해와 응용

이 절에서는 주어진 식을 인수분해하는 법을 다루기로 한다. 주어진 정수가 너무 커서 다루기 힘들 때, 정수를 정수 범위에서 잘게 쪼갤 수 있다면 주어진 정수를 쪼개어 작은 수들의 거듭제곱으로 표현하여 생각하는 것이 편리하다. 그런데 쪼갠 수들을 더 이상 작게 쪼갤 수 없는 경우가 있는데 이러한 수를 **소수**라고 한다. 즉 소수란 1과 자신밖에는 나눌 수 없는 수이다. 이와 같이 모든 정수는 정수 범위에서 소수들의 거듭제곱의 형태로 소인수분해할 수 있음을 알 수 있다. 예를 들면

$$24 = 2^3 \times 3$$

으로 24는 2의 세제곱과 3의 제곱으로 표현된다. 이와 같이 우리는 주어진 다항식도 정수의 소인수 분해와 같이 소수 대신 몇 개의 1차식 또는 2차식의 거듭제곱으로 표현하려고 한다. 이러한 과정을 정수의 경우에는 **소인수분해**라고 하고 다항식의 경우에는 **인수분해**라고 한다.

다항식을 인수분해하기 위해서는 전개공식을 활용하여 역순으로 암기하고 있는 것이 편리하다.

정리 0.10

문자 a, b, c 에 대해서 다음이 성립한다.

(i) $ab + ac = a(b + c)$

(ii) $a^2 \pm 2ab + b^2 = (a \pm b)^2$

(iii) $a^2 - b^2 = (a + b)(a - b)$

(iv) $a^3 \pm b^3 = (a \pm b)(a^2 \mp ab + b^2)$

(v) $a^3 \pm 3a^2b + 3ab^2 \pm b^3 = (a \pm b)^3$

여기서 부호는 복호동순이다.

예제 0.9 다음 식을 인수분해하여라.

(i) $3x^2y + 6xy^2 + 9xy$

(ii) $4x^2 + 12xy + 9y^2$

(iii) $16x^4 - 81y^4$

(iv) $x^3 + 8y^3$

(v) $x^3 + 6x^2y + 12xy^2 + 8y^3$

풀이 (i) $3x^2y + 6xy^2 + 9xy = 3xy(x + 2y + 3)$

(ii) $4x^2 + 12xy + 9y^2 = (2x)^2 + 2(2x)(3y) + (3y)^2 = (2x + 3y)^2$

(iii)

$$\begin{aligned} 16x^4 - 81y^4 = (4x^2)^2 - (9y^2)^2 &= (4x^2 - 9y^2)(4x^2 + 9y^2) \\ &= (2x - 3y)(2x + 3y)(4x^2 + 9y^2) \end{aligned}$$

(iv) $x^3 + 8y^3 = x^3 + (2y)^3 = (x + 2y)(x^2 - 2xy + 4y^2)$

(v) $x^3 + 6x^2y + 12xy^2 + 8y^3 = x^3 + 3x^2(2y) + 3x(2y)^2 + (2y)^3 = (x + 2y)^3$ □

전개공식 $(x+a)(x+b) = x^2 + (a+b)x + ab$를 비교하여 보면 다음과 같은 2차식의 인수분해공식을 얻을 수 있다.

$$x^2 + (a+b)x + ab$$

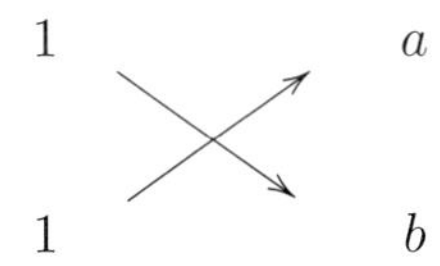

$$=(x+a)(x+b)$$

1단계 : 상수항을 인수분해한다.

2단계 : 두 인수를 더하면 x의 계수 $a+b$가 되어야 한다.

예제 0.10 다음 식을 인수분해하여라.

(i) $x^2 + 5x + 6$ (ii) $x^2 + xy - 2y^2$

풀이 (i) $6 = 2 \cdot 3$이므로 각 인수를 더하면 x의 계수는 5이다. 따라서 주어진 식은

$$x^2 + 5x + 6 = (x+2)(x+3)$$

(ii) $-2y^2 = 2y \cdot (-y)$ 또는 $y \cdot (-2y)$로 인수분해를 할 수 있다. 그런데 앞의 경우에는 인수를 더하면 x의 계수 y가 나오지만 뒤의 경우에는 인수를 더하면 $-y$가 되어 x의 계수와 다르므로 앞의 경우로 인수분해를 한다. 따라서

$$x^2 + xy - 2y^2 = (x+2y)(x-y).$$ □

전개공식 $(ax+b)(cx+d) = acx^2 + (ad+bc)x + bd$을 비교하여 보면 다음과 같은 2차식의 인수분해공식을 얻을 수 있다.

$$acx^2 + (ad+bc)x + bd$$

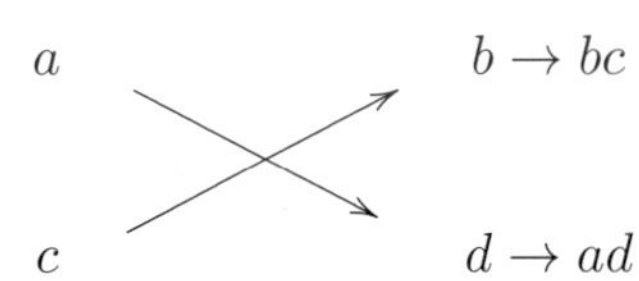

$$=(ax+b)(cx+d)$$

1단계 : x^2의 계수와 상수항을 인수분해한다.

2단계 : 두 인수를 교차로 곱한 후 더하면 x의 계수 $ad+bc$가 되어야 한다.

예제 0.11 다음 식을 인수분해하여라.

(i) $2x^2 - x - 6$ (ii) $3x^2 + xy - 2y^2$

풀이 (i) x^2의 계수를 인수분해하면 $2 = 2 \cdot 1$이고 상수항을 인수분해하면 $-6 = 2 \cdot (-3) =$

$(-2)\cdot 3$이므로 주어진 식은

$$2x^2 - x - 6$$

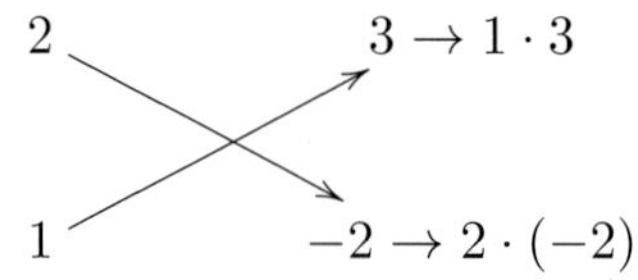

$$=(2x+3)(x-2)$$

(ii) x^2의 계수를 인수분해하면 $3 = 3\cdot 1$이고 상수항을 인수분해하면 $-2y^2 = 2y\cdot(-y)$ 또는 $y\cdot(-2y)$이므로 주어진 식은

$$3x^2 + xy - 2y^2$$

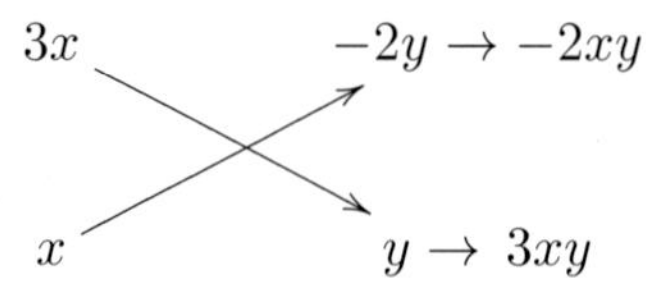

$$=(3x-2y)(x+y).$$

□

주어진 다항식을 인수분해하는 것은 인수의 모든 계수가 정수 또는 유리수 범위이어야 한다. 예를 들어 $x^2 - 2 = (x+\sqrt{2})(x-\sqrt{2})$와 같이 실수의 범위에서 인수분해를 할 수도 있고 $x^2 + 1 = (x+i)(x-i)$, (여기서 $\sqrt{-1} = i$)와 같이 복소수의 범위에서 인수분해를 할 수도 있다. 그러나 인수분해의 목적상 위의 경우와 같이 실수 범위 또는 복소수 범위까지 확대하여 인수분해를 하기도 한다. 실수 범위에서의 인수는 2차식까지 인수분해가 가능하며, 복소수 범위에서의 인수는 1차식까지 인수분해가 가능하다. 이것을 Gauss의 '**대수학의 기본법칙**'이라 한다. 이것을 위해서 완전제곱식의 방법을 소개하기로 한다.

$$\begin{aligned} ax^2 + bx + c &= a\left(x^2 + \frac{b}{a}x\right) + c \\ &= a\left(x^2 + 2\cdot\frac{b}{2a}x + \left(\frac{b}{2a}\right)^2 - \left(\frac{b}{2a}\right)^2\right) + c \\ &= a\left(x + \frac{b}{2a}\right)^2 - \frac{b^2}{4a} + c \\ &= a\left(x + \frac{b}{2a}\right)^2 - \frac{b^2 - 4ac}{4a}. \end{aligned} \tag{0.10}$$

예제 0.12 다음 식을 실수 범위 또는 복소수 범위에서 인수분해하여라.

(i) $x^2 + 4x + 2$ (ii) $x^2 + 4x + 6$

풀이 (i) 주어진 식을 완전제곱식을 만들고 이를 이용하여 인수분해하도록 한다.

$$\begin{aligned} x^2 + 4x + 2 &= (x^2 + 4x + 4) - 2 \\ &= (x+2)^2 - (\sqrt{2})^2 \\ &= (x + 2 + \sqrt{2})(x + 2 - \sqrt{2}). \end{aligned}$$

(ii)

$$\begin{aligned} x^2 + 4x + 6 &= (x^2 + 4x + 4) + 2 \\ &= (x+2)^2 - (i\sqrt{2})^2 \\ &= (x + 2 + i\sqrt{2})(x + 2 - i\sqrt{2}). \end{aligned}$$

□

이 밖에 인수분해를 하는 방법으로 인수정리를 이용한 방법이 있다. 이 방법은 7.4절의 보조정리 7.2에서 다루기로 한다.

연습문제 0.4

1. 다음 식을 인수분해하여라.

(1) $x^2 + 3x + 2$ (2) $x^2 + 4xy + 4y^2 - 5x - 10y + 4$

(3) $y^2 - 8y + 15$ (4) $4x^k - 3x^{2k} - 1$

(5) $(2a+3)^3 + a^3$ (6) $x^2 + 13xy + 12y^2$

(7) $2x^2 - 9x - 24$ (8) $(x+3)^2 - (2y+1)^2$

(9) $x^3 + x^2 + 4x + 4$ (10) $5a^3bc - ab^2c + 10a^2bc^2 - 2b^2c^2$

(11) $x^7 - 8x^4y^3$ (12) $81c^4 - (6c+1)^2$

(13) $12x^2 + 31xy - 30y^2$ (14) $16x^4 - (x-y)^4$

(15) $2(x+y)^2 + 7xz + 7yz + 3z^2$ (16) $(x^2 + 2x + 2)^2 - 4(x^2 + 2x + 2) + 3$

2. 다음 식을 완전제곱식을 이용하여 나타내어라.

(1) $x^2 + 3x + 5$ (2) $x^2 + 4xy + 4y^2 - 5x - 10y + 4$

(3) $y^2 - 4y + 15$ (4) $4x^2 - 3x + 1$

(5) $2a^2 + 3a + 2$ (6) $x^2 + 8xy + 12y^2$

(7) $x^2 - 9x - 14$ (8) $x^2 - x + 1$

0.5 항등식과 방정식

수식을 표현하기 위해서 우리는 등호 = 를 사용하여 식의 오른쪽의 값과 왼쪽의 값이 같음을 표현하고자 한다. 예를 들어 $1 + 1 = 2$와 같은 표현은 왼쪽의 수식 $1 + 1$와 2가 같음을 나타내고 있다. 등호를 이용하여 수학의 미지수 및 문자식을 표현하는 경우가 많이 있다. 이 절에서는 문자를 이용한 수식의 등식에 관하여 살펴보기로 한다. 등식은 크게 나누어 항등식과 방정식으로 나눌 수 있다. 먼저 **항등식**이란 문자에 어떠한 값을 대입하여도 항상 성립하는 등식을 말한다. 예를 들면,

$$x + y = y + x \tag{0.11}$$

이다. 이것은 모든 실수 x, y에 대해서 언제나 성립하는 성질이다. 따라서 (0.11)은 항등식이다.

방정식이란 주어진 등식의 문자에 특별한 값을 대입할 때만 성립하는 등식을 말한다. 따라서 임의의 값을 대입하여도 언제나 성립하는 항등식과는 구별하여야 한다. 예를 들어

$$x^2 - 2x - 3 = 0 \tag{0.12}$$

은 모든 실수 x에 대해서 성립하지 않으나, $x = 3$ 또는 $x = -1$을 대입하면 성립하므로 (0.12)는 방정식이다.

일차방정식

일차방정식이란 미지수 x의 차수가 1인 방정식을 말한다. 일차방정식은

$$ax + b = 0, \qquad a, b\text{는 알려진 상수} \tag{0.13}$$

의 형태로 주어진다. 방정식의 해는 다음과 같이 풀 수 있다.

(i) $a \neq 0$ 일 때, 해는

$$x = -\frac{b}{a}$$

이다.

(ii) $a = 0$ 일 때, 주어진 방정식 (0.13)은

$$0 \cdot x = -b \tag{0.14}$$

이므로 식의 왼쪽은 언제나 0이다. 따라서 만일 $b = 0$이면 주어진 방정식은 어떠한 x에 대해서도 성립한다. 즉 항등식이다. 그러나 $b \neq 0$이면 (0.14)를 만족하는 x는 존재하지 않는다. 이것을 정리하면 다음과 같다.

정리 0.11

a와 b가 주어진 상수일 때 1차 방정식 (0.13)의 해는 다음과 같다.

(i) $a \neq 0$ 이면 $x = -\dfrac{b}{a}$.

(ii) $a = 0$ 이면

$$x = \begin{cases} \text{무수히 많다,} & (b = 0\text{일 때}), \\ \text{존재하지 않는다,} & (b \neq 0\text{일 때}). \end{cases}$$

2차방정식

2차방정식은 미지수 x의 차수가 2인 방정식으로

$$ax^2 + bx + c = 0, \qquad a, b\text{는 알려진 상수} \tag{0.15}$$

의 형태로 주어진다. 만일 $a = 0$이면 주어진 방정식은 1차 방정식의 형태가 되므로 $a \neq 0$일 때만 생각해도 된다.

먼저 $b = 0$일 때 해를 구하기로 한다. 주어진 방정식은 $ax^2 + c = 0$의 형태가 되고 $a \neq 0$이므로 a로 양변을 나누면 방정식은

$$x^2 + d = 0 \tag{0.16}$$

인 형태가 된다. 방정식 (0.16)은

$$x^2 = -d$$

이고 실수 x의 제곱은 음이 아닌 실수이므로 $d \leq 0$이어야 한다. 따라서 구하는 해는

$$x = \pm\sqrt{-d}$$

이다. 그런데 $d > 0$이면 방정식 (0.16)의 왼쪽 변은 언제나 양수이므로 등식이 성립하지 않는다. 따라서 실수 범위에서는 해가 없다.

이제 $b \neq 0$일 때 해를 구하기로 하자. 먼저 0.4절에서 도입하였던 완전제곱식 방법을 사용하기로 한다. 양변을 a로 나누면

$$x^2 + \frac{b}{a}x + \frac{c}{a} = 0$$

이고 0.4절의 완전제곱식 (0.10)을 이용하면

$$\left(x + \frac{b}{2a}\right)^2 - \frac{b^2 - 4ac}{4a^2} = 0 \tag{0.17}$$

을 얻는다. 이제 $y = x + \dfrac{b}{2a}$, $d = \dfrac{b^2 - 4ac}{4a^2}$ 라 두면 방정식 (0.17)은

$$y^2 = d$$

이 된다. 만일 $d \geq 0$이면 해 $y = \pm\sqrt{d}$, 즉

$$x + \frac{b}{2a} = \pm\sqrt{\frac{b^2 - 4ac}{4a^2}} \tag{0.18}$$

을 얻는다. 특히 $a > 0$이라 가정할 수 있으므로 주어진 방정식 (0.15)의 해는

$$x = \frac{-b \pm \sqrt{b^2 - 4ac}}{2a}$$

이다. 그러나 $d < 0$이면 주어진 방정식 (15)는 실수해를 가지지 않는다. 여기서 d의 부호가 방정식의 해의 존재성을 결정한다. 그런데 d의 부호는

$$D = b^2 - 4ac$$

에 의해 결정된다. 따라서 D의 부호로 방정식의 해의 존재를 판단할 수 있다. 이러한 D를 **판별식**이라 한다. 이것을 정리하면 다음과 같다.

정리 0.12

a, b 및 c가 주어진 상수이고 $D = b^2 - 4ac$라 하자. 2차 방정식 (0.15)의 해는 다음과 같다.

(i) $D \geq 0$이면

$$x = \frac{-b \pm \sqrt{D}}{2a}.$$

(ii) $D < 0$이면 실수해가 존재하지 않는다.

연습문제 0.5

1. 다음 식이 항등식인지 방정식인지를 구별하여라.
   (1) $x(y+z) = xy + xz$
   (2) $xy = yx$
   (3) $2x + 5y = 0$
   (4) $2x + 3 = 0$
   (5) $2x + 3y = 3y + 2x$
   (6) $x^2 + 2x + 3 = 0$
   (7) $x^2 + 3x - 5 = 0$
   (8) $2x^2 + 2x = 2x(x+1)$
   (9) $\frac{x}{x+1} - \frac{1}{x} = \frac{x^2 - x - 1}{x^2 + x}$
   (10) $\frac{1}{x} - \frac{1}{x^2} = 0$

2. 다음 방정식을 풀어라. 단 a, b는 상수이다.
   (1) $3x + 2 = 0$
   (2) $2x + b = 0$
   (3) $ax + 3 = 0$
   (4) $(a^2 - 1)x + b = 0$
   (5) $x^2 + 2x + 1 = 0$
   (6) $x^2 + 3x + a = 0$
   (7) $x^2 + bx + 3 = 0$
   (8) $(a^2 - 1)x^2 + 2x + b = 0$

0.6 분수식

우리가 분수를 다루는 것과 마찬가지로 다항식의 분수 형태를 생각할 수 있다. $P(x)$와 $Q(x)$를 다항식이라 하자(0.4절 및 1.2절 참조). 이때

$$R(x) = \frac{P(x)}{Q(x)}$$

의 형태를 **분수식** 또는 **유리식**이라 한다.

예제 0.13 다음 분수식을 간단히 하여라.

(i) $\dfrac{x^2+4x-12}{x^2-4}, \quad x \neq -2, x \neq 2.$

(ii) $\dfrac{x^2+8x-20}{x^2-4}, \quad x \neq -2, x \neq 2.$

풀이 주어진 식의 분자와 분모를 각각 인수분해하고 같은 인수를 약분하면

(i) $\dfrac{x^2+4x-12}{x^2-4} = \dfrac{(x+6)(x-2)}{(x+2)(x-2)} = \dfrac{x+6}{x+2},$

(ii) $\dfrac{x^2+8x-20}{x^2-4} = \dfrac{(x+10)(x-2)}{(x+2)(x-2)} = \dfrac{x+10}{x+2}.$ □

분수를 계산하려면 분모의 최소공배수를 구하여야 하는 것처럼 분수식에서도 분모의 최소공배수를 구해야 한다. 이는 다음과 같은 단계로 구하면 된다.

1단계: 각 분모를 인수분해한다.

2단계: 공통인수를 찾고 공통인수가 있는 것은 가장 큰 지수를 택하고 공통인수가 없는 것은 가장 큰 지수를 갖는 것으로 택한다.

3단계: 2단계에서 구한 인수들을 모두 곱한다.

예제 0.14 다음 다항식의 최소공배수를 구하여라.

(i) $(x^2-3x+2)^2$, x^3-1, x^3-3x^2+3x-1

(ii) $(x-1)^2(x-3)^2$, $(x-2)(x-1)^3$, $(x-3)(x-2)$

풀이 (i) 주어진 식을 인수분해하면

$$x^2-3x+2=(x-2)(x-1),\ x^3-1=(x-1)(x^2+x+1),\ x^3-3x^2+3x-1=(x-1)^3$$

이 된다. 따라서 주어진 식은

$$(x-2)^2(x-1)^2, \quad (x-1)(x^2+x+1), \quad (x-1)^3$$

이 된다. 공통인수는 $x-1$로 가장 높은 지수는 3이고 나머지 인수는 공통인수가 아니므로 최소공배수는

$$(x-2)^2(x-1)^3(x^2+x+1)$$

이다.

(ii) 주어진 식의 공통인수는 하나도 없다. 주어진 식의 모든 인수를 살펴보면 $x-1$, $x-2$, $x-3$이고 각 인수의 가장 높은 지수들을 취하여 곱한다. 따라서 최소공배수는

$$(x-1)^3(x-2)(x-3)^2$$

이다. □

예제 0.15 다음 분수식을 간단히 하여라.

$$R = \frac{x+4}{x-2} - \frac{x-4}{x+2}, \quad x \neq \pm 2.$$

풀이 주어진 분수식의 분모의 최소공배수를 구하여 정리하면 다음과 같다.

$$\begin{aligned} R &= \frac{x+4}{x-2} - \frac{x-4}{x+2} \\ &= \frac{(x+4)(x+2)}{(x-2)(x+2)} - \frac{(x-4)(x-2)}{(x+2)(x-2)} \\ &= \frac{x^2+6x+8}{x^2-4} - \frac{x^2-6x+8}{x^2-4} \\ &= \frac{(x^2+6x+8)-(x^2-6x+8)}{x^2-4} \\ &= \frac{12x}{x^2-4} \end{aligned}$$

□

부분분수

주어진 분수식을 다음과 같이 분해할 필요가 있다. 이러한 것은 7.4절에서 적분을 할 때 이용될 것이다. 먼저 분수식을 분해하기 위해서 다음과 같은 과정이 필요하다. 여기서는 분모의 차수가 분자의 차수보다 크다고 가정하자. 일반적으로 다항식을 인수분해하면 일차식과 이차식의 멱의 곱의 형태로 나타난다. 즉 n차 다항식 $Q(x)$를 인수분해하면

$$Q(x) = (x-a_1)^{\alpha_1}\cdots(x-a_\ell)^{\alpha_\ell}(x^2+b_1x+c_1)^{\beta_1}\cdots(x^2+b_mx+c_m)^{\beta_m} \tag{0.19}$$

와 같이 나타난다. 여기서 $\alpha_1+\cdots+\alpha_\ell+2\beta_1+\cdots+2\beta_m = n$이다.

만일 $Q(x)$의 모든 인수들이 일차이면 $P(x)/Q(x)$의 부분분수분해는 다음 규칙을 사용함으로써 결정될 수 있다.

I. 1차 인수 법칙

$(ax+b)^m$인 형태의 각 인수에 대해서 부분분수분해는 m개의 부분분수들의 합

$$\frac{A_1}{ax+b} + \frac{A_2}{(ax+b)^2} + \cdots + \frac{A_m}{(ax+b)^m}$$

을 포함한다. 여기서 $A_1, A_2, \ldots, A_m$은 결정될 상수이다.

예제 0.16 다음 유리식을 부분분수로 분해하여라.

$$\frac{2x+4}{x^3-2x^2}$$

풀이 주어진 유리식의 분모를 인수분해하면

$$\frac{2x+4}{x^3-2x^2} = \frac{2x+4}{x^2(x-2)}$$

이므로 1차 인수 법칙에 의하여 x^2은 부분분수

$$\frac{A_1}{x} + \frac{A_2}{x^2}$$

를 포함한다. 또한 1차 인수 $x-2$는 거듭제곱이 1이므로 부분분수

$$\frac{B_1}{x-2}$$

를 포함한다. 따라서 주어진 유리식은

$$\frac{2x+4}{x^3-2x^2} = \frac{2x+4}{x^2(x-2)} = \frac{A_1}{x} + \frac{A_2}{x^2} + \frac{B_1}{x-2}$$

으로 분해된다. 따라서 오른쪽을 정리하면

$$\frac{2x+4}{x^2(x-2)} = \frac{A_1x(x-2)+A_2(x-2)+B_1x^2}{x^2(x-2)}$$

이다. 분모는 같으므로 분자를 비교하면

$$2x+4 = A_1x(x-2)+A_2(x-2)+B_1x^2$$

이다. 이것은 모든 x에 대해서 성립하므로 x에 관한 항등식이다. 따라서 우리가 x 대신 특별한 값을 넣어도 성립하여야 한다. 미지수 A_1, A_2, B_1을 구하기 위해서 x 대신 $0, 2$를 각각 대입하면

$$2A_2 = 4,$$
$$4B_1 = 8$$

이므로 $A_2 = -2$, $B_1 = 2$ 이다. A_1을 구하기 위해서 양변의 x^2의 계수를 비교하면

$$0 = A_1 + B_1.$$

$B_1 = 2$로부터 $A_1 = -2$이다. 따라서 구하는 부분분수는

$$\frac{2x+4}{x^3-2x^2} = \frac{2x+4}{x^2(x-2)} = \frac{-2}{x} + \frac{-2}{x^2} + \frac{2}{x-2}$$ □

만일 2차식 ax^2+bx+c가 실수 범위에서 인수분해되지 않을 때 다음과 같은 2차 인수 법칙이 성립한다.

II. 2차 인수 법칙

$(ax^2+bx+c)^m$ 인 형태의 각 인수에 대해서 부분분수분해는 m개의 부분분수들의 합

$$\frac{A_1x+B_1}{ax^2+bx+c}+\frac{A_2x+B_2}{(ax^2+bx+c)^2}+\cdots+\frac{A_mx+B_m}{(ax^2+bx+c)^m}$$

을 포함한다. 여기서 $A_1, A_2, \ldots, A_m,\ B_1, B_2, \ldots, B_m$은 결정될 상수이다.

예제 0.17 다음 유리식을 부분분수로 분해하여라.

(1) $\dfrac{1}{x^3+1}$

(2) $\dfrac{1}{x^3-1}$

풀이 (1) 먼저 유리식의 분모를 인수분해하면

$$x^3+1=(x+1)(x^2-x+1)$$

이므로 주어진 유리식은

$$\frac{1}{x^3+1}=\frac{A}{x+1}+\frac{Bx+C}{x^2-x+1}$$

으로 분해된다. 양변에 x^3+1을 곱하면

$$1=A(x^2-x+1)+(Bx+C)(x+1)$$

을 얻는다. x의 높은 차수부터 차례로 정리하면

$$1=(A+B)x^2+(B+C-A)x+A+C$$

이고 각 계수를 비교하면 연립방정식

$$\begin{aligned} A+B&=0\\ -A+B+C&=0\\ A+C&=1 \end{aligned}$$

을 얻는다. 이것을 풀면

$$A=\frac{1}{3},\quad B=-\frac{1}{3},\quad C=\frac{2}{3}$$

이다. 따라서 구하는 부분분수는 다음과 같다.

$$\begin{aligned} \frac{1}{x^3+1}&=\frac{\frac{1}{3}}{x+1}+\frac{-\frac{1}{3}x+\frac{2}{3}}{x^2-x+1}\\ &=\frac{1}{3}\left(\frac{1}{x+1}+\frac{-x+2}{x^2-x+1}\right) \end{aligned}$$

(2) 같은 방법으로

$$\frac{1}{x^3-1}=\frac{1}{3}\left(\frac{1}{x-1}-\frac{x+2}{x^2+x+1}\right)$$

□

연습문제 0.6

1. 다음 유리식을 간단히 하여라.

(1) $\dfrac{x+2}{x+3}+\dfrac{3x}{x+2}$

(2) $\dfrac{x+1}{x-2}+\dfrac{x-2}{x+1}$

(3) $\dfrac{y^2-8}{y+15}+\dfrac{y+1}{y^2+3}$

(4) $\dfrac{4x}{3x+2}-\dfrac{2x-1}{x^2-1}$

(5) $\dfrac{2a+3}{a^2+2a+3}+\dfrac{a^3+1}{a-1}$

(6) $\dfrac{x^2+1}{3x^2-2}+\dfrac{1}{(x-2)^2}$

(7) $\dfrac{x+3}{2x^2-x-3}-\dfrac{2x+1}{x^2-2x-3}$

(8) $\dfrac{x-1}{(x+3)^2}-\dfrac{2x+1}{(2x+1)^2}$

(9) $\dfrac{1}{x^3+x^2+4x+4}-\dfrac{1}{x^2+4}$

(10) $\dfrac{5a^3}{bc-ab^2}-\dfrac{c+10a^2}{bc^2-2b^2c^2}$

2. 다음 유리식을 부분분수식으로 분해하여라.

(1) $\dfrac{x+1}{x^2+2x-3}$

(2) $\dfrac{x}{x^2-2x+1}$

(3) $\dfrac{2x+2}{x^2+3x+2}$

(4) $\dfrac{2x-1}{x^3+3x^2+3x+1}$

(5) $\dfrac{3x+2}{x^2(x+2)^3}$

(6) $\dfrac{2x-1}{x(x+1)^2(x^2+x+1)^2}$

0.7 부등식

실수의 성질 중 3분법칙이 있다. 즉 임의의 두 실수 a, b는

$$a < b, \quad a = b, \quad b < a$$

중 어느 하나를 만족한다. 실수의 순서공리를 합하여 두 실수의 크기를 정의하였다. 이 절에서는 문자식을 가지는 경우에 대해서 다루기로 한다.

1차 부등식

1차 부등식은 일반적으로

$$ax + b > 0, \quad ax + b \geq 0, \quad ax + b < 0, \quad ax + b \leq 0$$

과 같은 형태를 말한다. 우리는 간단히

$$ax + b > 0 \tag{0.20}$$

에 대해서 살펴보기로 한다. 주어진 부등식에서 미지수 부분을 제외한 나머지를 반대쪽으로 옮긴다.

$$ax > -b \tag{0.21}$$

(i) $a > 0$이면 양변에 $\dfrac{1}{a}$를 곱하여

$$x > -\frac{b}{a}$$

을 얻는다.

(ii) $a = 0$이면 식 (0.21)의 왼쪽 변은 0이므로 b의 부호에 의해 결정된다. 만일 $b > 0$이면 부등식

$$0 \cdot x > -b \tag{0.22}$$

는 모든 x에 대해서 만족한다. 즉 모든 실수에 대해서 성립한다. 만일 $b < 0$이면 부등식 (0.22)을 만족하는 x가 존재하지 않는다. 만일 $b = 0$이면 마찬가지로 부등식 (0.22)을 만족하는 x가 존재하지 않는다.

(iii) $a < 0$이면 양변에 $\dfrac{1}{a}$를 곱하면 부등식의 방향이 바뀜에 유의하자. 따라서

$$x < -\frac{b}{a}$$

을 얻는다.

예제 0.18 다음 부등식을 풀어라.

(1) $2x + 4 > 0$ (2) $3x + 9 < 0$ $-2x - 4 > 0$ (4) $-3x - 9 > 0$

풀이 (1) $2x > -4$이므로 $x > -2$.

(2) $3x < -9$이므로 $x < -3$.

(3) $-2x > -4$이므로 $x < 2$.

(4) $-3x > 9$이므로 $x < -3$ □

2차 부등식

2차 부등식은 다음과 같은 형태이다.

$$ax^2 + bx + c > 0, \qquad ax^2 + bx + c \geq 0, \quad ax^2 + bx + c < 0, \qquad ax^2 + bx + c \leq 0$$

만일 $a = 0$이면 1차 부등식으로 환원되므로 $a \neq 0$이어야 한다. 따라서 주어진 부등식에서 $a > 0$이라고 가정할 수 있다. 이때 $\frac{1}{a}$을 양변에 곱함으로써 주어진 부등식을

$$x^2 + Bx + C > 0, \qquad x^2 + Bx + C \geq 0, \quad x^2 + Bx + C < 0, \qquad x^2 + Bx + C \leq 0$$

로 변환할 수 있다. 먼저 2차 부등식

$$x^2 + Bx + C > 0 \tag{0.23}$$

을 살펴보기로 한다.

(i) $B = 0$일 때. 주어진 부등식 (0.23)은

$$x^2 + C > 0$$

이다. 만일 $C > 0$이면 주어진 부등식은 모든 실수 x에 대해서 성립한다. 만일 $C = 0$이면 부등식은 $x^2 > 0$이 되고 이것은 $x \neq 0$인 모든 실수 x에 대해서 성립한다. 만일 $C < 0$이면 $C = -\alpha^2$, $\alpha > 0$이라 두면 주어진 부등식은

$$(x + \alpha)(x - \alpha) > 0 \tag{0.24}$$

으로 인수분해가 된다. 다음 사실을 이용하면

$$AB > 0 \iff A > 0, B > 0, \text{ 또는 } A < 0, B < 0$$

부등식 (0.24)는

$$x + \alpha > 0, \quad x - \alpha > 0 \tag{0.25}$$

또는

$$x + \alpha < 0, \quad x - \alpha < 0 \tag{0.26}$$

이다. 식 (0.25)의 공통부분은 $x > \alpha$이고 식 (0.26)의 공통부분은 $x < -\alpha$이므로 주어진 부등식 (0.24)의 해는

$$x > \alpha \text{ 또는 } x < -\alpha$$

이다.

(ii) $B \neq 0$일 때, 주어진 부등식을 완전제곱식을 이용하여 변형하면

$$\left(x+\frac{B}{2}\right)^2 + C - \frac{B^2}{4} > 0$$

이 된다. (i)의 해법을 이용하기로 한다.
만일 $C > \dfrac{B^2}{4}$ 이면 모든 실수에 대해서 이 부등식을 만족한다. 만일 $C = \dfrac{B^2}{4}$ 이면 $x \neq -\dfrac{B}{2}$ 인 모든 실수에 대해서 이 부등식이 성립한다. 만일 $C < \dfrac{B^2}{4}$ 이면

$$x > \frac{-B+\sqrt{B^2-4C}}{2} \quad \text{또는} \quad x < \frac{-B-\sqrt{B^2-4C}}{2}$$

이다.

예제 0.19 다음을 구하여라.

(1) $A = \{x \mid x^2 - 4x - 5 > 0\}$, $B = \{x \mid x^2 - 5x - 14 > 0\}$일 때 교집합 $A \cap B$

(2) $C = \{x \mid x^2 - 4x - 5 = 0\}$, $D = \{x \mid x^2 - 5x - 14 = 0\}$일 때 합집합 $C \cup D$

풀이 (1) $A = \{x \mid (x-5)(x+1) > 0\} = \{x \mid x < -1, x > 5\}$ 이고 $B = \{x \mid (x-7)(x+2) > 0\} = \{x \mid -2 < x < 7\}$ 이므로

$$A \cap B = \{x \mid -2 < x < -1, \quad 5 < x < 7\}$$

(2) $C = \{x \mid (x-5)(x+1) = 0\} = \{-1, 5\}$ 이고 $D = \{x \mid (x-7)(x+2) = 0\} = \{-2, 7\}$ 이므로

$$C \cup D = \{-2, -1, 5, 7\}$$

□

2차 부등식

$$x^2 + Bx + C < 0 \tag{0.27}$$

의 해를 구하여보자.

(i) $B = 0$일 때, 만일 $C > 0$이면 부등식 (0.27)의 왼쪽은 양수이므로 부등식을 만족하는 실수 x는 존재하지 않는다. 만일 $C = 0$이면 $x^2 < 0$을 만족하는 실수는 존재하지 않는다. 따라서 두 경우를 합하면 $C \geq 0$이면 해가 존재하지 않음을 알 수 있다.

만일 $C < 0$이면 $C = -\gamma^2$, $\gamma > 0$라 두면 주어진 부등식 (0.27)은

$$x^2 - \gamma^2 < 0$$

이고 인수분해를 하면

$$(x-\gamma)(x+\gamma) < 0$$

이다. 다음 사실을 이용하면

$$AB < 0 \iff A > 0, B < 0, \text{ 또는 } A < 0, B > 0$$

부등식 (0.27)은

$$x+\gamma > 0, \quad x-\gamma < 0 \tag{0.28}$$

또는

$$x+\gamma < 0, \quad x-\gamma > 0 \tag{0.29}$$

이다. 식 (0.28)의 공통부분은 $-\gamma < x < \gamma$이고 식 (0.29)의 공통부분은 공집합이므로 주어진 부등식 (0.27)의 해는

$$-\gamma < x < \gamma$$

이다.

(ii) $B \neq 0$일 때, 완전제곱식의 형식으로 주어진 부등식을 바꾸면

$$\left(x+\frac{B}{2}\right)^2 + C - \frac{B^2}{4} < 0 \tag{0.30}$$

이다. 먼저 $C \geq \frac{B^2}{4}$이면 (i)의 경우로부터 주어진 부등식 (0.27)을 만족하는 실수는 존재하지 않는다. $C < \frac{B^2}{4}$이면 주어진 부등식 (0.27)을 만족하는 해는

$$\frac{-B-\sqrt{B^2-4C}}{2} < x < \frac{-B+\sqrt{B^2-4C}}{2} \tag{0.31}$$

임을 일 수 있다.

예제 0.20 다음 부등식을 풀어라.

(1) $x^2-3x+2>0$ (2) $x^2+2x-8<0$

(3) $x^3-4x^2-15x+18>0$ (4) $x^3-6x^2+11x+6<0$

풀이 (1) $x^2-3x+2=(x-1)(x-2)>0$이므로

$$x<1, \quad x>2$$

이다.

(2) $x^2+2x-8=(x+4)(x-2)<0$이므로

$$-4<x<2$$

이다.

(3) $x^3 - 4x^2 - 15x + 18 = (x-1)(x+3)(x-6)$ 이므로 이 부등식을 풀려면

(i) $x - 1 > 0$일 때. 나머지부분 $(x+3)(x-6) > 0$이면 되므로 나머지부분을 풀면 $x > 6$ 또는 $x < -3$이다. 따라서 주어진 조건과 겹치는 부분을 구하면

$$x > 6 \tag{0.32}$$

(ii) $x - 1 < 0$일 때. 나머지부분 $(x+3)(x-6) < 0$이면 되므로 나머지부분을 풀면 $-3 < x < 6$이다. 따라서 주어진 조건과 겹치는 부분을 구하면

$$-3 < x < 1 \tag{0.33}$$

따라서 식 (0.32)와 (0.33)을 합친 영역인 $-3 < x < 1$, $x > 6$이다.

(4) $x^3 - 6x^2 + 11x + 6 = (x-1)(x-2)(x-3)$ 이므로 (3)과 같은 방식으로 $x - 1$의 부호를 나누어서 생각하여 풀면

$$x < 1, 2 < x < 3$$

이다. □

예제 0.21 이차 방정식 $x^2 + 2x + 3 = 0$의 두 근을 α, β라 할 때 다음을 구하여라.

(1) $\alpha^2 + \beta^2$ (2) $\alpha^3 + \beta^3$ (3) $\dfrac{1}{\alpha} + \dfrac{1}{\beta}$ (4) $\dfrac{\beta}{\alpha^2} + \dfrac{\alpha}{\beta^2}$

풀이 근과 계수의 관계에 의하여 $\alpha + \beta = -2$, $\alpha\beta = 3$ 이다.

(1) $\alpha^2 + \beta^2 = (\alpha+\beta)^2 - 2\alpha\beta = (-2)^2 - 2 \cdot 3 = -2$

(2) $\alpha^3 + \beta^3 = (\alpha+\beta)^3 - 3\alpha\beta(\alpha+\beta) = (-2)^3 - 3 \cdot 3 \cdot (-2) = 10$

(3) $\dfrac{1}{\alpha} + \dfrac{1}{\beta} = \dfrac{\alpha+\beta}{\alpha\beta} = -\frac{2}{3}$

(4) $\dfrac{\beta}{\alpha^2} + \dfrac{\alpha}{\beta^2} = \dfrac{\alpha^3+\beta^3}{(\alpha\beta)^2} = \frac{10}{9}$ □

연습문제 0.7

1. 다음 부등식을 풀어라.

(1) $2x + 3 > 0$ (2) $2x - 1 \leq 0$

(3) $3ax + 1 < 0$ (4) $ax + a^2 \geq 0$

(5) $(a^2 - 1)x + b \leq 0$ (6) $(a^2 - 1)x + b^2 - 1 \geq 0$

(7) $x^2 - 2x + 1 > 0$ (8) $x^2 - 2x + 3 \leq 0$

(9) $ax^2 + x + b \leq 0$ (10) $ax^2 + bx + a \geq 0$

(11) $x^2 + a^2x + a > 0$ (12) $x^2 + a^2x + a - 1 \leq 0$

0.8 행렬의 성질*

행렬[5] 이란

$$A = \begin{pmatrix} a_{11} & a_{12} & \cdots & a_{1n} \\ a_{21} & a_{22} & \cdots & a_{2n} \\ \vdots & \vdots & \ddots & \vdots \\ a_{m1} & a_{m2} & \cdots & a_{mn} \end{pmatrix}$$

와 같이 직사각형 또는 정사각형의 모양으로 된 수들을 모아 놓은 형태를 말한다. 행렬 A의 성분들 중

$$a_{k1} \quad a_{k2} \quad \cdots \quad a_{kn}, \qquad k = 1, 2, \ldots, m$$

을 k번째 **행**(row)이라 부르고

$$\begin{matrix} a_{1r} \\ a_{2r} \\ \vdots \\ a_{mr} \end{matrix} \qquad r = 1, 2, \ldots, n$$

을 r번째 **열**(column)라고 부른다. 그러면 행렬 A는 m개의 행과 n개의 열로 구성된 행렬임을 알 수 있다. 이 경우 A를 **크기**가 $m \times n$(m by n)인 행렬이라고 부른다. 행렬의 i번째 행과 j번째 열이 만나는 수를 a_{ij}로 나타내고 A의 (i, j)-**성분**이라 한다. A를 $(a_{ij})_{m\times n}$으로 간단히 표현하기도 한다.

예제 0.22 다음 행렬의 크기를 말하여라.

(1) $\begin{pmatrix} 1 & 2 & 3 \\ 4 & 5 & 6 \end{pmatrix}$ (2) $\begin{pmatrix} 1 & 0 \\ 0 & 1 \end{pmatrix}$ (3) $\begin{pmatrix} 1 & 0 & -1 \end{pmatrix}$ (4) $\begin{pmatrix} 1 \\ -2 \end{pmatrix}$

풀이 (1) 행이 2개이고 열이 3개이므로 2×3 행렬이다. (2) 행이 2개이고 열이 2개이므로 2×2 행렬이다. (3) 행이 1개이고 열이 3개이므로 1×3 행렬이다. (4) 행 2개이고 열이 1개이므로 2×1 행렬이다. □

예제 0.22의 (3)이나 (4)와 같이 행이 1개이거나 열이 1개인 행렬을 각각 **행벡터**, **열벡터**라고 부른다. 또한 (2)와 같이 행렬의 행의 수와 열의 수가 같은 행렬을 **정방행렬**(square matrix)이라고 부른다.

행렬의 상등 및 연산을 다음과 같이 정의한다.

행렬 $A = (a_{ij})_{m\times n}$, $B = (b_{ij})_{p\times q}$, $C = (c_{ij})$에 대해서

[5]이 절은 미적분학에 직접적으로 쓰이는 부분은 매우 적으니 한 학기 강의인 경우에는 생략해도 된다. 두 학기 강의인 경우에는 행렬의 기본적인 성질이 필요하다.

상등 $A = B \iff m = p, n = q$이고 모든 i와 j에 대해서 $a_{ij} = b_{ij}$. 즉 두 행렬 A와 B가 크기가 서로 같고, 각각의 성분이 모두 같을 때 A와 B는 **상등**이라고 한다.

합 $C = A + B \iff m = p, n = q, c_{ij} = a_{ij} + b_{ij}$. 즉 A와 B가 크기가 같을 때 A와 B의 (i, j) 성분끼리 서로 더한다.

상수배 $C = \alpha A \iff$ 모든 i, j에 대해서 $c_{ij} = \alpha a_{ij}$. 즉 αA는 A의 모든 성분에 α를 곱한다.

곱 $C = AB \iff n = p, c_{ij} = \sum_{k=1}^{n} a_{ik} b_{kj}$. 즉 A와 B의 곱은 A의 열의 수와 B의 행의 수가 같고, AB의 (i, j)-성분은 A의 i번째 행의 성분과 B의 j번째 열의 성분을 차례로 곱한 다음 모두 더한다.

예제 0.23 행렬

$$A = \begin{pmatrix} 1 & 2 & 3 \\ 4 & 5 & 6 \end{pmatrix}, \quad B = \begin{pmatrix} 1 & 1 \\ -1 & 1 \end{pmatrix}, \quad C = \begin{pmatrix} 1 & -1 \\ -1 & 0 \\ 2 & 1 \end{pmatrix}, \quad D = \begin{pmatrix} \frac{1}{2} & -\frac{1}{2} \\ \frac{1}{2} & \frac{1}{2} \end{pmatrix}$$

에 대해서 다음을 구하여라.

(1) $3B + 2D$ (2) AC (3) BD (4) CD

풀이 (1) $3B + 2D = \begin{pmatrix} 3 & 3 \\ -3 & 3 \end{pmatrix} + \begin{pmatrix} 1 & -1 \\ 1 & 1 \end{pmatrix} = \begin{pmatrix} 3+1 & 3-1 \\ -3+1 & 3+1 \end{pmatrix} = \begin{pmatrix} 4 & 2 \\ -2 & 4 \end{pmatrix}$.

(2) $AC = \begin{pmatrix} 1 \times 1 + 2 \times (-1) + 3 \times 2 & 1 \times (-1) + 2 \times 0 + 3 \times 1 \\ 4 \times 1 + 5 \times (-1) + 6 \times 2 & 4 \times (-1) + 5 \times 0 + 6 \times 1 \end{pmatrix} = \begin{pmatrix} 5 & 2 \\ 11 & 2 \end{pmatrix}$

(3) $BD = \begin{pmatrix} 1 \times \frac{1}{2} + 1 \times \frac{1}{2} & 1 \times (-\frac{1}{2}) \\ -1 \times \frac{1}{2} + 1 \times \frac{1}{2} & (-1) \times (-\frac{1}{2}) + 1 \times \frac{1}{2} \end{pmatrix} = \begin{pmatrix} 1 & 0 \\ 0 & 1 \end{pmatrix}$.

(4) $CD = \begin{pmatrix} 1 \times \frac{1}{2} + (-1) \times \frac{1}{2} & 1 \times (-\frac{1}{2}) - 1 \times \frac{1}{2} \\ (-1) \times \frac{1}{2} + 0 \times \frac{1}{2} & (-1) \times (-\frac{1}{2}) + 0 \times \frac{1}{2} \\ 2 \times \frac{1}{2} + 1 \times \frac{1}{2} & 2 \times (-\frac{1}{2}) + 1 \times \frac{1}{2} \end{pmatrix} = \begin{pmatrix} 0 & -1 \\ -\frac{1}{2} & \frac{1}{2} \\ \frac{3}{2} & -\frac{1}{2} \end{pmatrix}$. □

예제 0.23의 (3)의 해와 같이 정방행렬의 성분 a_{ij}가

$$a_{ij} = \begin{cases} 1 & i = j \\ 0 & i \neq j \end{cases}$$

을 만족하는 행렬을 **항등행렬**이라고 부르고 I으로 나타낸다. n차 정방행렬의 성분들 중에 $a_{11}, a_{22}, \ldots, a_{nn}$을 **주대각성분**이라고 부른다. 행렬의 모든 성분이 0으로 구성된 행렬를 **영행렬**이라 하고 기호로 O으로 나타낸다. 그러면 행렬의 덧셈과 곱셈에 관하여 다음 결과를 얻는다.

(A) 행렬 A, B, C 사이의 덧셈이 정의되면 다음이 성립한다.

(A1) $A + (B + C) = (A + B) + C$ **(A2)** $A + B = B + A$

(A3) $A + O = A$ **(A4)** $A + (-A) = O$

(B) α, β가 실수이고 행렬의 합 $A + B$가 정의되면 다음이 성립한다.

(B1) $\alpha(\beta A) = (\alpha\beta)A$ **(B2)** $1A = A$

(B3) $\alpha(A + B) = \alpha A + \alpha B$ **(B4)** $(\alpha + \beta)A = \alpha A + \alpha A$

(C) 행렬 A, B, C 사이의 곱셈이 정의되면 다음이 성립한다.

(C1) $A(BC) = (AB)C$ **(C2)** $AI = IA = A$

(C3) $A(B + C) = AB + AC$

일반적으로 행렬곱에서 교환법칙 $AB = BA$가 성립하지 않음을 주목해야 한다. 심지어 두 행렬 A, B의 AB가 정의되더라도 BA가 정의되지 않을 수도 있다. 위의 성질 중 항등행렬은 행렬곱셈에 대한 항등원의 역할을 하고 있다는 것을 알 수 있다. 주어진 행렬 A에 대해서 B가 항등식

$$AB = BA = I$$

을 만족할 때 행렬 B를 A의 **역행렬**(inverse matrix)이라 부르고 A^{-1}으로 나타낸다.

n차 정방행렬 $A = (a_{ij})$의 **행렬식**(determinant)(기호로 $\det A$ 또는 $|A|$로 표기)은 다음과 같이 정의한다.

(D1) $n = 1$일 때 $A = (a)$의 행렬식은 $\det A = a$

(D2) $n \geq 2$일 때

$$\det A = \sum_{j=1}^{n} a_{ij} A_{ij}.$$

여기서 A_{ij}은 행렬 A에서 i번째 행과 j번째 열을 제거하고 남은 $n-1$차 정방행렬의 행렬식 M_{ij}의 값에 $(-1)^{i+j}$을 곱한 값이다. 대개 i는 1을 선택하지만 0이 많은 행에 해당하는 i를 선택하면 계산하는데 더 편리하다.

예제 0.24

(1) $A = \begin{pmatrix} a & b \\ c & d \end{pmatrix}$ (2) $B = \begin{pmatrix} a_{11} & a_{12} & a_{13} \\ a_{21} & a_{22} & a_{23} \\ a_{31} & a_{32} & a_{33} \end{pmatrix}$

풀이 (1) $\det A = \begin{vmatrix} a & b \\ c & d \end{vmatrix} = aA_{11} + bA_{12} = (-1)^{1+1}ad + (-1)^{1+2}bc = ad - bc$

(2)

$$\det B = \begin{vmatrix} a_{11} & a_{12} & a_{13} \\ a_{21} & a_{22} & a_{23} \\ a_{31} & a_{32} & a_{33} \end{vmatrix} = a_{11}A_{11} + a_{12}A_{12} + a_{13}A_{13}$$

$$= (-1)^{1+1}a_{11}\begin{vmatrix} a_{22} & a_{23} \\ a_{32} & a_{33} \end{vmatrix} + (-1)^{1+2}a_{12}\begin{vmatrix} a_{21} & a_{23} \\ a_{31} & a_{33} \end{vmatrix} + (-1)^{1+3}a_{13}\begin{vmatrix} a_{21} & a_{22} \\ a_{31} & a_{32} \end{vmatrix}$$

$$= a_{11}(a_{22}a_{33} - a_{23}a_{32}) - a_{12}(a_{21}a_{33} - a_{23}a_{31}) + a_{13}(a_{21}a_{32} - a_{22}a_{31})$$

□

행렬 A, B가 주어졌을 때 행렬식에 대한 성질은 다음과 같다.

(1) $\det(AB) = (\det A)(\det B)$

(2) $\det I = 1$

(3) A가 n차 정방행렬일 때 $\det(\alpha A) = \alpha^n \det A$

일반적으로 행렬 A가 주어졌을 때 A의 역행렬 A^{-1}이 존재하면 $AA^{-1} = A^{-1}A = I$을 만족한다. 행렬식의 성질 (1)을 적용하면 관계식

$$(\det A)(\det A^{-1}) = 1$$

이 성립한다. 실제로 행렬 A가 역행렬 A^{-1}을 갖기 위한 필요충분조건은 $|A| \neq 0$이다. 이 성질을 이용하여 n차정방행렬의 역행렬을 구하는 공식을 얻을 수 있다.

n차 정방행렬 $A = (a_{ij})$에서 a_{ij}가 있는 행과 열을 제외한 나머지 성분들로 구성된 $n-1$차 정방행렬 M_{ij}의 행렬식 $|M_{Ij}|$을 a_{ij}의 **소행렬식**(minor)이라고 부르고 a_{ij}의 **여인자**(cofactor)는

$$A_{ij} = (-1)^{i+j}\det M_{ij}$$

으로 정의하자. 만일 행렬 A의 행렬식이 0이 아닐 때 역행렬 A^{-1}은 다음과 같다.

$$A^{-1} = \frac{1}{\det A}\begin{pmatrix} A_{11} & A_{21} & \cdots & A_{n1} \\ A_{12} & A_{22} & \cdots & A_{n2} \\ \vdots & \vdots & \ddots & \vdots \\ A_{1n} & A_{2n} & \cdots & A_{nn} \end{pmatrix} = \frac{1}{\det A}(A_{ij})^T$$

여기서 $(A_{ij})^T$은 (A_{ij})의 행과 열의 위치를 서로 맞바꾼 행렬로 (A_{ij})의 **전치행렬**(transpose)이라고 부른다.

예제 0.25 2차 정방행렬 $A=\begin{pmatrix} a & b \\ c & d \end{pmatrix}$의 역행렬 A^{-1}을 구하여라.

풀이 예제 0.24의 (1)에 이미 구한 값을 활용하면

$$A^{-1}=\frac{1}{\det A}\begin{pmatrix} A_{11} & A_{21} \\ A_{12} & A_{22} \end{pmatrix}=\frac{1}{ad-bc}\begin{pmatrix} d & -b \\ -c & a \end{pmatrix}$$ □

연습문제 0.8

1. 행렬

$$A=\begin{pmatrix} -1 & 1 & 2 \\ 0 & 1 & -1 \end{pmatrix},\ B=\begin{pmatrix} 3 & 1 \\ -1 & 3 \end{pmatrix},\ C=\begin{pmatrix} 0 & 1 & 2 \end{pmatrix},\ D=\begin{pmatrix} -2 \\ 0 \\ 1 \end{pmatrix},\ E=\begin{pmatrix} 0 & 1 \\ -1 & 2 \end{pmatrix}$$

에 대해서 다음을 계산하여라.

(1) $3B-2E$ (2) CD (3) DC (4) EA (5) AD (6) BE

2. $AB \neq BA$ 인 행렬 A와 B를 구하여라.

3. 행렬 A, B가 행렬곱 AB와 BA가 동시에 정의되기 위해서 A와 B가 정방행렬임을 보여라.

4. 행렬 A와 영행렬 O의 곱 AO와 OA가 정의된다고 할 때 $AO=O$이고 $OA=O$임을 보여라.

5. 다음 행렬식을 구하여라.

$$(1)\ \begin{vmatrix} 1 & 2 & 3 \\ 4 & 5 & 6 \\ 7 & 8 & 9 \end{vmatrix},\quad (2)\ \begin{vmatrix} 1 & x & x^2 \\ 1 & y & y^2 \\ 1 & z & z^2 \end{vmatrix},\quad (3)\ \begin{vmatrix} 1 & 2 & 3 & 4 \\ 0 & 1 & 2 & 3 \\ 0 & 0 & 1 & 2 \\ 0 & 0 & 0 & 1 \end{vmatrix},\quad (4)\ \begin{vmatrix} 5 & 4 & 2 & 1 \\ 2 & 3 & 1 & -1 \\ -5 & -7 & -3 & 9 \\ 1 & -2 & -1 & 4 \end{vmatrix}$$

6. $\det A=\det A^T$ 임을 3차 정방행렬에 대해서 증명하여라.

7. 임의의 두 행이나 두 열이 모두 같으면 행렬식의 값이 0임을 보여라.

8. 다음 행렬이 역행렬을 가지는지 확인하고 그 역행렬을 구하여라.

$$A=\begin{pmatrix} 1 & 2 \\ 3 & 4 \end{pmatrix},\quad B=\begin{pmatrix} 0 & 1 & 2 \\ -1 & 0 & 1 \\ 2 & 1 & 0 \end{pmatrix},\quad C=\begin{pmatrix} 1 & 0 & -1 \\ 0 & -1 & -2 \\ -1 & 1 & 2 \end{pmatrix}$$

수학기호에 역사적 사실

기 호	의미 또는 이름	최초 사용	창시자
$+$	더하기	1486	알 수 없음
$-$	빼 기	1486	알 수 없음
$\sqrt{a}$	근 호	1526	Christoff Rudolff
$()$	괄 호	1556	Nicolo Fontana Tartaglia
$=$	등 호	1557	Robert Recorde
$.$	소수점	1617	John Napier
$>$	크 다	1631	Thomas Harriot
$<$	작 다	1631	Thomas Harriot
$\times$	곱 셈	1631	William Oughtred
$\cdot$	곱 셈	1631	Thomas Harriot
AB	A와 B의 곱	1637	René Descartes
$x,\ y,\ z$	미지량을 위한 영어 알파벳의 끝문자	1637	René Descartes
$a,\ b,\ c$	기지량을 위한 영어 알파벳의 시작문자	1637	René Descartes
$\div$	나누기	1659	Johann Rahn
$\leq$	작거나 같음	1734	Pierre Bouguer
$\geq$	크거나 같음	1734	Pierre Bouguer
$\neq$	같지 않음	1740(?)	Leonard Euler(?)
a^n	지수기호		
$a^1,\ a^2,\ a^3, \ldots$		1637	René Descartes
$a^{-1},\ a^{1/2}, \ldots$		1659	John Wallis
a^n	n 임의의 실수	1676	Isaac Newton
π	원주율	1706	William Jones
e	자연로그의 밑	1727/8	Leonard Euler

1. 실수와 함수

CHAPTER 1

실수와 함수

1.1 좌표평면과 직선의 방정식

좌표평면

평면 위의 두 수직선이 원점에서 만나고 서로 수직이라 하자. 평면상의 점 P에서 두 수직선에 각각 수선을 그어 만나는 점의 좌표를 각각 a, b라 하고 점 P에 실수의 순서쌍 (a, b)를 대응시킨다. 이때 a를 점 P의 x좌표, b를 y좌표라 한다. 역으로 실수의 순서쌍 (a, b)는 x축상의 점 a를 지나는 수직선과 y축상의 점 b를 지나는 수평선이 만나는 점 P를 결정한다. 이와 같이 평면의 각 점에 실수의 순서쌍이 대응되어 있는 평면을 **좌표평면**이라 한다.

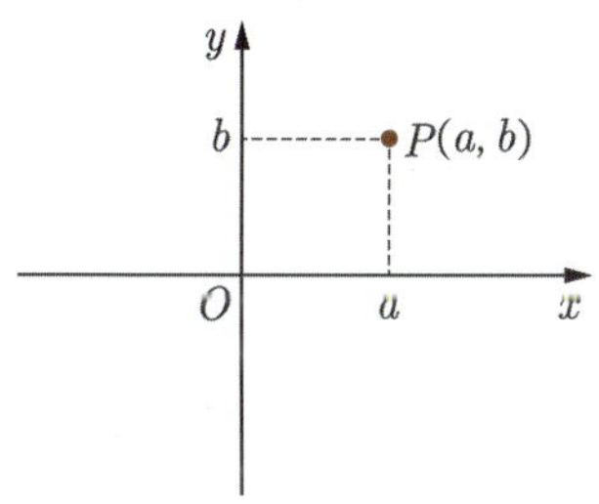

그림 1.1: 좌표평면

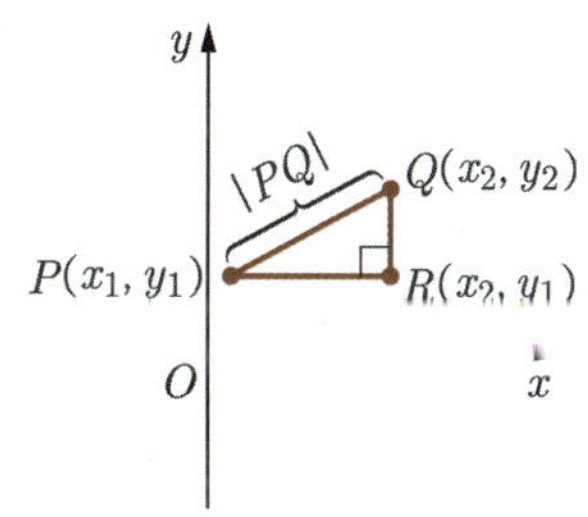

그림 1.2: P와 Q 사이의 거리 $|PQ|$

두 점 사이의 거리

좌표평면 위의 두 점 $P(x_1, y_1)$과 $Q(x_2, y_2)$ 사이의 거리는

$$|PQ| = \sqrt{(x_2 - x_1)^2 + (y_2 - y_1)^2}$$

로 주어진다(그림 1.2).

직선의 기울기

y축에 평행이 아닌 직선 l 위의 서로 다른 두 점 $P(x_1, y_1)$, $Q(x_2, y_2)$를 생각하자. l 위의 또 다른 점을 $R(x, y)$라 하면, $\triangle PTR$과 $\triangle PSQ$는 닮은꼴이므로

$$\frac{y - y_1}{x - x_1} = \frac{y_2 - y_1}{x_2 - x_1}$$

이다(그림 1.3). 이 식을 정돈하면

$$y - y_1 = \frac{y_2 - y_1}{x_2 - x_1}(x - x_1)$$

을 얻는다. 그러므로 다음 정리가 성립한다.

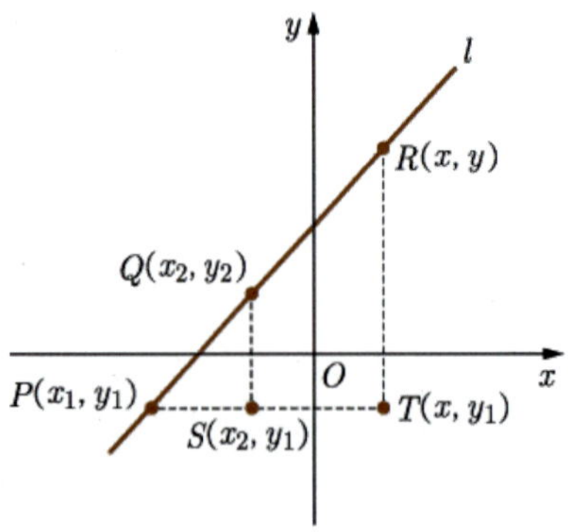

그림 1.3: 두 점 P와 Q를 지나는 직선

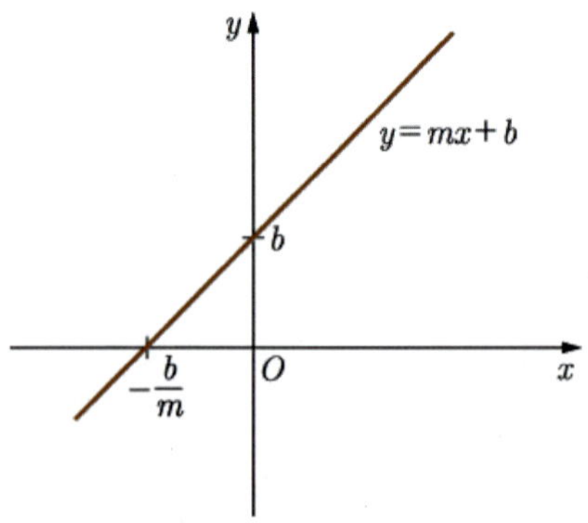

그림 1.4: 기울기가 m이고 점 $(0, b)$를 지나는 직선

정리 1.1

평면 위의 서로 다른 두 점 $P(x_1, y_1)$, $Q(x_2, y_2)$를 지나는 직선의 방정식은

$$y - y_1 = \frac{y_2 - y_1}{x_2 - x_1}(x - x_1), \qquad x_2 \neq x_1$$

이다. 여기서 $\frac{y_2 - y_1}{x_2 - x_1}$을 주어진 직선 l의 **기울기**라 부른다.

따름정리 1.2

기울기가 m이고 점 $P(x_1, y_1)$을 지나는 직선의 방정식은 다음과 같다.

$$y - y_1 = m(x - x_1)$$

기울기가 m이고 점$(0, b)$를 지나는 직선의 방정식은

$$y = mx + b$$

이며, 이때 b를 주어진 직선의 y절편이라 한다(그림 1.4). 특히 기울기가 0이면, 그 직선은 x축에 평행하며, 직선의 방정식은 $y = b$이다. 또한 점 $(a, 0)$을 지나고 y축에 평행인 직선의 방정식은

$$x = a$$

로 나타낼 수 있다.

다음 정리들이 성립하며, 증명은 연습문제로 남긴다.

정리 1.3

y축에 평행이 아닌 두 직선 l_1과 l_2의 기울기를 각각 m_1, m_2라 하자. 이때 l_1과 l_2가 평행이기 위한 필요충분조건은 $m_1 = m_2$이다.

정리 1.4

y축에 평행하지 않은 두 직선 l_1과 l_2의 기울기를 각각 m_1, m_2라 할 때 l_1과 l_2가 서로 수직이기 위한 필요충분조건은 $m_1 \cdot m_2 = -1$이다.

예제 1.1 직선 $2x - 8y = 3$과 직선 $y = 5 - 4x$는 기울기가 각각 $\frac{1}{4}$과 -4이므로 서로 수직이다.

예제 1.2 두 직선 $3x + 4y = 8$과 $6x - 10y = 7$의 교점을 지나며, 첫째 직선에 직교하는 직선의 방정식을 구하여라.

풀이 두 방정식 $3x + 4y = 8$과 $6x - 10y = 7$의 교점은 $\left(2, \frac{1}{2}\right)$이다. 첫째 식을 y에 대해서 풀면 $y = -\frac{3}{4}x + 2$이므로 이것에 직교하는 직선의 기울기는 $\frac{4}{3}$이다. 따라서 구하는 직선의 방정식은

$$y - \frac{1}{2} = \frac{4}{3}(x - 2)$$

이다. □

연습문제 1.1

1. 점 $(3, -3)$을 지나고 다음을 만족하는 직선의 방정식을 구하여라.
   (1) 직선 $y = 2x + 5$와 평행
   (2) 직선 $y = 2x + 5$와 직교
   (3) 직선 $2x + 3y = 6$과 평행
   (4) 직선 $2x + 3y = 6$과 직교
   (5) $(-1, 2)$와 $(3, -1)$을 지나는 직선과 평행

2. 점 (x_1, y_1)으로부터 직선 $Ax + By + C = 0$까지의 거리 d는 다음과 같다.

$$d = \frac{|Ax_1 + By_1 + C|}{\sqrt{A^2 + B^2}}$$

   이 식을 이용하여 다음의 점으로부터 직선까지 거리를 구하여라.
   (1) $(-3, 2) : 3x + 4y = 6$
   (2) $(-2, -1) : 5y = 12x + 1$

3. 두 평행선 $3x + 4y = 6$, $3x + 4y = 12$ 사이의 거리를 구하여라.

4. $2x - y + 4 + k(x + 3y - 6) = 0$ (k는 임의의 실수)은 두 직선 $2x - y + 4 = 0$과 $x + 3y - 6 = 0$의 교점을 지나는 직선임을 증명하여라.

5. 세 점 $(-1, 2)$, $(\sqrt{3} - 1, 3)$, $(-1, 4)$를 꼭지점으로 하는 삼각형은 이등변삼각형임을 보여라.

1.2 실함수

다음에 소개하는 함수의 정의는 19세기 초 프랑스 수학자 Dirichlet(1805~1859)에 의하여 정의된 것이다.

정의 1.1

실수의 한 부분집합을 D라 하자. 집합 D의 각각의 원소 x에 대하여, 단 하나의 실수 y를 대응시키는 규칙을 집합 D에서 정의된 **실함수**라 한다. 이때 D를 주어진 함수의 **정의역**, $\mathbb{R}$를 **공역**이라 한다. 함수는 일반적으로 f, g, h 등이나 $f : D \to \mathbb{R}$ 등으로 나타낸다.

정의역 D의 원소 x에 대응된 실수 y를 f의 x에서의 **함수값** 또는 f에 의한 x의 상(image)이라 하고, $f(x)$로 나타낸다. 모든 정의역 D의 원소 x에 대한 함수값 $f(x)$의 집합, 즉

$$\{f(x) \mid x \in D\}$$

를 f의 **치역**(range)이라 한다.

함수 $y = f(x)$에서 변수 x를 이 함수의 **독립변수**, y를 **종속변수**라 부른다. 함수의 정의역이 지정되지 않은 경우, 그 함수가 정의될 수 있는 실수의 최대집합을 정의역으로 가정한다. 이 집합을 **최대정의역**이라 한다.

예제 1.3 다음 함수의 최대정의역을 구하여라.

(i) $f(x) = \dfrac{1}{x-3}$　　　(ii) $g(t) = \sqrt{9-t^2}$

풀이 (i) $\{x | x \neq 3\}$

(ii) $9 - t^2$이 0보다 크거나 같아야 하므로 최대정의역은

$$\{t \mid 9 - t^2 \geq 0\} = \{t \mid |t| \leq 3\}$$

이다. 구간으로 표시하면 $[-3, 3]$이다. □

정의 1.2

같은 정의역 D에서 정의된 두 함수 f와 g가 모든 $x \in D$에 대하여 $f(x) = g(x)$일 때, 두 함수 '**f와 g는 같다**'고 하며 $f = g$로 나타낸다.

예제 1.4 (i) $f(x) = x^2$(x는 모든 실수)과 $g(x) = x^2$ $(x \geq 1)$은 정의역이 같지 않다. 따라서 서로 다른 함수이다.

(ii) $f(x) = x^2 \quad (x \geq -10)$

$g(x) = (x-1)^2 + 2x - 1 \quad (x \geq -10)$

$h(y) = y^2 \quad (y \geq -10)$

로 정의된 세 함수 f, g와 h는 같은 함수이다.

함수 $f : D \to \mathbb{R}$에 대하여 f의 치역이 $\mathbb{R}$일 때 f를 **전사**라 한다. 정의역 D의 임의의 서로 다른 두 원소 x_1, x_2에 대하여 함수값 $f(x_1)$과 $f(x_2)$가 다를 때, 즉 '$x_1 \neq x_2 \Rightarrow f(x_1) \neq f(x_2)$'를 만족할 때 f를 **단사**라 한다. 그리고 f가 전사이며 동시에 단사일 때, f를 **전단사** 또는 **일대일 대응**이라 한다.

예제 1.5 함수 $f(x) = x^2$은 그 치역이 $[0, \infty)$이다. 또한 $f(2) = 4 = f(-2)$이므로 단사함수가 아니다.

예제 1.6 $f(x) = x^2 - 2x$일 때 다음을 구하여라.

(i) $f(4)$ (ii) $f(4+h)$ (iii) $f(4+h) - f(4)$ (iv) $\dfrac{f(4+h) - f(4)}{h}$

풀이 (i) $f(4) = 8$

(ii) $f(4+h) = (4+h)^2 - 2(4+h) = 8 + 6h + h^2$

(iii) $f(4+h) - f(4) = 6h + h^2$

(iv) $\dfrac{f(4+h) - f(4)}{h} = 6 + h$, (단, $h \neq 0$) □

예제 1.7 높이 49m의 발코니에서 수직으로 공을 던졌다 하자. 초기속도가 초속 14.7m일 때, t초 후의 공의 높이를 t의 함수로 나타내어라. 또한 몇초 후에 바닥에 떨어지는가?

풀이 $t = 0$일 때 공을 던졌다 하면 t초 후의 공의 높이는

$$h(t) = -4.9t^2 + v_0 t + h_0$$

이다. 여기서 v_0는 $t = 0$일 때 공의 속도이며, h_0는 $t = 0$일 때 공의 높이이다. 이제 $h_0 = 49\text{m}$, $v_0 = 14.7\text{m}$이므로

$$h(t) = -4.9t^2 + 14.7t + 49$$

이다. 공이 바닥에 떨어질 때에는 $h(t) = 0$이므로 방정식

$$-4.9t^2 + 14.7t + 49 = 0$$

을 풀어 $t = -2$, $t = 5$를 얻는다. 따라서 공은 5초 후에 바닥에 떨어진다. □

예제 1.8 A라는 물질이 화학반응 후 B라는 물질로 변한다 하자. 반응이 시작될 때 A의 양이 3g이라 하자. xg의 물질 A가 반응 후 생성된 B의 양 $f(x)$는 x와 $3-x$의 곱에 비례한다고 하자. $f(2)=4$일 때, 함수 f를 구하여라.

풀이 $f(x)$는 $x(3-x)$에 비례하므로 $f(x) = kx(3-x)$인 0이 아닌 상수 k가 존재한다. 이제 $f(2)=4$를 대입하여

$$4 = f(2) = k \cdot 2 \cdot (3-2).$$

즉 $k=2$. 따라서 $f(x) = 2x(3-x)$이다. 한편 반응이 시작될 때 A의 양이 3g이므로 함수 f는 $0 \le x \le 3$인 x에 대해서만 정의된다. 즉 함수 f의 정의역은 닫힌구간 $[0,3]$이다. □

다항함수와 유리함수

실수 $c_0, c_1, \cdots, c_n (c_n \neq 0)$과 음이 아닌 정수 n에 대하여

$$f(x) = c_n x^n + c_{n-1} x^{n-1} + \cdots + c_1 x + c_0$$

로 정의된 함수를 **다항식**이라 하고, n을 다항함수 f의 **차수**라 한다.
특히 적당한 실수 k에 대하여 $f(x) = k$일 때 이 함수를 **상수함수**라 하고, $f(x) = x$를 **항등함수**, $f(x) = ax + b$를 **일차함수**라고 부른다.

다항식의 분수함수를 **유리함수**라 부른다. 즉

$$f(x) = \frac{c_m x^m + c_{m-1} x^{m-1} + \cdots + c_1 x + c_0}{b_n x^n + b_{n-1} x^{n-1} + \cdots + b_1 x + b_0}$$

$$(\text{단, } b_n x^n + b_{n-1} x^{n-1} + \cdots + b_1 x + b_0 \neq 0)$$

의 꼴로 나타낼 수 있으면 유리함수이다.

예제 1.9 함수 $f(x) = \dfrac{x^2 + x - 2}{x^2 - 2x - 3}$의 정의역을 구하여라.

풀이 $x^2 - 2x - 3 = (x+1)(x-3)$이므로 $x = -1$, $x = 3$에서 분모가 0 이다. 따라서 f의 정의역은 -1과 3을 제외한 모든 실수의 집합인 $(-\infty, -1) \cup (-1, 3) \cup (3, \infty)$이다. □

정의 1.3 (함수의 사칙연산)

두 실함수 f와 g가 주어졌을 때, f의 정의역을 D_f, g의 정의역을 D_g라 하자. 이때 두 함수의 **합** $f+g$, **차** $f-g$, **곱** $f \cdot g$는 각각 그 정의역이 $D_f \cap D_g$이며 다음과 같이 정의한다.

$$(f+g)(x) = f(x) + g(x)$$
$$(f-g)(x) = f(x) - g(x)$$
$$(f \cdot g)(x) = f(x)g(x)$$

임의의 실수 c에 대하여 함수 cf는 그 정의역이 D_f이며, $(cf)(x) = cf(x)$로 정의한다. 또한 집합 $D_f \cap \{x \in D_g \mid g(x) \neq 0\}$을 정의역으로 하는 함수의 **몫** $\dfrac{f}{g}$는

$$\left(\frac{f}{g}\right)(x) = \frac{f(x)}{g(x)}$$

로 정의한다.

예제 1.10 $f(x) = \sqrt[4]{x+1}$, $g(x) = \sqrt{9-x^2}$에 대하여 $f+g$, $f-g$, $f \cdot g$, $\dfrac{f}{g}$를 구하고, 그 정의역을 말하여라.

풀이 (i) $(f+g)(x) = f(x) + g(x) = \sqrt[4]{x+1} + \sqrt{9-x^2}$, 정의역 : $[-1, 3]$

(ii) $(f-g)(x) = f(x) - g(x) = \sqrt[4]{x+1} - \sqrt{9-x^2}$, 정의역 : $[-1, 3]$

(iii) $(f \cdot g)(x) = f(x)g(x) = \sqrt[4]{x+1}\sqrt{9-x^2}$, 정의역 : $[-1, 3]$

(iv) $\left(\dfrac{f}{g}\right)(x) = \dfrac{\sqrt[4]{x+1}}{\sqrt{9-x^2}}$, 정의역 : $[-1, 3)$ □

정의 1.4

두 실함수 $f(x), g(x)$에 대하여 D_f를 f의 정의역, D_g를 g의 정의역이라 하자. 집합 $D = \{x \in D_f | f(x) \in D_g\}$를 정의역으로 하고

$$(g \circ f)(x) = g(f(x))$$

로 정의된 함수 $g \circ f$를 f와 g의 **합성함수**라 한다.

예제 1.11 $h(x) = (x+2)^5$을 $g \circ f$의 합성함수 꼴로 고쳐라.

풀이 $g(x) = x^5, f(x) = x+2$라 하면

$$(g \circ f)(x) = g(f(x)) = g(x+2) = (x+2)^5 = h(x).$$

□

예제 1.12 $f(x) = x - \dfrac{3}{2}, g(x) = \sqrt{x}$ 일 때 합성함수 $f \circ g$와 $g \circ f$를 구하여라.

풀이 f의 정의역 D_f는 $(-\infty, \infty)$이고, g의 정의역 D_g는 $[0, \infty)$이다. 합성함수 $g \circ f$의 정의역은

$$\left\{x \in \mathbb{R} \,\middle|\, f(x) = x - \frac{3}{2} \in [0, \infty)\right\} = \left\{x \in \mathbb{R} \,\middle|\, x \geq \frac{3}{2}\right\} = \left[\frac{3}{2}, \infty\right)$$

이고, $(g \circ f)(x) = \sqrt{x - \dfrac{3}{2}}$ 이다. 한편 $f \circ g$의 정의역은

$$\{x \in [0, \infty) | g(x) \in (-\infty, \infty)\} = [0, \infty)$$

이고 $(f \circ g)(x) = \sqrt{x} - \dfrac{3}{2}$ 이다. □

예제 10에서 보는 바와 같이 일반적으로 $f \circ g \neq g \circ f$ 이다.

연습문제 1.2

1. 다음 함수의 정의역과 치역을 구하여라.
   (1) $f(x) = \sqrt{1 - x^2}$ (2) $f(x) = \dfrac{x-1}{x^2+1}$ (3) $f(x) = \sqrt{1 - \sqrt{9 - x^2}}$

2. 두 함수 $f(x) = x - \sqrt{x^2 - 1}, g(x) = \dfrac{1}{x + \sqrt{x^2 - 1}}$ 에 대하여 다음 물음에 답하여라.
   (1) 각각의 정의역을 구하여라. (2) $f = g$ 임을 보여라.

3. 다음 함수의 최대정의역을 구하여라.
   (1) $f(x) = \sqrt{2x + 3}$ (2) $g(x) = \dfrac{1}{4x - 1}$

4. $f(x) = x^3 + 2, g(x) = \frac{2}{x-1}$ 일 때 다음 함수를 찾고, 정의역을 말하여라.
   (1) $f + g$ (2) $\dfrac{g}{f}$ (3) $f \circ g$ (4) $g \circ f$

5. $h = g \circ f$가 되도록 f와 g를 구하여라.
   (1) $h(x) = \sqrt{x + 7}$ (2) $h(x) = (x^2 + x)^{15}$

6. $f(x) = \sqrt{1 - x^2}$ 이라 할 때 $(f \circ f)(x) = x$ 임을 보여라.

7. 두 상수 a, b에 대하여 $f(x) = ax + b$라 하자. p가 임의의 실수일 때

$$g(x) = f(x + p) - f(x)$$

   이면 g는 상수함수임을 보여라.

1.3 지수함수와 로그함수

우리는 이미 0장에서 유리수 범위에서의 지수법칙을 다루었다. 6장 2절에서는 실수 범위에서 실수의 지수를 정의하고 지수법칙이 실제로 실수 전체에서 성립하는지를 보일 것 이다. 우리는 이 절에서 실수 전체를 정의역으로 하는 함수인 지수함수에 대해서 살펴보기로 한다.

지수함수

지수함수는 정의역을 실수 전체로 하는 함수이다. 지수함수는

$$f(x) = a^x, \qquad x \in \mathbb{R}$$

인 형태의 함수이다. 여기서 a는 $a \neq 1$인 양의 실수이다.

지수함수의 그래프는 어떨까? 예를 들어 보기로 하자. 먼저 $y = 2^x$를 생각하기로 하자. $y = 2^x$의 그래프는 다음과 같다.

x	$y=2^x$
−5	0.03125
−2	0.25
0	1
3	8
5	32
8	256
10	1024

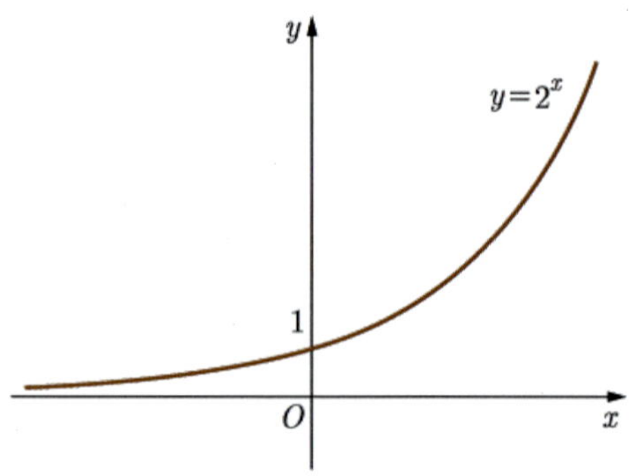

일반적으로 $a > 1$일 때와 $0 < a < 1$일 때 지수함수 $y = a^x$의 그래프는 그림 1.5과 같다.

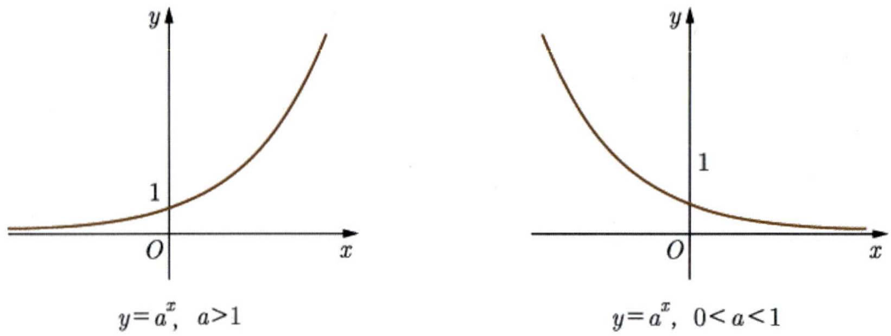

그림 1.5: 지수함수 $y = a^x$의 그래프

로그의 정의

로그함수는 천체 계산에서 큰 수[1]를 계산하기 위해 도입된 개념이다. 로그는 지수와 매우 밀접한 관계가 있다. 먼저 $a \neq 1$는 양수, x 실수일 때 지수 $a^x = y$에서 $y > 0$임을 알 수 있다. 따라서 로그는 다음과 같이 정의한다.

$$a^x = y \qquad \Longleftrightarrow \qquad x = \log_a y \tag{1.1}$$

여기서 $y > 0$이어야 하고 $a \neq 1$인 양수임에 주의하여야 한다. $x = \log_a y$일 때 y를 로그의 **진수**, a를 로그의 **밑**이라 한다.

로그의 성질

특히 지수의 성질 $a^0 = 1$와 $a^1 = a$로부터 로그의 기본적인 성질

$$\log_a 1 = 0, \qquad \log_a a = 1 \tag{1.2}$$

을 얻는다. 이제 지수법칙을 이용하여 로그의 성질을 알아보기로 하자. $a \neq 1$인 양의 실수 x, y에 대해서 $a^x = N$, $a^y = M$이라 하자. 로그의 정의에 의해서

$$x = \log_a N, \qquad y = \log_a M \tag{1.3}$$

임을 알 수 있다. 지수법칙 $a^x \cdot a^y = a^{x+y}$을 이용하면 $NM = a^{x+y}$이고 로그의 정의 (1.1)에 의하여

$$x + y = \log_a(NM) \tag{1.4}$$

이다. (1.3)와 (1.4) 으로부터

$$\log_a(MN) = \log_a M + \log_a N$$

을 얻는다. 비슷하게 우리는 로그의 성질을 얻을 수 있다.

정리 1.5

$a \neq 1$ 인 양수이고 N, M은 양수일 때 다음이 성립한다.

(i) $\log_a(MN) = \log_a M + \log_a N$ (ii) $\log_a \dfrac{M}{N} = \log_a M - \log_a N$

(iii) $\log_a M^n = n \log_a M$, 여기서 n은 실수

---

[1]우주의 크기를 계산하기 위해서 광년이란 단위를 사용한다. 1광년은 빛이 1년 동안 간 거리를 말한다. 즉, 1광년을 km로 환산하면

$$9,460,800,000,000\,\text{km}$$

이다.

a와 b는 1이 아닌 양수이고 $\log_a b = x$라 가정하자. 그러면 로그의 정의 (1.1)에 의하여

$$a^x = b$$

임을 알 수 있다. 이제 양변에 밑을 c로 하는 로그를 취하면 $\log_c a^x = \log_c b$가 되고 정리 1.5 (iii)의 성질에 의하여

$$x \log_c a = \log_c b$$

이 되어

$$x = \frac{\log_c b}{\log_c a}$$

임을 알 수 있다.

따라서 로그의 밑 전환공식을 얻었다. a, b, c가 모두 1이 아닌 양의 실수이면

$$\log_a b = \frac{\log_c b}{\log_c a}. \tag{1.5}$$

위의 관계식 (1.5)를 응용하기로 하자. (1.5)의 양변을 다시 정리하면

$$\log_c a \log_a b = \log_c b$$

이고 정리 1.5 (iii)의 성질을 사용하면

$$\log_a(b^{\log_c a}) = \log_c b$$

가 된다. $c = b$라 두고 관계식 (1.2)를 이용하면 위 식은

$$\log_a(b^{\log_b a}) = \log_b b = 1$$

이 된다. 따라서 로그의 정의에 의하여 관계식

$$b^{\log_b a} = a \tag{1.6}$$

을 얻는다.

로그함수의 그래프

이제 로그함수를 그려보도록 하자. 먼저 $y = \log_2 x$에 대해서 생각하기로 하자. 그러면 로그의 정의 (1.1)에 의해서 $x = 2^y$임을 알 수 있다. 이제 몇몇 특별한 정수를 가지고 계산하여 표를 만들면

y	$x=2^y$	x	$y=\log_2 x$
-10	0.0009765	0.0009765	-10
-5	0.03125	0.03125	-5
-1	0.5	0.5	-1
0	1	1	0
1	2	2	1
5	32	32	5
10	1024	1024	10

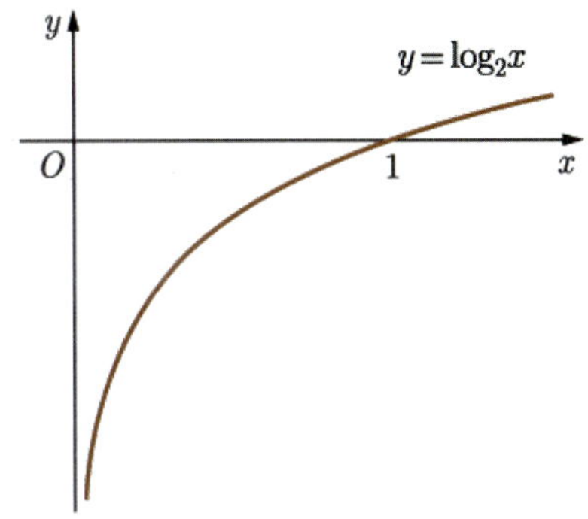

따라서 그래프를 그리면 표의 오른쪽 그림과 같다. 일반적으로 로그함수의 그래프는 그림 1.6와 같다.

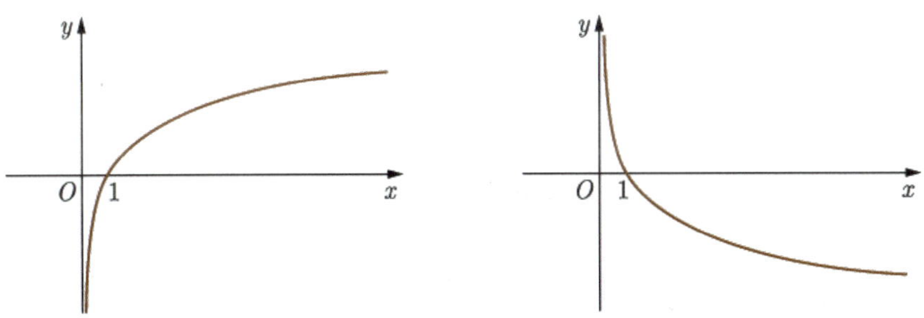

$y=\log_a x$, $a>1$ $\quad$ $y=\log_a x$, $0<a<1$

그림 1.6: 로그함수 $y = \log_a x$의 그래프

더욱이 지수함수와 로그함수는 $y = x$에 대해서 대칭임을 알 수 있다.

연습문제 1.3

1. 표를 작성하여 $y = 2^{-n}$의 그래프를 그려라.
2. $a = 1$일 때 $y = a^x$의 그래프를 그려라.
3. $a < 0$일 때 지수함수 $y = a^x$를 생각하지 않는 이유를 생각하여 보아라.
4. 다음을 로그로 바꾸어 보아라.

   (1) $2^3 = 8$ $\quad$ (2) $a^{x-y} = \frac{a^x}{a^y}$ $\quad$ (3) $a^{x+y} = a^x a^y$

   (4) $(a^x)^y = a^{xy}$ $\quad$ (5) $(ab)^x = a^x b^x$

5. 정리 1.5를 증명하여라.

6. 다음 등식이 성립하는지를 판단하고 그 이유를 설명하여라.
   (1) $\log_a(M+N) = \log_a M + \log_a N$
   (2) $\log_a(MN) = (\log_a M)(\log_a N)$
   (3) $\log_a\left(\frac{M}{N}\right) = \frac{\log_a M}{\log_a N}$

7. $a=1$이나 $M<0$일 때 $\log_a M$를 정의하지 않는 이유를 설명하여라.

8. $\log_{10} 2 = x$, $\log_{10} 3 = y$라 할 때 다음 로그의 값을 x와 y로 나타내어라.
   (1) $\log_{10} 5$ (2) $\log_{10} 24$ (3) $\log_{10} 0.48$

9. $y = \log_{\frac{1}{2}} x$를 표를 작성하여 그래프를 그려라.

10. $y = a^x$의 역함수가 $y = \log_a x$임을 보여라.

Memo

1.4 삼각함수(I)

호도법

지금까지의 각은 원의 중심을 360등분으로 세분하여 원의 둘레를 360° 로 하는 **도**(degree) 단위를 써 왔으나, 호의 길이를 단위로 하는 각의 개념이 필요하다.[2] 호도법이란 호의 길이를 각의 단위로 하는 새로운 단위체계이다. **1라디안**이란 반지름이 1인 단위원에서 호의 길이가 1에 해당하는 **도**(degree)로 정하고[3] 단위는 **라디안**이라 한다(그림 1.7).

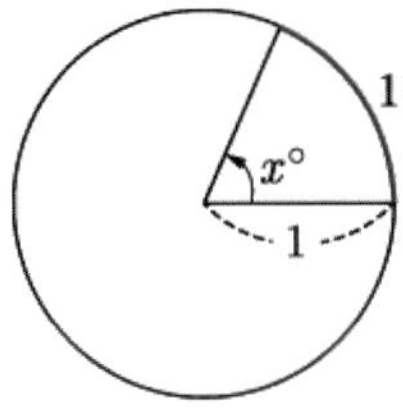

그림 1.7: 라디안의 정의(1라디안= $x° \fallingdotseq 57.2958°$)

단위원 위의 점 P 를 출발하여 한바퀴 돌았을 때 각도는 360° 이고 원의 둘레의 길이는 2π 이므로 360° 는 2π 라디안이 된다. 이와 비슷하게 180° 는 π 라디안이 된다. 이것을 일반각의 경우로 확장하면 x를 일반각(degree)이라 하고 이에 대응하는 라디안을 θ라 하면 비례 관계

$$x : \theta = 360 : 2\pi$$

로부터 다음 공식

$$\theta = \frac{x}{180}\pi, \qquad x = \frac{180}{\pi}\theta \tag{1.7}$$

이 성립한다.

삼각함수의 정의와 기본성질

삼각함수는 직각삼각형의 각에 대한 변의 비로 정의하였다. 그림과 같이 직각삼각형 ABC 에서 θ를 각 ABC라 하자. 이때

$$\sin\theta = \frac{b}{c}, \quad \cos\theta = \frac{a}{c}, \quad \tan\theta = \frac{b}{a} \tag{1.8}$$

로 정의하였다(그림 1.8). 그리고 위 함수의 역수를

$$\csc\theta = \frac{1}{\sin\theta}, \quad \sec\theta = \frac{1}{\cos\theta}, \quad \cot\theta = \frac{1}{\tan\theta} \tag{1.9}$$

로 정의하였다. 위 정의로부터 특수각에 대한 삼각함수의 값을 구할 수 있다(연습문제 4). 이것은 직각삼각형에 관한 정의이므로 $0 < \theta < \frac{\pi}{2}$ 일 때 의미가 있다. 그러면 θ를 일반각

[2] 우리가 온도를 섭씨(C)와 화씨(F)로 사용하는 것과 같은 이치이다.

[3] 1라디안은 약 $57.2958° = 57°17'45''$ 이다.

으로 확장하기 위해서 좌표평면으로 옮긴다(그림 1.9). 2차원 직교좌표평면 위의 점 $P(x,y)$을 생각하자. x축의 양방향과 선분 OP가 이루는 각을 θ라 하자. 선분 OP의 길이를 r이라 하자. 일반삼각함수를

$$\begin{aligned} \sin\theta &= \frac{y}{r}, \quad \cos\theta = \frac{x}{r}, \quad \tan\theta = \frac{y}{x} \\ \csc\theta &= \frac{r}{y}, \quad \sec\theta = \frac{r}{x}, \quad \cot\theta = \frac{x}{y} \end{aligned} \tag{1.10}$$

으로 정의하면 예각 θ에 대해서는 직각삼각형에서 정의한 삼각함수 (1.8), (1.9)와 같음을 알 수 있다. 위의 정의로부터 삼각함수는 모든 일반각에 대해서 정의되었음을 알 수 있다. 또한 좌표평면위에 점(x,y)의 좌표 위치에 따른 부호에 따라서 삼각함수의 부호가 결정됨을 알 수 있다. 예를 들어, 2사분면 위의 점 (x,y)는 $x<0$이고 $y>0$이므로 $\sin\theta = \frac{y}{r} > 0$ 이고 $\cos\theta = \frac{x}{r} < 0$, $\tan\theta = \frac{y}{x} < 0$ 임을 알 수 있다. 여기서 $r = \sqrt{x^2+y^2} > 0$이다.

삼각함수의 주기성

직교좌표 위의 점 $P(x,y)$가 원점을 중심으로 한 바퀴 돌면 다시 제자리에 돌아오며 점의 좌표는 변함이 없지만 각은 $\theta + 2\pi$만큼 변하게 된다. 이 경우에 위의 정의를 이용하면 삼각함수는

$$\sin(\theta+2\pi) = \sin\theta, \quad \cos(\theta+2\pi) = \cos\theta$$

가 성립함을 알 수 있다. 그런데 $\tan\theta$의 경우에는 부호가 1사분면과 3사분면이 같으므로

$$\tan(\theta+\pi) = \tan\theta$$

가 성립한다. 일반적으로 다음을 알 수 있다. n이 정수일 때

$$\sin(\theta+2n\pi) = \sin\theta, \quad \cos(\theta+2n\pi) = \cos\theta, \quad \tan(\theta+n\pi) = \tan\theta.$$

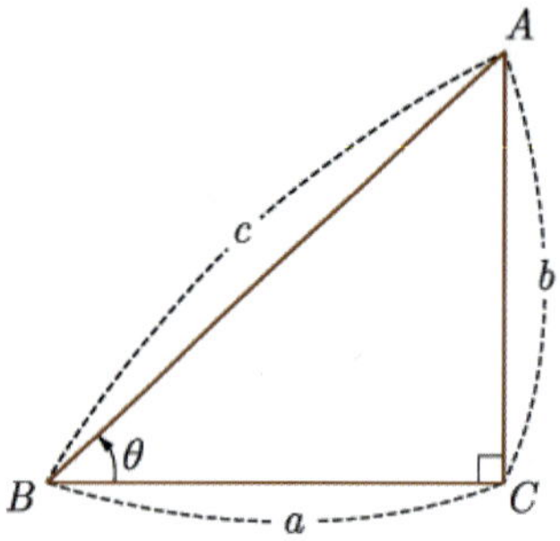

그림 1.8: 삼각함수의 정의

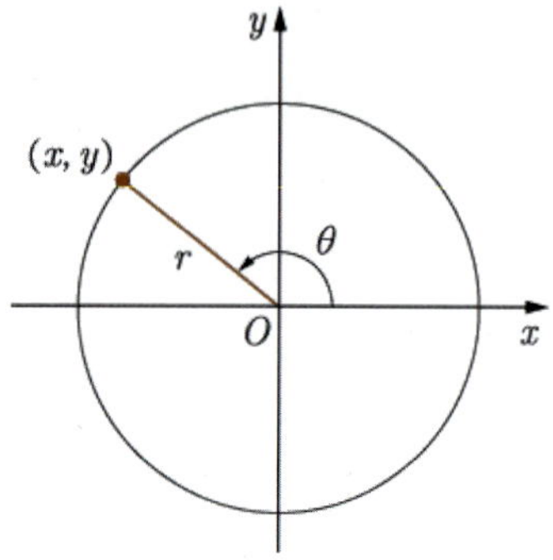

그림 1.9: 일반 삼각함수의 정의

일반적으로 함수 f가 모든 x에 대해서

$$f(x+p)=f(x)$$

을 만족하는 실수 p가 존재하면 f를 **주기함수**라 하고, 가장 작은 양의 실수 p를 f의 **주기**라 한다. 따라서 삼각함수는 주기함수임을 알 수 있다.

삼각함수의 그래프

삼각함수의 주기성을 기초로 하여 그리면 삼각함수의 그래프는 그림 1.10~1.15과 같다.

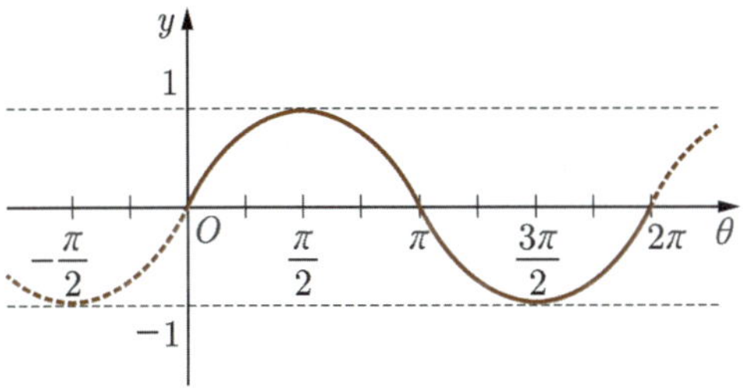

그림 1.10: $y=\sin\theta$

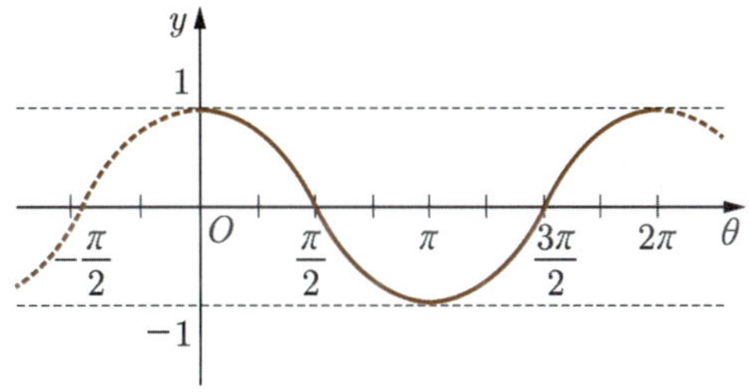

그림 1.11: $y=\cos\theta$

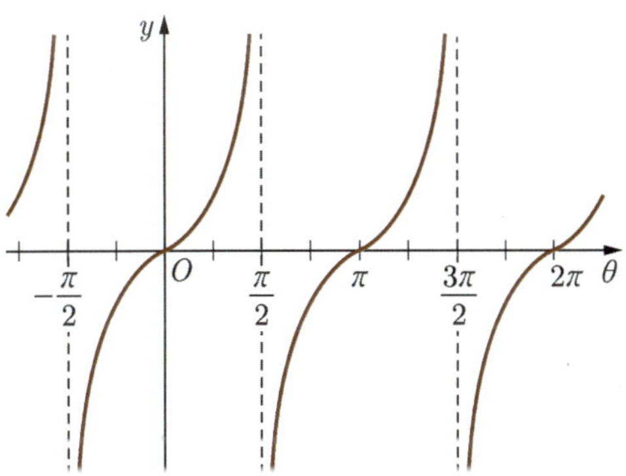

그림 1.12: $y=\tan\theta$

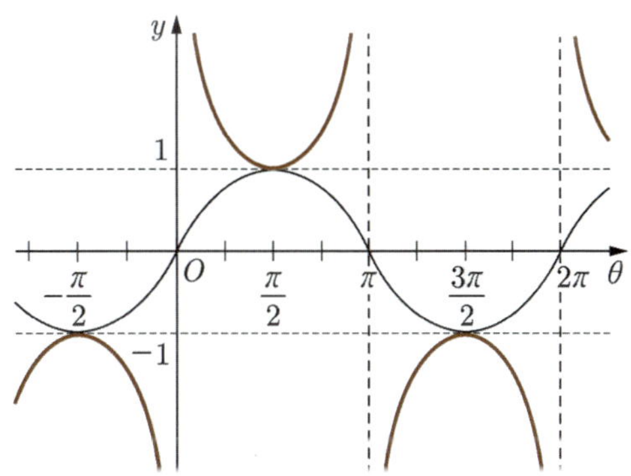

그림 1.13: $y=\csc\theta$

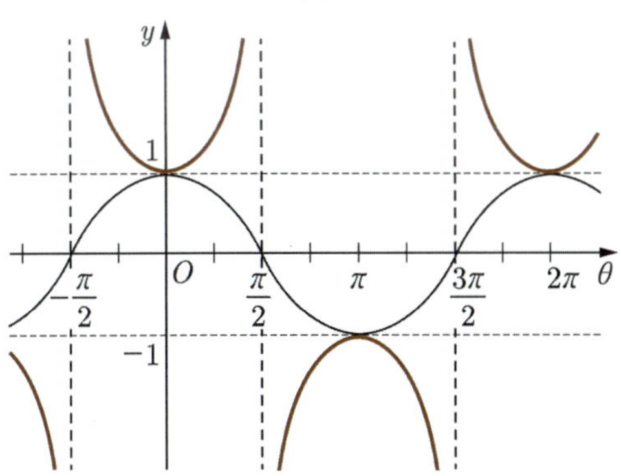

그림 1.14: $y=\sec\theta$

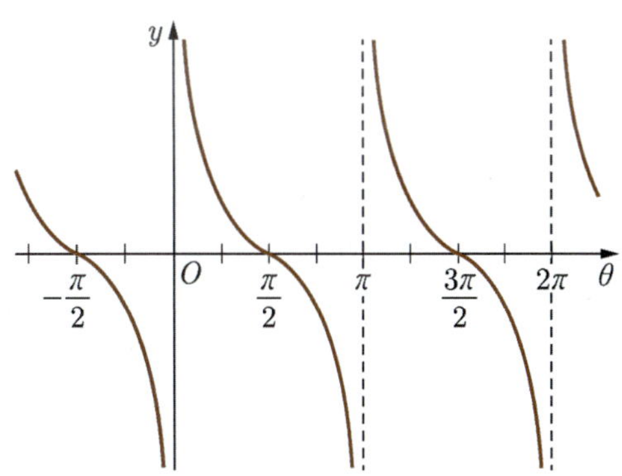

그림 1.15: $y=\cot\theta$

점 $P(x, y)$가 1사분면 위에 주어져 있다고 가정하자. 점 P를 $90°$ 시계 반대 방향으로 회전하였을 때 점 P'의 좌표는 $(-y, x)$임을 알 수 있다(그림 1.9, 연습문제 7). 따라서 삼각함수의 정의 (1.10)에 의하여

$$\sin\left(\theta + \frac{\pi}{2}\right) = \frac{x}{r} = \cos\theta, \qquad \cos\left(\theta + \frac{\pi}{2}\right) = \frac{-y}{r} = -\sin\theta$$

임을 알 수 있다. 비슷하게 P를 $180°$ 회전하였을 때 점 P'의 좌표는 원점에 관하여 대칭이므로 $(-x, -y)$가 된다(그림 1.9). 따라서

$$\sin(\theta + \pi) = \frac{-y}{r} = -\sin\theta, \qquad \cos(\theta + \pi) = \frac{-x}{r} = -\cos\theta$$

가 됨을 알 수 있다.

삼각함수의 항등식

이제 삼각함수들의 관계를 알아보기로 하자.

예제 1.13 삼각함수의 정의 (1.10)을 사용하여 $\sin^2\theta + \cos^2\theta = 1$임을 증명하여라.

풀이 정의 (1.10)으로부터

$$\sin^2\theta + \cos^2\theta = \left(\frac{y}{r}\right)^2 + \left(\frac{x}{r}\right)^2 = \frac{x^2 + y^2}{r^2}$$

이다. $r^2 = x^2 + y^2$ 이므로 주어진 식은 증명되었다. □

연습문제 1.4

1. 다음 일반각을 라디안 각으로 바꾸어라.

(1) $30°$	(2) $45°$	(3) $135°$	(4) $225°$	(5) $315°$
(6) $25°$	(7) $18°$	(8) $144°$	(9) $178°$	(10) $405°$

2. 다음 라디안 각을 일반각으로 바꾸어라.

(1) $\frac{\pi}{3}$	(2) $\frac{\pi}{5}$	(3) $\frac{9\pi}{7}$	(4) $\frac{13}{4}\pi$	(5) $\frac{27}{5}\pi$
(6) 3.2 rad	(7) 2.83 rad	(8) 7.1 rad	(9) 2.8 rad	(10) 0.71 rad

3. 중심이 θ인 라디안 각이고 반지름이 r인 호의 길이 ℓ과 넓이 S는 다음과 같음을 보여라. (힌트: 위의 비례식을 응용하여라.)

$$\ell = r\theta, \qquad S = \frac{1}{2}r^2\theta$$

4. 그림 1.16과 그림 1.17를 참고하여 삼각함수의 값을 구하여라.

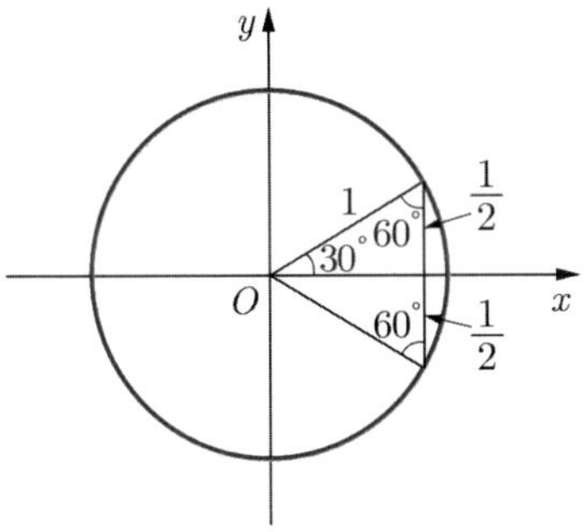

그림 1.16:

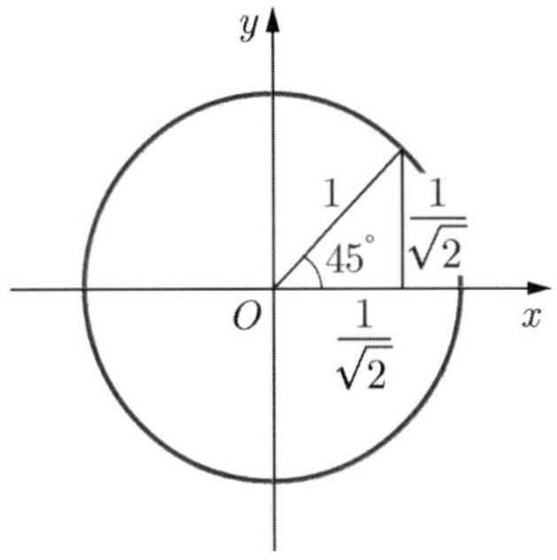

그림 1.17:

θ	$\sin\theta$	$\cos\theta$	$\tan\theta$	$\csc\theta$	$\sec\theta$	$\cot\theta$
$\frac{\pi}{6}$						
$\frac{\pi}{4}$						
$\frac{\pi}{3}$						

5. 삼각함수의 정의(1.10)을 이용하여 각 함수의 부호를 정하여라.

	$\sin\theta$	$\cos\theta$	$\tan\theta$	$\csc\theta$	$\sec\theta$	$\cot\theta$
1사분면						
2사분면						
3사분면						
4사분면						

6. 다음 함수의 주기를 구하여라.

$$\sin\theta, \quad \cos\theta, \quad \tan\theta, \quad \csc\theta, \quad \sec\theta, \quad \cot\theta$$
$$\sin\theta + \cos\theta, \quad \sin\theta\cos\theta, \quad \tan\theta + \cot\theta$$

7. 점 $P(x, y)$를 $\frac{\pi}{2}$와 $\frac{3\pi}{2}$만큼 시계 반대 방향으로 회전하였을 때의 점의 좌표를 구하여라.

8. 다음 항등식을 증명하여라.

$$\sin\left(\theta + \frac{3\pi}{2}\right) = -\cos\theta, \qquad \cos\left(\theta + \frac{3\pi}{2}\right) = -\sin\theta$$

9. 점 $P(x, y)$를 x축에 관하여 대칭이동하였을 때 점 P'의 좌표를 구하여라.

10. 문제 8을 이용하여

$$\sin(-\theta) = -\sin\theta, \quad \cos(-\theta) = \cos\theta, \quad \tan(-\theta) = -\tan\theta$$

임을 보여라.

11. 임의의 실수 x에 대해 함수 f가 $f(-x) = -f(x)$이면 **기함수**라 하고, $f(-x) = f(x)$이면 **우함수**라 한다.

(1) 우함수와 기함수의 정의를 이용하여 다음 표를 작성하여라.

f	g	$f+g$	$f-g$	$f \cdot g$	f/g
기함수	기함수				
우함수	우함수				
우함수	기함수				

(2) 삼각함수를 우함수와 기함수로 분류하여라.

12. 삼각함수의 정의를 사용하여 다음 항등식을 증명하여라.

(1) $1 + \tan^2\theta = \sec^2\theta$ (2)] $1 + \cot^2\theta = \csc^2\theta$

13. 다음 항등식을 증명하여라.

(1) $\cos\theta(\sec\theta - \cos\theta) = \sin^2\theta$ (2) $\sec^2\theta + \sec^2\theta\tan^2\theta = \sec^4\theta$

(3) $\dfrac{\sin\theta}{1+\sec\theta} - \dfrac{\sin\theta}{1-\sec\theta} = 2\cot\theta$ (4) $\dfrac{\cos\theta + \sin\theta\cot\theta}{\cot\theta} = 2\sin\theta$

(5) $\dfrac{\tan\theta - \tan^2\theta + \sec^2\theta}{\sec\theta} = \sin\theta + \cos\theta$

(6) $\sec^4 x - 2\sec^2 x\tan^2 x + \tan^4 x = 1$

(7) $\dfrac{1}{\sec x + \tan x} + \tan x = \sec x$

(8) $\dfrac{1+\cos y}{1-\cos y} - \dfrac{\csc y - \cot y}{\csc y + \cot y} = 4\cot y\csc y$

13. 다음을 간단히 하여라.

(1) $\dfrac{\tan\theta(1+\cot^2\theta)}{1+\tan^2\theta}$ (2) $\dfrac{1}{\csc x - \cot x} + \dfrac{1}{\csc x + \cot x}$

(3) $\dfrac{1}{1-\cos\theta} + \dfrac{1}{1+\cos\theta}$ (4) $\dfrac{\tan x}{\sin x} + \dfrac{\csc x}{\tan x}$

1.5 삼각함수(II)

삼각함수의 덧셈공식

α, β가 주어진 각일 때

$$\sin(\alpha+\beta) = \sin\alpha + \sin\beta$$

가 맞을까? $\alpha = \beta = \dfrac{\pi}{6}$을 대입하여 보면 거짓임을 금방 알 수 있다. 그렇다면 올바른 공식을 찾아보기로 하자.

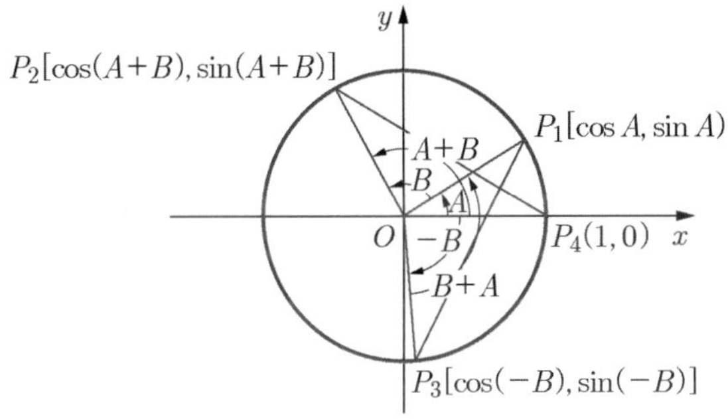

그림 1.18: 삼각함수의 덧셈공식

먼저 그림 1.18과 같이 단위원을 그리고 단위원 위의 점 P_1, P_2, P_3, P_4를 아래와 같이 잡는다. 선분 OP_1이 양의 x축과 이루는 양의 각을 A, 선분 OP_1과 OP_2가 이루는 양의 각을 B라 하자. 그러면 P_1 과 P_2 각각의 좌표는 $P_1(\cos A, \sin A)$, $P_2(\cos(A+B), \sin(A+B))$가 된다. 이제 선분 OP_3와 양의 x축과 음의 각을 $-B$라 하자. 그러면 P_3의 좌표는 점 $P_3(\cos(-B), \sin(-B))$이다. 점 $P_4(1,0)$라 하자. 이제 각 A, B, $A+B$는 모두 양이고 π보다 작다고 가정하자. 그러면 삼각형 OP_4P_2와 OP_3P_1은 합동이다. 따라서 선분 P_4P_2와 P_3P_1의 길이는 같다. 그러므로 $\sin^2\theta + \cos^2\theta = 1$을 이용하면

$$\begin{aligned}(P_4P_2)^2 &= [\cos(A+B) - 1]^2 + [\sin(A+B) - 0]^2 \\ &= \cos^2(A+B) - 2\cos(A+B) + 1 + \sin^2(A+B) \\ &= 2 - 2\cos(A+B)\end{aligned}$$

이 성립한다. 더욱이 $\cos(-B) = \cos B$와 $\sin(-B) = -\sin B$이므로

$$\begin{aligned}(P_3P_1)^2 &= (\cos A - \cos B)^2 + (\sin A + \sin B)^2 \\ &= \cos^2 A - 2\cos A\cos B + \cos^2 B + \sin^2 A + 2\sin A\sin B + \sin^2 B \\ &= 2 - 2\cos A\cos B + 2\sin A\sin B\end{aligned}$$

항등식 $(P_4P_2)^2 = (P_3P_1)^2$ 으로부터

$$\cos(A+B) = \cos A \cos B - \sin A \sin B$$

을 얻는다. 이것은 일반적인 경우(A나 B가 적어도 하나가 2π보다 큰 각)에 대해서도 증명될 수 있다(연습문제 1.5의 2번). 또한 이와 같은 사실을 정리하면 다음과 같다.

$$\sin(\alpha+\beta) = \sin\alpha\cos\beta + \cos\alpha\sin\beta \tag{1.11}$$

$$\sin(\alpha-\beta) = \sin\alpha\cos\beta - \cos\alpha\sin\beta \tag{1.12}$$

$$\cos(\alpha+\beta) = \cos\alpha\cos\beta - \sin\alpha\sin\beta \tag{1.13}$$

$$\cos(\alpha-\beta) = \cos\alpha\cos\beta + \sin\alpha\sin\beta \tag{1.14}$$

예제 1.14 공식 (1.11)을 이용하면 다음과 같다.

$$\begin{aligned}\sin 75^\circ &= \sin(45^\circ + 30^\circ)\\ &= \sin 45^\circ \cos 30^\circ + \cos 45^\circ \sin 30^\circ\\ &= \frac{\sqrt{2}}{2}\cdot\frac{\sqrt{3}}{2} + \frac{\sqrt{2}}{2}\cdot\frac{1}{2}\\ &= \frac{\sqrt{6}+\sqrt{2}}{4}\end{aligned}$$

2배각공식, 반각공식

공식 (1.11)~(1.14)로부터 특별히 $\alpha = \beta = \theta$라 두면

$$\sin 2\theta = 2\sin\theta\cos\theta \tag{1.15}$$

$$\cos 2\theta = \cos^2\theta - \sin^2\theta \tag{1.16}$$

을 얻는다. 이것을 **2배각공식**이라 한다. $\sin^2\theta + \cos^2\theta = 1$이므로 이 식을 (1.16)에 대입하면

$$\cos 2\theta = 2\cos^2\theta - 1 = 1 - 2\sin^2\theta$$

을 얻는다. 이제 $2\theta = \alpha$라 두면 위 관계식으로부터

$$\cos^2\frac{\alpha}{2} = \frac{1+\cos\alpha}{2}, \qquad \sin^2\frac{\alpha}{2} = \frac{1-\cos\alpha}{2} \tag{1.17}$$

이 된다. 이 공식을 **반각공식**이라 한다.

덧셈공식의 변형

덧셈공식을 다시 살펴보기로 하자. 공식 (1.11)과 (1.12), (1.13)과 (1.14)을 각각 더하고 빼면

$$2\sin\alpha\cos\beta = \sin(\alpha+\beta) + \sin(\alpha-\beta) \tag{1.18}$$

$$2\cos\alpha\sin\beta = \sin(\alpha+\beta) - \sin(\alpha-\beta) \tag{1.19}$$

$$2\cos\alpha\cos\beta = \cos(\alpha+\beta) + \cos(\alpha-\beta) \tag{1.20}$$

$$2\sin\alpha\sin\beta = -\{\cos(\alpha+\beta) - \cos(\alpha-\beta)\} \tag{1.21}$$

을 얻는다. 이 공식은 두 삼각함수의 곱을 합과 차로 바꾸는 공식이다.

예제 1.15 $\sin 15^\circ \cos 75^\circ$을 구하여라.

풀이 공식 (1.18)를 이용하면

$$\begin{aligned}\sin 15^\circ \cos 75^\circ &= \frac{1}{2}\{\sin(15^\circ + 75^\circ) + \sin(15^\circ - 75^\circ)\}\\ &= \frac{1}{2}\{\sin 90^\circ + \sin(-60^\circ)\}\\ &= \frac{1}{2}\left(1 - \frac{\sqrt{3}}{2}\right)\\ &= \frac{2-\sqrt{3}}{4}\end{aligned}$$

□

이제 공식 (1.18)-(1.21)에서 $\alpha+\beta = A$, $\alpha-\beta = B$라 두면 $\alpha = \frac{A+B}{2}$, $\beta = \frac{A-B}{2}$이므로 공식에 대입하면 삼각함수의 합, 차를 곱으로 바꾸는 공식을 얻는다.

$$\sin A + \sin B = 2\sin\frac{A+B}{2}\cos\frac{A-B}{2} \tag{1.22}$$

$$\sin A - \sin B = 2\cos\frac{A+B}{2}\sin\frac{A-B}{2} \tag{1.23}$$

$$\cos A + \cos B = 2\cos\frac{A+B}{2}\cos\frac{A-B}{2} \tag{1.24}$$

$$\cos A - \cos B = -2\sin\frac{A+B}{2}\sin\frac{A-B}{2} \tag{1.25}$$

예제 1.16 $\sin 15^\circ + \sin 75^\circ$을 구하여라.

풀이 공식 (1.22)을 이용하면 $A = 15°$, $B = 75°$ 이므로

$$\begin{aligned}\sin 15° + \sin 75° &= 2\sin 45° \cos(-30°) \\ &= 2 \cdot \frac{\sqrt{2}}{2} \cdot \frac{\sqrt{3}}{2} \\ &= \frac{\sqrt{6}}{2}\end{aligned}$$

□

연습문제 1.5

1. 다음 관계식

$$\sin(\alpha + \beta) = \sin\alpha + \sin\beta$$

이 옳은지를 판단하여 설명하여라.

2. α와 β 중 적어도 하나가 둔각일 때 공식 (1.11)~(1.14)가 성립함을 보여라.

3. 공식 (1.13)을 이용하여 나머지 (1.11), (1.12), (1.14)를 유도하여라.
(힌트 : $\alpha - \beta = \alpha + (-\beta)$와 항등식 $\cos(-\beta) = \cos\beta$, $\sin(-\beta) = -\sin\beta$을 이용할 것)

4. 공식 (1.11)~(1.14)를 이용하여 다음을 보여라.

$$\tan(\alpha \pm \beta) = \frac{\tan\alpha \pm \tan\beta}{1 \mp \tan\alpha \tan\beta} \tag{1.26}$$

5. 공식 (1.11)sim(1.14)를 이용하여 다음 함수값을 구하여라.

$$\sin 15°, \quad \cos 75°, \quad \sin 105°, \quad \cos 105°, \quad \tan 15°, \quad \tan 75°$$

6. $\tan 2\theta = \dfrac{2\tan\theta}{1 - \tan^2\theta}$ 임을 증명하여라.

7. $\tan^2 \dfrac{\alpha}{2} = \dfrac{1 - \cos\alpha}{1 + \cos\alpha}$ 임을 증명하여라.

8. 반각공식 (1.17)을 이용하여 다음 삼각함수의 값을 구하여라.

$$\sin 15°, \quad \cos 15°, \quad \tan 15°, \quad \sin 75°, \quad \cos 75°, \quad \tan 75°$$

9. $3\theta = 2\theta + \theta$의 관계를 이용하여 **삼배각공식**을 증명하여라.

(1) $\sin 3\theta = 3\sin\theta - 4\sin^3\theta$ (2) $\cos 3\theta = 4\cos^3\theta - 3\cos\theta$

(3) $\tan 3\theta = \dfrac{2\tan\theta - \tan^2\theta}{1 - 3\tan^2\theta}$

10. 공식 (1.18)~(1.21) 를 이용하여 다음 함수값을 구하여라.

$$\cos 15^\circ \sin 75^\circ, \quad \cos 15^\circ \cos 75^\circ, \quad \sin 15^\circ \sin 75^\circ$$

11. 공식 (1.22)~(1.25) 를 이용하여 다음 함수값을 구하여라.

$$\cos 15^\circ + \cos 75^\circ, \quad \sin 75^\circ - \sin 15^\circ, \quad \cos 75^\circ - \cos 15^\circ$$

12. 다음을 증명하여라.

(1) $1 + \cos 5\theta\cos\theta + \sin 5\theta\sin\theta = 2\cos^2 2\theta$

(2) $\cos^2 2\theta + 4\sin^2\theta\cos^2\theta = 1$

(3) $\cos^4\theta - \sin^4\theta = \cos 2\theta$

(4) $(1 - 2\sin^2\theta)^2 = 1 - \sin^2 2\theta$

(5) $\dfrac{\cos 2\theta}{\sin\theta\cos\theta} = \dfrac{1 - \tan^2\theta}{\tan\theta}$

(6) $\dfrac{1 - \cos 2\theta}{2\sin\theta\cos\theta} = \tan\theta$

(7) $\cot 4\theta + \tan 2\theta = \csc 4\theta$

(8) $\dfrac{\sin 3x - \cos 3x}{\sin x + \cos x} = 2\sin 2x - 1$

(9) $\dfrac{\cos 2x - \cos 4x}{\sin 2x + \sin 4x} = \tan x$

(10) $\dfrac{1 + 2\sin 2\theta + \cos 2\theta}{2 + \sin 2\theta - 2\cos 2\theta} = \cot\theta$

(11) $1 - \tan y\tan(x - y) = \sec(x - y)\cos x\sec y$

(12) $\tan(x - y) + \tan y = \sec(x - y)\sin x\sec y$

(13) $\cot x - \cot(x - y) = \csc(y - x)\sin y\csc x$

(14) $\cot y\cot(x - y) - 1 = \csc(x - y)\cos x\csc y$

13. $\tan\dfrac{\theta}{2} = t$라 할 때 다음을 보여라.

$$\sin\theta = \frac{2t}{1 + t^2}, \quad \cos\theta = \frac{1 - t^2}{1 + t^2}, \quad \tan\theta = \frac{2t}{1 - t^2}$$

14. 삼각형 ABC에서 각의 마주 보는 변의 길이를 각각 a, b, c라 하자.

(1) 삼각형의 넓이를 이용하여 sine 법칙을 보여라.

$$\frac{a}{\sin A} = \frac{b}{\sin B} = \frac{c}{\sin C} \tag{1.27}$$

(2) sine 법칙을 이용하여 Mollweide등식을 증명하여라.

$$\frac{a+b}{c} = \frac{\cos\frac{A-B}{2}}{\sin\frac{C}{2}} \tag{1.28}$$

$$\frac{a-b}{c} = \frac{\sin\frac{A-B}{2}}{\cos\frac{C}{2}} \tag{1.29}$$

(힌트 : 항등식 $\frac{a}{b} = \frac{\sin A}{\sin B}$의 양변에서 1을 빼고 관계식을 $\frac{a-b}{c} = \frac{\sin A - \sin B}{\sin C}$로 만든다.)

Memo

2. 함수의 극한

CHAPTER 2

함수의 극한

2.1 수열의 극한

극한의 정의

각 자연수에 실수값를 대응시킨 함수 f를 생각하기로 하자. 그러면 함수 f는

$$f : \mathbb{N} \to \mathbb{R}$$

으로 나타내고 이러한 함수 f를 **수열**이라 한다. 이제 우리는 함수 f의 함수값 $f(n) = a_n$ 일 때 수열 f를 $\{a_n\}_{n\in\mathbb{N}}$ 또는 간단히 $\{a_n\}$ 으로 나타내고[1] 이것을 나열하여

$$a_1, a_2, \cdots, a_n, \cdots$$

으로 쓰기로 한다.

무한수열

$$a_1, a_2, \cdots, a_n, \cdots \tag{2.1}$$

을 생각하기로 하자. 예를 들어 $a_n = n^2$와 $b_n = \dfrac{1}{n^2}$ 를 살펴보자. 먼저 a_n의 경우에는

$$1^2,\ 2^2,\ 3^2,\ \cdots \tag{2.2}$$

이 된다. 또한 b_n의 경우에는

$$1, 0.25, 0.125, 0.0625, \cdots$$

과 같이 된다. 이제 자연수 n이 커져감에 따라 수열 a_n은 점점 커져가고 b_n은 점점 작아져서 0으로 다가감을 알 수 있다. 그러나 $a_n = (-1)^n$과 같은 수열은

$$-1, 1, -1, 1, \cdots$$

[1] 집합기호 $\{a_n\}$과는 구별하여야 한다. 집합에서는 $\{1,1,2,3,\cdots\} = \{1,2,3,\cdots\}$ 으로 같은 원소를 한 번만 쓰지만 수열에서는 $\{1,1,2,3,\cdots\}$ 같은 원소라도 반복하여 쓴다.

가 같이 되어 n이 증가하여도 어느 하나의 값으로 수렴하지 않고 무한히 커지거나 작아지지도 않는다. 이러한 수열은 **진동한다**고 한다. 일반적으로 n이 한없이 커질 때를 "n이 무한대로 간다"고 말하고 $n \to \infty$라고 나타낸다. 이제 $n \to \infty$일 때 a_n이 어떤 값 a로 다가가면[2] **수열 a_n은 a로 수렴한다**고 말하고 기호로

$$\lim_{n\to\infty} a_n = a \tag{2.3}$$

으로 쓰기로 한다. 이때 a를 수열 a_n의 **극한**이라 한다. 그러나 a_n이 위의 보기와 같이 진동하거나 무한이 커지면 수열 a_n은 **발산한다**고 말한다.

예제 2.1 수열 $\left\{\dfrac{1}{n}\right\}_{n\in\mathbb{N}}$ 의 극한을 구하여라.

풀이 표를 통하여 극한을 구해보기로 하자.

n	$\frac{1}{n}$
1	1
5	0.2
10	0.1
50	0.02
100	0.01
500	0.002
1000	0.001

따라서 극한은

$$\lim_{n\to\infty} \frac{1}{n} = 0.$$

□

극한의 성질

두 수열 a_n와 b_n이 주어져 있을 때 두 수열의 극한이 모두 존재한다고 하자. 그러면 다음 정리가 성립한다.

정리 2.1

수열 a_n와 b_n의 극한이 존재하고 극한을 각각 a, b라 하자. 그러면

$$\lim_{n\to\infty}(a_n \pm b_n) = a \pm b \tag{2.4}$$

$$\lim_{n\to\infty}(a_n b_n) = ab \tag{2.5}$$

$$\lim_{n\to\infty}\frac{a_n}{b_n} = \frac{a}{b} \qquad (\text{단, } b_n \neq 0\text{이고 } b \neq 0) \tag{2.6}$$

[2] 이것은 $n \to \infty$일 때 $|a_n - a| \to 0$과 동치이다.

정리 2.1에서 주의하여야 할 것은 **수열의 극한이 존재한다**는 것이다. 만일 정리의 가정을 만족하지 못하면 정리는 성립하지 않는다.

예제 2.2 $a_n = (-1)^n$와 $b = (-1)^{n+1}$은 진동하는 수열이므로 극한을 가지지 않는다. 그러나 $a_n + b_n = 0$이므로 극한 0을 가진다. 그러나 $a_n - b_n = 2(-1)^n$이므로 극한을 가지지 않는다. 또한 $a_n b_n = \dfrac{a_n}{b_n} = -1$이므로 각각은 모두 극한 -1을 가진다.

극한의 성질에 관한 정리 2.1을 이용하면 복잡한 수열의 극한을 보다 쉽게 구할 수 있다.

예제 2.3

(i) $\displaystyle\lim_{n\to\infty} \frac{1}{n^2} = 0$ (ii) $\displaystyle\lim_{n\to\infty} \frac{n^2+2n+3}{n^2-n+1} = 1$

풀이 (i) 예제 2.1에서 수열 $\displaystyle\lim_{n\to\infty} \frac{1}{n} = 0$이고 $\dfrac{1}{n^2} = \left(\dfrac{1}{n}\right)\left(\dfrac{1}{n}\right)$이므로 정리 2.1에 의하여

$$\lim_{n\to\infty} \frac{1}{n^2} = \left(\lim_{n\to\infty} \frac{1}{n}\right)\left(\lim_{n\to\infty} \frac{1}{n}\right) = 0$$

(ii) 분모, 분자를 n^2으로 나누면 주어진 수열은

$$\frac{n^2+2n+3}{n^2-n+1} = \frac{1+\frac{2}{n}+\frac{3}{n^2}}{1-\frac{1}{n}+\frac{1}{n^2}}$$

이고 예제 2.1과 예제 2.3의 (i) 및 정리 2.1의 식(2.4)에 의하여 오른쪽 식의 분모와 분자가 모두 극한을 가진다. 그러므로 정리 2.1의 식(2.6)을 이용하면

$$\begin{aligned}\lim_{n\to\infty} \frac{n^2+2n+3}{n^2-n+1} &= \lim_{n\to\infty} \frac{1+\dfrac{2}{n}+\dfrac{3}{n^2}}{1-\dfrac{1}{n}+\dfrac{1}{n^2}} \\ &= \frac{\displaystyle\lim_{n\to\infty}\left(1+\frac{2}{n}+\frac{3}{n^2}\right)}{\displaystyle\lim_{n\to\infty}\left(1-\frac{1}{n}+\frac{1}{n^2}\right)} \\ &= 1\end{aligned}$$

□

이제 특별한 수열을 생각하기로 하자. 원금이 1이고 이율이 $\dfrac{1}{r}$이라 할때 n년 후의 원리합계는

$$a_n = \left(1+\frac{1}{r}\right)^n$$

가 된다. 그런데 여기서 r은 이자율이므로 n에 의존하는 함수이다. 먼저 $r = n$일 때 극한을 생각하기로 하자. 표를 작성하면 다음과 같다.

n	a_n
1	2
10	2.593742
100	2.704814
1000	2.716924
10000	2.718146
100000	2.718268
1000000	2.718280
10000000	2.718280

표에서 보면 어떤 실수값으로 수렴함을 알 수 있다. 그러므로 이 수열의 수렴값을 편의상 e라 쓴다. 그러면

$$e = \lim_{n\to\infty}\left(1+\frac{1}{n}\right)^n \tag{2.7}$$

임을 알 수 있다. 이러한 수렴값 e는 대략 $2.71828\cdots$ 이며 원주율 π와 함께 초월수[3]로 알려져 있다.

여기에서는 정수의 한 부분집합을 정의역으로 갖는 함수인 수열을 다루고, 또한 이 수열을 이용하여 9장에서는 수열의 무한합인 급수를 다룰 것이다. 이 급수는 이제까지 우리와 친숙한 함수(다항함수, 지수함수, 로그함수, 삼각함수 등)들을 표현하는 데에도 쓰인다.

다음 두 예제의 결과는 자주 이용된다.

예제 2.4 c는 임의의 실수이고 모든 $n \geq 1$에 대하여 $a_n = c$이면 $\lim_{n\to\infty} a_n = c$이다.

예제 2.5 k는 자연수일 때 $\lim_{n\to\infty} \frac{1}{n^k} = 0$이다.

연습문제 2.1

1. 표를 그리고 극한을 구하여라.

(1) $\lim_{n\to\infty} \frac{1}{n^2}$ (2) $\lim_{n\to\infty} (-2)^n$ (3) $\lim_{n\to\infty} \frac{n-1}{n+1}$

(4) $\lim_{n\to\infty} \sin\frac{\pi}{n}$ (5) $\lim_{n\to\infty} \log n$

[3]초월수는 적당한 정수 계수 다항식의 근이 되는 대수수와는 구별되는 수이며 어떠한 정수계수 다항식의 근이 되지 않는 수이다. e가 초월수임은 1873년에 Charles Hermite에 의해 증명되었고, 원주율 π가 초월수임은 1882년 Ferdinand von Lindemann에 의해 증명되었다.

2. 정리 2.1을 이용하여 다음을 증명하여라.
   (1) $\lim_{n\to\infty}(-2) = -2$ (2) $\lim_{n\to\infty}\frac{1}{n^2} = 0$ (3) $\lim_{n\to\infty}\frac{3n+1}{n} = 3$
   (4) $\lim_{n\to\infty}\sqrt{n} = \infty$ (5) $\lim_{k\to\infty}e^{-k} = 0$

3. 두 수열 $a_n = n$과 $b_n = \frac{1}{n}$에 대해서 수열 $a_n b_n$의 극한의 수렴성 여부에 대해서 설명하여라.

4. e의 정의 (2.7)을 사용하여 다음을 증명하여라.

$$e = \lim_{n\to-\infty}\left(1+\frac{1}{n}\right)^n.$$

5. 다음 극한을 구하여라.
   (1) $\lim_{n\to\infty}\left(1-\frac{r}{n}\right)^n$, 여기서 r은 상수. (2) $\lim_{n\to\infty}\left(1+\frac{1}{n^2}\right)^n$
   (3) $\lim_{n\to\infty}\left(1+\frac{1}{n}\right)^{2n}$ (4) $\lim_{n\to\infty}\left(1+\frac{1}{n^2}\right)^{n^2}$ (5) $\lim_{n\to\infty}\left(1+\frac{2}{n}\right)^n$

2.2 함수의 극한

직관적인 정의

f는 실수의 구간에서 정의된 실수값을 가지는 함수라 하자. I를 f의 정의역이라 하자. I는 실수의 전체 또는 부분집합일 수도 있다. 대개는 구간으로 표현될 수 도 있다. a가 I의 끝점[4]이거나 내부의 점이라 하자. 먼저 수열 $x_n = a + \dfrac{1}{n}$을 생각하자. 그러면

$$\lim_{n\to\infty} x_n = a \tag{2.8}$$

임을 알 수 있다. 또는 $x_n = a + (-1)^n \frac{1}{n}$ 도 (2.8)이 성립함을 알 수 있다. 이와 같이 a를 향하여 다가가는 구간 I 내에 있는 무한개의 실수 점들을 생각할 수 있다.[5] 이러한 실수 $x \in I$들이 존재하면 우리는 **구간 I 내에서** $x \to a$라고 쓰기로 하자. 만일 구간 I가 실수 전체이거나 잘 알 수 있으면 '구간 I 내에서'을 생략하기로 하자.

이제 함수의 극한을 생각하기로 하자. 구간 I 내에서 $x \to a$일 때 함수값 $f(x) \to A$이면 기호로

$$\lim_{\substack{x\to a\\ x\in I}} f(x) = A$$

라고 나타내고 **구간 I 내에서 $x \to a$일 때 $f(x)$는 A로 수렴한다**고 한다. 이때 A를 **극한값**이라 한다. 만일 구간 I 내에서 $x \to a$일 때 $f(x)$가 수렴하지 않으면 **발산한다**고 한다. 이제부터는 '구간 I 내에서 $x \to a$'는 $x \to a$로 쓰기로 하자. 특히 a가 함수의 정의역의 원소가 아닐 수도 있다(예제 2.8 참조).

예제 2.6 $f(x) = x^2$일 때 다음 극한이 성립함을 증명하여라.

$$\lim_{x\to 2} f(x) = 4$$

풀이 (1) 수치적 방법을 통한 증명: 표를 그려서 증명하기로 한다.

---

[4]끝점이라 함은 $I = (a, \infty)$ 또는 $I = [a, \infty)$일 때 또는 그 반대의 경우를 말한다. $\pm\infty$는 $\mathbb{R} = (-\infty, \infty)$이므로 실수의 끝점이라 할 수 있다. 여기서 $\pm\infty$는 I의 끝점이 될 수 있다.

[5]보다 엄밀하게 말하면 **구간 I 내에서 x가 a로 다가간다**는 것은 임의의 $\varepsilon > 0$에 대해서 $x \in (a-\varepsilon, a+\varepsilon) \cap I$인 x가 적어도 하나 존재한다.

x	$f(x)$
1	1
1.5	2.25
1.9	3.61
1.95	3.8025
1.995	3.98003
1.9995	3.998
1.99995	3.9998

비슷하게 $x > 2$인 수들에 대해서도 극한값을 계산할 수 있다. 따라서

$$\lim_{x\to 2} f(x) = 4.$$

(2) 그래프를 이용한 방법 : $f(x) = x^2$를 그리면 $x \to 2$일 때 그래프의 점 $f(x)$가 4에 가까워짐을 알 수 있다. □

예제 2.7 극한값 $\lim_{x\to 1}(2x-3)$을 구하여라.

풀이 x가 1에 충분히 가까워질 때 함수값 $2x-3$은 -1에 가까워짐을 알 수 있다(그림 2.1). □

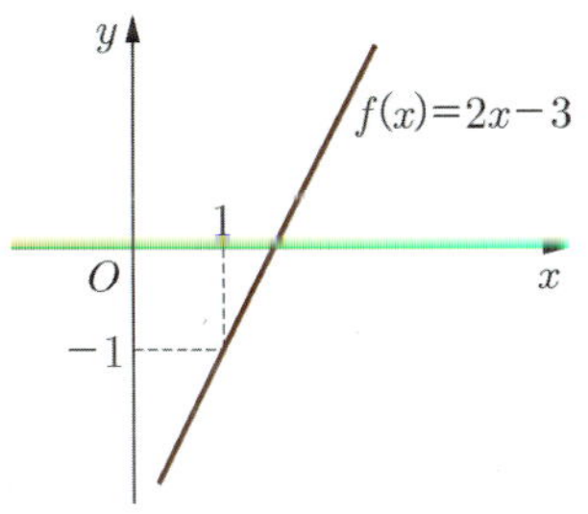

그림 2.1: $\lim_{x\to 1}(2x-3) = -1$

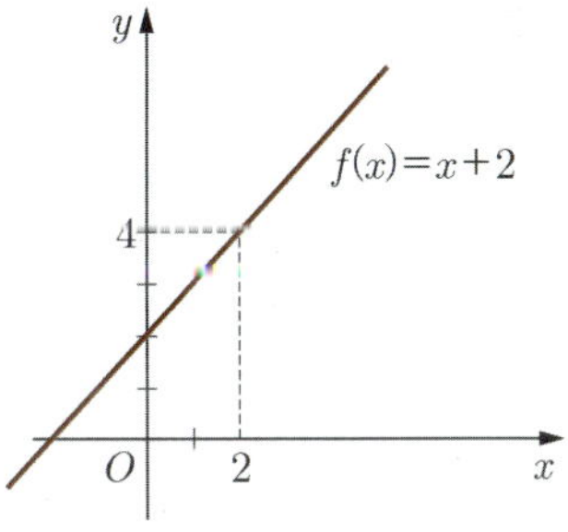

그림 2.2: $\lim_{x\to 2}(x+2) = 4$

예제 2.8 극한값 $\lim_{x\to 2} \dfrac{x^2-4}{x-2}$를 구하여라.

풀이 이 함수는 $x = 2$에서는 정의되지 않지만 $x \neq 2$이면

$$\frac{x^2-4}{x-2} = \frac{(x-2)(x+2)}{(x-2)} = x+2$$

이다. 한편 $\lim_{x\to 2}(x+2)=4$ 이다(그림 2.2). 따라서 극한값은

$$\lim_{x\to 2}\frac{x^2-4}{x-2}=\lim_{x\to 2}(x+2)=4$$

이다. □

예제 2.9 극한값 $\lim_{x\to 0}\frac{\sin x}{x}$ 를 구하여라.

풀이 x가 0에 충분히 가까워지면, $\sin x$는 0에 가까워지므로 $\frac{0}{0}$ 형태의 극한을 얻는다. 계산기를 사용하여 다음과 같은 표를 얻는다.

x	$\pm\frac{\pi}{4}$	$\pm\frac{\pi}{30}$	$\pm\frac{\pi}{180}$	$\pm\frac{\pi}{9000}$
$\frac{\sin x}{x}$	0.900316	0.998173	0.999949	0.99999998

따라서 구하고자 하는 극한값은

$$\lim_{x\to 0}\frac{\sin x}{x}=1$$

임을 알 수 있다. □

연습문제 2.2

1. 다음 함수의 극한을 수치적인 방법과 그래프를 통한 방법으로 구하여라.
   (1) $\lim_{x\to 2}x^3$
   (2) $\lim_{x\to \frac{\pi}{3}}\sin x$
   (3) $\lim_{x\to 2}\frac{1}{x}$
   (4) $\lim_{x\to \frac{\pi}{4}}\cos x$
   (5) $\lim_{x\to 1}(x^2+x)$
   (6) $\lim_{x\to 1}3^x$
   (7) $\lim_{x\to -1}\frac{x^2-x+1}{x^2+1}$
   (8) $\lim_{x\to 0}\sin x$
   (9) $\lim_{x\to 0}\cos x$

2. $f(x)=x^{\frac{1}{3}}$ 일 때 x 값에 $-\frac{1}{27}, -\frac{1}{125}, -\frac{1}{1000}, \frac{1}{27}, \frac{1}{125}, \frac{1}{1000}$ 을 직접 대입하여 극한값 $\lim_{x\to 0}f(x)$ 을 구하여라.

3. 다음 함수의 극한을 수치적인 방법과 그래프를 통한 방법으로 구하여라.
   (1) $\lim_{x\to 3}(5x-11)=4$
   (2) $\lim_{x\to 2}\sqrt{2x}=2$
   (3) $\lim_{x\to 5}\frac{x^2-25}{x-5}=10$

2.3 극한의 기본정리

2.2절에서는 여러 가지 함수의 극한값을 $\varepsilon - \delta$ 방법(정의 **??**)을 적용하여 구하였다. 그러나 극한값을 구할 때마다 $\varepsilon - \delta$ 방법을 적용하여 주어진 양수 ε에 대한 양수 δ를 구하는 것은 매우 복잡한 일이다. 이 절에서는 극한값을 구하는 데 도움을 주는 일반 정리를 소개하려 한다. 거의 대부분의 극한에 관한 문제는 이 정리들을 이용하여 구할 수 있다.

정리 2.2 (극한의 기본정리)

c가 임의의 실수이며, $\lim_{x\to a} f(x)$와 $\lim_{x\to a} g(x)$가 존재한다 하자. 이때 다음이 성립한다.

(i) $\lim_{x\to a}[f(x) \pm g(x)] = \lim_{x\to a} f(x) \pm \lim_{x\to a} g(x)$

(ii) $\lim_{x\to a} cf(x) = c\lim_{x\to a} f(x)$

(iii) $\lim_{x\to a} f(x)g(x) = \lim_{x\to a} f(x)\lim_{x\to a} g(x)$

(iv) $\lim_{x\to a} g(x) \neq 0$이면, $\lim_{x\to a} \dfrac{f(x)}{g(x)} = \dfrac{\lim_{x\to a} f(x)}{\lim_{x\to a} g(x)}$.

따름정리 2.3

$\lim_{x\to a} f_1(x), \lim_{x\to a} f_2(x), \cdots, \lim_{x\to a} f_n(x)$가 존재하면 다음이 성립한다.

(i) $\lim_{x\to a}(f_1(x) + f_2(x) + \cdots + f_n(x)) = \lim_{x\to a} f_1(x) + \lim_{x\to a} f_2(x) + \cdots + \lim_{x\to a} f_n(x)$

(ii) $\lim_{x\to a} f_1(x)f_2(x)\cdots f_n(x) = \lim_{x\to a} f_1(x)\lim_{x\to a} f_2(x)\cdots\lim_{x\to a} f_n(x)$

예제 2.10 다음 극한이 성립함을 보여라.

(i) $\lim_{x\to a} x^n = a^n$ (n은 양의 정수)

(ii) 다항식 $f(x) = c_n x^n + c_{n-1}x^{n-1} + \cdots + c_1 x + c_0$ (n은 음이 아닌 정수, $c_n, c_{n-1}, \cdots, c_0$는 임의의 실수)에 대하여

$$\lim_{x\to a} f(x) = f(a).$$

(iii) 유리함수 $h(x) = \dfrac{f(x)}{g(x)}$에 대하여

$$\lim_{x\to a} h(x) = h(a) \quad (\text{단}, g(a) \neq 0).$$

풀이 극한의 기본정리 2.2를 반복하여 이용하면 쉽게 증명할 수 있다. □

예제 2.11 $\lim_{x\to -1}(4x^3 - 6x^2 - 9x)$를 구하여라.

풀이 $\lim_{x\to -1}(4x^3 - 6x^2 - 9x) = 4(-1)^3 - 6(-1)^2 - 9(-1) = -4 - 6 + 9 = -1.$ □

예제 2.12 다음 극한값을 구하여라.

(i) $\lim_{x\to 2}\frac{x^2+4}{x+2}$ (ii) $\lim_{x\to 1}\frac{x^2-1}{x-1}$

풀이 (i) $\lim_{x\to 2}\frac{x^2+4}{x+2} = \frac{2^2+4}{2+2} = 2$

(ii) $\lim_{x\to 1}(x-1) = 0$이므로 정리 2.2을 직접 이용할 수는 없다.

이제 $x \neq 1$이면 $\frac{x^2-1}{x-1} = x+1$이므로

$$\lim_{x\to 1}\frac{x^2-1}{x-1} = \lim_{x\to 1}(x+1) = 2$$ □

예제 2.13 임의의 실수 a에 대해서 다음이 성립함을 보여라.

(i) $\lim_{x\to a}\sin x = \sin a$ (ii) $\lim_{x\to a}\cos x = \cos a$

풀이 (i) 삼각함수의 성질에 의하여 $\sin(a+h) = \sin a\cos h + \cos a\sin h$이다.

$$\begin{aligned}\lim_{h\to 0}\sin(a+h) &= \lim_{h\to 0}(\sin a\cos h + \cos a\sin h)\\ &= \sin a\lim_{h\to 0}\cos h + \cos a\lim_{h\to 0}\sin h\\ &= (\sin a)\cdot 1 + (\cos a)\cdot 0 = \sin a\end{aligned}$$

이므로 $h = x - a$라 놓으면

$$\lim_{x\to a}\sin x = \sin a$$

이다.

(ii) 삼각함수의 성질에 의하여 $\cos(a+h) = \cos a\cos h - \sin a\sin h$이다.

$$\begin{aligned}\lim_{h\to 0}\cos(a+h) &= \lim_{h\to 0}(\cos a\cos h - \sin a\sin h)\\ &= \cos a\lim_{h\to 0}\cos h - \sin a\lim_{h\to 0}\sin h\\ &= \cos a\cdot 1 - \sin a\cdot 0 = \cos a\end{aligned}$$

이므로 $h = x - a$라 놓으면

$$\lim_{x\to a}\cos x = \cos a$$

이다. □

정리 2.4 (치환정리)

$\lim_{x\to a} f(x) = c$이고, a를 포함하는 어떤 열린구간에서 a이외의 모든 점에 대하여 $f(x) \neq c$라 하자. 만일 $\lim_{y\to c} g(y)$가 존재하면

$$\lim_{x\to a} g(f(x)) = \lim_{y\to c} g(y)$$

이다.

예제 2.14 다음 극한값을 구하여라.

(i) $\lim_{x\to 0}\sqrt{1-x^2}$ (ii) $\lim_{x\to \frac{\pi}{3}} \cos\left(x+\frac{\pi}{6}\right)$

풀이 (i) $y = 1 - x^2$라 하자. 이때

$$\lim_{x\to 0} y = \lim_{x\to 0}(1-x^2) = 1.$$

$g(y) = \sqrt{y}$라 하면 $\lim_{y\to 1} g(y) = \lim_{y\to 1}\sqrt{y} = 1$. 그러므로

$$\lim_{x\to 0}\sqrt{1-x^2} = \lim_{y\to 1}\sqrt{y} = 1.$$

(ii) $y = x + \frac{\pi}{6}$라 하자. 이때

$$\lim_{x\to \frac{\pi}{3}} y = \lim_{x\to \frac{\pi}{3}}\left(x+\frac{\pi}{6}\right) = \frac{\pi}{2}.$$

$g(y) = \cos(y)$라 하면

$$\lim_{x\to \frac{\pi}{2}} \cos y = \cos\frac{\pi}{2} = 0.$$ □

정리 2.5 (조임정리)

실수 a를 포함하는 어떤 열린구간에서 a 이외의 모든 점에 대하여 $f(x) \le g(x) \le h(x)$라 하자. 만일 $\lim_{x\to a} f(x) = \lim_{x\to a} h(x) = L$이면

$$\lim_{x\to a} g(x) = L$$

이다.

예제 2.15 다음 극한이 성립함을 보여라.

$$\lim_{x\to 0}\frac{\sin x}{x} = 1$$

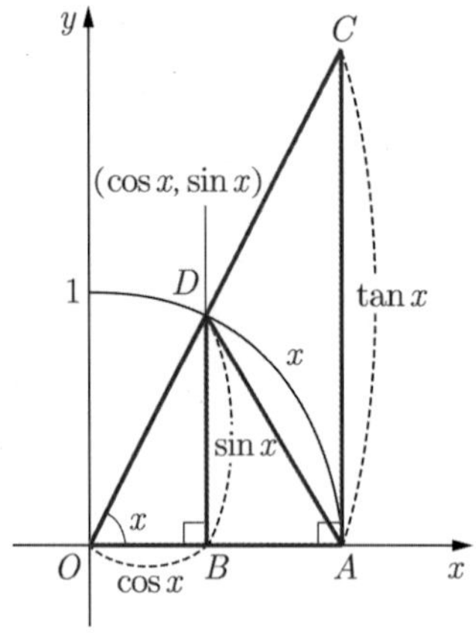

그림 2.3: $0 < x < \dfrac{\pi}{2}$ 일 때

풀이 그림 2.3에서 $0 < x < \frac{\pi}{2}$ 일 때

$$\begin{aligned} \triangle OAD \text{ 의 넓이 } &= \frac{1}{2}|OA||BD| = \frac{1}{2}\cdot 1\cdot \sin x = \frac{\sin x}{2} \\ \text{부채꼴 } OAD \text{ 의 넓이 } &= \frac{1}{2}\cdot 1^2 \cdot x = \frac{x}{2} \\ \triangle OAC \text{ 의 넓이 } &= \frac{1}{2}|OA||AC| = \frac{1}{2}\cdot 1\cdot \tan x = \frac{1}{2}\cdot\frac{\sin x}{\cos x} \end{aligned}$$

이다. 그러므로 그림에서 각 면적을 비교하면

$$\frac{\sin x}{2} < \frac{x}{2} < \frac{1}{2}\cdot\frac{\sin x}{\cos x}, \text{ 즉 } \sin x < x < \frac{\sin x}{\cos x}$$

이다. $\sin x$로 나누고 역수를 취하면

$$\cos x < \frac{\sin x}{x} < 1$$

을 얻는다. $-\dfrac{\pi}{2} < x < 0$일 때도 $t = -x$라 하면, $0 < t < \dfrac{\pi}{2}$이므로

$$\cos x = \cos(-t) = \cos t < \frac{\sin t}{t} = \frac{\sin(-x)}{-x} = \frac{\sin x}{x} < 1$$

이다. 그러므로 $0 < |x| < \dfrac{\pi}{2}$ 일 때

$$\cos x < \frac{\sin x}{x} < 1$$

이다. $\lim\limits_{x\to 0}\cos x = \lim\limits_{x\to 0} 1 = 1$이므로 정리 2.5에 의하여

$$\lim_{x\to 0}\frac{\sin x}{x} = 1.$$

□

예제 2.16 $\lim_{x\to 0}\dfrac{\cos x - 1}{x} = 0$을 보여라.

풀이 $$\begin{aligned}\lim_{x\to 0}\frac{\cos x - 1}{x} &= \lim_{x\to 0}\left(\frac{\cos x - 1}{x}\right)\left(\frac{\cos x + 1}{\cos x + 1}\right)\\ &= \lim_{x\to 0}\frac{\cos^2 x - 1}{x(\cos x + 1)} = \lim_{x\to 0}\left(\frac{\sin x}{x}\right)\cdot\left(\frac{-\sin x}{\cos x + 1}\right)\\ &= 1\cdot\frac{0}{1+1} = 0\end{aligned}$$ □

연습문제 2.3

1. 다음 극한값을 구하여라.
   (1) $\lim_{x\to 2}(x^2+1)(3x-1)$
   (2) $\lim_{x\to 3}\sqrt{3x-5}$
   (3) $\lim_{x\to 2}\left(\dfrac{4x^3+8x}{x+4}\right)^{\frac{1}{3}}$
   (4) $\lim_{x\to 4}\dfrac{x^2+2x-24}{x-4}$

2. $\lim_{x\to a}f(x) = 3,\ \lim_{x\to a}g(x) = -1$일 때 다음을 구하여라.
   (1) $\lim_{x\to a}\sqrt{f^2(x)+g^2(x)}$
   (2) $\lim_{x\to a}\sqrt[3]{g(x)}[f(x)+3]$
   (3) $\lim_{x\to a}[f(x)-(x-a)g(x)]$

3. $f(x) = \dfrac{1}{x}$일 때 $\lim_{x\to 2}\dfrac{f(x)-f(2)}{x-2}$를 구하여라.

4. $x = a$에서 함수 $f(x)$의 극한값이 존재하면 유일함을 보여라. 즉 $\lim_{x\to a}f(x) = L$이고 $\lim_{x\to a}f(x) = M$이면 $L = M$임을 보여라.

2.4 한쪽 극한

$f(x) = \frac{1}{x}$, $f(x) = \sqrt{x}$, $f(x) = \log_2 x$와 같은 함수들은 정의역이 실수 전체가 되지 않고 일부분만 해당된다. 또는 가우스 함수 $f(x) = [x]$와 같은 함수의 경우에는 특정한 점 이후로 함수의 값이 변한다. 이 경우 특정한 점 a의 양쪽에서 수렴하는 x에 대해서 함수의 극한을 말할 수 없다. 이 경우에 우리는 한쪽 극한을 말하기로 한다.

먼저 $x > a$이고 $x \to a$인 경우에 $x \to a^+$로 쓰고 $x < a$이고 $x \to a$인 경우 $x \to a^-$로 쓰기로 한다. 이제 극한

$$\lim_{x \to a^+} f(x) = A$$

이 존재하면 A를 **f의 오른쪽 극한값**이라 하고

$$\lim_{x \to a^-} f(x) = B$$

이 존재하면 B를 **f의 왼쪽 극한값**이라 한다. 더욱이 $\lim_{x \to a} f(x)$가 존재하기 위한 필요충분조건은 $\lim_{x \to a^+} f(x)$와 $\lim_{x \to a^-} f(x)$가 모두 존재하고 두 극한값이 일치하여야 한다.

예제 2.17 $f(x) = \frac{1}{x}$ 일 때 다음 극한을 구하여라.

$$\lim_{x \to 0^+} f(x)$$

풀이 $x > 0$일 때 함수의 그래프를 그려보면 $x \to 0^+$일 때 함수값이 무한히 커짐을 알 수 있다. 따라서

$$\lim_{x \to 0^+} f(x) = \infty$$

이다. □

예제 2.18 함수 $f(x) = \begin{cases} 0, & x < 0 \\ 1, & x \geq 0 \end{cases}$ 의 $x = 0$에서의 극한값을 구하여라(그림 2.4).

풀이 x가 0보다 큰 값을 취하며 0에 접근하면 $f(x)$는 1에 가까워지며, x가 0보다 작은 값을 취하며 0에 접근하면 $f(x)$는 0에 가까워짐을 알 수 있다. 따라서 $x = 0$에서 극한값은 존재하지 않는다. □

예제 2.19 함수 $f(x) = \sqrt{x}$는 음이 아닌 실수 x에 대해서만 정의된다(그림 2.5). 그러므로 극한값 $\lim_{x \to 0} \sqrt{x}$는 존재하지 않는다. 그러나 $x \to 0^+$이면 $f(x) = \sqrt{x} \to 0$임을 알 수 있다.

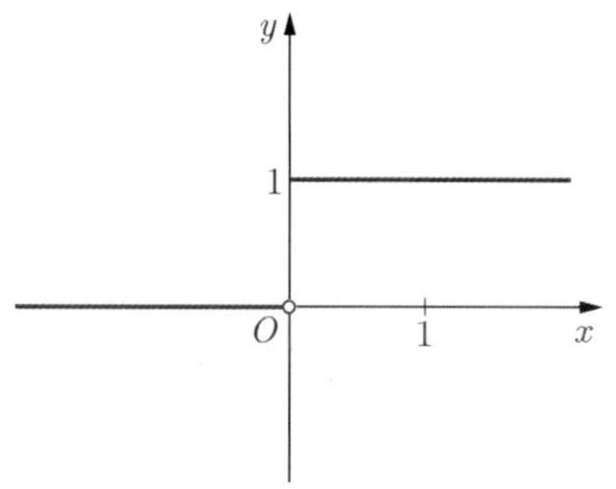

그림 2.4: 예제 2.24

또한 함수 $f(x) = \dfrac{x-1}{|x-1|}$ 의 그래프를 살펴보자(그림 2.6). 극한 $\lim_{x\to 1} \dfrac{x-1}{|x-1|}$ 은 존재하지 않는다. 그러나 $x \to 1^+$ 이면 $\dfrac{x-1}{|x-1|} \to 1$ 이고, $x \to 1^-$ 이면 $\dfrac{x-1}{|x-1|} \to -1$ 이다.

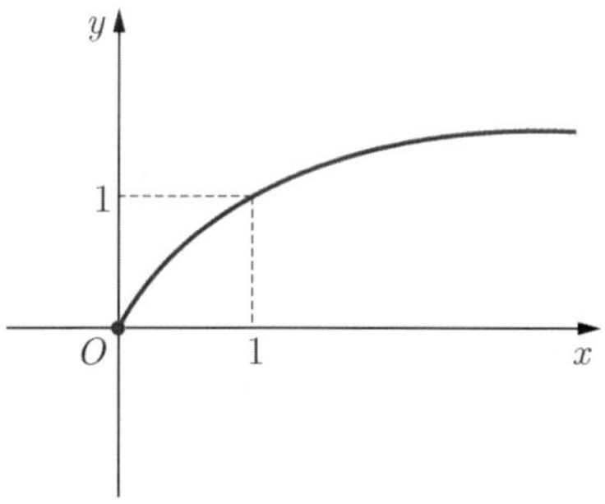

그림 2.5: $f(x) = \sqrt{x}$

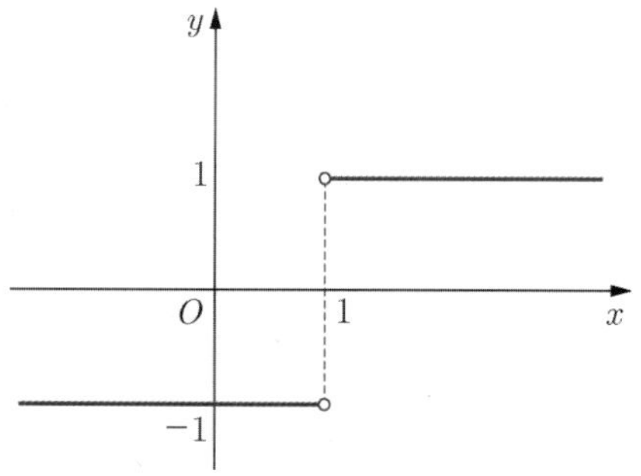

그림 2.6: $f(x) = \dfrac{x-1}{|x-1|}$

한쪽 극한에 대해서도 양쪽 극한에서 성립하였던 정리 2.2 등이 성립한다.

예제 2.20 $\lim_{x\to 0^+} \dfrac{x^{\frac{3}{2}} - 3x + 2}{x - 2\sqrt{x} + 1}$ 를 구하여라.

풀이 $\lim_{x\to 0^+} \sqrt{x} = 0$ 이고 $\lim_{x\to 0^+} x^{\frac{3}{2}} = \lim_{x\to 0^+} (\sqrt{x})^3 = 0$ 이므로 한쪽 극한에 대한 정리들을 이용하여

$$\lim_{x\to 0^+} \frac{x^{\frac{3}{2}} - 3x + 2}{x - 2\sqrt{x} + 1} = \frac{0 - 0 + 2}{0 - 0 + 1} = 2.$$

□

정리 2.6

함수 $f(x)$가 a를 포함하는 어떤 열린구간에서 a 이외의 모든 x에 대하여 정의되었다고 하자. 이때 $\lim_{x\to a} f(x) = L$이기 위한 필요충분조건은

$$\lim_{x\to a^+} f(x) = \lim_{x\to a^-} f(x) = L$$

이다.

예제 2.21 $f(x) = \begin{cases} 2x+1, & x<2 \\ x+3, & x>2 \end{cases}$ 로 정의된 함수 $f(x)$에 대하여 $\lim\limits_{x\to 2} f(x)$를 구하여라.

풀이 한쪽 극한에 관한 정리 2.2에 의하여

$$\lim_{x\to 2^-} f(x) = \lim_{x\to 2^-} (2x+1) = 5 \text{ 이며 } \lim_{x\to 2^+} f(x) = \lim_{x\to 2^+} (x+3) = 5$$

이다. 그러므로 정리 2.6에 의하여 $\lim\limits_{x\to 2} f(x) = 5$이다. □

연습문제 2.4

1. 다음을 구하여라.
   (1) 예제 2.18를 수치적 방법으로 구하여라.
   (2) $\lim\limits_{x\to 0-} \dfrac{1}{x}$ 의 극한값
   (3) $\lim\limits_{x\to 1+} [x]$
   (4) $\lim\limits_{x\to 0+} \sqrt{x}$
   (5) $\lim\limits_{x\to 1-} [x]$
   (6) $\lim\limits_{x\to \frac{\pi}{2}-} \tan x$
   (7) $\lim\limits_{x\to 0-} \csc x$

2. 다음 한쪽 극한을 구하여라.
   (1) $\lim\limits_{x\to 3^+} \dfrac{x+2}{x-3}$
   (2) $\lim\limits_{x\to 0^+} \dfrac{\sin x}{(x^2-1)x}$
   (3) $\lim\limits_{x\to 1^-} \dfrac{|x+1|}{|x-1|}$
   (4) $\lim\limits_{x\to 1^+} \sqrt{\dfrac{x}{x-1}}$

3. 다음 한쪽 극한을 구하여라.
   (1) $\lim\limits_{x\to 2^+} (x^3+3x-5)$
   (2) $\lim\limits_{x\to -2^-} \dfrac{x^2-3x-10}{x^2-9}$
   (3) $\lim\limits_{t\to 2^-} (t-\sqrt{4-2t})$
   (4) $\lim\limits_{t\to 3^-} \sqrt{-3-t}$

4. 다음 극한을 구하여라.
   (1) $\lim\limits_{x\to 0^-} \dfrac{4}{x^3}$
   (2) $\lim\limits_{z\to 3} \dfrac{2}{(z-3)^2}$
   (3) $\lim\limits_{z\to \frac{\pi}{2}^-} \tan z$
   (4) $\lim\limits_{x\to 0} \dfrac{x}{|x|}$

(5) $\lim_{y\to 0^+} \frac{5+\sqrt{1+y^2}}{y}$

(6) $\lim_{t\to 0^-} \frac{\sin t}{t^2}$

(7) $\lim_{t\to 0} \frac{1-\cos t}{t^2}$

(8) $\lim_{x\to 0} \frac{\sqrt{1+x}-\sqrt{1-x}}{x}$

Memo

2.5 함수의 연속성

함수 $f(x)$가 점 $x = a$에서 정의되었을 때, 다음 세 가지 경우가 성립한다.

(i) 극한값 $\lim\limits_{x \to a} f(x)$이 존재하지 않는 경우

(ii) 극한값 $\lim\limits_{x \to a} f(x) = L$는 존재하지만, $\lim\limits_{x \to a} f(x) \neq f(a)$인 경우

(iii) 극한값 $\lim\limits_{x \to a} f(x)$가 존재하며, $\lim\limits_{x \to a} f(x) = f(a)$인 경우

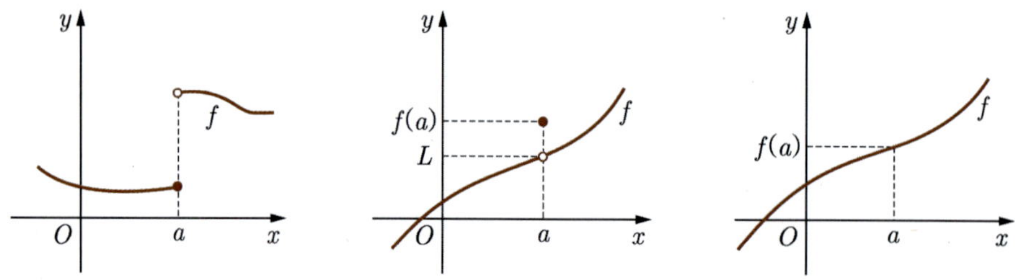

(i) $\lim\limits_{x \to a} f(x)$는 존재하지 않는다. (ii) $L = \lim\limits_{x \to a} f(x)$는 존재한다. 그러나 $\lim\limits_{x \to a} f(x) \neq f(a)$ (iii) $\lim\limits_{x \to a} f(x) = f(a)$

그림 2.7: 함수의 연속성

(iii)의 경우처럼 함수 $f(x)$의 그래프가 점 $(a, f(a))$에서 끊어지지 않고 잘 연결된 성질을 수학적으로 엄밀히 정의해보자.

정의 2.1

함수 $f(x)$가 $x = a$를 포함하는 어떤 구간에서 정의되었다 하자. 이때

$$\lim_{x \to a} f(x) = f(a)$$

이면, $x = a$에서 함수 $f(x)$는 **연속**이라 한다.

함수 $f(x)$가 정의역 내의 모든 점에서 연속일 때, $f(x)$는 그 정의역에서 **연속함수**라 한다. 함수 $f(x)$가 $x = a$에서 연속이 아닐 때는 $x = a$에서 **불연속**이라 한다.

정리 2.7

다항함수는 연속함수이다. 유리함수 $h(x) = \dfrac{f(x)}{g(x)}$ $(g(x) \neq 0)$는 연속함수이다.

[증명] 극한의 기본정리 2.2를 이용하여 증명할 수 있다. □

예제 2.22 함수 $f(x) = \dfrac{x^2-3x+2}{x^2+5x-6}$가 연속인 값 x를 구하여라.

풀이 x가 $1, -6$일 때 분모가 0이므로 함수 $f(x)$는 1과 -6을 제외한 모든 실수값 x에서 연속이다. □

정리 2.8

두 함수 f와 g가 a에서 연속함수이고, c가 임의의 실수라 하자. 이때 함수

$$f \pm g,\ cf,\ fg,\ \frac{f}{g} \quad (\text{단}, g(a) \neq 0)$$

은 a에서 연속이다.

[증명] 정의 2.1과 정리 2.2에 의하여

$$\begin{aligned}\lim_{x\to a}(f+g)(x) &= \lim_{x\to a}(f(x)+g(x)) \\ &= \lim_{x\to a} f(x) + \lim_{x\to a} g(x) = f(a)+g(a) \\ &= (f+g)(a)\end{aligned}$$

그러므로 $f+g$는 a에서 연속이다. 마찬가지로 cf, fg, $\dfrac{f}{g}$도 a에서 연속임을 증명할 수 있다. □

예제 2.23 $f(x) = x^2\cos x + \dfrac{\sin x}{x^2+1}$가 연속인 실수값 x를 구하여라.

풀이 $x^2, \cos x, x^2+1, \sin x$ 등은 모든 실수값 x에 대하여 연속함수이며, $x^2+1 \neq 0$이므로 정리 2.7에 의하여 $f(x)$도 모든 실수값 x에 대하여 연속이다. □

정리 2.9

함수 $f(x)$가 $x=a$에서 연속이고, $g(y)$는 $f(a)$에서 연속이면

$$\lim_{x\to a} g(f(x)) = g(f(a))$$

임을 보여라. 그러므로 $g\circ f$는 a에서 연속이다.

[증명] $g(y)$가 $f(a)$에서 연속이므로 정리 2.4를 $c=f(a)$에 대하여 적용하면

$$\lim_{x\to a} g(f(x)) = g(f(a))$$

이다. 즉 $g\circ f$는 $x=a$에서 연속이다. □

예제 2.24 $h(x) = |x^2 - 3x + 6|$은 모든 실수 x에서 연속인 것을 보여라.

풀이 $f(x) = |x|$, $g(x) = x^2 - 3x + 6$이라 하자. f, g 모두 모든 실수 x에서 연속이다. 따라서 정리 2.9에 의하여

$$h(x) = f(g(x)) = |x^2 - 3x + 6|$$

도 모든 실수 x에서 연속이다. □

예제 2.25 $h(x) = \sin\left(\dfrac{x^4 - 3x + 1}{x^2 - x - 6}\right)$이 연속인 값 x를 구하여라.

풀이 $g(x) = \sin x$, $f(x) = \dfrac{x^4 - 3x + 1}{x^2 - x - 6}$라 놓으면, $g(x)$는 모든 실수값 x에서 연속이며 $f(x)$는 3, -2를 제외한 모든 점에서 연속이다. 그러므로 정리 2.9에 의하여 $h(x)$도 3, -2를 제외한 모든 점에서 연속이다. □

정의 2.2

(i) $\lim_{x \to a^+} f(x) = f(a)$이 성립하면, 함수 $f(x)$는 $x = a$에서 **오른쪽 연속**이라 한다.
(ii) $\lim_{x \to a^-} f(x) = f(a)$이 성립하면, 함수 $f(x)$는 $x = a$에서 **왼쪽 연속**이라 한다.

정의 2.3

함수 $f(x)$가 열린구간 (a, b)의 각 점에서 연속이면, f를 **열린구간 (a, b)에서 연속**이라 한다. 열린구간 (a, b)의 각 점에서 연속이고 a에서 오른쪽 연속, b에서 왼쪽 연속이면 f를 **닫힌구간 $[a, b]$에서 연속**이라 한다.

예제 2.26 $f(x) = \dfrac{1}{x}$은 $(0, 1)$에서 $g(x) = \sqrt{x}$는 $[0, 1]$에서 연속이다.

예제 2.27 함수 $f(x) = \begin{cases} x^2, & x \le 1 \\ x, & x > 1 \end{cases}$에 대하여 $x = 1$에서 연속임을 보여라.

풀이 $\lim_{x \to 1^-} f(x) = \lim_{x \to 1^-} x^2 = 1 = f(1)$이고 $\lim_{x \to 1^+} f(x) = \lim_{x \to 1^+} x = 1 = f(1)$이다. 따라서 $f(x)$는 $x = 1$에서 연속이다. □

정리 2.10 (중간값 정리)

f를 $[a, b]$에서 연속인 함수라 하자. p가 $f(a)$와 $f(b)$ 사이의 임의의 수라 하면, $f(c) = p$인 c가 a와 b 사이에 적어도 하나 존재한다.

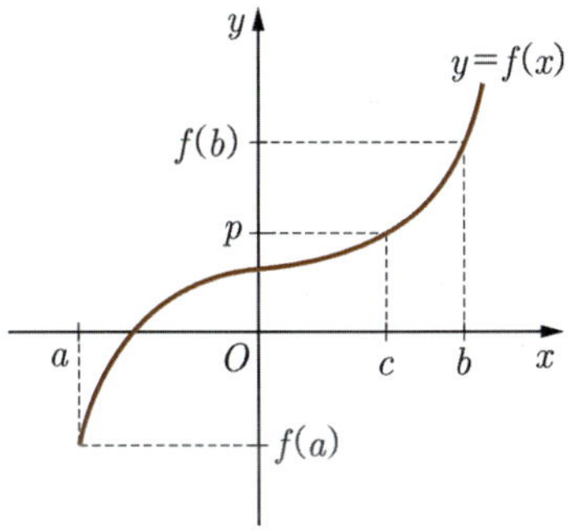

그림 2.8: 중간값 정리

[증명] 실수의 완비성 등 여러 가지 성질을 이용하여 증명할 수 있으나 그 정도가 어려우므로 고등미적분학이나 해석학 입문에서 다루게 될 것이다. □

예제 2.28 중간값 정리를 이용하여 $x^3+3x-2=0$의 근이 0과 1 사이에 있음을 증명하여라.

풀이 $f(x) = x^3 + 3x - 2$라 두자. $f(0) = -2 < 0$이고 $f(1) = 2 > 0$이다. 중간값 정리에 의하여 $f(c) = 0$인 c가 구간 $[0, 1]$ 사이에 존재한다. □

연습문제 2.5

1. 다음 함수의 연속성을 조사하여라. 불연속이면 그 이유를 밝혀라.

(1) $f(x) = 4x^2 - 2x + 12$

(2) $g(x) = \dfrac{3x^2}{x-2}$

(3) $h(x) = \sqrt{x-3}$

(4) $g(t) = \dfrac{t^3-8}{t-2}$

(5) $h(x) = [x]$

(6) $h(t) = \begin{cases} \dfrac{t^3-8}{t-2}, & t \neq 2\text{일 때} \\ 12, & t = 2\text{일 때} \end{cases}$

2. 다음 함수는 어떤 점에서 정의되지 않는다. 그 점에서 연속이 되게 하려면 어떻게 정의하여야 하는가?

(1) $f(x) = \dfrac{x^2 - 9}{x - 3}$ (2) $f(t) = \dfrac{t - 1}{\sqrt{t} - 1}$

(3) $g(x) = \dfrac{x^4 + 2x^2 - 3}{x + 1}$

3. 중간값 정리를 사용하여 $x^5 + 3x - 3 = 0$의 근이 0과 1 사이에 있음을 증명하여라.

4. 함수 f가 $[0, 1]$에서 연속이고 $0 \le f(x) \le 1$이면 f에는 고정점, 즉 $c \in [0, 1]$이 존재하여 $f(c) = c$임을 증명하여라. (힌트: 중간값 정리를 $g(x) = x - f(x)$에 적용시켜라.)

Memo

3. 미분

CHAPTER 3

미분

3.1 도함수

고대 그리스의 수학자들은 원이나 타원과 같은 비교적 간단한 곡선에 대하여 주어진 곡선과 단 한 점에서 만나는 직선에 대하여 생각하였다. 이 직선은 접선의 개념으로 발전되었으며, 일반적인 함수 $f(x)$ 위의 임의의 점에서의 접선의 기울기를 구하는 문제해결을 위하여 도함수의 개념이 필요하게 되었다.

정의 3.1

그림 3.1에서 P, Q가 함수 $y = f(x)$의 그래프상의 두 점이라 하자. 점 P를 고정시키고, 점 Q를 곡선을 따라 P에 접근시키면, P와 Q를 잇는 직선 PQ는 기울기가 변하면서 어떤 직선에 접근하게 된다. Q가 변함에 따라 만들어지는 직선 PQ의 극한으로 나타나는 직선 PT를 점$(a, f(a))$에서 f의 그래프의 **접선**이라 한다.

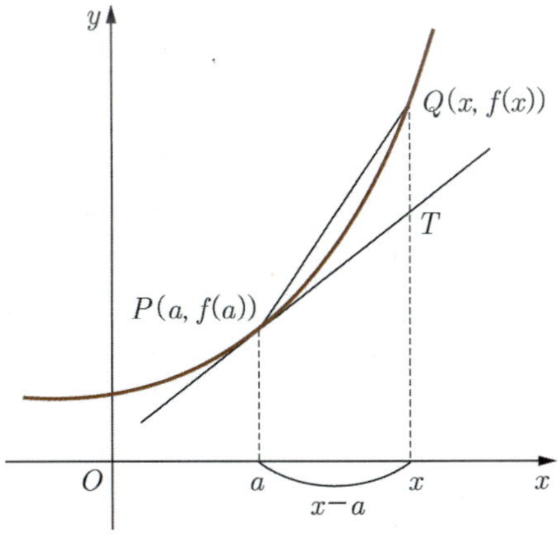

그림 3.1: 그래프의 접선

이때 접선 PT의 기울기를 구하여 보자. 직선 PQ의 기울기는

$$\frac{f(x)-f(a)}{x-a}$$

이다. 따라서 직선 PT의 기울기는 Q가 P로 접근할 때 $\frac{f(x)-f(a)}{x-a}$의 극한이므로

$$\lim_{x \to a} \frac{f(x)-f(a)}{x-a}$$

이다.

극한값 $\lim_{x \to a} \frac{f(x)-f(a)}{x-a}$가 존재하면 그것을 m_a라 하자. m_a는 점 $(a, f(a))$에서 f의 그래프의 접선의 기울기이므로 접선의 방정식은

$$y - f(a) = m_a(x-a)$$

이다. 또한 법선의 방정식은 $m_a \neq 0$일 때

$$y - f(a) = -\frac{1}{m_a}(x-a)$$

이다.

예제 3.1 곡선 $f(x) = \sqrt{x}$의 위의 점 $(4, 2)$에서 접선과 법선의 방정식을 구하여라.

풀이 점 $(4, 2)$에서 접선의 기울기를 구하면

$$\begin{aligned}\lim_{x \to 4} \frac{f(x)-f(4)}{x-4} &= \lim_{x \to 4} \frac{\sqrt{x}-2}{x-4} \\ &= \lim_{x \to 4} \frac{\sqrt{x}-2}{(\sqrt{x}-2)(\sqrt{x}+2)} = \lim_{x \to 4} \frac{1}{\sqrt{x}+2} = \frac{1}{4}\end{aligned}$$

이다. 따라서 점 $(4, 2)$에서 접선의 방정식은

$$y - 2 = \frac{1}{4}(x-4), \text{ 즉 } y = \frac{1}{4}x + 1$$

이다. 또 법선의 방정식은

$$y - 2 = -4(x-4), \text{ 즉 } y = -4x + 18$$

이다. □

예제 3.2 함수 $y = \sin x$에 점 $(0, 0)$에서 접선의 방정식을 구하여라.

풀이

$$\lim_{x \to 0} \frac{\sin x - \sin 0}{x - 0} = \lim_{x \to 0} \frac{\sin x}{x} = 1$$

이다. 따라서 접선의 방정식은

$$y - 0 = 1(x - 0),$$

즉 $y = x$이다. □

정의 3.2

함수 $f(x)$가 $x = a$에서 연속이라 하자. 극한값

$$\lim_{x \to a} \frac{f(x) - f(a)}{x - a} = \infty \text{ 또는 } \lim_{x \to a} \frac{f(x) - f(a)}{x - a} = -\infty$$

일 때 f의 그래프는 점 $(a, f(a))$에서 **수직접선**을 갖는다 하자. 그때 직선 $x = a$를 a에서 f의 **그래프의 접선**이라 한다.

예제 3.3 $f(x) = x^{\frac{1}{3}}$라 하자. 점 $(0, 0)$에서 접선과 법선의 방정식을 구하여라.

풀이 $f(x) = x^{\frac{1}{3}}$은 $x = 0$에서 연속이고

$$\lim_{x \to 0} \frac{f(x) - f(0)}{x - 0} = \lim_{x \to 0} \frac{x^{\frac{1}{3}} - 0}{x - 0} = \lim_{x \to 0} x^{-\frac{2}{3}} = \infty$$

이다. 따라서 f의 그래프는 $(0, 0)$에서 수직접선을 가지며 접선의 방정식은 $x = 0$이다. 또 법선의 방정식은 $y = f(0) = 0$이다. □

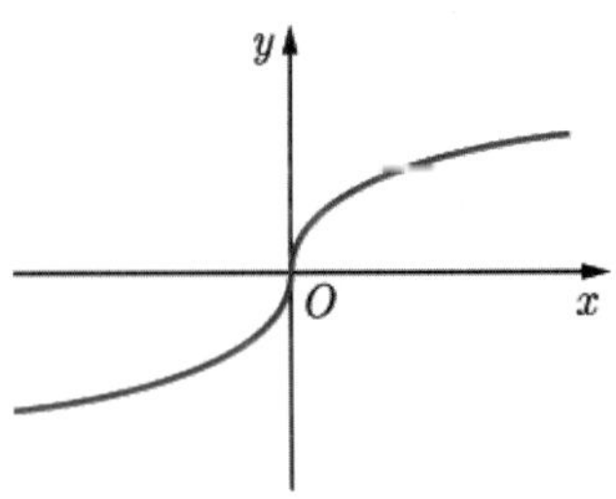

그림 3.2: $f(x) = x^{\frac{1}{3}}$

예제 3.4 $f(x) = |x|$의 그래프는 $(0, 0)$에서 접선을 갖지 않음을 보여라.

풀이 오른쪽 극한값

$$\lim_{x \to 0^+} \frac{|x| - 0}{x - 0} = \lim_{x \to 0^+} \frac{x - 0}{x - 0} = 1$$

과 왼쪽 극한값

$$\lim_{x\to 0^-}\frac{|x|-0}{x-0}=\lim_{x\to 0^-}\frac{-x-0}{x-0}=-1$$

이 다르므로 접선의 기울기가 존재하지 않는다. 따라서 $(0,0)$에서 접선은 존재하지 않는다. □

정의 3.3

함수 $f(x)$가 a를 포함하는 어떤 구간에서 정의되었다 하자. 극한값

$$\lim_{x\to a}\frac{f(x)-f(a)}{x-a}$$

가 존재할 때, $f(x)$는 $x=a$에서 **미분가능**하다고 한다. 이때 그 값을 $x=a$에서의 **미분계수**라 하고 $f'(a)$으로 나타낸다. $f(x)$의 미분가능한 점들의 집합에 있는 임의의 x에 대하여 그의 미분계수를 대응시키는 함수 f'을 f의 **도함수**라 한다. 즉

$$f'(x)=\lim_{t\to x}\frac{f(t)-f(x)}{t-x}$$

이다. 함수 $f(x)$가 구간 I에 속하는 모든 점에서 미분가능하면, 함수 $f(x)$는 I **위에서 미분가능**하다고 하며, 모든 실수값 x에 대하여 미분가능하면 **미분가능함수**라고 한다. 주어진 함수 $y=f(x)$의 도함수를 나타내는 기호로는

$$y',\ f'(x),\ \frac{dy}{dx},\ \frac{df(x)}{dx},\ D_xy,\ D_xf(x)$$

등이 있다.

예제 3.5 함수 $f(x)=x^2+2x$의 $x=1$에서 미분계수를 구하여라.

풀이
$$\begin{aligned}\lim_{x\to 1}\frac{f(x)-f(1)}{x-1}&=\lim_{x\to 1}\frac{x^2+2x-1^2-2\cdot 1}{x-1}\\&=\lim_{x\to 1}\frac{(x-1)(x+3)}{x-1}\\&=\lim_{x\to 1}(x+3)=1+3=4.\end{aligned}$$
□

정리 3.1

함수 f가 $x=a$에서 미분가능하면 f는 $x=a$에서 연속이다.

[증명]
$$\begin{aligned}\lim_{x\to a}(f(x)-f(a))&=\lim_{x\to a}\frac{f(x)-f(a)}{x-a}\cdot(x-a)\\&=\lim_{x\to a}\frac{f(x)-f(a)}{x-a}\cdot\lim_{x\to a}(x-a)\end{aligned}$$

$$= f'(a) \cdot 0 = 0$$

이다. 그러므로 $\lim_{x \to a} f(x) = f(a)$, 즉 f는 $x = 0$에서 연속이다. □

함수 $f(x) = |x|$는 $x = 0$에서 연속이지만 미분불가능하다. 따라서 일반적으로 정리 3.1의 역은 성립하지 않는다.

연습문제 3.1

1. $y = 4 - x^2$에 대하여 다음 물음에 답하여라.
   (1) 그래프를 그려라.
   (2) 점 $(3, -5)$에서 접선을 그려라.
   (3) 접선의 기울기를 구하여라.
   (4) 계산기를 사용하여 $(3, -5)$와 $(3.01, 4 - 3.01^2)$을 잇는 할선의 기울기를 구하여라.
   (5) 극한을 사용하여 $(3, -5)$에서의 접선의 기울기를 구하여라.

2. 다음 각 곡선에서 주어진 점을 지나는 접선과 법선의 방정식을 구하여라.
   (1) $f(x) = x^3$, $(-1, -1)$　　(2) $f(x) = \sqrt{x^3}$, $(4, 8)$
   (3) $h(x) = 1 - 5x^{\frac{3}{5}}$, $(0, 1)$　　(4) $f(x) = (4 - x)x^{\frac{3}{7}}$, $(4, 0)$

3. $f(x) = \sqrt{x}$일 때 직선 $4y = x + 4$는 적당한 점에서 f의 그래프의 접선임을 보이고, 그 점을 구하여라.

4. 도함수의 정의를 이용하여 다음을 구하여라.
   (1) $f(x) = x^2 - x$, $f'(3)$　　(2) $f(x) = x^3 + 2x^2$, $f'(-1)$

5. 정의를 이용하여 $f'(x)$를 구하여라.
   (1) $f(x) = 5x - 4$　　(2) $f(x) = 8x^2 - 1$
   (3) $f(x) = ax^2 + bx + c$　　(4) $f(x) = \sqrt{x}$

3.2 도함수를 구하는 방법

3.1절에서는 정의에 의하여 도함수를 구하여 보았다. 이 절에서는 몇 가지 미분공식을 소개하고, 이를 이용하여 여러 함수의 도함수를 구하려 한다.

정리 3.2

c가 상수일 때, $f(x) = c$이면 $f'(x) = 0$.

[증명] 도함수의 정의에 의하여

$$f'(x) = \lim_{t \to x} \frac{c - c}{t - x} = \lim_{t \to x} 0 = 0$$

이다. □

$$\boxed{\frac{dc}{dx} = 0}$$

정리 3.3

$f(x) = x^n$ (n은 양의 정수)이면 $f'(x) = nx^{n-1}$이다.

[증명]
$$\begin{aligned} f(t) - f(x) &= t^n - x^n \\ &= (t - x)(t^{n-1} + t^{n-2}x + t^{n-3}x^2 + \cdots + tx^{n-2} + x^{n-1}) \end{aligned}$$

이므로

$$\begin{aligned} f'(x) &= \lim_{t \to x} \frac{t^n - x^n}{t - x} \\ &= \lim_{t \to x} (t^{n-1} + t^{n-2}x + t^{n-3}x^2 + \cdots + tx^{n-2} + x^{n-1}) \\ &= (x^{n-1} + x^{n-2} \cdot x + x^{n-3} \cdot x^2 + \cdots + x \cdot x^{n-2} + x^{n-1}) \\ &= n \cdot x^{n-1} \end{aligned}$$

이다. □

$$\boxed{\frac{dx^n}{dx} = nx^{n-1}}$$

정리 3.4

함수 f가 a에서 미분가능하고 c를 임의의 실수라 하면, 함수 cf도 a에서 미분가능하고

$$(cf)'(a) = cf'(a)$$

이다.

[증명] $$(cf)'(a) = \lim_{x \to a} \frac{(cf)(x) - (cf)(a)}{x - a} = \lim_{x \to a} \frac{cf(x) - cf(a)}{x - a}$$
$$= c\lim_{x \to a} \frac{f(x) - f(a)}{x - a} = cf'(a)$$ □

$$\boxed{\frac{d}{dx} cf(x) = c\frac{d}{dx} f(x)}$$

예제 3.6 $f(x) = 4x^3$이면 $f'(x) = 4 \cdot 3x^2 = 12x^2$이다.

정리 3.5

두 함수 f와 g가 a에서 미분가능하면, $f + g$도 a에서 미분가능하다. 이때

$$(f+g)'(a) = f'(a) + g'(a).$$

[증명] 극한정리에 의하여

$$\begin{aligned}(f+g)'(a) &= \lim_{x \to a} \frac{(f+g)(x) - (f+g)(a)}{x - a} \\ &= \lim_{x \to a} \left(\frac{f(x) - f(a)}{x - a} + \frac{g(x) - g(a)}{x - a} \right) \\ &= \lim_{x \to a} \frac{f(x) - f(a)}{x - a} + \lim_{x \to a} \frac{g(x) - g(a)}{x - a} \\ &= f'(a) + g'(a)\end{aligned}$$

이다. □

$$\boxed{\frac{d}{dx}(f(x) + g(x)) = \frac{d}{dx} f(x) + \frac{d}{dx} g(x)}$$

예제 3.7 $f(x) = x^3 + x^4$이면 $f'(x) = 3x^2 + 4x^3$이다.

예제 3.8 $f(x)=5-x^2$ 일 때 $f'(1)$을 구하여라.

풀이 $f'(x)=-2x$ 이므로 $f'(1)=-2$ 이다. □

정리 3.6

f 와 g 가 a 에서 미분가능하면, fg 도 a 에서 미분가능하고 다음이 성립한다.

$$(fg)'(a)=f'(a)g(a)+f(a)g'(a)$$

[증명]
$$\begin{aligned}(fg)'(a)&=\lim_{x\to a}\frac{(fg)(x)-(fg)(a)}{x-a}\\&=\lim_{x\to a}\frac{f(x)g(x)-f(a)g(a)}{x-a}\\&=\lim_{x\to a}\frac{f(x)g(x)-f(a)g(x)+f(a)g(x)-f(a)g(a)}{x-a}\\&=\lim_{x\to a}\left[\frac{f(x)-f(a)}{x-a}\right]g(x)+\lim_{x\to a}f(a)\left[\frac{g(x)-g(a)}{x-a}\right]\\&=\lim_{x\to a}\frac{f(x)-f(a)}{x-a}\lim_{x\to a}g(x)+\lim_{x\to a}f(a)\lim_{x\to a}\frac{g(x)-g(a)}{x-a}\\&=f'(a)g(a)+f(a)g'(a)\end{aligned}$$
□

마지막 등식에서 $\lim_{x\to a}g(x)=g(a)$ 라는 사실을 이용하였다. 이 사실은 g 가 a 에서 미분가능하면 그 점에서 연속이라는 정리 3.1로부터 얻어진다.

$$\boxed{\frac{d}{dx}(fg)(x)=\frac{df(x)}{dx}g(x)+f(x)\frac{dg(x)}{dx}}$$

예제 3.9 $(3x^2-5)(2x^4-x)$ 의 도함수를 구하여라.

풀이
$$\begin{aligned}\tfrac{d}{dx}(3x^2-5)(2x^4-x)&=\left(\tfrac{d}{dx}(3x^2-5)\right)(2x^4-x)+(3x^2-5)\tfrac{d}{dx}(2x^4-x)\\&=6x(2x^4-x)+(3x^2-5)(8x^3-1)\\&=12x^5-6x^2+24x^5-3x^2-40x^3+5\\&=36x^5-40x^3-9x^2+5.\end{aligned}$$
□

정리 3.7

f와 g가 a에서 미분가능한 함수라 하고 $g(a) \neq 0$라 하면 다음이 성립한다.

$$\left(\frac{f}{g}\right)'(a) = \frac{f'(a)g(a) - f(a)g'(a)}{(g(a))^2}$$

[증명] 함수 g가 a에서 미분가능하므로 a에서 연속이다. 즉 $\lim_{x\to a} g(x) = g(a)$이다. 가정에 의하여 $g(a) \neq 0$이므로 x가 a에 가까우면 $g(x) \neq 0$이다. 즉 a를 포함하는 어떤 열린구간에 속하는 x에 대하여 $g(x) \neq 0$이다. 그러므로 $\frac{f}{g}$는 a를 포함하는 어떤 열린구간에서 정의되어 있고, 그 극한은 다음과 같다.

$$\begin{aligned}
\left(\frac{f}{g}\right)'(a) &= \lim_{x\to a} \frac{\dfrac{f(x)}{g(x)} - \dfrac{f(a)}{g(a)}}{x-a} \\
&= \lim_{x\to a} \frac{\dfrac{f(x)g(a) - f(a)g(x)}{g(x)g(a)}}{x-a} \\
&= \lim_{x\to a} \frac{f(x)g(a) - f(a)g(a) + f(a)g(a) - f(a)g(x)}{(x-a)g(x)g(a)} \\
&= \lim_{x\to a} \frac{f(x)g(a) - f(a)g(a)}{(x-a)g(x)g(a)} + \lim_{x\to a} \frac{f(a)g(a) - f(a)g(x)}{(x-a)g(x)g(a)} \\
&= \lim_{x\to a} \left(\frac{f(x) - f(a)}{x-a} \frac{g(a)}{g(a)g(x)}\right) - \lim_{x\to a} \left(\frac{f(a)}{g(a)g(x)} \frac{g(x) - g(a)}{x-a}\right) \\
&= \frac{f'(a)g(a) - f(a)g'(a)}{(g(a))^2}
\end{aligned}$$

□

$$\frac{d}{dx}\left(\frac{f}{g}\right)(x) = \frac{\left(\dfrac{d}{dx}f(x)\right)g(x) - f(x)\dfrac{d}{dx}g(x)}{(g(x))^2}$$

예제 3.10 $\frac{3x-5}{x^2+7}$의 도함수를 구하여라.

풀이
$$\begin{aligned}
\left(\frac{3x-5}{x^2+7}\right)' &= \frac{(3x-5)'(x^2+7) - (3x-5)(x^2+7)'}{(x^2+7)^2} \\
&= \frac{3(x^2+7) - (3x-5)(2x)}{(x^2+7)^2} = \frac{-3x^2+10x+21}{(x^2+7)^2}
\end{aligned}$$

□

정리 3.8

n이 음의 정수일 때 $f(x) = x^n$에 대하여 $f'(x) = nx^{n-1}$임을 보여라.

[증명] n이 음의 정수이므로 $m = -n$으로 놓으면 $m > 0$이다.

$$\begin{aligned}(x^n)' = (x^{-m})' &= \left(\frac{1}{x^m}\right)' \\ &= \frac{x^m \cdot 0 - 1 \cdot mx^{m-1}}{(x^m)^2} \\ &= -m\frac{x^{m-1}}{x^{2m}} = (-m)x^{-m-1} = nx^{n-1}\end{aligned}$$

□

임의의 정수 n에 대하여 $\dfrac{d}{dx}x^n = nx^{n-1}$

연습문제 3.2

1. 다음 주어진 각 함수의 도함수를 구하여라.
   (1) $f(x) = x^5 - x^8$
   (2) $f(x) = 4x^4 + 3x^3 + 2x^2 + x$
   (3) $f(t) = -\dfrac{4}{t^9}$
   (4) $g(x) = (x - 2x^2)^2$
   (5) $g(x) = \left(x - \dfrac{1}{x}\right)\left(x^2 - \dfrac{1}{x^2}\right)$

2. $f(0) = 4,\ f'(0) = -1,\ g(0) = -3$ 그리고 $g'(0) = 5$일 때 다음을 구하여라.
   (1) $(fg)'(0)$
   (2) $(f+g)'(0)$
   (3) $\left(\dfrac{f}{g}\right)'(0)$

3. $y = \dfrac{1}{x^2+1}$ 위의 점 $\left(1, \dfrac{1}{2}\right)$에서 접선의 방정식을 구하여라.

4. $y = 4x - x^2$의 접선 가운데 $(2, 5)$를 지나는 직선이 두 개있다. 그 방정식을 구하여라.

5. 곡선 $y = ax^2 + bx$가 점 $(1, 5)$에서 기울기가 8인 접선을 가질 때 a, b의 값을 정하여라.

3.3 삼각함수의 미분

삼각함수의 미분공식을 유도하기 위하여 극한에서 이미 다루었던 다음 극한공식을 이용하도록 한다.

(i) $\lim_{x \to 0} \sin x = 0$ (ii) $\lim_{x \to 0} \cos x = 1$

(iii) $\lim_{x \to 0} \frac{\sin x}{x} = 1$ (iv) $\lim_{x \to 0} \frac{1 - \cos x}{x} = 0$

정리 3.9

(i) $\frac{d}{dx} \sin x = \cos x$ (ii) $\frac{d}{dx} \cos x = -\sin x$

[증명] (i)
$$\begin{aligned}\frac{d}{dx} \sin x &= \lim_{h \to 0} \frac{\sin(x+h) - \sin x}{h} \\ &= \lim_{h \to 0} \frac{(\sin x \cos h + \cos x \sin h) - \sin x}{h} \\ &= \lim_{h \to 0} \left(\frac{\sin x(\cos h - 1)}{h} + \frac{\cos x \sin h}{h} \right) \\ &= \sin x \lim_{h \to 0} \frac{\cos h - 1}{h} + \cos x \lim_{h \to 0} \frac{\sin h}{h} \\ &= (\sin x) \cdot 0 + (\cos x) \cdot 1 = \cos x\end{aligned}$$

(ii)
$$\begin{aligned}\frac{d}{dx} \cos x &= \lim_{h \to 0} \frac{\cos(x+h) - \cos x}{h} \\ &= \lim_{h \to 0} \frac{(\cos x \cos h - \sin x \sin h) - \cos x}{h} \\ &= \lim_{h \to 0} \left(\frac{\cos x(\cos h - 1)}{h} - \frac{\sin x \sin h}{h} \right) \\ &= \cos x \lim_{h \to 0} \frac{\cos h - 1}{h} - \sin x \lim_{h \to 0} \frac{\sin h}{h} \\ &= (\cos x) \cdot 0 - (\sin x) \cdot 1 = -\sin x\end{aligned}$$
□

예제 3.11 $y = \tan x$의 도함수를 구하여라.

풀이
$$\begin{aligned}\frac{d}{dx} \tan x &= \frac{d}{dx}\left(\frac{\sin x}{\cos x}\right) = \frac{\left(\frac{d}{dx} \sin x\right) \cos x - \sin x \left(\frac{d}{dx} \cos x\right)}{\cos^2 x} \\ &= \frac{\cos x \cos x - \sin x(-\sin x)}{\cos^2 x} = \frac{1}{\cos^2 x} = \sec^2 x\end{aligned}$$
□

예제 3.12 $y = 3\sin 2x$ 위의 점 $(\frac{\pi}{2}, 0)$ 에서의 접선의 방정식을 구하여라.

풀이 $\sin 2x = 2\sin x \cos x$ 이므로

$$\begin{aligned}(3\sin 2x)' &= (6\sin x \cos x)' \\ &= 6[\sin x(\cos x)' + (\sin x)'\cos x] \\ &= 6(-\sin x \sin x + \cos x \cos x) \\ &= 6(\cos^2 x - \sin^2 x) = 6\cos 2x.\end{aligned}$$

$x = \dfrac{\pi}{2}$ 일 때 도함수의 값은 -6 이다. 이것은 점 $(\frac{\pi}{2}, 0)$ 에서 그래프의 접선의 기울기이다. 따라서 접선의 방정식은

$$y - 0 = -6\left(x - \frac{\pi}{2}\right)$$

이다. □

예제 3.13 $f(x) = \sec x$ 의 도함수를 구하여라.

풀이 $\dfrac{d}{dx}\sec x = \dfrac{d}{dx}\left(\dfrac{1}{\cos x}\right) = \dfrac{-(-\sin x)}{\cos^2 x} = \dfrac{1}{\cos x} \cdot \dfrac{\sin x}{\cos x} = \sec x \tan x$ □

정리 3.10 (연쇄법칙)

> 함수 f 가 a 에서 미분가능하고, 함수 g 가 $f(a)$ 에서 미분가능하다고 하자. 그러면 $g \circ f$ 는 a 에서 미분가능하고
>
> $$(g \circ f)'(a) = g'(f(a))f'(a)$$
>
> 이다.

[증명] 부록 A.13에서 다루기로 한다. □

예제 3.14 $h(x) = \sin 3x$ 의 도함수를 구하여라.

풀이 $f(x) = 3x$, $g(x) = \sin x$ 라 하자. 그때 $(g \circ f)(x) = \sin 3x$ 이다. 따라서

$$h'(x) = g'(f(x))f'(x) = (\cos 3x)(3) = 3\cos 3x$$

이다. □

연습문제 3.3

1. 다음 주어진 삼각함수의 도함수를 구하여라.

   (1) $f(x) = 3\sin x + 5\cos x$
   (2) $f(z) = z^{-11} + \pi \tan z$
   (3) $g(x) = \tan^3(\frac{x}{2})$
   (4) $g(x) = \dfrac{\cos x}{x}$

2. 도함수의 정의를 사용하여 $\dfrac{d\sin x^2}{dx} = 2x\cos x^2$ 임을 보여라.

3. 연쇄법칙을 사용하여 다음 함수의 도함수를 구하여라.

   (1) $\sin^4(x^2 + 3x)$
   (2) $\sin^3(\cos x)$
   (3) $\cos^4(\sin t^2)$
   (4) $\sin(\cos(\sin 2x))$

4. $f(x) = -2\cos 3x$ 의 그래프 위의 점 $(\frac{\pi}{3}, 2)$ 에서 접선의 방정식을 구하여라.

Memo

3.4 음함수의 미분

방정식 $2x+2y-3=0$은 x의 값에 따라 단 하나의 y값을 결정하므로 하나의 함수가 정의된다. 일반적으로 $f(x,y)=0$의 형태로 정의된 함수를 **음함수**라 하고, $y=f(x)$의 형태로 정의된 함수를 **양함수**라 한다. 음함수 $f(x,y)=0$에서 y의 도함수 y'를 구하기 위해서는 y를 x의 함수로 생각하고, $f(x,y)=0$의 양변을 x에 관하여 미분한 후 y'에 관해서 정리하면 된다. 이러한 미분법을 **음함수의 미분법** 이라 한다.

예제 3.15 $x^3+y^3-3xy=0$에서 $\dfrac{dy}{dx}$를 구하여라.

풀이 주어진 식의 양변을 미분하여 $\dfrac{d}{dx}(x^3+y^3-3xy)=\dfrac{d}{dx}0=0$, 즉 $3x^2+3y^2\dfrac{dy}{dx}-3\left(y+x\dfrac{dy}{dx}\right)=0$을 얻는다. 따라서 $3(y^2-x)\dfrac{dy}{dx}=3(y-x^2)$로부터 $\dfrac{dy}{dx}=\dfrac{y-x^2}{y^2-x}$ (단, $y^2-x\neq 0$)을 얻는다. □

예제 3.16 x와 y가 t에 관한 미분가능한 함수이며, $x^2+y^2=100$이라 하자. $\dfrac{dy}{dt}$를 x, y와 $\dfrac{dx}{dt}$의 함수로 나타내어라.

풀이 $x^2+y^2=100$의 양변을 t에 관하여 미분을 하면

$$2x\frac{dx}{dt}+2y\frac{dy}{dt}=0$$

을 얻는다. 그러므로

$$2y\frac{dy}{dt}=-2x\frac{dx}{dt}$$

이다. 따라서 $y\neq 0$일 때

$$\frac{dy}{dt}=\frac{-2x\dfrac{dx}{dt}}{2y}=-\frac{x}{y}\frac{dx}{dt}.$$

□

정리 3.11

n이 임의의 유리수이고 $y=x^n$이면

$$y'=nx^{n-1}$$

이다.

[증명] n이 유리수이므로 $n = \dfrac{p}{q}$ $(p, q$는 정수이고, $q \neq 0)$로 쓸 수 있다.

$$y = x^n = x^{\frac{p}{q}}$$

이므로 $y^q = x^p$ 이다. p, q는 정수이므로 정리 3.3을 이용하여 양변을 x에 관하여 미분하면 $qy^{q-1}y' = px^{p-1}$ 이다. 그러므로

$$\begin{aligned} y' &= \frac{px^{p-1}}{qy^{q-1}} = \frac{p}{q}\frac{x^{p-1}}{(x^{\frac{p}{q}})^{q-1}} = \frac{p}{q}x^{p-1-\frac{p}{q}(q-1)} \\ &= \frac{p}{q}x^{\frac{p}{q}-1} = nx^{n-1} \end{aligned}$$

이다. □

예제 3.17 $h(x) = \sqrt{1+x^4}$ 의 도함수를 구하여라.

풀이 $f(x) = 1 + x^4, g(x) = \sqrt{x}$라 하자. 그러면

$$f'(x) = 4x^3, \quad g'(x) = \frac{1}{2\sqrt{x}} \qquad (x > 0)$$

이다. 그러므로

$$h'(x) = g'(f(x))f'(x) = \frac{1}{2\sqrt{f(x)}}(4x^3) = \frac{2x^3}{\sqrt{1+x^4}}.$$

□

예제 3.18 $x^{\frac{3}{2}} = y^4 + x^2 \sin y + 1$ 에서 $\dfrac{dy}{dx}$ 를 구하여라.

풀이 좌변을 x에 관하여 미분하면

$$\frac{d}{dx}(x^{\frac{3}{2}}) = \frac{3}{2}x^{\frac{1}{2}}$$

이다. 우변도 미분하면

$$\begin{aligned} \frac{d}{dx}(y^4 + x^2 \sin y + 1) &= \frac{d}{dx}(y^4) + \left(\frac{d}{dx}(x^2)\right)\sin y + x^2\frac{d \sin y}{dx} + \frac{d}{dx}1 \\ &= 4y^3\frac{dy}{dx} + 2x\sin y + x^2(\cos y)\frac{dy}{dx} \end{aligned}$$

이다. 그러므로

$$\frac{3}{2}x^{\frac{1}{2}} = 4y^3\frac{dy}{dx} + 2x\sin y + x^2(\cos y)\frac{dy}{dx}$$

를 얻는다. 위 식을 $\dfrac{dy}{dx}$에 대하여 풀면

$$4y^3\frac{dy}{dx} + x^2\cos y\frac{dy}{dx} = \frac{3}{2}x^{\frac{1}{2}} - 2x\sin y$$

이다. 그러므로 $4y^3 + x^2\cos y \neq 0$일 때

$$\frac{dy}{dx} = \frac{\frac{3}{2}x^{\frac{1}{2}} - 2x\sin y}{4y^3 + x^2\cos y}$$

를 얻는다.

$x = 1$에서 미분계수를 구하려면, 먼저 $x = 1$일 때 $y = 0$이므로 이것을 위 식에 대입하여

$$\left.\frac{dy}{dx}\right|_{x=1} = \frac{\frac{3}{2} - 0}{0+1} = \frac{3}{2}$$

을 얻는다. □

연습문제 3.4

1. 음함수 미분법에 의하여 $\frac{dy}{dx}$를 구하여라.
   (1) $x^2 - y^2 = 9$
   (2) $4x^3 + 11xy^2 - 2y^3 = 0$
   (3) $xy + \sin y = x^2$
   (4) $\frac{\sin y}{y^2+1} = 3x$
   (5) $\sqrt{x} + \frac{1}{\sqrt{y}} = 2$
   (6) $y - \cos(xy^2) = 0$

2. 곡선 $\sin xy = y$ 위의 점 $(\frac{\pi}{2}, 1)$에서 접선의 방정식을 구하여라.

3. $xy + y^3 = 0$을 두 번 음함수 미분하면 다음과 같음을 보여라.
   (1) $xy' + y + 3y^2y' = 0$
   (2) $xy'' + y' + y' + 3y^2y'' + 6y(y')^2 = 0$이다.

   이때 (1)에서 y'을 구하고, 그 값을 (2)에 대입하여 y''을 구하여라.

4. 곡선 $2x^2 + y^2 = 6$과 $y^2 = 4x$의 그래프는 직교함을 증명하여라.

5. x, y가 t에 관하여 미분가능한 함수라 하자. 주어진 함수에서 $\frac{dx}{dt}$를 x, y와 $\frac{dy}{dt}$로 나타내어라.
   (1) $x\sin y = 2$
   (2) $x^4y^2 = y$
   (3) $\frac{2x+y}{xy^2} = 2$

3.5 고계도함수

함수 $y = 3x^3 + 2x$는 모든 실수값 x에서 미분가능한 함수이며

$$y' = 9x^2 + 2$$

이다. 그런데 y'은 다시 모든 실수값 x에서 미분가능하므로 y'의 도함수 $(y')' = y''$를 구할 수 있다. 즉

$$y'' = 18x.$$

이와 같이 $y = f(x)$의 도함수 $y' = f'(x)$가 다시 미분가능하면, 새로운 함수 f''을 얻게 되는데, 이것을 f의 **2계도함수**라고 부른다. 그리고 2계도함수가 미분가능하면 3계도함수를 정의할 수 있다. 이와 같이 $y = f(x)$가 계속해서 n번 미분가능하면 n**계도함수**를 정의할 수 있다.

n계 도함수는

$$y^{(n)}, \quad f^{(n)}(x), \quad \frac{d^n y}{dx^n}$$

등으로 나타내고, $f^{(n)}(x)$가 존재하면 $f(x)$는 n**번 미분가능**하다고 한다.

예제 3.19 $y = \sin 2x$일 때 $f''(x), f^{(4)}(x)$와 $f^{(12)}(x)$를 구하여라.

풀이 $f'(x) = 2\cos 2x,\ f^{(2)}(x) = -2^2 \sin 2x,\ f^{(3)}(x) = -2^3 \cos 2x, f^{(4)}(x) = 2^4 \sin 2x, \cdots, f^{(12)}(x) = 2^{12} \sin 2x.$ □

예제 3.20 $f(x) = x^5 - 3x^4 + 2x - 1$에서 고계도함수를 구하여라.

풀이 $f'(x) = 5x^4 - 12x^3 + 2$

$f''(x) = 20x^3 - 36x^2$

$f^{(3)}(x) = 60x^2 - 72x$

$f^{(4)}(x) = 120x - 72$

$f^{(5)}(x) = 120$

$f^{(6)}(x) = 0$

따라서 $n \geq 6$이면 $f^{(n)}(x) = 0$이다. □

예제 3.21 $y = \dfrac{1}{a^2 - x^2}$의 n계도함수를 구하여라. (단, $a \neq 0$)

풀이 $y = \frac{1}{a^2 - x^2} = \frac{1}{2a}\left(\frac{1}{a+x} + \frac{1}{a-x}\right)$ 이므로

$$f(x) = \frac{1}{a+x}, \quad g(x) = \frac{1}{a-x}$$

이라고 놓자. 그러면

$$\begin{aligned} f'(x) &= \frac{-1}{(a+x)^2} & g'(x) &= \frac{1}{(a-x)^2} \\ f''(x) &= \frac{(-1)\cdot(-2)}{(a+x)^3} = \frac{(-1)^2\cdot 2!}{(a+x)^3} & g''(x) &= \frac{2!}{(a-x)^3} \\ &\vdots & &\vdots \\ f^{(n)}(x) &= \frac{(-1)^n n!}{(a+x)^{n+1}} & g^{(n)}(x) &= \frac{n!}{(a-x)^{n+1}} \end{aligned}$$

이므로

$$\begin{aligned} y^{(n)} &= \frac{1}{2a}\left[(-1)^n \frac{n!}{(a+x)^{n+1}} + \frac{n!}{(a-x)^{n+1}}\right] \\ &= \frac{n!}{2a}\left[(-1)^n \frac{1}{(a+x)^{n+1}} + \frac{1}{(a-x)^{n+1}}\right] \end{aligned}$$

□

정리 3.12 (Leibniz 정리)

$f(x)$와 $g(x)$가 어떤 구간에서 n번 미분가능하면 $f(x)g(x)$도 n번 미분가능하고

$$\begin{aligned} &[f(x)g(x)]^{(n)} \\ &= f^{(n)}(x)g(x) + \frac{n}{1!}f^{(n-1)}(x)g'(x) + \frac{n(n-1)}{2!}f^{(n-2)}(x)g''(x) \\ &\quad + \cdots + \frac{n(n-1)\cdots(n-r+1)}{r!}f^{(n-r)}(x)g^{(r)}(x) + \cdots + f(x)g^{(n)}(x) \end{aligned}$$

이다.

예제 3.22 함수 $h(x) = x^2 \sin x$의 3계 도함수 $h^{(3)}(x)$를 구하여라.

풀이 $f(x) = x^2$, $g(x) = \sin x$라 두자. 그러면 $h(x) = f(x)g(x)$이다. $f'(x) = 2x$, $f''(x) = 2$, $f^{(3)}(x) = 0$ 이고 $g'(x) = \cos x$, $g''(x) = -\sin x$, $g^{(3)}(x) = -\cos x$ 이므로 Leibniz정리에 의하여

$$\begin{aligned} h^{(3)}(x) &= f^{(3)}(x)g(x) + 3f''(x)g'(x) + 3f'(x)g''(x) + f(x)g^{(3)}(x) \\ &= 0\cdot\sin x + 3\cdot 2\cos x + 3\cdot(2x)\cdot(-\sin x) + x^2(-\cos x) \\ &= 6\cos x - 6x\sin x - x^2\cos x. \end{aligned}$$

□

연습문제 3.5

1. 주어진 함수의 2계도함수를 구하여라.

(1) $y = \dfrac{x}{x+1}$ (2) $y = \sqrt{x+1}$

(3) $y = \sqrt[4]{3x^3+2}$ (4) $y = x^2 \tan x$

2. 주어진 함수의 n계도함수를 구하라.

(1) $y = x^n$ (2) $y = \dfrac{1}{1-x^2}$

(3) $y = \sin x$ (4) $y = \cos x$

3. 주어진 함수의 n계 도함수를 구하여라.

(1) $y = x^3 e^x$, $n = 3$ (2) $y = x^3 \cos x$, $n = 4$

(3) $y = e^x \sin x$, $n = 5$ (3) $y = \sin x \cos x$, $n = 3$

Memo

3.6 변화율

어떤 구에 기체를 채워 부풀리고 있을 때, 그 구의 부피와 반지름은 시간 t의 함수이며, 그때 부피 V와 반지름 r은 방정식

$$V = \frac{4}{3}\pi r^3$$

을 만족한다. 양변을 시간 t에 대하여 미분하면

$$\frac{dV}{dt} = \frac{dV}{dr} \cdot \frac{dr}{dt} = 4\pi r^2 \cdot \frac{dr}{dt} \tag{3.1}$$

를 얻는다. 이제 $\frac{dr}{dt}$의 값을 알면 위 식을 이용하여 $\frac{dV}{dt}$를 구할 수 있다. 즉 V와 t의 관계를 모르더라도, V와 r의 관계식과 $\frac{dr}{dt}$를 알면 $\frac{dV}{dt}$를 얻을 수 있다. 이때 $\frac{dV}{dt}$와 $\frac{dr}{dt}$를 **관련된 변화율**이라 한다.

예제 3.23 어떤 공이 1분당 10cm^3씩 커지고 있다 하자. 이 공의 반지름이 5cm일 때 공의 반지름의 변화율을 구하여라.

풀이 위에 얻은 식 $\frac{dV}{dt} = 4\pi r^2 \frac{dr}{dt}$를 이용한다. $\frac{dV}{dt} = 10$이고 반지름 $r = 5$일 때, $\frac{dr}{dt}$를 구하기 위하여 식 (3.1)에 대입하여

$$10 = 4\pi \cdot (5^2)\frac{dr}{dt}$$

을 얻는다. 그러므로

$$\frac{dr}{dt} = \frac{10}{4\pi(5^2)} = \frac{1}{10\pi} \quad \text{(cm/min)}.$$

□

예제 3.24 원뿔 모양의 물통에 분당 8m^3의 일정한 양의 물을 채우고 있다. 물통의 깊이가 12m이고 윗부분의 반지름이 6m이면, 물의 깊이가 4m일 때 물표면은 어떤 속도로 오르겠는가?

풀이 t초 후의 물의 깊이를 h, 물표면의 반지름을 r, 물의 부피를 V라고 하자. 그림 3.3에서 $\frac{r}{h} = \frac{6}{12}$이므로 $r = \frac{h}{2}$이다. $V = \frac{1}{3}\pi r^2 h$이므로

$$V = \frac{1}{3}\pi \left(\frac{h}{2}\right)^2 h = \frac{1}{12}\pi h^3$$

이다. 위 식을 t에 관하여 음함수 미분하면

$$\frac{dV}{dt} = \frac{3\pi h^2}{12} \cdot \frac{dh}{dt} = \frac{\pi h^2}{4} \cdot \frac{dh}{dt} \text{ 또는 } \frac{dh}{dt} = \frac{4}{\pi h^2} \cdot \frac{dV}{dt}$$

이다. $h = 4$이고 $\dfrac{dV}{dt} = 8$이므로

$$\frac{dh}{dt} = \frac{4}{4^2\pi} \cdot 8 = \frac{2}{\pi} \doteqdot 0.637\,\mathrm{m/min}$$

를 얻는다. □

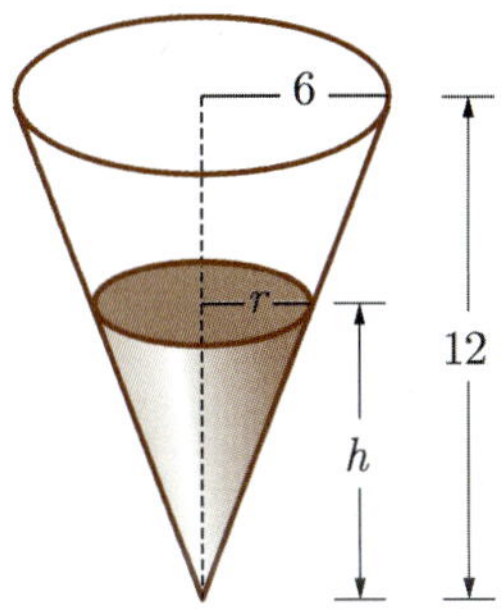

그림 3.3: 예제 3.24

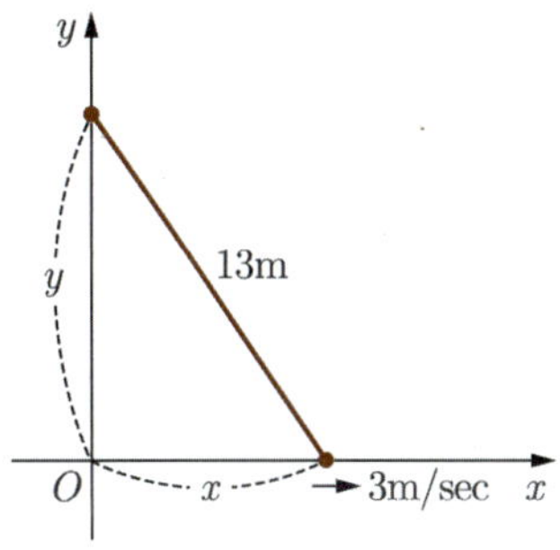

그림 3.4: 예제 3.25

예제 3.25 길이가 13m인 사다리가 벽에 기대어져 있다. 사다리의 한 끝이 벽으로부터 3m/sec은 멀어지고 있다면, 벽으로부터 한 끝의 거리가 5m일 때 사다리의 다른 한 끝은 벽에서 어떤 속도로 미끄러져 내려가는가?

풀이 시각 t일 때 사다리의 높이를 y라 하고, 벽으로부터 사다리의 한 끝까지의 거리를 x라 하자(그림 3.4). $\dfrac{dx}{dt} = 3$이다. 피타고라스의 정리에 의하여

$$x^2 + y^2 = 13^2 = 169$$

이다. 양변을 t에 관하여 미분하면

$$2x\frac{dx}{dt} + 2y \cdot \frac{dy}{dt} = 0.$$

따라서

$$\frac{dy}{dt} = -\frac{x}{y} \cdot \frac{dx}{dt}.$$

이제 $x = 5$일 때 $x^2 + y^2 = 169$로부터 $y = 12$를 얻는다. 그러므로

$$\frac{dy}{dt} = -\frac{x}{y}\frac{dx}{dt} = -\frac{5}{12} \cdot 3 = -\frac{5}{4}.$$

따라서 사다리는 $\dfrac{5}{4}$ m/sec 속도로 미끄러져 내려간다. □

연습문제 3.6

1. 정육면체의 각 변이 3cm/sec로 증가하고 있다. 한 변의 길이가 10cm일 때 체적의 변화율을 구하여라.

2. 고도 1km 상공을 수평으로 날으는 비행기가 관측자 위를 비행 중이다. 이 비행기의 속도가 240km/h이면 30초 후에는 관측자로부터 비행기까지의 거리의 변화율은 얼마인가?

3. 수직상방 $10,000$m까지 공을 쏘아올리는 데 필요한 초기속도를 구하여라.

4. 포물선 $y = 4x^2$ 위를 움직이는 점이 있다 하자. x축을 따라 초속 5단위로 커져간다면 점 $(-2, 16)$을 지날 때, y축을 따라 증가하는 순간속도를 구하여라.

5. 원의 넓이가 5m^2/sec로 줄어들고 있다. 반지름이 3m일 때 반지름이 줄어가는 순간속도를 구하여라. 또 지름이 줄어가는 순간속도를 구해서 비교하여라.

6. 기구의 반경이 $\frac{1}{2}$m/min의 속도로 줄어들고 있다. 반경이 4m 일 때, 부피의 변화율을 구하여라.

7. 반경이 3m인 원 $x^2 + y^2 = 9$ 위를 움직이는 점 $(-\sqrt{3}, \sqrt{6})$에서 x좌표는 2m/sec의 속도로 증가한다. 이때 y좌표의 변화율을 구하여라.

8. 길이가 40m, 폭이 20m, 깊은 곳은 8m, 얕은 곳은 3m인 수영장이 있다(그림 3.5는 단면적을 나타내고 있다). 이 수영장에 40 m^3/min의 일정한 속도로 물이 채워지고 있다고 하자. 깊은 쪽의 물의 깊이가 3m일 때 물의 표면이 올라오는 속도를 구하여라.

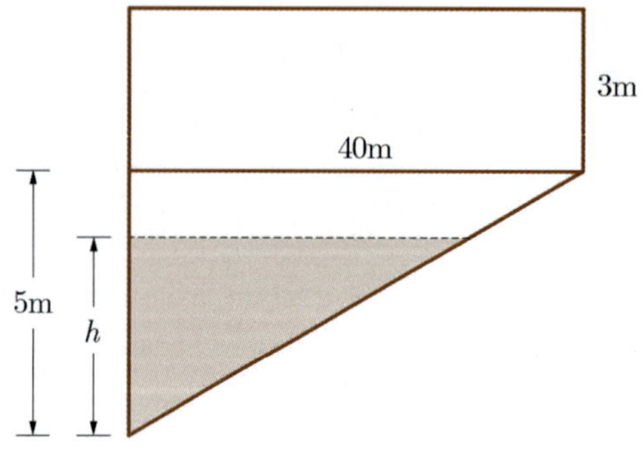

그림 3.5: 문제 8

3.7 미분과 근삿값

접선과 미분의 관계를 이용하여 정확한 함수값을 얻을 수 없는 경우의 근삿값을 얻도록 하자. 함수 $f(x) = \sqrt[3]{x}$에 대하여 $f(1.1) = \sqrt[3]{1.1}$의 근삿값을 구하여 보자. 먼저 주어진 함수가 a에서 미분가능하다 하자. 극한값의 정의

$$f'(a) = \lim_{x \to a} \frac{f(x) - f(a)}{x - a}$$

에 의하여 x가 a에 접근할 때 $\dfrac{f(x) - f(a)}{x - a}$는 미분계수 $f'(a)$에 접근한다. 따라서 x가 a에 접근할 때 $f(x) - f(a)$는 $f'(a)(x-a)$에 접근한다. 즉 x가 a에 접근하면 $f(x)$는 $f(a) + f'(a)(x-a)$에 접근한다. 이것을

$$f(x) \approx f(a) + f'(a)(x-a)$$

로 나타낸다. 여기서 $x - a = h$라 두면,

$$f(a+h) \approx f(a) + f'(a)h$$

를 얻는다.

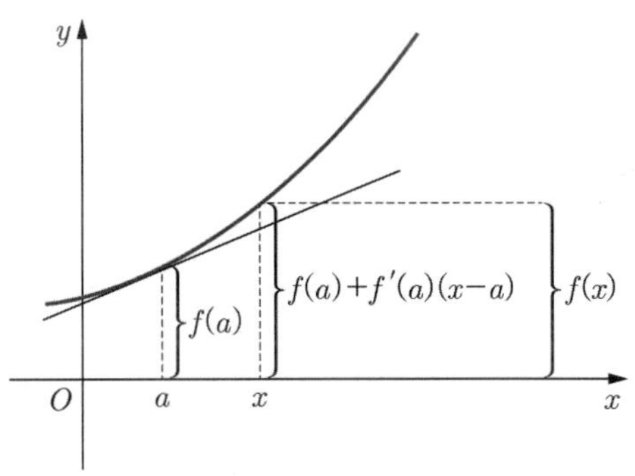

그림 3.6: 미분과 근삿값

예제 3.26 $\sqrt[3]{1.1}$의 근삿값을 구하여라.

풀이 $f(x) = \sqrt[3]{x}$라 하자. $a = 1$라 하고 $h = 0.1$라 하면

$$f(1.1) = f(1+0.1) \approx f(1) + f'(1)(0.1) = 1 + \frac{1}{3}(0.1) = \frac{31}{30}.$$

$\sqrt[3]{1.1}$의 참값은 $1.03228\cdots$ 이므로 근삿값 $\dfrac{31}{30}$과의 오차를 계산하면

$$\frac{31}{30} - 1.03228 \approx 1.03333 - 1.03228 = 0.00105$$

이다. □

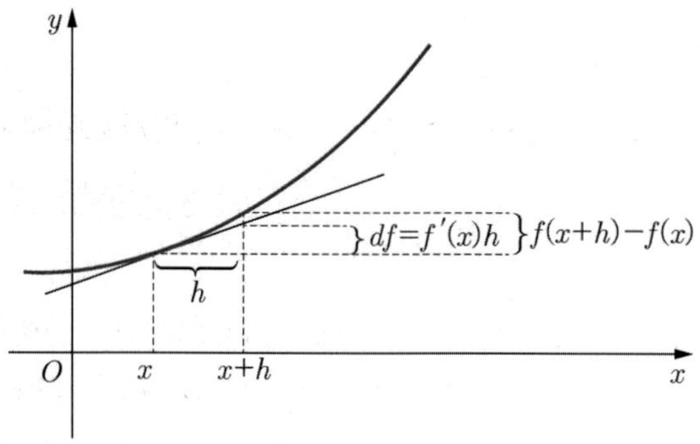

그림 3.7: 1차 근사식

정리 3.13

f가 미분가능한 함수라 하자. 앞에서 설명한 근사식에서 a에 x를 대입하면

$$f(x+h) \approx f(x) + f'(x)h, \text{ 즉 } f(x+h) - f(x) \approx f'(x)h$$

를 얻는다. 이때 $f'(x)h$를 x의 증분 h에 대한 **f의 미분**이라 하고 df로 표시한다. 즉 $df = f'(x)h$이다. 여기서 $g(x) = x$라면 $dg = dx$이다. 또한 $g'(x) = 1$이므로

$$dx = dg = g'(x)h = h.$$

따라서 독립변수 x의 미분 dx는 그 증분 h로 정의한다. 그것에 대응되는 f의 미분은

$$df = f'(x)h = f'(x)\,dx$$

이다.

예제 3.27 $y = f(x) = x^2 + 4x$에서 $x = 3,\ h = 0.2$일 때 미분 df를 구하여라.

풀이 $f'(x) = 2x + 4$이므로

$$df = (2 \cdot 3 + 4) \cdot (0.2) = 2$$

이다. □

예제 3.28 $\sin \dfrac{7\pi}{36}$의 근삿값을 구하여라.

풀이 $f(x) = \sin x$라 하고 $x = \dfrac{\pi}{6}, h = \dfrac{7}{36}\pi - \dfrac{\pi}{6} = \dfrac{\pi}{36}$라 하자. 그러므로

$$df = f'(x)\,dx = \left(\cos\frac{\pi}{6}\right)\left(\frac{\pi}{36}\right) = \frac{\sqrt{3}}{2} \cdot \frac{\pi}{36} \approx 0.075575.$$

따라서

$$\sin\frac{7}{36}\pi \approx f\left(\frac{\pi}{6}\right) + df \approx 0.5 + 0.075575 = 0.575575.$$

□

예제 3.29 $\sqrt{3}+\dfrac{1}{3}$의 근삿값을 구하여라.

풀이 $f(x)=\sqrt{x}+\dfrac{1}{x}$라 놓자. 도함수는

$$f'(x) = \frac{1}{2\sqrt{x}} - \frac{1}{x^2}$$

이다. 여기서 $x=4$, $dx=h=-1$라 두면

$$\begin{aligned}\sqrt{3}+\frac{1}{3} &= f(3) = f(4+(-1)) \approx f(4) + f'(4)(-1)\\ &= 2\frac{1}{4} + \left(\frac{1}{2\sqrt{4}} - \frac{1}{16}\right)(-1)\\ &= 2\frac{1}{4} + \left(-\frac{3}{16}\right) = 2.0625.\end{aligned}$$

□

Newton–Raphson 방법

함수 $y=f(x)$가 주어졌을 때, $f(x)=0$이 되는 x의 근삿값을 구하는 방법 중에서 Newton–Raphson의 방법을 소개한다.

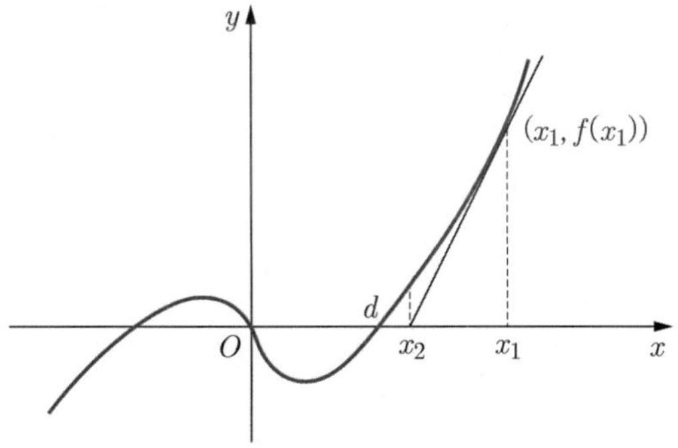

그림 3.8: Newton–Raphson 방법

$y=f(x)$에서 $f(x)=0$이 되는 x의 근삿값을 구하기 위해 $f(x)=0$의 근을 d라 하자. 그림 3.8에서 보는 것처럼 d에 가깝다고 생각되는 점 x_1을 잡아, 근 d의 제1근삿값이라

하자. 이제 점 $(x_1, f(x_1))$에서 f의 그래프에 대한 접선을 l이라 하자. 접선 l의 방정식은

$$y = f(x_1) + f'(x_1)(x - x_1) \tag{3.2}$$

이다. 접선 l과 x축이 만나는 점을 x_2라 하자. 그러면 x_2는 x_1보다 더 가까운 근삿값이다. x_2는 접선 l의 x절편이므로

$$0 = f(x_1) + f'(x_1)(x_2 - x_1)$$

을 만족한다. x_2에 관하여 풀면

$$x_2 = x_1 - \frac{f(x_1)}{f'(x_1)} \tag{3.3}$$

을 얻는다. 이제 x_2를 제2근삿값으로 생각하면, 식 (3.3)을 이용하여 제3근삿값

$$x_3 = x_2 - \frac{f(x_2)}{f'(x_2)}$$

를 얻는다. 이 방법을 반복하면

$$\begin{aligned} x_4 &= x_3 - \frac{f(x_3)}{f'(x_3)} \\ &\vdots \\ x_{n+1} &= x_n - \frac{f(x_n)}{f'(x_n)} \end{aligned} \tag{3.4}$$

을 얻는다. 이렇게 하여 얻은

$$x_1,\ x_2,\ x_3,\ \cdots,\ x_n,\ \cdots$$

은 d에 얼마든지 가깝게 할 수 있다. 이 방법을 Newton–Raphson **방법**이라 한다.

예제 3.30 $x^2 - 2 = 0$의 양의 근의 근삿값을 소수이하 넷째 자리까지 구하여라.

풀이 $f(x) = x^2 - 2$라 놓자. 그러면 $f(\sqrt{2}) = (\sqrt{2})^2 - 2 = 0$이므로 $\sqrt{2}$의 근삿값을 구하는 문제이다. $(1.5)^2 - 2 = 0.25$이므로 $x^2 - 2 = 0$의 근의 제1근삿값으로 $x_1 = 1.5$로 놓자. $f'(x) = 2x$이므로 식 (3.4)로부터

$$x_{n+1} = x_n - \frac{f(x_n)}{f'(x_n)} = x_n - \frac{x_n^2 - 2}{2x_n},$$

$$\text{즉 } x_{n+1} = \frac{x_n^2 + 2}{2x_n}$$

를 얻는다. 따라서

$$\begin{aligned} x_1 &= 1.5 \\ x_2 &= \frac{(1.5)^2 + 2}{2 \cdot (1.5)} = \frac{4.25}{3} \approx 1.4666 \end{aligned}$$

$$x_3 = \frac{x_2^2 + 2}{2x_2} \approx 1.41421$$
$$x_4 = \frac{x_3^2 + 2}{2x_3} \approx 1.41421$$

이다. 그러므로 구하는 근삿값은 1.41421이다. □

예제 3.31 $|x_{n+1} - x_n| < 10^{-3}$을 만족하는 $\sqrt{8.5}$의 근삿값을 구하여라.

풀이 $f(x) = x^2 - 8.5$라 놓자.

$$f(8.5) = (\sqrt{8.5})^2 - 8.5 = 0$$

이므로 $\sqrt{8.5}$의 근삿값을 구하는 것은 방정식 $x^2 - 8.5 = 0$의 근의 근삿값을 구하는 것과 마찬가지이다. 제 1근삿값을 $x_1 = 3$이라 하자.

$$x_{n+1} = x_n - \frac{f(x_n)}{f'(x_n)} = x_n - \frac{x_n^2 - 8.5}{2x_n}, \text{ 즉 } x_{n+1} = \frac{x_n^2 + 8.5}{2x_n}.$$

따라서

$$x_1 = 3$$
$$x_2 = \frac{3^2 + 8.5}{2 \cdot 3} \approx 2.91667$$
$$x_3 = \frac{x_2^2 + 8.5}{2x_2} \approx 2.91547$$
$$x_4 = \frac{x_3^2 + 8.5}{2x_3} \approx 2.91548$$

여기서 $|x_4 - x_3| < 10^{-3}$이다. 그러므로 구하는 $\sqrt{8.5}$의 근삿값은 x_4이다. 실제로

$$(2.91548)^2 \approx 8.50002$$

이다. □

연습문제 3.7

1. 다음 함수의 미분을 구하여라.
   (1) $y = x^3 - 2x^2 + 5$
   (2) $y = \sqrt[3]{6x}$
   (3) $y = (x + a)^2$
   (4) $y = \frac{x^2 - 5}{x^3 + 4}$
   (5) $y = \sin(\cos x)$
   (6) $y = \sqrt{1 + x^4}$

2. 미분을 사용하여 다음 수의 근삿값을 구하여라.
   (1) $\sqrt[5]{1.1}$
   (2) $\sqrt{9.8}$
   (3) $\cos \frac{11}{36}\pi$

3. 한 고무공의 바깥 지름은 12cm이며 공의 두께는 0.3cm이다. 미분을 이용하여 공의 내부 부피의 근삿값을 구하여라.

4. 공의 지름이 20 ± 0.1cm라 하자. 오차를 어림하고 공의 부피를 계산하여라.

5. Newton–Raphson의 방법을 사용하여 $|x_{n+1} - x_n| < 10^{-3}$을 만족하는 주어진 수의 근삿값 x_{n+1}을 구하여라.
   (1) $\sqrt{15}$
   (2) $\sqrt[3]{9}$

6. Newton–Raphson의 방법을 이용하여 주어진 구간에서 다음 방정식의 근의 근삿값을 구하여라.
   (1) $x^3 - 3x - 1 = 0,\ [1, 2]$
   (2) $x^3 - 2x - 5 = 0,\ [0, 3]$
   (3) $\cos x = x\ [0, \frac{\pi}{2}]$

Memo

4. 도함수의 응용

CHAPTER 4

도함수의 응용

공학, 물리학, 생물학과 사회과학의 영역에서 흔히 발생되는 최적화 문제를 해결하기 위하여 함수의 증감, 극값과 오목을 도함수를 이용하여 결정하는 방법을 다룬다.

4.1 최댓값과 최솟값

정의 4.1

I를 함수 f의 정의역에 포함되는 집합이라 하자.

(1) I에 속하는 모든 x에 대하여 $f(x) \le f(c)$가 성립되는 c가 I 내에 존재하면 함수 f는 I에서 최댓값을 갖는다고 하고 $f(c)$를 I에서 f의 **최댓값**이라 한다.

(2) I에 속하는 모든 x에 대하여 $f(x) \ge f(c)$가 성립되는 c가 I 내에 존재하면 함수 f는 I에서 최솟값을 갖는다고 하고 $f(c)$를 I에서 f의 **최솟값**이라 한다.

(3) f의 최댓값 또는 최솟값을 **대역극값**이라 한다.

I가 함수 f의 정의역이고 I에서 f의 최댓값과 최솟값이 각각 존재한다면, 이 값을 간단히 f의 최댓값, 최솟값이라 한다.

함수 f가 I 위에서 최댓값 또는 최솟값을 갖거나 갖지 않음은 f와 I에 달려 있음을 알 수 있다. 예를 들어 $f(x) = \dfrac{1}{x}$은 구간 $(0, 1]$에서 최댓값을 갖지 않는다. 반면 구간을 $[1, 2]$로 잡으면 이 위에서는 최댓값 1과 최솟값 $\dfrac{1}{2}$이 존재한다.

항상 최댓값과 최솟값이 존재하려면 f와 I가 어떤 조건을 갖추어야 하는지는 다음 정리에서 밝히고 있다.

정리 4.1 (최댓값, 최솟값 정리)

f가 닫힌구간 $[a,b]$에서 정의되어진 연속함수이면 f는 $[a,b]$에서 최댓값과 최솟값을 갖는다.

최대, 최솟값 정리에 의하여 대역극값의 존재성이 확인되었을 때 최댓값과 최솟값을 실제로 찾는 작업이 중요하다. 이를 위한 준비 단계의 하나로써 다음 정리를 알아본다.

정리 4.2

f는 닫힌구간 $[a,b]$에서 정의된 함수라 하자. 만일 f가 (a,b) 내의 미분가능한 점 c에서 대역극값을 가지면 $f'(c)=0$이다.

[증명] f는 $f'(c)$가 존재하고 $f'(c)\neq 0$인 (a,b) 내의 어떠한 점 c에 대해서도 대역극값을 갖지 않음을 보이면 충분하다. 그러므로 $f'(c)\neq 0$라 가정하자. 첫째, $f'(c)>0$인 경우를 생각하자.

$$f'(c)=\lim_{x\to c}\frac{f(x)-f(c)}{x-c}>0$$

이므로 c를 포함하는 어떤 열린구간 I 내에 있는 x에 대하여

$$\frac{f(x)-f(c)}{x-c}>0$$

가 성립한다. 이러한 x에 대하여 만일 $x>c$이면

$$f(x)-f(c)=(x-c)\cdot\frac{f(x)-f(c)}{x-c}>0$$

가 성립하여 $f(x)>f(c)$이다. 따라서 f는 c에서 최댓값을 갖지 않는다. 만일 $x\in I$이고 $x<c$이면

$$f(x)-f(c)=(x-c)\cdot\frac{f(x)-f(c)}{x-c}<0$$

가 성립하여 $f(x)<f(c)$이다. 따라서 f는 c에서 최솟값을 갖지 않는다. 그러므로 $f'(c)>0$이면 f는 c에서 최댓값과 최솟값을 갖지 않는다. $f'(c)<0$인 경우도 유사하게 보이면 f는 c에서 최댓값과 최솟값을 갖지 않는다. □

$f'(c)=0$이 되는 점 c를 **정점**(stationary point)이라 하고 $f'(c)$가 존재하지 않는 점 c를 **특이점**(singular point)이라 한다. 정점, 특이점 그리고 끝점을 통틀어 **임계점**(critical point)이라 하며, 정리 4.2는 f가 미분가능한 점에서 극값을 가지면 정점임을 알려 주고 있다. f가 어떤 영역 위에서 정의되었다면 그 영역 위의 수많은 점들 중에서 특별한 점들에서만 최댓값과 최솟값을 갖는다는 사실을 다음 정리에서 보이고 있다.

정리 4.3

f가 구간 I에서 정의된 함수이고 $c \in I$라 하자. f가 c에서 최댓값 또는 최솟값을 가지면 c는 임계점이어야 한다.

[증명] $f(c)$는 I에서 f의 최댓값이고 끝점도 특이점도 아니라면 c가 정점임을 보이면 된다. $f(c)$가 I에서 최댓값이므로 $x \in I$인 모든 x에 대하여

$$f(x) \leq f(c)$$

이다. 즉 $f(x) - f(c) \leq 0$이다. 따라서 $x < c$이면 $x - c < 0$이므로

$$\frac{f(x) - f(c)}{x - c} \geq 0$$

이고 $x > c$이면 $x - c > 0$이므로

$$\frac{f(x) - f(c)}{x - c} \leq 0$$

이다. c는 특이점이 아니므로 $f'(x)$가 존재하고 위 사실로부터

$$\lim_{x \to c^-} \frac{f(x) - f(c)}{x - c} \geq 0, \quad \lim_{x \to c^+} \frac{f(x) - f(c)}{x - c} \leq 0$$

이 성립하여 $f'(c) = 0$이어야 한다. $f(c)$가 최솟값일 때에도 유사하게 증명된다. □

위 정리로부터 최댓값과 최솟값은 끝점, 정점 또는 특이점에서만 발생함을 알 수 있다(그림 4.1). 따라서 최대, 최솟값을 실제로 찾기 위해서는 각 임계점에서 f의 값을 계산하여 그 중 제일 큰 값과 제일 작은 값을 구하면 된다.

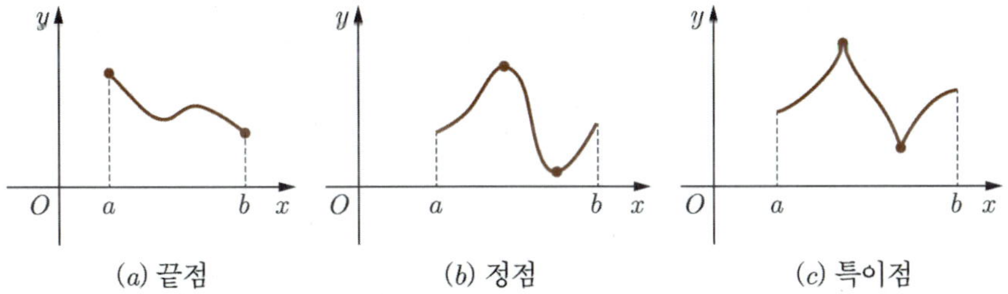

(a) 끝점 (b) 정점 (c) 특이점

그림 4.1: 임계점의 종류

예제 4.1 $f(x) = x - x^3$의 닫힌구간 $[0, 1]$에서의 최댓값과 최솟값을 구하여라.

풀이 f는 닫힌구간 $[0, 1]$에서 연속이므로 최대, 최솟값 정리에 의하여 대역극값을 갖는다. f는 $[0, 1]$의 모든 점에서 미분가능하므로 특이점은 존재하지 않는다.

$$f'(x) = 1 - 3x^2$$

이므로 $f'(x) = 1 - 3x^2 = 0$이라 놓으면 $x = -\frac{\sqrt{3}}{3}$ 또는 $x = \frac{\sqrt{3}}{3}$이다. 그러나 $x = -\frac{\sqrt{3}}{3}$은 $[0,1]$ 내의 점이 아니므로 최대, 최솟값은 끝점 $x = 0$, $x = 1$과 $\frac{\sqrt{3}}{3}$에서 갖는다.

$$f(0) = 0, \quad f(1) = 0,$$
$$f\left(\frac{\sqrt{3}}{3}\right) = \frac{\sqrt{3}}{3} - \left(\frac{\sqrt{3}}{3}\right)^3 = \frac{2}{9}\sqrt{3}$$

이므로 최댓값은 $\frac{2}{9}\sqrt{3}$이고 최솟값은 0이다. □

예제 4.2 $f(x) = x^{\frac{2}{3}}$의 닫힌구간 $[-1,1]$에서의 최댓값과 최솟값을 구하여라.

풀이 $f'(x) = \frac{2}{3}x^{-\frac{1}{3}} = \frac{\frac{2}{3}}{\sqrt[3]{x}}$ 이므로 $x = 0$에서 f'값이 존재하지 않아 미분불가능하다. 즉 $x = 0$은 특이점이 된다. 또한 $f'(x) = 0$인 점이 존재하지 않으므로 정점은 존재하지 않는다(그림 4.2). 따라서 최대, 최솟값은 끝점 $x = -1$과 $x = 1$ 그리고 특이점 $x = 0$에서 존재한다.

$$f(-1) = 1 = f(1), \quad f(0) = 0$$

이므로 최댓값은 1이고 최솟값은 0이다. □

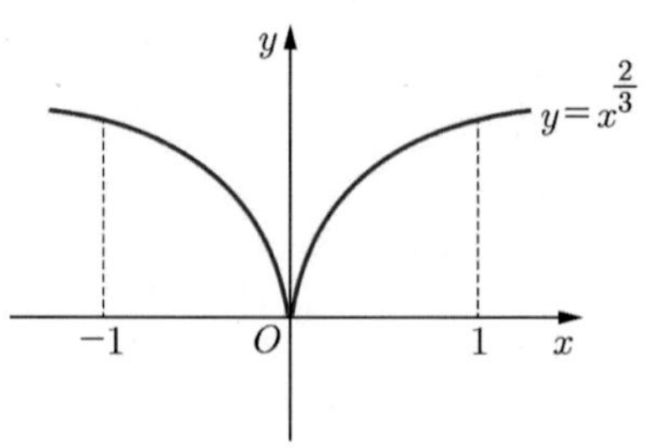

그림 4.2: $f(x) = x^{\frac{2}{3}}$

예제 4.3 $f(x) = x(1-x)^{\frac{2}{3}}$의 닫힌구간 $[-2,1]$에서의 최댓값과 최솟값을 구하여라.

풀이 $f'(x) = (1-x)^{\frac{2}{3}} + x \cdot \frac{2}{3} \cdot (1-x)^{-\frac{1}{3}} \cdot (-1) = \frac{3-5x}{3\sqrt[3]{1-x}}$이므로 $x = \frac{3}{5}$에서 $f'(x) = 0$이고 $x = 1$에서 f'값이 존재하지 않는다. 따라서 $x = 1$은 특이점이다. 극점 $x = \frac{3}{5}$와 끝점 $x = -2$, $x = 1$에서 함수값을 비교하면

$$f\left(\frac{3}{5}\right) = \frac{3}{5} \cdot \left(-\frac{2}{5}\right)^{\frac{2}{3}}, \quad f(-2) = -2\sqrt[3]{9}, \quad f(1) = 0$$

이므로 최댓값은 $\frac{3}{5}\left(-\frac{2}{5}\right)^{\frac{2}{3}}$이고 최솟값은 $-2\sqrt[3]{9}$이다. □

정의 4.2

함수 f는 열린구간 $(c-\delta, c+\delta)$에서 $f(c)$가 최댓값(최솟값)이 되는 $\delta > 0$가 존재하면 $x = c$에서 **국소극댓(국소극솟)값**을 갖는다고 한다. 국소극댓값과 국소극솟값을 **국소극값**이라 한다.

넓은 영역에서 가장 큰 값은 최댓값이고 좁은 영역에서 가장 큰 값은 국소극댓값임을 알 수 있다(그림 4.3). 앞으로 국소극댓값(국소극솟값)을 간단히 **극댓(극솟)값**이라 사용하겠다. 또한 극솟값과 극댓값을 **극값**이라 한다.

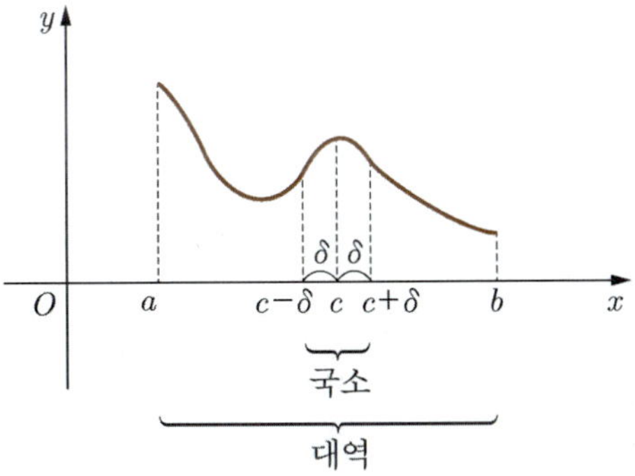

그림 4.3: 국소 및 대역극값

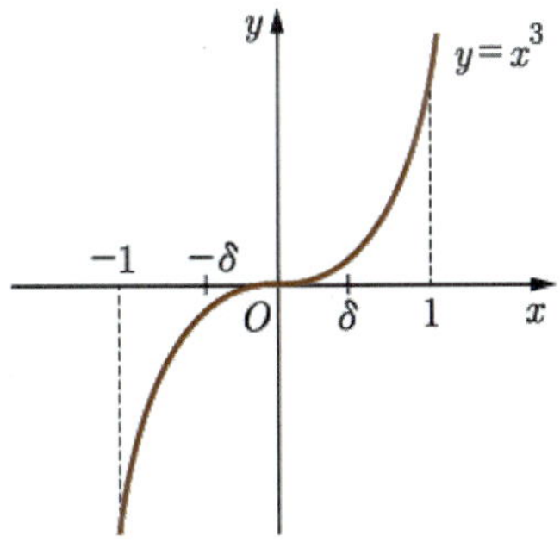

그림 4.4: $f(x) = x^3$

예제 4.4 $f(x) = x^3$은 닫힌구간 $[-1, 1]$에서 대역극값(최댓값, 최솟값)을 갖는다. 하지만 극값은 갖지 않는다. $f'(0) = 0$이나 어떠한 $\delta > 0$에 대해서도 열린구간 $(-\delta, \delta)$에서 $f(0) = 0$이 최댓값 또는 최솟값이 되지 않기 때문이다(그림 4.4).

예제 4.5 다음 그림 4.5에서 점 a, b, c, d, e에서 극값을 가짐을 정의에 의하여 알 수 있다. 따라서 미분불가능점, 불연속점도 극값이 될 수 있다.

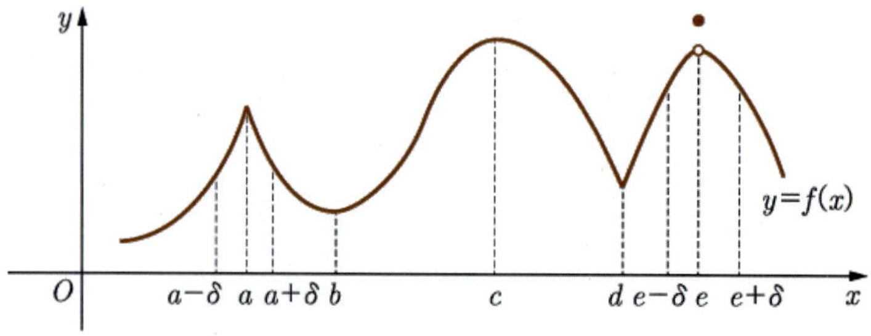

그림 4.5: 극값의 종류

연습문제 4.1

1. 다음 함수들의 모든 임계점을 구하여라.
   (1) $f(x) = x^5 - 5x^3 + 10x - 3$
   (2) $f(x) = x + \frac{1}{x}$
   (3) $f(x) = \sin x$
   (4) $f(x) = \dfrac{x}{\sqrt{x^2+1}}$

2. 주어진 구간에서 다음 함수들의 최댓값과 최솟값을 구하여라.
   (1) $f(x) = -x^3 + 3x^2 + 2,\ -\frac{1}{3} \le x \le 3$
   (2) $f(x) = \dfrac{x}{x^2+2},\ -1 \le x \le 4$
   (3) $f(x) = x^{\frac{2}{5}},\ -1 \le x \le 32$
   (4) $f(x) = |2 - x^2|,\ -2 \le x \le 3$

3. $f(x) = [x]$, 단 $[x] = x$를 넘지 않는 최대 정수일 때 모든 실수가 임계점임을 보여라.

4. f가 닫힌구간 $[a,b]$에서 정의되고 $g = -f$라 하자. $f(x_0)$가 $[a,b]$ 위에서 f의 최댓값이기 위한 필요충분조건은 $-f(x_0)$가 $[a,b]$ 위에서 g의 최솟값임을 증명하여라.

5. f는 닫힌구간 $[a,b]$에서 미분가능하고, $f'(a) < m < f'(b)$라고 하자. 그러면 $f'(c) = m$이 성립하는 어떤 수 c가 (a,b)에 존재함을 보여라. (힌트 : 구간 $[a,b]$상의 점 x에 대해서 $g(x) = f(x) - mx$라고 정의하자. 그리고 정리 4.1과 정리 4.2를 이용한다.)

6. c와 d는 모두 0이 아닌 상수이고
$$f(x) = \frac{ax+b}{cx+d}$$
라고 하자. 만일 $ad - bc$이 0이 아니면 f는 임계점을 갖지 않음을 보여라.

4.2 평균값정리와 그 응용

정리 4.4 (Rolle의 정리)

f가 닫힌구간 $[a,b]$에서 연속이고 열린구간 (a,b)에서 미분가능하며 $f(a)=f(b)$이면 $f'(c)=0$이 되는 적어도 하나의 $c\in(a,b)$가 존재한다.

Rolle의 정리는 f가 가정을 만족하면 $(c,f(c))$에서 기울기가 0인 접선이 존재함을 알려준다(그림 4.6).

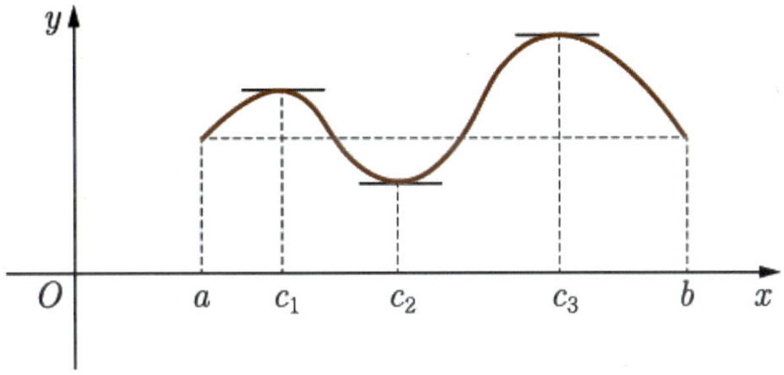

그림 4.6: Rolle의 정리

정리 4.5 (평균값 정리)

f가 닫힌구간 $[a,b]$에서 연속이고 열린구간 (a,b)에서 미분가능하면

$$f'(c)=\frac{f(b)-f(a)}{b-a}$$

가 성립하는 적어도 하나의 c가 구간 (a,b) 내에 존재한다.

[증명] 함수 g를

$$g(x)=f(x)-\left[f(a)+\frac{f(b)-f(a)}{b-a}(x-a)\right],\qquad a\le x\le b$$

로 정의하면(그림 4.7) f가 닫힌구간 $[a,b]$에서 연속이고 열린구간 (a,b)에서 미분가능하므로 g도 $[a,b]$에서 연속이고 (a,b)에서 미분가능하다. 또한 $g(a)=g(b)=0$이므로 Rolle의 정리에 의하여 $g'(c)=0$이 되는 c가 구간 (a,b) 내에 존재한다.

$$g'(x)=f'(x)-\frac{f(b)-f(a)}{b-a},\quad a<x<b$$

이므로

$$0=g'(c)=f'(c)-\frac{f(b)-f(a)}{b-a}$$

가 되어

$$f'(c) = \frac{f(b) - f(a)}{b - a}$$

가 성립한다. □

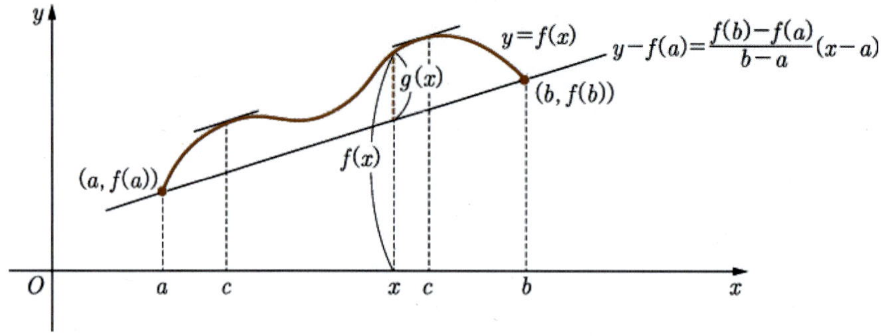

그림 4.7: 평균값 정리의 증명 방법

평균값 정리는 그림 4.8에서와 같이 닫힌구간 $[a, b]$에서 연속이고 열린구간 (a, b)에서 미분가능한 함수 f의 끝점 $(a, f(a))$와 $(b, f(b))$를 지나는 직선의 기울기와 같은 기울기의 접선을 갖는 점 c가 구간 (a, b) 내에 한 점 이상 존재함을 보여준다.

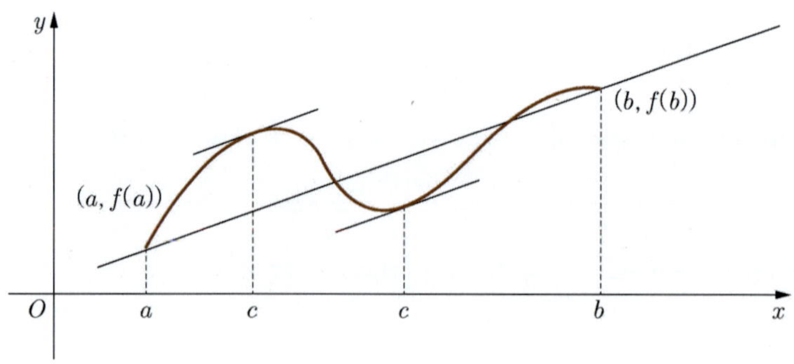

그림 4.8: 평균값정리

예제 4.6 $f(x) = 1 - 2x^2$일 때 열린구간 $(0, 2)$에서 평균값 정리를 만족하는 c를 구하여라.

풀이 $f(x)$는 닫힌구간 $[0, 2]$에서 연속이고 열린구간 $(0, 2)$에서 미분가능하므로

$$f'(c) = \frac{f(2) - f(0)}{2 - 0} = -4$$

를 만족하는 c가 구간 $(0, 2)$ 내에 존재한다. $f'(x) = -4x$이므로

$$-4 = f'(c) = -4c$$

에서 $c = 1$이고 c는 구간 $(0, 2)$ 내에 존재한다. □

예제 4.7 $f(x) = x^{\frac{2}{3}}$은 닫힌구간 $[-8, 27]$에서 평균값 정리를 만족하지 않음을 보이고 그 이유를 밝혀라.

풀이 $f'(x) = \frac{2}{3}x^{-\frac{1}{3}} = \frac{2}{3}\frac{1}{\sqrt[3]{x}}$이고 $\frac{f(27) - f(-8)}{27 - (-8)} = \frac{1}{7}$이다. 따라서 f가 평균값 정리를 만족한다면 어떤 c가 열린구간 $(-8, 27)$ 내에 존재하여

$$\frac{2}{3}\frac{1}{\sqrt[3]{c}} = f'(c) = \frac{1}{7}$$

을 만족하여야 한다. 하지만 $c = \left(\frac{14}{3}\right)^3 \doteqdot 102$는 구간 $(-8, 27)$ 내에 있지 않으므로 f는 평균값 정리를 만족하지 않는다. 그 이유는 그림 4.9에서 보이는 바와 같이 $f(x) = x^{\frac{2}{3}}$은 $(-8, 27)$ 내의 $x = 0$인 점에서 미분불가능하여 평균값 정리의 가정을 만족하지 않기 때문이다. □

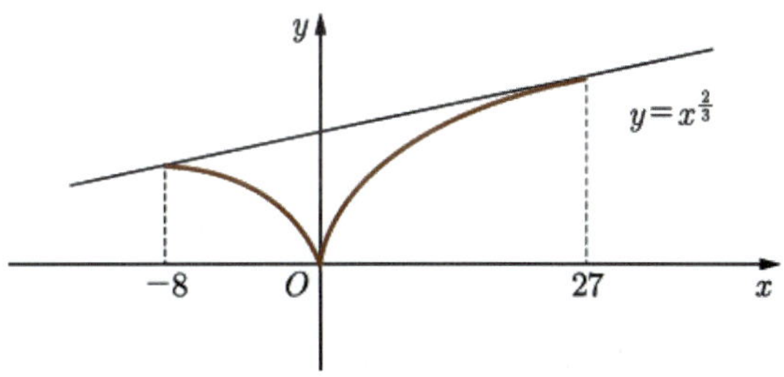

그림 4.9: $f(x) = x^{\frac{2}{3}}$

정리 4.6

(i) f는 구간 I에서 연속이라 하자. I 내의 모든 x에 대하여 $f'(x) = 0$이면 f는 I에서 상수이다.

(ii) f와 g가 구간 I에서 연속이라 하자. I 내의 모든 x에 대하여 $f'(x) = g'(x)$이면 상수 c가 존재하여 I 내의 모든 x에 대하여 $f(x) = g(x) + c$이다.

[증명] (i) x와 z는 $x < z$인 I 내의 임의의 점들이라 하자. 평균값 정리에 의하여

$$\frac{f(z) - f(x)}{z - x} = f'(c) = 0$$

가 성립되는 c가 (x, z) 내에 존재한다. 따라서 $f(z) - f(x) = 0$이고 $f(z) = f(x)$, $^{\forall}x \in I$이다. 즉 f는 I에서 상수함수이다.

(ii) $h(x) = f(x) - g(x)$라 놓으면 $h'(x) = f'(x) - g'(x) = 0$이고 $h(x)$는 I에서 연속이므로 (i)에 의하여 $h(x) = f(x) - g(x)$는 I 내에서 상수함수이다. 따라서

$h(x) = c$ (c는 상수)이고 $f(x) = g(x) + c$가 성립한다. □

예제 4.8 $f'(x) = \cos x$이고 $f\left(\frac{\pi}{2}\right) = -1$일 때 f를 정하여라.

풀이 $g(x) = \sin x$라 하면

$$g'(x) = \cos x = f'(x), \quad {}^{\forall}x \in \mathbf{R}$$

이고 $f(x)$, $g(x)$는 연속함수들이다. 그러므로 정리 4.6에 의하여

$$f(x) = g(x) + c = \sin x + c$$

이고 $f\left(\frac{\pi}{2}\right) = -1$이므로

$$-1 = f\left(\frac{\pi}{2}\right) = \sin\frac{\pi}{2} + c = 1 + c$$

이므로 $c = -2$이다. 따라서

$$f(x) = \sin x - 2$$

이다. □

정의 4.3

함수 f는 $x < z$인 구간 I 내의 임의의 점 x, z에 대하여 $f(x) \leq f(z)(f(x) \geq f(z))$이면 구간 I에서 **증가(감소)**한다고 한다. 함수 f는 $x < z$인 구간 I 내의 임의의 점 x, z에 대하여 $f(x) < f(z)(f(x) > f(z))$이면 구간 I에서 **순증가(순감소)**한다고 한다. 증가함수와 감소함수를 **단조함수**라 한다.

단조함수는 정의역 전체에서 증가하거나 감소하는 함수를 말한다. 만일 정의역에서 증가와 감소가 모두 일어나는 함수는 단조함수가 아니다.

정리 4.7

f는 구간 I에서 연속이고 I의 내점에서 미분가능하다고 하자.

(i) I 내의 각 점 x에서 $f'(x) \geq 0$이면 f는 I에서 증가한다. 또한 I의 유한개의 내점에서만 $f'(x) = 0$이고 그 외의 모든 내점에서 $f'(x) > 0$이면 f는 I에서 순증가한다.

(ii) I 내의 각 점 x에서 $f'(x) \leq 0$이면 f는 I에서 감소한다. 또한 I의 유한개의 내점에서만 $f'(x) = 0$이고 그 외의 모든 내점에서 $f'(x) < 0$이면 f는 I에서 순감소한다.

[증명] (i) x, z는 $x < z$인 임의의 I 내의 점이라 하자. 가정에 의하여 f는 닫힌구간 $[x, z]$에서 연속이고 열린구간 (x, z)에서 미분가능하므로 평균값 정리에 의하여

$$f'(c) = \frac{f(z) - f(x)}{z - x}$$

인 c가 (x, z) 내에 존재한다. $f'(c) \geq 0$이고 $z - x > 0$이므로 $f(z) \geq f(x)$가 되어 f는 I에서 증가한다. (i)의 두 번째 사실을 증명하기 위하여 f는 I에서 순증가하지 않는다고 하자. f는 증가함을 증명하였으므로 순증가하지 않는다는 가정은 $v < w$이고 $f(v) = f(w)$인 v, w가 I 내에 존재함을 뜻한다. 다시 말하면 f는 닫힌구간 $[v, w]$에서 상수함수이므로 $v < x < w$인 x에 대하여 $f'(x) = 0$이다. 이는 I 내의 유한개의 점들을 제외한 점 x에 대하여 $f'(x) > 0$이라는 가정에 모순이다. 그러므로 f는 I에서 순증가한다.

(ii) (i)과 유사한 방법으로 증명된다. □

연습문제 4.2

1. 다음 주어진 함수들에 대하여 평균값 정리를 만족하는 c를 모두 구하여라.
   (1) $f(x) = 2\cos x, [0, 2\pi]$
   (2) $f(x) = x^3 - 6x + 5, [1, 4]$
   (3) $f(x) = 2\sqrt{x}, [1, 4]$
   (4) $f(x) = 1 + x^{\frac{1}{3}}, [1, 8]$

2. $|f'(x)| \leq M$, $a \leq x \leq b$일 때 평균값 정리를 이용하여

$$|f(b) - f(a)| \leq M(b - a)$$

   가 성립함을 증명하여라.

3. Rolle의 정리를 이용하여

$$\tan x = 1 - x$$

   가 $(0, 1)$에서 해를 가짐을 보여라.
   (Hint: $f(x) = (x - 1)\sin x$라 놓고 $f(0)$, $f(1)$과 f'를 구하여라.)

4. 다음 주어진 조건을 만족하는 함수를 구하여라.
   (1) $f'(x) = \pi$, $f(1) = 3\pi$
   (2) $f'(x) = \cos x$, $f(\frac{\pi}{3}) = 1$
   (3) $f''(x) = 0$, $f'(0) = -1$, $f(0) = 2$
   (4) $f''(x) = 0$ (Hint: 정리 4.6의 (ii)를 이용하라.)

5. 다음 주어진 함수가 단조증가하고 단조감소하는 구간을 찾아라.

(1) $f(x) = x^3 - x^2 + x - 1$

(2) $f(x) = \sqrt{16 - x^2}$

(3) $f(x) = \dfrac{x-2}{x-1}$

(4) $f(x) = \sin x + \cos x$

6. 다음 부등식 $4x^2 + \dfrac{1}{x} \geq 5,\ x \geq 1$이 성립함을 보여라.

7. $n \geq 1$인 정수 n에 대하여 $(1+x)^n \geq 1 + nx,\ x > 0$이 성립함을 보여라.

8. 평균값 정리를 이용하여 $|\cos b - \cos a| \leq |b - a|$임을 보여라.

Memo

4.3 단조성, 오목성과 도함수

정리 4.8 (1계 도함수 판정법)

f는 구간 I에서 연속이고 $c \in I$라 한다.

(i) f'의 부호가 $x = c$를 기준점으로 양에서 음으로 바뀌면 f는 $x = c$에서 극댓값을 갖는다.

(ii) f'의 부호가 $x = c$를 기준점으로 음에서 양으로 바뀌면 f는 $x = c$에서 극솟값을 갖는다.

[증명] (i) f'의 부호가 $x = c$를 기준점으로 양에서 음으로 바뀌므로 $\delta > 0$가 존재하여 $^\forall x \in (c-\delta, c)$에 대하여 $f'(x) > 0$이고 $^\forall x \in (c, c+\delta)$에 대하여 $f'(x) < 0$이다. 정리 4.7에 의하여 f는 $[c-\delta, c]$에서 순증가하고 $[c, c+\delta]$에서 순감소한다. 그러므로 $f(c)$는 $[c-\delta, c+\delta]$에서 최댓값이다. 즉 f는 $x = c$에서 극댓값을 갖는다.

(ii) (i)과 유사한 방법으로 증명된다. □

위의 정리 4.8은 f가 $x = c$에서 미분불가능한 경우도 포함하고 있다(그림 4.10).

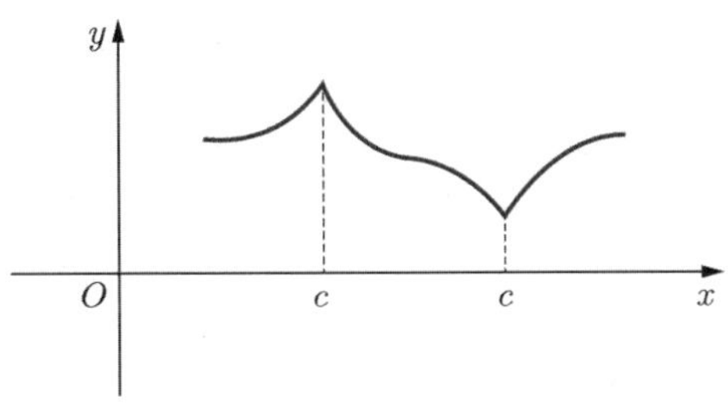

그림 4.10: 정리 4.8

예제 4.9 $f(x) = x(1-x)^{\frac{2}{3}}$의 극댓값, 극솟값(극값)을 구하여라.

풀이 $f'(x) = (1-x)^{\frac{2}{3}} + x \cdot \frac{2}{3}(1-x)^{-\frac{1}{3}} \cdot (-1) = \dfrac{3-5x}{3(1-x)^{\frac{1}{3}}}$

이므로 $f'(\frac{3}{5}) = 0$이고 $x = 1$에서 $f'(x)$의 값은 존재하지 않는다. 그리고 $f'(x)$의 부호는 $(-\infty, \frac{3}{5})$에서 양이고 $(\frac{3}{5}, 1)$에서 음이므로 $x = \frac{3}{5}$에서 극댓값 $f(\frac{3}{5})$을 갖는다. 또한 $f'(x)$의 부호가 $(\frac{3}{5}, 1)$에서 음이고 $(1, \infty)$에서 양이므로 $x = 1$에서 극솟값 $f(1)$을 갖는다. □

예제 4.10 $f(x) = (x-1)^2(x-3)^2$의 그래프를 그려라.

풀이 $f'(x) = 2(x-1)(x-3)^2 + (x-1)^2 \cdot 2(x-3)$
$= 2(x-1)(x-3)\{(x-3)+(x-1)\}$
$= 4(x-1)(x-2)(x-3)$

x	$\cdots$	1	$\cdots$	2	$\cdots$	3	$\cdots$
$f'(x)$	$-$	0	$+$	0	$-$	0	$+$
$f(x)$	감소	0	증가	1	감소	0	증가
극값판정		극소		극대		극소	

따라서 $f(x)$의 그래프는 그림 4.11과 같다. □

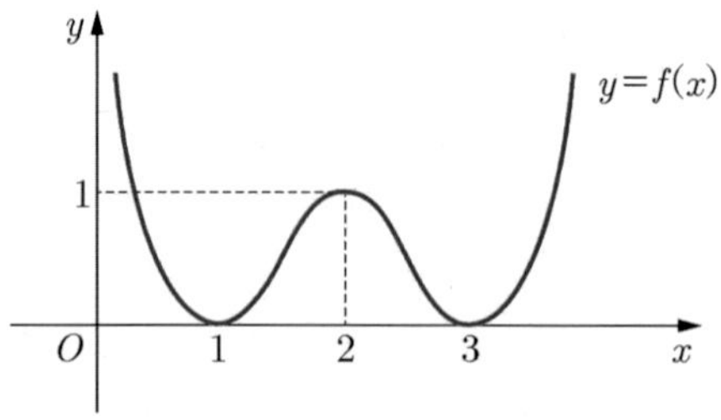

그림 4.11: $f(x) = (x-1)^2(x-3)^2$의 그래프

정리 4.9 (2계 도함수 판정법)

$f'(c) = 0$이라 가정하자.
(i) $f''(c) < 0$이면 $f(c)$는 f의 극댓값이다.
(ii) $f''(c) > 0$이면 $f(c)$는 f의 극솟값이다.

[증명] (i) $f''(c) = \lim_{x \to c} \frac{f'(x) - f'(c)}{x - c} < 0$이고 $f'(c) = 0$이므로 어떤 구간 $(c-\delta, c+\delta)$ 내의 임의의 $x (\neq c)$에 대하여

$$\frac{f'(x)}{x-c} = \frac{f'(x) - f'(c)}{x-c} < 0$$

이다. 만일 $c - \delta < x < c$이면 $x - c < 0$가 되어 $f'(x) > 0$이고 $c < x < c + \delta$이면 $x - c > 0$가 되어 $f'(x) < 0$이므로 정리 4.8에 의하여 $f(c)$는 극댓값이다.
(ii) (i)과 유사한 방법으로 증명된다. □

$f'(c) = 0$이고 $f''(c) = 0$이면 위의 정리를 적용할 수 없으며, 이 경우 $f(c)$는 극댓값, 극솟값일 수도 있고 아닐 수도 있다(그림 4.12).

예제 4.11 $f(x) = 2x^3 - 9x^2 + 5$의 극값을 2계 도함수 판정법을 사용하여 구하여라.

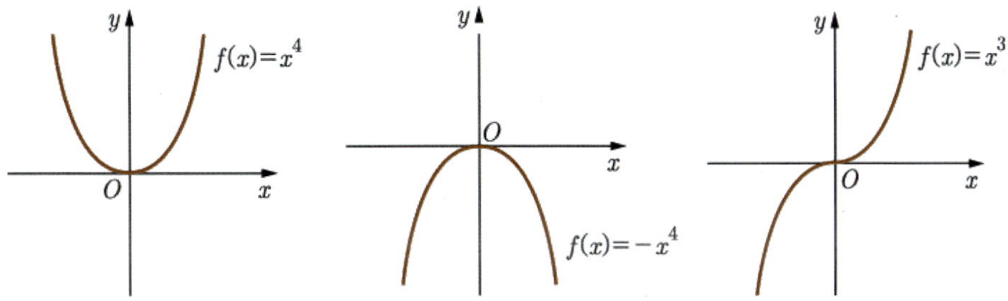

그림 4.12: 정리 4.9를 적용할 수 없는 보기들

풀이 $f'(x) = 6x^2 - 18x = 6x(x-3)$이고 $f''(x) = 12x - 18 = 6(2x-3)$이므로 $f'(0) = 0 = f'(3)$이다. 또한 $f''(0) = -18 < 0$이고 $f''(3) = 18 > 0$이므로 $f(0) = 5$는 극댓값이고 $f(3) = -22$는 극솟값이다. □

연습문제 4.3

1. 1계 도함수 판정법을 이용하여 극값을 구하여라.
   (1) $f(x) = x^3 - 12x + 2$
   (2) $f(x) = 4x^2 - \dfrac{1}{x}$
   (3) $f(x) = \dfrac{1}{x^2+1}$
   (4) $f(x) = x\sqrt{1-x^2}$
   (5) $f(x) = \dfrac{\cos x}{1+\sin x}$

2. 2계 도함수 판정법을 이용하여 극값을 구하여라.
   (1) $f(x) = x^3 - 3x^2 - 24x + 1$
   (2) $f(x) = x^4 + \dfrac{1}{2}x$
   (3) $f(x) = (x^2+1)^6$
   (4) $f(x) = \sin x + \cos x$
   (5) $f(x) = x^3 - \dfrac{48}{x^2}$

3. $f'(c) = f''(c) = 0$이 되는 c를 찾고 f는 c에서 극값을 갖지 않음을 보여라.
   (1) $f(x) = x^5 - x^3$
   (2) $f(x) = x + \sin x$

4. $f'(a) = 0$이고 $f''(a)$의 값이 존재하지 않으며 $f(a)$는 극솟값이 되는 f를 찾아라.

5. $f(x) = x^3 + ax^2 + bx + 1$이 $x = -1$에서 극솟값을 갖고 $x = -3$에서 극댓값을 갖는다면 a와 b의 값은 얼마인가?

4.4 극값의 응용

일상 생활에서 흔히 발생하는 면적, 부피 또는 이윤의 극대화 문제라든가 시간, 거리 또는 비용의 최소화 문제 등 제반의 극대화, 극소화 문제를 해결하기 위하여 최대, 최솟값 정리의 결과를 이용할 수 있다.

예제 4.12 광고지에서 490cm^2에 해당하는 면적에 광고 내용을 직사각형으로 인쇄하고자 한다. 이때 광고지의 위쪽과 아래쪽에 각각 2cm의 여백을 두고 좌우쪽은 5cm의 여백을 두고자 한다. 위 조건을 만족하는 광고 내용을 게재하면서도 광고지를 가장 적게 사용하고자 한다. 광고지의 크기를 정하여라.

풀이 광고지의 세로를 $x$cm라 하고 가로를 $y$cm라 하면 광고지의 면적은

$$S(x,y) = xy$$

이다. 광고 내용이 차지하는 부분은 세로 $(x-4)$cm, 가로 $(y-10)$cm인 직사각형이므로

$$(x-4)(y-10) = 490, \quad 4 < x, \quad 10 < y$$

가 성립된다. 따라서 $S(x,y)$의 값이 최소가 되는 x, y를 구하면 된다. $S(x,y)$를 x에 관한 일변수함수로 바꾸기 위하여 $(x-4)(y-10) = 490$으로부터

$$y = \frac{490}{x-4} + 10, \quad 4 < x$$

의 관계식을 유도하고 $S(x,y)$에 대입하면

$$S(x,y) = f(x) = \frac{490x}{x-4} + 10x, \quad 4 < x$$

이다.

$$f'(x) = \frac{10(x-18)(x+10)}{(x-4)^2}, \quad 4 < x$$

이므로 $f'(18) = 0 = f'(-10)$이지만 $x = -10$은 $4 < x$ 영역 밖의 점이고 $f(x)$는 특이점을 갖지 않으므로 임계점은 $x = 18$뿐이다.

$$f''(x) = \frac{3920}{(x-4)^3}$$

이므로 $f''(18) > 0$이 되어 $f(18) = 45$가 최솟값이다. 따라서 $x = 18$cm, $y = 45$cm가 광고지를 최소화하는 크기이다. □

예제 4.13 한 변의 길이가 $a$cm인 정사각형 판지의 네 모퉁이에서 같은 크기의 정사각형을 오려내어 뚜껑이 없는 상자를 만들 때 상자의 부피를 최대로 하려면 얼마만한 크기의 정사각형을 오려내야 하는가?

풀이 판지의 한 변의 길이를 a라 하고 오려내는 작은 정사각형의 한 변을 x라 하자(그림 4.13). 이 상자의 부피를 V라 하면

$$V(x) = x(a-2x)^2, \quad 0 < x < \frac{a}{2}$$

이다. $V(x)$는 $(0, \frac{a}{2})$에서 연속이며 미분가능하다. 따라서

$$\frac{dV}{dx} = 12x^2 - 8ax + a^2 = (6x-a)(2x-a)$$
$$V'\left(\frac{a}{6}\right) = 0, \quad V'\left(\frac{a}{2}\right) = 0$$

또한 $V''(x) = 24x - 8a$이므로

$$V''\left(\frac{a}{6}\right) = -4a < 0, \quad V''\left(\frac{a}{2}\right) = 4a > 0.$$

따라서 $x = \frac{a}{6}$에서 최댓값 $V\left(\frac{a}{6}\right) = \frac{2}{27}a^3$을 갖는다. □

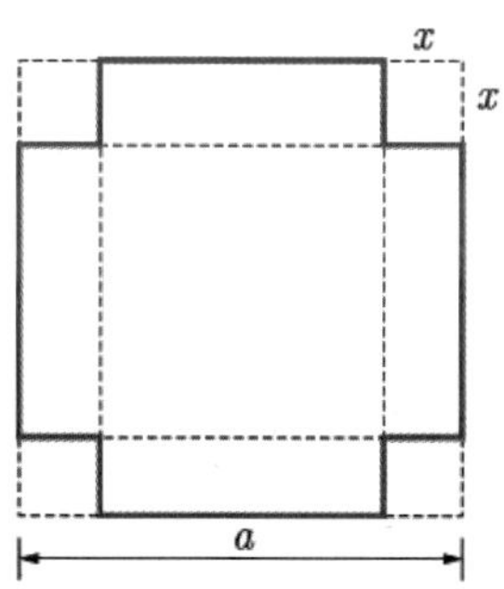

그림 4.13: 예제 4.13

예제 4.14 부피가 100cm^3인 주석 깡통을 만들고자 한다. 가장 적은 주석을 요구하는 깡통의 치수를 구하여라.

풀이 깡통의 반지름을 r이라 표시하고 높이를 h라 하자. 그러면 $\pi r^2 h = 100$이 성립하고 깡통의 표면적은

$$S(r,h) = 2\pi r^2 + 2\pi rh$$

이다. 따라서 $h = \frac{100}{\pi r^2}$을 위 식에 대입하면

$$S(r) = 2\pi r^2 + 2\pi r \cdot \frac{100}{\pi r^2} = 2\pi r^2 + \frac{200}{r}$$

이므로

$$\frac{dS}{dr} = 4\pi r - \frac{200}{r^2} = \frac{4\pi r^3 - 200}{r^2}$$

이다. $\frac{dS}{dr} = 0$에서 $r = \sqrt[3]{\frac{50}{\pi}}$이고 반지름 r의 영역은 $(0, \infty)$이므로 임계점은 $r =$

$\sqrt[3]{\dfrac{50}{\pi}}$ 뿐이다. 2계 도함수 판정법을 이용하기 위하여

$$\frac{d^2S}{dr^2} = 4\pi + \frac{400}{r^3}$$

을 계산하고 $r = \sqrt[3]{\dfrac{50}{\pi}}$ 일 때의 부호를 구하면

$$\frac{d^2S}{dr^2} = 4\pi + \frac{400\pi}{50} = 12\pi > 0$$

이므로 $S\left(\sqrt[3]{\dfrac{50}{\pi}}\right)$ 이 최솟값이다. 따라서 주석을 최소한으로 사용하는 깡통의 치수는 $r = \sqrt[3]{\dfrac{50}{\pi}}$, $h = \dfrac{100}{\pi \cdot \sqrt[3]{\left(\dfrac{50}{\pi}\right)^2}}$ 이다. □

연습문제 4.4

1. 반지름이 a 인 원에 내접하며 최대 넓이를 갖는 직사각형의 치수를 구하여라.

2. 한변의 길이가 12cm인 정사각형 판지의 네 모퉁이에서 같은 크기의 정사각형을 오려내어 뚜껑이 없는 상자를 만들 때 상자의 부피를 최대로 되게 하려면 얼마만한 크기의 정사각형을 오려내야 하는가 ?

3. 정오에 요트가 화물선의 20km 남쪽 지점에 위치하고 있다. 요트는 20km/h 속도로 동쪽으로 항해 중이고 화물선은 40km/h 속도로 남쪽으로 항해 중이다(그림 4.14). 시계거리가 10km라면 두 배 위의 사람들이 항해 중에 서로 볼 수 있겠는가?

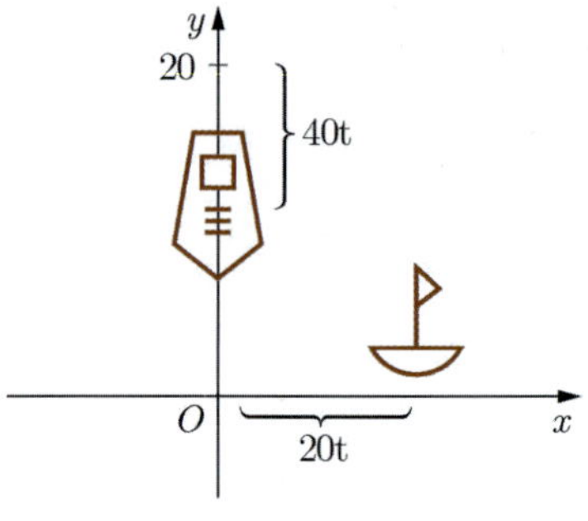

그림 4.14: 문제 3

4. 합이 18일 때 곱이 최대가 되는 두 양수를 구하여라.

5. 점 $(3, 0)$에서 곡선 $y = x^2$까지의 거리가 최소가 되는 곡선상의 점을 구하여라.

6. 반지름이 초당 0.1cm씩 증가한다. 반지름이 5cm일 때 구의 체적은 초당 몇 cm^3로 증가하겠는가?

7. 길이 100cm인 철사를 둘로 잘라 하나는 정사각형, 다른 하나는 정삼각형을 만들려고 한다.
   (1) 두 면적의 합이 최소가 되려면 어떻게 잘라야 하는가?
   (2) 두 면적의 합이 최대가 되려면 어떻게 잘라야 하는가?

8. 꼭지점의 각이 θ, 반지름이 r인 부채꼴 모양의 꽃밭이 있다. 꽃밭의 면적이 A로 일정할 때 꽃밭의 테두리 길이가 최소가 되게 하는 θ와 r를 구하여라.

Memo

4.5 오목성과 변곡점

정의 4.4

f가 $x=c$에서 미분가능하다고 하고 l_c를 점 $(c, f(c))$에서의 f의 접선이라 하자.

(i) 점 c에 관한 열린구간 I_c가 존재하여 $x \in I_c$이고 $x \neq c$에 대하여 점 $(x, f(x))$가 l_c 위에 놓이게 되면 f는 점 $(c, f(c))$에서 **위로 오목**(concave upward)하다고 한다.

(ii) 점 c에 관한 열린구간 I_c가 존재하여 $x \in I_c$이고 $x \neq c$에 대하여 점 $(x, f(x))$가 l_c 아래에 놓이게 되면 f는 점 $(c, f(c))$에서 **아래로 오목**(concave downward)하다고 한다.

(iii) 만일 구간 I 내의 모든 점 x에 대하여 $(x, f(x))$에서 위로 오목(아래로 오목)일 때 f는 **구간 I에서 위로 오목(아래로 오목)**하다고 한다.

열린구간 I 내의 임의의 점 x에서 $f'(x)$가 존재한다 하고 c를 I 내의 고정된 점이라 하자. 점 $(c, f(c))$에서 f의 접선은

$$y = f(c) + f'(c)(x-c)$$

이다.

$$g(x) = f(x) - [f(c) + f'(c)(x-c)], \quad {}^{\forall}x \in I$$

라 정의하자(그림 4.15). 만일 $g(x) > 0$, ${}^{\forall}x \in I$, $x \neq c$이면 점$(c, f(c))$에서의 접선은 f의 그래프의 아래에 존재한다.

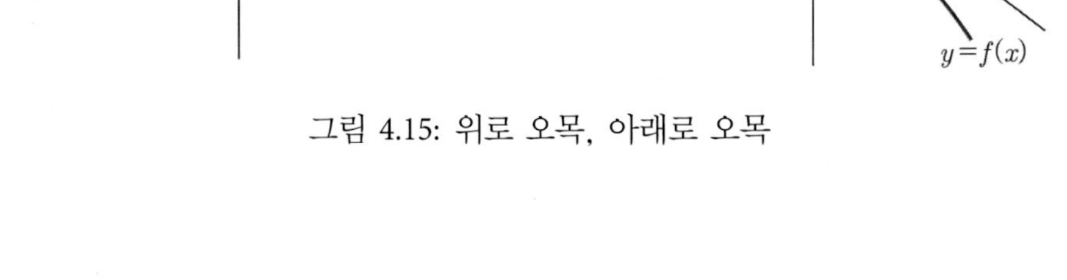

그림 4.15: 위로 오목, 아래로 오목

정리 4.10

열린구간 I에서 f''이 존재한다 하자.

(i) $x \in I$에 대하여 $f''(x) > 0$이면 f의 그래프는 I에서 위로 오목하다.

(ii) $x \in I$에 대하여 $f''(x) < 0$이면 f의 그래프는 I에서 아래로 오목하다.

[증명] (i) I 내에 임의의 점 c를 잡자. $x \in I$에서 $f''(x) = (f')'(x) > 0$이므로 I에서 $f'(x)$는 단조증가함수이다. 고정된 $x \in I$, $x \neq c$에 대하여 평균값 정리를 적용하면

$$f(x) - f(c) = f'(z)(x - c)$$

를 만족하는 점 z가 구간 (x, c) 내에 존재한다. 앞에서 정의한 함수

$$g(x) = f(x) - [f(c) + f'(c)(x - c)]$$

에 대입하면

$$\begin{aligned} g(x) &= f'(z)(x - c) - f'(c)(x - c) \\ &= [f'(z) - f'(c)](x - c) \end{aligned}$$

이고 f'이 단조증가하며 $z \in (x, c)$이므로 $g(x) > 0$이다. 즉 $x \in I$, $x \neq c$에 대하여 $g(x) > 0$이다. 그러므로 접선 l_c는 접점을 제외한 I에서 f의 그래프 아래에 놓여 있다. c는 I 내의 임의의 점이므로 f는 I에서 위로 오목하다.

(ii) (i)과 유사한 방법으로 증명된다. □

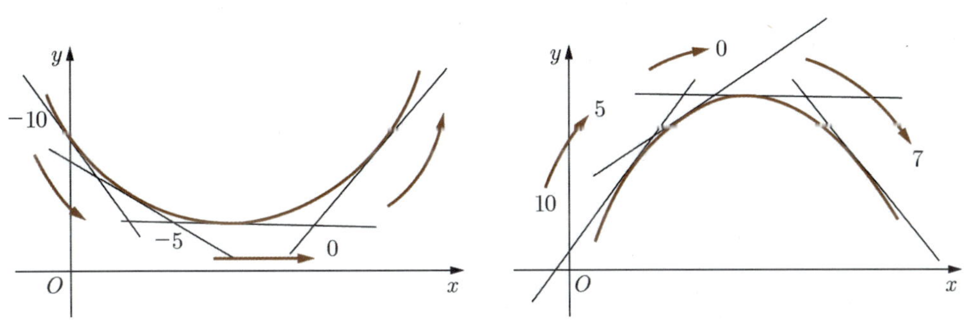

그림 4.16: 위로 오목, 아래로 오목

위 정리의 증명 과정에서 설명한 바와 같이 f'이 구간 I에서 증가하면 f는 위로 오목이며 f'이 I에서 감소하면 f는 아래로 오목이다(그림 4.16).

예제 4.15 $f(x) = \dfrac{1}{3}x^3 - x^2 - 3x + 4$의 증가, 감소, 위로 오목, 그리고 아래로 오목인 구간을 결정하여라.

풀이 $f'(x) = x^2 - 2x - 3 = (x+1)(x-3)$

$f''(x) = 2x - 2 = 2(x-1)$

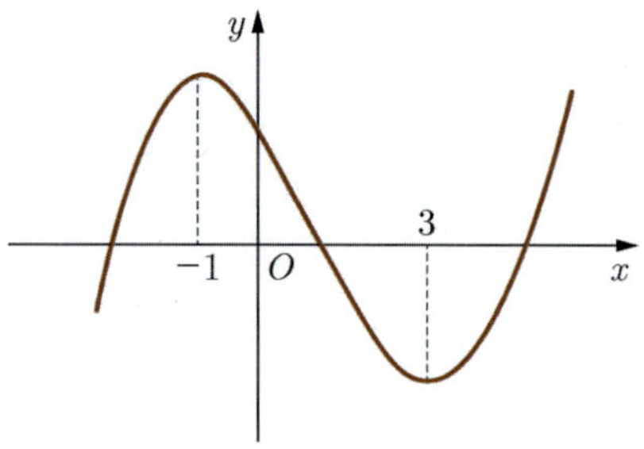

그림 4.17: $f(x) = \frac{1}{3}x^3 - x^2 - 3x + 4$의 그래프

$f'(x) > 0$ 을 만족하는 구간을 구하여 보면 구간 $(-\infty, -1)$과 $(3, \infty)$ 이다. 이 구간에서 f는 증가하고, 구간 $(-1, 3)$에서 $f'(x) < 0$이므로 f는 감소함을 알 수 있다. 또한 $2(x-1) > 0$으로부터 f는 $(1, \infty)$에서 위로 오목함을 알 수 있고 $2(x-1) < 0$으로부터 f는 $(-\infty, 1)$에서 아래로 오목함을 알 수 있다(그림 4.17). □

정의 4.5

f는 c에서 미분가능하다고 하자. $\delta > 0$가 존재하여 f의 그래프가 구간 $(c-\delta, c)$에서 위로 오목(아래로 오목)하고 구간 $(c, c+\delta)$에서 아래로 오목(위로 오목)하면 점 $(c, f(c))$를 f의 **변곡점**이라 한다.

점 $(c, f(c))$가 f의 변곡점이라 함은 c를 기점으로 f''의 부호가 바뀜을 말한다. 변곡점은 $f'' = 0$인 점이나 f''의 값이 존재하지 않는 점 중에서 나올 수 있으며 이들 점은 반드시 변곡점이 되는 것은 아니다.

예제 4.16 $f(x) = x^4 - 6x^2 + 8x + 10$의 변곡점을 찾아라.

풀이 $f'(x) = 4x^3 - 12x + 8$,

$f''(x) = 12x^2 - 12 = 12(x+1)(x-1)$

이고

x	$\cdots$	-1	$\cdots$	1	$\cdots$
f''	$+$	0	$-$	0	$+$

이므로 $(-1, -3)$과 $(1, 13)$이 f의 변곡점이다. □

예제 4.17 $f(x) = x^4$의 변곡점은 존재하지 않음을 확인하여라.

풀이 $f'(x) = 4x^3$, $f''(x) = 12x^2$이고 $f''(0) = 0$이다. 하지만 $x = 0$을 기준으로 f''의 부호가 변하지 않으므로 $(0, 0)$은 변곡점이 아니다. □

예제 4.18 $f(x) = x^{\frac{1}{3}} + 3$의 변곡점을 구하여라.

풀이 $f'(x) = \frac{1}{3}x^{-\frac{2}{3}} = \frac{1}{3\sqrt[3]{x^2}}$, $f''(x) = \frac{-2}{9x^{\frac{5}{3}}}$이므로 $x = 0$에서 f''의 값이 존재하지 않는다. 하지만 $x < 0$에서 $f''(x) > 0$이고 $x > 0$에서 $f''(x) < 0$이므로 $(0, 3)$은 변곡점이다(그림 4.18). □

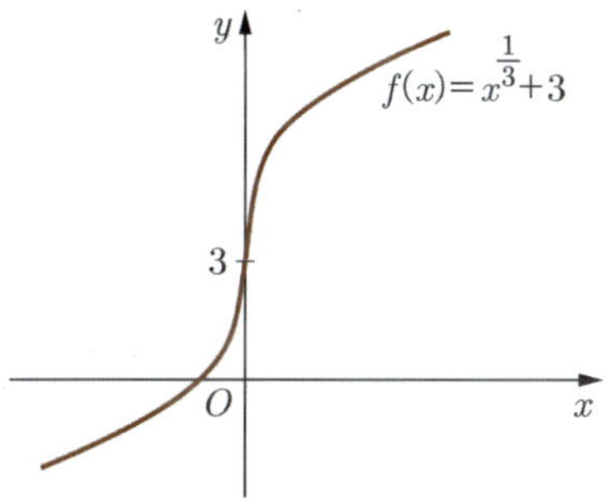

그림 4.18: $f(x) = x^{\frac{1}{3}} + 3$

연습문제 4.5

1. 다음 함수의 그래프가 위로 오목한 구간과 아래로 오목한 구간을 구하고 그래프를 그려라.
   (1) $f(x) = -\frac{3}{2}x^2 + x$
   (2) $f(x) = x^3 - 6x^2 + 9x + 2$
   (3) $f(x) = x + \frac{1}{x}$
   (4) $f(x) = \frac{x}{x^2 + 1}$
   (5) $f(x) = x\sqrt{x - 1}$

2. 다음 함수의 변곡점을 구하여라.
   (1) $f(x) = (x + 2)^3$
   (2) $f(x) = x^{\frac{5}{3}}$
   (3) $f(x) = x^3 + 3x^2 - 9x - 2$
   (4) $f(x) = \sin x, -2\pi \le x \le 2\pi$
   (5) $f(x) = x - \cos x, -\frac{\pi}{2} < x < \frac{\pi}{2}$

3. f가 점 $(c, f(c))$에서 위로 오목하고 g가 점 $(c, g(c))$에서 위로 오목하더라도 fg가 점 $(c, fg(c))$에서 위로 오목하지 않은 함수의 예를 들어라.

4. 2차 다항식의 그래프는 변곡점을 갖지 않음을 밝혀라.

5. f가 모든 x에 대하여 $f''(x) > 0$이면 $y = f(x)$의 그래프는 그 현의 아래에 있음을 증명하여라. 즉 $(0, 1)$에 속하는 임의의 a와 임의의 $x_1, x_2, x_1 \neq x_2$에 대하여

$$f(ax_1 + (1-a)x_2) < af(x_1) + (1-a)f(x_2)$$

임을 증명하여라.

Memo

4.6 무한대와 극한

함수가 무한 구간에서 정의되었을 때 함수의 극한을 정의하도록 한다. 먼저 직관적인 정의를 도입하기로 한다.

정의 4.6

(i) f가 구간 (a, ∞)에서 정의되었을 경우 $x \to \infty$일 때 $f(x) \to L$이면

$$\lim_{x \to \infty} f(x) = L$$

이라 쓴다.

f가 구간 $(-\infty, a)$에서 정의되었을 경우 $x \to -\infty$일 때 $f(x) \to L$이면

$$\lim_{x \to -\infty} f(x) = L$$

이라 쓴다. 만일

$$\lim_{x \to \infty} f(x) = L \text{ 또는 } \lim_{x \to -\infty} f(x) = L$$

이면 $y = L$을 f의 그래프의 **수평점근선**이라 한다(그림 4.19 참조).

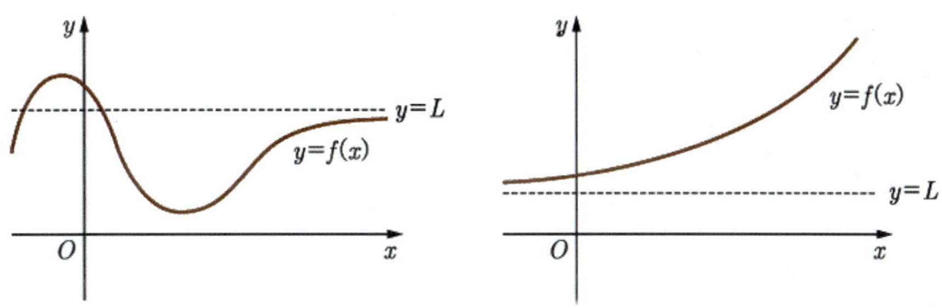

그림 4.19: 수평점근선

(ii) f가 점 $x = a$의 빠진근방에서 정의되었을 경우 $x \to a^+$일 때 $f(x) \to \infty$(또는 $-\infty$)이면

$$\lim_{x \to a^+} f(x) = \infty \text{ (또는 } -\infty)$$

으로 쓴다. 비슷하게 $x \to a^-$ 일 때 $f(x) \to \infty$(또는 $-\infty$)이면

$$\lim_{x \to a^-} f(x) = \infty \text{ (또는 } -\infty)$$

으로 쓴다. 이 경우 $x = a$를 f의 그래프의 **수직점근선**이라 한다(그림 4.20 참조).

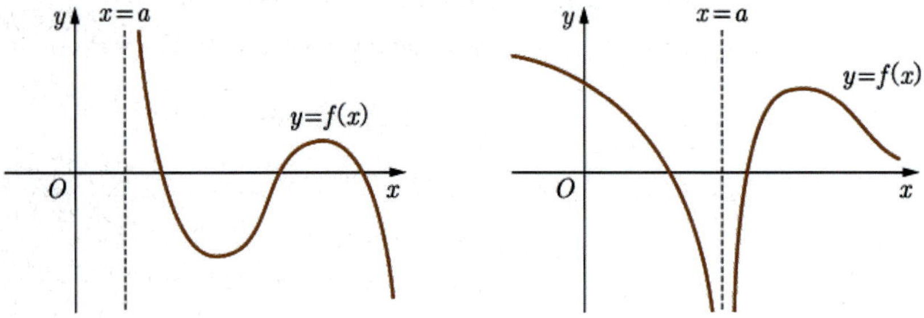

그림 4.20: 수직점근선

예제 4.19 $f(x) = \dfrac{2x+1}{3x-1}$ 의 그래프를 그려라.

풀이

$$f'(x) = \frac{2(3x-1) - 3(2x+1)}{(3x-1)^2} = \frac{-5}{(3x-1)^2},$$
$$f''(x) = \frac{30}{(3x-1)^3}$$

이므로 f는 구간 $(-\infty, \frac{1}{3})$과 구간 $(\frac{1}{3}, \infty)$에서 단조감소하고 구간 $(-\infty, \frac{1}{3})$에서 아래로 오목하며 구간 $(\frac{1}{3}, \infty)$에서 위로 오목하다. 점근선을 구하기 위하여 다음과 같이 계산한다.

$$\lim_{x \to \frac{1}{3}^+} f(x) = \lim_{x \to \frac{1}{3}^+} \frac{2x+1}{3x-1} = \infty$$
$$\lim_{x \to \frac{1}{3}^-} f(x) = \lim_{x \to \frac{1}{3}^-} \frac{2x+1}{3x-1} = -\infty$$
$$\lim_{x \to \infty} f(x) = \lim_{x \to -\infty} f(x) = \frac{2}{3}.$$

그러므로 $x = \dfrac{1}{3}$ 이 수직점근선이고 $y = \dfrac{2}{3}$ 가 수평점근선이다. □

정의 4.7

$f(x)$가 구간 (a, ∞)에서 정의되었다 하자. $x \to \infty$일 때 $f(x) \to \infty$이면

$$\lim_{x \to \infty} f(x) = \infty$$

라 쓴다.

다음의 정의는 정의 4.6과 4.7을 보다 엄밀하게 정의한 것이다. 그러나 처음 읽는 독자들은

생략해도 된다.

정의 4.8

(i) f가 구간 (a, ∞)에서 정의되었을 경우 임의의 $\varepsilon > 0$에 대하여

$$x > M \Rightarrow |f(x) - L| < \varepsilon$$

이 성립하는 실수 M이 존재하면 L을 x가 ∞로 **다가갈 때** $f(x)$**의 극한**이라 한다. 이것을

$$\lim_{x \to \infty} f(x) = L$$

으로 쓴다.

(ii) f가 구간 $(-\infty, a)$에서 정의되었을 경우 임의의 $\varepsilon > 0$에 대하여

$$x < m \Rightarrow |f(x) - L| < \varepsilon$$

이 성립하는 실수 m이 존재하면 L을 x가 $-\infty$로 **다가갈 때** $f(x)$**의 극한**이라 한다. 이것을

$$\lim_{x \to -\infty} f(x) = L$$

으로 쓴다.

(iii) 만일

$$\lim_{x \to \infty} f(x) = L \text{ 또는 } \lim_{x \to -\infty} f(x) = L$$

이면 $y = L$을 f의 그래프의 **수평점근선**이라 한다.

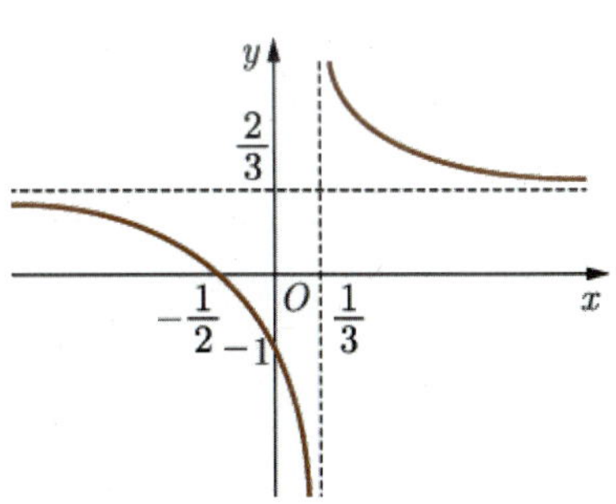

그림 4.21: $f(x) = \dfrac{2x+1}{3x-1}$의 그래프

정의 4.9

$f(x)$가 구간 (a, ∞)에서 정의되었다 하자. 임의의 양수 N에 대하여 적당한 수 M이 존재하여 $x > M$인 모든 x에 대하여 $f(x) > N$가 성립할 때 **x가 ∞에 다가갈 때 $f(x)$의 극한**이 ∞라 한다. 이것을

$$\lim_{x\to\infty} f(x) = \infty$$

으로 쓴다.

연습문제 4.6

1. 다음의 극한을 구하여라.

   (1) $\displaystyle\lim_{x\to\infty} \frac{x}{3x-2}$
   (2) $\displaystyle\lim_{x\to\infty} \frac{4x^2}{\sqrt{2}x-3}$
   (3) $\displaystyle\lim_{x\to\infty} (x - \sqrt{4x^2-1}$
   (4) $\displaystyle\lim_{x\to\infty} \frac{2x^2+x-1}{x^2-x+4}$
   (5) $\displaystyle\lim_{x\to\infty} (\sqrt{2x^2+3} - \sqrt{2x^2-5})$

2. 다음 함수의 그래프의 수평점근선을 구하고 그래프를 그려라.

   (1) $f(x) = \dfrac{3x}{2x-4}$
   (2) $f(x) = \dfrac{4}{(1-x)^2}$
   (3) $f(x) = \dfrac{x+2}{x-1}$
   (4) $f(x) = \sqrt{\dfrac{3-x}{4-x}}$

3. 직선 $y = ax + b$가 다음

$$\lim_{x\to\infty} [f(x) - (ax+b)] = 0$$

   또는

$$\lim_{x\to-\infty} [f(x) - (ax+b)] = 0$$

   을 만족하면 **사선점근선(oblique asymptote)**이라 한다.
   함수 $f(x) = \dfrac{2x^4+3x^3-2x-4}{x^3-1}$의 사선점근선을 구하여라.

4.7 그래프

제4장에서 배운 지식을 활용하여 함수의 그래프를 그릴 수 있다. 그래프를 그릴 때 다음 단계들을 생각하여야 한다.

1 단계. f의 x축 및 y축 절편을 구한다.
2 단계. f의 x축, y축 그리고 원점에 관한 대칭성을 살펴본다.
3 단계. f의 극값을 구한다.
4 단계. f의 단조증감 구간을 구한다.
5 단계. f의 오목 구간을 구한다.
6 단계. f의 변곡점을 구한다.
7 단계. f의 수평, 수직 그리고 사선점근선을 구한다.

예제 4.20 $f(x) = \dfrac{2}{1+x^2}$의 그래프를 그려라.

풀이 1. 절편. $x=0$일 때 y축 절편은 2이다. 모든 x에 대하여 $f(x) > 0$이므로 x축 절편은 존재하지 않으며 y축의 양의 방향에서만 그래프가 그려진다.

2. 대칭성. $f(-x) = f(x)$이므로 y축에 대칭이다.

3. 극값, 증감. 주어진 함수를 미분하여

$$f'(x) = \frac{-4x}{(1+x^2)^2}$$

로부터 $x < 0$이면 $f'(x) > 0$이고 $x > 0$이면 $f'(x) < 0$임을 알 수 있으므로 f는 구간 $(-\infty, 0]$에서 단조증가하고 구간 $[0, \infty)$에서 단조감소한다. 그러므로 $f(0) = 2$가 극댓값이다.

4. 볼록, 오목성. 주어진 함수의 2계 미분

$$f''(x) = \frac{-4(1+x^2)^2 + 4x \cdot 2 \cdot (1+x^2) \cdot 2x}{(1+x^2)^4} = \frac{4(3x^2-1)}{(1+x^2)^3}$$

으로부터 구간 $(-\infty, -\frac{\sqrt{3}}{3})$에서 $f'' > 0$이며 구간 $(-\frac{\sqrt{3}}{3}, \frac{\sqrt{3}}{3})$에서 $f'' < 0$이고 구간 $(\frac{\sqrt{3}}{3}, \infty)$에서 $f'' > 0$이므로 f는 구간 $(-\infty,\ -\frac{\sqrt{3}}{3})$에서 위로 오목하며 구간 $(-\frac{\sqrt{3}}{3}, \frac{\sqrt{3}}{3})$에서 아래로 오목하고 구간 $(\frac{\sqrt{3}}{3}, \infty)$에서 위로 오목하다. 또한 점 $(-\frac{\sqrt{3}}{3}, \frac{3}{2})$과 점 $(\frac{\sqrt{3}}{3}, \frac{3}{2})$은 f의 변곡점이다.

5. 점근선.

$$\lim_{x\to\infty} \frac{2}{1+x^2} = 0, \quad \lim_{x\to-\infty} \frac{2}{1+x^2} = 0$$

이므로 $y = 0$은 f의 수평점근선이다. 위 사실들로부터 f의 그래프는 그림 4.22과 같음을 알 수 있다. □

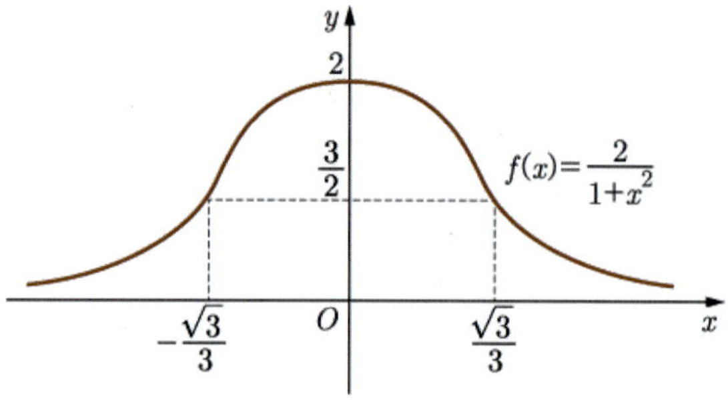

그림 4.22: $f(x) = \dfrac{2}{1+x^2}$ 의 그래프

예제 4.21 $f(x) = \dfrac{x}{(x+1)^2}$ 의 그래프를 그려라.

풀이 1. x축, y축 절편은 0이다.

2.

$$f'(x) = \frac{(x+1)^2 - 2x(x+1)}{(x+1)^4} = \frac{1-x}{(x+1)^3}$$
$$f''(x) = \frac{(-1)\cdot(x+1)^3 - (1-x)\cdot 3\cdot(x+1)^2}{(x+1)^6} = \frac{2(x-2)}{(x+1)^4}$$

이므로 f는 구간 $(-\infty, -1)$에서 단조감소하며 구간 $(-1, 1]$에서 단조증가하고 구간 $[1, \infty)$에서 단조감소한다. 또한 구간 $(-\infty, -1)$에서 아래로 오목하고 구간 $(-1, 2)$에서도 아래로 오목하며 구간 $(2, \infty)$에서 위로 오목하다. 그러므로 점 $(2, \frac{2}{9})$는 f의 변곡점이다.

3.

$$\lim_{x\to\infty} \frac{x}{(x+1)^2} = 0, \quad \lim_{x\to-\infty} \frac{x}{(x+1)^2} = 0$$

이므로 $y = 0$은 수평점근선이다. 또한

$$\lim_{x\to-1} \frac{x}{(x+1)^2} = -\infty$$

이므로 $x = -1$은 수직점근선이다. □

연습문제 4.7

1. 앞에서 제시한 단계를 통해 다음 함수의 그래프를 그려라.

(1) $f(x) = \frac{2x^2}{(x+1)^2}$ (2) $f(x) = \frac{1}{x^3-1}$

(3) $f(x) = \sqrt{x-1} + \sqrt{x+1}$ (4) $f(x) = \frac{x^2}{\sqrt{1-x^2}}$

(5) $f(x) = x\sqrt{1+x^2}$

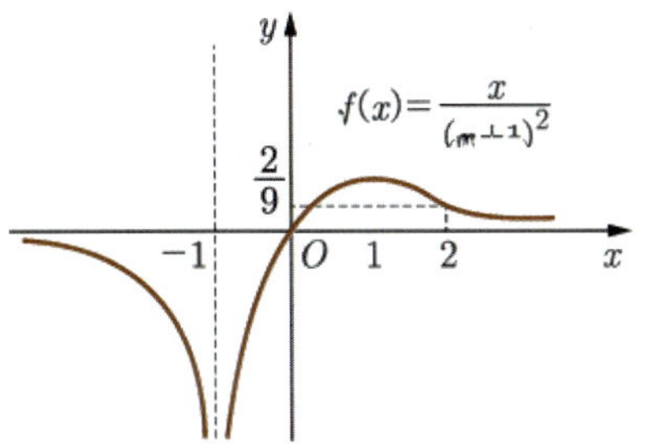

그림 4.23: $f(x) = \dfrac{x}{(x+1)^2}$ 의 그래프

2. 다음 각 쌍의 함수의 그래프를 그리고 그래프로 둘러싸인 영역을 표시하여라.
   (1) $f(x) = x^2 + 4, \quad g(x) = 12 - x^2$
   (2) $f(x) = x^3 + 4, \quad g(x) = 3x^2 - x$
   (3) $f(x) = \dfrac{2x}{\sqrt{1+x^2}}, \quad g(x) = \dfrac{x}{\sqrt{1-x^2}}$
   (4) $f(x) = x - \cos x \quad \left(-\dfrac{\pi}{4} \le x \le \dfrac{7\pi}{4}\right),$
   $g(x) = x + \sin x \quad \left(-\dfrac{\pi}{4} \le x \le \dfrac{7\pi}{4}\right)$

Memo

5. 적분

5.1 정적분

5.2 정적분의 성질

5.3 미적분학의 기본정리

5.4 부정적분과 적분법

5.5 치환적분법

5.6 적분으로서의 로그함수

CHAPTER 5

적분

5.1 정적분

정의 5.1

구간 $[a,b]$의 분할은

$$a = x_0 < x_1 < \cdots < x_n = b$$

인 점의 집합 $P = \{x_0, x_1, \cdots, x_n\}$을 말한다.

분할 $P = \{x_0, x_1, \cdots, x_n\}$은 $[a,b]$를 n개의 부분구간 $[x_0, x_1]$, $[x_1, x_2]$, $\cdots$, $[x_{n-1}, x_n]$으로 나누며 k번째 구간 $[x_{k-1}, x_k]$의 길이를 Δx_k로 쓴다. 즉

$$\Delta x_k = x_k - x_{k-1}$$

이다. $[a,b]$에서 연속함수 f의 그래프와 x축, $x=a$, $x=b$로 이루어진 영역 R을 생각하자. 최대·최소값정리에 의하여 f는 $[x_{k-1}, x_k]$에서 최소값 m_k를 갖는다. m_k를 k번째 사각형 R_k의 높이로 잡자(그림 5.1). 그러면 모든 직사각형의 면적의 합

$$\sum_{k=1}^{n} m_k \Delta x_k = m_1 \Delta x_1 + m_2 \Delta x_2 + \cdots + m_n \Delta x_n$$

은 R의 면적보다 작거나 같다. 이 값을 분할 P에 대한 f의 **하합**이라 하고 $L_f(P)$로 쓴다. 즉

$$L_f(P) = m_1 \Delta x_1 + m_2 \Delta x_2 + \cdots + m_n \Delta x_n$$

이다. $[a,b]$의 어떠한 분할 P에 대해서도 $L_f(P)$의 값은 R의 면적보다 작거나 같음을 알 수 있다. 임의의 분할 P가 주어졌을 때 최대·최소값 정리에 의하여 f는 $[x_{k-1}, x_k]$에서 최대값 M_k를 갖는다. M_k를 k번째 사각형 R_k의 높이로 잡자(그림 5.2). 그러면 모든 직사각형의 면적의 합

$$\sum_{k=1}^{n} M_k \Delta x_k = M_1 \Delta x_1 + M_2 \Delta x_2 + \cdots + M_n \Delta x_n$$

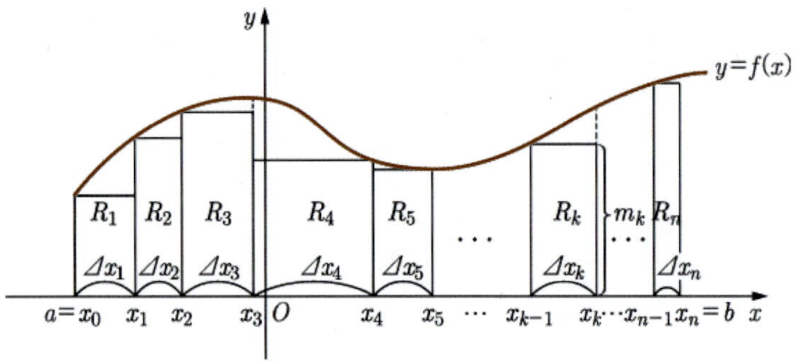

그림 5.1: 하합

은 R의 면적보다 크거나 같다. 이 값을 분할 P에 대한 f의 **상합**이라 하고 $U_f(P)$로 쓴다. 즉

$$U_f(P) = M_1\Delta x_1 + M_2\Delta x_2 + \cdots + M_n\Delta x_n$$

이다.

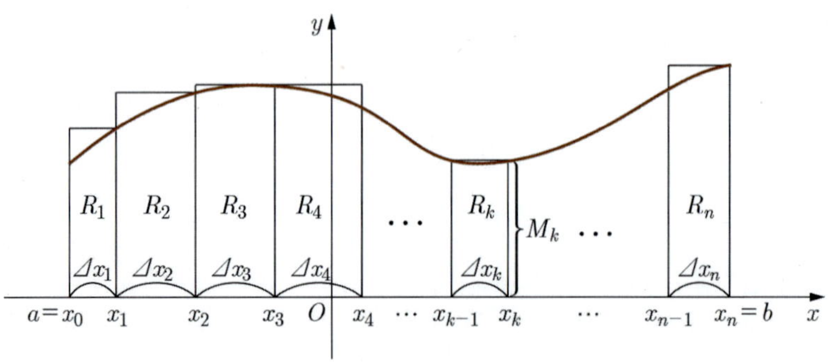

그림 5.2: 상합

임의의 분할 P에 관해

$$L_f(P) \leq R\text{의 면적 } \leq U_f(P)$$

가 성립한다. 분할 P의 **노름**을

$$\|P\| = \max\{|x_i - x_{i-1}| : i = 1, 2, \ldots, n\}$$

으로 정의하면 다음 정리가 성립한다.

정리 5.1

f가 $[a,b]$에서 연속일 때 $[a,b]$의 분할 P에 대하여

$$\lim_{\|P\|\to 0} L_f(P) = \lim_{\|P\|\to 0} U_f(P) \equiv I$$

이 성립한다.

정의 5.2

정리 5.1를 만족하는 공통 극한값 I를 a에서 b까지의 f의 **정적분**이라 하며

$$\int_a^b f(x)\,dx$$

로 쓴다. 이러한 함수 f를 구간 $[a,b]$에서 Riemann **적분가능**하다고 한다.

Riemann 적분가능에 대해서는 7장의 정의 **??**에서 Riemann 합의 개념으로 다시 설명하기로 한다.

예제 5.1 $\int_a^b c\ dx = c(b-a)$ 임을 보여라.

풀이 f의 함수값은 $[a,b]$ 내의 모든 점에서 c이다. $[a,b]$의 분할(그림 5.3)

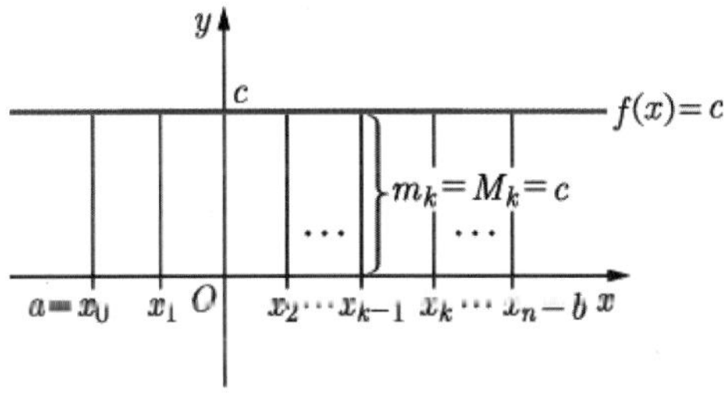

그림 5.3: 예제 5.1

$P=\{x_0, x_1, \cdots, x_n\}$에 대하여 $m_k = c = M_k, k=1,\cdots,n$이다. 따라서

$$L_f(P) = U_f(P) = c\Delta x_1 + c\Delta x_2 + \cdots + c\Delta x_n = c(b-a)$$

이다. 따라서

$$\lim_{\|P\|\to 0} L_f(P) = \lim_{\|P\|\to 0} U_f(P) = c(b-a)$$

이므로

$$\int_a^b c\ dx = c(b-a)$$

이다. □

예제 5.2 $\displaystyle\int_a^b x\,dx = \frac{1}{2}(b^2 - a^2)$ 임을 보여라.

풀이 $[a, b]$의 임의의 분할 $P = \{x_0, x_1, \cdots, x_n\}$을 잡자. 직선 $f(x) = x$는 각각의 구간에서 최소값을 $m_k = x_{k-1}$로 최대값을 $M_k = x_k$로 갖는다(그림 5.4).

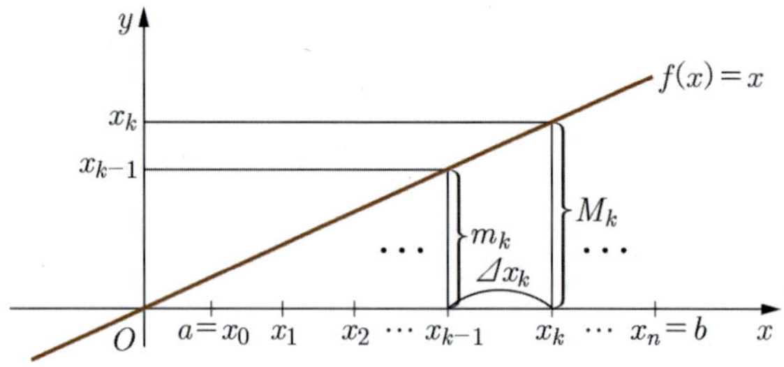

그림 5.4: 예제 5.2

따라서

$$\begin{aligned} L_f(P) &= m_1\Delta x_1 + m_1\Delta x_2 + \cdots + m_1\Delta x_n \\ &= x_0(x_1 - x_0) + x_1(x_2 - x_1) + \cdots + x_{n-1}(x_n - x_{n-1}) \\ &< \frac{1}{2}(x_1 + x_0)(x_1 - x_0) + \frac{1}{2}(x_2 + x_1)(x_2 - x_1) + \cdots \\ &\quad + \frac{1}{2}(x_n + x_{n-1})(x_n - x_{n-1}) \\ &= \frac{1}{2}(x_1^2 - x_0^2) + \frac{1}{2}(x_2^2 - x_1^2) + \cdots + \frac{1}{2}(x_n^2 - x_{n-1}^2) \\ &= \frac{1}{2}(x_n^2 - x_0^2) = \frac{1}{2}(b^2 - a^2) \end{aligned}$$

이고

$$\begin{aligned} U_f(P) &= M_1\Delta x_1 + M_1\Delta x_2 + \cdots + M_1\Delta x_n \\ &= x_1(x_1 - x_0) + x_2(x_2 - x_1) + \cdots + x_n(x_n - x_{n-1}) \\ &> \frac{1}{2}(x_1 + x_0)(x_1 - x_0) + \frac{1}{2}(x_2 + x_1)(x_2 - x_1) + \cdots \\ &\quad + \frac{1}{2}(x_n + x_{n-1})(x_n - x_{n-1}) \\ &= \frac{1}{2}(x_1^2 - x_0^2) + \frac{1}{2}(x_2^2 - x_1^2) + \cdots + \frac{1}{2}(x_n^2 - x_{n-1}^2) \\ &= \frac{1}{2}(x_n^2 - x_0^2) = \frac{1}{2}(b^2 - a^2) \end{aligned}$$

이다. 그러므로 분할 P에 대하여 항상

$$L_f(P) \le \frac{1}{2}(b^2 - a^2) \le U_f(P)$$

가 성립한다. 정의로부터

$$\begin{aligned} U_f(P) - L_f(P) &= \sum_{k=1}^{n}(M_k - m_k)\Delta x_k \\ &= \sum_{k=1}^{n}(x_k - x_{k-1})^2 \\ &\le n\|P\|^2 \end{aligned}$$

이므로 $\lim\limits_{\|P\|\to 0}(U_f(P) - L_f(P)) = 0$ 이다. 위 부등식에서 $0 \le \frac{1}{2}(b^2 - a^2) - L_f(P) \le U_f(P) - L_f(P)$ 이므로 조임정리를 사용하면

$$\lim_{\|P\|\to 0} L_f(P) = \frac{1}{2}(b^2 - a^2)$$

임을 알 수 있다. 따라서

$$\int_a^b x\,dx = \frac{1}{2}(b^2 - a^2)$$

이다. □

예제 5.2의 풀이를 조금 응용하면 일반적으로 함수 $f(x) = x^n$ (n은 자연수)에 대해 예제 5.2의 풀이의 부등식에서 $m_k = x_{k-1}^n$ 와 $M_k = x_k^n$ 대신 $\frac{1}{n+1}(x_{k-1}^n + x_{k-1}^{n-1}x_k + \cdots + x_k^n)$ 을 대입하면

$$\int_a^b x^n\,dx = \frac{1}{n+1}(b^{n+1} - a^{n+1})$$

임을 증명할 수 있다(연습문제 4번).

연습문제 5.1

1. 하합 $L_f(P)$과 상합 $U_f(P)$을 구하여라.
   (1) $f(x) = x + 1,\ P = \{-1, 1, 2\}$
   (2) $f(x) = x^2,\ P = \{-1, -\frac{1}{2}, \frac{1}{2}, \frac{3}{2}, 2\}$
   (3) $f(x) = \frac{1}{x},\ P = \{\frac{1}{8}, \frac{1}{2}, 1, 2\}$
   (4) $f(x) = \sin x,\ P = \{\frac{\pi}{6}, \frac{pi}{3}, \frac{pi}{2}\}$
2. 문제 1번의 함수를 이용하여 P의 세분 Q에 대해서 하합 $L_f(Q)$와 $U_f(Q)$을 구하고, 1번에서 구한 하합 $L_f(P)$와 상합 $U_f(P)$를 각각 비교하여라.
   (1) $Q = \{-1, 0, 1, \frac{1}{2}, 2\}$
   (2) $Q = \{-1, -\frac{1}{2}, 0, \frac{1}{2}, 1, \frac{3}{2}, 2\}$
   (3) $Q = \{\frac{1}{8}, \frac{1}{4}, \frac{1}{2}, 1, \frac{3}{2}, 2\}$

(4) $Q = \{\frac{\pi}{6}, \frac{\pi}{4}, \frac{pi}{3}, \frac{pi}{2}\}$

3. $L_f(P) = 3$이고 $U_f(P) = 2$인 함수 f와 분할 P를 찾을 수 있는가? 찾을 수 없다면 그 이유는 무엇인가?

4. n이 자연수일 때 다음이 성립함을 증명하여라.

$$\int_a^b x^n \, dx = \frac{1}{n+1}(b^{n+1} - a^{n+1})$$

Memo

5.2 정적분의 성질

정리 5.2

f가 구간 $[a, b]$에서 연속이고 $a < c < b$이면

$$\int_a^b f(x)\,dx = \int_a^c f(x)\,dx + \int_c^b f(x)\,dx$$

가 성립한다.

[증명] 정의에 의하여 $\int_a^b f(x)\,dx$는 $[a, b]$의 분할 P에 대하여

$$\lim_{\|P\|\to 0} L_f(P) = \int_a^b f(x)\,dx = \lim_{\|P\|\to 0} U_f(P)$$

이다. 그러므로 분할 P에 관해

$$\lim_{\|P\|\to 0} L_f(P) = \int_a^c f(x)\,dx + \int_c^b f(x)\,dx = \lim_{\|P\|\to 0} U_f(P)$$

임을 보여야 한다. P를 $[a, b]$의 분할이라 하고 P'을 P의 모든 점과 c를 포함한다고 하자. 그러면

$$L_f(P) \le L_f(P') \le U_f(P') \le U_f(P) \tag{5.1}$$

가 성립한다. 만일 P_1이 P' 내의 점 중에서 $[a, c]$에 있는 점의 집합이고 P_2가 P' 내의 점 중에서 $[c, b]$에 있는 점의 집합이라면

$$L_f(P') = L_f(P_1) + L_f(P_2), \quad U_f(P') = U_f(P_1) + U_f(P_2)$$

이다. 더욱이 $\int_a^c f(x)\,dx$와 $\int_c^b f(x)\,dx$의 정의에 의하여

$$\lim_{\|P_1\|\to 0} L_f(P_1) = \int_a^c f(x)\,dx = \lim_{\|P_1\|\to 0} U_f(P_1),$$

$$\lim_{\|P_2\|\to 0} L_f(P_2) = \int_c^b f(x)\,dx = \lim_{\|P_1\|\to 0} U_f(P_2)$$

이고 $\|P_i\| \le \|P'\|$ $(i = 1, 2)$ 이므로

$$\begin{aligned}
\lim_{\|P'\|\to 0} L_f(P') &= \lim_{\|P_1\|\to 0} L_f(P_1) + \lim_{\|P_2\|\to 0} L_f(P_2) \\
&= \int_a^c f(x)\,dx + \int_c^b f(x)\,dx \\
&= \lim_{\|P_1\|\to 0} U_f(P_1) + \lim_{\|P_2\|\to 0} U_f(P_2) = \lim_{\|P'\|\to 0} U_f(P')
\end{aligned}$$

이다. $\|P'\| \le \|P\|$ 이므로 가정과 식 (5.1)에 의하여

$$\begin{aligned}\lim_{\|P\|\to 0} L_f(P) &= \lim_{\|P'\|\to 0} L_f(P') \\ &= \int_a^c f(x)\,dx + \int_c^b f(x)\,dx \\ &= \lim_{\|P'\|\to 0} U_f(P') = \lim_{\|P\|\to 0} U_f(P)\end{aligned}$$

이다. □

지금까지는 $a < b$ 일 때 정적분 $\int_a^b f(x)\,dx$ 을 생각하였다. 만일

$$\int_a^a f(x)\,dx = 0, \quad \int_b^a f(x)\,dx = -\int_a^b f(x)\,dx$$

로 정의하면 정리 5.2은 a, b, c의 크기에 상관없이 항상 성립함을 증명할 수 있다.

예제 5.3 $\int_1^{-2} |x|\,dx$ 를 계산하여라.

풀이 정리 5.2과 5.1절의 예제 5.2에 의하여

$$\begin{aligned}\int_1^{-2} |x|\,dx &= \int_1^0 |x|\,dx + \int_0^{-2} |x|\,dx = \int_1^0 x\,dx + \int_0^{-2} (-x)\,dx \\ &= -\int_0^1 x\,dx + \int_{-2}^0 x\,dx \\ &= -\frac{1}{2}(1^2 - 0^2) + \frac{1}{2}(0^2 - (-2)^2) = -\frac{5}{2}.\end{aligned}$$

□

지금까지는 함수 f가 구간 $[a, b]$에서 연속인 경우에 대해서 정적분을 정의하였다. 그러나 정리 5.2와 위의 정의를 이용하면 구간 $[a, b]$의 몇 개 점을 제외한 나머지 구간에서 연속이면 불연속인 점들에서 정리 5.2과 같이 정적분을 정의할 수 있다. 보다 상세한 내용은 식 (**??**)와 정의 **??**를 보라.

예제 5.4 함수 f가

$$f(x) = \begin{cases} x, & x \le 1 \\ x - 1, & x > 1 \end{cases}$$

일때 적분 $\int_0^2 f(x)\,dx$ 의 값을 구하여라.

풀이 함수 f는 $x=1$에서 불연속이므로 정리 5.2을 적용할 때 $c=1$인 경우를 적용하면

$$\begin{aligned}\int_0^2 f(x)\,dx &= \int_0^1 f(x)\,dx + \int_1^2 f(x)\,dx \\ &= \int_0^1 x\,dx + \int_1^2 x-1\,dx \\ &= \frac{1}{2}+\frac{1}{2} = 1.\end{aligned}$$

□

정리 5.3

f가 $[a,b]$에서 연속이고 $[a,b]$ 내의 모든 x에 대하여 $m \le f(x) \le M$이면

$$m(b-a) \le \int_a^b f(x)\,dx \le M(b-a)$$

이다.

[증명] f는 $[a,b]$에서 연속이므로 $[a,b]$에서 최소값 m'과 최대값 M'이 존재하고 $m \le m' \le M' \le M$이다. P를 점 a와 b만으로 이루어진 $[a,b]$의 분할이라 하면

$$L_f(P) = m'(b-a), U_f(P) = M'(b-a)$$

이므로 $m(b-a) \le L_f(P) \le U_f(P) \le M(b-a)$이다. 따라서 극한의 비교정리에 의하여

$$m(b-a) \le \lim_{\|P\|\to 0} L_f(P) = \int_a^b f(x)\,dx = \lim_{\|P\|\to 0} U_f(P) \le M(b-a)$$

이다. □

예제 5.5 $\int_{-1}^1 \sqrt{1+x^4}\,dx$이 정리 5.3를 만족함을 보여라.

풀이 $1 \le \sqrt{1+x^4} \le \sqrt{2}$, $-1 \le x \le 1$ (그림 5.5)이므로 정리 5.3에 의하여

$$2 = 1(1-(-1)) \le \int_{-1}^1 \sqrt{1+x^4}\,dx \le \sqrt{2}(1-(-1)) = 2\sqrt{2}$$

가 성립한다. 그러므로

$$2 \le \int_{-1}^1 \sqrt{1+x^4}\,dx \le 2\sqrt{2}.$$

□

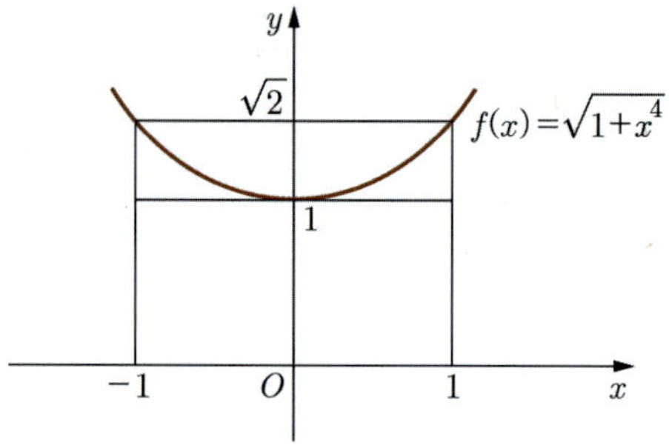

그림 5.5: 예제 5.5

정리 5.4 (적분에 관한 평균값 정리)

f가 $[a,b]$에서 연속이면

$$\int_a^b f(x)\,dx = f(c)(b-a)$$

가 성립하는 c가 $[a,b]$ 내에 존재한다.

[증명] m과 M을 각각 $[a,b]$에서의 f의 최소값과 최대값이라 하면 정리 5.3에 의하여

$$m(b-a) \le \int_a^b f(x)\,dx \le M(b-a)$$

이다. 따라서

$$m \le \frac{1}{b-a}\int_a^b f(x)\,dx \le M$$

이다. f가 $[a,b]$에서 연속이므로 중간값 정리에 의하여

$$\frac{1}{b-a}\int_a^b f(x)\,dx = f(c)$$

인 c가 $[a,b]$ 내에 존재한다. 즉

$$\int_a^b f(x)\,dx = f(c)(b-a)$$

가 성립한다. □

$\dfrac{\int_a^b f(x)\,dx}{b-a}$를 $[a,b]$에서의 f의 **평균값**이라 한다.

예제 5.6 $f(x) = x^2$의 $[0,2]$에서의 평균값을 구하여라.

풀이 $\dfrac{1}{2-0}\displaystyle\int_0^2 x^2\,dx = \frac{1}{2}\left[\frac{1}{3}(2^3-0^3)\right] = \frac{4}{3}$ □

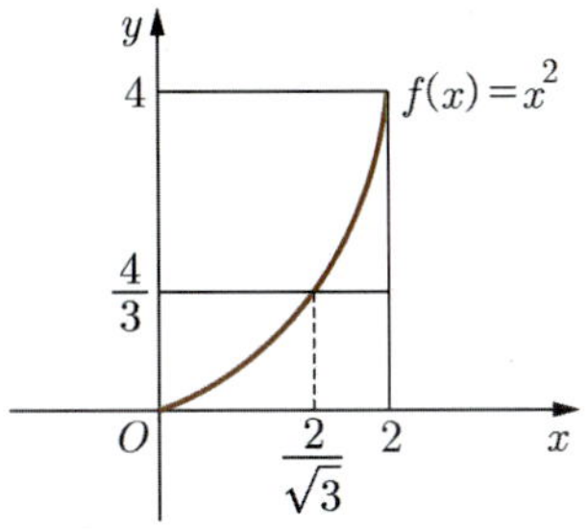

그림 5.6: 예제 5.6

연습문제 5.2

1. 정리 5.3를 이용하여 다음 함수의 그래프와 x축 사이의 영역에 대한 상계와 하계를 구하여라.
   (1) $f(x) = x, [0, 2]$
   (2) $f(x) = x^3, [0, 4]$
   (3) $f(x) = \sin x, [\frac{\pi}{4}, \frac{\pi}{2}]$
   (4) $f(x) = \sin x + \cos x, [0, \frac{\pi}{2}]$
   (5) $f(x) = x^3 - 3x + 3, [0, 2]$

2. $\int_0^1 x^7\, dx > 0$임을 설명하여라. (힌트: 정리 5.2에서 $a = 0,\ b = 1,\ c = \frac{1}{2}$ 이라 두고 각각의 적분에 정리 5.3를 이용하여라.)

3. $c < a < b$와 $b < a < c$인 경우에 정리 5.2을 증명하여라.

4. $0 < a < b$일 때 적분에 관한 평균값 정리를 이용하여 구간 $[a, b]$에서

$$c^2 = \frac{1}{3}(a^2 + ab + b^2)$$

인 c가 존재함을 보여라.

5.3 미적분학의 기본정리

고등 미적분학에서 함수 f가 $[a,b]$에서 연속이면 $\int_a^b f(x)\,dx$는 존재함이 증명되어 있다. $\int_a^b f(x)\,dx$가 존재할 때 정의에 의하여 계산한다는 것은 상당히 복잡하다. 더욱이 함수가 복잡한 경우에는 더욱 어렵다. 이 절에서는 역도함수를 이용하여 보다 간단히 계산하는 방법을 다룬다.

정리 5.5

f는 $[a,b]$에서 연속이고 $a \le c \le b$라 하자.

$$G(x) = \int_c^x f(t)\,dt, \quad a \le x \le b$$

라 정의하면 G는 (a,b)에서 미분가능하고

$$G'(x) = f(x), \qquad a < x < b$$

이다.

[증명] x를 (a,b) 내의 고정된 점이라 하고 $a \le u \le b$, $u \ne x$라 하자.

$$\frac{G(u)-G(x)}{u-x} = \frac{\int_c^u f(t)\,dt - \int_c^x f(t)\,dt}{u-x} = \frac{\int_x^u f(t)\,dt}{u-x}$$

이므로 적분의 평균값 정리에 의하여 다음이 성립하는 실수 $c(u)$가 $[x,u]$에 존재한다.

$$\frac{\int_x^u f(t)\,dt}{u-x} = f(c(u))$$

$\lim_{u\to x} c(u) = x$이고 f는 x에서 연속이므로

$$G'(x) = \lim_{u\to x}\frac{G(u)-G(x)}{u-x} = \lim_{u\to x} f(c(u)) = f(x)$$

가 성립한다. □

따름정리 5.6

f는 구간 I에서 연속이고 $a \in I$라 하자. $G(x) = \int_a^x f(t)\,dt$, ${}^\forall x \in I$ 일 때 G는 I에서 미분가능하고

$$G'(x) = f(x), \qquad {}^\forall x \in I.$$

따름정리 5.6에서와 같이 구간 I에서 정의된 주어진 함수 f에 대해서

$$G'(x) = f(x), \quad \forall x \in I$$

을 만족하는 함수 G를 f의 **역도함수**라 한다. 주어진 함수의 역도함수는 무수히 많이 존재할 수 있음에 주의하자.

예제 5.7 $G(x) = \displaystyle\int_0^x \sqrt{1+t^2}\,dt$의 도함수를 구하여라.

풀이 $f(t) = \sqrt{1+t^2}$은 실수 전체에서 연속이므로 따름정리 5.6에 의하여

$$G'(x) = f(x) = \sqrt{1+x^2}$$

이다. □

예제 5.8 $\dfrac{d}{dx}\displaystyle\int_1^{x^4} \sec t\,dt$를 구하여라.

풀이 $u = x^4$라 놓고

$$g(u) = \int_1^u \sec t\,dt$$

라 하자. $y = \sec t$는 $(-\frac{\pi}{2}, \frac{\pi}{2})$에서 연속이므로 따름정리 5.6에 의하여 g는 $(-\frac{\pi}{2}, \frac{\pi}{2})$에서 미분가능하다. 연쇄법칙에 의하여

$$\frac{d}{dx}\int_1^{x^4} \sec t\,dt = \frac{d}{dx}g(u(x)) = \frac{d}{du}g(u)\cdot\frac{d}{dx}u(x) = \sec u \cdot 4x^3 = 4x^3 \sec x^4.$$

□

예제 5.9 $G(x) = \displaystyle\int_1^x \frac{1}{t}\,dt,\ x > 0$의 도함수 $G'(x)$를 구하여라.

풀이 $f(t) = \frac{1}{t}$은 $(0, \infty)$에서 연속이므로 $G'(x) = \frac{1}{x},\ x > 0$이다. □

정리 5.7 (미적분학의 기본정리)

f가 $[a, b]$에서 연속이면 f는 $[a, b]$에서 역도함수를 갖고 만일 F가 f의 $[a, b]$에서의 역도함수라면

$$\int_a^b f(t)\,dt = F(b) - F(a) \equiv \Big[F(t)\Big]_a^b$$

이다.

[증명] $G(x) = \displaystyle\int_a^x f(t)\,dt,\ a \le x \le b$는 따름정리 5.6에 의하여 f의 역도함수이다. 또한

$$G(a) = \int_a^a f(t)\,dt = 0, \quad G(b) = \int_a^b f(t)\,dt$$

이다. 만일 F가 f의 역도함수이면 정리 4.6의 (ii)에 의하여 $F(x) = G(x) + C$이다. 따라서

$$\int_a^b f(t)\,dt = G(b) = G(b) - G(a) = [F(b) - C] - [F(a) - C] = F(b) - F(a)$$

이다. □

예제 5.10 $\displaystyle\int_0^{\frac{\pi}{2}} \cos x\,dx$를 구하여라.

풀이 $F(x) = \sin x$는 $\cos x$의 역도함수이므로 정리 5.7에 의하여

$$\int_0^{\frac{\pi}{2}} \cos x\,dx = F\left(\frac{\pi}{2}\right) - F(0) = 1 - 0 = 1.$$

□

연습문제 5.3

1. 다음 함수의 도함수를 구하여라.

(1) $G(x) = \displaystyle\int_0^x t\sin t\,dt$

(2) $G(x) = \displaystyle\int_0^{x^2} t\sin t\,dt$ (3) $G(x) = \displaystyle\int_x^{x^2} (1+t^2)^{\frac{1}{2}}\,dt$

(힌트 : $\displaystyle\int_x^{x^2} f(t)\,dt = \int_x^0 f(t)\,dt + \int_0^{x^2} f(t)\,dt$)

(4) $G(x) = \dfrac{d}{dx}\displaystyle\int_0^{4x} (1+t^2)^{\frac{4}{5}}\,dt$

2. 다음 적분을 구하여라.

(1) $\displaystyle\int_0^1 4dx$

(2) $\displaystyle\int_0^2 u^{\frac{1}{2}}\,du$

(3) $\displaystyle\int_{\frac{\pi}{6}}^{\frac{\pi}{2}} \csc^2 x\,dx$

(4) $\displaystyle\int_{-1}^1 (\frac{d}{dx}\sqrt{1+x^4})\,dx$

(5) $\displaystyle\int_0^{\frac{\pi}{4}} \sec x\tan x dx$

(6) $\displaystyle\int_0^{\frac{\pi}{2}} (\frac{d}{dx}\sin^5 x)\,dx$

3. 주어진 구간에서 f의 그래프와 x축 사이의 영역의 면적을 구하여라.

(1) $f(x) = x^4$, $[-1, 1]$

(2) $f(x) = x^{\frac{1}{3}}$, $[1, 8]$

(3) $f(x) = \csc x\cot x$, $[\frac{\pi}{4}, \frac{\pi}{2}]$

(4) $f(x) = \sin x$, $[0, \frac{2}{3}\pi]$

(5) $f(x) = \cos^2 x$, $[0, \frac{\pi}{2}]$

(6) $f(x) = \sec x\tan^3 x$, $[0, \frac{\pi}{3}]$

5.4 부정적분과 적분법

정적분의 정의를 이용하지 않고 미적분학의 기본정리를 이용하여 계산할 때 역도함수를 구하는 것이 문제이다.

정의 5.3

f가 구간 I에서 연속일 때 I에서 f의 역도함수를 I에서의 f의 **부정적분**이라 하고 다음과 같이 쓴다.

$$\int f(x)\,dx$$

정리 5.8

f와 g가 I에서 연속이고 I에서 역도함수를 갖는 함수라 하면 다음 사실이 성립한다.

(i) $\int [f(x)+g(x)]dx = \int f(x)\,dx + \int g(x)\,dx$

(ii) $\int [f(x)-g(x)]dx = \int f(x)\,dx - \int g(x)\,dx$

(iii) $\int cf(x)\,dx = c\int f(x)\,dx$ (c : 실수)

[증명] (i) $\frac{d}{dx}\left[\int f(x)\,dx + \int g(x)\,dx\right] = \frac{d}{dx}\int f(x)\,dx + \frac{d}{dx}\int g(x)\,dx = f(x)+g(x)$

(ii) $$\begin{aligned}\frac{d}{dx}\left[\int f(x)\,dx - \int g(x)\,dx\right] &= \frac{d}{dx}\left[\int f(x)\,dx + (-1)\cdot\int g(x)\,dx\right]\\ &= \frac{d}{dx}\int f(x)\,dx + \frac{d}{dx}\left[(-1)\int g(x)\,dx\right]\\ &= \frac{d}{dx}\int f(x)\,dx - \frac{d}{dx}\int g(x)\,dx = f(x)-g(x)\end{aligned}$$

(iii) $\frac{d}{dx}\left[c\int f(x)\,dx\right] = c\frac{d}{dx}\int f(x)\,dx = cf(x)$ □

예제 5.11 $a \neq -1$인 유리수에 대해서 다음을 보여라.

$$\int x^a\,dx = \frac{x^{a+1}}{a+1} + C$$

풀이 정리 3.11에 의하여 $\frac{d}{dx}\left(\frac{x^{a+1}}{a+1}+c\right) = \frac{(a+1)x^a}{a+1} = x^a$ □

예제 5.12 $\displaystyle\int (2x - 3\cos x)\,dx$를 구하여라.

풀이 $$\begin{aligned}\int (2x - 3\cos x)\,dx &= \int 2x\,dx - \int 3\cos x\,dx \\ &= 2\int x\,dx - 3\int \cos x\,dx \\ &= x^2 - 3\sin x + C\end{aligned}$$ □

정리 5.9

f와 g가 $[a,b]$에서 연속이고 $[a,b]$ 내의 모든 x에 대하여 $g(x) \le f(x)$이면

$$\int_a^b g(x)\,dx \le \int_a^b f(x)\,dx$$

이고, 특히

$$\left|\int_a^b f(x)\,dx\right| \le \int_a^b |f(x)|\,dx$$

이다.

[증명] $f(x) - g(x) \ge 0$, $a \le x \le b$이므로 정리 5.3에서 $m = 0$이라 하면

$$\int_a^b [f(x) - g(x)]\,dx \ge 0 \cdot (b-a) = 0$$

이다. 따라서 정리 5.8의 (ii)에 의하여

$$\int_a^b g(x)\,dx \le \int_a^b f(x)\,dx$$

이다. $a \le x \le b$에서 $-|f(x)| \le f(x) \le |f(x)|$이므로 위 결과를 적용하면

$$-\int_a^b |f(x)|\,dx = \int_a^b (-|f(x)|\,dx \le \int_a^b f(x)\,dx \le \int_a^b |f(x)|\,dx$$

이다. 그러므로

$$\left|\int_a^b f(x)\,dx\right| \le \int_a^b |f(x)|\,dx$$

이다. □

예제 5.13 $2 \le \displaystyle\int_{-1}^1 \sqrt{1+x^4}\,dx \le \frac{8}{3}$이 성립함을 보여라.

풀이 $1 \le 1 + x^4 \le 1 + 2x^2 + x^4 = (1+x^2)^2$이므로

$$1 \le \sqrt{1+x^4} \le \sqrt{(1+x^2)^2} = 1 + x^2$$

이다. 정리 5.9에 의하여

$$2 = \int_{-1}^{1} 1\,dx \le \int_{-1}^{1} \sqrt{1+x^4}\,dx \le \int_{-1}^{1} (1+x^2)\,dx = \left[x + \frac{x^3}{3}\right]_{-1}^{1} = \frac{8}{3}.$$

□

연습문제 5.4

1. 다음 부정적분을 구하여라.

(1) $\int (2x^2 - 7x^3 + 4x^4)\,dx$

(2) $\int (x^5 - \frac{1}{x^4})\,dx$

(3) $\int (x^2 - \sec^2 x)\,dx$

(4) $\int (x + \frac{1}{x})^2\,dx$

(5) $\int (\sqrt{x} + \frac{1}{\sqrt{x}})\,dx$

(6) $\int (3\csc^2 x - x)\,dx$

(7) $\int (2x-1)^2\,dx$

2. 다음 정적분을 계산하여라.

(1) $\int_1^4 (\sqrt{x} + \frac{1}{2\sqrt{x}})\,dx$

(2) $\int_{\frac{\pi}{4}}^{\frac{\pi}{2}} (-7\sin x + 3\cos x)\,dx$

(3) $\int_1^{\frac{1}{3}} (3x+2)^3\,dx$

(4) $\int_{-\frac{\pi}{4}}^{0} \sec\theta(\tan\theta + \sec\theta)\,d\theta$

(5) $\int_4^6 f(x)\,dx,\ f(x) = \begin{cases} 2x, & 4 \le x \le 5 \\ 20 - 2x, & 5 < x \le 6 \end{cases}$

(6) $\int_{\frac{\pi}{4}}^{\frac{\pi}{2}} (3x - \frac{1}{x^2} + \sin x)\,dx$

(7) $\int_{\frac{\pi}{3}}^{\frac{\pi}{4}} (3\sec^2\theta + 4\csc^2\theta)\,d\theta$

3. f가 $[a,b]$에서 연속이고 $|f(x)| \le M$, $a \le x \le b$라 하면

$$\left|\int_a^b f(x)\,dx\right| \le M(b-a)$$

가 성립함을 보여라.

5.5 치환적분법

정리 5.10

$g \circ f$와 f'이 I에서 연속이고 G를 g의 역도함수라 하자. $u = f(x)$이면

$$\int g(f(x))f'(x)\,dx = \int g(u)du = G(u) + C = G(f(x)) + C.$$

[증명] $G'(u) = g(u)$이므로 연쇄법칙에 의하여

$$\frac{d}{dx}G(f(x)) = G'(f(x)) \cdot f'(x) = g(f(x))f'(x)$$

이다. 부정적분의 정의에 의하여

$$\int g(f(x))f'(x)\,dx = G(f(x)) + C = \int g(u)\,du.$$

□

예제 5.14 $\int x^2 \sin(x^3+1)\,dx$를 구하여라.

풀이 $u = x^3 + 1$이라 하면 $du = 3x^2\,dx$이므로

$$\begin{aligned}\int x^2 \sin(x^3+1)\,dx &= \frac{1}{3}\int \sin u\,du = -\frac{1}{3}\cos u + C \\ &= -\frac{1}{3}\cos(x^3+1) + C.\end{aligned}$$

□

예제 5.15 $\int \sqrt{2x^2+1}x^3\,dx$를 구하여라.

풀이 $u = 2x^2 + 1$이라 하면 $du = 4x\,dx$이고 $x^2 = \frac{1}{2}(u-1)$이므로

$$\begin{aligned}\int \sqrt{2x^2+1}x^3\,dx &= \int \sqrt{2x^2+1}\,x^2 \cdot x\,dx \\ &= \int \sqrt{u} \cdot \frac{1}{2}(u-1) \cdot \frac{1}{4}\,du \\ &= \frac{1}{8}\int (u^{\frac{3}{2}} - u^{\frac{1}{2}})\,du \\ &= \frac{1}{8}\left[\frac{2}{5}u^{\frac{5}{2}} - \frac{2}{3}u^{\frac{3}{2}}\right] + C \\ &= \frac{1}{60}\sqrt{2x^2+1}(12x^4 + 2x^2 - 2) + C.\end{aligned}$$

□

예제 5.16 $\displaystyle\int \sin^4 x \cos x \, dx$를 구하여라.

풀이 $\displaystyle\int \sin^4 x \cos x \, dx = \int \sin^4 x \cdot (\sin x)' \, dx = \frac{1}{5}\sin^5 x + C$ □

예제 5.17 $\displaystyle\int \frac{x+1}{(x^2+2x+6)^2} \, dx$를 구하여라.

풀이
$$\begin{aligned}\int \frac{x+1}{(x^2+2x+6)^2} \, dx &= \int \frac{\frac{1}{2}(x^2+2x+6)'}{(x^2+2x+6)^2} \, dx \\ &= \frac{1}{2}\int (x^2+2x+6)^{-2}(x^2+2x+6)' \, dx \\ &= -\frac{1}{2}(x^2+2x+6)^{-1} + C\end{aligned}$$ □

예제 5.18 $\displaystyle\int \frac{\sin\sqrt{x}}{\sqrt{x}} \, dx$를 구하여라.

풀이 $\displaystyle\int \frac{\sin\sqrt{x}}{\sqrt{x}} \, dx = \int \sin\sqrt{x} \cdot 2(\sqrt{x})' \, dx = -2\cos\sqrt{x} + C$ □

정리 5.11 (정적분에서의 치환)

$g \circ f$와 f'이 $[a, b]$에서 연속이고 $u = f(x)$이면
$$\int_a^b g(f(x))f'(x) \, dx = \int_{f(a)}^{f(b)} g(u) \, du$$
이다.

[증명] g의 역도함수를 G라 하면 미적분학의 기본정리에 의하여
$$\int_{f(a)}^{f(b)} g(u)du = \Big[G(u)\Big]_{f(a)}^{f(b)} = G(f(b)) - G(f(a))$$
이다. 정리 5.10에 의하여
$$\int g(f(x))f'(x) \, dx = G(f(x)) + C$$
이므로 미적분학의 기본정리에 의하여
$$\int_a^b g(f(x))f'(x) \, dx = \Big[G(f(x))\Big]_a^b = G(f(b)) - G(f(a))$$
이다. 따라서
$$\int_a^b g(f(x))f'(x) \, dx = \int_{f(a)}^{f(b)} g(u) \, du$$
이다. □

예제 5.19 $\displaystyle\int_0^1 \frac{x^5}{(x^6+1)^3}\,dx$를 계산하여라.

풀이 $$\begin{aligned}\int_0^1 \frac{x^5}{(x^6+1)^3}\,dx &= \int_0^1 (x^6+1)^{-3}\cdot\frac{1}{6}(x^6+1)'\,dx\\ &= \frac{1}{6}\int_0^1 (x^6+1)^{-3}\cdot(x^6+1)'\,dx\\ &= \frac{1}{6}\int_1^2 u^{-3}du = \frac{1}{6}\Big[-\frac{1}{2}u^{-2}\Big]_1^2 = \frac{1}{16}\end{aligned}$$ □

예제 5.20 $\displaystyle\int_0^{\frac{\sqrt{\pi}}{2}} x\sin^3(x^2)\cos(x^2)\,dx$를 계산하여라.

풀이 $$\begin{aligned}\int_0^{\frac{\sqrt{\pi}}{2}} x\sin^3(x^2)\cos(x^2)\,dx &= \int_0^{\frac{\sqrt{\pi}}{2}} \sin^3(x^2)\cdot\frac{1}{2}(\sin(x^2))'\,dx\\ &= \frac{1}{2}\int_0^{\frac{1}{\sqrt{2}}} u^3\,du = \frac{1}{2}\Big[\frac{u^4}{4}\Big]_0^{\frac{1}{\sqrt{2}}} = \frac{1}{32}\end{aligned}$$ □

연습문제 5.5

1. 주어진 치환을 이용하여 적분하여라.
   (1) $\int \sqrt{4x-5}\,dx,\ u=4x-5$
   (2) $\int \cos\pi x\,dx,\ u=\pi x$
   (3) $\int x\cos x^2\,dx,\ u=x^2$
   (4) $\int x\sqrt{x-1}\,dx,\ u=x-1$
   (5) $\int x^2\sqrt{x+3}\,dx,\ u=x+3$
   (6) $\int (1-5x^2)^{\frac{2}{3}}(10x)\,dx,\ u=1-5x^2$
   (7) $\int 3\sin(-2x)\,dx,\ u=-2x$
   (8) $\int \sin^3 t\cos t\,dt,\ u=\sin t$
   (9) $\int \cos^{-4}t\,\sin t\,dt,\ u=\cos t$
   (10) $\int \frac{2x-3}{(x^2-3x+1)^{\frac{7}{2}}}\,dx, u=x^2-3x+1$

2. 다음 적분을 구하여라.
   (1) $\int x^3(2-5x^4)^7\,dx$
   (2) $\int \left(1+\frac{1}{x^2}\right)\left(x-\frac{1}{x}\right)^{-3}dx$
   (3) $\int \sqrt{\sin 2x}\cos 2x\,dx$
   (4) $\int_0^{\frac{\pi}{4}} \frac{\sin x}{\cos^2 x}\,dx$
   (5) $\int \frac{\sqrt{1+\sqrt{x}}}{\sqrt{x}}\,dx$
   (6) $\int \left(1-\frac{1}{x^2}\right)\left(x+\frac{1}{x}\right)^{-3}dx$
   (7) $\int \sqrt{3x+7}\,dx$
   (8) $\int x^9\sin x^{10}\,dx$
   (9) $\int \sin 3\theta\sqrt{1-\cos 3\theta}\,d\theta$
   (10) $\int \frac{1}{\sqrt{x}}\sec^2\sqrt{x}\,dx$

3. f가 $[-a, a]$에서 연속이라 하자.

(1) 만일 f가 기함수이면 $\int_{-a}^{a} f(x)\,dx = 0$임을 보여라.

(2) 만일 f가 우함수이면 $\int_{-a}^{a} f(x)\,dx = 2\int_{0}^{a} f(x)\,dx$ 임을 보여라.

4. 문제 3의 결과를 이용하여 다음 적분을 계산하여라.

(1) $\int_{-\frac{\pi}{2}}^{\frac{\pi}{2}} \sin x\,dx$

(2) $\int_{-\frac{\pi}{4}}^{\frac{\pi}{4}} \cos x\,dx$

(3) $\int_{-\pi}^{\pi} |x|\,dx$

(4) $\int_{-1}^{1} \frac{x}{x^2+1}\,dx$

(5) $\int_{-2\pi}^{2\pi} |\sin x| dx$

(6) $\int_{-4}^{4} \sin^7 x\,dx$

Memo

5.6 적분으로서의 로그함수

정의 5.4

$(0, \infty)$에서 적분

$$\ln x = \int_1^x \frac{1}{t}\,dt$$

로 정의된 함수를 **자연로그함수**라 한다.

$\ln x$의 정의[1]로부터

$$\ln 1 = \int_1^1 \frac{1}{t}\,dt = 0$$

이다. 또한 정리 5.5에 의하여 $x > 0$일 때

$$\frac{d}{dx}\ln x = \frac{d}{dx}\left(\int_1^x \frac{1}{t}\,dt\right) = \frac{1}{x}$$

이며, $x < 0$일 때

$$\frac{d}{dx}\ln(-x) = \frac{1}{-x}(-x)' = \frac{1}{x}$$

이므로

$$\int \frac{1}{x}\,dx = \ln|x| + C, \quad x \neq 0$$

이다. $\ln x$은 $x > 0$에서 정의되었으므로

$$(\ln x)' = \frac{1}{x} > 0$$

이고

$$\frac{d^2}{dx^2}\ln x = -\frac{1}{x^2} < 0$$

이다. 따라서 $f(x) = \ln x$의 그래프는 순증가이며 아래로 오목하다. 또한

$$\lim_{x\to\infty}\ln x = \lim_{x\to\infty}\int_1^x \frac{1}{t}\,dx = \infty, \ \lim_{x\to 0+}\ln x = -\infty$$

이다. 그러므로 $f(x) = \ln x$의 그래프는 그림 5.7과 같다.

예제 5.21 $\displaystyle\int_{-1}^{-2} \frac{1}{x}\,dx$를 구하여라.

풀이 $\displaystyle\int_{-1}^{-2} \frac{1}{x}\,dx = \Big[\ln|x|\Big]_{-1}^{-2} = \ln 2 - \ln 1 = \ln 2 - 0 = \ln 2$ □

[1]자연로그 ln은 logarithmus naturalis라는 라틴어에 따른 것이다.

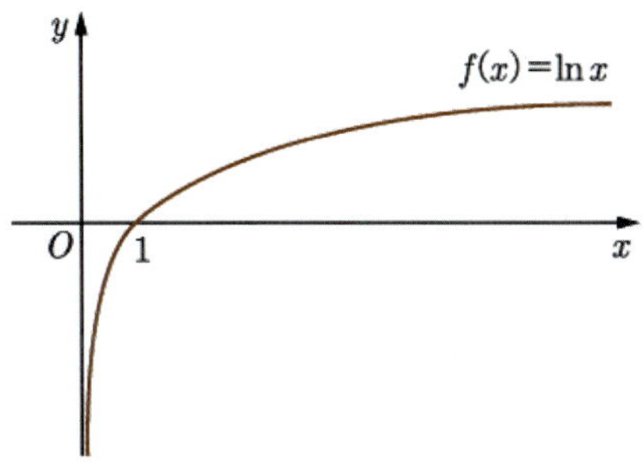

그림 5.7: $f(x) = \ln x$ 의 그래프

예제 5.22 $\displaystyle\int \frac{5}{2x+7}\,dx$를 구하여라.

풀이 $$\int \frac{5}{2x+7}\,dx = \int \frac{\frac{5}{2}(2x+7)'}{2x+7}\,dx = \frac{5}{2}\int \frac{1}{2x+7}(2x+7)'\,dx = \frac{5}{2}\ln|2x+7| + C$$ □

예제 5.23 $\displaystyle\int \tan x\,dx$를 구하여라.

풀이 $$\int \tan x\,dx = \int \frac{\sin x}{\cos x}\,dx = \int \frac{-(\cos x)'}{\cos x}\,dx = -\int \frac{1}{\cos x}(\cos x)'\,dx = -\ln|\cos x| + C$$ □

예제 5.24 $\displaystyle\int \sec x\,dx$를 구하여라.

풀이 $$\begin{aligned}\int \sec x\,dx &= \int \frac{\sec x(\sec x + \tan x)}{\sec x + \tan x}\,dx = \int \frac{\sec^2 x + \sec x \tan x}{\sec x + \tan x}\,dx \\ &= \int \frac{1}{\sec x + \tan x}\cdot(\sec x + \tan x)'\,dx \\ &= \ln|\sec x + \tan x| + C\end{aligned}$$ □

정리 5.12

$a > 0,\ b > 0$이고 r이 유리수이면 다음이 성립한다.

(i) $\ln ab = \ln a + \ln b$ (ii) $\ln \dfrac{a}{b} = \ln a - \ln b$

(iii) $\ln a^r = r \ln a$

[증명] (i) $\dfrac{d}{dx}\ln ax = \dfrac{1}{ax}\cdot a = \dfrac{1}{x} = \dfrac{d}{dx}\ln x$ 이므로 정리 4.6에 의하여

$$\ln ax = \ln x + C$$

이다. C를 구하기 위하여 $x=1$로 놓으면 $\ln a = C$이다. 따라서

$$\ln ax = \ln x + \ln a$$

이다. $x=b$라 놓으면 $\ln ab = \ln a + \ln b$가 성립한다.

(ii) (i)에서 a를 $\dfrac{1}{b}$로 바꾸면

$$\ln\frac{1}{b} + \ln b = \ln\left(\frac{1}{b}\cdot b\right) = \ln 1 = 0$$

이다. 따라서 $\ln\left(\dfrac{1}{b}\right) = -\ln b$이며 (i)을 다시 이용하면

$$\ln\frac{a}{b} = \ln\left(a\cdot\frac{1}{b}\right) = \ln a + \ln\left(\frac{1}{b}\right) = \ln a - \ln b$$

이다.

(iii) $\dfrac{d}{dx}\ln x^r = \dfrac{1}{x^r}\cdot rx^{r-1} = \dfrac{r}{x} = \dfrac{d}{dx}(r\ln x)$ 이므로 정리 4.6에 의하여

$$\ln x^r = r\ln x + C$$

이고 $x=1$로 놓으면 $C=0$이다. 따라서

$$\ln x^r = r\ln x$$

이다. □

예제 5.25 $y = \dfrac{\sqrt{1-x^2}}{(x+1)^{\frac{2}{3}}}$을 미분하여라.

풀이 주어진 함수의 양변에 자연로그를 취하면 정리 5.12에 의하여

$$\ln y = \frac{1}{2}\ln(1-x^2) - \frac{2}{3}\ln(x+1)$$

이다. 양변을 x에 관하여 미분하면

$$\frac{1}{y}\cdot y' = \frac{-2x}{2(1-x^2)} - \frac{2}{3(x+1)} = \frac{-(x+2)}{3(1-x^2)}$$

이다. 따라서

$$\frac{dy}{dx} = y\cdot\frac{-(x+2)}{3(1-x^2)} = \frac{-\sqrt{1-x^2}(x-2)}{3(x+1)^{\frac{2}{3}}(1-x^2)} = \frac{-(x+2)}{3(x+1)^{\frac{2}{3}}(1-x^2)^{\frac{1}{2}}}.$$

□

연습문제 5.6

1. 다음을 적분하여라.

(1) $\displaystyle\int_{\frac{1}{9}}^{\frac{1}{4}} \frac{-1}{3x}\,dx$ (2) $\displaystyle\int \frac{x^4}{x^5+1}\,dx$

(3) $\displaystyle\int \cot x\,dx$ (4) $\displaystyle\int \csc x\,dx$

(5) $\displaystyle\int \frac{\ln x}{x}\,dx$ (6) $\displaystyle\int \frac{\tan\sqrt{t}}{\sqrt{t}}\,dt$

(7) $\displaystyle\int \frac{\cos x}{1-\sin x}\,dx$ (8) $\displaystyle\int \frac{1}{\sqrt{x}(1+\sqrt{x})}\,dx$

2. 다음 함수를 미분하여라.

(1) $y = \ln(x^2-5x+6)$ (2) $y = \ln x^3 + (\ln x)^3$

(3) $f(x) = \ln(x+\sqrt{x^2-1})$ (4) $y = \frac{\sqrt{x+13}}{(x-4)\sqrt[3]{2x+1}}$

(5) $f(x) = \ln\sqrt{\dfrac{x-3}{x-2}}$

3. $\ln(x+\sqrt{x^2-1}) = -\ln(x-\sqrt{x^2-1})$ 임을 보여라.
(힌트: $x+\sqrt{x^2-1}$에 $1 = \frac{x-\sqrt{x^2-1}}{x-\sqrt{x^2-1}}$를 곱하여라)

4. 다음을 x에 관하여 풀어라.

$$\int_{\frac{1}{3}}^{x} \frac{1}{t}\,dt = 2\int_{1}^{x} \frac{1}{t}\,dt.$$

5. $\displaystyle\lim_{n\to\infty}\left[\frac{1}{n+1}+\frac{1}{n+2}+\cdots+\frac{1}{2n}\right]$을 구하여라.

6. 역함수

CHAPTER 6

역함수

이 장에서는 역함수의 일반적인 성질과 일반적인 지수함수와 로그함수의 성질을 다룬다. 그리고 삼각함수와 쌍곡선함수의 역함수를 이용하여 적분하는 방법과 유리함수의 극한을 구하는 방법을 다룬다.

6.1 역함수

정의 6.1

f가 함수일 때 f의 치역을 정의역으로 갖는 함수 g가 존재하여

$$f(x) = y \Leftrightarrow g(y) = x \tag{6.1}$$

가 성립하면 f는 **역함수** g를 갖는다고 한다.

위 정의에서 식 (6.1)을 만족하는 g는 정의역 내의 각각의 y에 $f(x) = y$가 되는 모든 x를 대응시키지만 g가 함수이므로 $f(x) = y$가 되는 x는 오직 하나이다. 그러므로 g는 유일하게 결정되며 g를 f^{-1}로 쓰겠다. $y = f(x) = 2x$의 역함수는 $x = f^{-1}(y) = \dfrac{y}{2}$이고 $y = f(x) = x^3$의 역함수는 $x = f^{-1}(y) = \sqrt[3]{y}$이다(그림 6.1).

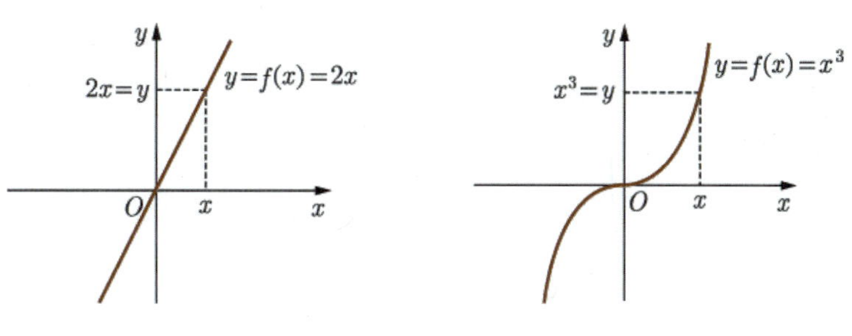

그림 6.1: 역함수가 존재

모든 함수의 역함수가 항상 존재하는 것은 아니다. $y = f(x) = x^2$ 은 치역의 각 원소 y 에 대하여 두 개의 x가 대응하므로 역함수가 존재하지 않는다(그림 6.2).

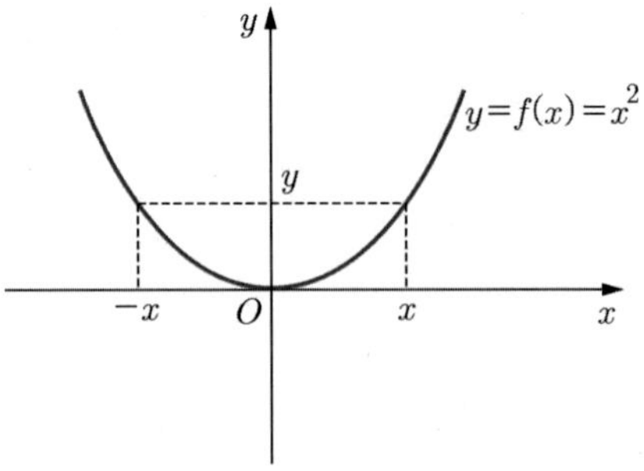

그림 6.2: 역함수가 존재하지 않음

정리 6.1

f가 역함수를 갖고 D를 f의 정의역, R을 f의 치역이라 하면 다음 성질이 성립한다.

(i) $(f^{-1})^{-1}(x) = f(x)$

(ii) $f^{-1}(f(x)) = x, \quad \forall x \in D$

(iii) $f(f^{-1}(y)) = y, \quad \forall y \in R$

[증명] (i) f의 치역은 f^{-1}의 정의역이고 f의 정의역은 f^{-1}의 치역이므로

$$f^{-1}(y) = x \Leftrightarrow f(x) = y \tag{6.2}$$

이다. 따라서 f는 f^{-1}의 역함수이다.

(ii) 식 (6.2)의 $f^{-1}(y) = x$에 y 대신 $f(x)$를 대입하면 성립한다.

(iii) 식 (6.2)의 $f(x) = y$에 x 대신 $f^{-1}(y)$를 대입하면 성립한다. □

정리 6.2

함수 f가 정의역에서 순증가 또는 순감소하면 역함수를 갖는다.

[증명] f는 정의역이 D이고 순증가한다고 하자. 그러면 $x_1 \neq x_2$, x_1, $x_2 \in D$에 대하여 $x_1 < x_2$이면 $f(x_1) < f(x_2)$이고 $x_1 > x_2$이면 $f(x_1) > f(x_2)$이다. 즉 항상 $f(x_1) \neq f(x_2)$이다. 따라서 f의 치역의 각 원소 $f(x)$에 대해서 x를 대응시키는 관계 g는 함수가 되므로 f는 역함수 g를 갖는다. 비슷하게 f가 순감소할 때에도 증명된다. □

예제 6.1 $f(x) = x^5 + 2x + 1$의 역함수가 존재함을 보여라.

풀이 $f^{'}(x) = 5x^4 + 2 > 0, \forall x$. 따라서 f는 순증가함수이다. 그러므로 정리 6.2에 의하여 f는 역함수를 갖는다. □

f의 역함수가 존재하면

$$x = f^{-1}(y) \Leftrightarrow y = f(x)$$

이고 (x, y)와 (y, x)는 직선 $y = x$에 대하여 대칭이므로 f^{-1}의 그래프는 f의 그래프와 $y = x$에 대하여 대칭으로 그려진다(그림 6.3).

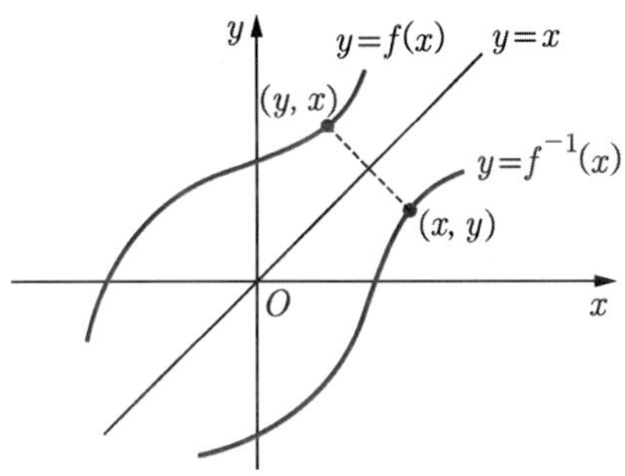

그림 6.3: 역함수와 $y = x$에 대한 대칭성

예제 6.2 $f(x) = x^2 (x \geq 0)$의 역함수를 구하여라.

풀이 $f(0) = 0$이고 $x > 0$이면 $f^{'}(x) = 2x > 0$이므로 f는 $x > 0$에서 순증가함수이므로 정리 6.2에 의하여 역함수를 갖는다. x, y를 교환하면 $x = y^2$이고 y에 관하여 풀면 $y = \sqrt{x}$이다. 즉

$$f^{-1}(x) = \sqrt{x}$$

이다. □

역함수의 연속성에 관한 다음 정리를 증명없이 소개한다.

정리 6.3

f가 구간 I에서 연속이고 $f(I) = J$가 구간일 때 f가 역함수를 가지면 f^{-1}는 J에서 연속이다.

정리 6.4 (역함수의 정리)

f가 열린구간 I에서 연속이고 역함수를 갖는다고 하자. I의 어떤 점 a에서 $f^{'}(a)$가 존재하고 $f^{'}(a) \neq 0$, $c = f(a)$이면

$$(f^{-1})^{'}(c) = \frac{1}{f'(a)} \tag{6.3}$$

이다.

[증명] f가 I에서 연속이므로 정리 6.3에 의하여 f^{-1}는 $c = f(a)$에서 연속이고 f가 역함수를 갖기 때문에 $f(x) \neq f(a)$, $\forall a \neq x \in I$이다. 따라서

$$\begin{aligned}(f^{-1})^{'}(c) &= \lim_{y\to c}\frac{f^{-1}(y)-f^{-1}(c)}{y-c} \\ &= \lim_{x\to a}\frac{f^{-1}(f(x))-f^{-1}(f(a))}{f(x)-f(a)} = \lim_{x\to a}\frac{x-a}{f(x)-f(a)} \\ &= \frac{1}{\displaystyle\lim_{x\to a}\frac{f(x)-f(a)}{x-a}} = \frac{1}{f'(a)}\end{aligned}$$

이 성립한다. □

f가 역함수를 가지면

$$y = f(x) \Leftrightarrow x = f^{-1}(y)$$

이므로

$$\frac{dx}{dy} = \frac{d}{dy}f^{-1}(y) = (f^{-1})^{'}(y) = \frac{1}{f'(x)} = \frac{1}{\frac{d}{dx}f(x)} = \frac{1}{\frac{dy}{dx}}$$

이다. 즉 식 (6.3)은 다음과 같다.

$$\frac{dx}{dy} = \frac{1}{\frac{dy}{dx}}$$

예제 6.3 $y = f(x) = x^5 + 2x + 1$일 때 $(f^{-1})^{'}(4)$를 구하여라.

풀이 $4 = f(1)$이고 $f^{'}(x) = 5x^4 + 2$이므로

$$(f^{-1})^{'}(4) = \frac{1}{f'(1)} = \frac{1}{7}$$

이다. □

예제 6.4 $y = \sin x$, $-\frac{\pi}{2} < x < \frac{\pi}{2}$일 때 $\frac{dx}{dy}$를 구하여라.

풀이 $\dfrac{dx}{dy} = \dfrac{1}{\dfrac{dy}{dx}} = \dfrac{1}{\cos x} = \sec x$ □

연습문제 6.1

1. 다음 함수가 역함수를 갖는 구간을 구하여라. (힌트: $f' > 0$, $f' < 0$인 구간)
   (1) $f(x) = x^2 - 4$
   (2) $f(x) = x^3 - 5x + 1$)
   (3) $f(x) = \dfrac{x}{1+x^2}$
   (4) $f(x) = \sin x$
   (5) $f(x) = \cos x$

2. 다음 함수의 역함수를 구하여라.
   (1) $f(x) = -4x^3 - 1$
   (2) $f(x) = \sqrt{1+x}$
   (3) $f(x) = \dfrac{1-2x}{5x}$

3. 만일 f와 g가 역함수를 갖는다면 $g \circ f$도 역함수를 갖고 $(g \circ f)^{-1} = f^{-1} \circ g^{-1}$ 임을 보여라.

4. 다음 함수의 $(f^{-1})'(c)$를 구하여라.
   (1) $f(x) = 5x^5 + 4x^3, \quad c = 9$
   (2) $f(x) = x + \sqrt{x}, \quad c = 2$
   (3) $f(x) = 4\ln x, \quad c = 0$
   (4) $f(x) = x\ln x, \quad c = 2e^2$

5. 다음 함수의 $\dfrac{dx}{dy}$를 구하여라.
   (1) $y = \ln(x^3 + 1)$
   (2) $y = x - \dfrac{2}{x}, \quad x < 0$
   (3) $y = \tan x$, $-\frac{\pi}{2} < x < \frac{\pi}{2}$
   (4) $y = \ln x$

6. f가 역함수를 갖는다고 가정하자. a가 고정된 실수이고 $g(x) = f(x+a)$이면 g는 역함수를 갖고 $g^{-1}(x) = f^{-1}(x) - a$임을 보여라.

6.2 지수함수와 로그함수

$\ln x = \int_1^x \frac{1}{t}dt, x > 0$이고 $\frac{d}{dx}\ln x = \frac{1}{x} > 0$이므로 $\ln x$는 정리 6.2에 의하여 역함수를 갖는다.

정의 6.2

자연로그함수 $y = \ln x$의 역함수를 **자연지수함수**라 하고 함수값을 $\exp x$로 표시한다.

$\ln x$는 $x > 0$에서 미분가능하므로 연속이다. 중간값 정리에 의하여 구간 $[1, 4]$에서 $\ln e = 1$이 되는 e가 존재한다.

$$y = \exp x \Leftrightarrow x = \ln y \tag{6.4}$$

이므로

$$\exp 1 = e \tag{6.5}$$

이다. r이 유리수일 때 정리 5.12에 의하여

$$\ln e^r = r \ln e = r$$

이고 식 (6.4)에서 x 대신에 r를, y 대신에 e^r을 대입하면

$$e^r = \exp r \Longleftrightarrow r = \ln e^r$$

이므로

$$e^r = \exp r,\ r\text{은 유리수}$$

이다. r이 무리수인 경우에도 e^r을 $\exp r$로 정의하면 모든 실수 x에 대하여

$$\exp x = e^x \tag{6.6}$$

이 성립한다.

자연지수함수의 정의에 의하여

$$\exp(\ln x) = x,\ x > 0$$
$$\ln(\exp y) = y$$

이므로 식 (6.6)의 표현을 쓰면

$$e^{\ln x} = x,\ x > 0, \quad \ln e^y = y \tag{6.7}$$

가 성립한다.

정리 6.5

임의의 실수 a, b에 대하여 다음이 성립한다.

$$e^a e^b = e^{a+b}$$

[증명] 식 (6.7)과 정리 5.12에 의하여

$$e^a e^b = \exp(\ln e^a e^b) = \exp(\ln e^a + \ln e^b) = \exp(a+b) = e^{a+b}$$

이다. □

$y = e^x$의 도함수를 구하자.

$$y = e^x \Leftrightarrow x = \ln y$$

이므로 정리 6.4에 의하여

$$\frac{dy}{dx} = \frac{1}{\frac{dx}{dy}} = \frac{1}{\frac{1}{y}} = y = e^x$$

이다. 즉

$$\frac{d}{dx}e^x = e^x$$

이다.

예제 6.5 $f(x) = e^{x^2 \ln x}$의 도함수를 구하여라.

풀이 $f'(x) = (x^2 \ln x)' e^{x^2 \ln x} = \left(2x \ln x + x^2 \cdot \frac{1}{x}\right) e^{x^2 \ln x} = x(\ln x^2 + 1)e^{x^2 \ln x}$ □

예제 6.6 $f(x) = xe^{\frac{x}{2}}$의 그래프를 그려라.

풀이 $f'(x) = e^{\frac{x}{2}} + \frac{1}{2}xe^{\frac{x}{2}} = \left(1 + \frac{1}{2}x\right)e^{\frac{x}{2}} = \left(\frac{x+2}{2}\right)e^{\frac{x}{2}}$,
$f''(x) = \frac{1}{2}\left(\frac{x+2}{2}\right)e^{\frac{x}{2}} + \frac{1}{2}e^{\frac{x}{2}} = \left(\frac{x+4}{4}\right)e^{\frac{x}{2}}$
$f'(-2) = 0$이며 $x < -2$이면 $f'(x) < 0$이다. $x > -2$이면 $f'(x) > 0$이므로 $(-\infty, -2]$에서 f는 감소하고 $[-2, \infty)$에서 f는 증가한다. f는 끝점과 특이점을 갖지 않으므로 최소값은 $f(-2) = -2e^{-1}$이다. $f''(-4) = 0$이며 $x < -4$일 때 $f''(x) < 0$이고 $x > -4$일 때 $f''(x) > 0$이므로 f의 그래프는 $(-\infty, -4)$에서 아래로 오목하고 $(-4, \infty)$에서 위로 오목하다. f''이 존재하지 않는 점은 없으므로

$$(-4, f(-4)) = (-4, -4e^{-2})$$

가 f 의 유일한 변곡점이다. 또한

$$\lim_{x\to\infty} f(x) = \infty, \quad \lim_{x\to-\infty} f(x) = 0$$

이므로 이들을 종합하면 f 의 그래프는 그림 6.4와 같다. □

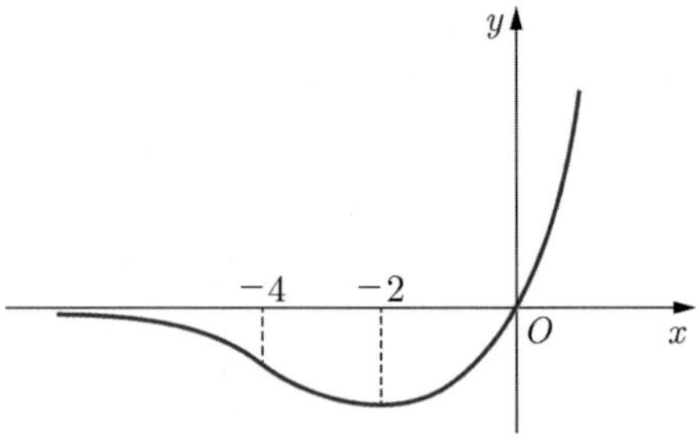

그림 6.4: $f(x) = xe^{\frac{x}{2}}$

$\dfrac{d}{dx}e^x = e^x$ 으로부터

$$\int e^x dx = e^x + C$$

라는 적분 공식을 얻는다.

예제 6.7 $\displaystyle\int e^{3x+1}\,dx$를 구하여라.

풀이 $$\int e^{3x+1}\,dx = \int e^{3x+1} \cdot \frac{1}{3} \cdot (3x+1)'\,dx = \frac{1}{3}\int e^{3x+1} \cdot (3x+1)'\,dx$$
$$= \frac{1}{3}e^{3x+1} + C$$ □

예제 6.8 $\displaystyle\int x^2 e^{-x^3}\,dx$를 구하여라.

풀이 $$\int x^2 e^{-x^3} dx = \int e^{-x^3} \cdot (-\frac{1}{3} \cdot (-x^3)')dx = -\frac{1}{3}\int e^{-x^3} \cdot (-x^3)'\,dx$$
$$= -\frac{1}{3}e^{-x^3} + C$$ □

자연로그함수의 역함수로 자연지수함수를 정의하였다. 이들로부터 일반적인 지수함수와 로그함수를 정의하고자 한다.

정의 6.3

$a \neq 1$인 양수, 임의의 실수 x에 대하여

$$a^x = e^{x \ln a}$$

라 한다.

위의 정의로부터 모든 실수 x에 대하여

$$\ln(a^x) = \ln(e^{x \ln a}) = x \ln a \tag{6.8}$$

가 성립한다.

정리 6.6

$a \neq 1$인 양수이고 x와 y가 실수이면 다음이 성립한다.

(i) $a^x a^y = a^{x+y}$ (ii) $\dfrac{a^x}{a^y} = a^{x-y}$

(iii) $(a^x)^y = a^{xy}$

[증명] (i) $a^{x+y} = e^{[(x+y)\ln a]} = e^{(x \ln a + y \ln a)}$

$$= e^{x \ln a} e^{y \ln a} \qquad (\text{정리 } 6.5)$$

$$= a^x a^y$$

(ii) (i)에서 $y = -x$를 대입하면 $a^0 = e^{0 \ln a} = e^0 = 1$이므로

$$a^x a^{-x} = a^{x-x} = a^0 = 1$$

이다. 따라서

$$a^{-x} = \frac{1}{a^x}$$

이고

$$\frac{a^x}{a^y} = a^x \cdot a^{-y} = a^{x-y}$$

이 성립한다.

(iii) 식 (6.8)를 이용하면

$$(a^x)^y = e^{y \ln a^x} = e^{yx \ln a} = a^{xy}.$$

□

지수함수 $y = a^x$를 미분하면

$$\frac{d}{dx} a^x = \frac{d}{dx}(e^{x \ln a}) = (\ln a) e^{x \ln a} = (\ln a) a^x nonumber \tag{6.9}$$

$$\frac{d}{dx}a^x = a^x \ln a \tag{6.10}$$

r이 임의의 실수일 때

$$\frac{d}{dx}x^r = \frac{d}{dx}(e^{r\ln x}) = \frac{r}{x}e^{r\ln x} = \frac{r}{x}x^r = rx^{r-1}, \quad x > 0$$

이다. 즉

$$\frac{d}{dx}x^r = rx^{r-1}. \tag{6.11}$$

예제 6.9 $\frac{d}{dx}5^{3x}$를 구하여라.

풀이 $\frac{d}{dx}5^{3x} = 3(\ln 5)5^{3x}$ □

예제 6.10 $f(x) = (2x)^{\sin x}$, $x > 0$에서 $f'(x)$를 구하여라.

풀이 $f(x) = (2x)^{\sin x} = e^{\sin x \ln 2x}$이므로

$$\begin{aligned} f'(x) &= \left[(\cos x)\ln 2x + (\sin x)\cdot\frac{1}{2x}\cdot 2\right]e^{\sin x\ln 2x} \\ &= \left[(\ln 2x)\cos x + \frac{1}{x}\sin x\right](2x)^{\sin x}. \end{aligned}$$

□

예제 6.11 $f(x) = x^x$, $x > 0$일 때 $f'(x)$를 구하여라.

풀이 $f(x) = x^x = e^{x\ln x}$이므로

$$f'(x) = \left[\ln x + x\frac{1}{x}\right]e^{x\ln x} = [1+\ln x]x^x.$$

□

$\frac{d}{dx}a^x = (\ln a)a^x$ 이므로

$$\int a^x\,dx = \frac{1}{\ln a}a^x + C.$$

예제 6.12 $\int 2^{x^3}x^2\,dx$를 구하여라.

풀이
$$\begin{aligned}\int 2^{x^3}x^2\,dx &= \int 2^{x^3}\cdot\frac{1}{3}\cdot(x^3)'\,dx = \frac{1}{3}\int 2^{x^3}\cdot(x^3)'\,dx \\ &= \frac{1}{3}2^{x^3}\cdot\frac{1}{\ln 2} + C = \frac{1}{3\ln 2}2^{x^3} + C\end{aligned}$$
□

$0 < a < 1$ 이면 $f(x) = a^x$ 은 순감소함수이고 $a > 1$ 이면 $f(x) = a^x$ 은 순증가함수이므로 $f(x) = a^x$ 은 역함수를 갖는다.

정의 6.4

$a \neq 1$ 인 양수이면 $y = a^x$ 의 역함수를

$$y = \log_a x$$

으로 쓰고 a를 밑으로 하는 로그함수라 한다.

정의로부터

$$a^{\log_a x} = x, \quad \log_a a^x = x$$

가 성립한다.

$$y = \log_a x \Leftrightarrow x = a^y$$

이므로 a 대신 e를 대입하면 정의 6.2과 식 (6.5) 으로부터

$$\log_e x = \ln x$$

이다. $y = \log_a x$ 이면 $x = a^y$ 이므로

$$\ln x = y \ln a$$

이다. 따라서

$$\log_a x = \frac{\ln x}{\ln a} \tag{6.12}$$

이다.

$y = \log_a x$ 의 도함수를 구하기 위해 $x = a^y$ 로 놓고 정리 6.4를 이용하면

$$\frac{dy}{dx} = \frac{1}{\dfrac{dx}{dy}} = \frac{1}{(\ln a)a^y} = \frac{1}{x \ln a}$$

이다. 즉

$$\frac{d}{dx} \log_a x = \frac{1}{x \ln a}.$$

예제 6.13 $y = \log_{10}(x^2 - 3x)$ 일 때 $\dfrac{dy}{dx}$ 를 구하여라.

풀이 $\dfrac{dy}{dx} = \dfrac{1}{\ln 10} \cdot \dfrac{1}{x^2 - 3x} \cdot (x^2 - 3x)' = \dfrac{2x - 3}{(x^2 - 3x) \ln 10}$ □

정리 6.7

$a \neq 1$ 인 양수, $x > 0$, $y > 0$ 에 대하여

$$\log_a xy = \log_a x + \log_a y.$$

[증명] 식 (6.12)와 정리 5.12에 의하여

$$\log_a xy = \frac{\ln xy}{\ln a} = \frac{\ln x + \ln y}{\ln a} = \frac{\ln x}{\ln a} + \frac{\ln y}{\ln a} = \log_a x + \log_a y.$$

□

연습문제 6.2

1. 다음 함수의 도함수를 구하여라.
   (1) $y = e^{\sqrt{x+1}}$ (2) $e^{xy} + y = 2$
   (3) $f(x) = \dfrac{e^x + 1}{e^x - 1}$ (4) $f(x) = a^x \sin bx$
   (5) $y = 10^{x^2} + (x^2)^{10}$ (6) $f(x) = (x+1)e^{-x}$
   (7) $y = \tan e^{3x}$ (8) $y = e^{2x} \ln x$

2. 다음 적분을 구하여라.
   (1) $\displaystyle\int \frac{e^{\sqrt{x}}}{\sqrt{x}} dx$ (2) $\displaystyle\int e^{\sqrt{2x+3}} dx$
   (3) $\displaystyle\int \frac{e^x - e^{-x}}{e^x + e^{-x}} dx$ (4) $\displaystyle\int_1^2 10^x \, dx$
   (5) $\displaystyle\int \frac{\log_2 x}{x} dx$ (6) $\displaystyle\int_{-1}^1 \frac{1}{e^x} dx$
   (7) $\displaystyle\int \frac{e^{-x}\ln(1+e^{-x})}{1+e^{-x}} dx$ (8) $\displaystyle\int \frac{e^{\tan x}}{\cos^2 x} dx$

3. 다음 주어진 함수의 그래프가 만나는 점을 구하여라.
   (1) $f(x) = e^x$, $g(x) = e^{1-x}$ (힌트: 자연로그를 취하라.)
   (2) $f(x) = e^{3x}$, $g(x) = 2e^{-x}$

4. 다음을 증명하여라.
   (1) $e^x \geq 1 + x$, $x > 0$.
   (2) (1)을 이용하여 $e^x \neq x, \forall x$ 임을 증명하여라.
   (3) (1)을 이용하여 $\lim\limits_{x \to 0} e^x = \infty$ 임을 증명하여라.

5. $f(x) = xe^x$ 의 n계 도함수를 구하여라.

6. $f(x) = e^{-\frac{x^2}{2}}$ 의 그래프를 극소극값, 오목, 변곡점과 점근선을 구하여 그려라.

7. $f(x) = \dfrac{e^x - 1}{e^x + 1}$ 의 역함수를 구하여라.

Memo

6.3 역삼각함수

적분을 보다 간편하게 구하기 위하여 역삼각함수의 도함수를 이용하는 방법을 다룬다. $y = \sin x$는 전단사함수가 아니므로 역함수를 갖지 않지만 정의역을 $\left[-\frac{\pi}{2}, \frac{\pi}{2}\right]$로 제한하면 역함수를 갖는다.

정의 6.5

$y = \sin x,\ -\frac{\pi}{2} \le x \le \frac{\pi}{2}$의 역함수를 arcsin **함수**라 하고 $y = \sin^{-1} x$로 쓴다.

$y = \sin^{-1} x$의 정의역은 $[-1, 1]$이고 치역은 $\left[-\frac{\pi}{2}, \frac{\pi}{2}\right]$이다(그림 6.5). 즉

$$y = \sin^{-1} x \iff x = \sin y$$
$$-1 \le x \le 1, \quad -\frac{\pi}{2} \le y \le \frac{\pi}{2}$$

이다.

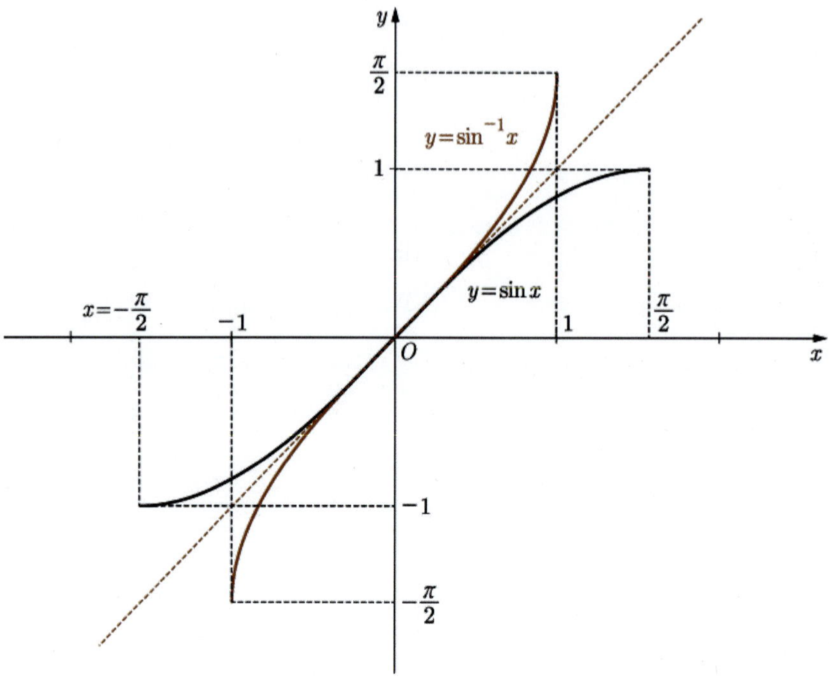

그림 6.5: $y = \sin^{-1} x$의 그래프

$y = \cos x$는 정의역을 $[0, \pi]$로 제한하면 전단사함수가 되고 역함수 $y = \cos^{-1} x$를 갖는다. $y = \cos^{-1} x$의 정의역은 $[-1, 1]$이고 치역은 $[0, \pi]$이다(그림 6.6). 즉

$$y = \cos^{-1} x \Longleftrightarrow x = \cos y$$
$$-1 \le x \le 1, \quad 0 \le y \le \pi$$

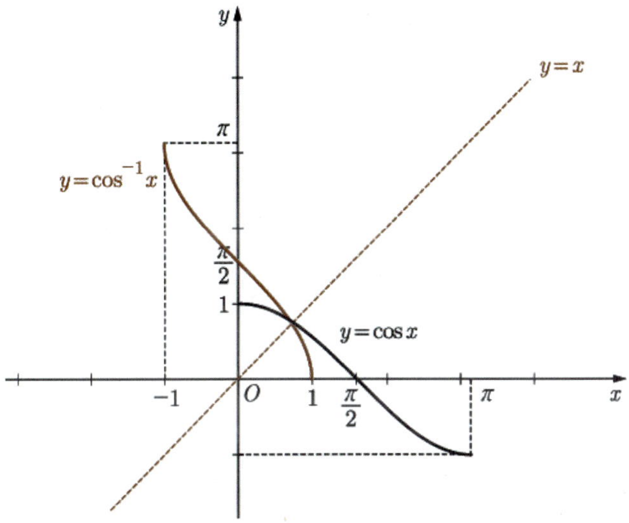

그림 6.6: $y = \cos^{-1} x$의 그래프

예제 6.14 다음을 계산하여라.

(i) $\sin^{-1}\left(\frac{1}{\sqrt{2}}\right)$　　(ii) $\cos^{-1}\left(-\frac{1}{2}\right)$

(iii) $\sin^{-1}\left(\sin\frac{5}{6}\pi\right)$　　(iv) $\cos\left(\cos^{-1}\frac{6}{10}\right)$

풀이 (i) $\sin^{-1}\left(\frac{1}{\sqrt{2}}\right) = x$라 놓으면 $\frac{1}{\sqrt{2}} = \sin x$이므로 $x = \frac{\pi}{4}$, $\frac{3}{4}\pi$이다. 하지만 $-\frac{\pi}{2} \le \sin^{-1}\left(\frac{1}{\sqrt{2}}\right) = x \le \frac{\pi}{2}$이므로 $x = \frac{1}{4}\pi$이다.

(ii) $\cos^{-1}\left(-\frac{1}{2}\right) = x$라 놓으면 $-\frac{1}{2} = \cos x$이므로 $x = \frac{2}{3}\pi$, $\frac{4}{3}\pi$이지만 $0 \le \cos^{-1}\left(-\frac{1}{2}\right) \le \pi$이므로 $x = \frac{2}{3}\pi$이다.

(iii) $\sin^{-1}\left(\sin\frac{5}{6}\pi\right) = \sin^{-1}\left(\frac{1}{2}\right) = \frac{1}{6}\pi$

(iv) $\cos\left(\cos^{-1}\frac{6}{10}\right) = \frac{6}{10}$ □

$y=\tan x$의 정의역을 $\left(-\dfrac{\pi}{2},\dfrac{\pi}{2}\right)$로 제한하면 역함수 $y=\tan^{-1}x$가 존재한다. 따라서

$$y=\tan^{-1}x \Longleftrightarrow x=\tan y$$
$$-\frac{\pi}{2}<y<\frac{\pi}{2}$$

이다(그림 6.7).

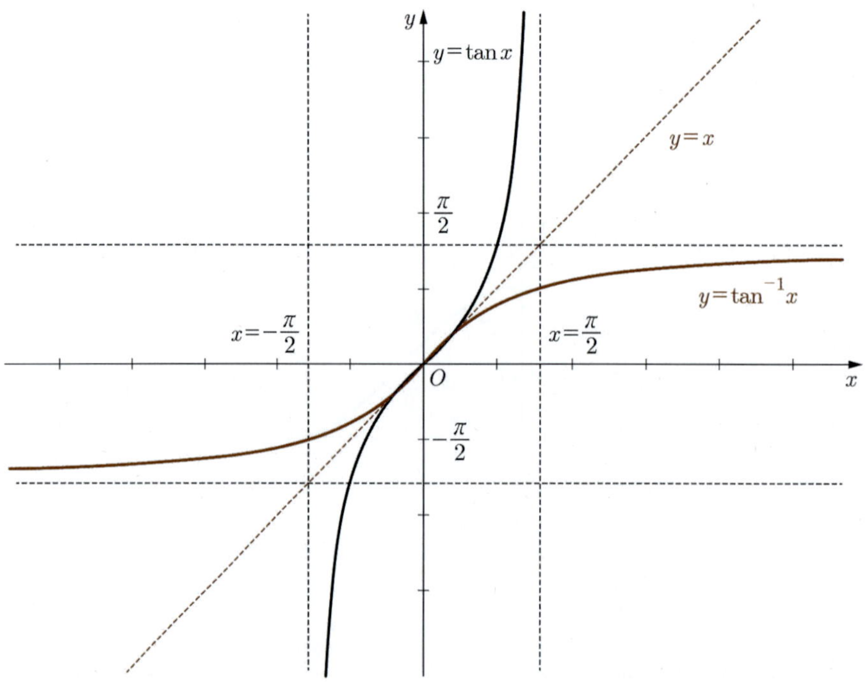

그림 6.7: $y=\tan^{-1}x$의 그래프

$y=\sec x$의 정의역을 $\left[0,\dfrac{\pi}{2}\right)\cup\left(\dfrac{\pi}{2},\pi\right]$로 제한하면 역함수 $y=\sec^{-1}x$가 존재한다. 따라서

$$y=\sec^{-1}x \Longleftrightarrow x=\sec y$$
$$|x|\geq 1,\quad 0\leq y\leq \pi,\quad y\neq\frac{\pi}{2}$$

이다. 다른 삼각함수의 역함수는 다음과 같다.

$$y=\cot^{-1}x \Leftrightarrow x=\cot y$$
$$x\text{는 모든 실수},\ 0<y<\pi$$
$$y=\csc^{-1}x \Leftrightarrow x=\csc y$$
$$|x|\geq 1,\ 0<|y|\leq\frac{\pi}{2}$$

예제 6.15 다음을 계산하여라.

(i) $\tan^{-1}(1)$ (ii) $\sec^{-1}(2)$

풀이 (i) $x = \tan^{-1}(1)$이라 놓으면 $1 = \tan x$이고 $x = \frac{\pi}{4}, \frac{5}{4}\pi$이다. $-\frac{\pi}{2} < \tan^{-1}(1) < \frac{\pi}{2}$ 이므로 $x = \frac{\pi}{4}$이다.

(ii) $x = \sec^{-1}(2)$라 놓으면 $2 = \sec x = \dfrac{1}{\cos x}$이고 $x = \frac{\pi}{3}, \frac{5}{3}\pi$이다. $0 \le \sec^{-1}(2) \le \pi$, $\sec^{-1}(2) \ne \frac{\pi}{2}$이므로 $x = \frac{\pi}{3}$이다. □

정리 6.8

(i) $\sin(\cos^{-1} x) = \sqrt{1-x^2}$ (ii) $\cos(\sin^{-1} x) = \sqrt{1-x^2}$

(iii) $\sec(\tan^{-1} x) = \sqrt{1+x^2}$ (iv) $\tan(\sec^{-1} x) = \pm\sqrt{x^2-1}$

(v) $\tan(\sin^{-1} x) = \dfrac{x}{\sqrt{1-x^2}}$ (vi) $\cos(\tan^{-1} x) = \dfrac{1}{\sqrt{1+x^2}}$

[증명] (i)과 (v)만 증명하도록 한다.

(i) $\sin^2\theta + \cos^2\theta = 1$이므로 $0 \le \theta \le \pi$일 때 $\sin\theta = \sqrt{1-\cos^2\theta}$이다.

$$\sin(\cos^{-1} x) = \sqrt{1-\cos^2(\cos^{-1} x)} = \sqrt{1-x^2}.$$

(v) $-\frac{\pi}{2} < \theta < \frac{\pi}{2}$일 때

$$\tan\theta = \frac{\sin\theta}{\cos\theta} = \frac{\sin\theta}{\sqrt{1-\sin^2\theta}}$$

이므로 $\theta = \sin^{-1} x$를 대입하면

$$\tan(\sin^{-1} x) = \frac{\sin(\sin^{-1} x)}{\sqrt{1-\sin^2(\sin^{-1} x)}} = \frac{x}{\sqrt{1-x^2}}.$$

□

예제 6.16 $\sin\left[2\cos^{-1}\left(\frac{2}{3}\right)\right]$를 계산하여라.

풀이 $\sin 2\theta = 2\sin\theta\cos\theta$이므로

$$\begin{aligned}\sin\left[2\cos^{-1}\left(\frac{2}{3}\right)\right] &= 2\sin\left(\cos^{-1}\frac{2}{3}\right)\cos\left(\cos^{-1}\frac{2}{3}\right) \\ &= 2\sqrt{1-\left(\frac{2}{3}\right)^2}\cdot\frac{2}{3} = \frac{4\sqrt{5}}{9}\end{aligned}$$

□

예제 6.17 $\cos(2\tan^{-1}x) = \dfrac{1-x^2}{1+x^2}$ 임을 보여라.

풀이 $\cos 2\theta = 2\cos^2\theta - 1$ 이므로

$$\begin{aligned}\cos(2\tan^{-1}x) &= 2\cos^2(\tan^{-1}x) - 1 \\ &= 2\left(\frac{1}{\sqrt{1+x^2}}\right)^2 - 1 = \frac{2}{1+x^2} - 1 = \frac{1-x^2}{1+x^2}.\end{aligned}$$

□

$y = \sin^{-1}x$ 의 도함수를 구하여 보자.

$$y = \sin^{-1}x \iff x = \sin y$$
$$-1 \le x \le 1, \quad -\frac{\pi}{2} \le y \le \frac{\pi}{2}$$

의 우변에서 x 에 관하여 미분하면

$$\frac{dy}{dx} = \frac{1}{\frac{dx}{dy}} = \frac{1}{\cos y} = \frac{1}{\pm\sqrt{1-\sin^2 y}}$$

이다. $-\dfrac{\pi}{2} \le y = \sin^{-1}x \le \dfrac{\pi}{2}$ 이므로 $0 \le \cos y$ 이고

$$y' = \frac{1}{\sqrt{1-\sin^2 y}} = \frac{1}{\sqrt{1-x^2}}$$

이다. 따라서

$$\frac{d}{dx}\sin^{-1}x = \frac{1}{\sqrt{1-x^2}}, \quad -1 < x < 1.$$

비슷한 방법으로 다음 사실이 성립함을 보일 수 있다.

$$\begin{aligned}&\frac{d}{dx}\cos^{-1}x = \frac{-1}{\sqrt{1-x^2}}, \quad -1 < x < 1 \\ &\frac{d}{dx}\tan^{-1}x = \frac{1}{1+x^2} \\ &\frac{d}{dx}\sec^{-1}x = \frac{1}{|x|\sqrt{x^2-1}}, \quad |x| > 1 \\ &\frac{d}{dx}\cot^{-1}x = \frac{-1}{1+x^2} \\ &\frac{d}{dx}\csc^{-1}x = \frac{-1}{|x|\sqrt{x^2-1}}, \quad |x| > 1\end{aligned}$$

위의 도함수의 공식으로부터 다음의 적분공식이 유도된다.

$$\int \frac{1}{\sqrt{1-x^2}}dx = \sin^{-1} x + C$$
$$\int \frac{1}{1+x^2}dx = \tan^{-1} x + C$$
$$\int \frac{1}{x\sqrt{x^2-1}}dx = \sec^{-1} |x| + C$$

예제 6.18 $\frac{d}{dx}\sin^{-1}(3x-1)$을 구하여라.

풀이 $\frac{d}{dx}\sin^{-1}(3x-1) = \frac{1}{\sqrt{1-(3x-1)^2}} \cdot 3 = \frac{3}{\sqrt{-9x^2+6x}}$ □

예제 6.19 $\frac{d}{dx}\tan^{-1} e^{3x}$을 구하여라.

풀이 $\frac{d}{dx}\tan^{-1} e^{3x} = \frac{1}{1+(e^{3x})^2} \cdot 3e^{3x} = \frac{3e^{3x}}{1+e^{6x}}$ □

예제 6.20 $\int_0^{\frac{1}{2}} \frac{1}{\sqrt{1-x^2}}dx$를 구하여라.

풀이 $\int_0^{\frac{1}{2}} \frac{1}{\sqrt{1-x^2}}dx = \left[\sin^{-1} x\right]_0^{\frac{1}{2}} = \sin^{-1}\frac{1}{2} - \sin^{-1} 0 = \frac{\pi}{6} - 0 = \frac{\pi}{6}$ □

예제 6.21 $\int \frac{1}{\sqrt{9-x^2}}dx$를 구하여라.

풀이
$$\int \frac{1}{\sqrt{9-x^2}}dx = \int \frac{1}{3\sqrt{1-(\frac{x}{3})^2}}dx = \frac{1}{3}\int \frac{1}{\sqrt{1-(\frac{x}{3})^2}}dx$$
$$= \frac{1}{3} \cdot 3\sin^{-1}\frac{x}{3} + C = \sin^{-1}\frac{x}{3} + C$$ □

예제 6.21에서 이용한 방법으로 다음 식을 얻는다.

$$\int \frac{1}{\sqrt{a^2-x^2}}dx = \sin^{-1}\frac{x}{a} + C, \quad a > 0$$

예제 6.22 $\int \frac{1}{\sqrt{4x-x^2}}dx$를 구하여라.

풀이
$$\int \frac{1}{\sqrt{4x-x^2}}dx = \int \frac{1}{\sqrt{-(x-2)^2+4}}dx = \int \frac{1}{2\sqrt{1-(\frac{x-2}{2})^2}}dx$$

$$= \frac{1}{2}\int \frac{1}{\sqrt{1-(\frac{x-2}{2})^2}}dx = \frac{1}{2}\cdot 2\sin^{-1}\frac{x-2}{2} + C$$
$$= \sin^{-1}\frac{x-2}{2} + C$$ □

예제 6.23 $\displaystyle\int_{-1}^{1}\frac{1}{1+x^2}dx$를 구하여라.

풀이 $$\int_{-1}^{1}\frac{1}{1+x^2}dx = \Big[\tan^{-1}x\Big]_{-1}^{1} = \tan^{-1}(1) - \tan^{-1}(-1)$$
$$= \frac{\pi}{4} - \left(-\frac{\pi}{4}\right) = \frac{\pi}{2}$$ □

예제 6.24 $\displaystyle\int \frac{1}{x^2+16}dx$를 구하여라.

풀이 $$\int \frac{1}{x^2+16}dx = \frac{1}{16}\int \frac{1}{1+(\frac{x}{4})^2}dx = \frac{1}{16}\cdot 4\tan^{-1}\frac{x}{4} + C$$
$$= \frac{1}{4}\tan^{-1}\frac{x}{4} + C$$ □

예제 6.24에서 이용한 방법으로 다음 식을 얻는다.

$$\int \frac{1}{x^2+a^2}dx = \frac{1}{a}\tan^{-1}\frac{x}{a} + C, \quad a > 0$$

예제 6.25 $\displaystyle\int \frac{1}{2x^2+2x+1}dx$를 구하여라.

풀이 $$\int \frac{1}{2x^2+2x+1}dx = \int \frac{1}{2\left(x+\frac{1}{2}\right)^2 - \frac{1}{2} + 1}dx = \int \frac{1}{\frac{1}{2} + 2\left(x+\frac{1}{2}\right)^2}dx$$
$$= \int \frac{1}{\frac{1}{2}\left[1+\left\{2\left(x+\frac{1}{2}\right)\right\}^2\right]}dx = 2\int \frac{1}{1+\left[2\left(x+\frac{1}{2}\right)\right]^2}dx$$
$$= 2\cdot\frac{1}{2}\tan^{-1}2\left(x+\frac{1}{2}\right) + C$$
$$= \tan^{-1}(2x+1) + C$$ □

연습문제 6.3

1. 다음 주어진 값을 구하여라.

(1) $\sin^{-1}\left(\dfrac{\sqrt{3}}{2}\right)$ (2) $\tan^{-1}\left(-\dfrac{1}{\sqrt{3}}\right)$

(3) $\sin\left(\sin^{-1}\left(-\dfrac{1}{2}\right)\right)$ (4) $\sin^{-1}\left(\cos\dfrac{\pi}{6}\right)$

(5) $\tan(\sec^{-1}\sqrt{2})$

2. 다음 함수의 도함수를 구하여라.

(1) $f(x) = \cos^{-1}(-3x)$ (2) $f(x) = 7\sin^{-1}\sqrt{2x}$

(3) $f(x) = \sin(\tan^{-1} x)$ (4) $f(x) = \sec^{-1} x^2$

3. $\sin\left[\cos^{-1}\left(\dfrac{3}{5}\right) + \cos^{-1}\left(\dfrac{5}{13}\right)\right]$를 구하여라.

4. $\sin^{-1} x + \cos^{-1} x = \dfrac{\pi}{2}$ 임을 보여라.

5. 다음을 적분하여라.

(1) $\displaystyle\int \frac{1}{9x^2+16}dx$ (2) $\displaystyle\int \frac{1}{2x^2+4x+6}dx$

(3) $\displaystyle\int \frac{1}{x\sqrt{2x^4-25}}dx$ (4) $\displaystyle\int \frac{1}{\sqrt{9-4x^2}}dx$

(5) $\displaystyle\int \frac{e^{-x}}{1+e^{-2x}}dx$ (6) $\displaystyle\int \frac{\tan^{-1} x}{1+x^2}dx$

6.4 쌍곡선함수

$\displaystyle\int \frac{1}{\sqrt{ax^2+bx+c}}dx$가 $\displaystyle\int \frac{1}{\sqrt{A^2-x^2}}dx$로 $\displaystyle\int \frac{1}{ax^2+bx+c}dx$가 $\displaystyle\int \frac{1}{A^2+x^2}dx$로 귀착될 때에는 6.3절의 arcsin과 arctan로 계산된다. 이 절에서는 $\displaystyle\int \frac{1}{\sqrt{x^2-A^2}}dx$, $\displaystyle\int \frac{1}{\sqrt{x^2+A^2}}dx$와 $\displaystyle\int \frac{1}{A^2-x^2}dx$, 그리고 $\displaystyle\int \frac{-1}{x\sqrt{1-x^2}}dx$ 꼴의 적분을 쉽게 계산하기 위하여 역쌍곡선함수의 도함수를 이용하는 방법을 다룬다.

정의 6.6

쌍곡선 싸인, 쌍곡선 코싸인, 쌍곡선 탄젠트, 쌍곡선 코탄젠트, 쌍곡선 세컨트, 그리고 쌍곡선 코세컨트를 다음과 같이 정의한다.

$$\sinh x = \frac{e^x - e^{-x}}{2}, \quad \cosh x = \frac{e^x + e^{-x}}{2}$$
$$\tanh x = \frac{\sinh x}{\cosh x} = \frac{e^x - e^{-x}}{e^x + e^{-x}}, \quad \coth x = \frac{1}{\tanh x}$$
$$\mathrm{sech} x = \frac{1}{\cosh x}, \quad \mathrm{csch} x = \frac{1}{\sinh x}$$

$\sinh x$를 "hyperbolic sine x" 라고 읽는다. $y = \sinh x$의 도함수를 구하여 보자.

$$\frac{d}{dx}\sinh x = \frac{d}{dx}\left(\frac{e^x - e^{-x}}{2}\right) = \frac{e^x + e^{-x}}{2} = \cosh x.$$

비슷한 방법으로 다른 쌍곡선함수의 도함수를 구하면 다음과 같다.

$$\frac{d}{dx}\cosh x = \sinh x$$
$$\frac{d}{dx}\tanh x = \mathrm{sech}^2 x$$
$$\frac{d}{dx}\coth x = -\mathrm{csch}^2 x$$
$$\frac{d}{dx}\mathrm{sech} x = -\mathrm{sech} x \tanh x$$
$$\frac{d}{dx}\mathrm{csch} x = -\mathrm{csch} x \coth x$$

쌍곡선함수들은 삼각함수들 사이의 식과 비슷한 식을 만족한다.

$$\cosh^2 x - \sinh^2 x = \left(\frac{e^x + e^{-x}}{2}\right)^2 - \left(\frac{e^x - e^{-x}}{2}\right)^2 = 1$$

따라서

$$\cosh^2 x - \sinh^2 x = 1. \tag{6.13}$$

정의 6.6를 사용하면

$$\sinh x \cosh y + \cosh x \sinh y = \frac{e^x - e^{-x}}{2} \cdot \frac{e^y + e^{-y}}{2} + \frac{e^x + e^{-x}}{2} \cdot \frac{e^y - e^{-y}}{2}$$

$$= \frac{e^{x+y} + e^{x-y} - e^{-x+y} - e^{-(x+y)} + e^{x+y} - e^{x-y} + e^{-x+y} - e^{-(x+y)}}{4}$$

$$= \frac{e^{x+y} - e^{-(x+y)}}{2} = \sinh(x+y)$$

을 얻는다. 비슷하게 다음 등식을 얻을 수 있다.

$$\sinh(x \pm y) = \sinh x \cosh y \pm \cosh x \sinh y$$

$$\cosh(x \pm y) = \cosh x \cosh y \pm \sinh x \sinh y$$

$$\tanh(x \pm y) = \frac{\tanh x \pm \tanh y}{1 \pm \tanh x \tanh y}$$

$$\tanh^2 x + \mathrm{sech}^2 x = 1$$

$$\coth^2 x - \mathrm{csch}^2 x = 1$$

쌍곡선함수의 그래프는 다음과 같다(그림 6.8).

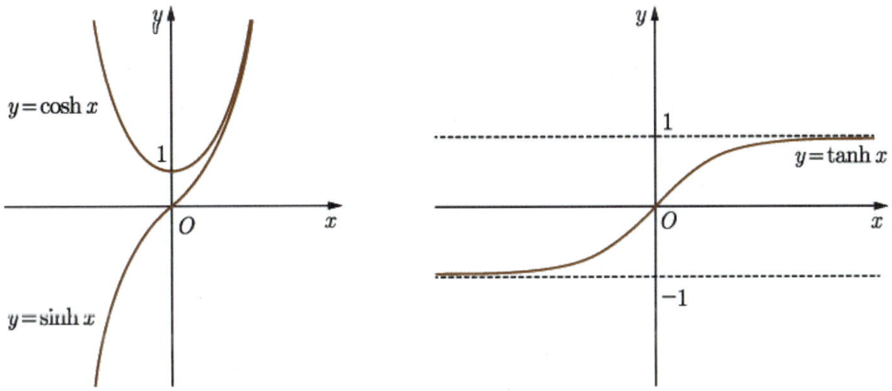

그림 6.8: 쌍곡형 함수

쌍곡선함수들은 원래의 정의역에서 또는 제한된 정의역에서 역함수를 갖는다.

$$y = \sinh^{-1} x \Leftrightarrow x = \sinh y$$

$$y = \cosh^{-1} x \Leftrightarrow x = \cosh y, \quad x \geq 0$$

$$y = \tanh^{-1} x \Leftrightarrow x = \tanh y$$

$$y = \mathrm{sech}^{-1} x \Leftrightarrow x = \mathrm{sech} y$$

$\sinh^{-1} x$를 "arc hyperbolic sine x"라 읽는다. $y = \sinh^{-1} x$의 도함수를 구하여 보자.

$$y = \sinh^{-1} x \Leftrightarrow x = \sinh y$$

이므로 식 (6.13)에 의하여

$$\frac{dy}{dx} = \frac{1}{\frac{dx}{dy}} = \frac{1}{\cosh y} = \frac{1}{\pm\sqrt{1+\sinh^2 y}}$$

이다. $\cosh y = \dfrac{e^y + e^{-y}}{2} > 0$이므로

$$\frac{d}{dx}\sinh^{-1} x = \frac{1}{\sqrt{1+\sinh^2 y}} = \frac{1}{\sqrt{1+x^2}}$$

이다. 비슷한 방법으로 다음 식이 성립한다.

$$\frac{d}{dx}\cosh^{-1} x = \frac{1}{\sqrt{x^2-1}}, \quad x > 1$$
$$\frac{d}{dx}\tanh^{-1} x = \frac{1}{1-x^2}, \quad -1 < x < 1$$
$$\frac{d}{dx}\mathrm{sech}^{-1} x = \frac{-1}{x\sqrt{1-x^2}}, \quad 0 < x < 1$$

위의 도함수 공식들로부터 다음의 적분공식이 유도된다.

$$\int \frac{1}{\sqrt{1+x^2}}dx = \sinh^{-1} x + C$$
$$\int \frac{1}{\sqrt{x^2-1}}dx = \cosh^{-1} x + C, \quad x > 1$$
$$\int \frac{1}{1-x^2}dx = \tanh^{-1} x + C, \quad -1 < x < 1$$
$$\int \frac{-1}{x\sqrt{1-x^2}}dx = \mathrm{sech}^{-1} x + C, \quad 0 < x < 1$$

예제 6.26 $\displaystyle\int_{-1}^{3} \frac{1}{\sqrt{1+x^2}}dx$를 계산하라.

풀이

$$\int_{-1}^{3} \frac{1}{\sqrt{1+x^2}}dx = \Big[\sinh^{-1} x\Big]_{-1}^{3} = \sinh^{-1} 3 - \sinh^{-1}(-1)$$

□

위의 예제에서 $\sinh^{-1} a$의 값을 구할 필요가 있다. 쌍곡선함수는 e^x와 e^{-x}를 써서 정의되므로 쌍곡선함수의 역함수를 자연로그를 이용하여 표현할 수 있다.

$$y = \sinh^{-1} x \Longleftrightarrow x = \sinh y = \frac{e^y - e^{-y}}{2}$$

이므로 $2e^y$를 곱하면

$$2xe^y = e^{2y} - 1$$

즉

$$(e^y)^2 - 2xe^y - 1 = 0$$

이다. $Y = e^y$라 놓으면

$$Y^2 - 2xY - 1 = 0$$

이고 근의 공식에 의하여

$$Y = x \pm \sqrt{x^2+1}$$

이다. 그러나 $Y = e^y > 0$이므로

$$e^y = Y = x + \sqrt{x^2+1}$$

가 성립하고 양변에 자연로그를 취하면

$$\sinh^{-1} x = y = \ln(x + \sqrt{x^2+1}), \qquad x \in (-\infty, \infty)$$

이다. 같은 방법으로 하여 다른 쌍곡선함수의 역함수를 다음과 같이 표시할 수 있다.

$$\begin{aligned}
&\cosh^{-1} x = \ln(x + \sqrt{x^2-1}), \quad x \geq 1 \\
&\tanh^{-1} x = \frac{1}{2}\ln\frac{1+x}{1-x}, \quad -1 < x < 1 \\
&\text{sech}^{-1} x = \ln\left(\frac{1+\sqrt{1-x^2}}{x}\right), \quad 0 < x \leq 1
\end{aligned}$$

예제 6.27 $\displaystyle\int \frac{1}{\sqrt{9+x^2}}dx$를 구하여라.

풀이
$$\begin{aligned}
\int \frac{1}{\sqrt{9+x^2}}dx &= \int \frac{1}{3\sqrt{1+(\frac{x}{3})^2}}dx = \frac{1}{3}\int \frac{1}{\sqrt{1+(\frac{x}{3})^2}}dx \\
&= \frac{1}{3}\cdot 3 \cdot \sinh^{-1}\frac{x}{3} + C' \\
&= \sinh^{-1}\frac{x}{3} + C' \\
&= \ln\left(\frac{x}{3} + \sqrt{\left(\frac{x}{3}\right)^2 + 1}\right) + C' \\
&= \ln\left(\frac{x+\sqrt{9+x^2}}{3}\right) + C' \\
&= \ln(x+\sqrt{9+x^2}) - \ln 3 + C' \\
&= \ln(x+\sqrt{9+x^2}) + C
\end{aligned}$$

□

연습문제 6.4

1. 다음의 값을 구하여라.

   (1) $\sinh(0)$ (2) $\cosh(\ln 3)$

   (3) $\sinh^{-1}(2)$ (4) $\tanh(\ln x)$

2. $\tanh(x+y) = \dfrac{\tanh x + \tanh y}{1 + \tanh x \tan y}$ 임을 증명하여라.

3. 다음 함수의 도함수를 구하여라.

   (1) $f(x) = \mathrm{sech}\sqrt{x}$ (2) $f(x) = \sinh^{-1}(-3x^2)$

   (3) $f(x) = \sinh^2 \sqrt{1-x^2}$ (4) $f(x) = e^{\mathrm{csch} x}$

4. 다음 적분을 구하여라.

   (1) $\displaystyle\int_5^{10} \frac{1}{\sqrt{x^2+1}}\,dx$ (2) $\displaystyle\int_0^1 e^x \sinh(e^x)\,dx$

   (3) $\displaystyle\int_0^1 \frac{x}{\sqrt{1+x^4}}\,dx$ (4) $\displaystyle\int \tanh x\,dx$

5. $y = \cosh x$ 의 그래프와 x축, $x = -3$, $x = 4$로 둘러싸인 영역의 면적을 구하여라.

Memo

6.5 L'Hôpital의 법칙

극한문제에서 간단한 형태는 대입이나 대수적 인수분해 방법으로 풀 수 있지만

$$\frac{0}{0},\quad \frac{\infty}{\infty},\quad 0\cdot\infty,\quad \infty-\infty,\quad 0^0,\quad \infty^0,\quad 1^\infty$$

꼴의 극한은 다른 방법으로 해결하여야 한다.

정리 6.9 (Cauchy의 평균값 정리)

f와 g가 $[a,b]$에서 연속이고 (a,b)에서 미분가능하다고 하자. $g'(x)\neq 0,\ a<x<b$ 이면

$$\frac{f(b)-f(a)}{g(b)-g(a)}=\frac{f'(c)}{g'(c)}$$

를 만족하는 c가 (a,b) 내에 존재한다.

[증명] $h(x)=[f(b)-f(a)]g(x)-[g(b)-g(a)]f(x),\ a\le x\le b$라 놓으면 h는 $[a,b]$에서 연속이고 (a,b)에서 미분가능하다. 평균값 정리에 의하여

$$\frac{h(b)-h(a)}{b-a}=h'(c)$$

를 만족하는 c가 (a,b) 내에 존재한다. $h(a)=h(b)$이므로 $h'(c)=0$이고

$$h'(x)=[f(b)-f(a)]g'(x)-[g(b)-g(a)]f'(x),\ a<x<b$$

이므로

$$[f(b)-f(a)]g'(c)-[g(b)-g(a)]f'(c)=0 \qquad (6.14)$$

이다. $g'(x)\neq 0,\ a<x<b$라는 가정에 의하여 $g'(c)\neq 0$이므로 $g(a)\neq g(b)$이다. 왜냐하면 $g(a)=g(b)$이면 Rolle의 정리(정리 4.4)에 의하여 $g'(c)=0$이 되는 c가 (a,b) 내에 존재하여야 하는데 이는 $g'(c)\neq 0$라는 가정에 모순이기 때문이다. 따라서 식 (6.14)의 양변을 $[g(b)-g(a)]g'(c)$로 나누면

$$\frac{f(b)-f(a)}{g(b)-g(a)}-\frac{f'(c)}{g'(c)}=0$$

이 성립한다. □

Cauchy의 평균값 정리는 평균값 정리의 일반화이다.
실제로 $g(x)=x,\ a\le x\le b$라 놓으면

$$\frac{f(b)-f(a)}{b-a}=\frac{f(b)-f(a)}{g(b)-g(a)}=\frac{f'(c)}{g'(c)}=\frac{f'(c)}{1}=f'(c)$$

가 되어 평균값 정리와 일치한다.

정리 6.10 (L'Hôpital의 법칙)

(i) f와 g가 (a,b)에서 미분가능하고 $g'(x) \neq 0$, $a < x < b$라 하자. 만일

$$\lim_{x\to a^+} f(x) = 0 = \lim_{x\to a^+} g(x), \quad \lim_{x\to a^+} \frac{f'(x)}{g'(x)} = L$$

이면

$$\lim_{x\to a^+} \frac{f(x)}{g(x)} = L = \lim_{x\to a^+} \frac{f'(x)}{g'(x)}$$

이다.

(ii) f와 g가 (a,∞)에서 미분가능하고 $g'(x) \neq 0$, $x > a$라 하자. 만일

$$\lim_{x\to\infty} f(x) = 0 = \lim_{x\to\infty} g(x), \quad \lim_{x\to\infty} \frac{f'(x)}{g'(x)} = L$$

이면

$$\lim_{x\to\infty} \frac{f(x)}{g(x)} = L = \lim_{x\to\infty} \frac{f'(x)}{g'(x)}$$

이다.

예제 6.28 $\lim_{x\to0} \dfrac{1-\cos x}{x^2+3x^3}$를 구하여라.

풀이 $\lim_{x\to0}(1-\cos x) = 0 = \lim_{x\to0}(x^2+3x^3)$이므로 L'Hôpital의 법칙에 의하여

$$\lim_{x\to0} \frac{1-\cos x}{x^2+3x^3} = \lim_{x\to0} \frac{\sin x}{2x+9x^2}$$

$$\lim_{x\to0} \sin x = 0 = \lim_{x\to0}(2x+9x^2)$$

이므로 L'Hôpital의 법칙을 다시 적용하면

$$\lim_{x\to0} \frac{1-\cos x}{x^2+3x^3} = \lim_{x\to0} \frac{\sin x}{2x+9x^2} = \lim_{x\to0} \frac{\cos x}{2+18x} = \frac{1}{2}.$$

□

예제 6.29 $\lim_{x\to\infty} \dfrac{\frac{\pi}{2} - \tan^{-1} x}{\frac{1}{x}}$를 구하여라.

풀이 $\lim_{x\to\infty} \left(\frac{\pi}{2} - \tan^{-1} x\right) = 0 = \lim_{x\to\infty} \frac{1}{x}$이므로 L'Hôpital의 법칙에 의하여

$$\lim_{x\to\infty} \frac{\frac{\pi}{2} - \tan^{-1} x}{\frac{1}{x}} = \lim_{x\to\infty} \frac{\frac{-1}{1+x^2}}{-\frac{1}{x^2}} = \lim_{x\to\infty} \frac{x^2}{1+x^2} = 1.$$

□

정리 6.11 (제2 L'Hôpital의 법칙)

(i) f와 g가 (a,b)에서 미분가능하고 $g'(x) \neq 0$, $a < x < b$라 하자. 만일

$$\lim_{x\to a^+} f(x) = \pm\infty, \quad \lim_{x\to a^+} g(x) = \pm\infty, \quad \lim_{x\to a^+} \frac{f'(x)}{g'(x)} = L$$

이면

$$\lim_{x\to a^+} \frac{f(x)}{g(x)} = L = \lim_{x\to a^+} \frac{f'(x)}{g'(x)}.$$

(ii) f와 g가 (a,∞)에서 미분가능하고 $g'(x) \neq 0$, $x > a$라 하자. 만일

$$\lim_{x\to\infty} f(x) = \pm\infty, \quad \lim_{x\to\infty} g(x) = \pm\infty, \quad \lim_{x\to\infty} \frac{f'(x)}{g'(x)} = L$$

이면

$$\lim_{x\to\infty} \frac{f(x)}{g(x)} = L = \lim_{x\to\infty} \frac{f'(x)}{g'(x)}.$$

예제 6.30 $\displaystyle\lim_{x\to(\frac{\pi}{2})^-} \frac{\tan x}{\sec x + 1}$를 구하여라.

풀이 $\displaystyle\lim_{x\to(\frac{\pi}{2})^-} \tan x = \infty = \lim_{x\to(\frac{\pi}{2})^-} (\sec x + 1)$이므로 제2 L'Hôpital의 법칙에 의하여

$$\lim_{x\to(\frac{\pi}{2})^-} \frac{\tan x}{\sec x + 1} = \lim_{x\to(\frac{\pi}{2})^-} \frac{\sec^2 x}{\sec x \tan x} = \lim_{x\to(\frac{\pi}{2})^-} \frac{1}{\sin x} = 1.$$

□

예제 6.31 $\displaystyle\lim_{x\to\infty} \frac{e^x}{x^2}$를 구하여라.

풀이 $\displaystyle\lim_{x\to\infty} e^x = \infty = \lim_{x\to\infty} x^2$이므로 제2 L'Hôpital의 법칙에 의하여

$$\lim_{x\to\infty} \frac{e^x}{x^2} = \lim_{x\to\infty} \frac{e^x}{2x} = \lim_{x\to\infty} \frac{e^x}{2} = \infty.$$

□

$\infty \cdot 0$와 $\infty - \infty$ 형태들은 $\frac{0}{0}$ 또는 $\frac{\infty}{\infty}$ 형태로 바꾸어 L'Hôpital의 법칙을 적용하며 0^0, ∞^0 그리고 1^∞ 형태들은 지수 및 로그함수를 이용하여 도함수를 구한다.

예제 6.32 $\displaystyle\lim_{x\to\infty} x \sin\frac{1}{x}$을 구하여라.

풀이 주어진 극한은 $0 \cdot \infty$인 형태이다. $x = \frac{1}{1/x}$를 이용하여 주어진 식을 $\dfrac{\infty}{\infty}$인 꼴로 바꾸면

$$\lim_{x\to\infty} x\sin\frac{1}{x} = \lim_{x\to\infty}\frac{\sin\frac{1}{x}}{\frac{1}{x}} = \lim_{x\to\infty}\frac{-\dfrac{1}{x^2}\cos\frac{1}{x}}{-\frac{1}{x^2}} = \lim_{x\to\infty}\cos\frac{1}{x} = 1.$$

□

예제 6.33 $\displaystyle\lim_{x\to 0}\left(\frac{2}{x} - \frac{2}{\sin x}\right)$를 구하여라.

풀이 주어진 극한은 $\infty - \infty$인 형태이다. 통분하여 $\dfrac{0}{0}$인 꼴로 바꾸면

$$\begin{aligned}\lim_{x\to 0}\left(\frac{2}{x} - \frac{2}{\sin x}\right) &= \lim_{x\to 0}\frac{2\sin x - 2x}{x\sin x} = \lim_{x\to 0}\frac{2(\cos x - 1)}{\sin x + x\cos x}\\ &= \lim_{x\to 0}\frac{-2\sin x}{\cos x + \cos x - x\sin x} = 0.\end{aligned}$$

□

예제 6.34 $\lim_{x\to 0^+} x^x$ 을 구하여라.

풀이 주어진 극한은 0^0 인 형태이다. 지수의 정의 $x^x = e^{x\ln x}$ 와 지수함수의 연속성을 이용하면

$$\lim_{x\to 0^+} x^x = \lim_{x\to 0^+} e^{x\ln x} = \exp\left(\lim_{x\to 0^+} x\ln x\right)$$

이므로 극한 $\lim_{x\to 0^+} x\ln x$ 을 구하여야 한다. $0\cdot\infty$ 인 형태이므로 예제 6.32와 같은 방법을 사용하면

$$\lim_{x\to 0^+} x\ln x = \lim_{x\to 0^+} \frac{\ln x}{\frac{1}{x}} = \lim_{x\to 0^+} \frac{\frac{1}{x}}{-\frac{1}{x^2}} = \lim_{x\to 0^+}(-x) = 0$$

이므로 주어진 극한은 $\lim_{x\to 0^+} x^x = \lim_{x\to 0^+} e^{x\ln x} = e^0 = 1$ 이다. □

예제 6.35 $\lim_{x\to 0}(\cos x)^{\frac{1}{x}}$ 을 구하여라.

풀이 주어진 극한은 1^∞ 인 형태이다. 지수의 정의 $(\cos x)^{\frac{1}{x}} = e^{\frac{1}{x}\ln(\cos x)}$ 와 지수함수의 연속성을 이용하여 예제 6.34과 같이 먼저 극한 $\lim_{x\to 0}\frac{1}{x}\ln(\cos x)$ 을 구하자.

$$\lim_{x\to 0}\frac{1}{x}\ln(\cos x) = \lim_{x\to 0}\frac{\ln(\cos x)}{x} = \lim_{x\to 0}\frac{\frac{1}{\cos x}\cdot(-\sin x)}{1} = 0$$

이므로 $\lim_{x\to 0}(\cos x)^{\frac{1}{x}} = \exp\left(\lim_{x\to 0}\frac{1}{x}\ln(\cos x)\right) = e^0 = 1$ 이다. □

예제 6.36 $\lim_{x\to 0}(1+x)^{\frac{1}{x}} = \lim_{x\to\infty}\left(1+\frac{1}{x}\right)^x = e$ 임을 보여라.

풀이 (1) 주어진 극한은 1^∞ 형태이다. $(1+x)^{\frac{1}{x}} = \exp\left(\frac{1}{x}\ln(1+x)\right)$ 이므로 예제 6.35과 같이 극한 $\lim_{x\to 0}\frac{1}{x}\ln(1+x)$ 을 구하자. $\frac{0}{0}$ 형태이므로 L'Hôpital의 법칙을 이용하면

$$\lim_{x\to 0}\frac{1}{x}\ln(1+x) = \lim_{x\to 0}\frac{\ln(1+x)}{x} = \lim_{x\to 0}\frac{\frac{1}{1+x}}{1} = 1$$

이다. 따라서

$$\lim_{x\to 0}(1+x)^{\frac{1}{x}} = \exp\left(\lim_{x\to 0}\frac{1}{x}\ln(1+x)\right) = e^1 = e$$

이다.

(2) 한편 극한 $\lim_{x\to\infty}\left(1+\frac{1}{x}\right)^x$ 은 (1)에서 구한 극한식을 x 대신 $\frac{1}{t}$ 로 바꾸면 극한 $x\to 0^+$ 과 $t\to\infty$ 은 서로 동치이므로 두 극한은 동치임을 알 수 있다. □

연습문제 6.5

1. L'Hôpital의 법칙을 이용하여 다음의 극한을 구하여라.

(1) $\lim_{x\to 0}\dfrac{\cos x - 1}{x}$ (2) $\lim_{x\to 0+}\dfrac{\sin 8\sqrt{x}}{\sin 5\sqrt{x}}$

(3) $\lim_{x\to\infty}\dfrac{\tan\frac{1}{x}}{\frac{1}{x}}$ (4) $\lim_{x\to 0}\dfrac{\sin x - x}{x^3}$

2. 제2 L'Hôpital의 법칙을 이용하여 다음의 극한을 구하여라.

(1) $\lim_{x\to\infty}\dfrac{x^3}{2^x}$ (2) $\lim_{x\to\infty}\dfrac{\ln(1+x)}{\ln x}$

(3) $\lim_{x\to 0+}\dfrac{x^{-\frac{1}{2}}}{\ln x}$ (4) $\lim_{x\to\infty}\dfrac{\ln x}{\ln(\ln x)}$

3. 다음의 극한을 구하여라.

(1) $\lim_{x\to 0}(\csc x - \cot x)$ (2) $\lim_{x\to 0+} x^{\sin x}$

(3) $\lim_{x\to\infty} x^2\left(1 - x\sin\dfrac{1}{x}\right)$ (4) $\lim_{x\to 0}\left(\dfrac{1}{1-\cos x} - \dfrac{2}{x^2}\right)$

4. $f(x) = xe^{-x}$ 의 극소극값과 오목성을 구하여 그래프를 그리되 L'Hôpital의 법칙을 이용하여 수평점근선을 구하여라.

Memo

7. 적분법

CHAPTER 7

적분법

이 장에서는 적분을 계산하는 방법에 대하여 다룰 것이다. 앞의 제5장에서 치환법이라는 적분법에 대하여 공부하였다. 여기에서는 함수들의 적분법을 다양하게 다룰 것이다. 시작하기 전에 이제까지 보아왔던 기초 적분을 정리하고자 한다. 좀 더 다양한 함수들에 관한 적분은 책의 뒷부분에 나와 있다(부록 2의 적분표 참조).

$$\int c\,dx = cx + C \qquad \int x^r\,dx = \frac{1}{r+1}x^{r+1} + C(r \neq -1)$$

$$\int x\,dx = \frac{x^2}{2} + C \qquad \int \frac{1}{x}\,dx = \ln|x| + C$$

$$\int \sin x\,dx = -\cos x + C \qquad \int \cot x\,dx = \ln|\sin x| + C$$

$$\int \cos x\,dx = \sin x + C \qquad \int \sec x\,dx = \ln|\sec x + \tan x| + C$$

$$\int \tan x\,dx = -\ln|\cos x| + C \qquad \int \csc x\,dx = -\ln|\csc x + \cot x| + C$$

$$\int e^x\,dx = e^x + C \qquad \int a^x\,dx = \frac{1}{\ln a}a^x + C(a > 0, a \neq 1)$$

$$\int \frac{1}{\sqrt{a^2 - x^2}}\,dx = \sin^{-1}\frac{x}{a} + C \qquad \int \frac{1}{x^2 + a^2}\,dx = \frac{1}{a}\tan^{-1}\frac{x}{a} + C$$

7.1 부분적분

F와 G가 미분가능한 함수일 때, 곱의 법칙으로부터 다음과 같은 식을 얻는다.

$$F(x) \cdot G^{'}(x) = (FG)^{'}(x) - F^{'}(x)G(x) \tag{7.1}$$

$F^{'}$과 $G^{'}$이 연속일 때, 식 (7.1)의 양변에 부정적분을 취하면

$$\int F(x)G^{'}(x)\,dx \quad = \quad \int [(F \cdot G)^{'}(x) - F^{'}(x)G(x)]\,dx$$

$$= \int (FG)'(x)\,dx - \int F'(x)G(x)\,dx$$

이다. 따라서 다음과 같은 식을 얻는다.

$$\int F(x)G'(x)\,dx = F(x)G(x) - \int F'(x)G(x)\,dx \tag{7.2}$$

이제 $\int f(x)\,dx$를 계산하려고 할 때, f가 두 함수의 곱 FG'으로 표현되면

$$\int f(x)\,dx = \int F(x)G'(x)\,dx = F(x)G(x) - \int F'(x)G(x)\,dx \tag{7.3}$$

이므로 $\int F'(x)G(x)\,dx$가 쉽게 구해진다면 $\int f(x)\,dx$도 식 (7.3)에 의해 쉽게 구할 수 있다. 이 방법을 **부분적분법**이라고 한다.

정리 7.1 (부분적분법)

F와 G가 (a,b) 위에서 미분가능하고 F'과 G'은 $[a,b]$ 위에서 연속이라고 하자. 그러면

$$\int F(x)G'(x)dx = F(x)G(x) - \int F'(x)G(x)\,dx \tag{7.4}$$

이고

$$\int_a^b F(x)G'(x)\,dx = F(x)G(x)\Big|_a^b - \int_a^b F'(x)G(x)\,dx \tag{7.5}$$

이다.

형식적으로 간단히 하기 위하여 $u = F(x)$ 그리고 $v = G(x)$라고 치환하면

$$\int u\,dv = uv - \int v\,du \tag{7.6}$$

이고, 이때 $\int v\,du$가 $\int u\,dv$보다 비교적 적분하기 쉽게 u와 v를 선택해야 한다.

예제 7.1 $\int x\cos x\,dx$를 구하여라.

풀이 피적분함수 $x\cos x$는 x와 $\cos x$의 두 함수의 곱으로 생각하자. $u = x$ 그리고 $dv = \cos x\,dx$라고 놓으면 $du = 1\cdot dx$, 그리고 $v = \sin x$이다. 그러면 부분적분에 의하여 $\int x\cos x\,dx = x\sin x - \int \sin x\,dx = x\sin x + \cos x + C$. □

예제 7.2 $\int \ln x\,dx$를 구하여라.

풀이 우선 $\ln x$를 $(\ln x)\cdot 1$로 생각하면, $u = \ln x$이고 $dv = 1\cdot dx = dx$라고 놓자. 그러면 $du = \dfrac{1}{x}\,dx, v = x$이다. 그러므로

$$\int \ln x\,dx = (\ln x)x - \int x\cdot\frac{1}{x}\,dx = x\ln x - x + C.$$

□

다음 예제는 부분적분을 연속해서 두 번 적용시켜야 하는 적분의 예이다.

예제 7.3 $\int_0^1 x^2e^{-x}\,dx$를 구하여라.

풀이 $u = x^2$, $dv = e^{-x}\,dx$라고 놓으면 $du = 2x\,dx$이고 $v = -e^{-x}$이다. 그러므로

$$\int_0^1 x^2e^{-x}\,dx = x^2(-e^{-x})\Big|_0^1 - \int_0^1(-e^{-x})2x\,dx = -e^{-1} + \int_0^1 2xe^{-x}\,dx. \tag{7.7}$$

여기서 $\int_0^1 2xe^{-x}\,dx$에 $u = 2x$ 그리고 $dv = e^{-x}$라고 놓고, 부분적분을 다시 실행시킨다. 그러면 $du = 2\,dx$, $v = -e^{-x}$이고

$$\begin{aligned}\int_0^1 2xe^{-x}\,dx &= (2x)(-e^{-x})\Big|_0^1 - \int_0^1 2(-e^{-x})\,dx \\ &= -2e^{-1} + \int_0^1 2e^{-x}\,dx \qquad (7.8)\\ &= -2e^{-1} - 2e^{-x}\Big|_0^1 = -4e^{-1} + 2\end{aligned}$$

이제 식 (7.7)과 (7.8)을 합치면

$$\int_0^1 x^2e^{-x}\,dx = -e^{-1} + (-4e^{-1}) + 2 = -5e^{-1} + 2.$$

□

예제 7.4 $\int e^{-2x}\cos x\,dx$를 구하여라.

풀이 $u = e^{-2x}$, $dv = \cos x\,dx$라고 놓으면 $du = -2e^{-2x}\,dx$, $v = \sin x$이다. 그러므로

$$\begin{aligned}\int e^{-2x}\cos x\,dx &= e^{-2x}\sin x - \int \sin x(-2e^{-2x})\,dx \\ &= e^{-2x}\sin x + \int 2e^{-2x}\sin x\,dx\end{aligned}$$

여기서 $\int 2e^{-2x}\sin x\,dx$를 구하기 위해 다시 부분적분법을 적용해 보자.

$u = 2e^{-2x}$, $dv = \sin x\, dx$ 라고 놓으면 $du = -4e^{-2x}\, dx$, $v = -\cos x$ 이다. 그러므로

$$\begin{aligned}\int 2e^{-2x} \sin x\, dx &= 2e^{-2x}(-\cos x) - \int (-\cos x)(-4e^{-2x})\, dx \\ &= -2e^{-2x} \cos x - 4 \int e^{-2x} \cos x\, dx.\end{aligned}$$

위의 두 번의 부분적분에서 나온 결과를 합치면

$$\int e^{-2x} \cos x\, dx = e^{-2x} \sin x - 2e^{-x} \cos x - 4 \int e^{-2x} \cos x\, dx$$

이때 원적분의 형태가 우변에 다시 나타났다. 이것을 이항하여 계산하면

$$5 \int e^{-2x} \cos x\, dx = e^{-2x} \sin x - 2e^{-2x} \cos x + C$$

이고, 따라서

$$\int e^{-2x} \cos x\, dx = \frac{1}{5}(e^{-2x} \sin x - 2e^{-2x} \cos x) + C.$$

□

결과적으로 부분적분에 의한 적분은 다항함수와 지수함수, 대수함수 또는 삼각함수의 곱으로 이루어진 적분에 효과적이다.

$\int \sin^n x\, dx$ 와 $\int \cos^n x\, dx$ 에 대한 점화식

우선 $n \geq 2$ 에 대하여 $\int \sin^n x\, dx$ 를 생각해 보자. 부분적분법을 사용하기 위하여, $\sin^n x = (\sin^{n-1} x) \cdot \sin x$ 라고 보고 $u = \sin^{n-1} x$, $dv = \sin x\, dx$ 라고 놓자.
그러면 $du = (n-1)\sin^{n-2} x \cos x\, dx$, $v = -\cos x$ 이다. 그러므로

$$\begin{aligned}\int \sin^n x\, dx &= \sin^{n-1} x \cdot (-\cos x) - \int (-\cos x)(n-1)\sin^{n-2} x \cos x\, dx \\ &= -\sin^{n-1} x \cdot \cos x + (n-1) \int \sin^{n-2} x \cdot \cos^2 x\, dx \\ &= -\sin^{n-1} x \cdot \cos x + (n-1) \int \sin^{n-2} x (1 - \sin^2 x)\, dx \\ &= -\sin^{n-1} x \cdot \cos x + (n-1) \int \sin^{n-2} x\, dx - (n-1) \int \sin^n x\, dx\end{aligned}$$

이고, $\int \sin^n x\, dx$ 를 포함하는 항을 합하면

$$n \int \sin^n x\, dx = -\sin^{n-1} x \cos x + (n-1) \int \sin^{n-2} x\, dx$$

이다. 따라서

$$\int \sin^n x\,dx = -\frac{1}{n}\sin^{n-1} x\cos x + \frac{n-1}{n}\int \sin^{n-2} x dx. \tag{7.9}$$

$\int \cos^n x\,dx$에 대해서도 같은 방법에 의해 다음과 같은 식을 얻는다.

$$\int \cos^n x\,dx = \frac{1}{n}\cos^{n-1} x\sin x + \frac{n-1}{n}\int \cos^{n-2} x\,dx \tag{7.10}$$

식 (7.9)과 (7.10)을 **점화식**이라고 부른다. 사인함수나 코사인함수의 지수가 0 또는 1일 때 구하고 나머지는 위 식에 의해 구해진다.

예제 7.5 다음을 구하여라.

(i) $\int \sin^2 x\,dx = \frac{1}{2}x - \frac{1}{4}\sin 2x + C$ (ii) $\int \cos^2 x\,dx = \frac{1}{2}x + \frac{1}{4}\sin 2x + C$

풀이 (i) 식 (7.9)에서 $n = 2$ 일 때, $2\sin x\cos x = \sin 2x$를 이용하면 다음과 같이 구할 수 있다.

$$\begin{aligned}\int \sin^2 x\,dx &= -\frac{1}{2}\sin x\cos x + \frac{1}{2}\int 1\,dx \\ &= -\frac{1}{4}\sin 2x + \frac{1}{2}x + C\end{aligned}$$

(ii) (i)와 비슷하게 식 (7.10)에서 $n = 2$ 일 때

$$\begin{aligned}\int \cos^2 x\,dx &= \frac{1}{2}\cos x\sin x + \frac{1}{2}\int 1dx \\ &= \frac{1}{4}\sin 2x + \frac{1}{2}x + C.\end{aligned}$$

□

연습문제 7.1

1. 다음 부정적분을 구하여라.

(1) $\int x\sin x\,dx$ (2) $\int x^2\sin x\,dx$

(3) $\int x\sec^2 x\,dx$ (4) $\int x\ln x\,dx$

(5) $\int (\ln x)^2\,dx$ (6) $\int x^2\ln x\,dx$

(7) $\int xe^{-x}\,dx$ (8) $\int x^2 e^{4x}\,dx$

(9) $\int e^x\sin x\,dx$ (10) $\int e^{3x}\cos 3x\,dx$

(11) $\int t\cdot 2^t dt$ (12) $\int t^2\cdot e^t dt$

(13) $\int \log_6 x\,dx$

(14) $\int t \sinh t\,dt$

(15) $\int t^2 \cosh t\,dt$

(16) $\int \tan^{-1} x\,dx$

(17) $\int \sin^{-1} 3x\,dx$

(18) $\int \cos^{-1}(-7x)\,dx$

(19) $\int \sin(\ln x)\,dx$

(20) $\int \cos(\ln x)\,dx$

(21) $\int x \ln(x+1)\,dx$

2. 다음 정적분을 구하여라.

(1) $\int_0^1 xe^{5x}\,dx$

(2) $\int_0^{\frac{\pi}{2}} (x + x\sin x)\,dx$

(3) $\int_0^{\pi} t^2 \cos t\,dt$

(4) $\int_1^4 x^{\frac{3}{2}} \ln x\,dx$

(5) $\int_{-\frac{\pi}{3}}^{\frac{\pi}{4}} x\sec^2 x\,dx$

(6) $\int_1^e x^2(\ln x)^2\,dx$

3. 다음 적분을 구하여라.

(1) $\int e^x \ln(1+e^x)\,dx$

(2) $\int \sin x \tan^{-1}(\cos x)\,dx$

(3) $\int \frac{1}{x}\tan^{-1}(\ln x)\,dx$

(4) $\int \cos\sqrt{t}dt$

(5) $\int \sin^5 x\,dx$

4. 다음 점화식을 부분적분을 사용하여 구하여라.

(1) $\int (\ln x)^n\,dx = x(\ln x)^n - n\int (\ln x)^{n-1}\,dx$ (n : 양의 정수)

(2) $\int \sec^n x\,dx = \frac{1}{n-1}\sec^{n-2} x\tan x + \frac{n-2}{n-1}\int \sec^{n-2} x\,dx,$ ($n > 2$: 정수)

5. 문제 4의 (1)과 (2)를 이용하여 다음 적분을 구하여라.

(1) $\int (\ln x)^3\,dx$

(2) $\int_{\frac{\pi}{3}}^{\frac{\pi}{4}} \sec^4 x\,dx$

7.2 삼각적분

피적분함수가 삼각함수의 곱일 때 '삼각적분'이라고 한다.

I. $\int \sin^m x \cos^n x\, dx$ 의 적분

$\int \sin^m x \cos^n x\, dx$ 형태의 적분에서 $n = 0$이거나 $m = 0$이면 7.1절에서 점화식으로 다루었다. 또 $n = 1$이거나 $m = 1$이면 치환적분에 의해 구해질 수 있다. 따라서 이제 $m \geq 2$이고 $n \geq 2$의 정수인 경우 $\int \sin^m x \cos^n x dx$를 계산해 보자. ① m이나 n이 홀수인 경우와 ② m과 n이 모두 짝수인 경우로 나누어 생각할 수 있다.

(i) $n = 2k+1$인 경우에 $\cos^n x$를 $\cos x$와 $\cos^{2k} x$의 곱으로 나누고 $\cos^2 x = 1 - \sin^2 x$를 이용하여 $\cos^{2k} x$를 $\sin x$만의 항으로 만든다.

예제 7.6 $\int \sin^2 x \cos^3 x\, dx$를 구하여라.

풀이
$$\begin{aligned}\int \sin^2 x \cos^3 x\, dx &= \int \sin^2 x \cos^2 x \cos x\, dx \\ &= \int \sin^2 x(1 - \sin^2 x) \cos x\, dx \\ &= \int (\sin^2 x - \sin^4 x) \cos x\, dx\end{aligned}$$

이제 치환적분법을 이용하면, $u = \sin x$라고 놓고 $du = \cos x\, dx$가 된다. 그러면
$$\begin{aligned}\int \sin^2 x \cos^3 x\, dx = \int (u^2 - u^4)du &= \frac{1}{3}u^3 - \frac{1}{5}u^5 + C \\ &= \frac{1}{3}\sin^3 x - \frac{1}{5}\sin^5 x + C.\end{aligned}$$

□

$m = 2k+1$인 경우도 위와 비슷하게 하면 된다.

예제 7.7 $\int \sin^5 x \cos^4 x\, dx$를 구하여라.

풀이

$$\begin{aligned}\int \sin^5 x \cos^4 x\, dx &= \int \sin^4 x \cdot \sin x \cdot \cos^4 x\, dx \\ &= \int (1 - \cos^2 x)^2 \cos^4 x \sin x\, dx\end{aligned}$$

이다. $u = \cos x$라고 치환하면

$$\begin{aligned}\int \sin^5 x \cos^4 x\,dx &= -\int (1-u^2)^2 u^4\,du \\ &= -\int (u^4 - 2u^6 + u^8)\,du \\ &= -\frac{1}{5}u^5 + \frac{2}{7}u^7 - \frac{1}{9}u^9 + C \\ &= -\frac{1}{5}\cos^5 x + \frac{2}{7}\cos^7 x - \frac{1}{9}\cos^9 x + C.\end{aligned}$$

□

(ii) 만약 m과 n이 모두 짝수이면 다음 세 가지 삼각항등식을 이용할 것이다.

$$\sin x \cos x = \frac{1}{2}\sin 2x \tag{7.11}$$

$$\sin^2 x = \frac{1-\cos 2x}{2} \tag{7.12}$$

$$\cos^2 x = \frac{1+\cos 2x}{2} \tag{7.13}$$

이외에도 7.1절에서 유도된 다음 두 가지 식이 도움이 될 것이다.

$$\int \sin^2 x\,dx = \frac{1}{2}x - \frac{1}{4}\sin 2x + C \tag{7.14}$$

$$\int \cos^2 x\,dx = \frac{1}{2}x + \frac{1}{4}\sin 2x + C. \tag{7.15}$$

예제 7.8 $\int \sin^2 x \cos^4 x\,dx$를 구하여라.

풀이 (7.11), (7.13)을 이용하면

$$\begin{aligned}\int \sin^2 x \cos^4 x\,dx &= \int (\sin^2 x \cos^2 x)\cos^2 x\,dx \\ &= \int (\sin x \cos x)^2 \cos^2 x\,dx \\ &= \int \left(\frac{1}{2}\sin 2x\right)^2 \left(\frac{1+\cos 2x}{2}\right)dx \\ &= \frac{1}{8}\int \sin^2 2x\,dx + \frac{1}{8}\int \sin^2 2x \cos 2x\,dx\end{aligned}$$

우변의 첫 번째 적분에서 $u = 2x$라고 놓으면 $du = 2\,dx$가 된다. 그리고 두 번째 적분에서 $v = \sin 2x$라고 놓으면 $dv = 2\cos x\,dx$가 된다. 따라서 식 (7.14)에 의하여

$$\int \sin^2 x \cos^4 x\,dx = \frac{1}{8}\int \sin^2 2x\,dx + \frac{1}{8}\int \sin^2 2x \cos 2x\,dx$$

$$\begin{aligned} &= \frac{1}{8}\int \sin^2 u \cdot \frac{1}{2}du + \frac{1}{8}\int v^2 \cdot \frac{1}{2}dv \\ &= \frac{1}{16}\left(\frac{1}{2}u - \frac{1}{4}\sin 2u\right) + \frac{1}{16}\left(\frac{1}{3}v^3\right) + C \\ &= \frac{1}{16}\left(x - \frac{1}{4}\sin 4x\right) + \frac{1}{48}\sin^3 2x + C. \end{aligned}$$

□

m과 n이 모두 짝수인 경우에 $\int \sin^m x \cos^n x\, dx$를 계산하는 또 다른 방법이 있다. $\int \sin^4 x \cos^6 x\, dx$에 대하여

$$\begin{aligned} \int \sin^4 x \cos^6 x\, dx &= \int (\sin^2 x)^2 \cos^6 x\, dx \\ &= \int (1 - \cos^2 x)^2 \cos^6 x\, dx \\ &= \int (\cos^6 x - 2\cos^8 x + \cos^{10} x)\, dx \end{aligned}$$

이고 7.1절의 식 (7.10)을 이용하여 우변의 적분을 계산한다.

결론적으로 $\int \sin^k x\, dx$나 $\int \cos^k x\, dx$의 형태로 변환시켜서 7.1절의 점화식을 이용하여 계산한다.

II. $\int \tan^m x \sec^n x\, dx$ 의 적분

$m > 0$이고 $n > 0$인 정수일 때, $\int \tan^m x \sec^n x\, dx$는 치환적분으로 다룬다.

(i) n이 짝수이고 $m > 0$이면 $\sec^n x$를 $\sec^2 x$와 $\sec^{n-2} x$의 곱으로 인수분해하고 $\sec^2 x = 1 + \tan^2 x$를 사용하여 $\sec^{n-2} x$를 $\tan x$만의 항으로 만든다.

예제 7.9 $\int \tan^3 x \sec^4 x\, dx$를 구하여라.

풀이
$$\begin{aligned} \int \tan^3 x \sec^4 x\, dx &= \int \tan^3 x \sec^2 x \sec^2 x\, dx \\ &= \int \tan^3 x (1 + \tan^2 x) \sec^2 x\, dx \\ &= \int (\tan^3 x + \tan^5 x) \sec^2 x\, dx \end{aligned}$$

이제 치환적분을 사용하면 $u = \tan x$ 라고 놓고 $du = \sec^2 x\,dx$ 가 된다. 따라서

$$\begin{aligned}\int \tan^3 x \sec^4 x\,dx &= \int (u^3 + u^5)du \\ &= \frac{1}{4}u^4 + \frac{1}{6}u^6 + C \\ &= \frac{1}{4}\tan^4 x + \frac{1}{6}\tan^6 x + C.\end{aligned}$$

□

(ii) m 이 홀수이고 $n > 0$ 이면 피적분함수를 $\sec x \tan x$ 와 나머지 인수의 곱으로 나누고, 항등식 $\tan^2 x = \sec^2 x - 1$ 을 사용하여 $\sec x \tan x$ 를 뺀 나머지 인수를 $\sec x$ 만의 인수로 만든다.

예제 7.10 $\int \tan^3 x \sec^3 x\,dx$ 를 구하여라.

풀이 $$\begin{aligned}\int \tan^3 x \sec^3 x\,dx &= \int (\tan^2 x \sec^2 x) \tan x \sec x\,dx \\ &= \int [(\sec^2 x - 1)\sec^2 x] \tan x \sec x\,dx\end{aligned}$$

여기서 $u = \sec x$ 로 치환하면 $du = \sec x \tan x\,dx$ 이다. 그러면

$$\begin{aligned}\int \tan^3 x \sec^3 x\,dx &= \int (u^2 - 1)u^2 du = \int (u^4 - u^2)\,du \\ &= \frac{1}{5}u^5 - \frac{1}{3}u^3 + C \\ &= \frac{1}{5}\sec^5 x - \frac{1}{3}\sec^3 x + C.\end{aligned}$$

□

(iii) n 이 홀수이고 m 이 짝수인 경우만이 남았다. 항등식 $\tan^2 x = \sec^2 x - 1$ 을 이용하면 $\int \sec^k x\,dx$(k는 홀수) 인 형태로 될 수 있다. $k = 1$ 인 경우는 제6장에서

$$\int \sec x\,dx = \ln|\sec x + \tan x| + C$$

이고 $k = 3$ 일 때는 $\int \sec^3 x\,dx$ 는 부분적분에 의해서 $u = \sec x$ 와 $dv = \sec^2 x\,dx$ 라고 놓으면 쉽게 구할 수 있다. 따라서

$$\int \sec^3 x\,dx = \frac{1}{2}\sec x \tan x + \frac{1}{2}\ln|\sec x + \tan x| + C.$$

예제 7.11 $\int \tan^2 x \sec x\,dx$ 를 구하여라.

풀이 $\int \tan^2 x \sec x \, dx = \int (\sec^2 x - 1)(\sec x) \, dx = \int (\sec^3 x - \sec x) \, dx$

$$= \frac{1}{2} \sec x \tan x + \frac{1}{2} \ln|\sec x + \tan x| - \ln|\sec x + \tan x| + C$$
$$= \frac{1}{2} \sec x \tan x - \frac{1}{2} \ln|\sec x + \tan x| + C$$

□

$\csc^2 x = 1 + \cot^2 x$ 이므로 같은 방법으로 $\int \cot^m x \csc^n x \, dx$ 형태의 적분도 계산할 수 있다.

사인과 코사인으로의 전환

이제까지 다루어진 형태의 적분이 아닌 삼각적분은 피적분함수를 사인과 코사인으로만 표현함으로써 계산할 수 있다.

예제 7.12 $\int \cos^2 x \tan^5 x \, dx$를 구하여라.

풀이 $\tan^5 x$를 사인과 코사인만으로 표현하여 계산하면

$$\int \cos^2 x \tan^5 x \, dx = \int \cos^2 x \frac{\sin^5 x}{\cos^5 x} \, dx = \int \frac{\sin^5 x}{\cos^3 x} \, dx$$
$$= \int \frac{(1 - \cos^2 x)^2}{\cos^3 x} \sin x \, dx.$$

$u = \cos x$ 라고 치환하면 $du = -\sin x \, dx$ 이다. 따라서

$$\int \cos^2 x \tan^5 x \, dx = \int \frac{(1 - \cos^2 x)^2}{\cos^3 x} \sin x \, dx$$
$$= -\int \frac{(1 - u^2)^2}{u^3} du = \int \left(-\frac{1}{u^3} + \frac{2}{u} - u \right) du$$
$$= \frac{1}{2u^2} + 2 \ln|u| - \frac{u^2}{2} + C$$
$$= \frac{1}{2 \cos^2 x} + 2 \ln|\cos x| - \frac{\cos^2 x}{2} + C.$$

□

III. $\int \sin ax \cos bx \, dx$ 의 적분

다음과 같은 항등식

$$\sin ax \cos bx = \frac{1}{2} \sin(a - b)x + \frac{1}{2} \sin(a + b)x \tag{7.16}$$

을 알아두면 $\int \sin ax \cos bx \, dx$를 계산하는 데 유용하다.

예제 7.13 $\int \sin 5x \cos 3x\, dx$를 구하여라.

풀이 식 (7.16)을 이용하면

$$\begin{aligned}\int \sin 5x \cos 3x\, dx &= \int \left(\frac{1}{2}\sin 2x + \frac{1}{2}\sin 8x\right) dx \\ &= -\frac{1}{4}\cos 2x - \frac{1}{16}\cos 8x + C.\end{aligned}$$

□

$\int \sin ax \sin bx\, dx$와 $\int \cos ax \cos bx\, dx$ 같은 형태의 적분도 비슷한 방법에 의해 계산 가능하다.

연습문제 7.2

1. 다음 적분을 구하여라.

(1) $\int \sin^3 x \cos^2 x\, dx$

(2) $\int \sin^3 x \cos^3 x\, dx$

(3) $\int_0^{\frac{\pi}{2}} \sin t \cos t\, dt$

(4) $\int \frac{1}{x^2} \sin^5 \frac{1}{x} \cos^2 \frac{1}{x}\, dx$

(5) $\int \sin^8 6x \cos^3 6x\, dx$

(6) $\int_0^{\frac{\pi}{2}} \sin^4 x \cos^2 x\, dx$

(7) $\int \sin^6 w \cos^4 w dw$

(8) $\int \sin^{-10} x \cos^3 x\, dx$

(9) $\int (1+\sin^2 x)(1+\cos^2 x)\, dx$

(10) $\int \sin^5 x \cos^{\frac{1}{2}} x dx$

(11) $\int_0^{\frac{\pi}{4}} \frac{\sin^3 x}{\cos^2 x}\, dx$

(12) $\int \frac{\cos^3 x}{\sin^{\frac{5}{2}} x}\, dx$

(13) $\int \tan^5 x \sec^2 x\, dx$

(14) $\int_0^{\frac{\pi}{4}} \tan^5 x \sec^4 x\, dx$

(15) $\int \tan^3 x \sec^4 x\, dx$

(16) $\int_{\frac{4}{5}\pi}^{\frac{4}{3}\pi} \tan^3 x \sec x\, dx$

(17) $\int \tan x \sec^3 x\, dx$

(18) $\int \frac{1}{\sqrt{x}} \tan^3 \sqrt{x} \sec^2 \sqrt{x}\, dx$

(19) $\int \tan^4(1-y) \sec^4(1-y) dy$

(20) $\int_0^{\frac{\pi}{3}} \tan x \sec^{\frac{3}{2}} x dx$

(21) $\int \tan x \sec^5 x dx$

(22) $\int \csc^3 x dx$

(23) $\int \cot^3 x \csc^2 x\, dx$

(24) $\int \cot^3 x \csc^4 x dx$

(25) $\int_{\frac{\pi}{4}}^{\frac{\pi}{2}} \cot x \csc^3 x\, dx$

(26) $\int \cot x \csc^{-2} x\, dx$

(27) $\int \frac{\cot x}{\csc x}\, dx$

(28) $\int \frac{\tan^3 x}{\sec^4 x}\, dx$

(29) $\int \tan^3 x \csc^2 x\, dx$

(30) $\int \sin^5 w \sec^3 w\, dw$

(31) $\displaystyle\int \frac{\tan x}{\sec^2 x}\,dx$

(32) $\displaystyle\int \frac{\sec^4 x}{\tan^5 x}\,dx$

(33) $\displaystyle\int \tan^2 x\,dx$

(34) $\displaystyle\int \tan^3 x\,dx$

(35) $\displaystyle\int \cot^5 x dx$

(36) $\displaystyle\int \sin 2x \cos 3x\,dx$

(37) $\displaystyle\int_0^{\frac{2}{3}\pi} \sin x \cos 2x\,dx$

(38) $\displaystyle\int \sin 3x \cos \frac{1}{2}x\,dx$

(39) $\displaystyle\int \sin \frac{1}{2}x \cos \frac{3}{2}x\,dx$

(40) $\displaystyle\int \sin 2x \cos 3x\,dx$ (힌트: $\sin x \sin y = \dfrac{1}{2}\cos(x-y) - \dfrac{1}{2}\cos(x+y)$)

(41) $\displaystyle\int \cos 5x \cos(-3x)\,dx$ (힌트: $\cos x \cos y = \dfrac{1}{2}\cos(x-y) + \dfrac{1}{2}\cos(x+y)$)

Memo

7.3 삼각치환

다음과 같은 치환을 생각해 보자.

$$u = \sin^{-1} x, \text{ 따라서 } du = \frac{1}{\sqrt{1-x^2}}\, dx \tag{7.17}$$

식 (7.17)을 간단히 하려면, 먼저 $-\frac{\pi}{2} \le u \le \frac{\pi}{2}$에서 $\sin^{-1} x$의 정의에 의해 $u = \sin^{-1} x$와 $x = \sin u$는 동일하다는 것에 주의하자. 모든 $-\frac{\pi}{2} \le u \le \frac{\pi}{2}$에 대하여 $\cos u \ge 0$이므로

$$\sqrt{1-x^2} = \sqrt{1-\sin^2 u} = \cos u \tag{7.18}$$

임을 알 수 있다. 따라서 식 (7.17)의 두 번째 식은

$$du = \frac{1}{\cos u}\, dx \text{ 또는 } dx = \cos u\, du$$

라고 표현될 수 있다. 따라서 식 (7.17)의 치환 대신에 $x = \sin u$라고 치환하고 $-\frac{\pi}{2} \le u \le \frac{\pi}{2}$에 대하여 $dx = \cos u\, du$이다. 좀 더 일반적으로 $\int f(x)\, dx$를 계산하기 위하여 다음과 같이 치환하면

$$x = g(u), \text{ 따라서 } dx = g^{'}(u)\, du \tag{7.19}$$

이다. 그리고

$$\int f(x)\, dx = \int f(g(u))g^{'}(u)\, du \tag{7.20}$$

형태의 적분을 얻는다. 이에 해당하는 정적분은

$$\int_{g(a)}^{g(b)} f(x)\, dx = \int_a^b f(g(u))g^{'}(u)\, du$$

이다. 이때 식 (7.19)의 g가 삼각함수일 때 **삼각치환**이라고 한다. 삼각치환은 적분 안에 $\sqrt{a^2-x^2}, \sqrt{a^2+x^2}$ 그리고 $\sqrt{x^2-a^2}$ 형태의 식이 포함되어 있을 때 유용하다.

IV. $\sqrt{a^2-x^2}$의 적분

$-\frac{\pi}{2} \le u \le \frac{\pi}{2}$에 대하여 $x = a\sin u\ (a > 0)$라고 놓으면

$$\sqrt{a^2-x^2} = \sqrt{a^2-a^2\sin^2 u} = \sqrt{a^2\cos^2 u} = a\cos u$$

이다. 그러므로 $\sqrt{a^2-x^2}$을 포함하는 적분에서는 다음과 같이 치환한다.

$$x = a\sin u, \text{ 따라서 } dx = a\cos u\, du.$$

예제 7.14 $\int \frac{1}{x^2\sqrt{16-x^2}}\, dx$를 구하여라.

풀이 $\sqrt{16-x^2}=\sqrt{4^2-x^2}$이므로 $x=4\sin u$라고 치환하면 $dx=4\cos u\,du$이다. 즉

$$\begin{aligned}\int\frac{1}{x^2\sqrt{16-x^2}}\,dx &= \int\frac{1}{16\sin^2 u\sqrt{16-16\sin^2 u}}(4\cos u)du\\ &= \frac{1}{16}\int\frac{\cos u}{\sin^2 u\cdot\cos u}du=\frac{1}{16}\int\csc^2 u\,du\\ &= -\frac{1}{16}\cot u+C.\end{aligned}$$

이 결과를 원래의 변수 x로 환원하기 위하여 그림 7.1과 같이 $x=4\sin u$가 되도록 삼각형을 그린다.

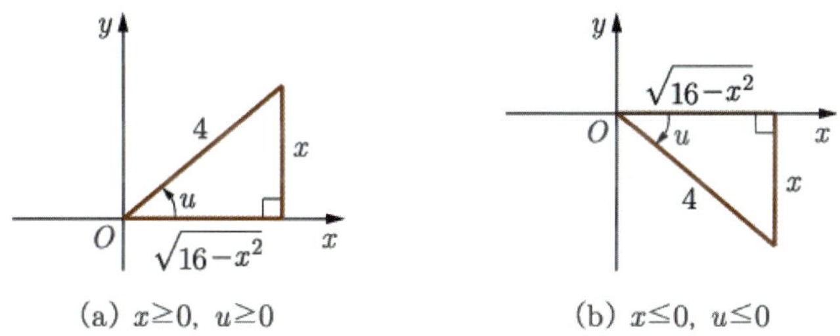

그림 7.1: 예제 7.14

이 삼각형으로부터 $\cot u=\dfrac{\sqrt{16-x^2}}{x}$이다. 따라서

$$\int\frac{1}{x^2\sqrt{16-x^2}}\,dx=-\frac{1}{16}\cot u+C=-\frac{\sqrt{16-x^2}}{16x}+C.$$

□

예제 7.15 $\displaystyle\int\frac{x^2}{\sqrt{9-x^2}}\,dx$를 구하여라.

풀이 $x=3\sin u$라고 치환하면 $dx=3\cos u\,du$이다.

$$\begin{aligned}\int\frac{x^2}{\sqrt{9-x^2}}\,dx &= \int\frac{9\sin^2 u}{\sqrt{9-9\sin^2 u}}3\cos u\,du\\ &= 9\int\frac{\sin^2 u\cdot\cos u}{\cos u}du=9\int\sin^2 u\,du\\ &= \frac{9}{2}u-\frac{9}{4}\sin 2u+C\end{aligned}$$

이 결과를 변수 x로 환원하기 위하여 그림 7.2에서와 같이 $x=3\sin u$가 되도록 삼각형을 그린다.

$$\sin 2u=2\sin u\cos u=2\left(\frac{x}{3}\right)\left(\frac{\sqrt{9-x^2}}{3}\right)=\frac{2x}{9}\sqrt{9-x^2}$$

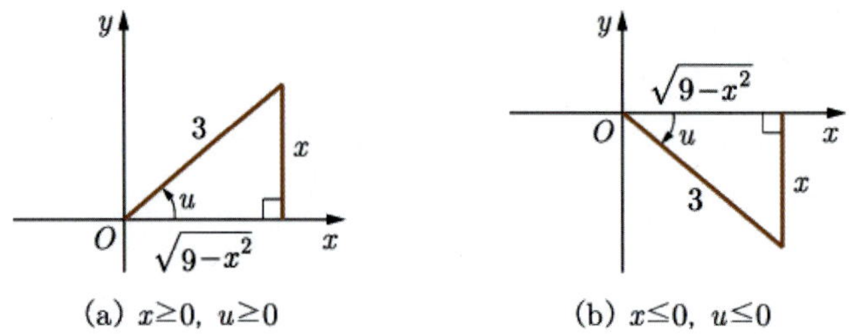

그림 7.2: 예제 7.15

이고 $x = 3\sin u$이므로 $u = \sin^{-1}\dfrac{x}{3}$이다. 그러므로

$$\begin{aligned}\int \frac{x^2}{\sqrt{9-x^2}}\,dx &= \frac{9}{2}\sin^{-1}\frac{x}{3} - \frac{9}{4}\left(\frac{2x}{9}\sqrt{9-x^2}\right) + C \\ &= \frac{9}{2}\sin^{-1}\frac{x}{3} - \frac{x}{2}\sqrt{9-x^2} + C.\end{aligned}$$

□

V. $\sqrt{x^2+a^2}$의 적분

$-\dfrac{\pi}{2} < u < \dfrac{\pi}{2}$에 대하여 $x = a\tan u (a > 0)$라고 놓으면

$$\sqrt{x^2+a^2} = \sqrt{a^2\tan^2 u + a^2} = \sqrt{a^2\sec^2 u}$$

이고, $-\dfrac{\pi}{2} < u < \dfrac{\pi}{2}$에서는 $\sec u > 0$이므로

$$\sqrt{x^2+a^2} = a\sec u.$$

예제 7.16 $\displaystyle\int \frac{1}{x^2\sqrt{x^2+1}}\,dx$를 구하여라.

풀이 $x = \tan u$라고 치환하면 $dx = \sec^2 u\,du$이다. 따라서

$$\begin{aligned}\int \frac{1}{x^2\sqrt{x^2+1}}\,dx &= \int \frac{1}{\tan^2 u\sqrt{\tan^2 u+1}}\sec^2 u\,du \\ &= \int \frac{\sec^2 u}{\tan^2 u\cdot\sec u}du = \int \frac{\sec u}{\tan^2 u}du \\ &= \int \frac{\cos u}{\sin^2 u}du = -\frac{1}{\sin u} + C.\end{aligned}$$

이 결과를 x로 환원하기 위하여 $x = \tan u$로 놓은 그림 7.3을 이용하면

$$\int \frac{1}{x^2\sqrt{x^2+1}}\,dx = -\frac{1}{\sin u} + C = -\frac{\sqrt{x^2+1}}{x} + C.$$

□

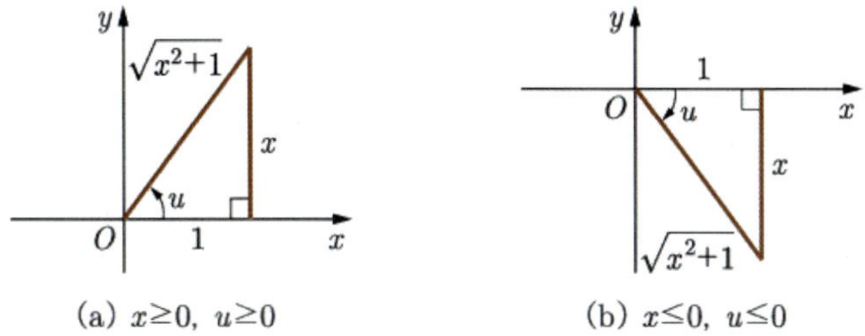

그림 7.3: 예제 7.16

예제 7.17 $\displaystyle\int \frac{1}{\sqrt{4+16x^2}}\,dx$를 구하여라.

풀이 치환 $2x = \tan u$를 하면 $x = \dfrac{1}{2}\tan u$이고 $dx = \dfrac{1}{2}\sec^2 u\,du$이다. 그러면

$$\begin{aligned}\int \frac{1}{\sqrt{4+16x^2}}\,dx &= \int \frac{1}{2\sqrt{1+\tan^2 u}}\left(\frac{1}{2}\sec^2 u\right)du \\ &= \frac{1}{4}\int \frac{\sec^2 u}{\sec u}du = \frac{1}{4}\int \sec u\,du \\ &= \frac{1}{4}\ln|\sec u+\tan u| + C.\end{aligned}$$

또한 $\tan u = 2x$이면 $\sec u = \sqrt{\tan^2 u+1} = \sqrt{4x^2+1}$이므로

$$\begin{aligned}\int \frac{1}{\sqrt{4+16x^2}}\,dx &= \frac{1}{4}\ln|\sec u+\tan u| + C \\ &= \frac{1}{4}\ln|\sqrt{4x^2+1}+2x| + C.\end{aligned}$$

□

VI. $\sqrt{x^2-a^2}$의 적분

$0 \le u < \dfrac{\pi}{2}$ 또는 $\dfrac{\pi}{2} < u \le \pi$에 대하여 $x = a\sec u\ (a>0)$이면

$$\sqrt{x^2-a^2} = \sqrt{a^2\sec^2 u - a^2} = \sqrt{a^2\tan^2 u} = \begin{cases} a\tan u, & 0 \le u < \frac{\pi}{2}\text{일 때} \\ -a\tan u, & \frac{\pi}{2} < u \le \pi\text{일 때}\end{cases}$$

따라서 $\sqrt{x^2-a^2}$을 포함하는 적분에서는 $x = a\sec u$로 치환하면 $dx = a\sec u\ \tan u$이므로 제곱근을 없앨 수 있다.

예제 7.18 $\displaystyle\int_{-6}^{-3} \frac{\sqrt{x^2-9}}{x}\,dx$를 구하여라.

풀이 피적분함수의 정의역이 $(-\infty, -3]$과 $[3, \infty)$로 이루어졌다. 따라서 적분해야 할 구간이 $[-6, -3]$ 이므로 $(-\infty, -3]$ 위에서 원시함수를 찾아야 한다. $\sqrt{x^2-9} = \sqrt{x^2-3^2}$ 이므로 $x = 3\sec u$ 라고 놓으면 $dx = 3\sec u \tan u\, du$ 이고 $\sqrt{x^2-9} = \sqrt{9\sec^2 u - 9} = -3\tan u$ 이다. 다음 적분의 경계에 대하여 생각하면 $x = -6$ 이면 $u = \frac{2}{3}\pi$ 이고, $x = -3$ 이면 $u = \pi$ 이다. 따라서

$$\begin{aligned}\int_{-6}^{-3} \frac{\sqrt{x^2-9}}{x}\, dx &= \int_{\frac{2}{3}\pi}^{\pi} \frac{\sqrt{9\sec^2 u - 9}}{3\sec u}(3\sec u \tan u)\, du \\ &= \int_{\frac{2}{3}\pi}^{\pi} \frac{-3\tan u}{3\sec u}(3\sec u \tan u)\, du \\ &= -3\int_{\frac{2}{3}\pi}^{\pi} \tan^2 u\, du = 3\int_{\frac{2}{3}\pi}^{\pi} (1-\sec^2 u)\, du \\ &= 3(u - \tan u)\Big|_{\frac{2}{3}\pi}^{\pi} = \pi - 3\sqrt{3}.\end{aligned}$$

□

VII. $\sqrt{bx^2+cx+d}$의 적분

bx^2+cx+d를 완전제곱의 형태로 정리하면 $\sqrt{a^2+x^2}, \sqrt{a^2-x^2}$ 또는 $\sqrt{x^2-a^2}(a>0)$ 중의 한 가지로 쓰여진다.

예제 7.19 $\displaystyle\int \frac{1}{\sqrt{9x^2+6x+2}}\, dx$를 구하여라.

풀이 $\sqrt{9x^2+6x+2} = \sqrt{(3x+1)^2+1}$ 이므로 $3x+1 = \tan u$로 치환하면 $3dx = \sec^2 u\, du$가 되고 $\sqrt{(3x+1)^2+1} = \sqrt{\tan^2 u + 1} = \sec u$가 된다.

$$\begin{aligned}\int \frac{1}{\sqrt{9x^2+6x+2}}\, dx &= \int \frac{1}{\sqrt{(3x+1)^2+1}}\, dx = \int \frac{1}{\sec u}\left(\frac{1}{3}\sec^2 u\right) du \\ &= \frac{1}{3}\int \sec u\, du = \frac{1}{3}\ln|\sec u + \tan u| + C\end{aligned}$$

예제 7.17과 같이 삼각형을 이용하면

$$\begin{aligned}\int \frac{1}{\sqrt{9x^2+6x+2}}\, dx &= \frac{1}{3}\ln|\sec u + \tan u| + C \\ &= \frac{1}{3}\ln|\sqrt{(3x+1)^2+1} + 3x + 1| + C \\ &= \frac{1}{3}\ln|\sqrt{9x^2+6x+2} + 3x + 1| + C.\end{aligned}$$

□

연습문제 7.3

1. 다음 적분을 구하여라.

(1) $\displaystyle\int_0^{\frac{1}{2}} \sqrt{1-4x^2}\,dx$

(2) $\displaystyle\int_0^4 \sqrt{16-x^2}\,dx$

(3) $\displaystyle\int_{-2}^2 \sqrt{1-\frac{x^2}{4}}\,dx$

(4) $\displaystyle\int \sqrt{1+(2x-1)^2}\,dx$

(5) $\displaystyle\int \frac{1}{(9+t^2)^2}dt$

(6) $\displaystyle\int_{4\sqrt{2}}^8 \frac{1}{(t^2-16)^{3/2}}\,dt$

(7) $\displaystyle\int \frac{1}{(2x^2+1)^{3/2}}\,dx$

(8) $\displaystyle\int \frac{x^2}{(x^2-2)^{5/2}}\,dx$

(9) $\displaystyle\int \frac{1}{(9x^2-4)^{5/2}}\,dx$

(10) $\displaystyle\int \frac{1}{(3-x^2)^{8/2}}\,dx$

(11) $\displaystyle\int_0^{\frac{5}{4}} \frac{1}{\sqrt{25-4x^2}}\,dx$

(12) $\displaystyle\int \frac{x^2}{\sqrt{1-x^2}}\,dx$

(13) $\displaystyle\int \frac{1}{\sqrt{4x^2+4x+2}}\,dx$

(14) $\displaystyle\int_1^{\sqrt{3}} \frac{1}{\sqrt{1+x^2}}\,dx$

(15) $\displaystyle\int \frac{1}{t^2+2t+5}dt$

(16) $\displaystyle\int \sqrt{x-x^2}\,dx$

(17) $\displaystyle\int \frac{x^2}{\sqrt{9x^2-1}}\,dx$

(18) $\displaystyle\int_{-4\sqrt{3}}^{-2\sqrt{3}} \frac{1}{x\sqrt{x^2-4}}\,dx$

(19) $\displaystyle\int \frac{1}{x^2\sqrt{9-4x^2}}\,dx$

(20) $\displaystyle\int \frac{1}{w^3\sqrt{4w^2+9}}dw$

(21) $\displaystyle\int \frac{\sqrt{x^2+1}}{x^4}\,dx$

(22) $\displaystyle\int_2^{2\sqrt{2}} \frac{\sqrt{x^2-4}}{x}\,dx$

(23) $\displaystyle\int \frac{2x-3}{\sqrt{4x-x^2-3}}\,dx$

(24) $\displaystyle\int \frac{x}{\sqrt{2x^2+12x+19}}\,dx$

(25) $\displaystyle\int \frac{e^{3w}}{\sqrt{1-e^{3w}}}dw$

(26) $\displaystyle\int_{\sqrt{2}}^2 \sec^{-1} x\,dx$

(27) $\displaystyle\int x\sin^{-1} x\,dx$

2. 다음 계산을 하여라.

(1) $\displaystyle\int \left(\frac{1-x}{1+x}\right)^{\frac{1}{2}}\,dx$ (힌트 : $x=\cos 2u$)

(2) $\displaystyle\int_1^{\cosh 2} \left(\frac{x-1}{x+1}\right)^{\frac{1}{2}}\,dx$ (힌트 : $x=\cosh 2u$)

7.4 부분분수

0.6절에서는 유리함수를 부분분수로 분해하는 방법을 다루었다. 이 절에서는 이 방법을 이용하여 복잡한 유리함수를 적분하는 방법을 3단계로 다룬다. 다음 식은 중요한 역할을 할 것이다.

$$\int \frac{1}{x^2+a^2} = \frac{1}{a}\ \tan^{-1}\left(\frac{x}{a}\right) + C$$

적분을 위한 유리함수의 준비

유리함수를 적분하기 전에 다음의 세 가지 준비가 필요하다.

① 유리함수의 분자를 분모로 나누어서 나머지 항의 차수가 분모의 차수보다 낮게 한다.

예제 7.20 $\dfrac{2x^3}{x^2+3}$에 ①을 실행시켜라.

풀이 $2x^3 = (x^2+3)(2x) - 6x$ 이므로

$$\frac{2x^3}{x^2+3} = 2x - \frac{6x}{x^2+3}$$

이다. □

식 $\dfrac{x^2+3}{2x^3+x^2+1}$의 경우, 분자의 차수가 분모의 차수보다 이미 작기 때문에 ①을 시행할 필요가 없다. 예제 7.20로부터

$$\int \frac{2x^3}{x^2+1}\,dx = \int 2x\,dx - \int \frac{6x}{x^2+1}\,dx$$

이다. 우변의 첫 번째 적분은 구하기 쉬우므로 우변의 두 번째의 적분을 구하는 문제로 남게 된다.

② 나머지항의 분자와 분모를 일차와 이차인수로 인수분해하여라. 즉 다음과 같은 형태의 인수곱으로 나타내어라.

$$\text{상수,}\quad (x-a)^r \text{ 그리고 } (x^2+bx+c)^s$$

여기서 r과 s는 양의 정수이다. 그리고 분자와 분모에 공통인수가 있으면 약분시켜라.

예제 7.21 식 $\dfrac{2x+4}{x^2+3x+2}$에 ②를 시행하여라.

풀이 먼저 분모와 분자를 인수분해하면

$$2x+4 = 2(x+2),\ \text{그리고}\ x^2+3x+2 = (x+1)(x+2)$$

이다. 그러므로

$$\frac{2x+4}{x^2+3x+2} = \frac{2(x+2)}{(x+1)(x+2)} = \frac{2}{x+1}.$$

□

인수분해가 좀 더 어려운 경우, 다음 보조정리가 다항식 $P(x)$의 인수를 찾는 데 유용하다.

보조정리 7.2

$x-a$가 다항식 $P(x)$의 인수가 될 필요충분조건은 $P(a)=0$이다.

[증명] $x-a$가 $P(x)$의 인수이면 다음을 만족하는 다항식 $R(x)$가 있다.

$$P(x) = (x-a)R(x)$$

따라서 $P(a) = (a-a)R(a) = 0$이다. 역으로 $P(x) = c_n x^n + C_{n-1}x^{n-1} + \cdots + c_1 x + c_0$라고 놓고 $P(a) = 0$이라고 가정하자. 그러면

$$P(a) = c_n a^n + c_{n-1}a^{n-1} + \cdots + c_1 a + c_0 = 0.$$

이고

$$\begin{aligned} P(x) &= P(x) - P(a) \\ &= c_n(x^n - a^n) + c_{n-1}(x^{n-1} - a^{n-1}) + \cdots + c_1(x-a) \end{aligned} \tag{7.21}$$

이다. 그런데 $k \geq 2$인 정수 k에 대하여

$$x^k - a^k = (x-a)(x^{k-1} + x^{k-2}a + \cdots + a^{k-1})$$

이다. 그러므로 $x-a$는 식 (7.21)의 우변에 나타나는 각 항의 인수이다. 따라서 $x-a$는 $P(x)$의 인수이다. □

예제 7.22 식 $\dfrac{x^2+1}{2x^4-x^3-x}$에 ②를 시행시켜라.

풀이 분자는 인수분해가 되지 않기 때문에 분모만 인수분해하면

$$2x^4 - x^3 - x = x(2x^3 - x^2 - 1)$$

이다. 다음 $x=1$이면 $2x^3 - x^2 - 1 = 0$이다. 따라서 보조정리 7.2에 의하여 $x-1$은 $2x^3 + x^2 - 1$의 인수이다. 그러므로

$$2x^4 - x^3 - x = 2x(x-1)\left(x^2 + \frac{1}{2}x + \frac{1}{2}\right)$$

이고, 판별식에 의해서 $x^2+\frac{1}{2}x+\frac{1}{2}$은 더 이상 근이 없다. 따라서 일차인수로 인수분해가 될 수 없다. 따라서

$$\frac{x^2+1}{2x^4-x^3-1}=\frac{x^2+1}{2x(x-1)(x^2+\frac{1}{2}x+\frac{1}{2})}=\frac{1}{2}\frac{x^2+1}{x(x-1)(x^2+\frac{1}{2}x+\frac{1}{2})} \tag{7.22}$$

이다. □

준비의 마지막 단계는 유리함수의 분모에 있는 각 인수들을 분모로 갖는 항들의 합으로 표현하는 것이다. 이때 유리함수의 분모에 있는 $(x+a)^r$에 대해서는 다음과 같은 형태로 쓰여질 수 있다.

$$\frac{A_1}{x+a}+\frac{A_2}{(x+a)^2}+\cdots+\frac{A_r}{(x+a)^r}. \tag{7.23}$$

여기서 $A_1, A_2, \cdots, A_r$는 반드시 정해질 상수이다. $(x^2+bx+C)^s$ 형태의 인수에 대해서는 다음과 같다.

$$\frac{B_1x+C_1}{x^2+bx+c}+\frac{B_2x+C_2}{(x^2+bx+c)^2}+\cdots+\frac{B_sx+C_s}{(x^2+bx+c)^s} \tag{7.24}$$

여기서 $B_1, B_2, \cdots, B_s$와 $C_1, C_2, \cdots, C_s$는 반드시 정해질 상수이다.

③ 유리함수를 식 (7.23)과 (7.24)에서 나타나는 형태의 표현으로 변환시켜라. 이 단계에서 나타는 분수 때문에 이 방법을 <u>부분분수</u>라고 부른다.

부분분수에 의한 적분

예제 7.23 $\displaystyle\int \frac{2x+3}{x^3+2x^2+x}\,dx$를 구하여라.

풀이 식 $\dfrac{2x+3}{x^3+2x^2+x}$에 ②를 시행시키면

$$\frac{2x+3}{x^3+2x^2+x}=\frac{2(x+\frac{3}{2})}{x(x+1)^2}$$

이고 이제 ③을 적용시켜서 다음 형태의 분수로 놓자.

$$\frac{2(x+\frac{3}{2})}{x(x+1)^2}=\frac{A}{x}+\frac{B}{x+1}+\frac{C}{(x+1)^2} \tag{7.25}$$

상수 A, B, 그리고 C를 계산하기 위하여 식 (7.25)의 양변에 $x(x+1)^2$을 곱해서 분모를 없애자. 그러면

$$2\left(x+\frac{3}{2}\right)=A(x+1)^2+Bx(x+1)+Cx$$

이다. 이 식은 항등식이므로 $x=0$, 그리고 $x=-1$ 일 때도 성립해야만 한다. $x=0$

일 때는

$$3 = A \times 1 + B \times 0 + C \times 0$$

이므로 $A = 3$이다. $x = -1$ 일 때는

$$2 \times \frac{1}{2} = A \times 0 + B \times 0 + C \times (-1)$$

이므로 $C = -1$이다. 그러므로

$$2\left(x + \frac{3}{2}\right) = 3(x+1)^2 + Bx(x+1) - x$$

이고 식의 우변을 x에 관한 내림차순으로 정리하여 각 항의 계수를 비교하면 $B = -3$이다. 그러므로 식 (7.25)는

$$\frac{2(x+\frac{3}{2})}{x(x+1)^2} = \frac{3}{x} - \frac{3}{x+1} - \frac{1}{(x+1)^2}$$

이다. 따라서

$$\begin{aligned}\int \frac{2x+3}{x^3+2x^2+x}\,dx &= \int \frac{3}{x}\,dx - \int \frac{3}{x+1}\,dx - \int \frac{1}{(x+1)^2}\,dx \\ &= 3\ln|x| - 3\ln|x+1| + \frac{1}{x+1} + C \\ &= 3\ln\left|\frac{x}{x+1}\right| + \frac{1}{x+1} + C.\end{aligned}$$

□

예제 7.24 $\int \frac{1}{x(x^2+1)^2}\,dx$를 구하여라.

풀이 ③을 시행시키면

$$\frac{1}{x(x^2+1)^2} = \frac{A}{x} + \frac{Bx+C}{x^2+1} + \frac{Dx+E}{(x^2+1)^2}$$

이고 분모를 없애면

$$1 = A(x^2+1)^2 + (Bx+C)x(x^2+1) + (Dx+E)x \tag{7.26}$$

이다. 식 (7.26)에 $x = 0$을 대입하면

$$1 = A \times 1 + C \times 0 + E \times 0$$

이므로 $A = 1$이다. 그리고 식 (7.26)을 x에 관한 내림차순으로 정리하여 각 항의 계수들을 비교하면

$$1 + B = 0, \quad C = 0, \quad 2 + B + D = 0, \quad C + E = 0$$

이다. 따라서 $B = -1$, $C = 0$, $D = -1$, $E = 0$이다. 그러므로

$$\frac{1}{x(x^2+1)^2} = \frac{1}{x} - \frac{x}{x^2+1} - \frac{x}{(x^2+1)^2}$$

이고

$$\begin{aligned}\int \frac{1}{x(x^2+1)^2}\,dx &= \int \frac{1}{x}\,dx - \int \frac{x}{x^2+1}\,dx - \int \frac{x}{(x^2+1)^2}\,dx \\ &= \ln|x| - \frac{1}{2}\ln(x^2+1) + \frac{1}{2}\frac{1}{x^2+1} + C.\end{aligned}$$

□

연습문제 7.4

1. 다음 적분을 구하여라.

(1) $\int \frac{1}{x+1}\,dx$

(2) $\int \frac{x^2}{x^2+1}\,dx$

(3) $\int \frac{t^2-1}{t^2+1}dt$

(4) $\int \frac{x^2+4}{x(x-1)^2}\,dx$

(5) $\int \frac{2x^3+x^2+12}{x^2-4}\,dx$

(6) $\int \frac{5}{(x-2)(x-3)}\,dx$

(7) $\int \frac{3t}{t^2-8t+15}dt$

(8) $\int \frac{2}{x^2-x-6}\,dx$

(9) $\int \frac{x^2+x+1}{x^2-1}\,dx$

(10) $\int \frac{u-1}{u^2+u+1}du$

(11) $\int \frac{3x}{(1-x^2)^2}\,dx$

(12) $\int \frac{4x}{(x+1)(x+2)(x+3)}\,dx$

(13) $\int \frac{1}{(1-x^2)^2}\,dx$

(14) $\int \frac{x^3}{(x+1)^3}\,dx$ $\left(\text{힌트 : }\frac{x}{x+1} = 1 - \frac{1}{x+1}\right)$

(15) $\int \frac{1}{(x-1)(x^2+1)^2}\,dx$

(16) $\int \frac{\sin x + \cos x}{\sin^2 x + 1}\,dx$

(17) $\int \frac{1}{1+e^x}\,dx$

(18) $\int \frac{e^x}{1-e^{2x}}\,dx$

(19) $\int x\tan^{-1} x\,dx$

(20) $\int \ln(x^2+1)\,dx$

2. 다음에 주어진 치환을 사용하여 적분하여라.

(1) $\int \frac{\sqrt{x}+1}{x+1}\,dx; u = \sqrt{x}$

(2) $\int \frac{1}{x\sqrt{x+1}}\,dx; u = \sqrt{x+1}$

(3) $\int \frac{\sqrt{x}}{1+\sqrt[3]{x}}\,dx; u = \sqrt[6]{x}$

(4) $\int_0^{\frac{\pi}{4}} \tan^3 x\,dx; u = \tan x$

(5) $\int_{-\frac{5}{3}}^{-1} \sqrt{\frac{x+1}{x-1}}\,dx; u = \sqrt{\frac{x+1}{x-1}}$

(6) $\int \frac{1}{x}\left(\frac{x}{x+1}\right)^{\frac{1}{3}}\,dx; u = \left(\frac{x}{x+1}\right)^{\frac{1}{3}}$

3. 치환 $u = \tan\frac{x}{2}$ 를 사용하여 다음 식을 증명하고 적분하여라.

$$\sin x = \frac{2u}{1+u^2},\quad \cos x = \frac{1-u^2}{1+u^2},\ \text{그리고}\ dx = \frac{2}{1+u^2}du$$

(1) $\displaystyle\int \frac{1}{2+\sin x}\,dx$

(2) $\displaystyle\int \frac{1}{3-\cos x}\,dx$

(3) $\displaystyle\int \frac{1}{2\cos x+\sin x}\,dx$

(4) $\displaystyle\int \frac{1+\sin x}{\cos x}\,dx$

(5) $\displaystyle\int \frac{1}{1+\sin x}\,dx$

(6) $\displaystyle\int_{\frac{\pi}{4}}^{\frac{\pi}{2}} \frac{1}{1+\cos x}\,dx$

(7) $\displaystyle\int \frac{1}{(1+\sin x)^2}\,dx$

(8) $\displaystyle\int \frac{1+\cos x}{\sin x}\,dx$

Memo

7.5 이상적분

구간 I 위에서 정의된 함수 f가 다음 조건

$$\text{“모든 } x \in I \text{에 대하여 } |f(x)| \leq M \text{이 성립하는 양수 } M \text{이 존재”}$$

을 만족하면 f를 **유계함수**라고 한다. 우리는 이제까지 유계이고 닫힌구간 위에 정의된 유계함수의 적분에 대하여 공부하였다. 이 절에서는 피적분함수가 유계가 아니거나 적분구간이 유계가 아닌 경우의 함수의 적분을 다룬다. 이와 같은 정적분을 **이상적분**이라고 부른다.

I. 비유계 피적분함수를 갖는 적분

f가 열린구간 (c, x)에서 유계가 아니거나 열린구간 (x, c)에서 유계가 아닌 x가 존재하면 f는 c **근방에서 비유계**라고 한다. 예를 들어, $\dfrac{1}{x}$과 $\dfrac{1}{\sqrt{x}}$은 0 근처에서 비유계이다.

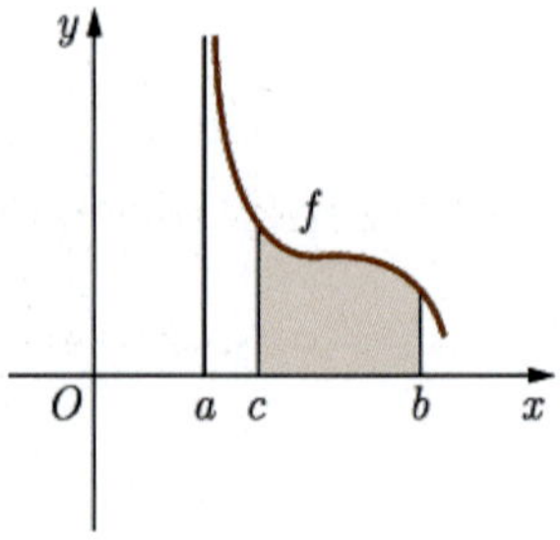

그림 7.4: $\displaystyle\lim_{c \to a^+} \int_c^b f(x)\,dx$

f가 $(a, b]$의 모든 점에서 연속이고 a 근방에서 비유계라고 하자(그림 7.4). 그러면 (a, b) 상의 임의의 c에 대해 f는 $[c, b]$에서 연속이고, $\displaystyle\int_c^b f(x)\,dx$는 정의된다. 만약 한쪽 방향 극한

$$\lim_{c \to a^+} \int_c^b f(x)\,dx$$

가 존재하면, $\displaystyle\int_a^b f(x)\,dx$를 이 극한값으로 정의하고 $\displaystyle\int_a^b f(x)\,dx$는 **'수렴한다'** 고 한다. 만약 위의 극한이 존재하지 않으면 $\displaystyle\int_a^b f(x)\,dx$는 **'발산한다'** 고 한다. 또한 f가 $(a, b]$ 위에서 음이 아닌 함수이고 $\displaystyle\int_a^b f(x)\,dx$가 수렴하면, 이 적분값은 $[a, b]$ 위의 x축과 f의 그래프 사이의 영역의 면적이다.

한편 f가 $(a,b]$ 위에서 음이 아니고 $\int_a^b f(x)\,dx$가 발산하면, 그에 해당하는 영역은 무한 면적을 갖고 $\int_a^b f(x)\,dx = \infty$라고 쓴다.

예제 7.25 $\int_0^1 \frac{1}{\sqrt{x}}\,dx$가 수렴함을 보이고 그 값을 구하여라.

풀이 $\frac{1}{\sqrt{x}}$은 $(0,1]$ 위의 모든 점에서 연속이고 0 근방에서 비유계이다. 임의의 $0<c<1$에 대하여

$$\int_c^1 \frac{1}{\sqrt{x}}\,dx = 2\sqrt{x}\Big|_c^1 = 2(1-\sqrt{c})$$

이고 $\lim_{c\to 0^+} 2(1-\sqrt{c}) = 2$가 된다. 따라서 $\int_0^1 \frac{1}{\sqrt{x}}\,dx$는 수렴하고, $\int_0^1 \frac{1}{\sqrt{x}}\,dx = 2$이다. 이것은 그림 7.5에서 빗금친 영역의 면적이 2라는 것을 의미한다. □

예제 7.26 $\int_0^1 \frac{1}{x}\,dx$가 발산함을 보여라.

풀이 $\frac{1}{x}$은 $(0,1]$에서 연속이고 0 근방에서 비유계이다. 모든 $0<c<1$에 대하여

$$\int_c^1 \frac{1}{x}\,dx = \ln x\Big|_c^1 = \ln 1 - \ln c = -\ln c$$

이다. 그런데 $\lim_{c\to 0^+}(-\ln c) = \infty$가 된다. 따라서 $\int_0^1 \frac{1}{x}\,dx$는 발산하고, 이것은 그림 7.6에서 빗금친 영역의 면적이 무한임을 의미한다. □

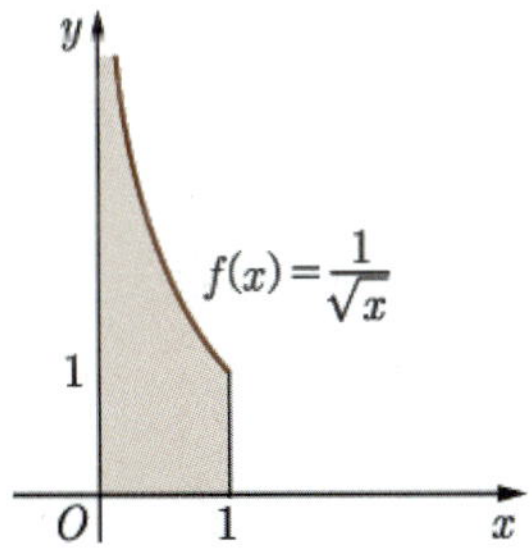

그림 7.5: 예제 7.25

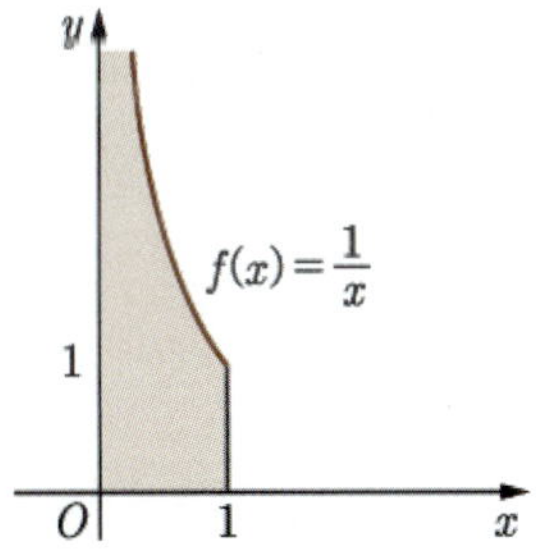

그림 7.6: 예제 7.26

f가 $[a,b)$에서 연속이고 b 근방에서 비유계이면, 모든 $a<c<b$에 대하여 $\int_a^c f(x)\,dx$는 정의된다. 만약에 $\lim_{c\to b^-}\int_a^c f(x)\,dx$가 존재하면, $\int_a^b f(x)\,dx$는 이 극한값이고 $\int_a^b f(x)\,dx$는 '**수렴한다**'고 한다. 만약 위의 극한값이 존재하지 않으면, $\int_a^b f(x)\,dx$ 는 '**발산한다**' 고한다.

f가 음이 아닌 함수이면 $\int_a^b f(x)\,dx$는 해당하는 영역의 면적이다.

예제 7.27 $\int_0^{\frac{\pi}{2}} \tan x\,dx$가 수렴하는지를 알아보아라.

풀이 피적분함수가 $[0, \frac{\pi}{2})$에서 연속이고, $\frac{\pi}{2}$ 근방에서 비유계이다. 모든 $0 < c < \frac{\pi}{2}$에 대하여

$$\int_0^c \tan x\,dx = -\ln(\cos x)\Big|_0^c = -\ln(\cos c) + \ln(\cos 0) = -\ln(\cos c)$$

이고 $\lim_{c\to\frac{\pi}{2}^-} \cos c = 0$이므로 $\lim_{c\to\frac{\pi}{2}^-} [-\ln(\cos c)] = \infty$가 된다. 따라서 $\int_0^{\frac{\pi}{2}} \tan x\,dx$는 발산하고 해당하는 영역은 무한면적이다. □

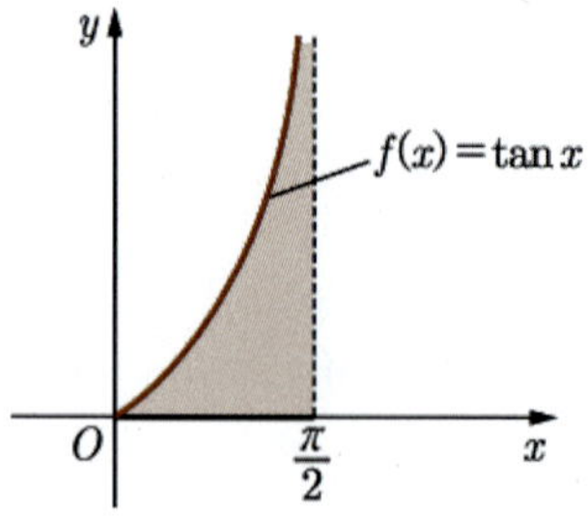

그림 7.7: 예제 7.27

f가 (a, b)에서 연속이고 a와 b 근방에서 비유계이면 임의의 $a < d < b$에 대하여 $\int_a^d f(x)\,dx$와 $\int_d^b f(x)\,dx$가 모두 존재하면, $\int_a^b f(x)\,dx$는 '**수렴한다**'고 한다. 만약 그렇지 않으면, $\int_a^b f(x)\,dx$가 '**발산한다**'고 한다.

예제 7.28 $\int_0^1 \frac{1-2x}{\sqrt{x-x^2}}\,dx$이 수렴하는지를 판단하여라.

풀이 피적분함수가 0과 1 근방에서 비유계이고 $(0, 1)$에서 연속이다. 따라서 $d = \frac{1}{2}$이라고 하면

$$\int_0^{\frac{1}{2}} \frac{1-2x}{\sqrt{x-x^2}}\,dx \text{ 그리고 } \int_{\frac{1}{2}}^1 \frac{1-2x}{\sqrt{x-x^2}}\,dx$$

의 수렴여부를 알아보아야 한다. 모든 $0 < c < \frac{1}{2}$에 대하여

$$\int_c^{\frac{1}{2}} \frac{1-2x}{\sqrt{x-x^2}}\,dx = 2\sqrt{x-x^2}\Big|_c^{\frac{1}{2}} = 2\left(\sqrt{\frac{1}{4}} - \sqrt{c-c^2}\right) = 1 - 2\sqrt{c-c^2}$$

이다. $\lim_{c \to 0^+} \sqrt{c - c^2} = 0$이므로

$$\int_0^{\frac{1}{2}} \frac{1-2x}{\sqrt{x-x^2}}\,dx = \lim_{c\to 0^+} \int_c^{\frac{1}{2}} \frac{1-2x}{\sqrt{x-x^2}}\,dx = \lim_{c\to 0^+} (1 - 2\sqrt{c-c^2}) = 1$$

이다. 비슷한 계산에 의하여 두 번째 이상적분도 수렴하고

$$\int_0^1 \frac{1-2x}{\sqrt{x-x^2}}\,dx = \int_0^{\frac{1}{2}} \frac{1-2x}{\sqrt{x-x^2}}\,dx + \int_{\frac{1}{2}}^1 \frac{1-2x}{\sqrt{x-x^2}}\,dx = 1 - 1 = 0.$$

□

비유계인 함수의 마지막 형태로 함수 f가 (a,b) 중의 한 점 d를 제외하고 $[a,b]$ 위에서 연속이고, d 근방에서 비유계인 함수를 생각해 보자. $\int_a^d f(x)\,dx$와 $\int_d^b f(x)\,dx$가 모두 수렴하면, $\int_a^b f(x)\,dx$가 '**수렴한다**'고 한다. 그렇지 않으면 $\int_a^b f(x)\,dx$는 '**발산한다**'고 한다.

II. 비유계인 구간 위의 적분

$\int_a^\infty f(x)\,dx$와 $\int_{-\infty}^\infty f(x)\,dx$ 형태의 적분도 **이상적분**이라고 부른다. f가 $[a,\infty)$에서 연속이면 임의의 $b \ge a$에 대하여 $\int_a^b f(x)\,dx$는 정의된다. 이상적분 $\lim_{b\to\infty} \int_a^b f(x)\,dx$가 존재하면 $\int_a^\infty f(x)\,dx$가 '**수렴한다**'고 한다. 이때

$$\int_a^\infty f(x)\,dx = \lim_{b\to\infty} \int_a^b f(x)\,dx$$

이다. 그렇지 않으면 적분은 '**발산한다**'고 한다. $\int_{-\infty}^b f(x)\,dx$도 같은 방법으로 다루면 된다. 만약 $f \ge 0$이면 적분과 면적의 관계는 앞에서와 같다.

예제 7.29 $f(x) = e^{-x}$의 구간 $[1,\infty)$에 대응하는 영역의 면적이 유계임을 보이고 그것의 면적을 구하여라(그림 7.8).

풀이 임의의 $b > 1$에 대하여 $\int_1^b e^{-x}\,dx = -e^{-x}\Big|_1^b = -e^{-b} + 1$이다. $\int_1^\infty e^{-x}\,dx = \lim_{b\to\infty} \int_1^b e^{-x}\,dx$이므로 $\int_1^\infty e^{-x}\,dx = \lim_{b\to\infty}(-e^{-b}+1) = 1$이다. 따라서 이 이상적분은 수렴하고 이 값은 그림 7.8의 영역의 면적이다. □

이번에는 $\int_0^\infty \frac{1}{x^2}\,dx$와 같이 피적분함수도 0 근방에서 비유계이고, 적분구간도 비유계인

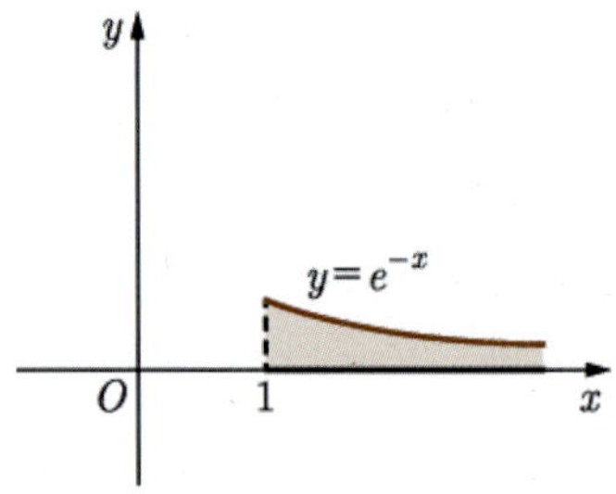

그림 7.8: 예제 7.29

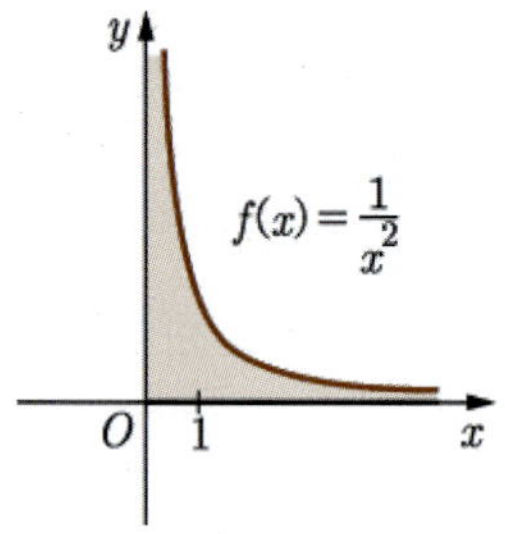

그림 7.9: 예제 7.29

경우를 생각해보자(그림 7.9). 이런 경우에는 임의의 $0 < d < \infty$에 대하여 $\int_0^d \frac{1}{x^2}\,dx$와 $\int_d^\infty \frac{1}{x^2}\,dx$가 모두 수렴하면 적분이 **수렴한다**고 한다.

예제 7.30 $\int_0^\infty \frac{1}{x^2}\,dx$가 발산함을 보여라.

풀이 $d = 1$이라고 놓자. $\int_0^1 \frac{1}{x^2}\,dx$가 발산함을 보임으로써 $\int_0^\infty \frac{1}{x^2}\,dx$가 발산함을 보일 것이다. 우선 임의의 $0 < c < 1$에 대하여

$$\int_c^1 \frac{1}{x^2}\,dx = -\frac{1}{x}\Big|_c^1 = \frac{1}{c} - 1$$

이고 $\lim_{c\to 0^+}\left(\frac{1}{c} - 1\right) = \infty$이므로 $\int_0^1 \frac{1}{x^2}\,dx$는 발산한다. 그러므로 $\int_0^\infty \frac{1}{x^2}\,dx$는 발산한다. □

f가 실수 구간 전체에서 연속인 경우에는 $\int_{-\infty}^d f(x)\,dx$와 $\int_d^\infty f(x)\,dx$가 모두 수렴할 때 $\int_{-\infty}^\infty f(x)\,dx$가 '**수렴한다**'하고 이 값을 다음과 같이 정의한다.

$$\int_{-\infty}^\infty f(x)\,dx = \int_{-\infty}^d f(x)\,dx + \int_d^\infty f(x)\,dx.$$

예제 7.31 $\displaystyle\int_{-\infty}^{\infty} \frac{1}{x^2+1}\,dx$ 의 수렴성을 알아보아라.

풀이 $\dfrac{1}{1+x^2}$ 은 실수 구간 $(-\infty, \infty)$ 에서 연속이다.

$$\begin{aligned}\int_{-\infty}^{0} \frac{1}{1+x^2}\,dx &= \lim_{a\to-\infty}\int_{a}^{0} \frac{1}{1+x^2}\,dx = \lim_{a\to-\infty}\Big[\tan^{-1}x\Big]_a^0 \\ &= \lim_{a\to-\infty}(\tan^{-1}0 - \tan^{-1}a) = \frac{\pi}{2}\end{aligned}$$

비슷한 계산에 의하여 $\displaystyle\int_{0}^{\infty} \frac{1}{1+x^2}\,dx = \frac{\pi}{2}$ 이다. 그러므로 주어진 이상적분은 수렴하고

$$\int_{-\infty}^{\infty} \frac{1}{1+x^2}\,dx = \int_{-\infty}^{0} \frac{1}{1+x^2}\,dx + \int_{0}^{\infty} \frac{1}{1+x^2}\,dx = \frac{\pi}{2}+\frac{\pi}{2} = \pi.$$

□

연습문제 7.5

1. 다음 이상적분의 수렴성을 결정하여라. 수렴하면 적분의 값을 구하여라.

(1) $\displaystyle\int_{0}^{1} \frac{1}{x^{0.9}}\,dx$

(2) $\displaystyle\int_{0}^{1} \frac{1}{x^{1.1}}\,dx$

(3) $\displaystyle\int_{3}^{4} \frac{1}{\sqrt[3]{x-3}}\,dx$

(4) $\displaystyle\int_{0}^{2} \frac{x}{\sqrt[3]{x^2-2}}\,dx$

(5) $\displaystyle\int_{0}^{\frac{\pi}{2}} \cot y\,dy$

(6) $\displaystyle\int_{0}^{2} \frac{\ln x}{x}\,dx$

(7) $\displaystyle\int_{1}^{2} \frac{1}{w\ln w}\,dw$

(8) $\displaystyle\int_{0}^{1} \frac{3x^2-1}{\sqrt[3]{x^3-x}}\,dx$

(9) $\displaystyle\int_{0}^{1} \frac{1}{e^t-e^{-t}}\,dt$

(10) $\displaystyle\int_{-1}^{2} \frac{1}{t^3}\,dt$

(11) $\displaystyle\int_{-1}^{2} \left(\frac{1}{x}+\frac{1}{x^2}\right)dx$

(12) $\displaystyle\int_{-\frac{\pi}{2}}^{\frac{\pi}{2}} \frac{1}{x^2}\sin\frac{1}{x}\,dx$

(13) $\displaystyle\int_{0}^{1} \frac{e^t}{\sqrt{e^t-1}}\,dt$

(14) $\displaystyle\int_{0}^{\infty} \sin y\,dy$

(15) $\displaystyle\int_{0}^{\infty} \frac{1}{(1+x)^3}\,dx$

(16) $\displaystyle\int_{-\infty}^{-1} \ln(-x)\,dx$

(17) $\displaystyle\int_{0}^{\infty} e^{-x}\sin x\,dx$

(18) $\displaystyle\int_{1}^{\infty} \frac{1}{\sqrt{x^2-1}}\,dx$

(19) $\displaystyle\int_{-\infty}^{2} \frac{1}{x^2+4}\,dx$

(20) $\displaystyle\int_{1}^{\infty} \frac{1}{t\sqrt{t^2-1}}\,dt$

(21) $\displaystyle\int_{-2}^{\infty} \frac{1}{t^2+4t+8}\,dt$

(22) $\displaystyle\int_{0}^{\infty} \frac{x\cos x-\sin x}{x^2}\,dx$

(23) $\displaystyle\int_{-\infty}^{\infty} x\sin x\,dx$

(24) $\displaystyle\int_{-\infty}^{\infty} \frac{1}{x^2-6x+10}\,dx$

2. 다음을 보여라.

(1) $r < 1$이면 $\displaystyle\int_0^1 \frac{1}{x^r}\,dx$는 수렴하고, $r \geq 1$이면 발산한다.

(2) $r > 1$이면 $\displaystyle\int_1^\infty \frac{1}{x^r}\,dx$는 수렴하고, $r \leq 1$이면 발산한다.

3. f와 g는 $[a, \infty)$에서 연속이고 모든 $x \geq a$에 대하여 $0 \leq g(x) \leq f(x)$를 만족한다. 이때 다음을 증명하여라.

(1) $\displaystyle\int_a^\infty g(x)\,dx = \infty$이면 $\displaystyle\int_a^\infty f(x)\,dx = \infty$이다.

(2) $\displaystyle\int_a^\infty f(x)\,dx$가 수렴하면 $\displaystyle\int_a^\infty g(x)\,dx$가 수렴한다.

4. 문제 3을 이용하여 다음 이상적분의 수렴 및 발산을 결정하여라.

(1) $\displaystyle\int_1^\infty \frac{1}{1+x^5}\,dx$

(2) $\displaystyle\int_0^\infty \frac{1}{\sqrt{2+\sin x}}\,dx$

(3) $\displaystyle\int_2^\infty \frac{\ln x}{\sqrt{x^2-1}}\,dx$

(4) $\displaystyle\int_2^\infty \frac{1}{(1+x)\ln x}\,dx$

Memo

8. 적분의 응용

8.1 면적

8.2 체적 : 수직단면에 의한 방법

8.3 체적 : 셸에 의한 방법

8.4 곡선의 길이

8.5 극좌표

8.6 극방정식과 그래프

8.7 극방정식의 미분

8.8 극좌표에 의한 넓이

CHAPTER 8

적분의 응용

여기서는 적분의 응용에 대하여 다룬다. 수학적 응용으로는 면적, 체적, 곡선의 길이 그리고 곡면의 표면적 등이 있고, 물리적 응용으로는 힘에 의한 일, 그리고 평면 영역 위의 관성 등이 있다. 이러한 여러 가지 응용을 통일된 방법으로 다루기 위해 정리 **??**에서 기술한 닫힌구간 $[a,b]$ 위에서 정의된 연속함수의 적분의 존재성 및 표현을 기초로 할 것이다.

여기서 체적 또는 면적과 같은 어떤 응용의 양 I를 표현하는 공식을 다음과 같이 대략적으로 유도해 보겠다.

1. 각 응용의 개념에 따라 구간 $[a,b]$ 위의 연속함수 f를 찾아서 $[a,b]$ 위의 어떤 분할 $P=\{t_1,\cdots,t_n\}$에 대하여 I가 분할 위에서의 f의 상합과 하합인 $\sum_{k=1}^{n} f(u_k)\Delta x_k$와 $\sum_{k=1}^{n} f(v_k)\Delta x_k$ 사이에 놓여진다. f의 적분가능성에 의하여 위의 상합과 하합은 같은 값으로 다가가고 I는 그 극한값으로 쓰여질 수 있다.

$$I=\lim_{\|P\|\to 0}\sum_{k=1}^{n} f(u_k)\Delta x_k=\lim_{\|P\|\to 0}\sum_{k=1}^{n} f(v_k)\Delta x_k$$

2. 결론적으로 $I=\int_a^b f(x)\,dx$가 된다.

8.1 면적

제7장에서는 그림 8.1의 (a)에서 보여지는 유형의 영역의 면적을 $\int_a^b f(x)\,dx$로 정의했다. 그러나 8.1절에서는 그림 8.1의 (b)에서와 같은 좀 더 일반적인 영역의 면적을 표현하고자 한다.

f와 g는 구간 $[a,b]$ 위에서 연속이고 모든 $x\in[a,b]$에 대하여 $f(x)\ge g(x)$라고 가정하자. 그림 8.1의 (b)에서 보여진 영역 R을 $[a,b]$ 위에서 f와 g의 그래프 사이의 **영역**이라고 부르자. $P=\{x_0,x_1,\cdots,x_n\}$은 $[a,b]$ 위의 임의의 분할이고, 1과 n 사이의 각 k에

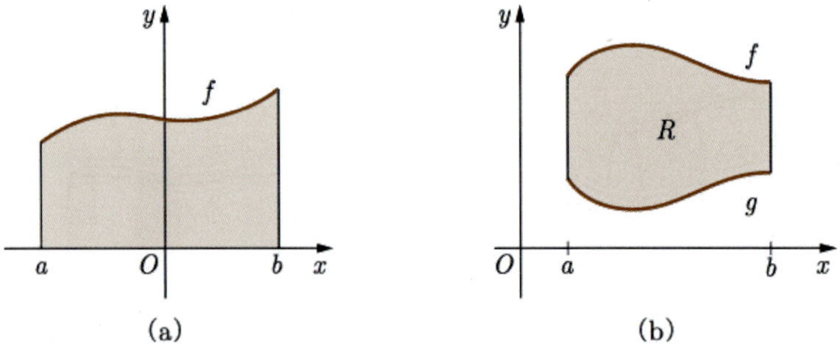

그림 8.1: 영역

대하여, t_k는 부분분할 $[x_{k-1}, x_k]$ 안의 임의의 한 점이라고 하자. 두 수직선 $x = x_{k-1}$과 $x = x_k$ 사이에 있는 R의 부분인 A_k의 면적은 직사각형의 면적인 $[f(u_k) - g(u_k)]\Delta x_k$와 $[f(v_k) - g(v_k)]\Delta x_k$ 사이에 있다. 여기서 $(f-g)(u_k) = \max_{x \in [x_{k-1}, x_k]} (f-g)(x)$이고 $(f-g)(v_k) = \min_{x \in [x_{k-1}, x_k]} (f-g)(x)$인 u_k와 v_k가 $[x_{k-1}, x_k]$에 존재한다. 전체 R의 면적 A는 $A_1, A_2, \cdots, A_n$의 합이므로

$$\sum_{k=1}^{n} [f(v_k) - g(v_k)]\Delta x_k \le A \le \sum_{k=1}^{n} [f(u_k) - g(u_k)]\Delta x_k$$

이다. $f - g$는 $[a, b]$ 위에서 연속함수이므로

$$A = \lim_{\|P\| \to 0} \sum_{k=1}^{n} [f(u_k) - g(u_k)]\Delta x_k = \lim_{\|P\| \to 0} \sum_{k=1}^{n} [f(v_k) - g(v_k)]\Delta x_k$$

이고 따라서

$$A = \int_a^b (f(x) - g(x))\, dx. \tag{8.1}$$

예제 8.1 $f(x) = \cos x$와 $g(x) = \sin x$라고 하자. $[0, \frac{\pi}{4}]$ 위의 f와 g의 그래프 사이 영역의 면적을 구하여라(그림 8.2).

풀이 모든 $x \in \left[0, \frac{\pi}{4}\right]$에 대해서 $\cos x \ge \sin x$이므로 식 (8.1)로부터

$$\begin{aligned} A &= \int_0^{\frac{\pi}{4}} [f(x) - g(x)]\, dx = \int_0^{\frac{\pi}{4}} (\cos x - \sin x)\, dx \\ &= \Big[\sin x + \cos x\Big]_0^{\frac{\pi}{4}} = \left(\frac{1}{2}\sqrt{2} + \frac{1}{2}\sqrt{2}\right) - (0 + 1) = \sqrt{2} - 1. \end{aligned}$$

□

만약 적분할 구간이 주어지지 않고 두 차례 교차된 두 그래프 사이의 영역을 구하려면, 먼저 어디서 교차하는지, 어떤 그래프가 다른 그래프의 위에 있는지 그리고 그에 해당되는 적분할 구간을 결정해야 한다.

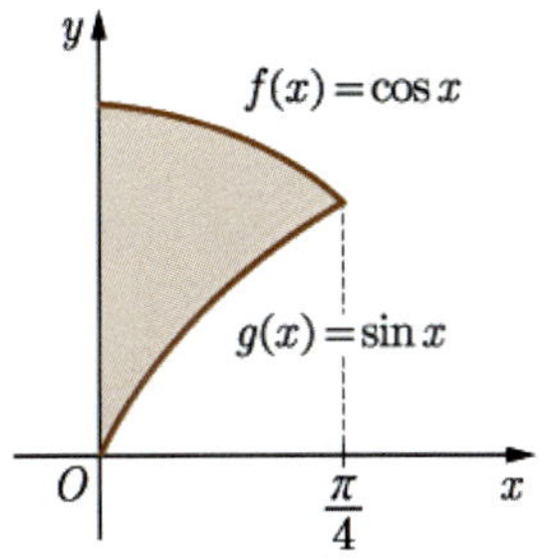

그림 8.2: 예제 8.1

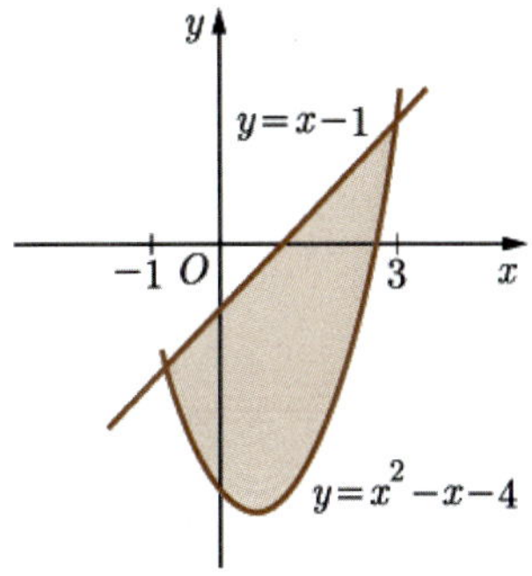

그림 8.3: 예제 8.2

예제 8.2 $y = x^2 - x - 4$와 $y = x - 1$의 그래프 사이의 영역의 면적을 구하여라.

풀이 먼저 두 그래프가 만나는 x좌표를 구하자.

$$x^2 - x - 4 = x - 1$$

$$x^2 - 2x - 3 = 0$$

$$x = -1 \text{ 또는 } x = 3$$

따라서 $[-1, 3]$ 위에서 $y = x^2 - x - 4$와 $y = x - 1$의 그래프 사이의 영역은 $-1 \le x \le 3$인 모든 x에 대하여 $x^2 - x - 4 \le x - 1$ 이다. 식 (8.1)에 의하여

$$\begin{aligned} A &= \int_{-1}^{3} [(x-1) - (x^2 - x - 4)]\, dx = \int_{-1}^{3} (-x^2 + 2x + 3)\, dx \\ &= \left[-\frac{1}{3}x^3 + x^2 + 3x \right]_{-1}^{3} = (-9 + 9 + 9) - \left(\frac{1}{3} + 1 - 3 \right) = \frac{32}{3}. \end{aligned}$$

□

정리 8.1

f와 g가 $[a, b]$ 위의 연속함수라 하자. $[a, b]$ 위에서 f와 g의 그래프 사이 영역 R의 면적 A는

$$A = \int_{a}^{b} |f(x) - g(x)|\, dx \tag{8.2}$$

이다.

예제 8.3 직선 $y = 2x - 2$와 포물선 $x = \frac{1}{2}y^2$ 사이의 영역 R의 면적 A를 구하여라.

풀이 두 그래프가 만나는 x좌표를 구하면

$$x = \frac{1}{2}y^2 = \frac{1}{2}(2x-2)^2 = 2x^2 - 4x + 2$$
$$2x^2 - 5x + 2 = 0$$
$$x = \frac{1}{2} \text{ 또는 } x = 2$$

이다. 따라서 R은 $[0, \frac{1}{2}]$ 위의 부분과 $[\frac{1}{2}, 2]$ 위의 부분, 즉 두 부분으로 나누어진다. $[0, \frac{1}{2}]$ 위의 부분은 두 그래프

$$f_1(x) = \sqrt{2x} \text{ 그리고 } g_1(x) = -\sqrt{2x}$$

사이에 있고 $[\frac{1}{2}, 2]$ 위의 부분은 두 그래프

$$f_2(x) = \sqrt{2x} \text{ 와 } g_2(x) = 2x - 2$$

사이에 있다.

$$\begin{aligned} A &= \int_0^{\frac{1}{2}} |f_1(x) - g_1(x)| dx + \int_{\frac{1}{2}}^2 |f_2(x) - g_2(x)|\, dx \\ &= \int_0^{\frac{1}{2}} [\sqrt{2x} - (-\sqrt{2x})]\, dx + \int_{\frac{1}{2}}^2 [\sqrt{2x} - (2x-2)]\, dx \\ &= \int_0^{\frac{1}{2}} 2\sqrt{2x}\, dx + \int_{\frac{1}{2}}^2 (\sqrt{2x} - 2x + 2)\, dx \\ &= \left[\frac{4\sqrt{2}}{3}x^{\frac{3}{2}}\right]_0^{\frac{1}{2}} + \left[\frac{2\sqrt{2}}{3}x^{\frac{3}{2}} - x^2 + 2x\right]_{\frac{1}{2}}^2 \\ &= \left(\frac{2}{3} - 0\right) + \left[\left(\frac{8}{3} - 4 + 4\right) - \left(\frac{1}{3} - \frac{1}{4} + 1\right)\right] = \frac{9}{4} \end{aligned}$$

□

x에 대한 두 함수의 그래프 사이의 영역 대신 y의 함수, f와 g의 그래프 사이의 영역을 생각하자. 그러면 $y = c$와 $y = d$ 사이의 f와 g의 그래프에 의해 경계지어진 **영역 R의 면적** A는

$$A = \int_c^d |f(y) - g(y)|\, dy \tag{8.3}$$

으로 주어진다.

예제 8.4 y의 구간 $[0, \frac{\pi}{2}]$ 위에서 y축과 $x = y + \sin y$ 사이의 영역을 R이라고 하자. R의 면적 A를 구하여라.

풀이 $0 \le y \le \dfrac{\pi}{2}$인 y에 대하여 $y + \sin y \ge 0$이므로 식 (8.3)에 의하여

$$\begin{aligned} A &= \int_0^{\frac{\pi}{2}} (y + \sin y)\, dy = \left[\frac{1}{2}y^2 - \cos y\right]_0^{\frac{\pi}{2}} \\ &= \frac{1}{2}\left(\frac{\pi}{2}\right)^2 - (-1) = \frac{\pi^2}{8} + 1. \end{aligned}$$

□

위 예제 8.4는 x의 함수로 표현할 방법이 없으므로 영역의 면적을 식 (8.2)에 의하여 구하는 것은 불가능하다. 만약 영역이 x의 함수와 y의 함수 모두에 의해 표현된다면, 면적은 식 (8.2) 또는 식 (8.3)로 구해져도 항상 같다. 예제 8.3을 식 (8.3)으로 다시 구해보자.

예제 8.5 직선 $y = 2x - 2$와 포물선 $x = \dfrac{1}{2}y^2$으로 둘러싸인 영역의 면적 A를 구하여라.

풀이 두 그래프가 만나는 y좌표를 구하면

$$\begin{aligned} &\frac{1}{2}y^2 = \frac{1}{2}(y + 2) \\ &y^2 - y - 2 = 0 \\ &y = -1 \text{ 또는 } y = 2. \end{aligned}$$

$-1 \le y \le 2$인 y에 대해 $\dfrac{1}{2}(y + 2) \ge \dfrac{1}{2}y^2$이므로

$$\begin{aligned} A &= \int_{-1}^{2} \left[\frac{1}{2}(y + 2) - \frac{1}{2}y^2\right] dy = \frac{1}{2}\int_{-1}^{2} (y + 2 - y^2) dy \\ &= \frac{1}{2}\left[\frac{1}{2}y^2 + 2y - \frac{1}{3}y^3\right]_{-1}^{2} = \frac{9}{4}. \end{aligned}$$

□

연습문제 8.1

1. 주어진 구간 위의 f의 그래프와 x축으로 둘러싸인 영역의 면적을 구하여라.
   (1) $f(x) = x^2 + 2x; [-1, 3]$
   (2) $f(x) = \cos x - \sin x; \left[0, \dfrac{\pi}{3}\right]$
   (3) $f(x) = \ln x; \left[\dfrac{1}{2}, 2\right]$
   (4) $f(x) = \dfrac{x}{\sqrt{1 - x^2}}; [-\dfrac{1}{2}, \dfrac{1}{2}]$
   (5) $f(x) = xe^{-x}; [-1, 1]$
   (6) $f(x) = \dfrac{2x^2 + x + 2}{x(x^2 + 1)}; [-\sqrt{3}, -1]$

2. 주어진 구간 위의 함수의 그래프 사이의 영역의 면적을 구하여라.

(1) $f(x) = \sec^2 x, \quad g(x) = \sec x \tan x; \quad \left[-\frac{\pi}{3}, \frac{\pi}{6}\right]$

(2) $f(x) = 2^x, \quad g(x) = 3^x; \quad [0, 1]$

(3) $f(x) = \frac{1}{x}, \quad g(x) = \frac{1}{x^2}; \quad \left[\frac{1}{2}, 2\right]$

(4) $f(x) = 2x^3 + 2x^2, \quad g(x) = 2x^3 - 2x; \quad [-4, 2]$

(5) $g(x) = \sin^2 x, \quad k(x) = \tan x; \quad \left[-\frac{\pi}{4}, \frac{\pi}{4}\right]$

(6) $g(x) = x^3 + 3x + \cos^2 x, \quad k(x) = 4x^2 - \sin^2 x + 1; \quad [-1, 2]$

(7) $f(x) = x\sqrt{2x+3}, \quad g(x) = x^2; \quad [-1, 3]$

3. 주어진 식의 그래프로 둘러싸인 영역의 면적을 구하여라.

(1) $f(x) = \sqrt{x}, \quad g(x) = x^2$

(2) $f(x) = x^2 + 3, \quad g(x) = 12 - x^2$

(3) $f(x) = e^x, \quad g(x) = 3 - 2e^{-x}$

(4) $y^2 = 6x, \quad x^2 = 6y$

(5) $y^2 = x, \quad y = x - 2$

(6) $y^2 = 4x, \quad y = x^2 + x$

(7) $y = x + 2, y = -3x + 6, \quad y = \frac{2-x}{3}$

Memo

8.2 체적 : 수직단면에 의한 방법

공간상의 입체의 수직단면적을 계산할 수 있다면 입체의 체적을 구하기 위한 적분 공식을 구할 수 있다. 체적에 대한 다른 공식은 8.3절에서 다룰 것이다.

다음과 같은 입체 D를 생각해 보자. $[a, b]$ 위의 모든 x에 대해 x에서 x축에 수직인 평면과 D가 만나는 영역이 면적 $A(x)$를 갖는다고 하자. (그림 8.4의 (a)) 만약 A가 상수인 경우는 직각 수직기둥 또는 수직원기둥 등이다. 이 경우 체적은 $A(b-a)$, 즉 상수 A인 입체단면적과 구간 $[a, b]$의 길이의 곱이다. 이제 공간상의 입체 D의 수직단면적 A가 $[a, b]$ 위에서 연속함수라고 하자. $P = \{x_0, x_1, \cdots, x_n\}$은 $[a, b]$ 위의 분할이다. 1과 n 사이의 임의의 정수 k에 대하여 $A(u_k) = \max_{x\in[x_{k-1},x_k]} A(x)$, $A(v_k) = \min_{x\in[x_{k-1},x_k]} A(x)$라 하자. 그러면 x_{k-1}과 x_k 사이의 D의 부분의 체적 V_k는

$$A(v_k)\Delta x_k \le V_k \le A(u_k)\Delta x_k$$

이다(그림 8.4의 (b)).

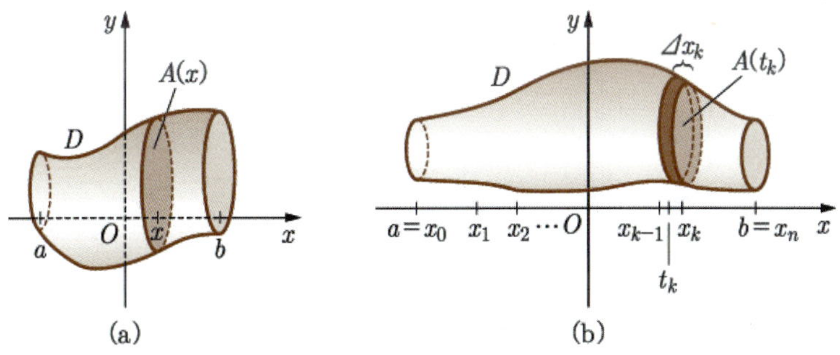

그림 8.4: 수직단면에 의한 방법

D의 체적 V는 $V_1, V_2, \cdots, V_k$의 합이므로

$$\sum_{k=1}^{n} A(v_k)\Delta x_k \le V \le \sum_{k=1}^{n} A(u_k)\Delta x_k$$

이고 A는 $[a, b]$ 위에서 연속함수이므로

$$V = \lim_{\|P\|\to 0} \sum_{k=1}^{n} A(v_k)\Delta x_k = \lim_{\|P\|\to 0} \sum_{k=1}^{n} A(u_k)\Delta x_k = \int_a^b A(x)\,dx$$

이다. 따라서 입체 D가 $a \le x \le b$ 위에서 수직단면적 $A(x)$를 가지고, A가 $[a, b]$ 위에서 연속이면 D의 체적 V는 다음과 같다.

$$V = \int_a^b A(x)\,dx \tag{8.4}$$

예제 8.6 $0 \le x \le 1$의 임의의 x에서 수직단면적의 반지름이 x^2인 반원인 입체 D의 체적 V를 구하여라.

풀이 가정에 의하여 x에서 수직단면적 $A(x)$는

$$A(x) = \frac{1}{2}\pi x^4$$

으로 주어진다. 식 (8.4)로부터

$$V = \int_0^1 A(x)\,dx = \int_0^1 \frac{1}{2}\pi x^4\,dx = \frac{\pi}{10}.$$

□

위에서 x와 y의 역할을 바꾸면 다음 식을 얻는다.

$$V = \int_c^d A(y)\,dy \tag{8.5}$$

구간 $[a, b]$ 위에서 연속이고 음이 아닌 함수 f가 x축의 둘레로 회전하면, 수직단면이 원판인 입체가 생긴다(그림 8.5).

x에서 회전단면의 반지름이 $f(x)$이므로

$$A(x) = \pi[f(x)]^2$$

이다. 식 (8.4)로부터 이 입체의 체적 V는

$$V = \pi \int_a^b [f(x)]^2\,dx \tag{8.6}$$

로 주어진다.

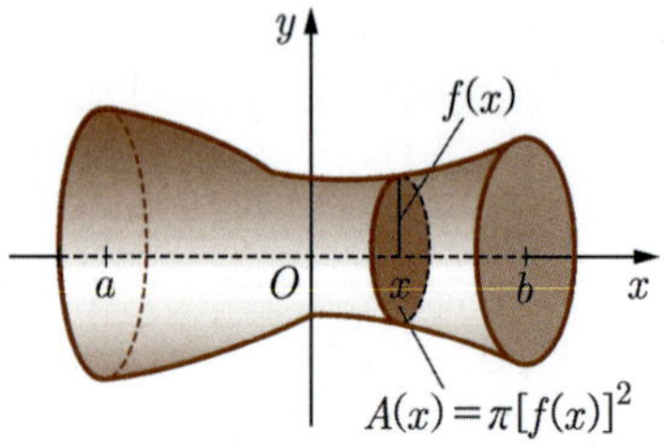

그림 8.5: 회전단면에 의한 방법

예제 8.7 반지름이 r인 구의 체적 V를 구하여라.

풀이 구는 지름을 둘레로 반원을 회전함으로써 생긴다. 따라서 $-r \le x \le r$에 대하여

$$f(x) = \sqrt{r^2 - x^2}$$

으로 놓으면 식 (8.6) 으로부터

$$V = \pi \int_{-r}^{r} (\sqrt{r^2 - x^2})^2 \, dx = \pi \int_{-r}^{r} (r^2 - x^2) \, dx = \frac{4}{3}\pi r^3.$$

□

예제 8.8 그림 8.6과 같은 원추대의 체적 V를 구하여라.

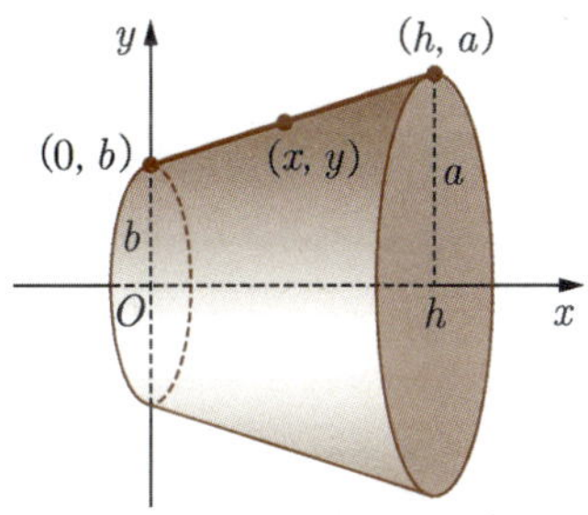

그림 8.6: 예제 8.8

풀이 원추대의 위쪽 경계를 따르는 직선의 식은

$$f(x) = b + \frac{a-b}{h}x$$

이고 원추대는 $[a,b]$ 위의 식을 x축의 둘레로 회전함으로써 생긴다. 식 (8.6)에 의하여

$$V = \pi \int_{0}^{h} \left(b + \frac{a-b}{h}x\right)^2 dx = \frac{\pi h}{3(a-b)}(a^3 - b^3).$$

□

다음은 좀 더 일반적인 평면영역을 x축의 둘레로 회전함으로써 생기는 입체의 체적을 구해보자. $f(x)$와 $g(x)$는 $a \le x \le b$에서

$$0 \le f(x) \le g(x)$$

라고 하자. $[a,b]$ 위에서 f와 g의 그래프로 둘러싸인 평면영역을 x축의 둘레로 회전하여 생기는 입체의 부피는 $f(x)$를 $[a,b]$ 위에서 회전하여 생기는 입체의 부피에서 $g(x)$를 $[a,b]$ 위에서 회전하여 생기는 입체의 부피를 뺀 것이다. 즉

$$V = \pi \int_{a}^{b} [f(x)^2 - g(x)^2] \, dx. \tag{8.7}$$

예제 8.9 $f(x) = 5x$, $g(x) = x^2$라고 하자. $[0, 3]$ 위에서 f와 g로 둘러싸인 영역을 R이라고 하자. R을 x축의 둘레로 회전하여 생기는 입체의 부피를 구하여라.

풀이 $0 \le x \le 3$에 대하여 $5x \ge x^2$이므로 식 (8.7) 에 의하여

$$V = \pi \int_0^3 (25x^2 - x^4)\, dx = \frac{882}{5}\pi.$$

□

연습문제 8.2

1. 주어진 구간 위의 함수의 그래프와 x축 사이의 영역을 x축의 둘레로 회전시킨 입체의 체적을 구하여라.

(1) $f(x) = x^2$, $[0, 1]$
(2) $f(x) = \sqrt{2 - x^2}$, $[0, \sqrt{2}]$
(3) $f(x) = \sin x$, $[0, \pi]$
(4) $g(x) = \sec x$, $[0, \frac{\pi}{4}]$
(5) $f(x) = \sqrt{x}e^x$, $[0, 1]$
(6) $g(x) = \sqrt{\ln x}$, $[1, 2]$
(7) $g(x) = x(x^3 + 1)^{\frac{1}{4}}$, $[1, 2]$

2. 주어진 구간 위의 함수의 그래프와 y축 사이의 영역을 y축의 둘레로 회전시킨 입체의 체적을 구하여라.

(1) $f(y) = e^y$, $[1, 2]$
(2) $f(y) = \sqrt{1 + y^3}$, $[1, 2]$
(3) $f(y) = \dfrac{1}{(1 - y^2)^{\frac{1}{4}}}$, $\left[0, \dfrac{1}{2}\right]$

3. 주어진 구간 위의 함수의 그래프 사이의 영역을 x축의 둘레로 회전시켜서 얻어진 입체의 체적을 구하여라.

(1) $f(x) = \sqrt{x + 1}$, $g(x) = \sqrt{x - 1}$, $[1, 3]$
(2) $f(x) = x^{\frac{1}{2}}$, $g(x) = x^{\frac{3}{2}}$, $[0, 1]$
(3) $f(x) = \cos x$, $g(x) = \sin x$, $[0, \frac{\pi}{4}]$

4. 다음에 주어진 입체의 체적을 구하여라.

(1) 입체의 바닥은 반지름이 1인 원이다. 그리고 바닥에 수직인 수직단면은 정사각형이다.
(2) 바닥은 한 변의 길이가 10인 정사각형이다. 바닥에 수직인 수직단면은 정사각형이다.
(3) 높이가 h이고 바닥은 한 변이 a인 정사각뿔이다. 이 입체의 부피가 $\frac{1}{3}a^2h$임을 보여라.

8.3 체적 : 셸에 의한 방법

f는 구간 $[a,b]$, $a>0$ 위에서 연속이고 음이 아닌 함수라 하자. $[a,b]$ 위에서 f의 그래프와 x축으로 둘러싸인 영역 R을 y축의 둘레로 회전하여 얻어진 입체의 체적을 다음과 같은 방법으로 구해보자. $P=\{x_0,x_1,\cdots,x_n\}$은 $[a,b]$ 위의 임의의 분할이다. 1에서 n 사이의 임의의 정수 k에 대하여 V_k는 두 직선 $x=x_{k-1}$과 $x=x_k$ 사이에 있는 입체 부분의 체적이라고 하자. f는 $[x_{k-1},x_k]$ 위에서 연속이므로 임의의 $x\in[x_{k-1},x_k]$에 대하여

$$f(c_k)\le f(x)\le f(d_k)$$

인 $c_k,d_k\in[x_{k-1},x_k]$가 존재한다.

$$\pi f(c_k)(x_k^2-x_{k-1}^2)\le V_k\le \pi f(d_k)(x_k^2-x_{k-1}^2)$$

$[a,b]$ 위의 체적 V는 $V_1,V_2,\cdots,V_n$의 합이므로

$$\sum_{k=1}^{n}\pi f(c_k)(x_k^2-x_{k-1}^2)\le V\le \sum_{k=1}^{n}\pi f(d_k)(x_k^2-x_{k-1}^2)$$

이다. 그런데 $\displaystyle\sum_{k=1}^{n}\pi f(d_k)(x_k+x_{k-1})(x_k-x_{k-1})$이고 f는 연속함수이므로 분할 P가 점점 세분될수록 d_k는 $(x_k+x_{k-1})/2$과 점점 가까워진다. 비슷하게 c_k도 $(x_k+x_{k-1})/2$과 점점 가까워진다. 따라서 입체의 체적 V는 거의

$$\sum_{k=1}^{n}2\pi f\left(\frac{x_k+x_{k-1}}{2}\right)\frac{x_k+x_{k-1}}{2}(x_k-x_{k-1})$$

와 같다. 그러므로

$$\begin{aligned} V &= \lim_{\|P\|\to 0}\sum_{k=1}^{n}2\pi f\left(\frac{x_k+x_{k-1}}{2}\right)\frac{x_k+x_{k-1}}{2}\Delta x_k \\ &= \int_a^b 2\pi x f(x)\,dx = 2\pi\int_a^b x f(x)\,dx \end{aligned}$$

이다. 따라서 입체의 체적은

$$V=2\pi\int_a^b x f(x)\,dx. \tag{8.8}$$

예제 8.10 $2\le x\le 3$ 일 때 $f(x)=-(x-2)^2+1$이라고 하자(그림 8.7). R은 $[2,3]$ 위에서 f의 그래프와 x축으로 둘러싸인 영역일 때 R을 y축에 대해 회전하여 생긴 입체의 체적 V를 구하여라.

풀이 식 (8.8) 에 의하여

$$V = 2\pi \int_2^3 x[-(x-2)^2+1]\,dx = 2\pi \int_2^3 (-x^3+4x^2-3x)\,dx$$
$$= 2\pi \left[-\frac{1}{4}x^4 + \frac{4}{3}x^3 - \frac{3}{2}x^2\right]_2^3 = \frac{19}{6}\pi.$$

□

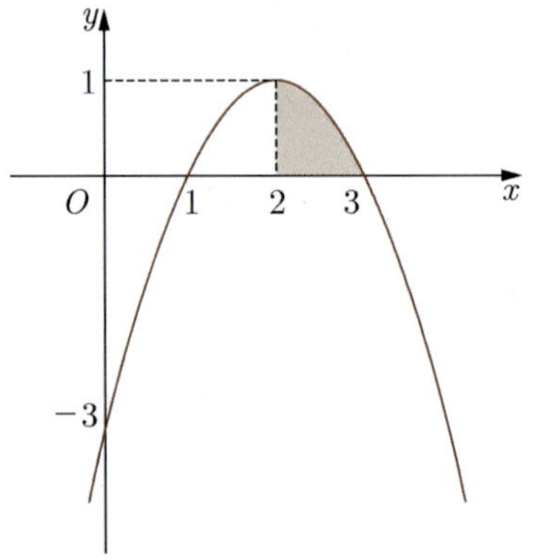

그림 8.7: 예제 8.10

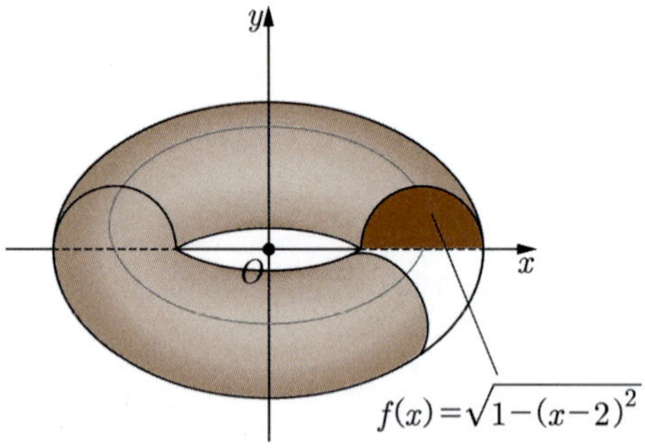

그림 8.8: 예제 8.11

예제 8.11 $f(x) = \sqrt{1-(x-2)^2}$ 이고 R은 $[1,3]$ 위에서 f의 그래프와 x축으로 둘러싸인 영역일 때 R을 y축의 둘레로 회전하여 생긴 입체의 체적을 구하여라(그림 8.8).

풀이 식 (8.8)에 의하여

$$V = 2\pi \int_1^3 x\sqrt{1-(x-2)^2}\,dx.$$

이 적분을 구하기 위하여 $x-2=\sin u$라고 치환하면

$$V = 2\pi \int_{-\frac{\pi}{2}}^{\frac{\pi}{2}} (\sin u + 2)\cos u \cos u\,du$$
$$= 2\pi \int_{-\frac{\pi}{2}}^{\frac{\pi}{2}} \sin u \cos^2 u\,du + 2\pi \int_{-\frac{\pi}{2}}^{\frac{\pi}{2}} 2\cos^2 u\,du$$
$$= 2\pi \int_{-\frac{\pi}{2}}^{\frac{\pi}{2}} \cos^2 u \cdot \sin u\,du + 2\pi \int_{-\frac{\pi}{2}}^{\frac{\pi}{2}} (1+\cos 2u)\,du$$
$$= 2\pi \left[-\frac{1}{3}\cos^3 u\right]_{-\frac{\pi}{2}}^{\frac{\pi}{2}} + 2\pi \left[u + \frac{1}{2}\sin 2u\right]_{-\frac{\pi}{2}}^{\frac{\pi}{2}} = 2\pi^2.$$

□

이제 y축 둘레로 회전시키는 평면 영역의 위와 아래의 경계에 주어진 조건을 약화시키겠

다. 특히 f와 g는 $[a,b]$, $a \geq 0$ 위에서 연속이고 $a \leq x \leq b$에 대하여

$$g(x) \leq f(x)$$

라고 하자. 그러면 R을 $[a,b]$ 위에서 f와 g의 그래프 사이의 영역이라고 하면 R을 y축을 둘레로 회전하여 생긴 **입체의 체적** V는 다음과 같이 주어진다.

$$V = 2\pi \int_a^b x[f(x) - g(x)]\, dx \tag{8.9}$$

예제 8.12 $f(x) = 3 - x^2$ 그리고 $g(x) = 3x - 1$이고 R은 $[0,1]$ 위에서 f와 g 사이의 영역이라고 하자. R을 y축을 둘레로 회전시켜서 생긴 입체의 체적을 구하여라(그림 8.9).

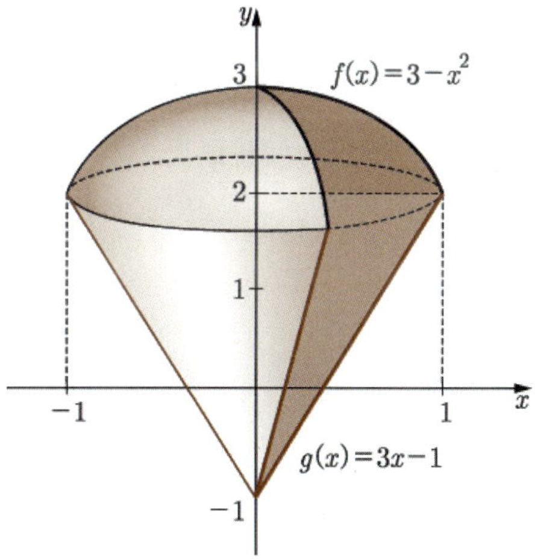

그림 8.9: 예제 8.12

풀이 $0 \leq x \leq 1$에 대하여 $3 - x^2 \geq 3x - 1$이므로 식 (8.9)에 의하여

$$\begin{aligned} V &= 2\pi \int_0^1 x[(3 - x^2) - (3x - 1)]\, dx \\ &= 2\pi \int_0^1 (-x^3 - 3x^2 + 4x)\, dx = \frac{3}{2}\pi. \end{aligned}$$

□

예제 8.13 R을 $[0,2]$ 위에서 $y = x^2$과 $y = 2x$의 그래프 사이의 영역이라고 하자. R을 x축 둘레로 회전시켜서 생긴 입체의 체적 V를 구하여라.

풀이 식 (8.9)를 사용하기 위하여 식 중에서 x와 y를 대치하여야 y에 관한 적분을 할 수

있다. 따라서 $[0,2]$ 위에서의 두 식의 역함수를 구해야 한다.

$$x = \frac{1}{2}y \quad \text{그리고} \quad x = \sqrt{y}$$

이고 $0 \le y \le 4$에 대하여 $\sqrt{y} \ge \frac{1}{2}y$이다. 따라서

$$\begin{aligned} V &= 2\pi \int_0^4 y\left(\sqrt{y} - \frac{1}{2}y\right) dy = 2\pi \int_0^4 \left(y^{\frac{3}{2}} - \frac{1}{2}y^2\right) dy \\ &= 2\pi \left[\frac{2}{5}y^{\frac{5}{2}} - \frac{1}{6}x^3\right]_0^4 \\ &= \frac{64}{15}\pi. \end{aligned}$$

□

연습문제 8.3

1. 주어진 구간 위의 함수의 그래프와 x축 사이의 영역을 R이라고 할 때, R을 y축 둘레로 회전시켜서 생긴 입체의 체적을 구하여라.
   (1) $f(x) = \sqrt{1+x^2}, \quad [0, \sqrt{3}]$
   (2) $f(x) = \sin x^2, \quad [\frac{\sqrt{\pi}}{2}, \sqrt{\pi}]$
   (3) $g(x) = \ln x, \quad [1, 3]$
   (4) $g(x) = \sqrt{1+\sqrt{x}}, \quad [0, 4]$

2. 주어진 구간 위의 함수의 그래프와 y축 사이의 영역을 R이라고 할 때, R을 x축 둘레로 회전시켜서 생긴 입체의 체적을 구하여라.
   (1) $f(y) = y^2\sqrt{1+y^4}, \quad [0, 1]$
   (2) $f(y) = (\ln y)/y, \quad [1, 2]$
   (3) $f(y) = \dfrac{1}{\sqrt{1-y^2}}, \quad [0, \frac{\sqrt{2}}{2}]$

3. 주어진 두 개의 식으로 둘러싸인 영역을 R이라고 할 때 R을 y축 둘레로 회전시켜서 생긴 입체의 체적을 구하여라.
   (1) $y = x$와 $y = x^2$
   (2) $y^2 = x$와 $y = x$

4. 반지름이 a인 구의 체적 V를 구하여라.

5. 반지름이 a이고 높이가 h인 원뿔의 체적 V를 구하여라.

8.4 곡선의 길이

고대 그리스인들은 원의 길이를 재기 위하여 내접하는 n-각형의 둘레를 계산하고 n이 점점 커지면 다각형의 둘레가 점점 원의 둘레에 다가간다고 생각하였다. 곡선의 길이를 정의하는데도 이런 생각을 기초로 할 것이다.

함수 $y = f(x)$를 구간 $[a, b]$에서 미분가능한 함수라고 하고 도함수 f'이 연속이라고 하자. f가 1차 함수이면 그 그래프의 길이 L은 $(a, f(a))$와 $(b, f(b))$ 사이의 거리이다. (그림 8.10의 (a))

$$L = \sqrt{(b-a)^2 + (f(b) - f(a))^2}$$

일반적으로 곡선의 길이를 정의하자. $P = \{x_0, \cdots, x_n\}$을 $[a, b]$ 위의 임의의 분할이라고 하자. f의 그래프를 다음과 같은 꺾은선 L에 의하여 근사시키자. 꺾은선 L은 $(x_0, f(x_0))$, $(x_1, f(x_1))$, $\cdots, (x_n, f(x_n))$을 꼭지점으로 갖는다(그림 8.10의 (b)). L_k를 L의 k번째 선분의 길이라고 하면

$$L_k = \sqrt{(x_k - x_{k-1})^2 + [f(x_k) - f(x_{k-1})]^2}$$

이다. 구간 $[x_{k-1}, x_k]$ 위에서 f에 평균값 정리를 적용하면

$$f(x_k) - f(x_{k-1}) = f'(t_k)(x_k - x_{k-1})$$

인 $t_k \in (x_{k-1}, x_k)$가 존재한다. 그리고

$$L_k = \sqrt{(x_k - x_{k-1})^2 + [f(x_k) - f(x_{k-1})]^2} = \sqrt{1 + f'(t_k)^2}(x_k - x_{k-1}).$$

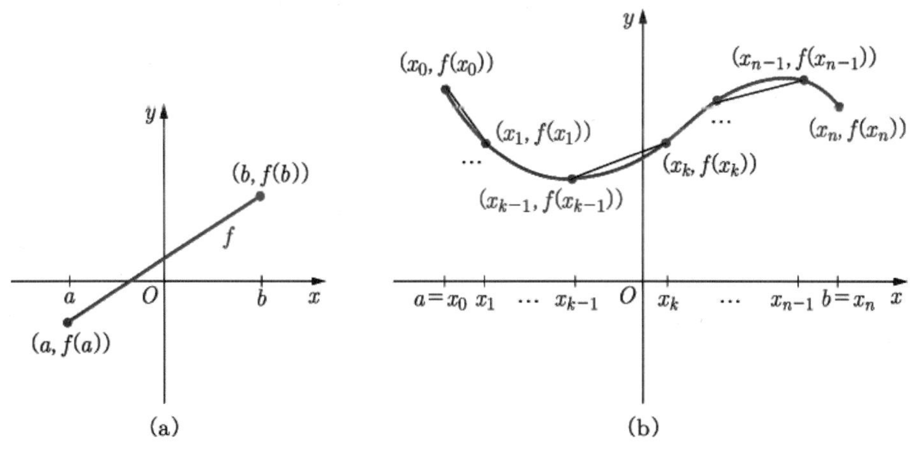

그림 8.10: 선분 및 곡선의 길이

따라서 L의 길이 L_P는 $L_1, L_2, \cdots, L_n$의 합이고

$$L_P = \sum_{k=1}^{n} \sqrt{1 + [f'(t_k)]^2}\Delta x_k$$

로 나타내어 진다. 이것은 $[a,b]$ 위에서 $\sqrt{1+(f')^2}$의 리만합으로 분할 P의 노름이 0으로 감에 따라 그 극한을 f의 그래프의 길이 L이라고 정의하자.

$$L = \lim_{\|P\|\to 0}\sum_{k=1}^{n}\sqrt{1+[f'(t_k)]^2}\Delta x_k = \int_a^b \sqrt{1+[f'(x)]^2}\,dx.$$

정의 8.1

f는 $[a,b]$ 위에서 연속인 도함수를 갖는다 하자. 그러면 $[a,b]$ 위에서 f의 그래프의 길이 L은 다음과 같다.

$$L = \int_a^b \sqrt{1+[f'(x)]^2}\,dx \tag{8.10}$$

예제 8.14 $[0,\frac{4}{3}]$ 위에서 $f(x)=x^{\frac{3}{2}}+2$라고 하자. f의 그래프의 길이를 구하여라.

풀이 $f'(x)=\dfrac{3}{2}x^{\frac{1}{2}}$이므로, 식 (8.10)에 의하여

$$L = \int_0^{\frac{4}{3}} \sqrt{1+\left(\frac{3}{2}x^{\frac{1}{2}}\right)^2}\,dx = \int_0^{\frac{4}{3}} \sqrt{1+\frac{9}{4}x}\,dx.$$

이것을 적분하기 위하여 $u=1+\dfrac{9}{4}x$라고 치환하자. 그러면

$$L = \int_0^{\frac{4}{3}} \sqrt{1+\frac{9}{4}x}\,dx = \int_1^4 \sqrt{u}\frac{4}{9}\,du = \frac{4}{9}\left[\frac{2}{3}u^{\frac{3}{2}}\right]_1^4 = \frac{56}{27}.$$

□

예제 8.15 $1\le x\le 2$인 x에 대하여 $f(x)=\ln x-\dfrac{1}{8}x^2$이라고 하자. f의 그래프의 길이를 구하여라.

풀이
$$\begin{aligned} L &= \int_1^2 \sqrt{1+\left(\frac{1}{x}-\frac{x}{4}\right)^2}\,dx = \int_1^2 \sqrt{\frac{1}{x^2}+\frac{1}{2}+\frac{x^2}{16}}\,dx \\ &= \int_1^2 \sqrt{\left(\frac{1}{x}+\frac{x}{4}\right)^2}\,dx = \int_1^2 \left(\frac{1}{x}+\frac{x}{4}\right)dx \\ &= \left[\ln x+\frac{x^2}{8}\right]_1^2 = \ln 2+\frac{3}{8} \end{aligned}$$

□

이제 평면 위의 곡선에 대한 다른 표현을 생각하자. 구간 I 위에 연속인 함수 f와 g가 있어서 곡선 C는 다음과 같은 점 (x,y)로 이루어졌다고 하자. 모든 $t\in I$에 대하여

$$x=f(t), \qquad y=g(t) \tag{8.11}$$

식 (8.11)은 C의 **매개변수방정식**이라고 하고, C는 식 (8.11)에 의해 **매개변수** t를 가지고 매개화되었다고 한다.

예제 8.16 매개방정식 $x = r\cos t$, $y = r\sin t$ $(0 \le t \le 2\pi)$를 갖는 곡선 C를 그려라.

풀이 모든 $0 \le t \le 2\pi$에 대하여 $x^2+y^2 = r^2$을 만족하므로 곡선 C는 원이다. t가 증가함에 따라 C는 반시계 방향으로 원을 한 번 그린다. □

만약 곡선 C가 $a \le t \le b$에 대하여 $x = f(t)$, $y = g(t)$에 의해 매개화되었다고 하자. 이때 f와 g는 연속인 도함수를 갖는다. $P = \{t_0, \cdots, t_n\}$은 $[a, b]$ 위의 임의의 분할이라고 하자. 임의의 $1 \le k \le n$에 대하여 $(x_k, y_k) = (f(t_k), g(t_k))$는 C 위의 점이고 L_k는 (x_{k-1}, y_{k-1})과 (x_k, y_k)를 잇는 선분의 길이이다.

$$\begin{aligned} L_k &= \sqrt{(x_x - x_{k-1})^2 + (y_k - y_{k-1})^2} \\ &= \sqrt{[f(t_k) - f(t_{k-1})]^2 + [g(t_k) - g(t_{k-1})]^2} \end{aligned}$$

평균값 정리에 의하여

$$f(t_k) - f(t_{k-1}) = f'(t_k')\Delta t_k, \quad g(t_k) - g(t_{k-1}) = g'(t_k'')\Delta t_k$$

인 t_k'과 t_k''이 (t_{k-1}, t_k)에 존재한다. 그리고

$$L_k = \sqrt{[f'(t_k')\Delta t_k]^2 + [g'(t_k'')\Delta t_k]^2} = \sqrt{[f'(t_k')]^2 + [g'(t_k'')]^2}\Delta t_k$$

이므로 L_1, L_2, $\cdots, L_n$의 합 L_P는

$$L_P = \sum_{k=1}^{n} \sqrt{[f'(t_k')]^2 + [g'(t_k'')]^2}\Delta t_k$$

이다. 분할 P가 전전 세분되면 비록 t_k'과 t_k''은 같지는 않더라도 점점 가까워지고 L_P는 거의

$$\sum_{k=1}^{n} \sqrt{[f'(t_k')]^2 + [g'(t_k')]^2}\Delta t_k$$

와 같게 된다. 가정에 의하여 $\sqrt{(f'(t))^2 + (g'(t))^2}$은 연속함수이므로 적분가능하고 곡선 C의 길이 L은 다음과 같이 정의한다.

$$L = \int_a^b \sqrt{(f'(t))^2 + (g'(t))^2}\, dt \tag{8.12}$$

예제 8.17 $0 \le t \le 2\pi$일 때 곡선 $x = r\cos t$, $y = r\sin t$의 길이 L을 구하여라.

풀이 $\dfrac{dx}{dt} = -r\sin t$이고 $\dfrac{dy}{dt} = r\cos t$이므로 식 (8.12)로부터

$$L = \int_0^{2\pi} \sqrt{r^2\sin^2 t + r^2\cos^2 t}dt = \int_0^{2\pi} rdt = 2\pi r.$$ □

예제 8.18 $0 \le t \le 2\pi$ 일 때 다음 매개변수 방정식에 의한 **파선**(cycloid)곡선의 한 호의 길이를 구하여라.

$$x = r(t - \sin t) \text{ 그리고 } y = r(1 - \cos t)$$

풀이 $\dfrac{dx}{dr} = r - r\cos t$ 와 $\dfrac{dy}{dt} = r\sin t$ 이므로 식 (8.12) 로부터

$$\begin{aligned} L &= \int_0^{2\pi} \sqrt{(r - r\cos t)^2 + (r\sin t)^2}dt \\ &= r\int_0^{2\pi} \sqrt{2(1-\cos t)}dt = r\int_0^{2\pi} \sqrt{4\sin^2 \frac{t}{2}}dt. \end{aligned}$$

$0 \le t \le 2\pi$ 일 때 $\sin \dfrac{t}{2} \ge 0$ 이므로

$$L = 2r\int_0^{2\pi} \sin \frac{t}{2}\, dt = -4r\cos \frac{t}{2}\Big|_0^{2\pi} = 8r.$$

□

연습문제 8.4

1. 주어진 함수의 그래프의 길이를 구하여라.
   (1) $f(x) = 2x + 3, \quad [1, 5]$
   (2) $f(x) = x^2 - \dfrac{1}{8}\ln x, \quad [2, 3]$
   (3) $g(x) = x^2, \quad [1, 2]$
   (4) $g(x) = \ln(\cos x), \quad [\frac{\pi}{4}, \frac{\pi}{3}]$
   (5) $f(x) = \ln(x^2 + 1) - \frac{1}{8}\left(\frac{x^2}{2} + \ln x\right), \quad [1, 2]$
   (6) $f(x) = -\frac{1}{4}\sin x + \ln(\sec x + \tan x), \quad [\frac{\pi}{4}, \frac{\pi}{3}]$
   (7) $f(x) = \cosh x, \quad [0, \ln 2]$
   (8) $f(x) = \ln x, \quad [2, 3]$
   (9) $f(x) = e^x, \quad [\sqrt{3}, \ln\sqrt{8}]$
   (10) $f(x) = x^2, \quad [0, 1]$

2. 곡선이 매개변수 t 에 의하여 표현되어졌을 때 곡선의 길이를 구하여라.
   (1) $x = t^2, \quad y = 2t + 1, \quad [0, \sqrt{3}]$
   (2) $x = 1 - t^2, \quad y = 1 + t^3, \quad [0, 1]$
   (3) $x = e^t \sin t, \quad y = e^t \cos t, \quad [0, \pi]$
   (4) $x = \sin^{-1} t, \quad y = \dfrac{1}{2}\ln(1 - t^2), \quad [0, \dfrac{1}{2}]$
   (5) $x = 1 + \tan^{-1} t, \quad y = 1 - \frac{1}{2}\ln(1 + t^2), \quad [0, 1]$

8.5 극좌표

우리는 이제까지 평면 위의 각 점에 이름을 붙이는 방법으로 직교좌표계를 다루어 왔다. 그러나 직교좌표계에서 나타나는 도형이 원형이나 특별한 기하학적인 도형인 경우 직교좌표계로 나타내기가 어려운 경우가 있다. 우리는 평면 위의 특이한 도형을 표현하기에 편리한 새로운 좌표계 중 가장 대표적인 극좌표계를 소개하려고 한다.

극좌표의 정의

직교좌표계는 두 개의 축이 평면상에 주어지고 두 축이 만나는 각이 직각이어야 하며 두 축이 만나는 점을 원점이라 하고 원점을 중심으로 가로축을 x좌표, 세로축을 y좌표로 하는 좌표계이다. 이에 반하여 극좌표계에서는 평면 위의 한 점 O와 이 점 O에서 출발하는 반직선 S를 선택한다. 이 점 O를 **극**이라 하고 반직선 S를 **기선**이라 부른다.

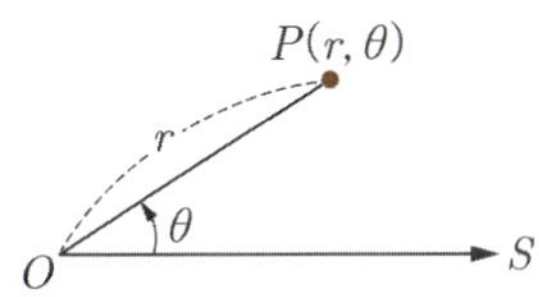

그림 8.11: 극좌표

극좌표상의 점 P의 좌표는 극 O와 점 P를 연결한 선분 $\overline{OP}$ 의 길이 $r = |\overline{OP}|$ 와 선분 $\overline{OP}$와 기선 S를 시계 반대 방향으로 잰 각 θ로 이루어진 쌍 (r, θ)이다(그림 8.12의 (a)). 이러한 좌표를 점 P에 대한 **극좌표**라 부른다.

일반적으로 직교좌표계상의 점의 좌표는 유일하게 나타나지만, 극좌표상의 점의 극좌표 (r, θ)는 유일하게 표현되지 않는다. 극좌표상의 점 P의 극좌표가 (r, θ)라 하면 선분 $\overline{OP}$를 반지름으로 하고 극 O를 중심으로 하여 시계 반대 방향으로 한바퀴를 돌아 제자리로 돌아왔을 때, 점 P의 극좌표는 $(r, \theta + 2\pi)$가 된다. 또한 점 P의 각을 기선으로부터 시계 방향으로 잿을 때 각을 θ_1이라 하면 $\theta = 2\pi + \theta_1$의 관계가 성립하고 (r, θ_1)도 점 P의 극좌표가 된다. 일반적으로 점 P의 극좌표를 (r, θ)라 하면 임의의 정수 $n = 0, \pm 1, \pm 2, \ldots$에 대해서

$$(r, \theta + 2n\pi) \text{ 와 } (r, \theta - 2n\pi)$$

도 점 P의 극좌표이다.

극좌표 표현의 확장

지금까지 극좌표를 나타내는 데 선분의 길이와 점 P가 기선과 이루는 (양 또는 음의)각으로 나타내었다. 이번에는 점 P의 극좌표의 한 성분인 r의 범위를 음수로 확장시켜 보자.

원점 O와 점 P를 잇는 직선 l을 생각하자. 각도를 잴 때 양의 x축에서 O에서 점 P로의 반향반직선 사이의 각도를 잰다면 이 직선에서 O에서 점 P로의 반향반직선이 양의 실수에 대응되고 그 반대쪽에 있는 반직선이 음의 실수에 대응된다. 그림 8.12의 (b)에서와 같이 각을 $\theta+\pi$로 생각하면 점 P는 음의 실수에 대응되고 $-r<0$에 대응된다(여기서 r은 O와 P 사이의 거리).

$$P=(r,\theta)=(-r,\theta+\pi)$$

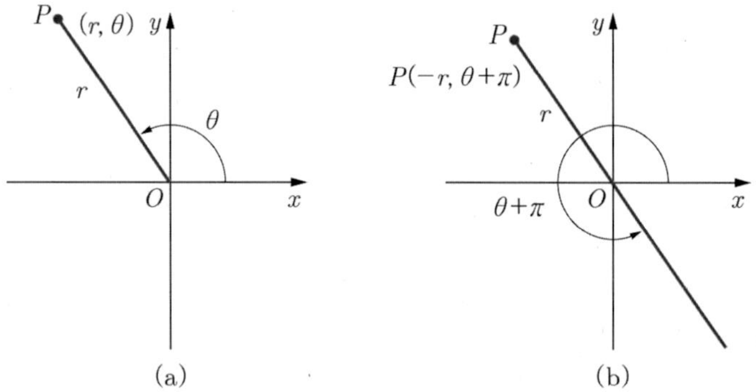

그림 8.12: $r>0$인 극좌표와 $r<0$인 극좌표

그러므로 (r,θ)가 점 P의 극좌표의 한 표현이라면 점 P에 대한 다른 표현은 다음 중 하나이다.

$$(r,\theta+2n\pi),\quad n\text{은 임의의 정수}$$
$$(-r,\theta+(2n+1)\pi),\quad n\text{은 임의의 정수}$$

원점이 아닌 한 점 P에 대한 극좌표 표현은 무한히 많지만 $r>0$이고 $0\le\theta<2\pi$인 조건이 주어진다면 P는 (r,θ)라는 유일한 표현만을 갖는다. 마지막으로 원점 O는 극좌표로 $(0,\theta)$에 대응된다. 여기서 θ는 어떤 실수이어도 된다. 다음 그림 8.13는 평면 위의 몇 개의 점들의 극좌표 표현을 보여주고 있다.

극좌표와 직교좌표와의 관계

우리가 이미 알고 있는 직교좌표계와 새로운 극좌표계와의 관계를 알면 새로운 좌표계의 이해에 도움이 된다.

일반적으로 기선을 직교좌표계의 양의 x축 반직선과 일치시키고 극을 직교좌표계의 원점과 일치시킨다. 평면 위의 각 점은 직교좌표에 의한 표현과 극좌표에 의한 표현을 모두 갖는다. 이제 각 표현을 다른 표현으로 바꾸는 방법에 대해 알아보자. 평면 위의 한 점 P가 극좌표 (r,θ)와 직교좌표 (x,y)를 갖고 있다고 가정하자. 그러면 사인과 코사인의 정의

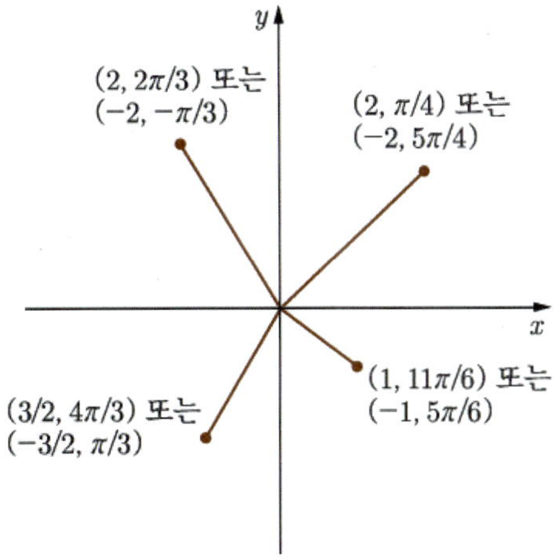

그림 8.13: 극좌표의 다양한 표현

로부터 다음을 알 수 있다(그림 8.14).

$$x = r\cos\theta, \qquad y = r\sin\theta \tag{8.13}$$

식 (8.13)에 의하여 x와 y는 r과 θ로부터 유일하게 정해진다. 그리고 다음의 식을 얻을 수 있다.

$$r^2 = x^2 + y^2, \qquad \tan\theta = \frac{y}{x} \ (\text{여기서 } x \neq 0) \tag{8.14}$$

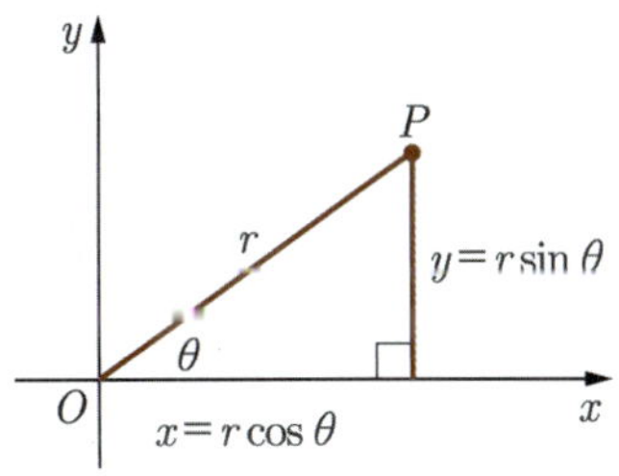

그림 8.14: 극좌표와 직교좌표와의 관계

예제 8.19 극좌표 $(3, \frac{23}{6}\pi)$ 가 나타내는 점의 직교좌표를 구하여라.

풀이 식 (8.13)에 의하여

$$x = 3\cos\frac{23}{6}\pi = 3\cos\left(-\frac{\pi}{6}\right) = \frac{3\sqrt{3}}{2}, \quad y = 3\sin\frac{23}{6}\pi = 3\sin\left(-\frac{\pi}{6}\right) = -\frac{3}{2}.$$

그러므로 $\left(\frac{3\sqrt{3}}{2}, -\frac{3}{2}\right)$ 이다. □

식 (8.14)로부터 x와 y로부터 r과 θ를 유일하게 얻을 수 없지만 가능한 모든 극좌표 표현을 구하는 것은 가능하다.

예제 8.20 직교좌표 $(-5, 5\sqrt{3})$이 나타내는 점의 극좌표를 모두 구하여라.

풀이 식 (8.14)에 의하여 $\tan\theta = \dfrac{5\sqrt{3}}{-5} = -\sqrt{3}$이다. $(-5, 5\sqrt{3})$은 제2사분면에 있으므로 $\theta = \dfrac{2}{3}\pi$로 잡으면 $r > 0$이고, $(-5, 5\sqrt{3})$의 반대 방향인 제4분면에서 θ를 잡아 $\theta = \dfrac{5}{3}\pi$로 놓으면 $r < 0$이다. 식 (8.14)에 의하여 $r^2 = (-5)^2 + (5\sqrt{3})^2 = 100$이고

$$\left(10, \frac{2}{3}\pi + 2k\pi\right) \text{ 그리고 } \left(-10, \frac{5}{3}\pi + 2k\pi\right) (k \text{ 는 임의의 정수})$$

로 놓을 수 있다. □

연습문제 8.5

1. 다음 극좌표를 극좌표상의 점으로 나타내어라.

(1) $(1, \frac{\pi}{3})$ (2) $(1, -\frac{\pi}{4})$ (3) $(-1, \frac{\pi}{6})$
(4) $(2, \frac{9\pi}{4})$ (5) $(-3, -\frac{3\pi}{4})$ (6) $(3, -\frac{13\pi}{3})$

2. 다음 극좌표로 표현된 점을 직교좌표로 바꾸어라.

(1) $(3, \frac{\pi}{4})$ (2) $(-2, -\frac{\pi}{6})$ (3) $(3, \frac{7}{3}\pi)$
(4) $(5, 0)$ (5) $(-2, \frac{\pi}{2})$ (6) $(-2, -\frac{23}{3}\pi)$
(7) $(0, \frac{7}{6}\pi)$ (8) $(-1, \frac{3}{2}\pi)$

3. 다음 직교좌표로 표현된 점을 극좌표로 바꾸어라.

(1) $(3, 3)$ (2) $(4, -4)$ (3) $(0, 5)$
(4) $(-4, 0)$ (5) $(3, 3\sqrt{3})$ (6) $(-\frac{1}{3}, \frac{\sqrt{3}}{3})$
(7) $(-2\sqrt{3}, 2)$ (8) $(-3, \sqrt{3})$

8.6 극방정식과 그래프

직교좌표로 표현하여 그릴 수 있는 기하학적인 도형은 매우 제한적이다. 직교좌표에서 함수의 그래프는 직선, 2차원 곡선, 원, 타원 등이다. 그러나 심장이나 꽃잎 모양의 그래프는 직교좌표계에서는 매우 복잡한 식으로 나타나서 다루기가 매우 어렵다. 그러나 극좌표계를 이용하면 매우 간단히 이와 같은 그래프를 그릴 수 있을 뿐만 아니라 계산도 간단히 할 수 있는 장점이 있다.

직교좌표 x와 y를 포함하는 식의 그래프를 그리듯이 극좌표 r과 θ를 포함하는 식의 그래프를 그릴 수 있다. 변수로 r과 θ를 포함하는 극방정식을 만족하는 점 (r, θ)들을 평면위에 찍으면 된다.

직선의 방정식

직교좌표에서 좌표축에 나란한 직선의 방정식은

$$x = a \text{ 또는 } y = b \tag{8.15}$$

이다. 관계식 $x = r\cos\theta$, $y = r\sin\theta$를 이용하면 (8.15)는

$$r\cos\theta = a \text{ 또는 } r\sin\theta = b$$

로 표현됨을 알 수 있다. 또한 원점을 지나는 직선의 방정식은

$$\theta = \theta_0$$

이다. 여기서 θ_0는 x축과 직선이 이루는 시계반대방향의 각이다(그림 8.15).

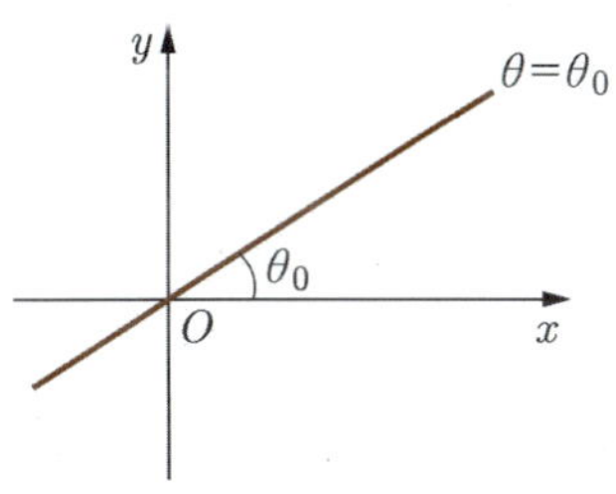

그림 8.15: $\theta = \theta_0$

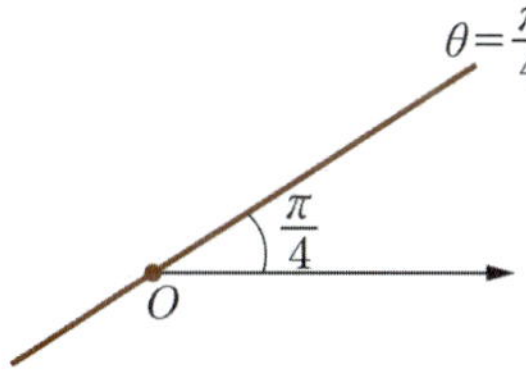

그림 8.16: $\theta = \dfrac{\pi}{4}$

예제 8.21 원점 O를 지나고 양의 x축과의 각도가 $\frac{\pi}{4}$가 되는 직선의 극방정식을 구하여라(그림 8.16).

풀이 이 직선 위의 모든 점은 극좌표 $(r, \frac{\pi}{4})$의 표현을 갖는다. 여기서 r은 임의의 실수이다. 그러므로 직선의 극방정식은 $\theta = \frac{\pi}{4}$이다. □

예제 8.22 다음 극방정식의 그래프를 그려라.

(i) $r\cos\theta = 2$ (ii) $r\sin\theta = 1$ (iii) $\theta = \frac{\pi}{3}$

풀이 그래프는 아래 그림과 같다. □

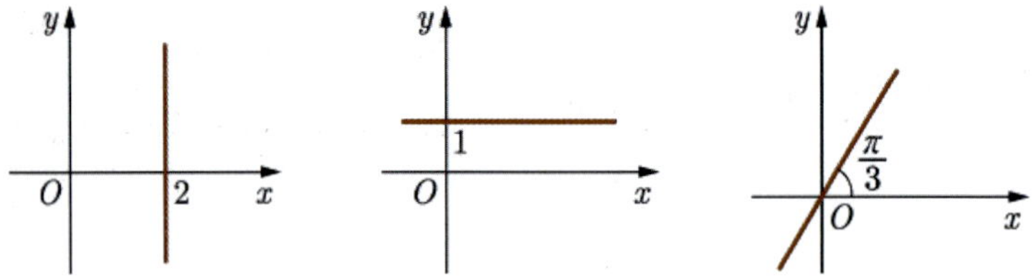

일반적인 직선의 방정식 $ax + by + c = 0$에 $x = r\cos\theta$, $y = r\sin\theta$를 대입하면 직선의 극방정식

$$r(a\cos\theta + b\sin\theta) + c = 0$$

을 구한다.

원의 방정식

원의 방정식은 직교좌표에서 나타나는 원의 방정식을 이용하면 극좌표상의 원의 방정식의 모양을 쉽게 알 수 있다. 중심이 원점이고 반지름이 a인 원의 방정식은 직교좌표에서 $x^2 + y^2 = a^2$ 이므로 관계식 $x = r\cos\theta$, $y = r\sin\theta$를 대입하면 $r^2 = a^2$ 임을 알 수 있다. r과 a가 모두 양수이므로 구하는 원의 방정식은

$$r = a \tag{8.16}$$

이다(그림 8.17 (a)).

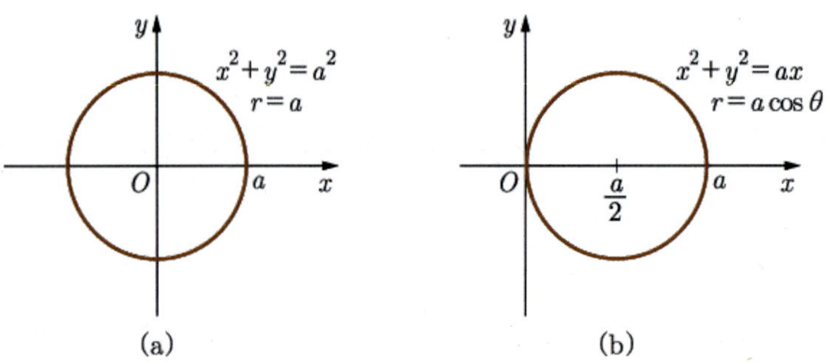

그림 8.17: 원의 방정식

중심이 원점이 아닌 경우 만일 원의 중심이 $(\frac{a}{2}, 0)$ 이고 반지름이 $\frac{1}{2}|a|$ 이면 원의 방정식

은 $\left(x-\frac{a}{2}\right)^2+y^2=\left(\frac{a}{2}\right)^2$ 이므로 정리하면 $x^2-ax+y^2=0$이고, 관계식 $x=r\cos\theta$, $y=r\sin\theta$를 대입하면 $r^2-ar\cos\theta=0$ 이다. $r>0$이므로 구하는 원의 방정식은

$$r=a\cos\theta$$

이다(그림 8.17의 (b)). 비슷하게 원의 중심이 $\left(0,\frac{a}{2}\right)$이고 반지름이 $\frac{1}{2}|a|$인 원의 방정식은

$$r=a\sin\theta$$

이다.

예제 8.23 극좌표에서 다음 방정식의 그래프를 그려라.

(i) $r=4\cos\theta$ (ii) $r=-3\sin\theta$ (iii) $r=2$

풀이 그래프는 아래 그림과 같다. □

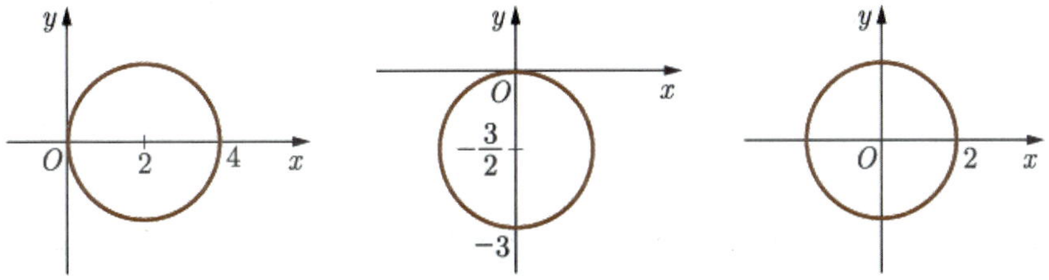

대칭성

그래프의 대칭관계를 생각하면 그래프를 보다 효율적으로 쉽게 그릴 수 있다. 직교좌표에서는 x축에 대칭인 방정식은 y 대신 $-y$를 대입하여도 방정식이 변함이 없다. 또한 y축에 대칭인 방정식은 x 대신 $-x$를 대입하여도 방정식이 변함이 없다. 이와 비슷한 개념을 극방정식에 도입하기로 한다. 극좌표에서 (r,θ)와 $(r,-\theta)$는 x축에 대칭이고, (r,θ)와 $(r,\pi-\theta)$는 y축에 대칭이다. 또한 (r,θ)와 $(-r,\theta)$는 원점에 관하여 대칭이다. 이러한 사실을 바탕으로 표를 작성하면

대칭	직교좌표	극좌표
x축	y 대신 $-y$로 바꾸어도 불변	θ 대신 $-\theta$로 바꾸어도 불변
y축	x 대신 $-x$로 바꾸어도 불변	θ 대신 $\pi-\theta$로 바꾸어도 불변
원점	(x,y) 대신 $(-x,-y)$로 바꾸어도 불변	r 대신 $-r$로 바꾸어도 불변 θ 대신 $\pi+\theta$로 바꾸어도 불변

표에서 x축에 대칭인 방정식은 직교좌표의 경우에 y 대신 $-y$를 주어진 방정식에 대입하여도 방정식은 변함이 없음을 가리키고, 극좌표의 경우에 x축에 대칭인 방정식은 θ 대신 $-\theta$를 대입하여도 극방정식이 변함이 없음을 나타낸다.

예제 8.24 다음 방정식의 대칭성을 조사하여라.

(i) $r\cos\theta = 2$ (ii) $r\sin\theta = 1$ (iii) $\theta = \frac{\pi}{3}$

풀이 (i) x축에 관한 대칭성 : θ 대신 $-\theta$를 대입하면 주어진 방정식은

$$r\cos(-\theta) = 2 \tag{8.17}$$

이다. $\cos(-\theta) = \cos\theta$이므로 (8.17)은 주어진 방정식과 동일하고 x에 대칭이다.

y축에 관한 대칭성 : θ 대신 $\pi - \theta$를 대입하면 주어진 방정식은

$$r\cos(\pi - \theta) = 2 \tag{8.18}$$

이다. $\cos(\pi-\theta) = -\cos\theta$이므로 (8.18)은 주어진 방정식과 일치하지 않는다. 따라서 y에 관하여 대칭이 아니다.

원점에 관한 대칭성 : r 대신 $-r$을 대입하면 주어진 방정식은

$$-r\cos\theta = 2 \tag{8.19}$$

이므로 (8.19)는 주어진 방정식과 일치하지 않는다. 따라서 원점에 관하여 대칭이 아니다.

(ii) y축에 관한 대칭성 : θ 대신 $\pi - \theta$를 대입하면 주어진 방정식은

$$r\sin(\pi - \theta) = 2 \tag{8.20}$$

이다. $\sin(\pi - \theta) = \sin\theta$이므로 (8.20)은 주어진 방정식과 일치한다. 따라서 y에 관하여 대칭이다.

x축 및 원점에 관한 대칭성은 (i)과 같은 방법으로 조사하면 된다.

(iii) 주어진 방정식은 r에 무관한 방정식이므로 r 대신 $-r$을 대입하더라도 상관이 없다. 따라서 주어진 방정식은 원점에 관하여 대칭임을 알 수 있다. □

특별한 형태의 극방정식

극방정식

$$\begin{aligned} r &= a + b\sin\theta, \qquad r = a - b\sin\theta \\ r &= a + b\cos\theta, \qquad r = a - b\cos\theta \end{aligned} \tag{8.21}$$

을 와우선(Limaçons)[1]이라 부른다. 이 방정식의 그래프는 $\sin\theta$나 $\cos\theta$ 앞의 부호에 따라 그래프의 형태가 바뀐다. 또한 $a = b$일 때 Limaçon을 특히 심장선(cardioids)[2]이라 부른다(그림 8.18).

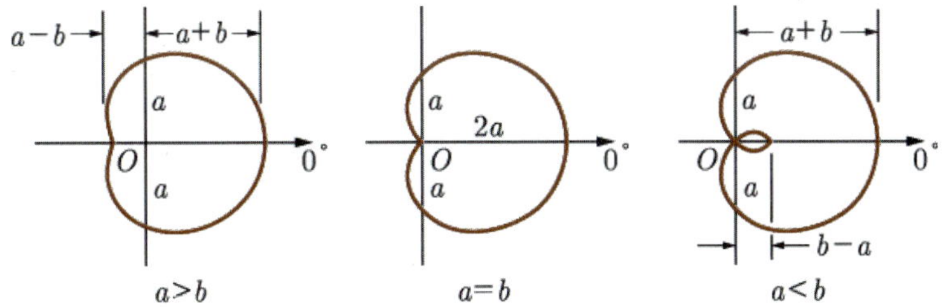

그림 8.18: Limaçons: $r = a + b\cos\theta$

예제 8.25 $r = 1 + \cos\theta$의 그래프를 그려라.

풀이 θ에 따른 $\cos\theta$의 변화를 생각할 때 증감의 변화에 따라 $\frac{k}{2}\pi \le \theta < \frac{(k+1)}{2}\pi$ 구간으로 나누어 생각하면 간단하다. 평면은 $0 \sim 2\pi$로 나타내어지고 $\cos\theta$는 주기가 2π인 함수이므로 위의 구간을 다음과 같이 네 종류만 고려하여 다음 표를 만들자.

θ	0	$\cdots$	$\frac{\pi}{2}$	$\cdots$	π	$\cdots$	$\frac{3}{2}\pi$	$\cdots$	2π
$\cos\theta$	1	↘	0	↘	-1	↗	0	↗	1
r	2	①	1	②	0	③	1	④	2

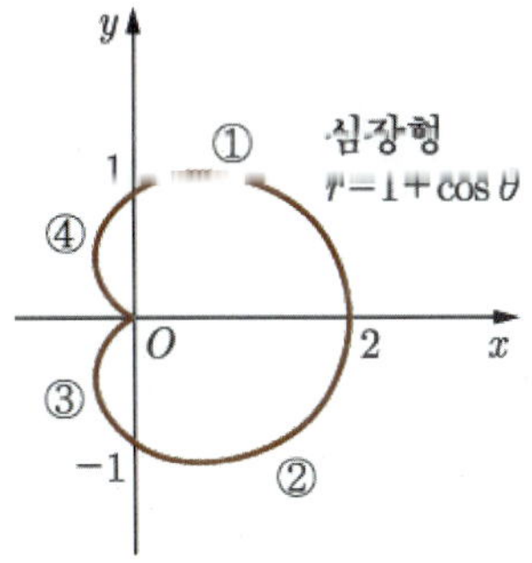

그림 8.19: 심장형과 세 잎 장미

그림은 그림 8.19와 같다. □

위의 예제 8.25는 다음과 같이 구하는 것이 더욱 편리하다.

[1]Limaçons은 a slug, a snail-like creature라는 뜻의 라틴어 limax로부터 유래되었다.
[2]이 단어는 심장이라는 그리스어 Kardia로부터 유래되었다.

1. 그래프를 그리기 위해서 먼저 대칭성을 먼저 조사한다. θ 대신 $-\theta$를 대입하여도 주어진 방정식은 변함이 없으므로 방정식은 x축에 관하여 대칭이다.

2. 주어진 방정식이 x에 관하여 대칭이므로 θ를 0부터 2π까지 변화하지 않고 0부터 π까지만 그려도 충분하다. 나머지는 상반 부분을 x축으로 반사시켜서 얻으면 된다. 따라서 다음과 같이 표를 만들자.

θ	0	$\cdots$	$\frac{\pi}{4}$	$\cdots$	$\frac{\pi}{2}$	$\cdots$	$\frac{3\pi}{4}$	$\cdots$	π
$\cos\theta$	1	$\searrow$	$\frac{\sqrt{2}}{2}$	$\searrow$	0	$\searrow$	$-\frac{\sqrt{2}}{2}$	$\searrow$	-1
r	2		$1+\frac{\sqrt{2}}{2}$		1		$1-\frac{\sqrt{2}}{2}$		0

3. 표에 나타난 좌표 (r,θ)를 점으로 찍고 대칭성을 이용하면 그래프가 완성된다.

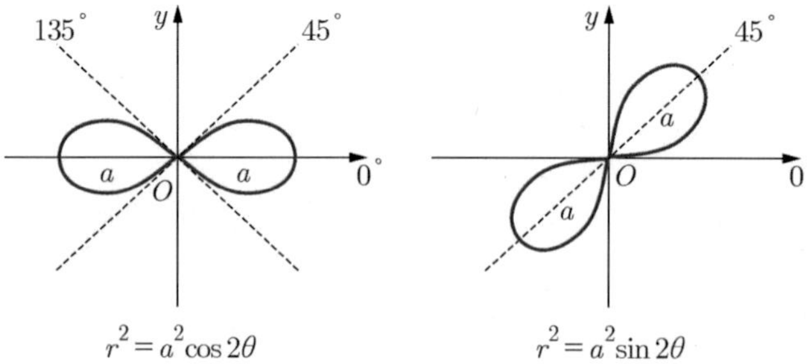

그림 8.20: 두 잎 곡선

만일 $a > 0$이면 극방정식

$$r^2 = a\cos 2\theta, \qquad r^2 = -a\cos 2\theta$$
$$r^2 = a\sin 2\theta, \qquad r^2 = -a\sin 2\theta$$

은 두 잎 곡선(Lemniscates)[3]이라고 불리는 프로펠러와 같은 곡선을 나타낸다(그림 8.20).

일반적으로 극방정식

$$r = \pm a\cos n\theta \text{ 또는 } r = \pm a\sin n\theta$$

은 n이 홀수이면 n잎, n이 짝수이면 $2n$잎인 장미곡선이다(그림 8.22).

예제 8.26 $r = \cos 3\theta$의 그래프를 그려라.

풀이 θ에 다른 $\cos 3\theta$의 변화를 생각하면 증감의 변화에 따라 $\frac{k\pi}{6} \le \theta \le \frac{(k+1)}{6}\pi$ 구간으로 나누어 생각하자. $[0, 2\pi]$의 평면 전체만을 고려하고 $\cos 3\theta$는 그 이후에도 같은 값이 반복되므로 위의 구간중 12종류만 고려하여 다음 표를 만들자.

[3]숫자 8을 나타내는 리본이라는 그리스어 Lemniscos 로부터 유래되었다.

θ	0	$\cdots$	$\frac{\pi}{6}$	$\cdots$	$\frac{2}{6}\pi$	$\cdots$	$\frac{3}{6}\pi$	$\cdots$	$\frac{4}{6}\pi$	$\cdots$	$\frac{5}{6}\pi$	
r	1	①	0	②	-1	③	0	④	1	⑤	0	⑥
π		$\frac{7}{6}\pi$		$\frac{8}{6}\pi$		$\frac{9}{6}\pi$		$\frac{10}{6}\pi$		$\frac{11}{6}\pi$		2π
-1	⑦	0	⑧	1	⑨	0	⑩	-1	⑪	0	⑫	1

그림은 그림 8.22를 보아라(위 표의 번호와 그림의 번호를 비교).
특히 표에서 ②, ③은 $r < 0$이므로 제1사분면에 그려지지 않고 그의 반대 방향인 제3 사분면에 그려졌음에 유의하고 ⑥, ⑦, ⑩ 그리고 ⑪도 비슷하게 유의하자. □

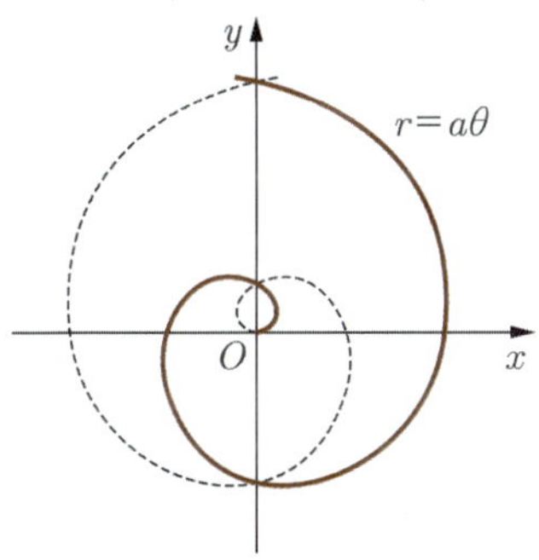

그림 8.21: Archimedes 나선

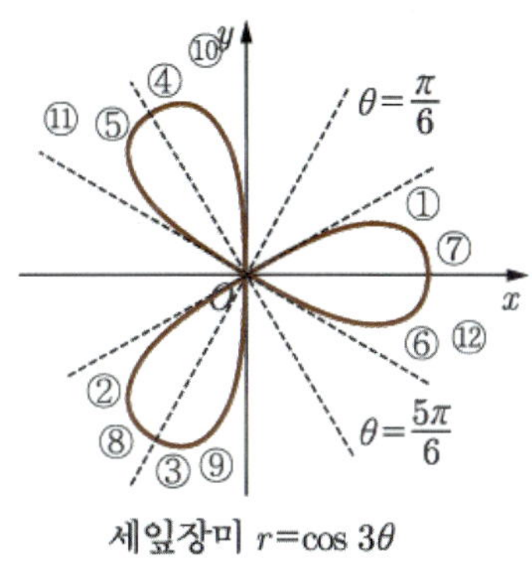

그림 8.22: 심장형과 세 잎 장미

이제 극방정식 $r = a\theta$는 θ가 증가하면 r도 증가하는 곡선이 된다. 이 곡선을 Archimedes 나선[4]이라 한다. 이 곡선은 그림 8.21과 같다(점선은 $\theta < 0$일 때를 그린 것이다).

연습문제 8.6

1. 다음 직교방정식을 극방정식으로 바꾸어라.
   (1) $3x + 2y = 4$ (2) $y^2 = 4x$
   (3) $x^2 + 9y^2 = 1$ (4) $9x^2 + y^2 = 4y$
   (5) $x^2 + y^2 = 2x(3y^2 - x^2)$ (6) $y^2 = \dfrac{x^3}{2 - x}$

2. 다음 극방정식을 직교방정식으로 바꾸어라.
   (1) $r = 5$ (2) $r = 3\cos\theta$
   (3) $\tan\theta = 6$ (4) $r = \sin 2\theta$

[4] 이 곡선은 욕조의 배수구에서 물이 빠질 때 물이 빠져나가면서 그리는 물의 흐름에서 나타난다.

(5) $r = 2\sin\theta\tan\theta$

(6) $t\cot\theta = 3$

3. 다음 식의 대칭성을 조사하고 그래프를 그려라.

(1) $r = 2$

(2) $r = \sin\theta$

(3) $r = -\frac{3}{2}\cos\theta$

(4) $\theta = -\frac{7}{6}\pi$

(5) $|\theta| = \dfrac{\pi}{3}$

(6) $r(\sin\theta + \cos\theta) = 1$

(7) $r = 3\sin 2\theta$

(8) $r = -4\cos 3\theta$

(9) $r = \cos\frac{\theta}{2}$

(10) $r^2 = \sin\theta$

(11) $r^2 = 9\sin 2\theta$

(12) $r^2 = 4\cos 2\theta$

(13) $r = 1 + 2\sin\theta$

(14) $r = 3(1 - \sin\theta)$

(15) $r\theta = 2$

(16) $r = \ln\theta$

(17) $r = e^{\theta}$

Memo

8.7 극방정식의 미분

이 절에서 극방정식 $r = f(\theta)$의 접선의 기울기를 구하여 보도록 하자. 관계식

$$x = r\cos\theta = f(\theta)\cos\theta$$
$$y = r\sin\theta = f(\theta)\sin\theta$$

을 생각하자. 만일 f가 θ의 미분가능한 함수라면, x와 y로도 미분가능하고 $dx/d\theta \neq 0$일때 dy/dx를 구할 수 있다.

$$\begin{aligned}\frac{dy}{dx} &= \frac{dy/d\theta}{dx/d\theta} \\ &= \frac{\frac{d}{d\theta}(f(\theta)\sin\theta)}{\frac{d}{d\theta}(f(\theta)\cos\theta)} \\ &= \frac{f'(theta)\sin\theta + f(\theta)\cos\theta}{f'(\theta)\cos\theta - f(\theta)\sin\theta}\end{aligned}$$

따라서 다음 결과를 얻는다.

정리 8.2

만일 (r, θ)에서 $dx/d\theta \neq 0$ 이면 극방정식 $r = f(\theta)$의 기울기는

$$\left.\frac{dy}{dx}\right|_{(r,\theta)} = \frac{f'(\theta)\sin\theta + f(\theta)\cos\theta}{f'(\theta)\cos\theta - f(\theta)\sin\theta} \tag{8.22}$$

으로 주어진다.

특별히 곡선 $r = f(\theta)$는

1. $dy/d\theta = 0$이고 $dx/d\theta \neq 0$인 점에서 수평접선을 가진다.
2. $dx/d\theta = 0$이고 $dy/d\theta \neq 0$인 점에서 수직접선을 가진다

임을 알 수 있다. 만일 $dy/d\theta = 0$이고 $dx/d\theta = 0$이면 좀 더 조사를 하지 않고는 더 이상 결론을 내릴 수 없다.

예제 8.27 심장선 $r = 1 - \cos\theta,\ 0 \leq \theta \leq 2\pi$의 수직접선과 수평접선을 구하여라(그림 8.23).

풀이 그래프를 그려보면 적어도 두 개의 수평접선과 세 개의 수직접선을 가짐을 알 수 있다. 방정식의 매개변수 표현은

$$x = r\cos\theta = (1 - \cos\theta)\cos\theta = \cos\theta - \cos^2\theta,$$
$$y = r\sin\theta = (1 - \cos\theta)\sin\theta = \sin\theta - \cos\theta\sin\theta$$

이다. $dx/d\theta$와 $dy/d\theta$의 영점을 구하여야 한다.

(a) 구간 $[0, 2\pi]$에서 $dy/d\theta$의 영점:

$$\begin{aligned}\frac{dy}{d\theta} &= \cos\theta + \sin^2\theta - \cos^2\theta \\ &= 1 + \cos\theta - 2\cos^2\theta \\ &= (1 + 2\cos\theta)(1 - \cos\theta)\end{aligned}$$

이므로 $\dfrac{dy}{d\theta} = 0$으로부터 $\cos\theta = -\frac{1}{2}$ 또는 $\cos\theta = 1$이다. 따라서

$$\begin{aligned}\cos\theta = -\frac{1}{2} &\Longrightarrow \theta = \frac{2\pi}{3}, \frac{4\pi}{3} \\ \cos\theta = 1 &\Longrightarrow \theta = 0, 2\pi\end{aligned}$$

따라서 만일 $\theta = 0,\ 2\pi/3,\ 4\pi/3$ 또는 2π이면 $[0, 2\pi]$에서 $dy/d\theta = 0$이다.

(b) 구간 $[0, 2\pi]$에서 $dx/d\theta$의 영점:

$$\begin{aligned}\frac{dx}{d\theta} &= -\sin\theta + 2\cos\theta\sin\theta \\ &= \sin\theta(2\cos\theta - 1)\end{aligned}$$

이므로 $\dfrac{dx}{d\theta} = 0$으로부터 $\cos\theta = \frac{1}{2}$ 또는 $\sin\theta = 0$이다. 따라서

$$\begin{aligned}\cos\theta = \frac{1}{2} &\Longrightarrow \theta = \frac{\pi}{3}, \frac{5\pi}{3} \\ \sin\theta = 0 &\Longrightarrow \theta = 0, \pi, 2\pi\end{aligned}$$

따라서 만일 $\theta = 0,\ \pi/3,\ \pi,\ 5\pi/3$ 또는 2π 이면 $[0, 2\pi]$에서 $dx/d\theta = 0$이다.

이제 $\theta = 2\pi/3,\ 4\pi/3$에서 수평접선$(dy/d\theta = 0,\ dx/d\theta \neq 0)$과 $\theta = \pi/3,\ \pi,\ 5\pi/3$에서 수직접선$(dx/d\theta = 0,\ dy/d\theta \neq 0)$이 존재함을 알 수 있다.

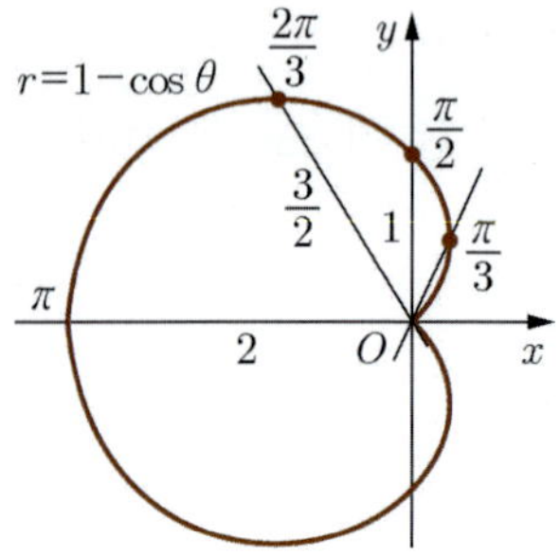

그림 8.23: 예제 8.27

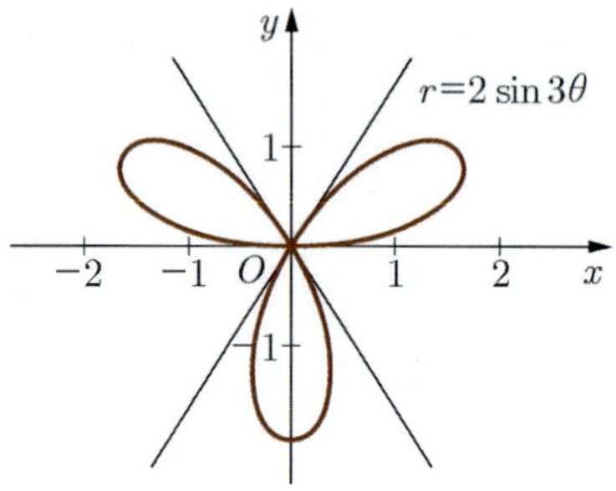

그림 8.24: 예제 8.28

점 $\theta = 0,\ 2\pi$에서 방정식 (8.22)의 오른쪽은 $\frac{0}{0}$을 가진다. 로피탈 법칙을 사용하여

$$\begin{aligned}\lim_{\theta\to 0,2\pi}\frac{dy/d\theta}{dx/d\theta} &= \lim_{\theta\to 0,2\pi}\frac{1+\cos\theta-2\cos^2\theta}{2\cos\theta\sin\theta-\sin\theta}\\ &= \lim_{\theta\to 0,2\pi}\frac{-\sin\theta+4\cos\theta\sin\theta}{2\cos^2\theta-2\sin^2\theta-\cos\theta}=\frac{0}{1}=0.\end{aligned}$$

이 곡선은 $\theta = 0, 2\pi$에서 수평접선을 가진다. 따라서 요약을 하면 다음과 같다.

수평접선: $(0,0), (0,2\pi)$, $(1.5, 2\pi/3)$, $(1.5, 4\pi/3)$에서 가짐

수직접선: $(0.5, \pi/3)$, $(2, \pi)$, $(0.5, 5\pi/3)$에서 가짐

□

만일 곡선 $r = f(\theta)$이 $\theta = \theta_0$에서 원점을 지나면 $f(\theta_0) = 0$이고 식 (8.22)는

$$\left.\frac{dy}{dx}\right|_{(0,\theta_0)} = \frac{f'(\theta_0)\sin\theta_0}{f'(\theta_0)\cos\theta_0} = \tan\theta_0$$

으로 주어진다. 단, $f'(\theta_0) \neq 0$ 이다. 여기서 '$(0,\theta_0)$에서 기울기'는 '원점에서의 기울기'가 아니고 극방정식의 그래프가 서로 다른 θ-값에서 서로 다른 기울기를 가지고 한 번 이상 원점을 지날 수 있다는 것을 의미한다.

예제 8.28 원점에서 장미선

$$r = f(\theta) = 2\sin 3\theta, \qquad 0 \le \theta \le \pi$$

의 접선을 구하여라(그림 8.24).

풀이 1. $f(\theta) = 0$이 되는 점을 구한다.

$$f(\theta) = 2\sin 3\theta = 0 \iff \theta = 0, \pi/3, 2\pi/3, \pi$$

2. $\theta = 0, \pi/3, 2\pi/3, \pi$에서 $f'(\theta) = 6\cos 3\theta \neq 0$이다. 따라서 이 곡선은 극에서 기울기가 $\tan 0 = \tan\pi = 0$, $\tan(\pi/3) = \sqrt{3}$ 및 $\tan(2\pi/3) = -\sqrt{3}$인 접선을 가진다. 이것에 대응하는 접선의 방정식은 $y = 0$, $y = \sqrt{3}x$, $y = -\sqrt{3}x$ 이다. □

점 $P(r,\theta)$에서 극방정식에 대한 접선을 구하는 다른 방법은 방사선 OP와 접선 사이의 각 ψ를 찾는 것이다.

정의에 의하여 ψ는 방사선 OP로부터 접선까지 시계 반대 방향으로 잰 각이고

$$0 \le \psi < \pi$$

가 되도록 선택된다. 만일 우리가 θ를 $[0, 2\pi)$에서 극각을 선택하면 접선각 ϕ와 θ에 의존하는

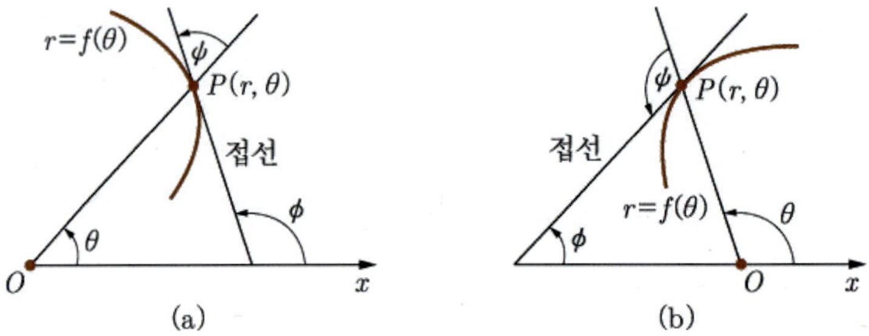

그림 8.25: 접선

ψ가 θ, ϕ와의 간단한 대수적 관계가 있다. 만일 $\phi \geq 0$이면

$$\psi = \phi - \theta$$

(그림 8.25의 (a) 참조)이고, 만일 $\phi < 0$이면 관계

$$\psi = \phi + (\pi - \theta) = (\phi - \theta) + \pi$$

이다(그림 8.25의 (b) 참조). 두 경우 모두

$$\tan\psi = \tan(\phi - \theta)$$

이고 가법 정리로부터

$$\begin{aligned}
\tan\psi &= \frac{\tan\phi - \tan\theta}{1 + \tan\phi\tan\theta} \\
&= \frac{\left[\left(r + \tan\theta\dfrac{dr}{d\theta}\right) \Big/ \left(-r\tan\theta + \dfrac{dr}{d\theta}\right)\right] - \tan\theta}{1 + \left[\left(r + \tan\theta\dfrac{dr}{d\theta}\right) \Big/ \left(-r\tan\theta + \dfrac{dr}{d\theta}\right)\right]\tan\theta} \\
&= \frac{r + \tan\theta\dfrac{dr}{d\theta} + r\tan^2\theta - \tan\theta\dfrac{dr}{d\theta}}{-r\tan\theta + \dfrac{dr}{d\theta} + r\tan\theta + \tan^2\theta\dfrac{dr}{d\theta}} \\
&= \frac{r(1 + \tan^2\theta)}{(1 + \tan^2\theta)\dfrac{dr}{d\theta}} \\
&= \frac{r}{dr/d\theta}.
\end{aligned}$$

예제 8.29 심장선 $r = 1 - \cos\theta$에 대해서 심장선이 y축과 만나는 점에서 접선과 방사선 사이의 각 ψ를 구하여라(그림 8.26).

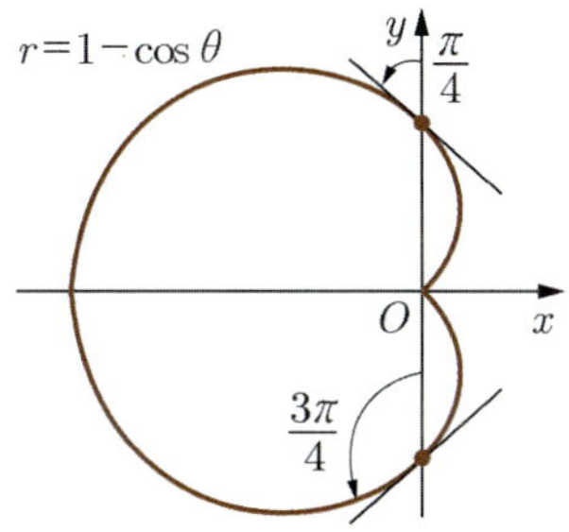

그림 8.26: 접선과 방사선 사이의 각

풀이 주어진 심장선에 대해서

$$\tan\psi = \frac{r}{dr/d\theta} = \frac{1-\cos\theta}{\sin\theta}$$

을 얻는다. 삼각관계식

$$\tan\frac{\theta}{2} = \frac{1-\cos\theta}{\sin\theta}$$

로부터

$$\tan\psi = \tan\frac{\theta}{2}$$

을 얻는다. 만일 $0 \le \theta < 2\pi$이면 이것은 $0 \le \psi < \pi$이므로

$$\psi = \frac{\theta}{2}$$

을 얻는다. 특히 심장선이 y축과 만나는 곳은 $\theta = \frac{\pi}{2}$와 $\theta = \frac{3\pi}{2}$이므로 이 점에서 방사선에 접선까지의 사잇각은 각각 $\psi = \frac{\pi}{4}$ 와 $\psi = 3\pi/4$이다. □

매개변수에 의한 곡선의 길이 공식을 이용하면 극방정식의 곡선의 길이를 구할 수 있다.

정리 8.3

만일 곡선이 극방정식 $r = f(\theta)$를 가지고 $f'(\theta)$이 $\alpha \le \theta \le \beta$에서 연속이면 $\theta = \alpha$부터 $\theta = \beta$까지의 곡선의 길이 L은

$$L = \int_{\alpha}^{\beta} \sqrt{[f(\theta)]^2 + [f'(\theta)]^2}\, d\theta \tag{8.23}$$

또는

$$L = \int_{\alpha}^{\beta} \sqrt{r^2 + \left(\frac{dr}{d\theta}\right)^2}\, d\theta \tag{8.24}$$

이다.

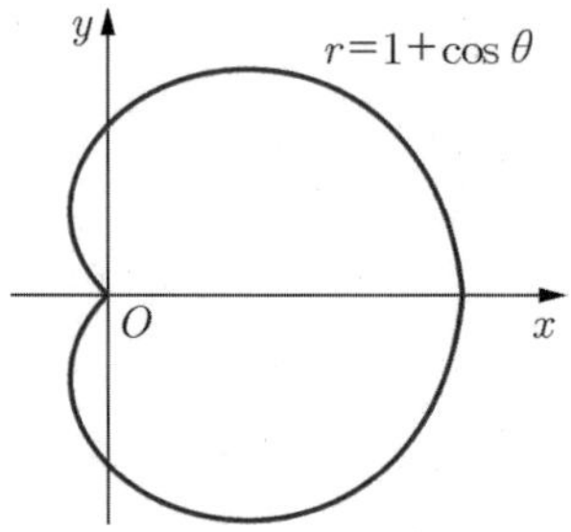

그림 8.27: 심장선

예제 8.30 심장선 $r = 1 + \cos\theta$의 전체 길이를 구하여라(그림 8.27).

풀이 심장선은 θ가 0부터 2π까지 움직이므로

$$\begin{aligned} L &= \int_0^{2\pi} \sqrt{r^2 + \left(\frac{dr}{d\theta}\right)^2}\, d\theta \\ &= \int_0^{2\pi} \sqrt{(1+\cos\theta)^2 + (-\sin\theta)^2}\, d\theta \\ &= \sqrt{2}\int_0^{2\pi} \sqrt{1+\cos\theta}\, d\theta \end{aligned}$$

이다. 항등식 $1 + \cos\theta = 2\cos^2\frac{\theta}{2}$로부터

$$L = 2\int_0^{2\pi} \sqrt{\cos^2\frac{\theta}{2}}\, d\theta = 2\int_0^{2\pi} \left|\cos\frac{\theta}{2}\right| d\theta \tag{8.25}$$

를 얻는다. 그런데

$$\cos\frac{\theta}{2} \begin{cases} \geq 0, & 0 \leq \theta \leq \pi \\ \leq 0, & \pi \leq \theta \leq 2\pi \end{cases}$$

이므로 (8.25)을 다시 쓰면

$$\begin{aligned} L &= 2\left[\int_0^{\pi} \cos\frac{\theta}{2}\, d\theta - \int_\pi^{2\pi} \cos\frac{\theta}{2}\, d\theta\right] \\ &= 4\sin\frac{\theta}{2}\Big|_0^{\pi} - 4\sin\frac{\theta}{2}\Big|_\pi^{2\pi} \\ &= 8. \end{aligned}$$

□

연습문제 8.7

1. 주어진 θ값에 의한 다음 극방정식의 접선의 기울기를 구하여라.
   (1) $r = 2\cos\theta;\ \theta = \pi/3$
   (2) $r = 1 + \sin\theta;\ \theta = \pi/6$
   (3) $r = 1/\theta;\ \theta = 3$
   (4) $r = 4 - 3\sin\theta;\ \theta = \pi$

2. 다음 극방정식의 수평접선과 수직접선을 구하여라.
   (1) $r = 2(1 + \cos\theta)$
   (2) $r = -1 + \sin\theta$
   (3) $r = 2\sin\theta$
   (4) $r = 3 - 4\cos\theta$

3. 다음 극방정식의 전체 길이를 구하여라.
   (1) $r = 2\cos\theta$
   (2) $r = 1 - \cos\theta$
   (3) $r = \sin 3\theta$의 잎 하나
   (4) $r^2 = 4\cos 2\theta$의 잎 하나

Memo

8.8 극좌표에 의한 넓이

8.6절에서 원이나 심장형 곡선은 직교좌표로 표현하는 것보다 극방정식으로 표현하는 것이 더 쉽다는 것을 보았다. 이런 곡선으로 그려진 영역의 넓이도 극좌표를 이용하여 계산하는 것이 수월하다.

극좌표로 표현된 영역의 넓이를 구하기 위하여(그림 8.28의 (a)), 첫 번째로 영역을 부채꼴 모양으로 나누고(그림 8.28의 (b)) 각 부채꼴 모양부분의 넓이를 구하고 그들의 합을 구한다. 따라서 우선 각이 ϕ이고 반지름이 r인 부채꼴의 넓이 A를 구해보자(그림 8.28의 (c)).

$$A = \frac{\phi}{2\pi}(\pi r^2) = \frac{1}{2}r^2\phi.$$

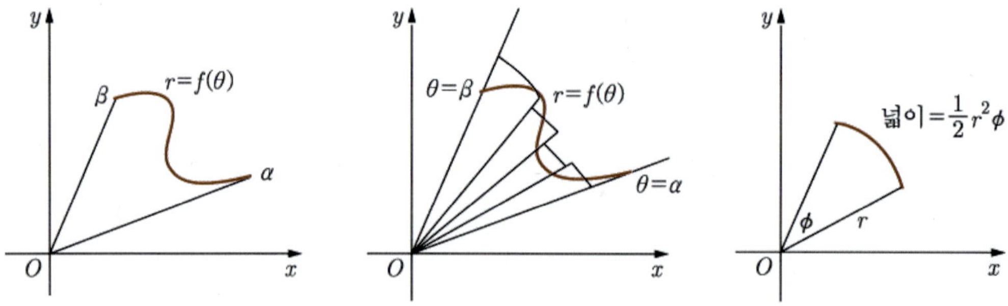

그림 8.28: 극방정식의 넓이

함수 $f;[\alpha,\beta] \to [0,\infty]$, $0 \le \beta-\alpha \le 2\pi$가 주어졌을 때 $r = f(\theta)$, $\theta = \alpha$ 와 $\theta = \beta$로 둘러싸인 영역 R의 넓이를 구해보자. 우선 반지름이 r이고 각이 ϕ인 부채꼴의 넓이가 $\frac{1}{2}r^2\phi$ 임을 상기하자. $P = \{\theta_0, \theta_1, \cdots, \theta_n\}$이 $[\alpha,\beta]$의 임의의 분할이라고 하자. 1과 n 사이의 임의의 정수 k에 대하여 $\Delta\theta_k = \theta_k - \theta_{k-1}$이다. $\theta = \theta_{k-1}$과 $\theta = \theta_k$ 사이로 둘러싸인 영역 R_k의 넓이 A_k에 대하여 $\frac{1}{2}[f(u_k)]^2\Delta\theta_k \le A_k \le \frac{1}{2}[f(v_k)]^2\Delta\theta_k$ 인 $f(u_k) = \min_{t\in[\theta_{k-1},\theta_k]} f(t)$ 와 $f(v_k) = \max_{t\in[\theta_{k-1},\theta_k]} f(t)$가 존재한다. 그러므로 R의 넓이 A는

$$\sum_{k=1}^{n} \frac{1}{2}[f(u_k)]^2\Delta\theta_k \le A = \sum_{k=1}^{n} A_k \le \sum_{k=1}^{n} \frac{1}{2}[f(v_k)]^2\Delta\theta_k$$

이다. f는 연속함수이므로 R의 넓이 A에 대한 다음 식을 얻는다.

$$A = \int_\alpha^\beta \frac{1}{2}[f(\theta)]^2\, d\theta = \frac{1}{2}\int_\alpha^\beta [f(\theta)]^2\, d\theta. \tag{8.26}$$

예제 8.31 심장형 곡선 $r = 1 + \cos\theta$에 의해 둘러싸인 영역의 넓이를 구하여라(그림 8.27 참조).

CHAPTER 9

수열과 급수

2장 1절에서 우리는 수열을 도입하였고 수열의 수렴성과 간단한 성질을 알아보았다. 이 절에서는 수열과 함수 사이의 수렴성에 관한 성질을 다루고, 이 수열을 이용하여 수열의 무한합인 급수를 다룰 것이다. 이 급수는 이제까지 우리와 친숙해진 함수(다항함수, 지수함수, 로그함수, 삼각함수 등)들을 표현하는 데에도 쓰인다.

9.1 함수와 수열

이 절에서는 수열의 특별한 성질을 다룬다. 먼저 단조수열과 유계수열에 관하여 정의하고 그 성질을 살펴보기로 한다.

정의 9.1

수열 $\{a_n\}$이 모든 n에 대하여 $a_n \le a_{n+1}$을 만족할 때 수열 $\{a_n\}$은 **증가한다**고 하고, $a_n \ge a_{n+1}$을 만족할 때 **감소한다**고 한다. 증가 또는 감소수열을 **단조수열**이라고 한다. 또한 모든 n에 대하여 $a_n \le M(a_n \ge M)$인 상수 M이 존재하면 $\{a_n\}$은 **위로(아래로) 유계**라고 한다.

예제 9.1 $a_n = \dfrac{n}{n+1}$인 수열 $\{a_n\}$은

$$\frac{a_{n+1}}{a_n} = \frac{n+1}{n+2} \cdot \frac{n+1}{n} = \frac{n^2+2n+1}{n^2+2n} > 1$$

이므로 증가수열이다.

수열 $\{a_n\}$은 자연수를 정의역으로 갖는 함수 $f : \mathbb{N} \to \mathbb{R}$, $f(n) = a_n$을 실수에서 정의된 확장함수 $f : \mathbb{R} \to \mathbb{R}$로 생각하여 주어진 수열의 성질을 구하는 것이 편리하다.

예제 9.2 $a_n = n^{\frac{1}{n}}$로 주어진 수열 $\{a_n\}(n \geq 3)$은 감소수열이다.

풀이 $f(x) = x^{\frac{1}{x}}$이라 하면 $f(n) = a_n$이고

$$f'(x) = x^{\frac{1}{x}} \left(\frac{1 - \ln x}{x^2} \right)$$

이므로 $x > e$이면 $f'(x) < 0$이다. 따라서 $f(x)$는 $x \geq 3$에서 감소한다. 즉 $\{a_n\}$은 $n \geq 3$에서 감소한다. □

다음 정리는 함수의 극한과 수열의 극한 사이의 관계를 말해주고 있다. 이것은 수열의 수렴에 대하여 유용할 것이다.

정리 9.1

수열 $\{a_n\}_{n=1}^{\infty}$에 대하여 f는 $[1, \infty)$ 위에서 임의의 n에 대하여 $f(n) = a_n$으로 정의된 함수라고 하자.

(i) 만일 $\lim_{x\to\infty} f(x) = L$이면, $\{a_n\}_{n=1}^{\infty}$ 은 수렴하고 $\lim_{n\to\infty} a_n = L$이다.

(ii) $\lim_{x\to\infty} f(x) = \infty$ (또는 $\lim_{x\to\infty} f(x) = -\infty$)이면, $\{a_n\}_{n=1}^{\infty}$는 발산하고 $\lim_{n\to\infty} a_n = \infty$ (또는 $\lim_{n\to\infty} a_n = -\infty$)이다.

따라서 $\lim_{n\to\infty} a_n = \lim_{x\to\infty} f(x)$.

예제 9.3 $\lim_{n\to\infty} \frac{1}{n^r} = 0$ $(r > 0)$ 임을 보여라.

풀이 $f(x) = \frac{1}{x^r}$ $(x \geq 1)$이라고 놓자. 그러면 $n \geq 1$에 대하여 $f(n) = \frac{1}{n^r}$이고 $\lim_{x\to\infty} f(x) = 0$이다. 정리 9.1로부터 $\lim_{n\to\infty} \frac{1}{n^r} = 0$. □

예제 9.4 $\lim_{n\to\infty} \left(1 + \frac{1}{n}\right)^n = e$ 임을 보여라.

풀이 $x \geq 1$에 대하여 $f(x) = \left(1 + \frac{1}{x}\right)^x$라고 놓으면 $n \geq 1$에 대하여 $f(n) = \left(1 + \frac{1}{n}\right)^n$이다. 6.5절 예제 6.36에서 보였듯이 $\lim_{x\to\infty} f(x) = e$이므로 정리 9.1에 의하여

$$\lim_{n\to\infty} \left(1 + \frac{1}{n}\right)^n = e.$$

□

예제 9.5 $\lim_{n\to\infty} \sqrt[n]{c} = 1 \ (c > 0)$ 임을 보여라.

풀이 $\sqrt[n]{c} = c^{\frac{1}{n}} = e^{\frac{1}{n}\ln c}$ 임에 유의하자. $x \geq 1$ 에 대하여 $f(x) = e^{\frac{1}{x}\ln c}$ 라고 놓으면 f 는 연속이고 $n \geq 1$ 에 대하여 $f(n) = e^{(\frac{1}{n})\ln c}$ 이다. $\lim_{x\to\infty}\left(\dfrac{1}{x}\right)\ln c = 0$ 이므로 $\lim_{x\to\infty} f(x) = \lim_{x\to\infty} e^{(\frac{1}{x})\ln c} = e^0 = 1$ 이다. 따라서 정리 9.1에 의하여 $\lim_{n\to\infty} \sqrt[n]{c} = 1$ 이다. □

예제 9.6 $\lim_{n\to\infty} \sqrt[n]{n} = 1$ 임을 보여라.

풀이 $x \geq 1$ 에 대하여 $f(x) = e^{(\frac{1}{x})\log x}$ 라고 놓으면 f 는 연속이고 $n \geq 1$ 에 대하여 $f(n) = e^{(\frac{1}{n})\log n}$ 이다. 로피탈 법칙에 의하여

$$\lim_{x\to\infty} \frac{\ln x}{x} = \lim_{x\to\infty} \frac{1}{x} = 0$$

이므로 $\lim_{x\to\infty} f(x) = 1$ 이다. 정리 9.1에 의하여 $\lim_{n\to\infty} \sqrt[n]{n} = 1$ 이다. □

정리 9.2

$\{a_n\}$, $\{b_n\}$ 및 $\{c_n\}$ 은 수열이라 하자. $n \geq 1$ 에 대하여 $a_n \leq c_n \leq b_n$ 이고 $\lim_{n\to\infty} a_n = \lim_{n\to\infty} b_n = L$ 이면 $\{c_n\}$ 도 수렴하고 $\lim_{n\to\infty} c_n = L$ 이다.

예제 9.7 $\lim_{n\to\infty} \dfrac{\ln n}{n} = 0$ 임을 보여라.

풀이 먼저 $n \geq 1$ 에 대하여 $0 \leq \dfrac{\ln n}{n} \leq \dfrac{2}{\sqrt{n}}$ 임을 보이자. 임의의 $t \geq 1$ 에 대하여 $\dfrac{1}{t} \leq \dfrac{1}{\sqrt{t}}$ 이므로

$$\ln n = \int_1^n \frac{1}{t}\,dt \leq \int_1^n \frac{1}{\sqrt{t}},dt = 2\sqrt{t}\Big|_1^n = 2(\sqrt{n}-1) \leq 2\sqrt{n}.$$

그러므로 $0 \leq \dfrac{\ln n}{n} \leq \dfrac{2\sqrt{n}}{n} = \dfrac{2}{\sqrt{n}}$ 이다.

$$\lim_{n\to\infty} 0 = \lim_{n\to\infty} \frac{2}{\sqrt{n}} = 0$$

이므로 정리 9.2에 의하여

$$\lim_{n\to\infty} \frac{\ln n}{n} = 0$$

이다. □

정리 9.3

(i) $\{a_n\}$이 수렴하면 $\{a_n\}$은 유계이다.
(ii) $\{a_n\}$이 유계가 아니면 $\{a_n\}$은 발산한다.

[증명] (i) $\lim_{n\to\infty} a_n = L$임을 가정하자. 그러면 정의에 의하여 $n \ge N$이면 $|a_n - L| \le 1$인 N이 존재한다. 그러므로 $n \ge N$이면

$$|a_n| = |a_n - L + L| \le |a_n - L| + |L| \le 1 + |L|$$

이다. $M = \max\{|a_1|, |a_2|, \cdots, |a_{N-1}|, 1+|L|\}$이라고 놓으면 모든 $n \ge 1$에 대하여 $|a_n| \le M$이고 $\{a_n\}$은 유계이다.[1]
(ii) (i)과 동치이다. □

정리 9.4

위로(아래로) 유계이고 증가(감소)하는 수열 $\{a_n\}$은 수렴하고 그 극한은 집합 $\{a_n\}$의 상한(하한)이다.

예제 9.8 $a_n = (3^n + 4^n)^{\frac{1}{n}}$은 수렴한다.

풀이 $3 = (3^n)^{\frac{1}{n}} < (3^n + 4^n)^{\frac{1}{n}} \le (2 \cdot 4^n)^{\frac{1}{n}} = 2^{\frac{1}{n}} \cdot 4 \le 8$이므로 $\{a_n\}$은 유계이다. 또한

$$\begin{aligned}(3^n + 4^n)^{\frac{n+1}{n}} &= (3^n + 4^n)(3^n + 4^n)^{\frac{1}{n}} \\ &= 3^n(3^n + 4^n)^{\frac{1}{n}} + 4^n(3^n + 4^n)^{\frac{1}{n}} > 3^n 3 + 4^n 4 \\ &= 3^{n+1} + 4^{n+1}\end{aligned}$$

이므로 감소수열이다. 그러므로 정리 9.4에 의하여 수렴한다. □

[1]이 증명은 극한에 관한 엄밀한 의미의 정의를 이해하여야 한다. 따라서 처음 읽는 독자는 생략하여도 무방하다.

연습문제 9.1

1. 다음 수열의 유계성과 증가, 감소를 판정하여라.

(1) $\dfrac{(-1)^n}{n}$ (2) $\sqrt{n}$

(3) $\dfrac{n^2}{n+1}$ (4) $\log\left(\dfrac{2n}{n+1}\right)$

(5) $\dfrac{1-(\frac{1}{2})^n}{(\frac{1}{2})^n}$ (6) $\dfrac{(-2)^n}{n^{10}}$

2. $0 < c < d$일 때는 $a_n = (c^n + d^n)^{\frac{1}{n}}$인 수열 $\{a_n\}$은 유계이고 단조수열임을 보여라.

3. 다음 수열의 수렴성을 조사하여라.

(1) $\pi + \dfrac{1}{n}$ (2) $(0.8)^n$

(3) $\dfrac{3^n}{2^n}$ (4) e^{-n}

(5) $e^{\frac{1}{n}}$ (6) $\dfrac{n+3}{n^2-2}$

(7) $\cos\dfrac{\pi}{n}$ (8) $\ln\dfrac{1}{n}$

(9) $\left(1+\dfrac{0.05}{n}\right)^n$ (10) $(1+n)^{\frac{1}{2n}}$

(11) $\tan^{-1} n$ (12) $\sqrt[n]{2n}$

(13) $\dfrac{2^{n+1}}{5^{n+2}}$ (14) $\dfrac{2^{n-1}+3}{3^{n+2}}$

(15) $\dfrac{n+1}{n}$ (16) $\dfrac{4n^3-5}{6n^3+3}$

(17) $\sqrt[n]{5}\left(\dfrac{n-1}{n+1}\right)$ (18) $\dfrac{\sqrt{n^2-1}}{2n}$

(19) $(\sqrt{n+1}-\sqrt{n})$ (20) $\sqrt{n}(\sqrt{n+1}-\sqrt{n})$

(21) $\dfrac{(-1)^n}{n}$ (22) $\dfrac{\sin^2 n}{n}$

(23) $\dfrac{1}{ne^n}$

4. $\displaystyle\lim_{n\to\infty} a_n = 0$이고 $\{b_n\}_{n=m}^{\infty}$가 유계이면 $\displaystyle\lim_{n\to\infty} a_n b_n = 0$임을 보여라.

5. $\displaystyle\lim_{n\to\infty} a_{2n} = \lim_{n\to\infty} a_{2n+1}$이 존재하면 $\displaystyle\lim_{n\to\infty} a_n$도 존재한다는 것을 증명하여라.

9.2 무한급수

실수의 유한 합은 잘 알고 있기 때문에 수열 $\{a_n\}$의 모든 합의 정의는 첨자의 순서대로 더해 나가는 합들

$$s_1 = a_1, \quad s_2 = a_1 + a_2, \quad \cdots, \quad s_k = a_1 + a_2 + \cdots + a_k, \quad \cdots$$

로부터 시작된다.

정의 9.2

수열 $\{a_n\}_{n=1}^{\infty}$이 주어졌을 때 임의의 양의 정수 j에 대하여 j번째 부분합 s_j는

$$s_j = a_1 + \cdots + a_j$$

이다. 만약 $\lim_{j\to\infty} s_j$가 존재하면 $\sum_{n=1}^{\infty} a_n$이 **수렴한다**고 하고

$$\sum_{n=1}^{\infty} a_n = \lim_{j\to\infty} s_j$$

로 나타낸다. 만약 $\lim_{j\to\infty} s_j$가 존재하지 않으면 $\sum_{n=1}^{\infty} a_n$은 **발산한다**고 한다.

정리 9.5

$\sum_{n=1}^{\infty} a_n$이 수렴하면 $\lim_{n\to\infty} a_n = 0$이다.

[증명] $a_{n+1} = s_{n+1} - s_n$이고 $\lim_{n\to\infty} s_n = \lim_{n\to\infty} s_{n+1} = \sum_{n=1}^{\infty} a_n$이므로

$$\lim_{n\to\infty} a_{n+1} = \lim_{n\to\infty} (s_{n+1} - s_n) = \lim_{n\to\infty} s_{n+1} - \lim_{n\to\infty} s_n = 0$$

이다. □

위 정리로부터 $\lim_{n\to\infty} a_n \neq 0$이면 $\sum_{n=1}^{\infty} a_n$은 발산함을 쉽게 알 수 있다. 그러나 정리 9.5의 역은 성립하지 않는다.

예제 9.9 조화급수 $\sum_{n=1}^{\infty} \frac{1}{n}$이 발산함을 보여라.

풀이 $s_2 = 1 + \frac{1}{2}$, $s_4 = 1 + \frac{1}{2} + \frac{1}{3} + \frac{1}{4} > 1 + \frac{1}{2} + \frac{1}{4} + \frac{1}{4} = 1 + \frac{1}{2} \cdot 2$ 이고 일반적으로

$$\begin{aligned} s_{2^j} &= 1 + \frac{1}{2} + \left(\frac{1}{3} + \frac{1}{4}\right) + \cdots + \left(\frac{1}{2^{j-1}+1} + \cdots + \frac{1}{2^j}\right) \\ &\geq 1 + \frac{1}{2} + \frac{1}{4} + \frac{1}{4} + \cdots + \underbrace{\frac{1}{2^j} + \cdots + \frac{1}{2^j}}_{2^{j-1}\text{ 개}} \\ &= 1 + \frac{1}{2} + \frac{1}{2} + \cdots + \frac{1}{2} \\ &= 1 + \frac{j}{2} \end{aligned}$$

이다. $\sum_{n=1}^{\infty} \frac{1}{n} = \lim_{j\to\infty} s_{2^j} \geq \lim_{j\to\infty}\left(1 + \frac{j}{2}\right) = \infty$이므로 $\sum_{n=1}^{\infty} \frac{1}{n}$은 발산한다. 그러나 $\lim_{n\to\infty} \frac{1}{n} = 0$이다. □

정리 9.6 (기하급수 판정법)

r은 실수이고 $c \neq 0$이라고 하자.

기하급수 $\sum_{n=0}^{\infty} cr^n$은 $|r| < 1$이면 수렴하고 $|r| \geq 1$이면 발산한다.

[증명] $r \neq 1$이면 $s_n = \sum_{k=0}^{n-1} cr^k = c\frac{1-r^n}{1-r}$이다. 이때 $|r| > 1$이면 $\lim_{n\to\infty} r^n = \pm\infty$이고, $|r| < 1$이면 $\lim_{n\to\infty} r^n = 0$이다. $|r| < 1$이면 $\sum_{n=0}^{\infty} cr^n = \lim_{n\to\infty} s_n = \lim_{n\to\infty} c\frac{1-r^n}{1-r} = \frac{c}{1-r}$이고 $|r| > 1$이면 $\sum_{n=0}^{\infty} cr^n = \lim_{n\to\infty} s_n$은 발산한다. 또한 $r = 1$이면 $s_n = cn$이고 $\sum_{n=0}^{\infty} cr^n = \lim_{n\to\infty} cn$이므로 발산한다. □

정리 9.7

$\sum_{n=1}^{\infty} a_n$ 과 $\sum_{n=1}^{\infty} b_n$ 은 수렴하는 급수이고 c는 실수일 때 다음이 성립한다.

(i) $\sum_{n=1}^{\infty}(a_n + b_n) = \sum_{n=1}^{\infty} a_n + \sum_{n=1}^{\infty} b_n$

(ii) $\sum_{n=1}^{\infty} ca_n = c\sum_{n=1}^{\infty} a_n$

[증명] 위의 정리는 정리 2.1로부터 쉽게 증명된다. □

예제 9.10 $\sum_{n=1}^{\infty}\left(\frac{1}{10}\right)^n$ 이 수렴함을 보여라.

풀이 $r = \frac{1}{10}$ 인 기하급수이므로 정리 9.6에 의하여

$$\sum_{n=1}^{\infty}\left(\frac{1}{10}\right)^n = \frac{\frac{1}{10}}{1-\frac{1}{10}} = \frac{\frac{1}{10}}{\frac{9}{10}} = \frac{1}{9}$$

이다. □

예제 9.11 $\sum_{n=1}^{\infty}\frac{1}{n(n+1)}$ 의 수렴성을 알아보아라.

풀이
$$\begin{aligned} s_n = \sum_{k=1}^{n}\frac{1}{k(k+1)} &= \sum_{k=1}^{n}\left(\frac{1}{k}-\frac{1}{k+1}\right) \\ &= \left(1-\frac{1}{2}\right)+\left(\frac{1}{2}-\frac{1}{3}\right)+\cdots+\left(\frac{1}{n}-\frac{1}{n+1}\right) \end{aligned}$$

이므로 $s_n = 1 - \frac{1}{n+1}$ 이다.

그러므로 $\lim_{n\to\infty} s_n$ 이 수렴하므로 $\sum_{n=1}^{\infty}\frac{1}{n(n+1)}$ 은 수렴하고

$$\sum_{n=1}^{\infty}\frac{1}{n(n+1)} = \lim_{n\to\infty} s_n = \lim_{n\to\infty}\left(1-\frac{1}{n+1}\right) = 1$$

이다. □

연습문제 9.2

1. 다음 급수의 수렴성을 조사하여라.

(1) $\displaystyle\sum_{n=1}^{\infty}\left(\frac{-1}{7}\right)^n$

(2) $\displaystyle\sum_{n=1}^{\infty}\left(1+\frac{1}{n}\right)$

(3) $\displaystyle\sum_{n=0}^{\infty}\frac{n^2}{n+1}$

(4) $\displaystyle\sum_{n=1}^{\infty}\cos n\pi$

(5) $\displaystyle\sum_{n=1}^{\infty}\sin\left(\frac{\pi}{2}-\frac{1}{n}\right)$

(6) $\displaystyle\sum_{n=1}^{\infty}\left(\frac{1}{4}\right)^n$

(7) $\displaystyle\sum_{n=1}^{\infty}(-1)^n$

(8) $\displaystyle\sum_{n=3}^{\infty}\frac{1}{n(n+1)}$

(9) $\displaystyle\sum_{n=1}^{\infty}\left(\frac{1}{n^3}-\frac{1}{(n+1)^3}\right)$

(10) $\displaystyle\sum_{n=1}^{\infty}(-1)^n(0.3)^n$

(11) $\displaystyle\sum_{n=0}^{\infty}\frac{2^n+5^n}{2^n5^n}$

Memo

9.3 양항급수 : 적분판정법과 비교판정법

이제까지는 급수 $\sum_{n=m}^{\infty} a_n$ 의 정확한 값을 구함으로써 급수가 수렴함을 보였다. 그러나 대부분의 수렴하는 급수는 그 정확한 값을 구하기가 어렵거나 불가능하다. 그런 경우에는 급수의 수렴성만을 알아보는 것으로도 충분하다. 9.3절에서 9.5절까지는 급수의 수렴성을 알아보는 방법을 살펴보겠다. 수열 $\{a_n\}_{n=1}^{\infty}$ 이 모든 n 에 대하여 $a_n \geq 0$ 일 때 $\sum_{n=1}^{\infty} a_n$ 을 **양항급수**라 한다.

정리 9.8

s_n 을 양항급수 $\sum_{n=1}^{\infty} a_n$ 의 부분합이라고 하자.

(i) 수열 $\{s_n\}$ 이 유계이면 $\sum_{n=1}^{\infty} a_n$ 은 수렴한다.

(ii) 수열 $\{s_n\}$ 이 유계가 아니면 $\sum_{n=1}^{\infty} a_n$ 은 발산한다.

[증명] 수열 $\{s_n\}$ 이 증가수열이므로 정리 9.3과 정리 9.4에 의하여 쉽게 알 수 있다. □

적분판정법

이 방법은 양항급수를 이상(특이) 적분과 비교하는 방법이다.

정리 9.9 (적분판정법)

$\sum_{n=1}^{\infty} a_n$ 을 양항급수라고 하자. 함수 f 가 $[1, \infty)$ 에서 정의된 감소하는 연속함수이고 모든 x 에 대하여 $f(x) > 0$ 이고 $f(n) = a_n$ 이라고 하자. 이때 $\sum_{n=1}^{\infty} a_n$ 가 수렴하기 위한 필요충분조건은 이상적분 $\int_1^{\infty} f(x)dx$ 가 수렴하는 것이다.

[증명] $f(x)$ 의 그래프를 다음과 같이 생각하자(그림 9.1).

먼저 이상적분이 수렴한다고 하자. 가정에 의해

$$f(2) \leq \int_1^2 f(x)dx, f(3) \leq \int_2^3 f(x)dx, \cdots$$

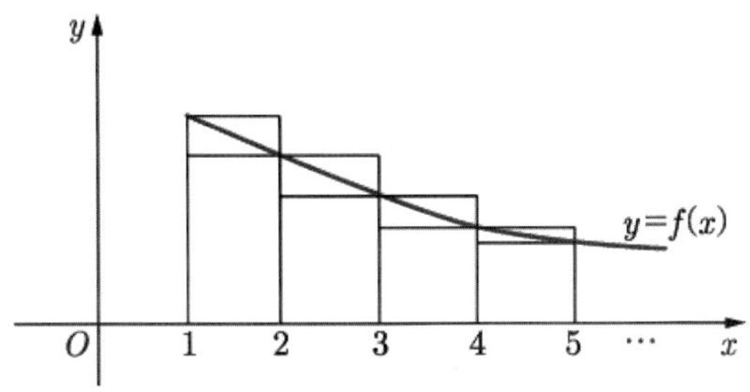

그림 9.1: 적분판정법

이므로

$$f(2)+f(3)+\cdots+f(n) \le \int_1^n f(x)dx \le \int_1^\infty f(x)dx = M.$$

따라서 급수 $\sum_{n=1}^{\infty} a_n = \sum_{n=1}^{\infty} f(n)$ 의 부분합은 유계이고, 양항급수이므로 수렴한다. 역으로 $\sum_{n=1}^{\infty} f(n)$ 이 수렴한다고 하자. 가정에서

$$\int_1^2 f(x)dx \le f(1), \int_2^3 f(x)dx \le f(2), \cdots$$

이므로

$$\int_1^n f(x)dx \le f(1)+f(2)+\cdots+f(n-1) \le \sum_{n=1}^{\infty} f(n) = L$$

이다. 임의의 $b>1$ 에 대하여 $b \le N$ 인 N 을 택하면

$$\int_1^b f(x)dx \le \int_1^N f(x)dx \le L$$

이므로 $\lim_{b\to\infty}\int_1^b f(x)dx$ 는 수렴한다. □

예제 9.12 (p-급수 판정법) $\sum_{n=1}^{\infty} \frac{1}{n^p}$ 이 수렴하기 위한 필요충분조건은 $p>1$ 이다.

풀이 $\int_1^\infty \frac{1}{x^p}dx$ 가 수렴하기 위한 필요충분조건은 7.6절의 연습문제 2의 (2)에 의하여 $p>1$ 이다. 임의의 $x \ge 1$ 에 대하여 $f(x)=\frac{1}{x^p}$ 은 연속이고 감소함수이다. 그러므로 적분판정법에 의하여

$$\sum_{n=1}^{\infty} \frac{1}{n^p} \text{ 은 } p>1 \text{이면 수렴하고 } p \le 1 \text{이면 발산한다.}$$

□

예제 9.13 $\displaystyle\sum_{n=2}^{\infty} \frac{1}{n \ln n}$ 이 발산함을 보여라.

풀이 $f(x) = \dfrac{1}{x \ln x}$ 라 하면 f 는 $[2, \infty)$ 에서 연속이고 감소하므로 $\displaystyle\int_2^{\infty} f(x)\, dx$ 가 발산함을 보이면 된다. 임의의 $b > 1$ 에 대하여

$$\int_2^b \frac{1}{x \ln x} dx = \ln(\ln x)\Big|_2^b = \ln(\ln b) - \ln(\ln 2)$$

이고

$$\int_2^{\infty} \frac{1}{x \ln x} dx = \lim_{b \to \infty} \int_2^b \frac{1}{x \ln x} dx = \infty$$

이므로 $\displaystyle\int_2^{\infty} f(x) dx$ 는 발산한다. □

주의 9.1 $\displaystyle\sum_{n=1}^{\infty} a_n$ 이 수렴하기 위한 필요충분조건은 임의의 $j \geq 1$ 에 대하여 $\displaystyle\sum_{n=j}^{\infty} a_n$ 이 수렴하는 것이다.

비교판정법

정리 9.10 (비교판정법)

$\sum a_k$ 을 양항급수라고 하자.

(i) 수렴하는 양항급수 $\sum c_k$ 가 존재하여 충분히 큰 모든 k 에 대하여 $a_k \leq c_k$ 가 되면 $\sum a_k$ 는 수렴한다.

(ii) 발산하는 양항급수 $\sum c_k$ 가 존재하여 충분히 큰 모든 k 에 대하여 $a_k \geq c_k$ 가 되면 $\sum a_k$ 는 발산한다.

[증명] (i) $s_n = \displaystyle\sum_{k=1}^{n} a_k$ 라 하면

$$s_n \leq \sum_{k=1}^{n} c_k \leq \sum_{k=1}^{\infty} c_k < \infty$$

이므로 수열 $\{s_n\}$ 은 증가하는 유계이므로 수렴한다.

(ii) (i) 의 대우 명제이므로 성립한다. □

예제 9.14 $\sum_{n=1}^{\infty} \frac{1}{2^n+1}$ 이 수렴함을 보여라.

풀이 기하급수에 의하여 급수 $\sum_{n=1}^{\infty} \frac{1}{2^n}$ 이 수렴함을 알고 있다. 그리고 모든 $n \geq 1$에 대하여

$$\frac{1}{2^n+1} \leq \frac{1}{2^n}$$

이므로 비교판정법에 의하여 $\sum_{n=1}^{\infty} \frac{1}{2^n+1}$ 은 수렴한다. □

예제 9.15 $\sum_{n=1}^{\infty} \frac{1}{2n^3+1}$ 의 수렴 · 발산을 판정하여라.

풀이 $\frac{1}{2n^3+1} \leq \frac{1}{n^3}$ 이고 예제 9.12에 의하여 $\sum_{n=1}^{\infty} \frac{1}{n^3}$ 은 수렴하므로 비교판정법에 의하여 $\sum_{n=1}^{\infty} \frac{1}{2n^3+1}$ 은 수렴한다. □

예제 9.16 $\sum_{n=1}^{\infty} \frac{1}{2\sqrt{n}-1}$ 이 발산함을 보여라.

풀이 모든 $n \geq 1$에 대하여

$$\frac{1}{2\sqrt{n}-1} \geq \frac{1}{2\sqrt{n}}$$

이고 $\sum_{n=1}^{\infty} \frac{1}{2\sqrt{n}}$ 은 발산하므로 비교판정법에 의하여 $\sum_{n=1}^{\infty} \frac{1}{2\sqrt{n}-1}$ 은 발산한다. □

정리 9.11 (극한비교정리)

$\sum a_k, \sum b_k$ 가 모든 k에 대하여 $a_k > 0,\ b_k > 0$이고 $\lim_{k\to\infty} \frac{a_k}{b_k} = L > 0$이라 하자.

(1) $\sum b_k$ 가 수렴하면 $\sum a_k$ 가 수렴한다.

(2) $\sum b_k$ 가 발산하면 $\sum a_k$ 가 발산한다.

[증명] $\varepsilon = \frac{L}{2} > 0$라고 놓자. $\lim_{b\to\infty} \frac{a_k}{b_k} = L$이므로 어떤 정수 N이 있어서 $n \geq N$인 모든 n에 대하여 $\frac{1}{2}L \leq \frac{a_n}{b_n} \leq 2L$. 따라서 $n \geq N$인 모든 n에 대하여 $a_n \leq 2Lb_n$ 이고 $a_n \geq \frac{1}{2}Lb_n$ 이다. 비교판정법에 의하여 $\sum_{n=1}^{\infty} b_n$ 이 수렴하면 $\sum_{n=N}^{\infty} 2Lb_n$ 은 수렴하고

$\sum_{n=N}^{\infty} a_n$ 도 수렴한다. 따라서

$$\sum_{n=1}^{\infty} a_n = \sum_{n=1}^{N-1} a_n + \sum_{n=N}^{\infty} a_n$$

이므로 $\sum_{n=1}^{\infty} a_n$ 도 수렴한다. 비슷하게 $\sum_{n=1}^{\infty} b_n$ 이 발산하면 $\sum_{n=N}^{\infty} \frac{1}{2} L b_n$ 이 발산하고 $\sum_{n=N}^{\infty} a_n$ 도 발산한다. 따라서

$$\sum_{n=1}^{\infty} a_n \geq \sum_{n=N}^{\infty} a_n$$

이므로 $\sum_{n=1}^{\infty} a_n$ 도 발산한다.[2] □

예제 9.17 $\sum_{n=1}^{\infty} \frac{4n-3}{n^3-5n-7}$ 이 수렴한다.

풀이 급수의 항이 n에 관한 유리함수일 때는 비교할 급수를 찾기 위하여 분모와 분자의 각 최고차의 항만을 고려하면 된다. 그러므로 $\sum_{n=1}^{\infty} \frac{4}{n^2}$ 를 주어진 급수와 비교하게 된다. $\sum_{n=1}^{\infty} \frac{1}{n^2}$ 이 수렴하기 때문에 $\sum_{n=1}^{\infty} \frac{4}{n^2}$ 도 수렴한다. 또한

$$\lim_{n\to\infty} \frac{(4n-3)/(n^3-5n-7)}{4/n^2} = \lim_{n\to\infty} \frac{4n^3-3n^2}{4n^3-20n-28} = 1$$

이므로 극한비교정리에 의하여 주어진 급수는 수렴한다. □

예제 9.18 $\sum_{n=1}^{\infty} \frac{1}{\sqrt[3]{8n^2-5n}}$ 은 발산한다.

풀이 분자와 분모의 최고차의 항을 나누면

$$\frac{1}{\sqrt[3]{8n^2}} = \frac{1}{2n^{2/3}}$$

이다. 따라서 주어진 급수를 $\sum_{n=1}^{\infty} \frac{1}{2n^{2/3}}$ 과 비교하자. $\sum_{n=1}^{\infty} \frac{1}{2n^{2/3}}$ 은 발산하고

$$\lim_{n\to\infty} \frac{\sqrt[3]{8n^2-5n}}{\sqrt[3]{8n^2}} = \lim_{n\to\infty} \sqrt[3]{\frac{8n^2}{8n^2-5n}} = 1$$

이므로 극한비교정리에 의하여 주어진 급수는 발산한다. □

[2]약간 엄밀한 증명이므로 처음 읽는 독자는 생략하여도 무방하다.

연습문제 9.3

1. 다음 급수의 수렴성을 조사하여라.

(1) $\sum_{n=1}^{\infty} \frac{1}{(n+1)^2}$

(2) $\sum_{n=1}^{\infty} \frac{1}{\sqrt{n}}$

(3) $\sum_{n=1}^{\infty} \frac{1}{\sqrt{n^3+1}}$

(4) $\sum_{n=1}^{\infty} \frac{1}{n+\sqrt{n}}$

(5) $\sum_{n=1}^{\infty} \frac{1}{e^{n^2}}$

(6) $\sum_{n=2}^{\infty} \frac{1}{\sqrt[n]{\ln n}}$

(7) $\sum_{n=3}^{\infty} \frac{1}{(n-1)(n-2)}$

(8) $\sum_{n=2}^{\infty} \frac{n^2-1}{n^3-n-1}$

(9) $\sum_{n=3}^{\infty} \frac{3+\cos n}{n^2-4}$

(10) $\sum_{n=1}^{\infty} \frac{n}{7^n}$

(11) $\sum_{n=1}^{\infty} \frac{\sqrt{n}}{n^2+3}$

(12) $\sum_{n=1}^{\infty} \frac{\cos^2 n}{n^{3/2}}$

(13) $\sum_{n=1}^{\infty} ne^{(-n^2)}$

(14) $\sum_{n=1}^{\infty} \frac{\tan^{-1} n}{n^2+1}$

(15) $\sum_{n=2}^{\infty} \frac{1}{n(\ln n)^2}$

(16) $\sum_{n=1}^{\infty} \frac{1}{n\sqrt[n]{n}}$

(17) 급수 $\sum_{n=2}^{\infty} \frac{1}{n(\ln n)^p}$ 이 수렴할 p의 조건을 구하여라.

Memo

9.4 양항급수: 비율판정법과 거듭제곱근판정법

이 절에서 소개되는 비율판정법과 거듭제곱근판정법은 앞의 판정법보다 쉽게 쓰이는 판정법이지만 등비급수 $\sum x^n$ 이나 p-급수 $\sum \frac{1}{n^p}$ 등과의 비교판정법에 의해 얻을 수 있다.

정리 9.12 (비율판정법)

$\sum_{n=1}^{\infty} a_n$ 은 모든 n 에 대하여 $a_n > 0$ 이고 $\lim_{n\to\infty} \frac{a_{n+1}}{a_n} = r$ 라 하자.

(i) $0 \le r < 1$ 이면 $\sum a_n$ 은 수렴한다.

(ii) $r > 1$ 이면 $\sum a_n$ 은 발산한다.

(iii) $r = 1$ 이면 이 방법으로는 판정불가능하다.

[증명] (i) $r < \mu < 1$ 인 μ 를 잡으면 어떤 정수 N 이 있어서 $n \ge N$ 인 모든 n 에 대하여

$$\frac{a_{n+1}}{a_n} \le \mu$$

이다. 따라서

$$\begin{aligned} a_{N+1} &\le \mu a_N \\ a_{N+2} &\le \mu a_{N+1} \le \mu^2 a_N \\ &\vdots \\ a_{N+k} &\le \mu^k a_N \end{aligned}$$

이고

$$\sum_{n=N}^{N+k} a_n = a_N(1 + \mu + \cdots + \mu^k) \le a_N \frac{1-\mu^k}{1-\mu} < a_N \frac{1}{1-\mu}$$

이다. 그러므로 주어진 급수의 부분합이 유계이므로 수렴한다.

(ii) (i)의 증명과 비슷하다.

(iii) 적분판정법에 의하여 $\sum_{n=1}^{\infty} \frac{1}{n}$ 은 발산하고 $\sum_{n=1}^{\infty} \frac{1}{n^2}$ 은 수렴한다. 그런데

$$\lim_{n\to\infty} \frac{1/(n+1)}{1/n} = \lim_{n\to\infty} \frac{n}{n+1} = 1,$$

$$\lim_{n\to\infty} \frac{1/(n+1)^2}{1/n^2} = \lim_{n\to\infty} \frac{n^2}{(n+1)^2} = 1$$

이다.[3] □

[3] 처음 읽는 독자는 생략하여도 무방하다.

예제 9.19 $\sum_{n=1}^{\infty} \frac{2^n}{n!}$ 이 수렴함을 보여라.

풀이 $r = \lim_{n\to\infty} \frac{a_{n+1}}{a_n} = \lim_{n\to\infty} \frac{2^{n+1}/(n+1)!}{2^n/n!} = \lim_{n\to\infty} \frac{2}{n+1} = 0$

$r < 1$ 이므로 이 급수는 수렴한다. □

예제 9.20 $\sum_{n=1}^{\infty} \frac{2^n}{n^2}$ 이 발산함을 보여라.

풀이 $r = \lim_{n\to\infty} \frac{a_{n+1}}{a_n} = \lim_{n\to\infty} \frac{2^{n+1}/(n+1)^2}{2^n/n^2} = \lim_{n\to\infty} 2\left(\frac{n}{n+1}\right)^2 = 2$

$r > 1$ 이므로 급수는 발산한다. □

예제 9.21 $\sum_{n=1}^{\infty} \frac{n!}{n^n}$ 은 수렴한다.

풀이

$$
\begin{aligned}
r &= \lim_{n\to\infty} \frac{a_{n+1}}{a_n} = \lim_{n\to\infty} \frac{(n+1)!/(n+1)^{n+1}}{n!/n^n} \\
&= \lim_{n\to\infty} \frac{(n+1)!}{n!} \frac{n^n}{(n+1)^{n+1}} \\
&= \lim_{n\to\infty} (n+1)\frac{n^n}{(n+1)^{n+1}} = \lim_{n\to\infty} \frac{1}{\left(\frac{n+1}{n}\right)^n} \\
&= \frac{1}{\lim_{n\to\infty}\left(1+\frac{1}{n}\right)^n} = \frac{1}{e}
\end{aligned}
$$

$r < 1$ 이므로 급수는 수렴한다. □

정리 9.13 (거듭제곱근판정법)

$\sum_{n=1}^{\infty} a_n$ 이 양항급수이고 $\lim_{n\to\infty} (a_n)^{1/n} = \rho$ 라고 하자.

(i) $\rho < 1$ 이면 $\sum a_n$ 은 수렴한다.

(ii) $\rho > 1$ 이면 $\sum a_n$ 은 발산한다.

(iii) $\rho = 1$ 이면 이 방법으로는 판정 불가능하다.

[증명] (i) $\rho < 1$이므로 $\rho < \mu < 1$인 μ를 잡으면 $\lim_{n\to\infty}(a_n)^{1/n} = \rho$이므로 어떤 정수 N이 있어서 $n \geq N$인 모든 n에 대하여

$$(a_n)^{1/n} < \mu$$

가 된다. 즉 $n \geq N$에 대하여 $a_n < \mu^n$이다. $\sum_{n=1}^{\infty}\mu^n$은 수렴하므로 비교판정법에 의하여 $\sum a_n$은 수렴한다.

(ii) $\rho > \mu > 1$인 μ를 택하고 (i)과 비슷하게 증명하면 된다.

(iii) 비율판정법에서와 같이 $\sum_{n=1}^{\infty}\frac{1}{n}$은 발산하고 $\sum_{n=1}^{\infty}\frac{1}{n^2}$은 수렴한다. 그러나

$$\lim_{n\to\infty}\left(\frac{1}{n}\right)^{1/n} = \lim_{n\to\infty}\frac{1}{\sqrt[n]{n}} = 1,$$
$$\lim_{n\to\infty}\left(\frac{1}{n^2}\right)^{1/n} = \lim_{n\to\infty}\left(\frac{1}{\sqrt[n]{n}}\right)^2 = 1$$

이다.[4] □

예제 9.22 $\sum_{n=1}^{\infty}\left(\frac{\ln n}{1000}\right)^n$은 발산함을 보여라.

풀이 $r = \lim_{n\to\infty}\left[\left(\frac{\ln n}{1000}\right)^n\right]^{1/n} = \lim_{n\to\infty}\frac{\ln n}{1000} = \infty$이므로 거듭제곱근판정법에 의하여 발산한다. □

예제 9.23 $\sum_{n=1}^{\infty}\frac{n}{2^n}$이 수렴한다.

풀이 $r = \lim_{n\to\infty}\sqrt[n]{\frac{n}{2^n}} = \lim_{n\to\infty}\frac{\sqrt[n]{n}}{2} = \frac{1}{2}$이므로 거듭제곱근판정법에 의하여 수렴한다. □

[4]약간 엄밀한 증명이므로 처음 읽는 독자는 생략하여도 무방하다.

연습문제 9.4

1. 다음 급수의 수렴성을 조사하여라.

(1) $\displaystyle\sum_{n=1}^{\infty} \frac{n!}{2^n}$

(2) $\displaystyle\sum_{n=1}^{\infty} \frac{n}{10^n}$

(3) $\displaystyle\sum_{n=1}^{\infty} \frac{n!(3)^n}{10^n}$

(4) $\displaystyle\sum_{n=1}^{\infty} \frac{n!}{2n^2}$

(5) $\displaystyle\sum_{n=1}^{\infty} \left(\frac{n}{2n+5}\right)^n$

(6) $\displaystyle\sum_{n=1}^{\infty} \frac{n!}{(2n)!}$

(7) $\displaystyle\sum_{n=2}^{\infty} \frac{2^{2n-2}}{(2n-2)!}$

(8) $\displaystyle\sum_{n=1}^{\infty} \frac{(1.1)^n}{n^7}$

(9) $\displaystyle\sum_{n=1}^{\infty} \frac{\ln n}{e^n}$

(10) $\displaystyle\sum_{n=1}^{\infty} \frac{n!}{e^n}$

(11) $\displaystyle\sum_{n=2}^{\infty} \frac{1}{(\ln n)^n}$

(12) $\displaystyle\sum_{n=1}^{\infty} \frac{(2n)!}{n!(2n)^n}$

(13) $\displaystyle\sum_{n=2}^{\infty} \left(\frac{n!}{n^n}\right)^n$

(14) $\displaystyle\sum_{n=1}^{\infty} \left(\sum_{k=1}^{n} \frac{1}{k}\right)^n$

Memo

9.5 교대급수와 절대수렴급수

지금부터 급수 $\sum_{n=1}^{\infty} a_n$ 에서 $a_n \geq 0$ 인 조건이 없는 일반적인 급수에 대하여 생각한다. 만약 급수 $\sum_{n=1}^{\infty} a_n$ 에서의 각 항이 양수와 음수가 교대로 되어 있는 경우 이 급수를 **교대급수**라고 부른다. 예를 들면

$$1 - \frac{1}{2} + \frac{1}{3} - \frac{1}{4} + \frac{1}{5} - \cdots$$
$$1 - \frac{1}{\sqrt{2}} + \frac{1}{\sqrt{3}} - \frac{1}{\sqrt{4}} + \frac{1}{\sqrt{5}} - \cdots$$

은 교대급수이다. 이러한 교대급수에 적용되는 수렴판정법이 다음과 같다.

정리 9.14 (교대급수판정법)

교대급수 $\sum_{n=1}^{\infty} a_n$ 이

$$\lim_{n \to \infty} a_n = 0$$

이고, 또 모든 n에 대하여 $|a_{n+1}| \leq |a_n|$이면 이 교대급수는 수렴한다. 더욱이 교대급수의 값 L과 부분합 s_j 에 대하여

$$|L - s_j| \leq |a_{j+1}|$$

이 성립한다.

예제 9.24 $\sum_{n=1}^{\infty} (-1)^{n-1} \frac{1}{n} = 1 - \frac{1}{2} + \frac{1}{3} - \frac{1}{4} + \cdots$ 은 수렴한다.

풀이 $|a_n| = \frac{1}{n}$ 이므로 $|a_n|$은 감소수열이고 $\lim_{n \to \infty} a_n = 0$이므로 교대급수 판정법에 의하여 수렴한다. □

예제 9.25 $\sum_{n=1}^{\infty} (-1)^{n+1} \frac{\left(\frac{\pi}{2}\right)^{2n-2}}{(2n-2)!}$ 은 수렴한다.

풀이 $\sum_{n=1}^{\infty} (-1)^{n+1} a_n$ 으로 놓으면 $a_n = \frac{\left(\frac{\pi}{2}\right)^{2n-2}}{(2n-2)!}$ 이다.

$$\frac{a_{n+1}}{a_n} = \frac{\left(\frac{\pi}{2}\right)^{2n}\Big/(2n)!}{\left(\frac{\pi}{2}\right)^{2n-2}\Big/(2n-2)!} = \frac{\left(\frac{\pi}{2}\right)^{2n}}{\left(\frac{\pi}{2}\right)^{2n-2}} \cdot \frac{(2n-2)!}{(2n)!}$$
$$= \frac{\left(\frac{\pi}{2}\right)^{2}}{(2n)(2n-1)} = \frac{\pi^2}{8(2n^2-n)}$$

이고 $\frac{a_2}{a_1} = \frac{\pi^2}{8} > 1$이고 $n \geq 2$이면

$$\frac{a_{n+1}}{a_n} = \frac{\pi^2}{8(2n^2-n)} \leq \frac{\pi^2}{8(2\cdot 4-2)} = \frac{\pi^2}{48} < \frac{1}{3}.$$

그러므로 $\{a_n\}_{n=2}^{\infty}$는 감소수열이고 $\lim_{n\to\infty} a_n = 0$이다. 교대급수 판정법에 의하여 $\sum_{n=2}^{\infty}(-1)^{n+1}a_n$은 수렴하고 $\sum_{n=1}^{\infty}(-1)^{n+1}a_n$도 수렴한다. □

예제 9.26 $\sum_{n=1}^{\infty}(-1)^{n+1}\left(\frac{1}{n^3}\right)$의 값을 오차 0.001 이내로 근사시켜라.

풀이 $\left|\sum_{k=1}^{\infty}(-1)^{k+1}\left(\frac{1}{k^3}\right) - s_n\right| \leq |a_{n+1}|$이므로 $|a_{n+1}| < 0.001$이 되도록 n을 잡자. $\frac{1}{(n+1)^3} < \frac{1}{10^3}$이므로 $10^3 < (n+1)^3$이고 $10 < n+1$이므로 $n = 10$으로 잡으면 된다. 즉 근삿값은

$$\sum_{n=1}^{10}(-1)^{n+1}\frac{1}{n^3}$$

이다. □

급수 $\sum_{n=1}^{\infty}a_n$이 주어졌을 때 $\sum_{n=1}^{\infty}|a_n|$이 수렴하면 **절대수렴**한다고 한다.

정리 9.15

수열 $\{a_n\}$에 대하여 $\sum|a_n|$이 수렴하면 $\sum a_n$이 수렴한다.

[증명] 모든 n에 대하여

$$-|a_n| \leq a_n \leq |a_n|$$

이므로 $0 \le a_n + |a_n| \le 2|a_n|$이다. $\sum |a_n|$이 수렴하므로 $\sum 2|a_n| = 2\sum |a_n|$도 수렴하고, 따라서 $\sum(a_n + |a_n|)$도 수렴한다. 그런데 $a_n = a_n + |a_n| - |a_n|$이므로 $\sum a_n$도 수렴한다. □

예제 9.27 $\displaystyle\sum_{n=1}^{\infty} \frac{(\sin n)}{n^3}$이 수렴함을 보여라.

풀이 모든 $n \ge 0$에 대하여

$$\left|\frac{\sin n}{n^3}\right| \le \frac{1}{n^3}$$

이고 $\displaystyle\sum_{n=1}^{\infty} \frac{1}{n^3}$은 수렴하므로 $\displaystyle\sum_{n=1}^{\infty} \frac{\sin n}{n^3}$은 절대수렴하고 정리 9.15에 의하여 $\displaystyle\sum_{n=1}^{\infty} \frac{\sin n}{n^3}$은 수렴한다. □

절대수렴하는 급수는 수렴하지만 그 역은 성립하지 않는다. 예를 들어

$$\sum_{n=1}^{\infty} (-1)^{n+1} \frac{1}{n}$$

은 예제 9.24에 의해 수렴하지만 절대수렴하지 않는다. 이렇게 $\displaystyle\sum_{n=1}^{\infty} a_n$은 수렴하지만 $\displaystyle\sum_{n=1}^{\infty} |a_n|$은 발산하는 급수 $\displaystyle\sum_{n=1}^{\infty} a_n$을 **조건수렴**한다고 한다.

연습문제 9.5

1. 다음 급수의 수렴성을 조사하여라.

(1) $\displaystyle\sum_{n=1}^{\infty} (-1)^{n+1} \frac{1}{2n+1}$ (2) $\displaystyle\sum_{n=2}^{\infty} (-1)^{n} \frac{1}{\ln n}$

(3) $\displaystyle\sum_{n=1}^{\infty} (-1)^{n} \frac{2n+1}{5n+1}$ (4) $\displaystyle\sum_{n=3}^{\infty} \frac{\cos n\pi}{\sqrt{n}}$

(5) $\displaystyle\sum_{n=2}^{\infty} (-1)^{n+1} \frac{n+1}{4n}$ (6) $\displaystyle\sum_{n=2}^{\infty} (-1)^{n} \frac{\ln n}{n}$

(7) $\displaystyle\sum_{n=1}^{\infty} (-1)^{n+1} \frac{\sqrt{n}}{2n+1}$ (8) $\displaystyle\sum_{n=1}^{\infty} (-1)^{n+1} \frac{n!}{100^n}$

(9) $\displaystyle\sum_{n=1}^{\infty} (-1)^{n} \cot\left(\frac{\pi}{2} - \frac{1}{n}\right)$

(10) 급수 $\displaystyle\sum_{n=1}^{\infty} (-1)^{n} \frac{1}{n^p}$가 수렴하기 위한 p의 조건을 구하여라.

2. 다음 급수의 합을 오차 0.01 이내에서 근사시켜라.

(1) $\displaystyle\sum_{n=1}^{\infty}(-1)^{n+1}\frac{1}{n^2}$ (2) $\displaystyle\sum_{n=1}^{\infty}(-1)^{n}\frac{8}{10^n+1}$

3. 다음 급수의 절대수렴, 조건수렴 그리고 발산 등을 조사하여라.

(1) $\displaystyle\sum_{n=1}^{\infty}(-1)^{n+1}\frac{1}{3n+4}$ (2) $\displaystyle\sum_{n=1}^{\infty}(-1)^{n}\frac{n^n}{n!}$

(3) $\displaystyle\sum_{n=3}^{\infty}(-1)^{n+1}\frac{1}{n(n-2)}$ (4) $\displaystyle\sum_{n=1}^{\infty}(-1)^{n+1}\frac{1}{n^n}$

(5) $\displaystyle\sum_{n=2}^{\infty}(-1)^{n}\frac{1}{n(\ln n)}$ (6) $\displaystyle\sum_{n=2}^{\infty}(-1)^{n+1}\frac{1}{(\ln n)^n}$

(7) $\displaystyle\sum_{n=2}^{\infty}(-1)^{n+1}\frac{1}{(\ln n)^{1/n}}$

4. 다음을 증명하여라.

(1) $\displaystyle\lim_{n\to\infty}\frac{n!}{n^n}=0$ (2) $\displaystyle\lim_{n\to\infty}\frac{(n+1)^2}{n!}=0$

(3) $\displaystyle\lim_{n\to\infty}\frac{x^{2n}}{n^n}=0$ (x : 모든 실수) (4) $\displaystyle\lim_{n\to\infty}\frac{x^{2n}}{n}=0$ ($|x|<1$)

(5) $\displaystyle\lim_{n\to\infty}\frac{x^n}{2^n}=0$ ($|x|<2$) (6) $\displaystyle\lim_{n\to\infty}\frac{n!x^n}{n^n}=0$ ($|x|<e$)

(7) $0\le x<e$인 x에 대하여 $\displaystyle\sum_{n=1}^{\infty}\frac{n!}{n^n}x^n$이 수렴함을 보여라.

Memo

9.6 테일러 다항식과 테일러 정리

함수 f가 0에서 가장 근사인 값을 갖는 상수다항식 P_0는 $P_0(x) = f(0)$라고 주어질 수 있다. 또한 f가 0에서 미분가능할 때는 0 근방에서 가장 가까운 1차 식 P_1은 $P_1(x) = f(0)+f'(0)x$라고 놓을 수 있다. 그러면 P_1은 0에서 함수값과 도함수의 값이 f와 일치하는 1차 식이다. 일반적으로 f가 $x = 0$에서 n차 도함수를 가질 때 $P_n(x)$를

$$P_n(0) = f(0), P_n'(0) = f'(0), \cdots, P_n^{(n)}(0) = f^{(n)}(0)$$

인 n차 다항식이라 하면

$$P_n(x) = f(0) + f'(0)x + \frac{f''(0)}{2!}x^2 + \cdots + \frac{f^{(n)}(0)}{n!}x^n$$

라고 주어질 수 있고 이 근사다항식을 f의 n차 **테일러 다항식**이라고 부른다.

예제 9.28 $f(x) = e^x$라고 할 때 f의 n차 테일러 다항식을 구하고 $P_5(1)$을 계산하여라.

풀이 우선 임의의 음이 아닌 정수 k에 대하여 $f^{(k)}(0)$를 구해야 한다. $f^{(k)}(x) = e^x$이므로 $f^{(k)}(0) = e^0 = 1$이다. 따라서

$$\begin{aligned} P_n(x) &= f(0) + f'(0)x + \frac{f''(0)}{2!}x^2 + \cdots + \frac{f^{(n)}(0)}{n!}x^n \\ &= 1 + x + \frac{x^2}{2!} + \cdots + \frac{x^n}{n!} \end{aligned}$$

그리고

$$P_5(1) = 1 + 1 + \frac{1}{2!} + \cdots + \frac{1}{5!} = \frac{163}{60} \cong 2.71667.$$

□

예제 9.29 $f(x) = \ln(1+x)$라고 할 때, f의 n차 테일러 다항식을 구하고 $P_6(1)$을 계산하여라.

풀이 우선 f의 미분을 계산하면 다음과 같다.

$$\begin{aligned} f(x) &= \ln(1+x) & f(0) &= 0 \\ f'(x) &= \frac{1}{1+x} & f'(0) &= 1 \\ f''(x) &= \frac{-1}{(1+x)^2} & f''(0) &= -1 \\ f^{(k)}(x) &= \frac{(-1)^{k-1}(k-1)!}{(1+x)^k} & f^{(k)}(0) &= (-1)^{k-1}(k-1)! \end{aligned}$$

따라서

$$\begin{aligned}P_n(x) &= f(0) + f^{'}(0)x + \frac{f^{''}(0)}{2!}x^2 + \cdots + \frac{f^{(n)}(0)}{n!}x^n \\ &= x - \frac{x^2}{2} + \frac{x^3}{3} + \cdots + \frac{(-1)^{n-1}}{n}x^n\end{aligned}$$

이고

$$P_6(1) = 1 - \frac{1}{2} + \frac{1}{3} - \frac{1}{4} + \frac{1}{5} - \frac{1}{6} = \frac{37}{60} = 0.616667.$$

□

테일러 다항식은 주어진 함수의 근사치를 제공해 주지만 때로는 좋은 근사가 되지 않을 때도 있다. 함수 $f(x)$의 좋은 근사를 얻기 위하여 오차 $|f(x) - P_n(x)|$를 고려해야만 한다. 이때 오차 $|f(x) - P_n(x)|$를 f의 n차 **테일러 나머지** R_n이라고 부른다.

정리 9.16 (테일러 정리)

n이 음이 아닌 정수이고 0을 포함하는 열린구간 I의 각 점 x에서 $f^{(n+1)}(x)$가 존재한다고 하자. 임의의 $x \neq 0$에 대하여 실수 t_x가 0과 x 사이에 존재하여

$$f(x) = f(0) + f'(0)x + \cdots + \frac{f^{(n)}(0)}{n!}x^n + R_n(x) \tag{9.1}$$

이고

$$R_n(x) = \frac{f^{(n+1)}(t_x)}{(n+1)!}x^{n+1} \tag{9.2}$$

이다.

예제 9.30 실수 e를 오차 0.001 이내로 근사시켜라.

풀이 $f(x) = e^x$라고 놓자. $e = f(1)$이므로 $P_n(1)$에 의하여 근사시키면 오차가 $|f(1) - P_n(1)| = |R_n(1)| < 0.001$을 만족해야 한다. $|R_n(1)| < 0.001$을 만족시키는 최소의 n을 구하면 $P_n(1)$이 e의 근삿값이다. 테일러 정리에 의하여

$$R_n(1) = \frac{f^{(n+1)}(t_x)}{(n+1)!}$$

인 t_x가 0과 1 사이에 존재한다. $f^{(n+1)}(t_x) = e^{t_x}$이고 $e^{t_x} < 4$이므로

$$R_n(1) = \frac{e^{t_x}}{(n+1)!} < \frac{4}{(n+1)!}$$

이다. 따라서 $|R_n(1)| < 0.001$이기 위해서는 $n \geq 6$이다. 그러므로 e의 근삿값은

$$P_6(1) = 1 + 1 + \frac{1}{2!} + \frac{1}{3!} + \frac{1}{4!} + \frac{1}{5!} + \frac{1}{6!} = \frac{1957}{720} \approx 2.71866.$$

□

예제 9.31 $\ln 2$의 근삿값을 오차 0.1 이하로 구하여라.

풀이 $f(x) = \ln(1+x)$라고 놓자. $\ln 2 = f(1)$이므로 $P_n(1)$에 의하여 근사시키자. 가정에 의하여

$$|R_n(1)| = \frac{|f^{(n+1)}(t_n)|}{(n+1)!} \leq 0.1$$

을 만족해야 한다. 여기서 t_n은 0과 1 사이에 있다.

$$f^{(n+1)}(x) = \frac{(-1)^n n!}{(1+x)^{n+1}}$$

이므로

$$|R_n(1)| = \left|\frac{f^{(n+1)}(t_n)}{(n+1)!}\right| = \left|\frac{(-1)^n n!}{(1+t_n)^{(n+1)}(n+1)!}\right| = \frac{1}{(1+t_n)^n(n+1)} \leq \frac{1}{(n+1)}$$

이다. $n \geq 9$이면 $|R_n(1)| \leq 0.1$이므로 $P_9(1)$이 오차를 0.1 이하로 하는 $\ln 2$의 근삿값이 된다.

$$P_9(1) = 1 - \frac{1}{2} + \frac{1}{3} - \frac{1}{4} + \frac{1}{5} - \frac{1}{6} + \frac{1}{7} - \frac{1}{8} + \frac{1}{9} \cong 0.745635.$$

□

연습문제 9.6

1. 다음 함수의 n차 테일러 다항식을 구하여라.
   (1) $f(x) = \cos x,\ n = 5$
   (2) $f(x) = \sin 2x,\ n = 5$
   (3) $f(x) = \dfrac{1}{1+x},\ n = 4$
   (4) $f(x) = e^{-x},\ n = 5$
   (5) $f(x) = \cosh x,\ n = 4$
   (6) $f(x) = \sin^{-1} x,\ n = 3$
   (7) $f(x) = \ln(\cos x),\ n = 3$
   (8) $f(x) = \sec x,\ n = 3$

2. 다음 값의 근삿값을 주어진 오차 이내에서 추정하여라.
   (1) $e^{1/2}$, 0.001
   (2) $e^{3/2}$, 0.01
   (3) $\sin \frac{\pi}{10}$, 0.001
   (4) $\ln 2$, 0.01

3. 다음 함수의 2차 테일러 다항식을 구하여라.
   (1) $f(x) = \begin{cases} \dfrac{\sin x}{x}, & x \neq 0\text{일 때} \\ 1, & x = 0\text{일 때} \end{cases}$
   (2) $f(x) = \begin{cases} e^{-\frac{1}{x^2}}, & x \neq 0\text{일 때} \\ 0, & x = 0\text{일 때} \end{cases}$

9.7 멱급수

정의 9.3

$\sum_{n=0}^{\infty} c_n(x-a)^n$ 형태의 급수를 **멱급수**라고 부른다. 변수의 평행이동에 의하여 $\sum_{n=0}^{\infty} c_n x^n$ 형태만을 다룬다.

이때 어떤 자연수 N이 있어서 모든 $n > N$에 대하여 $c_n = 0$이면 이 멱급수는 많아야 계수 n인 다항식이다. 주어진 급수 $\sum c_n x^n$이 의미가 있기 위해서는 이 급수가 수렴해야 한다. 따라서 $\sum c_n x^n$이 수렴하는 x의 값의 집합을 구하면 이 집합 위에서 급수 $\sum c_n x^n$은 함수로 정의될 수 있다. 모든 멱급수는 $x = 0$에서는 항상 수렴함을 알 수 있다.

보조정리 9.17

(i) $\sum_{n=0}^{\infty} c_n s^n$이 수렴하면 $|x| < |s|$인 모든 x에 대하여 멱급수 $\sum_{n=0}^{\infty} c_n x^n$은 절대수렴한다.

(ii) $\sum_{n=0}^{\infty} c_n s^n$이 발산하면 $|x| > |s|$인 모든 x에 대하여 멱급수 $\sum_{n=0}^{\infty} c_n x^n$은 발산한다.

[증명] (i) $\sum c_n s^n$이 수렴하면 $\lim_{n\to\infty} c_n s^n = 0$이다. 자연수 N이 있어서 모든 $n > N$에 대하여 $|c_n s^n| < 1$이다. 따라서 $n \geq N$인 n과 $|x| < |s|$인 x에 대하여

$$|c_n x^n| = |c_n s^n| \left|\frac{x}{s}\right|^n \leq \left|\frac{x}{s}\right|^n < 1$$

이므로 비교판정법에 의하여 $\sum |c_n x^n|$은 수렴한다.

(ii) $\sum c_n s^n$이 발산하고 $|x| > |s|$라고 하자. 만약 $\sum c_n x^n$이 수렴하면 (i)에 의하여 $\sum c_n s^n$은 절대수렴한다. 그러므로 가정에 모순이다.[5]

□

위의 보조정리로부터 다음 정리가 나온다.

[5]처음 읽는 독자는 생략하여도 무방하다.

정리 9.18

멱급수 $\sum_{n=0}^{\infty} c_n x^n$ 은 다음 세 가지 경우 중 하나가 된다.

(i) $\sum_{n=0}^{\infty} c_n x^n$ 은 $x = 0$ 에서만 수렴한다.

(ii) $\sum_{n=0}^{\infty} c_n x^n$ 은 모든 실수 x 에 대하여 수렴한다.

(iii) $\sum_{n=0}^{\infty} c_n x^n$ 이 주어졌을 때 다음 성질을 만족하는 실수 $R > 0$ 이 존재한다.

① $|x| < R$ 인 모든 x 에서 절대수렴한다.

② $|x| > R$ 인 모든 x 에서 발산한다.

멱급수가 (iii)의 경우에 해당될 때 R 를 멱급수의 **수렴반경**이라고 한다. (i)의 경우 $R = 0$ 이라고 놓고 (ii)의 경우는 $R = \infty$ 라고 놓자. 그러므로 모든 멱급수는 수렴반경 R 을 갖는다. 그리고 $\sum_{n=0}^{\infty} c_n x^n$ 이 수렴하는 x 의 집합을 $\sum c_n x^n$ 의 **수렴구간**이라고 하고 다음과 같은 형태 중 하나를 취할 것이다.

$$[0, 0], \quad (-R, R), \quad [-R, R), \quad (-R, R], \quad [-R, R], \quad (-\infty, \infty)$$

수렴반경 R 는 일반적으로 다음 두 가지 방법으로 구할 수 있다. 우선 급수의 거듭제곱근판정법에 의하여 멱급수 $\sum_{n=0}^{\infty} c_n x^n$ 이 수렴하는 필요충분조건은

$$\lim_{n\to\infty} |c_n x^n|^{1/n} = \lim_{n\to\infty} |c_n|^{1/n} |x| < 1, \text{ 즉 } |x| < \lim_{n\to\infty} \frac{1}{|c_n|^{1/n}}$$

이다. 그러므로 수렴반경

$$R = \lim_{n\to\infty} \frac{1}{|c_n|^{1/n}}$$

이다. 또한 급수의 비율판정법에 의하여 멱급수 $\sum_{n=0}^{\infty} c_n x^n$ 이 수렴하는 필요충분조건은

$$\lim_{n\to\infty} \left| \frac{c_{n+1} x^{n+1}}{c_n x^n} \right| = \lim_{n\to\infty} \left| \frac{c_{n+1}}{c_n} \right| |x| < 1, \text{ 즉 } |x| < \lim_{n\to\infty} \left| \frac{c_n}{c_{n+1}} \right|$$

이다. 그러므로 수렴반경은

$$R = \lim_{n\to\infty} \left| \frac{c_n}{c_{n+1}} \right|$$

이다.

예제 9.32 $\sum_{n=0}^{\infty} n!x^n$ 의 수렴반경이 0임을 보여라.

풀이 수렴반경은

$$R = \lim_{n\to\infty}\left|\frac{n!}{(n+1)!}\right| = \lim_{n\to\infty}\left|\frac{1}{n+1}\right| = 0.$$

□

예제 9.33 $\sum_{n=0}^{\infty} \frac{x^n}{n!}$ 의 수렴구간을 구하여라.

풀이 수렴반경은

$$R = \lim_{n\to\infty}\left|\frac{1}{n!}\Big/\frac{1}{(n+1)!}\right| = \lim_{n\to\infty}\left|\frac{(n+1)!}{n!}\right| = \lim_{n\to\infty}|n+1| = \infty$$

이므로 수렴구간은 $(-\infty, \infty)$이다. □

예제 9.34 $\sum_{n=1}^{\infty} \frac{x^n}{2^n}$ 의 수렴구간을 구하여라.

풀이 수렴반경은

$$R = \lim_{n\to\infty}\left|\frac{\frac{1}{2^n}}{\frac{1}{2^{n+1}}}\right| = \lim_{n\to\infty} 2 = 2$$

이다. 이 경우 수렴구간은 $(-2,2)$, $[-2,2)$, $(-2,2]$ 또는 $[-2,2]$ 중 한 가지이다. $x=-2$이면 $\sum_{n=0}^{\infty}\frac{(-2)^n}{2^n} = \sum_{n=0}^{\infty}(-1)^n$은 발산한다. 그리고 $x=2$이면 $\sum_{n=0}^{\infty}\frac{2^n}{2^n} = \sum_{n=0}^{\infty}1$ 이므로 발산한다. 따라서 수렴구간은 $(-2,2)$이다. □

예제 9.35 $\sum_{n=1}^{\infty} nx^n$ 의 수렴구간을 구하여라.

풀이 수렴반경은

$$R = \lim_{n\to\infty}\left|\frac{n}{n+1}\right| = 1$$

이다. $x=\pm1$에 대해서 주어진 급수의 일반항은 $n\to\infty$일 때 0으로 수렴하지 않으므로 발산한다. 따라서 수렴구간은 $(-1,1)$이다. □

멱급수의 미분과 적분

수렴반경 $R > 0$을 갖는 멱급수 $\sum_{n=0}^{\infty} c_n x^n$의 미분과 적분에 대해서 알아보고자 한다.

정리 9.19

멱급수 $\sum c_n x^n$이 $|x| < R$에서 절대수렴하면

$$\sum n c_n x^{n-1} \quad 과 \quad \sum \frac{c_n}{n+1} x^{n+1}$$

도 $|x| < R$에서 절대수렴한다.

[증명] $0 < |x| < R$에 대하여

$$\sum |n c_n x^{n-1}| = \frac{1}{|x|} \sum |n c_n x^n|$$

이므로 $\sum |n c_n x^n|$이 수렴함을 보이면 된다.

$|x| < c < R$인 실수 c를 잡자.

$$\lim_{n \to \infty} |n c_n x^n|^{1/n} = \lim_{n \to \infty} |n|^{1/n} |c_n|^{1/n} |x|$$

이고 $\lim_{n \to \infty} |n|^{1/n} = 1$이므로 자연수 N이 있어서 $n \geq N$인 모든 n에 대하여 $n^{1/n} \cdot |x| < c$이다. 즉, $n \geq N$에 대하여

$$n |c_n| |x|^n < |c_n| c^n$$

이다. 그런데 $c < R$이므로

$$\sum |c_n| c^n$$

은 수렴하고 비교판정법에 의하여

$$\sum n |c_n| |x|^n$$

도 수렴한다.

$|x| < R$에 대하여

$$\sum \left| \frac{c_n}{n+1} x^{n+1} \right| = |x| \sum \frac{|c_n|}{n+1} |x|^n$$

이므로 $\sum \frac{|c_n|}{n+1} |x|^n$이 수렴함을 보이면 충분하다. 이것도 위와 같은 방법으로 증명된다. □

정리 9.20 (멱급수의 미분정리)

$f(x) = \sum_{n=0}^{\infty} c_n x^n$ 은 수렴반경이 $R > 0$ 인 멱급수라 할 때, f 는 $|x| < R$ 에서 미분가능하고

$$f'(x) = \sum_{n=1}^{\infty} n c_n x^{n-1} = \sum_{n=1}^{\infty} (x^n)'$$

이다.

정리 9.21

멱급수 $\sum_{n=0}^{\infty} c_n x^n$ 은 수렴반경 $R > 0$ 을 갖는다고 하자.

$$f(x) = \sum_{n=0}^{\infty} c_n x^n \quad (-R < x < R) \tag{9.3}$$

이라고 놓으면 f 는 $(-R, R)$ 에서 모든 계수의 미분이 존재하고

$$f^{(n)}(0) = n! c_n (n \geq 0)$$

이다. 따라서 $-R < x < R$ 에 대하여

$$f(x) = \sum_{n=0}^{\infty} \frac{f^{(n)}(0)}{n!} x^n$$

이다.

[증명] 정리 9.20에 의하여 f 는 모든 계수의 미분을 갖는다. $x = 0$ 을 대입하면 $f(0) = c_0 = 0! \cdot c_0$ 이고 식 (9.3)의 양변을 미분하면

$$f^{'}(x) = \sum_{n=1}^{\infty} n c_n x^{n-1} \tag{9.4}$$

이고 $x = 0$ 을 대입하면

$$f^{'}(0) = c_1 \cdot 1!$$

이다. 식 (9.4)의 양변을 미분하면

$$f^{''}(x) = \sum_{n=1}^{\infty} n(n-1) c_n x^{n-2}$$

이고 $x = 0$ 을 대입하면

$$f^{''}(0) = 2 \cdot 1 \cdot c_2 = 2! c_2$$

이다. 이와 같은 방법으로 식 (9.3)을 n번 미분하고 $x=0$을 대입하면

$$f^{(n)} = n!c_n$$

이다. □

정리 9.22 (멱급수의 적분정리)

$f(x) = \sum_{k=0}^{\infty} c_k x^k$는 수렴반경 $R>0$인 멱급수라 하면 $|x|<R$에서

$$\int_0^x f(t)dt = \sum_{k=0}^{\infty} \frac{c_k}{k+1} x^{k+1}$$

이다.

[증명] 정리 9.20에 의하면 우변의 멱급수는 수렴반경이 R임을 알 수 있다. 따라서 정리 9.21을 적용하면 우변은 도함수가 $f(x)$임을 알 수 있다. 즉 양변의 도함수가 같으므로 $x=0$일 때 값을 비교하여 유일성에 의해 정리가 증명된다. □

예제 9.36 $\frac{d}{dx}\left(\sum_{n=0}^{\infty} \frac{x^n}{n!}\right) = \sum_{n=0}^{\infty} \frac{x^n}{n!}$ 임을 보여라.

풀이 예제 9.33에서 $\sum_{n=0}^{\infty} \frac{x^n}{n!}$의 모든 실수에서 수렴함을 보였다. 그리고 정리 9.20에 의하여

$$\frac{d}{dx}\left(\sum_{n=0}^{\infty} \frac{x^n}{n!}\right) = \sum_{n=1}^{\infty} \frac{nx^{n-1}}{n!} = \sum_{n=1}^{\infty} \frac{x^{n-1}}{(n-1)!} = \sum_{n=0}^{\infty} \frac{x^n}{n!}.$$

□

예제 9.37 $\ln(1+x) = \sum_{n=1}^{\infty} \frac{(-1)^{n-1}}{n} x^n$ ($|x|<1$) 임을 보여라.

풀이 $|x|<1$에 대하여 $\sum_{n=0}^{\infty} x^n = \frac{1}{1-x}$이므로 $x=-t$로 치환하면 모든 $|t|<1$에 대하여

$$\frac{1}{1+t} = \sum_{n=0}^{\infty} (-1)^n t^n$$

이다. 양변을 적분하면 모든 $|x|<1$에 대하여

$$\ln(1+x) = \ln(1+t)\Big|_0^x = \int_0^x \frac{1}{1+t} dt$$

$$= \int_0^x \left(\sum_{n=0}^{\infty}(-1)^n t^n\right) dt = \sum_{n=0}^{\infty} \frac{(-1)^n}{n+1} x^{n+1}.$$

□

예제 9.38 $\tan^{-1} x = \sum_{n=0}^{\infty} \frac{(-1)^n}{(2n+1)} x^{2n+1}$ $(|x| < 1)$ 임을 보여라.

풀이 $|t| < 1$ 인 모든 t 에 대하여 $\frac{1}{1+t^2} = \sum_{n=0}^{\infty}(-1)^n t^{2n}$ 이므로 멱급수의 적분정리에 의하여

$$\tan^{-1} x = \int_0^x \frac{1}{1+t^2}\, dt = \sum_{n=0}^{\infty} \int_0^x (-1)^n t^{2n}\, dt = \sum_{n=0}^{\infty} \frac{(-1)^n}{2n+1} x^{2n+1}.$$

□

연습문제 9.7

1. 주어진 급수의 수렴구간을 구하여라.

(1) $\sum_{n=1}^{\infty} \frac{x^n}{n^2}$ (2) $\sum_{n=0}^{\infty} 2^n x^n$ (3) $\sum_{n=1}^{\infty} \frac{1}{\sqrt{n}3^n} x^n$

(4) $\sum_{n=0}^{\infty} \frac{n}{4^n} x^n$ (5) $\sum_{n=0}^{\infty} \frac{(-1)^n}{n+1} x^{2n}$ (6) $\sum_{n=1}^{\infty} \frac{2}{3^{n+1}n^2} x^n$

(7) $\sum_{n=1}^{\infty} \frac{n-1}{n^{2n}} x^n$ (8) $\sum_{n=1}^{\infty} \frac{(-1)^n}{n^n} x^n$ (9) $\sum_{n=1}^{\infty} \frac{2^n}{n^n} x^n$

(10) $\sum_{n=0}^{\infty} \frac{n!}{(2n)!} x^n$ (11) $\sum_{n=1}^{\infty} \frac{1}{n^3-4} x^n$ (12) $\sum_{n=2}^{\infty} (\ln 2) x^n$

(13) $\sum_{n=2}^{\infty} \frac{\ln n}{n} x^n$ (14) $\sum_{n=1}^{\infty} \frac{n!}{n^n} x^n$

2. 다음 급수의 함수를 간단히 표현하여라.

(1) $\sum_{n=0}^{\infty} \frac{(-1)^n}{n+1} x^n$ (2) $\sum_{n=0}^{\infty} (n+1) x^n$

9.8 테일러 급수

함수 f가 0을 포함하는 열린구간에서 계속 미분가능한 함수라고 할 때, 모든 n에 대하여

$$f(x) = \sum_{k=0}^{n} \frac{f^{(k)}(0)}{k!} x^k + R_n(x)$$

로 쓸 수 있다. 한편 정리 9.21로부터 함수 f가 $\sum_{n=0}^{\infty} c_n x^n (x \in I)$인 멱급수 형태이면 열린 구간 I 위에서 무한번 미분이 가능하다. 역으로 f가 구간 I에서 무한번 미분가능하면 f가 멱급수 형태로 표현될 수 있는지를 생각해보자. 테일러 정리의 n차 테일러다항식 $P_n(x)$를 이용하면

$$f(x) - P_n(x) = R_n(x)$$

이고 다음이 성립한다.

$$f(x) = \sum_{n=0}^{\infty} \frac{f^{(n)}(0)}{n!} x^n \Longleftrightarrow \lim_{n\to\infty} R_n(x) = 0 \tag{9.5}$$

이때 $\sum_{n=0}^{\infty} \frac{f^{(n)}(0)}{n!} x^n$을 f의 Maclaurin 급수라고 부른다.

정리 9.23

c가 임의의 실수일 때

$$\lim_{n\to\infty} \frac{c^n}{n!} = 0.$$

[증명] $n_0 > 2|c|$인 n_0를 잡으면 모든 $n > n_0$에 대하여

$$\left|\frac{c^n}{n!}\right| = \frac{|c|^{n_0}}{n_0!} \cdot \frac{n_0!}{n!} \cdot |c|^{n-n_0} = \frac{|c|^{n_0}}{n_0!} \frac{|c|^{n-n_0}}{(n_0+1)\cdots n} < \frac{|c|^{n_0}}{n_0!} \left(\frac{1}{2}\right)^{n-n_0}$$

이고

$$\lim_{n\to\infty} \left|\frac{c^n}{n!}\right| < \lim_{n\to\infty} \frac{|c|^{n_0}}{n_0!} \left(\frac{1}{2}\right)^{n-n_0} = 0.$$

□

예제 9.39 다음이 성립함을 보여라.

(i) $e^x = \sum_{k=0}^{\infty} \frac{x^k}{k!} \quad (x \in \mathbb{R})$

(ii) $\sin x = \sum_{k=0}^{\infty} \frac{(-1)^k x^{2k+1}}{(2k+1)!} \quad (x \in \mathbb{R})$

(iii) $\cos x = \sum_{k=0}^{\infty} \frac{(-1)^k x^{2k}}{(2k)!} \quad (x \in \mathbb{R})$

풀이 (i) e^x의 n차 테일러 다항식은 $\sum_{k=0}^{n} \frac{x^k}{k!}$ 이고 n차 나머지 $R_n(x)$는

$$|R_n(x)| = \frac{e^{t_x}}{(n+1)!} \cdot |x|^{n+1}$$

이므로 정리 9.23에 의하여 모든 $x \in \mathbb{R}$에 대하여

$$\lim_{n\to\infty} |R_n(x)| = \lim_{n\to\infty} \frac{e^{t_x}}{(n+1)!}|x|^{n+1} = e^{t_x} \lim_{n\to\infty} \frac{|c|^{n+1}}{(n+1)!} = 0$$

이다. 식 (9.5)에 의하여 $e^x = \sum_{n=0}^{\infty} \frac{1}{n!}x^n$ 이다.

(ii) $f(x) = \sin x$라고 놓자. 우선 $f(x)$의 n차 테일러 다항식을 구하자. 임의의 $k \geq 0$에 대하여 $f^{(2k)}(0) = 0$이고 $f^{(2k+1)}(0) = (-1)^k$이다. 따라서

$$P_{2n}(x) = P_{2n+1}(x) = \sum_{k=0}^{n} \frac{(-1)^k}{(2k+1)!}x^{2k+1}$$

이다. 다음 나머지인 $R_n(x)$는 모든 실수 x에 대하여

$$|R_n(x)| = \frac{|f^{(n+1)}(t_x)|}{(n+1)!}|c|^{n+1} \leq \frac{1}{(n+1)!}|x|^{n+1}$$

이므로 정리 9.23에 의하여 모든 $x \in \mathbb{R}$에 대하여

$$\lim_{n\to\infty} |R_n(x)| \leq \lim_{n\to\infty} \frac{|c|^{n+1}}{(n+1)!} = 0$$

이다. 식 (9.5)에 의하여 모든 실수에 대하여

$$\sin x = \sum_{k=0}^{\infty} \frac{(-1)^k}{(2k+1)!}x^{2k+1}$$

이다.

(iii) (ii)와 비슷한 방법으로 보일 수 있다. □

무한번 미분가능한 함수가 항상 테일러 급수로 표현되는 것은 아니다(연습문제 5번). 일반적으로 한 고정된 실수 a에 대하여 멱급수 $\sum_{n=0}^{\infty} c_n(x-a)^n$의 표현을 다룬다. $a = 0$일 때의 모든 결과들을 평행이동시키면 다음과 같은 새로운 결과들을 얻을 수 있다.

(I) f가 a에서 무한번 미분가능하면

$$\sum_{n=0}^{\infty} \frac{f^{(n)}(a)}{n!}(x-a)^n$$

을 a에 대한 f의 **테일러 급수**라고 부른다.

(II) f가 a에서 n번 미분가능하면

$$P_n(x) = f(a) + f'(a)(x-a) + \frac{f''(a)}{2!}(x-a)^2 + \cdots + \frac{f^{(n)}(a)}{n!}(x-a)^n$$

을 a에 대한 f의 n차 테일러 다항식이라고 하고 n차 테일러 나머지 $R_n(x)$은 x와 a 사이에 t_x가 존재하여

$$R_n(x) = \frac{f^{(n+1)}(t_x)}{(n+1)!}(x-a)^{n+1}$$

이다.

예제 9.40 다항식 $f(x) = 2x^3 - 9x^2 + 11x - 1$을 $(x-2)$의 급수로 나타내어라.

풀이 $f(x) = 2x^3 - 9x^2 + 11x - 1, f(2) = 1$
$f'(x) = 6x^2 - 18x + 11, f'(2) = -1$
$f''(x) = 12x - 18, f''(2) = 6$
$f'''(x) = 12, f'''(2) = 12$
그리고 $n \geq 4$이면 $f^{(n)}(2) = 0$이다. 그러므로

$$f(x) = 1 - (x-2) + 3(x-2)^2 + 2(x-2)^3.$$

□

예제 9.41 $\frac{\pi}{6}$에 대한 $\sin x$의 테일러 급수를 구하여라.

풀이 $f(x) = \sin x$라고 놓자. $x = \frac{\pi}{6}$에서 f의 미분계수를 구하면

$$\begin{aligned}
f(x) &= \sin x, & f\left(\frac{\pi}{6}\right) &= \frac{1}{2} = f^{(4k)}\left(\frac{\pi}{6}\right) \\
f'(x) &= \cos x, & f'\left(\frac{\pi}{6}\right) &= \frac{\sqrt{3}}{2} = f^{(4k+1)}\left(\frac{\pi}{6}\right) \\
f''(x) &= -\sin x, & f''\left(\frac{\pi}{6}\right) &= -\frac{1}{2} = f^{(4k+2)}\left(\frac{\pi}{6}\right) \\
f^{(3)}(x) &= -\cos x, & f^{(3)}\left(\frac{\pi}{6}\right) &= -\frac{\sqrt{3}}{2} = f^{(4k+3)}\left(\frac{\pi}{6}\right)
\end{aligned}$$

이다. 그러므로 모든 $x \in \mathbb{R}$에 대하여 $|f^{(n+1)}(x)| \leq 1$이다.

$$|R_n(x)| = \left| \frac{f^{(n+1)}(t_x)}{(n+1)!}\left(x - \frac{\pi}{6}\right)^{n+1} \right| \leq \left| \frac{(x-\frac{\pi}{6})^{n+1}}{(n+1)!} \right|$$

이므로

$$\lim_{n\to\infty} |R_n(x)| \leq \lim_{n\to\infty} \left| \frac{(x-\frac{\pi}{6})^{n+1}}{(n+1)!} \right| = 0$$

이다. f는 테일러 급수로 표현이 가능하고

$$f(x) = \frac{1}{2}\sum_{n=0}^{\infty}(-1)^n\left(\frac{1}{(2n)!}\left(x-\frac{\pi}{6}\right)^{2n} + \frac{\sqrt{3}}{(2n+1)!}\left(x-\frac{\pi}{6}\right)^{2n+1}\right).$$

□

예제 9.42 $g(x) = e^{x/2}$을 $(x-3)$의 멱급수로 전개하여라.

풀이 $t = x-3$이라 하면

$$\begin{aligned} g(t+3) &= e^{\frac{3}{2}}e^{\frac{t}{2}} \\ &= e^{\frac{3}{2}}\sum_{n=0}^{\infty}\frac{1}{n!}\left(\frac{t}{2}\right)^n \qquad (t\in\mathbb{R}) \\ &= e^{\frac{3}{2}}\sum_{n=0}^{\infty}\frac{1}{2^n n!}t^n \\ g(x) &= e^{\frac{3}{2}}\sum_{n=0}^{\infty}\frac{1}{2^n n!}(x-3)^n \qquad (x\in\mathbb{R}). \end{aligned}$$

□

예제 9.43 $a \neq b$일 때 $g(x) = \dfrac{1}{b-x}$을 $(x-a)$의 멱급수로 전개하여라.

풀이 $x = t+a$라고 하면

$$g(t+a) = \frac{1}{b-a}\left(\frac{1}{1-\dfrac{t}{b-a}}\right) = \frac{1}{b-a}\sum_{n=0}^{\infty}\left(\frac{t}{b-a}\right)^n, \quad |t| < |b-a|.$$

따라서

$$g(x) = \frac{1}{b-a}\sum_{n=0}^{\infty}\frac{1}{(b-a)^n}(x-a)^n, \quad |x-a| < |b-a|.$$

□

연습문제 9.8

1. 다음 함수의 $x=0$에서의 테일러 급수를 구하여라.
   (1) $f(x) = \sin 2x$ (2) $f(x) = \cos x^2$
   (3) $f(x) = 10^x$

2. e^x 의 테일러 급수를 이용하여 다음의 테일러 급수를 구하여라.
(1) $\cosh x$ (2) $\sinh x$

3. 다음 함수의 $x=a$ 에서의 테일러 급수를 구하여라.
(1) $f(x)=x^4-x+2,\ a=-1$ (2) $f(x)=\sqrt{x},\ a=1$
(3) $g(x)=4x^2-2x+1,\ a=-3$ (4) $f(x)=\cos x,\ a=\dfrac{\pi}{3}$
(5) $g(x)=\sin x,\ a=\frac{\pi}{3}$ (6) $f(x)=\frac{1}{x},\ a=3$

4. 다음을 이용하여 극한을 구하여라.

> 멱급수 $\sum_{n=0}^{\infty} a_n x^n$ 가 수렴구간 $-r<x<r$ 에서 $-r<b<r$ 에 대하여
> $$\lim_{x\to b}\sum_{n=0}^{\infty} a_n x^n=\sum_{n=0}^{\infty} a_n b^n..$$

(1) $\displaystyle\lim_{x\to 0^-}\frac{e^x-1}{x}$ (2) $\displaystyle\lim_{x\to 0}\frac{\ln(1+x)}{x}$
(3) $\displaystyle\lim_{x\to 0}\frac{\tan^{-1}x-x+\frac{x^3}{3}}{x^5}$ (4) $\displaystyle\lim_{x\to 0}\frac{\cos x-1+\frac{x^2}{2!}-\frac{x^4}{4!}}{x^6}$

5. 함수 $f(x)=\begin{cases} e^{-\frac{1}{x^2}}, & x\neq 0\text{일 때} \\ 0, & x=0\text{일 때}\end{cases}$ 의 테일러 다항식을 구하여라. 이것을 이용하여 $f(x)$ 의 테일러 급수는 수렴하지만 $x\neq 0$ 일 때는 그 값이 $f(x)$ 와 같지 않음을 보여라.

10. 원추곡선

10.1 포물선

10.2 타원

10.3 쌍곡선

CHAPTER 10

원추곡선

원추곡선은 가장 잘 알려진 평면그림 중 하나이다. Apollonius 시대 이후 수학자들에게 특히 흥미가 있어 왔고, Apollonius는 기원전 3세기에 원추곡선에 관한 여덟 편의 논문을 썼는데 이것은 그 당시의 가장 위대한 기하학으로 알려져 있었다. 원추곡선은 이중원뿔을 평면으로 자를 때 만들어진다. 평면으로 원뿔을 어떻게 자르느냐에 따라서 공통부분을 형성하는데 그림 10.1의 (a)~(c)를 각각 포물선, 타원, 쌍곡선이라 부르고, 그림 10.1의 (d)~(f)를 각각 점, 직선 또는 두 개의 공통직선이라고 부른다.

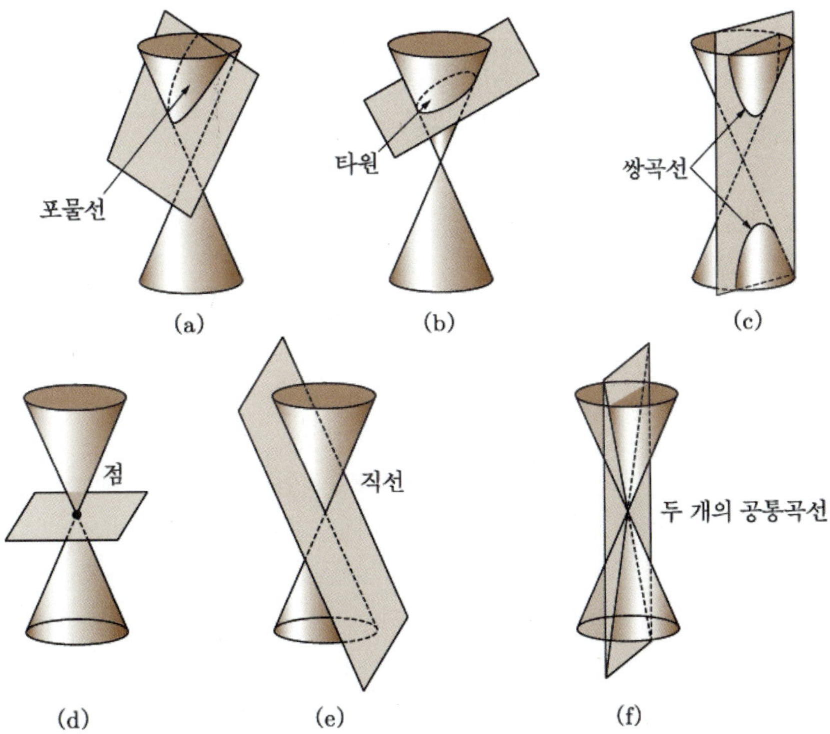

그림 10.1: 여러 가지 원추곡선

이미 앞에서 직선에 관하여 공부하였으므로 이 장에서는 포물선, 타원, 쌍곡선의 주제로만 제한한다. 이 세 원추곡선의 정의는 평면, 원뿔에 의한 것보다 점, 직선, 거리에 의하여 주어진다. 정의를 이용하여 원추곡선의 방정식을 유도하고 임의의 2차 방정식 $Ax^2+Bxy+Cy^2+Dx+Ey+F=0$은 포물선, 타원, 쌍곡선의 방정식임을 증명한다.

10.1 포물선

다음 그림 10.2의 (1)~(4)의 모양은 무슨 공통점을 가지고 있는가?

(1) 날아 가고 있는 골프공의 탄도

(2) 자동차 전조등의 반사경

(3) 통신 안테나의 반사경

(4) 현수교의 케이블

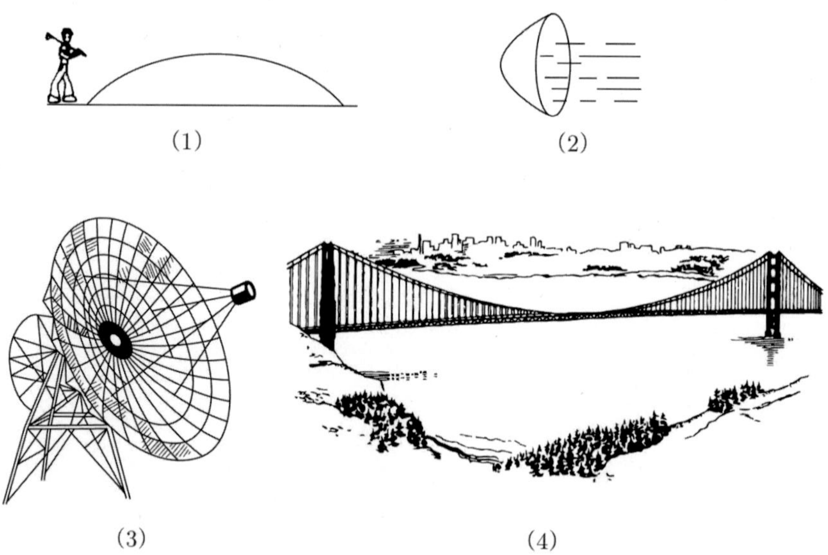

그림 10.2: 생활속의 다양한 포물선

그림 10.2의 (1)~(4)의 모양은 서로 아주 다른 모양처럼 보일 것이다. 그러나 모두 포물선이라 불리는 곡선과 관련이 있다.

정의 10.1

l을 평면상의 고정된 직선이라 놓고 P는 l상에 있지 않은 고정점이라 하자. 평면에서 l과 P로부터 일정한 거리에 있는 모든 점의 집합을 **포물선**이라 부른다. 이때 직선 l을 포물선의 **준선**, 점 P를 **초점**이라 부른다.

정의 10.1과 평면기하로부터 포물선은 늘 준선과 수직하고 초점을 통과하는 직선에 관하여 대칭이다(그림 10.3). 이 직선을 포물선의 **축**이라 부른다. 정의에 의하여 초점과 준선 사이의 중간에 있는 축상의 점은 포물선에 놓인다. 이 점을 포물선의 **꼭지점**이라 부른다(그림 10.3).

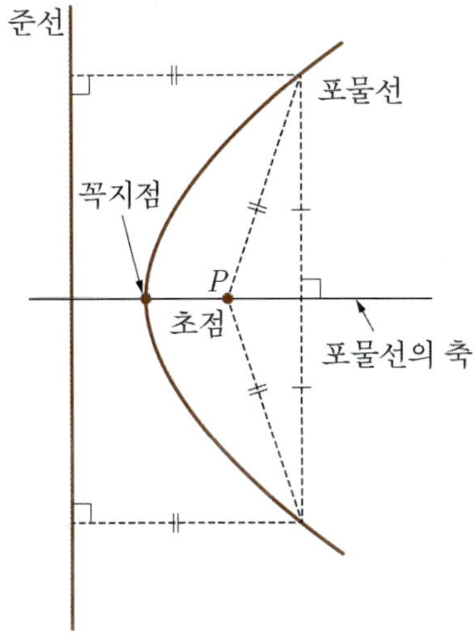

그림 10.3: 표준형 포물선

꼭지점이 원점이고 축이 x축 또는 y축일 때 포물선은 **표준위치**에 있다고 말한다. 이제 표준위치에 있는 포물선의 방정식을 유도하자. 포물선의 축이 y축이면 초점은 점 $(0,c)$, $c \neq 0$이고 준선 l은 직선 $y=-c$이다(그림 10.4의 (a) 또는 (b)).

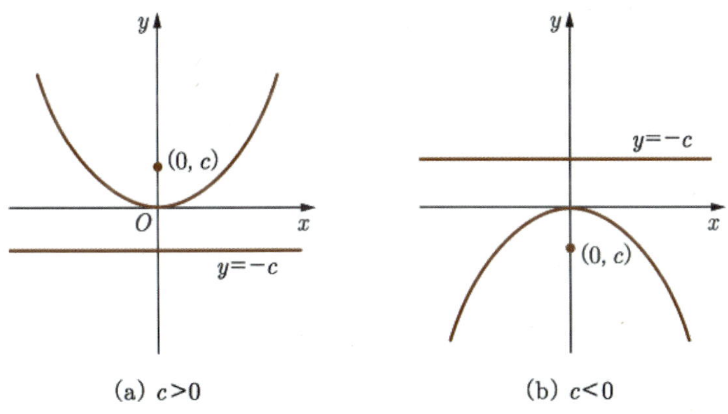

그림 10.4: c의 부호에 따른 포물선의 형태

정의에 의하여 점 (x,y)가 포물선상에 놓일 필요충분조건은 점 (x,y)로부터 l까지의 거리가 (x,y)에서 $(0,c)$까지의 거리가 같은 것이다. 따라서

$$|y-(-c)| = \sqrt{(x-0)^2+(y-c)^2}, \text{ 즉 } \sqrt{(y+c)^2} = \sqrt{x^2+(y-c)^2}$$

이 식을 제곱하여 정돈하면 다음을 얻는다.

$$x^2 = 4cy \tag{10.1}$$

식 (10.1)을 y에 관하여 풀면 $y = \dfrac{x^2}{4c}$을 얻는다. 이 방정식은 2차 다항식의 특수한 경우로 이미 앞에서 이러한 종류의 그래프를 공부하였다.

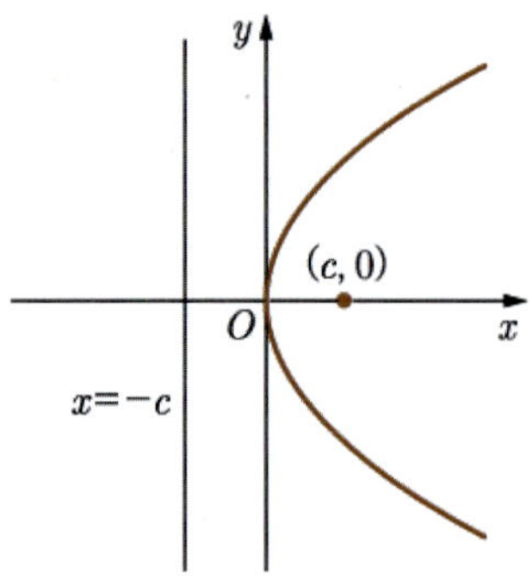

그림 10.5: $y^2 = 4cx,\ c > 0$

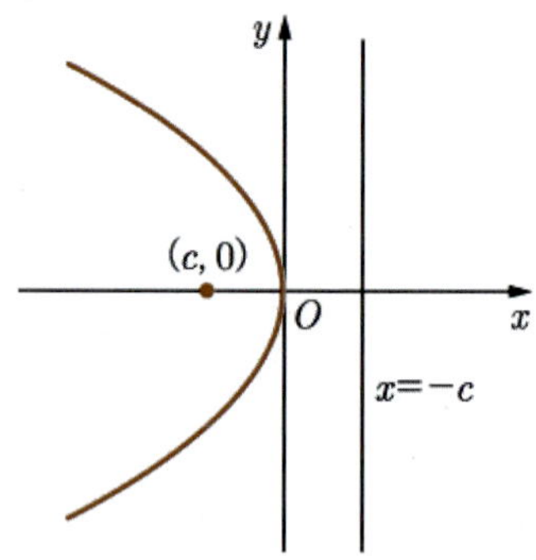

그림 10.6: $y^2 = 4cx,\ c < 0$

이제 포물선의 축을 x축이라 가정하자. 초점은 점 $(c, 0)$이고 준선은 직선 $x = -c$이다. 그러면 비슷한 방법에 따라서 포물선의 방정식 $y^2 = 4cx$를 얻는다(그림 10.5 참조).

이상의 내용을 다음과 같이 요약할 수 있다.

$$x^2 = 4cy \begin{cases} \text{초점 : } (0, c) \\ \text{준선 : } y = -c \\ y\text{축에 대하여 대칭} \end{cases} \tag{10.2}$$

$$y^2 = 4cx \begin{cases} \text{초점 : } (c, 0) \\ \text{준선 : } x = -c \\ x\text{축에 대하여 대칭} \end{cases} \tag{10.3}$$

또한 $2|c|$ = **초점에서 준선까지의 거리**임에 주의하여라.

예제 10.1 포물선 $y^2 = -16x$의 초점과 준선을 구하고 그래프를 그려라.

풀이 주어진 방정식은 $c = -4$인 $y^2 = 4cx$ 형태이다. 따라서 초점은 점 $(-4, 0)$이고 준선은 직선 $x = 4$이다. 포물선의 모양은 다음 그림 10.7이다. □

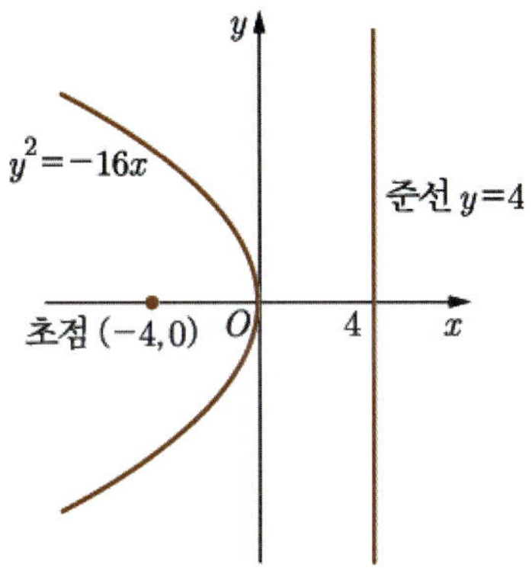

그림 10.7: 예제 10.1

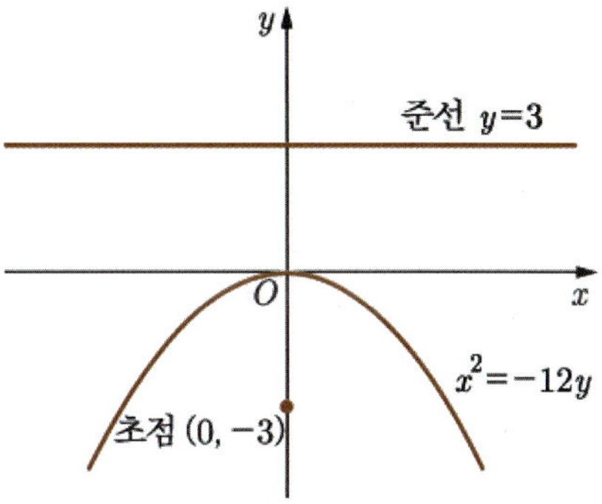

그림 10.8: 예제 10.2

예제 10.2 초점이 $(0,-3)$이고 준선이 $y=3$인 포물선의 방정식을 찾고 그래프를 그려라.

풀이 $c=-3$인 공식 $x^2=4cy$을 이용하면 구하는 방정식은 $x^2=-12y$이다. 포물선의 모양은 그림 10.8과 같다. □

예제 10.3 초점이 $(3,1)$이고 준선이 $x=1$인 포물선의 방정식을 구하고 그래프를 그려라.

풀이 포물선의 축이 준선 $x=1$에 수직이고 초점 $(3,1)$을 통과하는 직선이므로 축은 직선 $y=1$이다. 꼭지점은 초점과 준선의 중점이고 축 위에 있으므로 꼭지점의 좌표는 점 $(2,1)$이다. 따라서 포물선은 축을 평행이동하여 얻어진 XY 좌표계에 대하여 표준위치있다. 그래서 XY의 원점은 XY 좌표계에 대해서는 점 $(2,1)$이다(그림 10.9). XY 좌표계에서 초점은 $(1,0)$이고 준선은 직선 $X=-1$이다. 식 (10.3)으로부터 XY 좌표계에서 포물선의 방정식은 $Y^2=4X$이다.

$$X=x-2, \quad Y=y-1$$

이므로 XY 좌표계에서 포물선의 방정식은

$$(y-1)^2=4(x-2), \text{ 즉 } y^2-2y-4x+9=0$$

이다. □

예제 10.4 $x^2+2x-6y-17=0$이 포물선의 방정식임을 보이고 초점, 준선, 축을 구하여라. 또한 그래프를 그려라.

풀이 주어진 방정식을 계산하면

$$(x+1)^2=6(y+3)$$

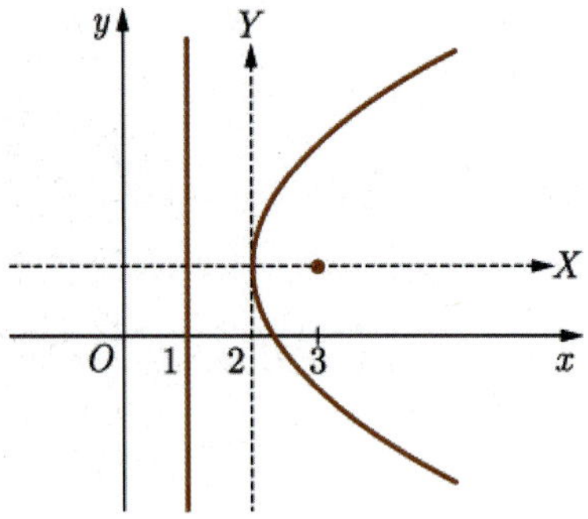

그림 10.9: 예제 10.3

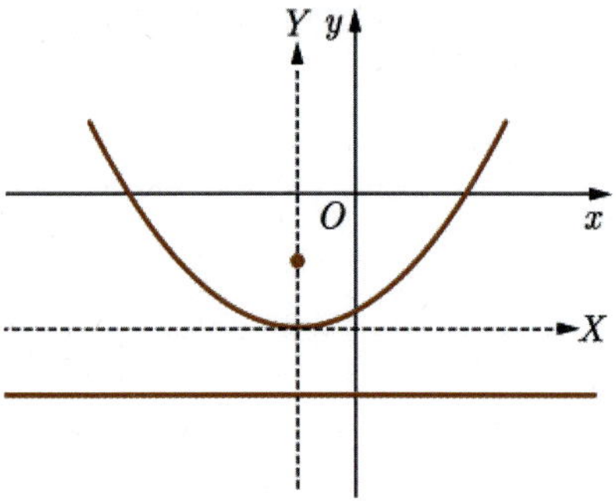

그림 10.10: 예제 10.4

이다. 원점이 $(-1,-3)$인 XY좌표계에서 $X = x+1$이고 $Y = y+3$이다. 그래서 방정식은 $X^2 = 6Y$이다. 공식 (10.2)에 의하여 초점은 $\left(0, \frac{3}{2}\right)$이고 준선은 $Y = -\frac{3}{2}$이다. 결론적으로 xy좌표계에서 초점은 $\left(-1, -\frac{3}{2}\right)$이고, 준선은 $y = -\frac{9}{2}$, 꼭지점은 $(-1,-3)$, 축은 직선 $x = -1$이다. 포물선은 그림 10.10과 같다. □

연습문제 10.1

1. 초점이 $(-5,-2)$이고 준선이 $x = 3$인 포물선의 방정식을 구하여라.
2. 꼭지점이 $(0,2)$이고 준선이 $y = 4$인 포물선의 방정식을 구하여라.
3. 준선이 $x = 4$, 축이 $y = -2$이고 점 $(0,-3)$을 통과하는 포물선의 방정식을 찾아라.
4. $x^2 - 6x - 2y + 1 = 0$의 초점, 꼭지점, 준선 그리고 축의 식을 각각 구하여라.
5. 점 $(1,0)$에 가장 가까이 있는 포물선 $y^2 = 4x$상의 점을 구하여라.
6. 초점에 가장 가까이 있는 포물선 $y^2 = 4cx$상의 점을 구하여라.
7. 직선 $x + y = d$가 $x^2 = 2y$에 접할 때 d를 구하고 접점을 찾아라.
8. $x^2 = 2y$에 접하고 $(-1,-4)$를 통과하는 두 접선의 방정식을 구하여라.

10.2 타원

정의 10.2

P_1, P_2는 평면상의 점이고, k는 P_1과 P_2 사이의 거리보다 큰 수라고 하자. $|P_1P| + |P_2P| = k$를 만족하는 평면상의 모든 점의 모임을 **타원**이라고 부르고 점 P_1, P_2을 타원의 **초점**이라고 한다.

이제 타원의 방정식을 구하면 $\frac{x^2}{a^2} + \frac{y^2}{b^2} = 1$ 이다(그림 10.11). 유도하는 과정을 설명하면 다음과 같다.

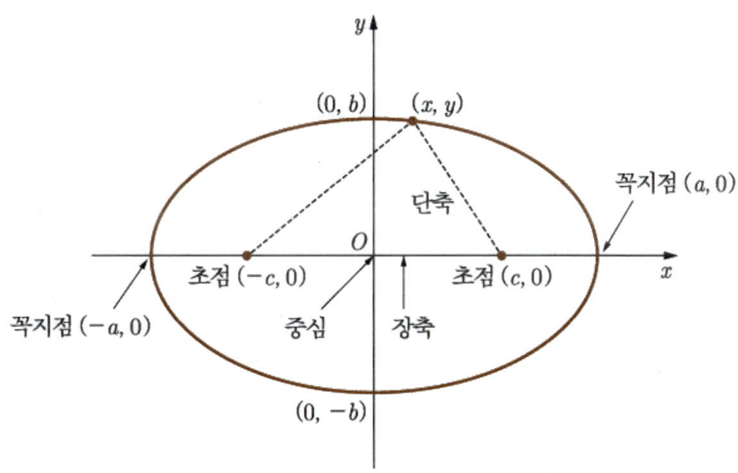

그림 10.11: $\frac{x^2}{a^2} + \frac{y^2}{b^2} = 1 \quad (a > b)$

그림과 같이 초점은 $(-c, 0)$, $(c, 0)$이고 편의상 $k = 2a$라 놓자. 그러면 가정에 의하여 $a > c$이다. 점 (x, y)가 타원상에 있기 위한 필요충분조건은

$$\sqrt{(x+c)^2 + y^2} = 2a - \sqrt{(x-c)^2 + y^2}$$

이다. 양변을 제곱하여 소거하면

$$a^2 - cx = a\sqrt{(x-c)^2 + y^2}$$

다시 제곱하면

$$a^4 - 2cxa^2 + c^2x^2 = a^2[(x-c)^2 + y^2].$$

다시 쓰면

$$(a^2 - c^2)x^2 + a^2y^2 = a^2(a^2 - c^2) \tag{10.4}$$

이다. $b=\sqrt{a^2-c^2}$ 라 놓으면 $0<b\le a$ 이고 식 (10.4)를 a^2b^2 으로 나누면 타원의 방정식

$$\frac{x^2}{a^2}+\frac{y^2}{b^2}=1$$

을 얻는다. 여기서 $(-a,0),(a,0)$을 **꼭지점**, $(-a,0)$와 $(a,0)$ 사이의 선분을 **장축**, $(0,-b)$와 $(0,b)$ 사이의 선분을 **단축**이라고 부른다.

또한 y축에 타원의 초점이 있는 경우도 유사하게 유도하면 타원의 방정식

$$\frac{x^2}{b^2}+\frac{y^2}{a^2}=1$$

은 그림 10.12와 같다.

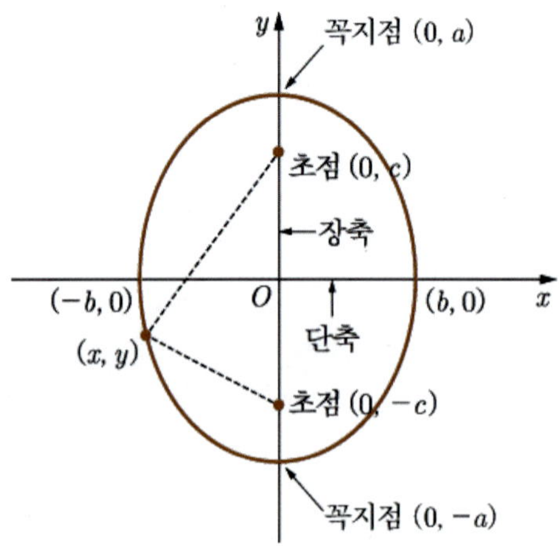

그림 10.12: $\frac{x^2}{b^2}+\frac{y^2}{a^2}=1$

이상에 의하여 다음과 같이 두 종류의 타원의 성질을 요약할 수 있다.

$$\frac{x^2}{a^2}+\frac{y^2}{b^2}=1(a\ge b>0)\begin{cases}\text{초점} : (-c,0),(c,0), \quad (\text{단 } c=\sqrt{a^2-b^2})\\ \text{꼭지점} : (-a,0),(a,0)\\ x\text{축}, y\text{축, 원점에 대하여 대칭}\end{cases} \tag{10.5}$$

$$\frac{x^2}{b^2}+\frac{y^2}{a^2}=1(a\ge b>0)\begin{cases}\text{초점} : (0,-c),(0,c), \quad (\text{단 } c=\sqrt{a^2-b^2})\\ \text{꼭지점} : (0,-a),(0,a)\\ x\text{축}, y\text{축, 원점에 대하여 대칭}\end{cases} \tag{10.6}$$

또한 실수 a, b, c는 다음과 같이 기하학적으로 해석할 수 있다.

$$\begin{aligned} 2a &= \text{장축의 길이}, \\ 2b &= \text{단축의 길이}, \\ 2c &= \text{초점 사이의 거리} \end{aligned} \tag{10.7}$$

예제 10.5 타원 $x^2 + 4y^2 = 8$의 초점을 구하고 그래프를 그려라.

풀이 주어진 식을 정리하면

$$\frac{x^2}{8} + \frac{y^2}{2} = 1$$

이다. $8 > 2$이므로 이 방정식은 $a = 2\sqrt{2}$, $b = \sqrt{2}$인 식 (10.5)의 형태이다. 따라서 초점은 x축상에 있다. $c = \sqrt{a^2 - b^2} = \sqrt{8-2} = \sqrt{6}$이므로 초점은 $(-\sqrt{6}, 0), (\sqrt{6}, 0)$이다. 이 타원의 그래프는 다음과 같다(그림 10.13). □

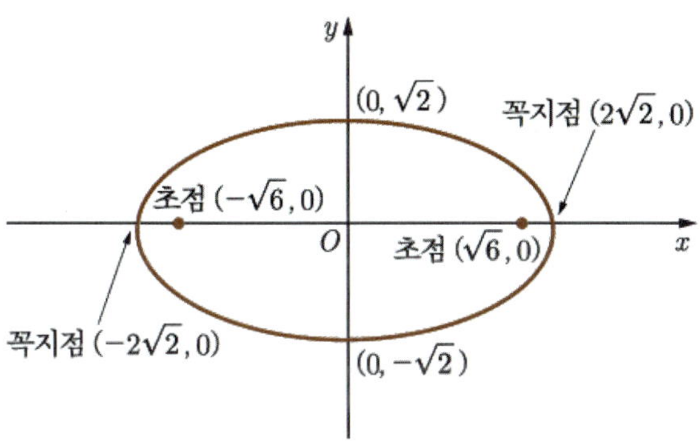

그림 10.13: 예제 10.5

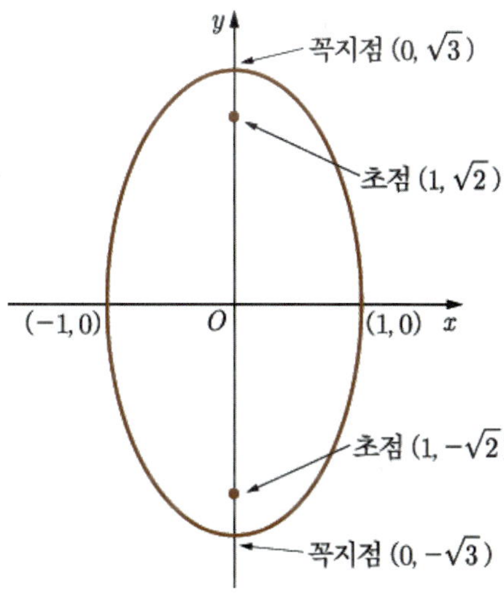

그림 10.14: 예제 10.6

예제 10.6 타원 $3x^2 + y^2 = 3$의 초점, 꼭지점을 구하고 그래프를 그려라.

풀이 주어진 방정식은 $\frac{x^2}{1} + \frac{y^2}{3} = 1$과 동치이다. 이것은 $a = \sqrt{3}$, $b = 1$인 식 (10.6)의 형태이다. 따라서 초점과 장축이 y축상에 있다. $a = \sqrt{3}$이므로 꼭지점은 $(0, -\sqrt{3})$, $(0, \sqrt{3})$이다. 또한 $c = \sqrt{a^2 - b^2} = \sqrt{3-1} = \sqrt{2}$이므로 초점은 $(0, -\sqrt{2})$, $(0, \sqrt{2})$이다. 이 타원의 그래프는 그림 10.14와 같다. □

예제 10.7 초점 $(2,-1)$, $(2,7)$이고 장축의 길이가 12인 타원의 방정식을 구하고 그래프를 그려라.

풀이 초점 $(2,-1),(2,7)$이 장축 위에 있으므로 장축은 직선 $x=2$이다. 타원의 중심은 두 초점 사이의 중점이므로 $(2,3)$이다. 원점을 $(2,3)$으로 가지는 XY 좌표계에서 타원은 장축을 Y축으로 가지는 표준위치에 있다. 그러므로 타원의 방정식은

$$\frac{X^2}{b^2}+\frac{Y^2}{a^2}=1$$

인 형태를 가진다. 장축의 길이가 12이므로 식 (10.7)로부터 $a=6$이다. 두 점 사이의 거리가 8이므로 $2c=8$, 즉 $c=4$이다. 결과적으로 식 (10.6)에 의하여

$$b=\sqrt{a^2-c^2}=\sqrt{36-16}=\sqrt{20}$$

이다. 그러므로 XY 직교좌표계에서 타원의 방정식은

$$\frac{X^2}{20}+\frac{Y^2}{36}=1$$

이다. 따라서 xy 직교좌표계에서는

$$\frac{(x-2)^2}{20}+\frac{(y-3)^3}{36}=1$$

이다. 이 타원의 그래프는 그림 10.15와 같다. □

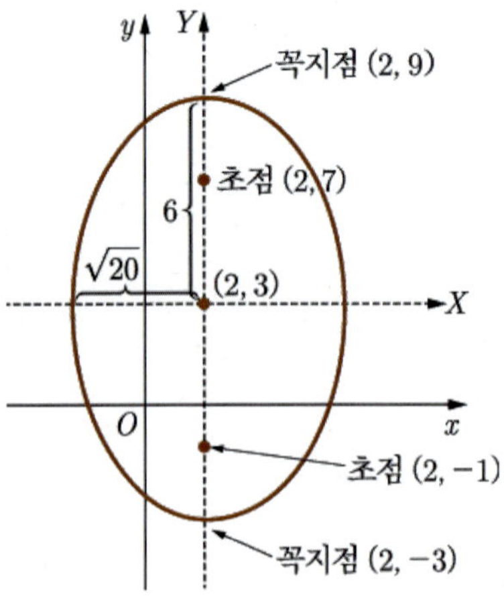

그림 10.15: 예제 10.7

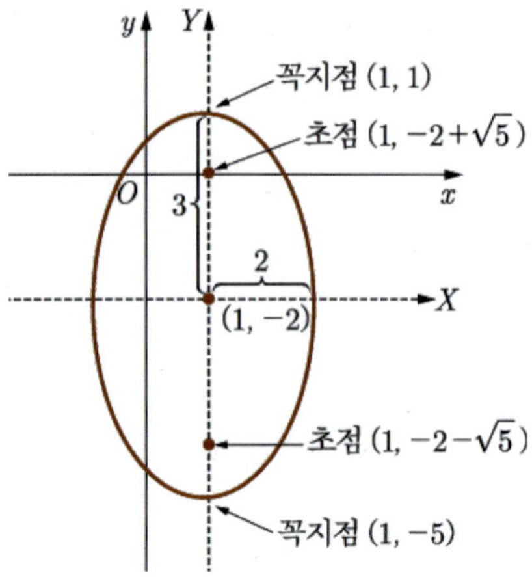

그림 10.16: 예제 10.8

예제 10.8 $9x^2-18x+4y^2+16y=11$의 초점을 구하고 그래프를 그려라.

풀이 표준형으로 변환하면

$$\frac{(x-1)^2}{4}+\frac{(y+2)^2}{9}=1$$

이다. 우선 $\dfrac{X^2}{4}+\dfrac{Y^2}{9}=1$ 의 초점을 구하면 $(0,\sqrt{5})$, $(0,-\sqrt{5})$ 이다. 따라서

$$\frac{(x-1)^2}{4}+\frac{(y+2)^2}{9}=1$$

의 초점은 $(1,-2-\sqrt{5}),(1,-2+\sqrt{5})$ 이다. 그래프는 그림 10.16와 같다. □

연습문제 10.2

1. 다음 타원 방정식들의 초점, 꼭지점을 각각 구하여라.
   (1) $x^2+y^2=100$
   (2) $x^2=1-\dfrac{y^2}{4}$
   (3) $25(x+1)^2+(y-3)^2=1$
   (4) $25x^2+16y^2+150x-96y=31$
   (5) $8x^2+8x+2y^2-20y-12=0$
2. 꼭지점이 $(0,16),(0,-16)$ 이고 $(2\sqrt{3},4)$를 지나는 타원의 방정식을 구하여라.
3. 초점이 $(2,3),(2,7)$ 이고 꼭지점이 $(2,0),(2,10)$ 인 타원의 방정식을 구하여라.
4. 타원 $\dfrac{(x-1)^2}{4}+\dfrac{(y+2)^2}{9}=c$가 원점 $(0,0)$을 지날 때 c의 값을 구하여라.
5. 타원 $\dfrac{x^2}{a^2}+\dfrac{y^2}{b^2}=1$상의 점 (x_0,y_0)에서의 접선의 방정식을 구하여라(단, $y_0\neq 0$).
6. 직선 $2x+y=d$가 타원 $4x^2+y^2=8$에 접할 때 d의 값을 구하여라. 그리고 접점을 구하여라.

Memo

10.3 쌍곡선

정의 10.3

P_1, P_2를 평면상의 서로 다른 두 점이라고 하자. 그리고 k는 P_1, P_2 사이의 거리보다 작은 양수라고 놓자. $||P_1P| - |P_2P|| = k$를 만족하는 평면상의 모든 점 P의 집합을 **쌍곡선**이라고 하고, 두 점 P_1, P_2를 **초점**이라고 부른다.

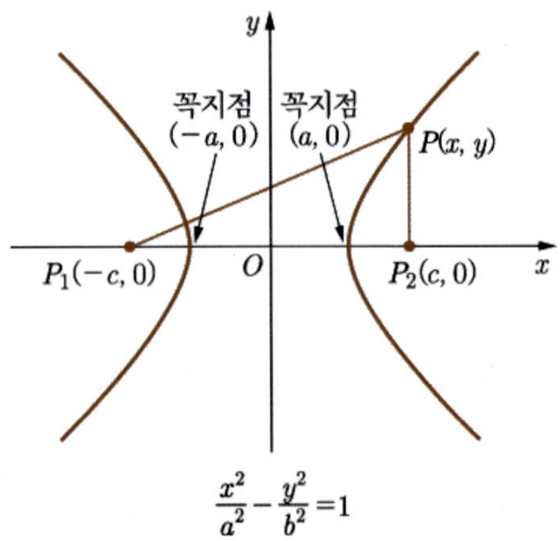

그림 10.17: 쌍곡선의 표준위치

타원처럼 쌍곡선은 두 초점을 지나는 직선에 대하여 대칭이다. 이 직선을 쌍곡선의 **주축**이라 한다. 두 초점 사이의 중점은 **중심**이다. 쌍곡선이 주축과 만나는 점들을 **꼭지점**, 초점이 있는 축을 **횡단축**이라 부른다. 마지막으로 중심이 원점이고 초점이 x축 또는 y축 위에 있을 때 쌍곡선은 **표준위치**에 있다고 한다.

이제 표준위치에 있는 쌍곡선의 방정식을 구하자. 쌍곡선의 초점이 $(-c, 0)$, $(c, 0)$, $c > 0$ 라고 하자. 따라서 초점 사이의 거리는 $2c$이다. $k = 2a$라 놓으면 가정에 의하여 $2a = k < 2c$ 이다. 그러므로 $a < c$이다. 정의에 의하여 점 (x, y)가 쌍곡선을 만족할 필요충분조건은

$$\left|\sqrt{(x+c)^2 + (y-0)^2} - \sqrt{(x-c)^2 + (y-0)^2}\right| = 2a$$

이다. 타원의 방정식을 유도할 때처럼 유사하게 계산하면 위의 방정식은 다음의 쌍곡선방정식으로 변형할 수 있다.

$$\frac{x^2}{a^2} - \frac{y^2}{b^2} = 1 \quad (\text{단, } b = \sqrt{c^2 - a^2}) \tag{10.8}$$

식 (10.8)로부터 위에 서술된 쌍곡선은 y축과 만나지 않고 x축의 절편은 $-a$, a임을 알 수 있다. 더욱이 쌍곡선상의 (x, y)에 대하여 $|x| \geq a$임을 알 수 있고, 쌍곡선은 x축, y축,

원점에 대칭이다. $y > 0$에 대하여

$$y = \frac{b}{a}\sqrt{x^2 - a^2} \tag{10.9}$$

이다. 식 (10.9)를 한 번, 두 번 미분하면

$$\frac{dy}{dx} = \frac{bx}{a\sqrt{x^2 - a^2}} \text{이고} \quad \frac{d^2y}{dx^2} = \frac{-ab}{(x^2 - a^2)^{3/2}}$$

이다. 그러므로 $y > 0$인 쌍곡선의 일부분은 **아래로 오목**이다. 원점으로부터 멀리 떨어져 있는 쌍곡선의 일부분을 정확하게 그래프를 그리기 위하여 식 (10.9)를 사용하면

$$\lim_{x\to\infty}\left(y - \frac{b}{a}x\right) = \frac{b}{a}\lim_{x\to\infty}(\sqrt{x^2 - a^2} - x) = 0.$$

이것은 $x \to \infty$일 때 쌍곡선이 직선 $y = \frac{b}{a}x$에 접근함을 의미한다. 쌍곡선이 x축에 대칭이기 때문에 또한 직선 $y = -\frac{b}{a}x$에 접근한다. 이 직선

$$y = \frac{b}{a}x, \qquad y = -\frac{b}{a}x \tag{10.10}$$

을 **점근선**이라고 부른다(그림 10.18의 (a)).

이제 쌍곡선의 초점이 y축상의 점 $(0, -c), (0, c)$에 놓여 있다고 가정하자. 위에서처럼 $k = 2a$로 놓으면 쌍곡선의 방정식은

$$\frac{y^2}{a^2} - \frac{x^2}{b^2} = 1 \tag{10.11}$$

이다. 단,

$$b = \sqrt{c^2 - a^2} \tag{10.12}$$

이고, 이 경우에 쌍곡선의 점근선은 직선 $y = \frac{a}{b}x$, $y = -\frac{a}{b}x$이다(그림 10.18의 (b)).

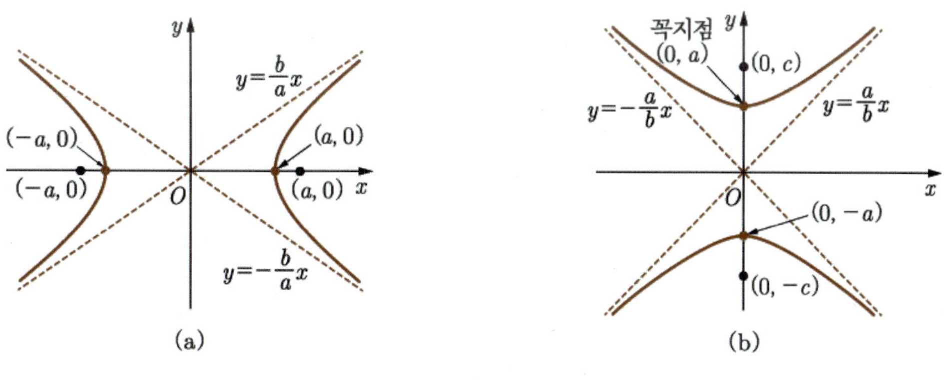

그림 10.18: 쌍곡선의 점근선

이상의 결과를 요약하면 다음과 같다.

$$\frac{x^2}{a^2}-\frac{y^2}{b^2}=1\begin{cases}\text{초점}:(-c,0),(c,0), \quad (\text{단 } c=\sqrt{a^2+b^2})\\ \text{꼭지점}:(-a,0),(a,0)\\ \text{점근선}: y=\frac{b}{a}x,\ y=-\frac{b}{a}x\\ x\text{축, } y\text{축, 원점에 대하여 대칭}\end{cases} \tag{10.13}$$

$$\frac{y^2}{a^2}-\frac{x^2}{b^2}=1\begin{cases}\text{초점}:(0,-c),(0,c), \quad (\text{단 } c=\sqrt{a^2+b^2})\\ \text{꼭지점}:(0,-a),(0,a)\\ \text{점근선}: y=\frac{a}{b}x,\ y=-\frac{a}{b}x\\ x\text{축, } y\text{축, 원점에 대하여 대칭}\end{cases} \tag{10.14}$$

그리고

$$2a=\text{주축의 길이}, \quad 2c=\text{초점 사이의 거리}.$$

예제 10.9 쌍곡선 $x^2-\frac{y^2}{4}=1$의 초점과 점근선을 각각 구하고 그래프를 그려라.

풀이 이 방정식은 $a=1$, $b=2$인 식 (10.13)의 형태이다. 따라서 $c=\sqrt{1+4}=\sqrt{5}$이고 초점은 $(-\sqrt{5},0)$, $(\sqrt{5},0)$이다. 더욱이 점근선은 $y=2x$, $y=-2x$이다. 그래프는 그림 10.19와 같다. □

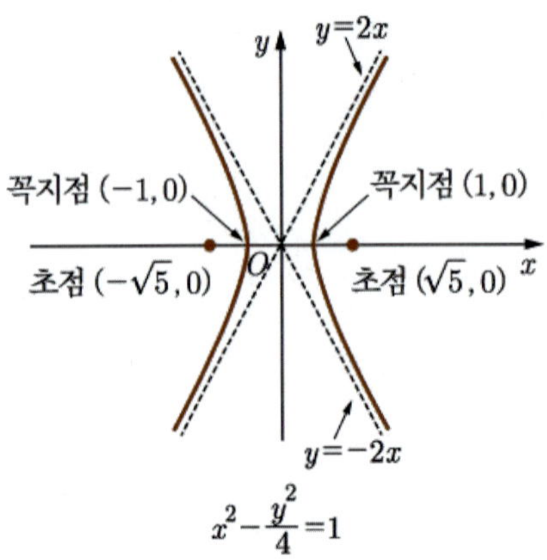

그림 10.19: 예제 10.9

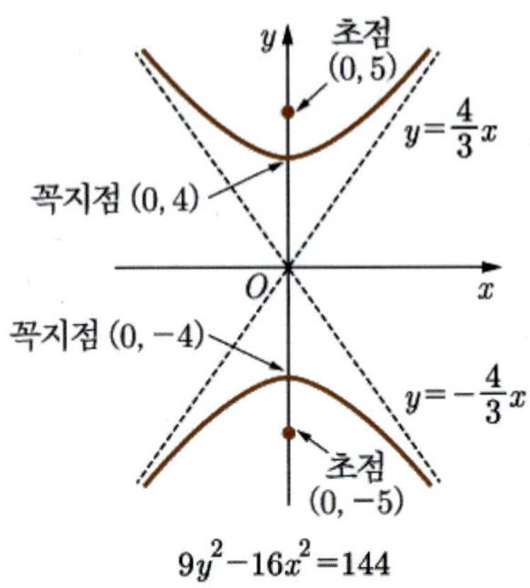

그림 10.20: 예제 10.10

예제 10.10 방정식 $9y^2-16x^2=144$의 초점과 점근선을 구하고, 그래프를 그려라.

풀이 방정식의 양변을 144로 나누면 $\dfrac{y^2}{16} - \dfrac{x^2}{9} = 1$이다. 이 방정식은 $a = 4$, $b = 3$인 식 (10.14)의 형태이다. 따라서 $c = \sqrt{4^2 + 3^2} = 5$이고 초점은 $(0, -5), (0, 5)$이다. 또한 점근선은 $y = \dfrac{4}{3}x$, $y = -\dfrac{4}{3}x$이고, 그래프는 그림 10.20과 같다. □

예제 10.11 초점이 $(-2, -1)$, $(-2, 9)$이고 주축의 길이가 6인 쌍곡선의 방정식을 구하고 그래프를 그려라.

풀이 주축이 직선 $x = -2$이고 쌍곡선의 중심이 $(-2, 4)$이다. 초점 사이의 거리가 $2c$이므로 $c = 5$이다. $(-2, 4)$가 원점인 XY 좌표계에서 쌍곡선은 초점 $(0, -5)$, $(0, 5)$이고 주축이 Y축인 표준위치에 있다. 결과적으로 쌍곡선의 방정식은

$$\frac{Y^2}{a^2} - \frac{X^2}{b^2} = 1$$

이다. 주축의 길이가 6이므로 식 (10.13)에 의하여 $2a = 6$, 즉 $a = 3$이다. 또한 식 (10.14)로부터

$$b = \sqrt{c^2 - a^2} = \sqrt{5^2 - 3^2} = 4$$

이다. 따라서 쌍곡선은 점근선이 $Y = \dfrac{3}{4}X$, $Y = -\dfrac{3}{4}X$인 방정식

$$\frac{Y^2}{9} - \frac{X^2}{16} = 1$$

이다. 이 방정식은 xy좌표계에서는

$$\frac{(y-4)^2}{9} - \frac{(x+2)^2}{16} = 1$$

이고, 점근선은

$$y - 4 = \frac{3}{4}(x+2)\text{와} \quad y - 4 = -\frac{3}{4}(x+2)$$

이다. 이 쌍곡선의 모형은 그림 10.21과 같다. □

예제 10.12 쌍곡선 $16x^2 - y^2 - 32x - 6y = 57$의 초점과 점근선을 구하고 그래프를 그려라.

풀이 완전제곱 형태로 변형하면

$$\frac{(x-1)^2}{4} - \frac{(y+3)^2}{64} = 1$$

이다. 그러므로 $(1, -3)$인 원점인 XY좌표계로 변형하면

$$\frac{X^2}{4} - \frac{Y^2}{64} = 1$$

이다. 따라서 이 방정식은 $a = 2$, $b = 8$인 식 (10.13)의 형태이고 $c = \sqrt{2^2 + 8^2} =$

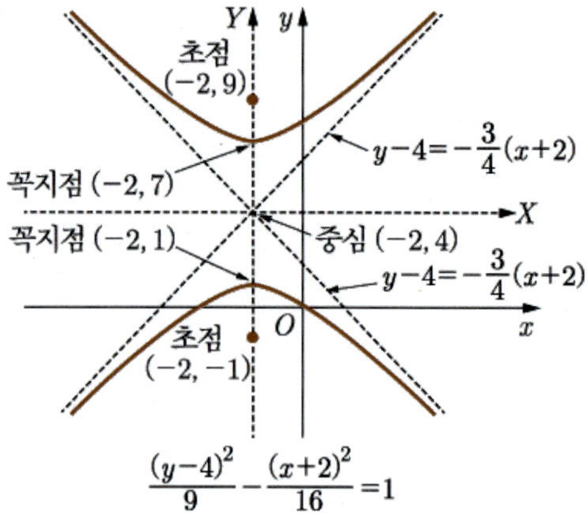

그림 10.21: 예제 10.11

$2\sqrt{17}$이므로 XY 좌표계에서 초점은 $(2\sqrt{17}, 0), (-2\sqrt{17}, 0)$이다. 더욱이 점근선은

$$Y = 4X, \quad Y = -4X$$

이다. xy좌표계로 평행이동하면 초점은 $(1 + 2\sqrt{17}, -3)$, $(1 - 2\sqrt{17}, -3)$이고, 점근선은 직선

$$y + 3 = 4(x - 1), \quad y + 3 = -4(x - 1)$$

이다. 그래프는 다음 그림 10.22과 같다. □

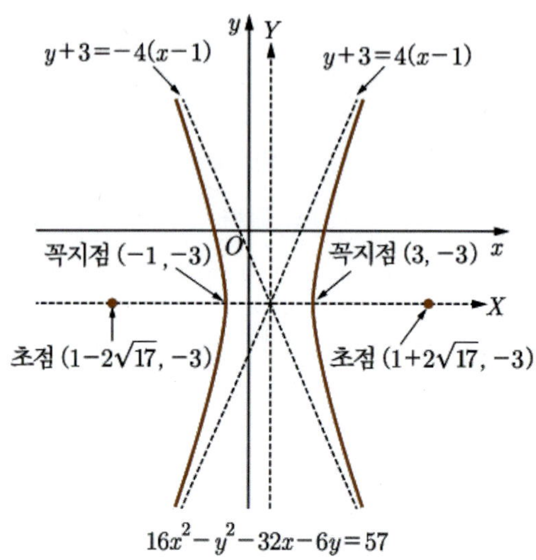

그림 10.22: 예제 10.12

연습문제 10.3

1. 다음 성질을 만족하는 쌍곡선의 방정식을 구하고 그래프를 그려라.
   (1) 초점이 $(\sqrt{2},0),(-\sqrt{2},0)$ 이고 꼭지점이 $(1,0)$, $(-1,0)$.
   (2) 초점이 $(0,1),(0,-1)$ 이고 꼭지점이 $(0,\frac{1}{3})$, $(0,-\frac{1}{3})$.
   (3) 초점이 $(0,5),(0,-5)$ 이고 주축의 길이가 6.
   (4) 초점이 $(\sqrt{5},0),(-\sqrt{5},0)$ 이고 점근선이 $y=2x$, $y=-2x$.
   (5) 꼭지점이 $(4,0),(-4,0)$ 이고 두 개의 점근선이 서로 수직.
2. 방정식 $4x^2-9y^2-8x-36y=68$ 이 쌍곡선을 표현함을 보이고, 중심, 꼭지점, 점근선을 각각 구하여라.
3. 쌍곡선 $\dfrac{(x-1)^2}{4}-\dfrac{(y+2)^2}{9}=c$가 원점을 통과할 때 c의 값을 결정하여라.
4. 쌍곡선 $\dfrac{x^2}{a^2}-\dfrac{y^2}{b^2}=1$상의 점 (x_0,y_0)에서 접선의 방정식을 구하여라. (단, $y_0\neq 0$)
5. 직선 $2y-x=d$가 쌍곡선 $6y^2-3x^2=9$에 접하도록 d의 값을 구하여라.

Memo

11. 벡터, 직선 및 평면

CHAPTER 11

벡터, 직선 및 평면

많은 물리적 및 추상적인 양들은 단지 크기만 가지고 있어서 실수로만 서술할 수 있다. 지금까지 취급했던 예들은 주로 질량, 비용, 이익, 속력, 면적, 길이, 체적, 그리고 축에 관한 모멘트이다. 다른 많은 양들은 크기와 방향을 가진다. 가장 잘 알려진 예는 속도인데, 속도는 물체의 속력과 물체의 움직이는 방향을 포함한다. 크기와 방향을 동시에 가진 양들은 벡터에 의하여 기술된다. 이 장에서는 벡터와 그 응용을 공부하는데, 특히 공간에서 직선과 평면에 대하여 다룬다.

11.1 공간 벡터

우선 평면에서 했던 것처럼 공간에서 좌표계를 설정하는 것을 연구한다. 이 새로운 좌표계를 이용하여 벡터의 개념을 정의하고 벡터의 다양하고 초등적인 성질을 연구한다.

공간에서 데카르트좌표

원점이라고 부르는 점 O를 통과하는 서로 수직인 세 직선을 생각하자(그림 11.1). 이 세 직선을 각각 x-**축**, y-**축**, z-**축**이라고 부른다. 이 축에 대하여 축상의 점과 실수의 집합을 각각 대응시키고 원점 O는 실수 0을 대응시킨다. 그림 11.1처럼 축의 양의 부분에 대해서 그릴 수 있다.

P가 공간상의 점이면 세 축에 수직하고 P를 지나는 세 평면은 실수 x, y, z에 대응하는 점에서 x축, y축, z축과 각각 만난다.

따라서 우리는 P를 세 순서쌍 (x, y, z)와 관련시킨다. 이때 (x, y, z)를 P의 **직교좌표계** 또는 **데카르트좌표계**라고 부른다. 다음 그림 11.2은 하나의 예이다.

이미 우리가 서술했던 것을 연상하면 공간의 각 점은 실수의 세 순서쌍과 동일시할 수 있다. 역으로 각 세 순서쌍 (x, y, z)는 좌표 (x, y, z)인 한 점과 동일시된다. 이러한 대응은

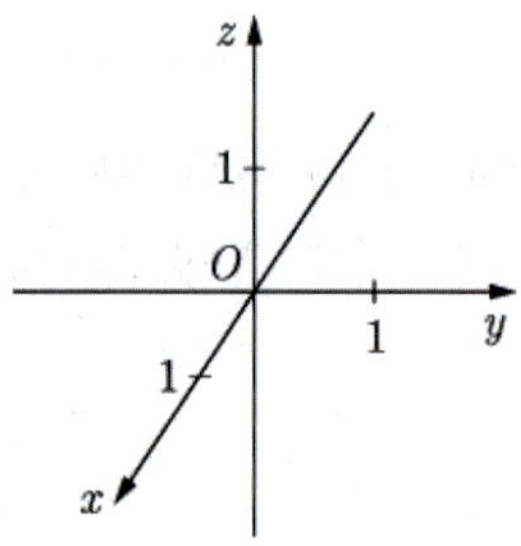

그림 11.1: 공간좌표

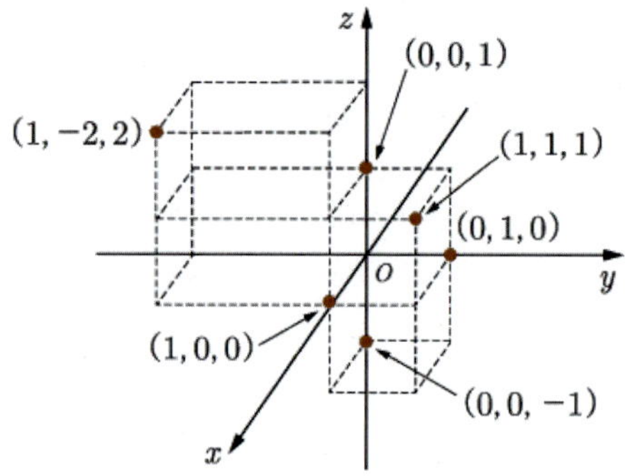

그림 11.2: 공간좌표상의 점들의 좌표

우리가 방정식에 의하여 공간에서의 기하학적 물체들을 서술할 수 있도록 가능하게 한다. 더욱이, 공간의 각 점이 세 좌표를 가지므로 이 공간을 **3차원 공간**이라 한다.

3차원 공간에는 세 개의 기본 평면이 있다. 즉 x, y축을 포함한 xy평면, x, z축을 포함한 xz평면, y, z축을 포함한 yz평면이다.

각 평면들은 공간을 두 개의 부분으로 분리하므로 세 개의 평면은 공간을 여덟 개의 영역으로 분리하는데 이것을 **팔분면**(octant)이라고 부른다(그림 11.3). 양의 x, y, z축을 포함하는 팔분면을 **제1팔분면 공간**이라고 부른다.

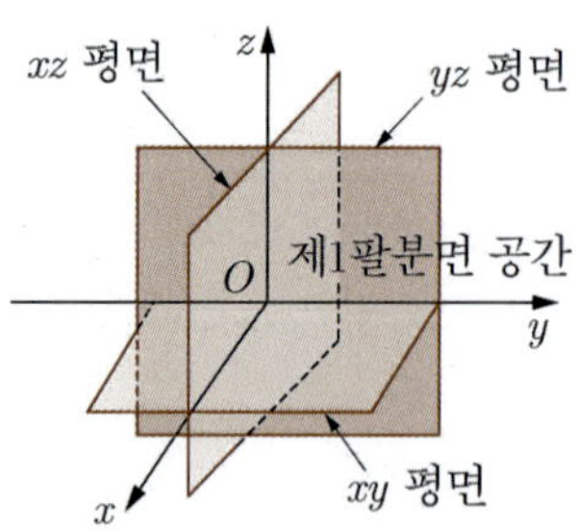

그림 11.3: 팔분면

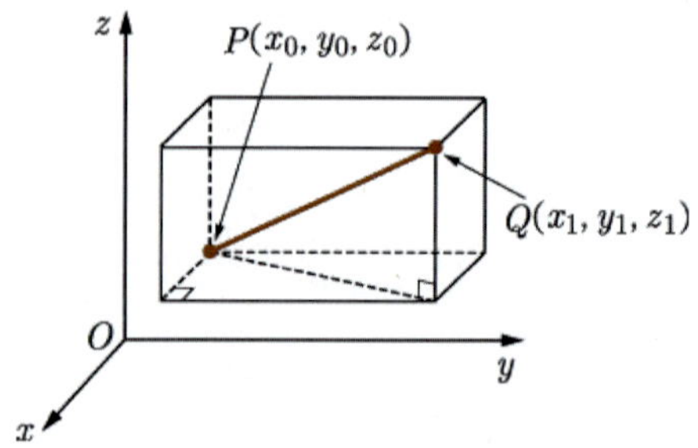

그림 11.4: 점 P와 Q의 거리 $|PQ|$

평면에서처럼 공간에서 두 점 사이의 거리개념은 기본적이다. 두 점 $P = (x_0, y_0, z_0)$, $Q = (x_1, y_1, z_1)$ 사이의 **거리**는 다음과 같이 정의한다(그림 11.4).

$$|PQ| = \sqrt{(x_1 - x_0)^2 + (y_1 - y_0)^2 + (z_1 - z_0)^2} \tag{11.1}$$

특히 $Q = O$이면 식 (11.1)은 다음과 같다.

$$|PO| = |OP| = \sqrt{x_0^2 + y_0^2 + z_0^2}$$

예제 11.1 $P = (-1, 3, 6), Q = (4, 0, 5)$일 때 $|PQ|$, $|PO|$, $|OQ|$를 각각 구하여라.

풀이 식 (11.1)로부터 각각 계산하면 다음과 같다.

$$|PQ| = \sqrt{(4-(-1)^2 + (0-3)^2 + (5-6)^2} = \sqrt{35}$$
$$|PO| = \sqrt{(-1)^2 + 3^2 + 6^2} = \sqrt{46}$$
$$|OQ| = \sqrt{4^2 + 0^2 + 5^2} = \sqrt{41}$$
□

공간에서 두 점 사이의 거리에 다음의 중요한 성질이 성립한다.

$|PQ| = 0$일 필요충분조건은 $P = Q$.

$|PQ| = |QP|$.

$|PQ| \leq |PR| + |RQ|$.

처음 두 개의 성질은 식 (11.1)로부터 직접 증명할 수 있다. 세 번째 성질은 삼각부등식으로 잘 알려져 있는데 이는 다음을 의미한다. 즉 삼각형 임의의 한 변의 길이는 다른 나머지 두 변의 길이 합을 초과하지 못한다(그림 11.5).

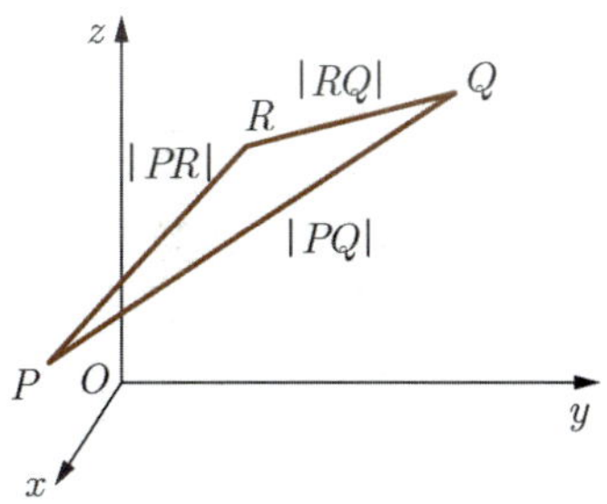

그림 11.5: 삼각부등식

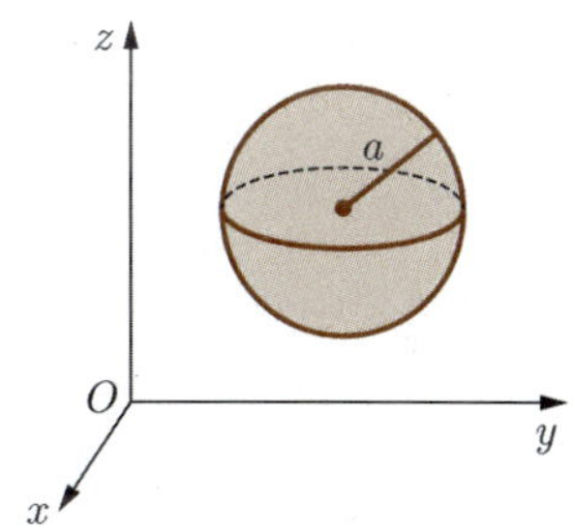

그림 11.6: 중심이 P_0이고 반경이 a인 구

중심 $P_0 = (x_0, y_0, z_0)$이고 반경인 a인 구는 $|P_0P| = a$을 만족하는 점 P의 집합으로 정의한다(그림 11.6).

따라서 점 $P = (x, y, z)$가 구면상에 놓일 필요충분조건은

$$\sqrt{(x-x_0)^2 + (y-y_0)^2 + (z-z_0)^2} = a$$

이다. 즉 $(x-x_0)^2 + (y-y_0)^2 + (z-z_0)^2 = a^2$은 공간에서 구면의 방정식이다.

예제 11.2 $x^2 + y^2 + z^2 = 2x + 4y - 6z$가 구의 방정식임을 증명하고, 이 구의 중심과 반경을 구하여라.

풀이 주어진 방정식을 변형하면

$$(x^2 - 2x + 1) + (y^2 - 4y + 4) + (z^2 + 6z + 9) = 1 + 4 + 9.$$

즉

$$(x - 1)^2 + (y - 2)^2 + (z + 3)^2 = 14.$$

따라서 주어진 방정식은 중심 $(1, 2, -3)$이고 반경 $\sqrt{14}$인 구이다. □

중심이 $P_0 = (x_0, y_0, z_0)$이고 반경이 a인 **공**(ball)은

$$\sqrt{(x - x_0)^2 + (y - y_0)^2 + (z - z_0)^2} \le a$$

을 만족하는 점 $P = (x, y, z)$의 집합으로 정의된다(그림 11.7의 (a)). 이것은

$$(x - x_0)^2 + (y - y_0)^2 + (z - z_0)^2 \le a^2$$

와 동치이다. 공은 공간에서 구면에 의하여 둘러싸인 **입체 영역**이다.

평면에서 공에 대응되는 영역은 원에 의하여 둘러싸여 있다. 평면 위의 이러한 영역을 **원판**이라고 부른다. 중심이 $P_0 = (x_0, y_0)$, 반경이 a이 원판은

$$\sqrt{(x - x_0)^2 + (y - y_0)^2} \le a$$

을 만족하는 점 $P = (x, y)$의 모임이다(그림 11.7의 (b)). 이것은

$$(x - x_0)^2 + (y - y_0)^2 \le a^2$$

과 동치이다.

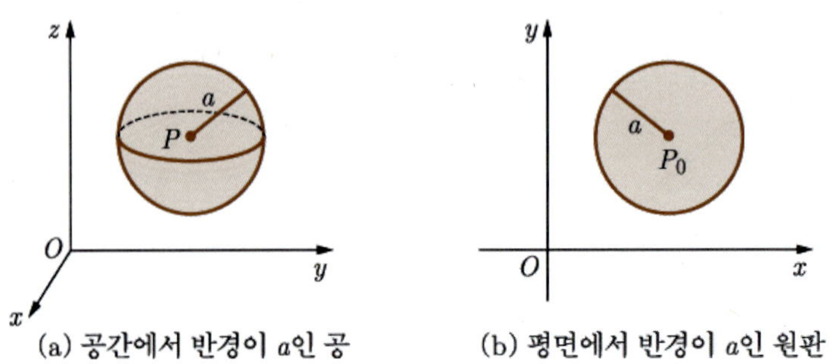

(a) 공간에서 반경이 a인 공 (b) 평면에서 반경이 a인 원판

그림 11.7: 차원에 따른 $|P - P_0| \le a$의 영역

벡터

직관적으로 벡터는 그림 11.8와 같이 화살표에 의하여 기술된 공간에서의 유향선분이다. 벡터는 공간에서 물체 운동의 연구에서 늘 나타난다. 예를 들어 그림 11.9과 같이 길을 따라 움직이는 질점을 생각한다.

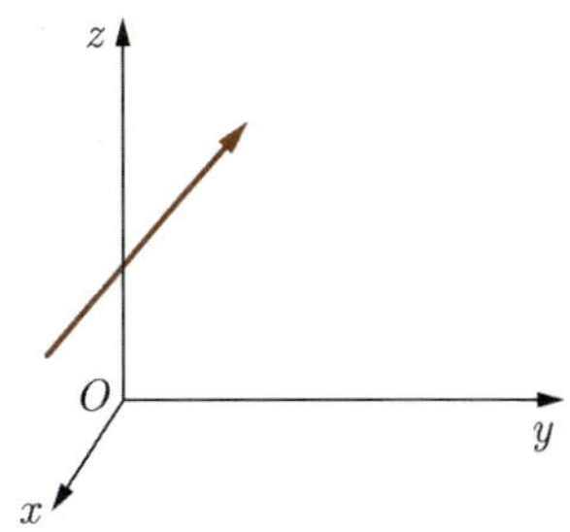

그림 11.8: 벡터

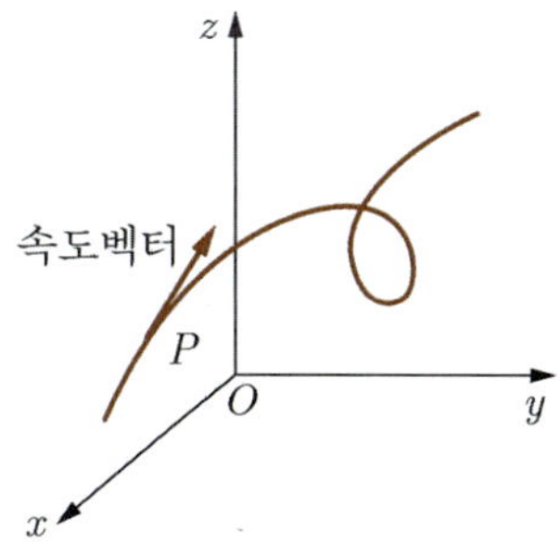

그림 11.9: 속도벡터

만약에 주어진 시간 t에서 분자의 위치를 P점으로 나타낼 때 P에 하나의 벡터를 대응시킬 수 있는데, 그 중 하나가 **속도벡터**이다. 속도벡터는 분자운동의 방향을 가지고 있고, 분자운동의 속력은 벡터의 길이와 같다. 벡터를 서술하는 명백한 방법의 하나는 유향선분의 시점과 종점의 좌표들을 벡터와 대응하는 것이다. 일반적으로 유향선분이 시점 (x_0, y_0, z_0), 종점 (x_1, y_1, z_1)을 가지면 대응하는 벡터는 x축으로 $x_1 - x_0$, y축으로 $y_1 - y_0$, z축으로 $z_1 - z_0$만큼의 변화를 각각 표현한다. 예를 들면 그림 11.10에 있다.

이들 세 차이를 순서쌍 $(x_1 - x_0, y_1 - y_0, z_1 - z_0)$로 묶고, 이 순서쌍을 벡터와 동일시한다.

정의 11.1

공간상의 **벡터**는 세 개의 실수의 순서쌍 (a_1, a_2, a_3)이다. 이때 실수 a_1, a_2, a_3을 벡터의 **성분**이라고 부른다. 시점 $P = (x_0, y_0, z_0)$와 종점 $Q = (x_1, y_1, z_1)$를 가지는 유향성분의 벡터는 $(x_1 - x_0, y_1 - y_0, z_1 - z_0)$이고, 이 벡터를 $\overrightarrow{PQ}$로 나타낸다.

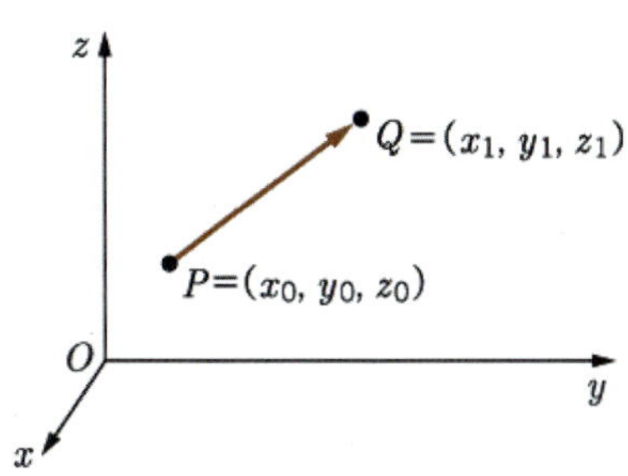

그림 11.10: 두 점을 잇는 벡터

두 벡터 (a_1, a_2, a_3)와 (b_1, b_2, b_3)가 서로 같을 필요충분조건은 그들의 성분이 같은 것이다. 즉 $a_1 = b_1$, $a_2 = b_2$, $a_3 = b_3$이다. 화살표 표시로는 $\overrightarrow{PQ}$와 $\overrightarrow{RS}$가 같은 세 순서쌍을 나타낼 때는 $\overrightarrow{PQ} = \overrightarrow{RS}$로 표시한다.

예제 11.3 벡터 $P = (1, 3, 7)$, $Q = (-1, 0, 6)$, $R = (0, -1, -2)$, $S = (-2, -4, -3)$이라 할 때 $\overrightarrow{PQ}$와 $\overrightarrow{RS}$는 같은 벡터임을 보여라.

풀이 P, Q, R, S의 성분을 정의 11.1에 적용하면

$$\overrightarrow{PQ} = (-2, -3, -1) = \overrightarrow{RS}$$

이다. □

각 벡터 $\mathbf{a} = (a_1, a_2, a_3)$는 임의의 시점 P를 가지는 유향선분으로 대응시킬 수 있다. P가 원점이면 벡터 $\mathbf{a} = (a_1, a_2, a_3)$은 공간에서 점 (a_1, a_2, a_3)과 대응하고 원점에서 (a_1, a_2, a_3)까지의 유향선분이 대응된다(그림 11.11).

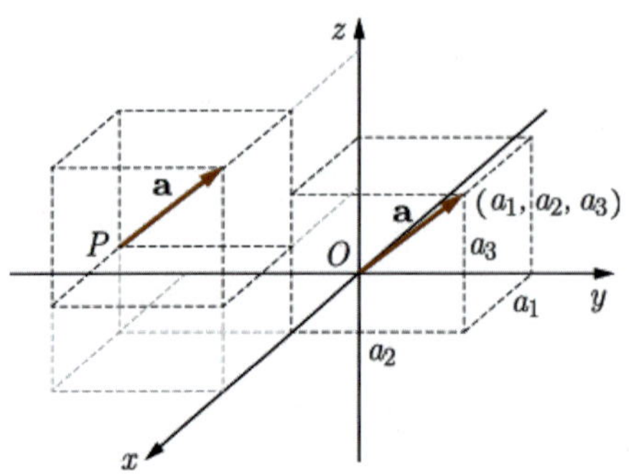

그림 11.11: P를 시점으로 하는 벡터 $\mathbf{a}$

정의 11.2

벡터 $\mathbf{a} = (a_1, a_2, a_3)$의 길이는

$$\|\mathbf{a}\| = \sqrt{a_1^2 + a_2^2 + a_3^2}$$

로 정의하고 표시는 $\|\mathbf{a}\|$로 한다. 길이가 1인 벡터를 **단위벡터**라고 한다.

예로서 $\mathbf{a} = (-1, 3, 6)$일 때 $\|\mathbf{a}\| = \sqrt{(-1)^2 + 3^2 + 6^2} = \sqrt{46}$이다. 이것은 예제 11.1에서 이미 공부했던 것처럼 점 $(-1, 3, 6)$과 원점 사이의 거리와 같다. 일반적으로 벡터 $\overrightarrow{PQ}$의

길이 $\|\overrightarrow{PQ}\|$는 P와 Q 사이의 거리 $|PQ|$와 같다. 우리는 특수한 단위벡터를 소개한다.

$$\mathbf{i} = (1, 0, 0), \quad \mathbf{j} = (0, 1, 0), \quad \mathbf{k} = (0, 0, 1)$$

길이의 정의로부터 $\|\mathbf{i}\| = \|\mathbf{j}\| = \|\mathbf{k}\| = 1$이므로 $\mathbf{i}$, $\mathbf{j}$, $\mathbf{k}$는 단위벡터이다.

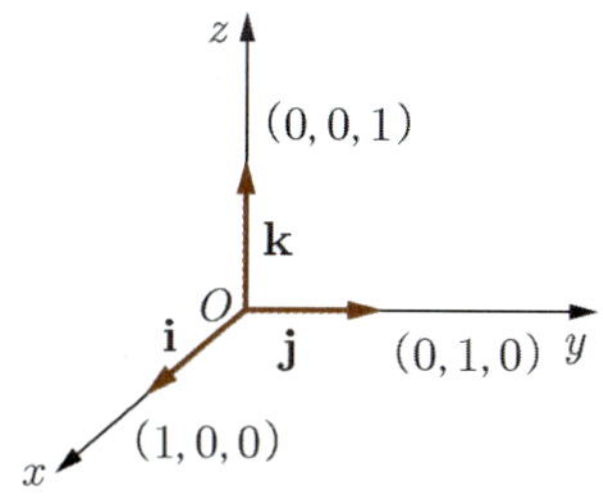

그림 11.12: 단위벡터

벡터들의 연산

정의 11.3

$\mathbf{a} = (a_1, a_2, a_3)$, $\mathbf{b} = (b_1, b_2, b_3)$라 하자. 그리고 c는 실수이다. 벡터 $\mathbf{a}$, $\mathbf{b}$의 합 $\mathbf{a} + \mathbf{b}$, 차 $\mathbf{a} - \mathbf{b}$, 실수곱 $c\mathbf{a}$를 각각 다음과 같이 정의한다.

$$\mathbf{a} + \mathbf{b} = (a_1 + b_1, a_2 + b_2, a_3 + b_3)$$
$$\mathbf{a} - \mathbf{b} = (a_1 - b_1, a_2 - b_2, a_3 - b_3)$$
$$c\mathbf{a} = (ca_1, ca_2, ca_3)$$

이때 $\dfrac{1}{c}\mathbf{a}$을 $\dfrac{\mathbf{a}}{c}$로 나타내기로 하자. 따라서 $\dfrac{1}{5}\mathbf{a}$는 $\dfrac{\mathbf{a}}{5}$로 표현된다.

정의 11.3으로부터 다음 성질을 가진다.

$$\mathbf{0} + \mathbf{a} = \mathbf{a} + \mathbf{0} = \mathbf{a}, \quad \mathbf{a} + \mathbf{b} = \mathbf{b} + \mathbf{a}$$
$$\mathbf{a} - \mathbf{b} = \mathbf{a} + (-1)\mathbf{b}, \quad c(\mathbf{a} + \mathbf{b}) = c\mathbf{a} + c\mathbf{b}$$
$$0\mathbf{a} = \mathbf{0}, \quad 1\mathbf{a} = \mathbf{a}$$
$$\mathbf{a} + (\mathbf{b} + \mathbf{c}) = (\mathbf{a} + \mathbf{b}) + \mathbf{c}$$

예제 11.4 두 벡터 $\mathbf{a} = (1, -3, 2)$와 $\mathbf{b} = (-4, -1, 0)$에서 $\mathbf{a} + \mathbf{b}$, $\mathbf{a} - \mathbf{b}$, $\dfrac{1}{2}\mathbf{a}$를 각각 구하여라.

풀이 정의 11.3으로부터

$$\mathbf{a}+\mathbf{b}=(1+(-4),-3+(-1),2+0)=(-3,-4,2)$$
$$\mathbf{a}-\mathbf{b}=(1-(-4),-3-(-1),2-0)=(5,-2,2)$$
$$-\frac{1}{2}\mathbf{a}=\left(-\frac{1}{2},\frac{3}{2},-1\right)$$

이다. □

벡터의 합과 실수곱을 이용하면 임의의 벡터 $\mathbf{a}=(a_1,a_2,a_3)$는 $\mathbf{i}$, $\mathbf{j}$, $\mathbf{k}$의 결합된 형태로 표현할 수 있다. 즉

$$\begin{aligned}\mathbf{a}&=(a_1,a_2,a_3)=(a_1,0,0)+(0,a_2,0)+(0,0,a_3)\\&=a_1(1,0,0)+a_2(0,1,0)+a_3(0,0,1)\\&=a_1\mathbf{i}+a_2\mathbf{j}+a_3\mathbf{k}.\end{aligned}\tag{11.2}$$

예를 들면 $(1,-3,2)=\mathbf{i}-3\mathbf{j}+2\mathbf{k}$. 만약 $P=(x_0,y_0,z_0)$, $Q=(x_1,y_1,z_1)$이면 $\overrightarrow{PQ}$는 식 (11.2)를 이용하여 다음과 같이 표현할 수 있다.

$$\overrightarrow{PQ}=(x_1-x_0)\mathbf{i}+(y_1-y_0)\mathbf{j}+(z_1-z_0)\mathbf{k}$$

식 (11.2)의 기호를 이용하면 벡터의 길이, 합, 차, 실수곱의 공식을 다음과 같이 다시 쓸 수 있다.

$$\begin{aligned}&\|a_1\mathbf{i}+a_2\mathbf{j}+a_3\mathbf{k}\|=\sqrt{a_1^2+a_2^2+a_3^3}\\&(a_1\mathbf{i}+a_2\mathbf{j}+a_3\mathbf{k})+(b_1\mathbf{i}+b_2\mathbf{j}+b_3\mathbf{k})\\&\qquad=(a_1+b_1)\mathbf{i}+(a_2+b_2)\mathbf{j}+(a_3+b_3)\mathbf{k}\\&(a_1\mathbf{i}+a_2\mathbf{j}+a_3\mathbf{k})-(b_1\mathbf{i}+b_2\mathbf{j}+b_3\mathbf{k})\\&\qquad=(a_1-b_1)\mathbf{i}+(a_2-b_2)\mathbf{j}+(a_3-b_3)\mathbf{k}\\&c(a_1\mathbf{i}+a_2\mathbf{j}+a_3\mathbf{k})=ca_1\mathbf{i}+ca_2\mathbf{j}+ca_3\mathbf{k}\end{aligned}\tag{11.3}$$

식 (11.3)으로부터

$$|a_1|\le\|a_1\mathbf{i}+a_2\mathbf{j}+a_3\mathbf{k}\|,$$
$$|a_2|\le\|a_1\mathbf{i}+a_2\mathbf{j}+a_3\mathbf{k}\|,$$
$$|a_3|\le\|a_1\mathbf{i}+a_2\mathbf{j}+a_3\mathbf{k}\|$$

이 성립한다.

이상을 요약하면 하나의 벡터를 기술하는 네 가지 방법은 다음과 같다.

(i) 세 실수의 순서쌍으로 (a_1,a_2,a_3)

(ii) 공간상의 점으로 (a_1,a_2,a_3)

(iii) 시점이 (x_0, y_0, z_0)이고 종점이 $(x_0 + a_1, y_0 + a_2, z_0 + a_3)$인 유향선분
(iv) $a_1\mathbf{i} + a_2\mathbf{j} + a_3\mathbf{k}$의 형태

벡터연산의 기하학적 해석

두 벡터 $\mathbf{a} = a_1\mathbf{i} + a_2\mathbf{j} + a_3\mathbf{k}$와 $\mathbf{b} = b_1\mathbf{i} + b_2\mathbf{j} + b_3\mathbf{k}$에 대하여 합 $\mathbf{a} + \mathbf{b}$는 $\mathbf{a}$와 $\mathbf{b}$를 두 변으로 갖는 **평행사변형**의 대각선을 의미한다(그림 11.13).

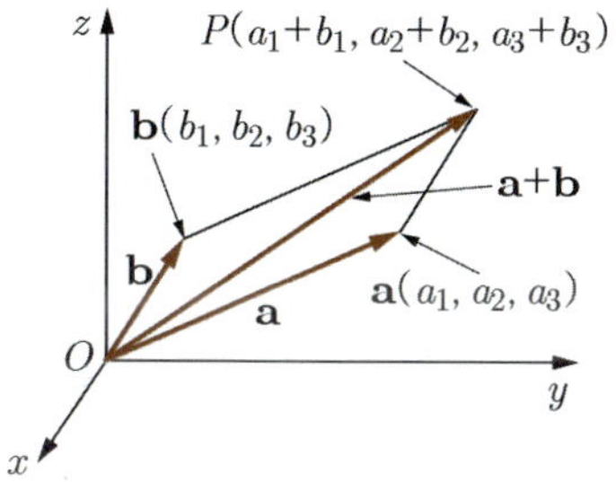

그림 11.13: 두 벡터 $\mathbf{a}$와 $\mathbf{b}$의 덧셈 $\mathbf{a} + \mathbf{b}$

그리고 $\mathbf{a} = a_1\mathbf{i} + a_2\mathbf{j} + a_3\mathbf{k}$와 수 c에 대하여

$$\|c\mathbf{a}\| = |c|\|\mathbf{a}\| \tag{11.4}$$

$\mathbf{a}$에 양수 c를 곱할 때 크기는 c를 곱한 크기이고 방향은 변함이 없다. 벡터 $-\mathbf{a}$는 $\mathbf{a}$와 크기는 같고 방향은 반대이다. 만약 $\mathbf{a}$에 음수 c를 곱하면 크기는 $|c|$를 곱한 크기이고 방향은 반대로 변한다(그림 11.14).

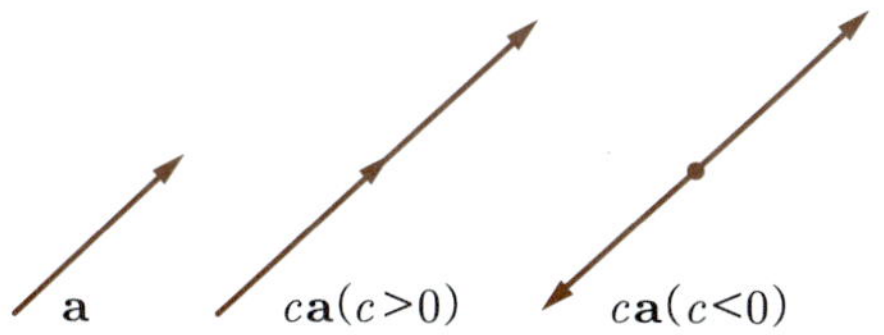

그림 11.14: 벡터 $\mathbf{a}$의 실수곱 $c\mathbf{a}$

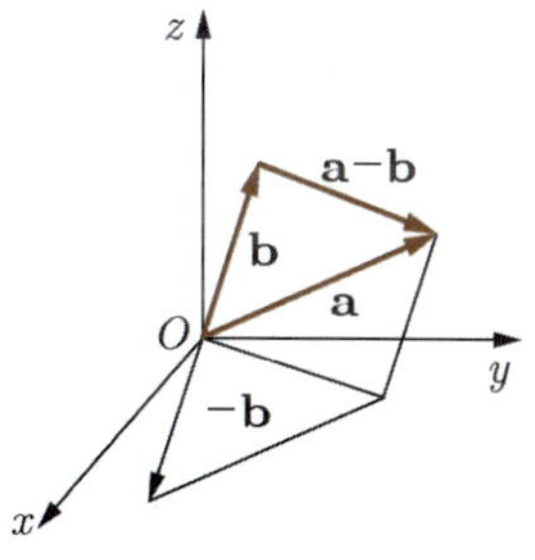

그림 11.15: 두 벡터 $\mathbf{a}$와 $\mathbf{b}$의 차

차 $\mathbf{a} - \mathbf{b}$는 합 $\mathbf{a} + (-\mathbf{b})$이다. 따라서 시점 P를 동시에 가지는 두 벡터 $\mathbf{a}, \mathbf{b}$에 대하여 $\mathbf{a} - \mathbf{b}$는 $\mathbf{b}$의 종점에서 $\mathbf{a}$의 종점으로 가는 유향성분으로 생각할 수 있다(그림 11.15).

정의 11.4

영이 아닌 두 벡터 $\mathbf{a}, \mathbf{b}$가 **평행**이라 함은 $\mathbf{b} = c\mathbf{a}$인 실수 c가 존재함을 말한다.

예제 11.5 $\mathbf{a} = 6\mathbf{i} - 2\mathbf{j} + 4\mathbf{k}$, $\mathbf{b} = -3\mathbf{i} + \mathbf{j} - 2\mathbf{k}$일 때 $\mathbf{b} = -\frac{1}{2}\mathbf{a}$이므로 $\mathbf{a}$와 $\mathbf{b}$는 평행하다.

영이 아닌 벡터 $\mathbf{a}$ 방향의 단위벡터는 $\dfrac{\mathbf{a}}{\|\mathbf{a}\|}$이다.

예제 11.6 $4\mathbf{i} - \mathbf{j} - 3\mathbf{k}$ 방향의 단위벡터는

$$\|4\mathbf{i} - \mathbf{j} - 3\mathbf{k}\| = \sqrt{4^2 + (-1)^2 + (-3)^2} = \sqrt{26}$$

이므로

$$\frac{1}{\sqrt{26}}(4\mathbf{i} - \mathbf{j} - 3\mathbf{k})$$

이다.

연습문제 11.1

1. $P = (0,1,0)$, $Q = (3,-1,\sqrt{7})$일 때 $\overrightarrow{PQ}$를 $a\mathbf{i} + b\mathbf{j} + c\mathbf{k}$로 표현하여라.
2. $\mathbf{a} = \mathbf{2i}$, $\mathbf{b} = \mathbf{j} + \mathbf{k}$, $c = \frac{1}{3}$일 때 $\mathbf{a} + \mathbf{b}$, $\mathbf{a} - \mathbf{b}$, $c\mathbf{a}$를 각각 구하여라.
3. 벡터 $\mathbf{b} = -3\mathbf{i} + 4\mathbf{j} - 12\mathbf{k}$의 길이를 구하여라.
4. $\mathbf{a} = -3\mathbf{i} + 4\mathbf{j} - 12\mathbf{k}$와 같은 방향의 단위벡터를 구하여라.
5. 점 $(3,0,2)$가 $(1,-1,5)$, $(5,1,-1)$과 같은 거리에 있음을 보여라.
6. 반경 $\sqrt{2}$이고 중심$(-1,0,3)$인 구의 방정식을 구하여라.
7. $x^2 + y^2 + z^2 + 6x + 8y - 4z + 4 = 0$이 구의 방정식임을 보이고 반경과 중심을 구하여라.
8. 반경 6, 중심 $(0,-2,3)$을 가지는 공 위의 모든 점을 만족하는 부등식을 찾아라.
9. (1) $\mathbf{a}$는 xy평면의 영이 아닌 벡터이다. 그리고 θ는 시계 반대 방향으로 양의 x축과 $\mathbf{a}$와 사이의 각을 나타낸다. 이때

   $$\mathbf{a} = \|\mathbf{a}\|(\cos\theta\mathbf{i} + \sin\theta\mathbf{j})$$

   임을 증명하여라.

   (2) $\mathbf{u}$는 평면상의 단위벡터라고 가정하자. (1)을 이용하여

   $$\mathbf{u} = \cos\theta\mathbf{i} + \sin\theta\mathbf{j}$$

   로 표시됨을 증명하여라. 단 θ는 임의 수이다.
10. 평행사변형의 대각선들은 서로 이등분함을 증명하여라.

11.2 내적

지금까지 두 벡터의 합과 차를 정의하였는데, 두 벡터의 곱을 정의하는 방법에 대해서 의문을 가질 수 있다. 두 벡터의 합과 차에서 성분끼리 더하고 뺀 것처럼 두 벡터의 곱도 성분끼리 곱하는 방법을 생각할 수 있다. 그러나 이러한 방법은 물리적으로 좋은 성질을 가질 수 없고 응용도 거의 일어나지 않는다. 그러나 내적과 외적으로 알려진 두 벡터의 곱은 아주 중요한 물리적 성질을 가진다. 먼저 내적을 생각한다.

정의 11.5

두 벡터 $\mathbf{a} = a_1\mathbf{i}+a_2\mathbf{j}+a_3\mathbf{k}$, $\mathbf{b} = b_1\mathbf{i}+b_2\mathbf{j}+b_3\mathbf{k}$라 하자. $\mathbf{a}, \mathbf{b}$의 **내적** 또는 **도트적**(dot product)은 다음과 같이 정의된다.

$$\mathbf{a}\cdot\mathbf{b} = a_1b_1 + a_2b_2 + a_3b_3 \tag{11.5}$$

식 (11.5)로부터

$$\mathbf{a}\cdot\mathbf{i} = \mathbf{i}\cdot\mathbf{a} = a_1, \quad \mathbf{a}\cdot\mathbf{j} = \mathbf{j}\cdot\mathbf{a} = a_2, \quad \mathbf{a}\cdot\mathbf{k} = \mathbf{k}\cdot\mathbf{a} = a_3$$

특히 $\mathbf{i}\cdot\mathbf{j} = \mathbf{j}\cdot\mathbf{k} = \mathbf{k}\cdot\mathbf{i} = 0$이고 $\mathbf{i}\cdot\mathbf{i} = \mathbf{j}\cdot\mathbf{j} = \mathbf{k}\cdot\mathbf{k} = 1$.

예제 11.7 $\mathbf{a} = 3\mathbf{i} - \mathbf{j} - 2\mathbf{k}$, $\mathbf{b} = 2\mathbf{i} - 3\mathbf{j} + \frac{1}{2}\mathbf{k}$일 때 $\mathbf{a}\cdot\mathbf{b}$를 구하여라.

풀이 식 (11.5)에 의하여

$$\mathbf{a}\cdot\mathbf{b} = 3(2) + (-1)(-3) + (-2)\left(\frac{1}{2}\right) = 8.$$

내적은 실수에서 성립했던 많은 법칙들을 만족한다. 예를 들어

$$\mathbf{a}\cdot\mathbf{b} = \mathbf{b}\cdot\mathbf{a}, \quad (c\mathbf{a})\cdot\mathbf{b} = c(\mathbf{a}\cdot\mathbf{b}) = \mathbf{a}\cdot(c\mathbf{b})$$
$$\mathbf{a}\cdot(\mathbf{b}+\mathbf{c}) = \mathbf{a}\cdot\mathbf{b}+\mathbf{a}\cdot\mathbf{c}, \quad (\mathbf{a}+\mathbf{b})\cdot\mathbf{c} = \mathbf{a}\cdot\mathbf{c}+\mathbf{b}\cdot\mathbf{c}$$

□

영이 아닌 두 벡터 $\mathbf{a}, \mathbf{b}$ 사이의 각은 시점이 원점인 두 유향선분으로 구성된 각 θ, $0 \le \theta \le \pi$로 정의된다(그림 11.16).

내적과 두 벡터 사이의 각의 관계에 대한 다음의 중요한 정리를 소개한다.

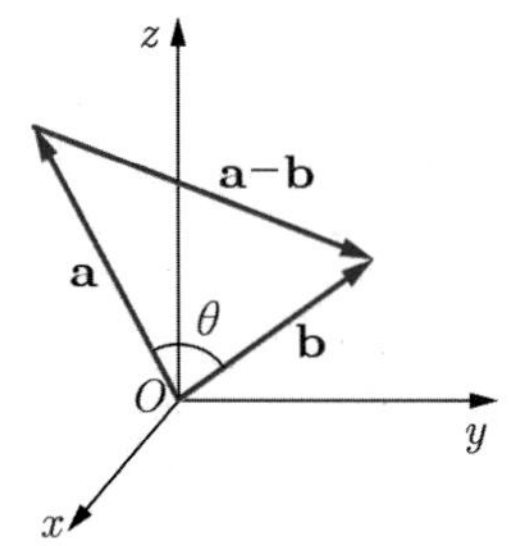

그림 11.16: 두 벡터 $\mathbf{a}$와 $\mathbf{b}$의 사잇갓 θ

정리 11.1

$\mathbf{a} = a_1\mathbf{i} + a_2\mathbf{j} + a_3\mathbf{k}$, $\mathbf{b} = b_1\mathbf{i} + b_2\mathbf{j} + b_3\mathbf{k}$를 영이 아닌 벡터라 하자. 그리고 θ를 $\mathbf{a}$와 $\mathbf{b}$의 사잇각이라 하자. 그러면 다음이 성립한다.

$$\mathbf{a} \cdot \mathbf{b} = \|\mathbf{a}\|\|\mathbf{b}\| \cos\theta \tag{11.6}$$

[증명] 그림 11.16에서 벡터 $\mathbf{a}$, $\mathbf{b}$, $\mathbf{a} - \mathbf{b}$에 의하여 형성된 삼각형에 코사인법칙을 적용하자. 따라서

$$\|\mathbf{a} - \mathbf{b}\|^2 = \|\mathbf{a}\|^2 + \|\mathbf{b}\|^2 - 2\|\mathbf{a}\|\|\mathbf{b}\| \cos\theta \tag{11.7}$$

단, θ는 $\mathbf{a}$와 $\mathbf{b}$ 사이의 각이다. 벡터길이의 정의와

$$\mathbf{a} - \mathbf{b} = (a_1 - b_1)\mathbf{i} + (a_2 - b_2)\mathbf{j} + (a_3 - b_3)\mathbf{k}$$

를 이용하면 식 (11.7)은 다음과 같이 다시 쓸 수 있다.

$$(a_1 - b_1)^2 + (a_2 - b_2)^2 + (a_3 - b_3)^2 = (a_1^2 + a_2^2 + a_3^2) + (b_1^2 + b_2^2 + b_3^2) - 2\|\mathbf{a}\|\|\mathbf{b}\| \cos\theta$$

이 식을 정리하면 $-2a_1b_1 - 2a_2b_2 - 2a_3b_3 = -2\|\mathbf{a}\|\|\mathbf{b}\| \cos\theta$ 를 얻는다. 따라서

$$\mathbf{a} \cdot \mathbf{b} = a_1b_1 + a_2b_2 + a_3b_3 = \|\mathbf{a}\|\|\mathbf{b}\| \cos\theta.$$

□

따름정리 11.2

(i) 영이 아닌 두 벡터 $\mathbf{a}, \mathbf{b}$가 수직일 필요충분조건은 $\mathbf{a} \cdot \mathbf{b} = 0$이다.

(ii) 임의의 벡터 $\mathbf{a}$에 대하여 $\mathbf{a} \cdot \mathbf{a} = \|\mathbf{a}\|^{\mathbf{2}}$이다.

예제 11.8 두 벡터 $\mathbf{a} = -4\mathbf{i} + 5\mathbf{j} + 7\mathbf{k}$와 $\mathbf{b} = \mathbf{i} - 2\mathbf{j} + 2\mathbf{k}$가 서로 수직임을 보여라.

풀이 식 (11.5)을 이용하여 내적을 계산하면

$$\mathbf{a} \cdot \mathbf{b} = (-4)(1) + (5)(-2) + 7(2) = 0.$$

따라서 따름정리 11.2의 (i)에 의하여 $\mathbf{a}, \mathbf{b}$는 서로 수직이다. □

식 11.6의 (ii)을 $\cos\theta$에 대하여 풀면, 다음을 얻는다.

$$\cos\theta = \frac{\mathbf{a} \cdot \mathbf{b}}{\|\mathbf{a}\|\|\mathbf{b}\|} \tag{11.8}$$

$0 \le \theta \le \pi$이므로 $\mathbf{a}$와 $\mathbf{b}$ 사이의 각은 식 (11.8)에 의하여 유일하게 결정된다.

예제 11.9 벡터 $\mathbf{a} = 2\mathbf{i} - \mathbf{j} + 2\mathbf{k}$와 $\mathbf{b} = \mathbf{i} - \mathbf{j}$의 사잇각을 구하여라.

풀이
$$\begin{aligned}\cos\theta = \frac{\mathbf{a} \cdot \mathbf{b}}{\|\mathbf{a}\|\|\mathbf{b}\|} &= \frac{2(1) + (-1)(-1) + 2(0)}{\sqrt{2^2 + (-1)^2 + 2^2}\sqrt{1^2 + (-1)^2 + 0^2}} \\ &= \frac{3}{3\sqrt{2}} = \frac{1}{\sqrt{2}}\end{aligned}$$

이므로 구하는 각은 $\theta = \frac{\pi}{4}$이다. □

그림 11.17처럼 양의 x, y, z축과 영이 아닌 벡터 $\mathbf{a}$에 의하여 만들어진 각 α, β, γ를 $\mathbf{a}$의 **방향각**이라고 부른다. (단, $0 \le \alpha, \beta, \gamma \le \pi$)

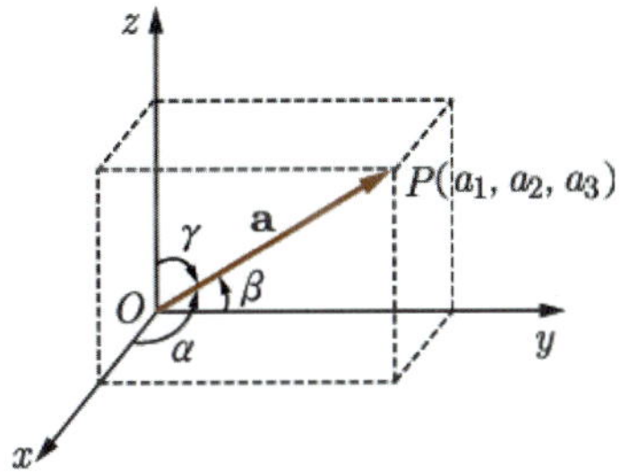

그림 11.17: 벡터 $\mathbf{a}$의 방향각

만약 $\mathbf{a} = a_1\mathbf{i} + a_2\mathbf{j} + a_3\mathbf{k}$이면 식 (11.5), (11.8)에 의하여 다음을 얻을 수 있다.

$$\cos\alpha = \frac{\mathbf{a} \cdot \mathbf{i}}{\|\mathbf{a}\|\|\mathbf{i}\|} = \frac{a_1}{\|\mathbf{a}\|},$$

$$\cos\beta = \frac{\mathbf{a} \cdot \mathbf{j}}{\|\mathbf{a}\|\|\mathbf{j}\|} = \frac{a_2}{\|\mathbf{a}\|},$$

$$\cos\gamma = \frac{\mathbf{a} \cdot \mathbf{k}}{\|\mathbf{a}\|\|\mathbf{k}\|} = \frac{a_3}{\|\mathbf{a}\|}$$

이때 $\cos\alpha$, $\cos\beta$, $\cos\gamma$를 $\mathbf{a}$의 **방향코싸인**이라고 부른다. 그리고

$$a_1 = \|\mathbf{a}\|\cos\alpha, \quad a_2 = \|\mathbf{a}\|\cos\beta, \quad a_3 = \|\mathbf{a}\|\cos\gamma$$

이다. 따라서 $\mathbf{a} = a_1\mathbf{i} + a_2\mathbf{j} + a_3\mathbf{k}$를 다음과 같이 표현할 수 있다.

$$\mathbf{a} = \|\mathbf{a}\|(\cos\alpha\mathbf{i} + \cos\beta\mathbf{j} + \cos\gamma\mathbf{k})$$

예제 11.10 $\mathbf{a} = -2\mathbf{i} + 3\mathbf{j} - 5\mathbf{k}$의 방향코싸인을 구하여라.

풀이 $\|\mathbf{a}\| = \sqrt{(-2)^2 + 3^2 + (-5)^2} = \sqrt{4+9+25} = \sqrt{38}$이므로

$$\cos\alpha = \frac{-2}{\sqrt{38}}, \quad \cos\beta = \frac{3}{\sqrt{38}}, \quad \cos\gamma = \frac{-5}{\sqrt{38}}$$

이다. □

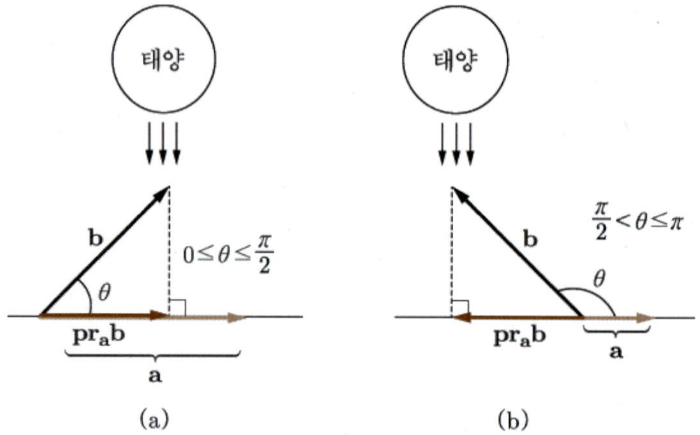

그림 11.18: 벡터의 사영

벡터의 사영

영이 아닌 두 벡터 $\mathbf{a}$와 $\mathbf{b}$가 그림 11.18의 (a) 또는 (b)와 같이 주어졌다고 하자. 벡터 $\mathbf{a}$를 수직으로 통과하는 빛에 의해 벡터 $\mathbf{a}$를 지나는 직선 위에 생긴 벡터 $\mathbf{b}$의 그림자를 생각하자. 이 그림자를 $\mathbf{a}$로의 $\mathbf{b}$의 **사영**이라고 부르고 $\mathbf{pr_a b}$로 표시한다. $\mathbf{pr_a b}$는 $\mathbf{a}$와 평행이거나 $\mathbf{0}$이므로 $\mathbf{pr_a b}$는 $\mathbf{a}$의 실수배이다. $\mathbf{pr_a b}$의 길이는 $\|\mathbf{b}\|\cos\theta$이다. 단 θ는 $\mathbf{a}$와 $\mathbf{b}$ 사이의 각이다$(0 \le \theta \le \pi)$. 따라서 다음의 관계식을 얻는다.

$$\mathbf{pr_a b} = \begin{cases} (\|\mathbf{b}\|\cos\theta)\left(\dfrac{1}{\|\mathbf{a}\|}\mathbf{a}\right), & 0 \le \theta \le \dfrac{\pi}{2} \\ (\|\mathbf{b}\|(-\cos\theta))\left(\dfrac{1}{\|\mathbf{a}\|}(-\mathbf{a})\right) = \|\mathbf{b}\|\cos\theta\dfrac{1}{\|\mathbf{a}\|}\mathbf{a}, & \dfrac{\pi}{2} < \theta \le \pi \end{cases}$$

결과적으로 각 θ와 관계없이 식 (11.8)로부터 다음의 결론을 얻는다.

$$\mathbf{pr_a b} = \|\mathbf{b}\| \cos\theta \frac{1}{\|\mathbf{a}\|}\mathbf{a} = \|\mathbf{b}\| \left(\frac{\mathbf{a}\cdot\mathbf{b}}{\|\mathbf{a}\|\|\mathbf{b}\|}\right) \frac{1}{\|\mathbf{a}\|}\mathbf{a} = \frac{\mathbf{a}\cdot\mathbf{b}}{\|\mathbf{a}\|^2}\mathbf{a}$$

그러므로 내적에 의하여 사영을 정의한다.

정의 11.6

$\mathbf{a}$는 영이 아닌 벡터이다. $\mathbf{a}$로의 벡터 $\mathbf{b}$의 **사영**은 다음과 같다.

$$\mathbf{pr_a b} = \frac{\mathbf{a}\cdot\mathbf{b}}{\|\mathbf{a}\|^2}\mathbf{a} \tag{11.9}$$

예제 11.11 $\mathbf{a} = 3\mathbf{i} - \mathbf{j} - 2\mathbf{k}$, $\mathbf{b} = 2\mathbf{i} - 3\mathbf{j} + \frac{1}{2}\mathbf{k}$일 때 $\mathbf{pr_a b}$를 구하여라.

풀이 $\mathbf{a}\cdot\mathbf{b} = 8$이고 $\|\mathbf{a}\|^2 = 14$이다. 따라서 식 (11.9)에 의하여

$$\mathbf{pr_a b} = \frac{8}{14}(3\mathbf{i} - \mathbf{j} - 2\mathbf{k}) = \frac{4}{7}(3\mathbf{i} - \mathbf{j} - 2\mathbf{k}). \qquad \square$$

식 (11.9)를 사용하여 $\mathbf{pr_a b}$의 길이를 다음과 같이 구한다.

$$\|\mathbf{pr_a b}\| = \left\|\frac{\mathbf{a}\cdot\mathbf{b}}{\|\mathbf{a}\|^2}\mathbf{a}\right\| = \frac{|\mathbf{a}\cdot\mathbf{b}|}{\|\mathbf{a}\|^2}\|\mathbf{a}\| = \frac{|\mathbf{a}\cdot\mathbf{b}|}{\|\mathbf{a}\|} \tag{11.10}$$

벡터의 분해

두 벡터 $\mathbf{a}$와 $\mathbf{a}'$이 서로 수직이면 영이 아닌 벡터 $\mathbf{b}$는 다음과 같이 표현된다(그림 11.19).

$$\mathbf{b} = \mathbf{pr_a b} + \mathbf{pr_{a'} b}$$

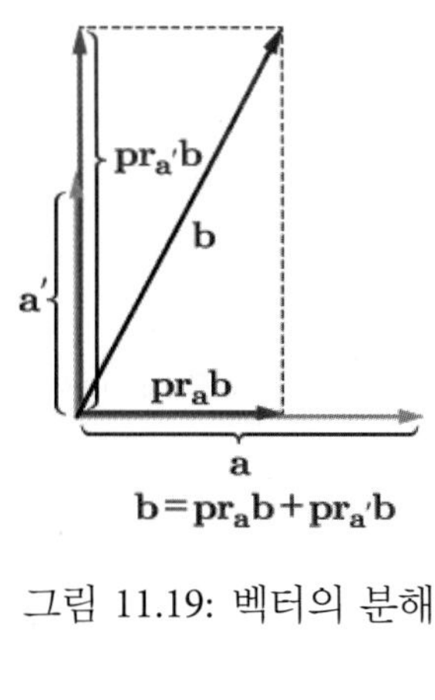

그림 11.19: 벡터의 분해

이때 $\mathbf{b}$는 $\mathbf{a}$와 $\mathbf{a}'$에 평행한 벡터로 분해되었다고 말한다. 만약에 $\mathbf{b}$, $\mathbf{pr_a b}$을 안다면 $\mathbf{pr_{a'} b}$는 다음과 같이 구할 수 있다.

$$\mathbf{pr_{a'} b} = \mathbf{b} - \mathbf{pr_a b} \tag{11.11}$$

예제 11.12 $\mathbf{a} = \mathbf{i} + \mathbf{j}$, $\mathbf{a}' = \mathbf{i} - \mathbf{j}$, $\mathbf{b} = 3\mathbf{i} - 4\mathbf{j}$에 대하여 $\mathbf{b}$를 $\mathbf{a}$와 $\mathbf{a}'$에 평행한 벡터로 분해하여 표현하여라.

풀이 세 개의 벡터 $\mathbf{a}$, $\mathbf{a}'$, $\mathbf{b}$는 xy-평면상에 놓여 있고 $\mathbf{a}$, $\mathbf{a}'$는 서로 수직임을 알 수 있다. $\mathbf{a}\cdot\mathbf{b} = -1$이고 $\|\mathbf{a}\|^2 = 2$이므로 식 (11.9)로부터

$$\mathbf{pr_a b} = \frac{\mathbf{a}\cdot\mathbf{b}}{\|\mathbf{a}\|^2}\mathbf{a} = -\frac{1}{2}(\mathbf{i}+\mathbf{j}) = -\frac{1}{2}\mathbf{a}.$$

또 식 (11.11)로부터

$$\mathbf{pr_{a'} b} = \mathbf{b} - \mathbf{pr_a b} = (3\mathbf{i} - 4\mathbf{j}) - \left(-\frac{1}{2}(\mathbf{i}+\mathbf{j})\right) = \frac{7}{2}\mathbf{i} - \frac{7}{2}\mathbf{j} = \frac{7}{2}\mathbf{a}'$$

이다. 따라서

$$\mathbf{b} = -\frac{1}{2}\mathbf{a} + \frac{7}{2}\mathbf{a}'.$$

□

연습문제 11.2

1. $\mathbf{a} = \mathbf{i} + \mathbf{j} + \mathbf{k}, \mathbf{b} = 2\mathbf{i} - 3\mathbf{j} + 4\mathbf{k}$일 때 $\mathbf{a}\cdot\mathbf{b}$를 구하고, $\mathbf{a}$와 $\mathbf{b}$ 사이의 각 θ의 코사인 값을 구하여라.
2. $\mathbf{a} = \sqrt{2}\mathbf{i} + 3\mathbf{j} + \mathbf{k}$, $\mathbf{b} = -\mathbf{i} + \sqrt{2}\mathbf{j} + 5\mathbf{k}$가 수직인지 아닌지를 알아 보아라.
3. $\mathbf{a} = 2\mathbf{i} - \mathbf{j} + 2\mathbf{k}$, $\mathbf{b} = \mathbf{i}$일 때 $\mathbf{pr_a b}$를 구하여라.
4. $\mathbf{a} = \mathbf{i} + 2\mathbf{j} - \mathbf{k}$, $\mathbf{a}' = \mathbf{j} + 2\mathbf{k}$, $\mathbf{b} = 3\mathbf{i} + \mathbf{j} - 13\mathbf{k}$일 때 $\mathbf{b}$를 $\mathbf{a}, \mathbf{a}'$로 표현하여라.
5. $\mathbf{a}\cdot\mathbf{b} = \mathbf{a}\cdot\mathbf{c}$, 그러나 $\mathbf{b} \neq \mathbf{c}$를 만족하는 영이 아닌 벡터 $\mathbf{a}$, $\mathbf{b}$, $\mathbf{c}$가 존재함을 구체적인 예로써 보여라.
6. (1) 다음 Cauchy-Schwarz 부등식을 증명하여라.

$$\|\mathbf{a}\cdot\mathbf{b}\| \le \|\mathbf{a}\|\|\mathbf{b}\|$$

(2) (1)로부터 다음 결론을 내려라.

임의의 실수 $a_1, a_2, a_3, b_1, b_2, b_3$에 대하여

$$(a_1b_1 + a_2b_2 + a_3b_3)^2 \le (a_1^2 + a_2^2 + a_3^2)(b_1^2 + b_2^2 + b_3^2).$$

(3) (2)에서 $b_1 = b_2 = b_3 = 1$일 때 다음 결론을 내려라.

$$\left(\frac{a_1 + a_2 + a_3}{3}\right)^2 \leq \frac{a_1^2 + a_2^2 + a_3^2}{3}$$

7. 부등식 $\|\mathbf{a} + \mathbf{b}\| \leq \|\mathbf{a}\| + \|\mathbf{b}\|$가 성립함을 증명하여라.

8. 마름모의 대각선들은 서로 수직임을 보여라.

9. $\mathbf{a}, \mathbf{b}$는 영이 아닌 벡터이고 $\mathbf{c} = \|\mathbf{b}\|\mathbf{a} + \|\mathbf{a}\|\mathbf{b}$로 놓자. $\mathbf{c} \neq \mathbf{0}$일 때 $\mathbf{c}$는 $\mathbf{a}$와 $\mathbf{b}$에 의하여 만들어진 각을 이등분함을 보여라.

Memo

11.3 외적과 3중적

두 벡터의 외적(cross product)은 실수값을 가지는 내적과는 달리 벡터의 값을 가진다.

정의 11.7

두 벡터 $\mathbf{a} = a_1\mathbf{i} + a_2\mathbf{j} + a_3\mathbf{k},\ \mathbf{b} = b_1\mathbf{i} + b_2\mathbf{j} + b_3\mathbf{k}$의 외적은 다음과 같이 정의한다.

$$\mathbf{a} \times \mathbf{b} = (a_2b_3 - a_3b_2)\mathbf{i} + (a_3b_1 - a_1b_3)\mathbf{j} + (a_1b_2 - a_2b_1)\mathbf{k} \tag{11.12}$$

식 (11.12)는 0.8절의 행렬식을 이용하여 다음과 같이 표현할 수 있다.

$$\mathbf{a} \times \mathbf{b} = \begin{vmatrix} \mathbf{i} & \mathbf{j} & \mathbf{k} \\ a_1 & a_2 & a_3 \\ b_1 & b_2 & b_3 \end{vmatrix}$$

예제 11.13 $\mathbf{i} \times \mathbf{j} = \mathbf{k},\ \mathbf{j} \times \mathbf{k} = \mathbf{i},\ \mathbf{k} \times \mathbf{i} = \mathbf{j}$임을 증명하여라.

풀이 식 (11.12)에 의하여

$$\mathbf{i} \times \mathbf{j} = \begin{vmatrix} \mathbf{i} & \mathbf{j} & \mathbf{k} \\ 1 & 0 & 0 \\ 0 & 1 & 0 \end{vmatrix} = (0 \cdot 0 - 0 \cdot 1)\mathbf{i} + (0 \cdot 0 - 1 \cdot 0)\mathbf{j} + (1 \cdot 1 - 0 \cdot 0)\mathbf{k} = \mathbf{k}.$$

$\mathbf{j} \times \mathbf{k} = \mathbf{i}, \mathbf{k} \times \mathbf{i} = \mathbf{j}$도 비슷하게 보일 수 있다. □

예제 11.14 $\mathbf{a} = 2\mathbf{i} - \mathbf{j} + 3\mathbf{k},\ \mathbf{b} = -\mathbf{i} - 2\mathbf{j} + 4\mathbf{k}$에서 $\mathbf{a} \times \mathbf{b}, \mathbf{b} \times \mathbf{a}$을 각각 구하여라.

풀이 식 (11.12)에 의하여

$$\mathbf{a} \times \mathbf{b} = \begin{vmatrix} \mathbf{i} & \mathbf{j} & \mathbf{k} \\ 2 & -1 & 3 \\ -1 & -2 & 4 \end{vmatrix} = 2\mathbf{i} - 11\mathbf{j} - 5\mathbf{k},$$

$$\mathbf{b} \times \mathbf{a} = \begin{vmatrix} \mathbf{i} & \mathbf{j} & \mathbf{k} \\ -1 & -2 & 4 \\ 2 & -1 & 3 \end{vmatrix} = -2\mathbf{i} + 11\mathbf{j} + 5\mathbf{k}.$$

□

예제 11.14에서 $\mathbf{a}\times\mathbf{b}$와 $\mathbf{b}\times\mathbf{a}$는 $\mathbf{a}\times\mathbf{b}=-(\mathbf{b}\times\mathbf{a})$임을 알 수 있다.

외적에 관한 다음의 성질을 정의로부터 쉽게 보일 수 있다.

$$\mathbf{a}\times\mathbf{a}=\mathbf{0}, \qquad \mathbf{a}\times(\mathbf{b}+\mathbf{c})=(\mathbf{a}\times\mathbf{b})+(\mathbf{a}\times\mathbf{c})$$
$$(c\mathbf{a})\times\mathbf{b}=c(\mathbf{a}\times\mathbf{b})=\mathbf{a}\times(c\mathbf{b}),\ (\mathbf{a}+\mathbf{b})\times\mathbf{c}=(\mathbf{a}\times\mathbf{c})+(\mathbf{b}\times\mathbf{c})$$

또한

$$\mathbf{i}\times(\mathbf{i}\times\mathbf{k})=\mathbf{i}\times(-\mathbf{j})=-\mathbf{k}, \quad (\mathbf{i}\times\mathbf{i})\times\mathbf{k}=\mathbf{0}\times\mathbf{k}=\mathbf{0}$$

이다. 따라서 $\mathbf{i}\times(\mathbf{i}\times\mathbf{k})\neq(\mathbf{i}\times\mathbf{i})\times\mathbf{k}$. 일반적으로

$$\mathbf{a}\times(\mathbf{b}\times\mathbf{c})\neq(\mathbf{a}\times\mathbf{b})\times\mathbf{c}.$$

정리 11.3

$\mathbf{a}$와 $\mathbf{b}$를 영이 아닌 벡터라 하자. 그러면 다음 (i), (ii)가 성립한다.

(i) $\mathbf{a}\cdot(\mathbf{a}\times\mathbf{b})=0,\ \mathbf{b}\cdot(\mathbf{a}\times\mathbf{b})=0.$

따라서 $\mathbf{a}\times\mathbf{b}\neq\mathbf{0}$이면 $\mathbf{a}\times\mathbf{b}$는 $\mathbf{a}$와 $\mathbf{b}$가 동시에 수직이다.

(ii) θ가 $\mathbf{a}$와 $\mathbf{b}$사이의 각 $(0\le\theta\le\pi)$이면 $\|\mathbf{a}\times\mathbf{b}\|=\|\mathbf{a}\|\,\|\mathbf{b}\|\sin\theta$.

[증명] (i) 내적과 외적의 정의를 적용하면

$$\begin{aligned}\mathbf{a}\cdot(\mathbf{a}\times\mathbf{b})&=a_1(a_2b_3-a_3b_2)+a_2(a_3b_1-a_1b_3)+a_3(a_1b_2-a_2b_1)\\&=a_1a_2b_3-a_1a_3b_2+a_2a_3b_1-a_2a_1b_3+a_3a_1b_2-a_3a_2b_1\\&=0\\\mathbf{b}\cdot(\mathbf{a}\times\mathbf{b})&=b_1(a_2b_3-a_3b_2)+b_2(a_3b_1-a_1b_3)+b_3(a_1b_2-a_2b_1)\\&=b_1a_2b_3-b_1a_3b_2+b_2a_3b_1-b_2a_1b_3+b_3a_1b_2-b_3a_2b_1\\&=0\end{aligned}$$

(ii) 내적의 정의와 벡터의 길이에 의하여

$$\begin{aligned}\|\mathbf{a}\times\mathbf{b}\|^2&=(a_2b_3-a_3b_2)^2+(a_3b_1-a_1b_3)^2+(a_1b_2-a_2b_1)^2\\&=a_2^2b_3^2-2a_2a_3b_2b_3+a_3^2b_2^2+a_3^2b_1^2\\&\quad-2a_1a_3b_1b_3+a_1^2b_3^2+a_1^2b_2^2-2a_1a_2b_1b_2+a_2^2b_1^2\\&=\|\mathbf{a}\|^2\|\mathbf{b}\|^2-(\mathbf{a}\cdot\mathbf{b})^2\\&=\|\mathbf{a}\|^2\|\mathbf{b}\|^2-(\|\mathbf{a}\|\|\mathbf{b}\|\cos\theta)^2\\&=\|\mathbf{a}\|^2\|\mathbf{b}\|^2(1-\cos^2\theta).\end{aligned}$$

따라서 $\|\mathbf{a}\times\mathbf{b}\|^2 = \|\mathbf{a}\|^2\|\mathbf{b}\|^2\sin^2\theta$. $\sin\theta \ge 0\ (0 \le \theta \le \pi)$ 이므로

$$\|\mathbf{a}\times\mathbf{b}\| = \|\mathbf{a}\|\|\mathbf{b}\|\sin\theta. \qquad \square$$

따름정리 11.4

영이 아닌 두 벡터 $\mathbf{a}, \mathbf{b}$가 평행일 필요충분조건은 $\mathbf{a}\times\mathbf{b} = \mathbf{0}$이다.

예제 11.15 $\mathbf{a} = 4\mathbf{i} - \mathbf{j} + 3\mathbf{k}$ 와 $\mathbf{b} = 2\mathbf{i} + 3\mathbf{j} - \mathbf{k}$에 모두 수직인 벡터를 구하여라.

풀이 정리 11.3의 (i)에 의하여 외적 $\mathbf{a}\times\mathbf{b}$를 구하면 된다. 따라서

$$\mathbf{a}\times\mathbf{b} = \begin{vmatrix} \mathbf{i} & \mathbf{j} & \mathbf{k} \\ 4 & -1 & 3 \\ 2 & 3 & -1 \end{vmatrix} = -8\mathbf{i} + 10\mathbf{j} + 14\mathbf{k}.$$

또한 $\mathbf{b}\times\mathbf{a} = 8\mathbf{i} - 10\mathbf{j} - 14\mathbf{k}$이다. □

정리 11.3으로부터 다음의 결과를 얻는다.

$$\|\mathbf{a}\times\mathbf{b}\| = \text{인접하는 변 } \mathbf{a}\text{와 } \mathbf{b}\text{를 가지는 평행사변형의 면적} \qquad (11.13)$$

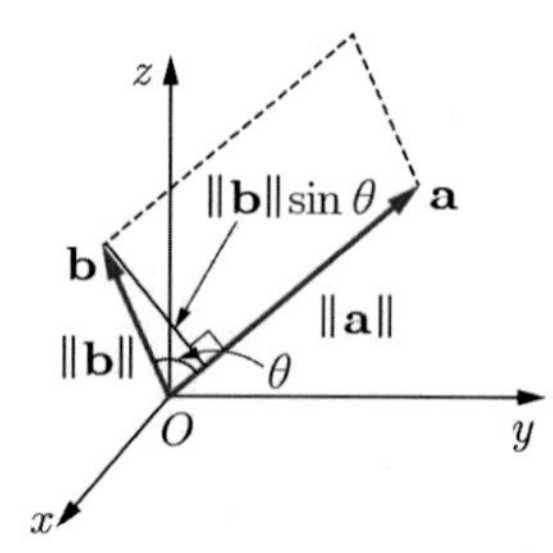

그림 11.20: $\mathbf{a}$와 $\mathbf{b}$에 의한 평행사변형의 면적 $\|\mathbf{a}\times\mathbf{b}\|$

평행사변형은 밑변이 $\|\mathbf{a}\|$이고 높이는 $\|\mathbf{b}\|\sin\theta$이다. 따라서 평행사변형의 면적은

$$\|\mathbf{a}\|\|\mathbf{b}\|\sin\theta$$

이다(그림 11.20). 식 (11.13)으로부터 $\mathbf{a}, \mathbf{b}$를 두 변으로 가지는 삼각형은 이 평행사변형의 면적의 반을 갖는다. 즉

$$\frac{1}{2}\|\mathbf{a}\times\mathbf{b}\|$$

이다.

예제 11.16 $P = (3, -2, 1)$, $Q = (7, -3, 4)$, $R = (5, 1, 0)$이라 놓자. 삼각형 PQR의 면적을 구하여라.

풀이 $\mathbf{a} = \overrightarrow{PQ} = 4\mathbf{i} - \mathbf{j} + 3\mathbf{k}$, $\mathbf{b} = \overrightarrow{PR} = 2\mathbf{i} + 3\mathbf{j} - \mathbf{k}$라 하자. 그러면

$$\mathbf{a} \times \mathbf{b} = -8\mathbf{i} + 10\mathbf{j} + 14\mathbf{k}$$

임을 알 수 있다. 따라서

$$A = \frac{1}{2}\|\mathbf{a} \times \mathbf{b}\| = \frac{1}{2}\sqrt{(-8)^2 + (10)^2 + (14)^2} = 3\sqrt{10}.$$ □

3 중적

세 벡터 $\mathbf{a} = a_1\mathbf{i} + a_2\mathbf{j} + a_3\mathbf{k}$, $\mathbf{b} = b_1\mathbf{i} + b_2\mathbf{j} + b_3\mathbf{k}$, $\mathbf{c} = c_1\mathbf{i} + c_2\mathbf{j} + c_3\mathbf{k}$가 주어졌다고 하자.

$$\mathbf{a} \cdot (\mathbf{b} \times \mathbf{c}), \quad (\mathbf{a} \times \mathbf{b}) \cdot \mathbf{c}, \quad (\mathbf{a} \times \mathbf{b}) \times \mathbf{c}, \quad \mathbf{a} \times (\mathbf{b} \times \mathbf{c})$$

은 종종 물리적 응용에서 나타난다. 이들 중 처음 두 개는 실수(스칼라)이므로 **삼중 스칼라적**이라 부르고, 나머지 두 개는 벡터이므로 **삼중 벡터적**이라 부른다. 정리 11.3의 (i)에서 두 삼중 스칼라적인 $\mathbf{a} \cdot (\mathbf{a} \times \mathbf{b})$와 $\mathbf{b} \cdot (\mathbf{a} \times \mathbf{b})$를 공부했다. 사실 이 두 삼중 스칼라적은 항상 0이고 서로가 같다. 임의의 벡터 $\mathbf{a}, \mathbf{b}, \mathbf{c}$에 대하여

$$\mathbf{a} \cdot (\mathbf{b} \times \mathbf{c}) = a_1(b_2c_3 - b_3c_2) + a_2(b_3c_1 - b_1c_3) + a_3(b_1c_2 - b_2c_1)$$

$$(\mathbf{a} \times \mathbf{b}) \cdot \mathbf{c} = (a_2b_3 - a_3b_2)c_1 + (a_3b_1 - a_1b_3)c_2 + (a_1b_2 - a_2b_1)c_3.$$

따라서

$$\mathbf{a} \cdot (\mathbf{b} \times \mathbf{c}) = (\mathbf{a} \times \mathbf{b}) \cdot \mathbf{c} \tag{11.14}$$

이 양 $\mathbf{a} \cdot (\mathbf{b} \times \mathbf{c})$는 유용하다. 왜냐하면

$$|\mathbf{a} \cdot (\mathbf{b} \times \mathbf{c})| = \text{변 } \mathbf{a}, \mathbf{b}, \mathbf{c}\text{를 가지는 평행육면체의 부피 (그림 11.21)} \tag{11.15}$$

실제로 $\|\mathbf{b} \times \mathbf{c}\|$는 이 평행육면체의 밑면의 면적이다. θ가 $\mathbf{a}$와 $\mathbf{b} \times \mathbf{c}$ 사이의 각이면 $\|\mathbf{a}\||\cos\theta|$는 높이다. 따라서

$$\|\mathbf{a}\|\,|\cos\theta|\,\|\mathbf{b} \times \mathbf{c}\| = |\mathbf{a} \cdot (\mathbf{b} \times \mathbf{c})|.$$

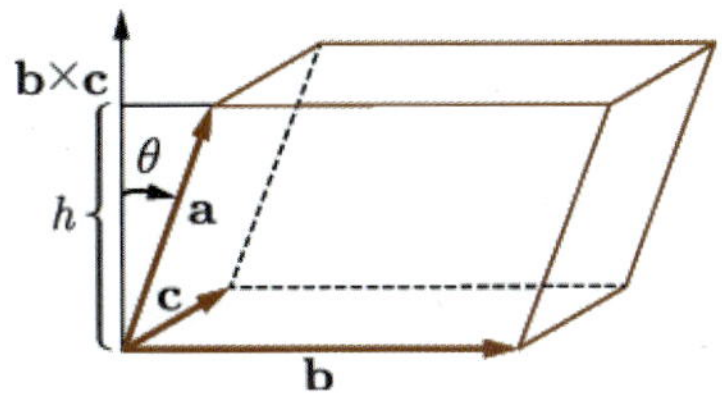

그림 11.21: **a**, **b**, **c**에 의한 평행육면체의 부피

$\mathbf{a}\cdot(\mathbf{b}\times\mathbf{c})$의 계산을 용이하게 하기 위하여 다음의 행렬식을 이용할 수 있다.

$$\mathbf{a}\cdot(\mathbf{b}\times\mathbf{c}) = \begin{vmatrix} a_1 & a_2 & a_3 \\ b_1 & b_2 & b_3 \\ c_1 & c_2 & c_3 \end{vmatrix} = (a_1b_2c_3 + a_2b_3c_1 + a_3b_1c_2) - (a_3b_2c_1 + a_2b_1c_3 + a_1b_3c_2) \tag{11.16}$$

예제 11.17 세 벡터 $\mathbf{a} = \mathbf{i} - \mathbf{j}$, $\mathbf{b} = 2\mathbf{i} + 3\mathbf{j} - \mathbf{k}$, $\mathbf{c} = -\mathbf{i} + 2\mathbf{k}$에 의하여 결정되는 평행육면체의 부피를 구하여라.

풀이 식 (11.15)에 의하여 $V = |\mathbf{a}\cdot(\mathbf{b}\times\mathbf{c})|$이다. 따라서 식 (11.16)에 의하여

$$\begin{vmatrix} 1 & -1 & 0 \\ 2 & 3 & -1 \\ -1 & 0 & 2 \end{vmatrix} = (6 - 1 + 0) - (0 - 4 + 0) = 9.$$

따라서 평행육면체의 부피는 9이다. □

더욱더 삼중적을 공부하기 위하여 다음 세 개의 공식을 소개한다.

$$\mathbf{a}\times(\mathbf{b}\times\mathbf{c}) = (\mathbf{a}\cdot\mathbf{c})\mathbf{b} - (\mathbf{a}\cdot\mathbf{b})\mathbf{c} \tag{11.17}$$

식 (11.17)은 다음과 같은 동치의 형태를 갖는다.

$$\mathbf{a}\times(\mathbf{b}\times\mathbf{c}) = \mathbf{b}(\mathbf{a}\cdot\mathbf{c}) - \mathbf{c}(\mathbf{a}\cdot\mathbf{b}) \tag{11.18}$$

식 (11.18)의 특별한 경우로 $\mathbf{a} = \mathbf{b}$이고 $\mathbf{c}$가 $\mathbf{a}$와 수직일 때 다음과 같이 표현된다.

$$\mathbf{a}\times(\mathbf{a}\times\mathbf{c}) = \mathbf{a}(0) - \mathbf{c}(\mathbf{a}\cdot\mathbf{a})$$

보다 간단히

$$\mathbf{a}\times(\mathbf{a}\times\mathbf{c}) = -\|\mathbf{a}\|^2\mathbf{c}. \tag{11.19}$$

연습문제 11.3

1. $\mathbf{a} = 2\mathbf{i} + 3\mathbf{j} - \mathbf{k}$, $\mathbf{b} = -\mathbf{i} + 4\mathbf{j} + 5\mathbf{k}$, $\mathbf{c} = 2\mathbf{i} + 3\mathbf{j} + 4\mathbf{k}$일 때 $\mathbf{c}\cdot(\mathbf{a}\times\mathbf{b})$를 구하여라.
2. $\mathbf{a} = 3\mathbf{i} + 4\mathbf{j} + 12\mathbf{k}$, $\mathbf{b} = 3\mathbf{i} + 4\mathbf{j} - 12\mathbf{k}$일 때 두 벡터 사이의 각의 사인값을 구하여라.
3. 외적의 정의를 이용하여 다음 등식을 보여라.

$$\mathbf{a}\times\mathbf{b} = -\mathbf{b}\times\mathbf{a}, \quad \mathbf{a}\times(\mathbf{b}\times\mathbf{c}) = \mathbf{a}\times\mathbf{b} + \mathbf{a}\times\mathbf{c}.$$

4. $\mathbf{i}-3\mathbf{j}+2\mathbf{k}$와 $-2\mathbf{i}+\mathbf{j}-5\mathbf{k}$와 동시에 수직인 벡터를 구하여라.

5. 세 개의 벡터들 $2\mathbf{i}-3\mathbf{j}+4\mathbf{k}$, $\mathbf{i}+\mathbf{j}-\mathbf{k}$, $4\mathbf{i}-\mathbf{j}-\mathbf{k}$에 의하여 결정된 평행육면체의 부피를 구하여라.

6. 다음 조건을 만족하는 공간상의 벡터 $\mathbf{a}, \mathbf{b}, \mathbf{c}$를 구하여라.

$$\mathbf{a}\times\mathbf{b}=\mathbf{a}\times\mathbf{c},\ \text{그러나 } \mathbf{b}\neq\mathbf{c}\text{이고 } \ \mathbf{a}\neq\mathbf{0}$$

7. 주어진 벡터 $\mathbf{a}\neq\mathbf{0}$에 대해서 $\mathbf{a}\cdot\mathbf{b}=\mathbf{a}\cdot\mathbf{c}$ 이고 $\mathbf{a}\times\mathbf{b}=\mathbf{a}\times\mathbf{c}$라고 하자. 이때 $\mathbf{b}=\mathbf{c}$라고 결론을 내릴 수 있는지 답하여라.

8. 정리 11.1과 11.3을 사용하여 $\|\mathbf{a}\times\mathbf{b}\|^2=\|\mathbf{a}\|^2\|\mathbf{b}\|^2-(\mathbf{a}\cdot\mathbf{b})^2$임을 보여라.

9. $\mathbf{a}=2\mathbf{i}-3\mathbf{j}+4\mathbf{k}$, $\mathbf{b}=\frac{1}{2}\mathbf{i}+\mathbf{j}-\mathbf{k}, \mathbf{c}=4\mathbf{i}-5\mathbf{j}+6\mathbf{k}$일 때 $\mathbf{a}\times(\mathbf{b}\times\mathbf{c})$를 계산하여라.

10. 벡터 $(\mathbf{a}\times\mathbf{b})\times\mathbf{c}$를 벡터 $\mathbf{a}$에 평행한 벡터와 벡터 $\mathbf{b}$에 평행한 벡터의 차로 표현하여라.

Memo

11.4 공간에서의 직선

우리는 유향선분을 벡터로 생각하였으므로 벡터와 직선이 아주 밀접한 관계가 있다고 생각할 수 있다. 여기서는 벡터를 이용하여 직선을 표현할 것이다.

공간에서 직선의 방정식

벡터 $\mathbf{L}$과 직선 l이 **평행**이라 함은 $\mathbf{L}$이 l상의 서로 다른 두 점 $\mathbf{P_0}$와 $\mathbf{P}$를 잇는 벡터 $\overrightarrow{\mathbf{P_0P}}$와 평행할 때를 말한다(그림 11.22).

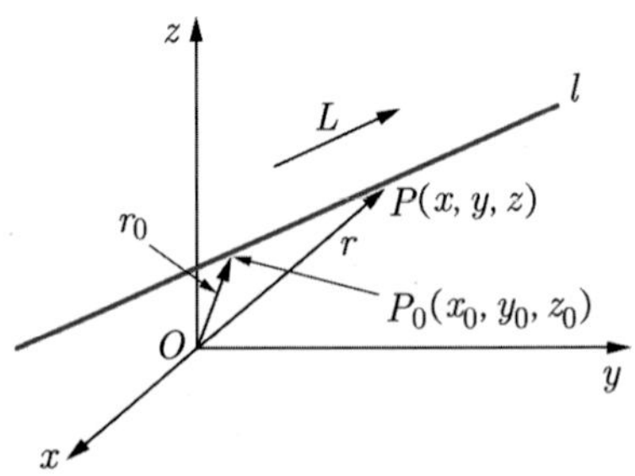

그림 11.22: 벡터 $\mathbf{L}$과 평행인 직선 l

유클리드 기하학에서 공간에서 직선 l은 l상의 점 $P_0 = (x_0, y_0, z_0)$와 직선 l과 평행한 벡터 $\mathbf{L}$에 의하여 유일하게 결정된다. 따라서 한 점 $P = (x, y, z)$가 l상에 있을 필요충분조건은 $\overrightarrow{\mathbf{P_0P}}$와 $\mathbf{L}$이 평행하다. 정의 11.4에 의하여 어떤 실수 t가 존재하여

$$\overrightarrow{\mathbf{P_0P}} = t\mathbf{L} \tag{11.20}$$

그림 11.22과 같이 벡터 $\mathbf{r_0} = x_0\mathbf{i} + y_0\mathbf{j} + z_0\mathbf{k}$, $\mathbf{r} = x\mathbf{i} + y\mathbf{j} + z\mathbf{k}$ 라 두면, $\overrightarrow{P_0P} = \mathbf{r} - \mathbf{r_0}$ 이다. 따라서 식 (11.20)은 다음과 같이 다시 쓸 수 있다.

$$\mathbf{r} = \mathbf{r_0} + t\mathbf{L} \tag{11.21}$$

식 (11.21)은 점 $P_0 = (x_0, y_0, z_0)$ 를 자나고 $\mathbf{L}$에 평행인 직선 l의 **벡터방정식**이라고 부른다.

예제 11.18 점 $(-1, 3, 0)$을 지나고 $2\mathbf{i} - 3\mathbf{j} - \mathbf{k}$에 평행한 직선의 벡터방정식을 구하여라.

풀이 식 (11.21)로부터 $\mathbf{r} = (-\mathbf{i}+3\mathbf{j})+t(2\mathbf{i}-3\mathbf{j}-\mathbf{k})$. 즉 $\mathbf{r} = (-1+2t)\mathbf{i}+(3-3t)\mathbf{j}-t\mathbf{k}$. □

$\mathbf{L} = a\mathbf{i} + b\mathbf{j} + c\mathbf{k}$라 하자. 그러면 식 (11.21)는 $x\mathbf{i} + y\mathbf{j} + z\mathbf{k} = (x_0\mathbf{i} + y_0\mathbf{j} + z_0\mathbf{k}) +$

$t(a\mathbf{i}+b\mathbf{j}+c\mathbf{k})$로 다시 쓸 수 있다. 즉

$$x = x_0 + at,\ y = y_0 + bt,\ z = z_0 + ct. \tag{11.22}$$

이 방정식을 l의 **매개방정식**이라 부르고 t를 **매개변수**라 한다. 특히 $z_0 = 0$이고 $c = 0$이면 l은 xy평면에 놓이고, 이때의 직선방정식은 $x = x_0 + at,\ y = y_0 + bt,\ z = 0$으로 표현한다.

예제 11.19 $(2, -4, 1)$을 지나고 $3\mathbf{i} + \frac{1}{2}\mathbf{j} - \mathbf{k}$에 평행한 직선의 매개방정식을 구하여라.

풀이 식 (11.22)에서 $(x_0, y_0, z_0) = (2, -4, 1)$로 놓고 $a\mathbf{i} + b\mathbf{j} + c\mathbf{k} = 3\mathbf{i} + \frac{1}{2}\mathbf{j} - \mathbf{k}$로 취하면 구하는 매개방정식은 $x = 2 + 3t,\ y = -4 + \frac{1}{2}t,\ z = 1 - t$이다. □

직선 l 위 방정식의 또 다른 표현을 찾기 위하여 식 (11.22)에서 t를 소거하자. a, b, c가 동시에 0이 아닐 때 t를 소거하면 다음과 같다.

$$\frac{x - x_0}{a} = \frac{y - y_0}{b} = \frac{z - z_0}{c} \tag{11.23}$$

이 방정식을 l의 **대칭방정식**이라고 부른다. l상의 점 P_0의 좌표들은 식 (11.23)에서 분자에 나타나고, l에 평행한 벡터 $\mathbf{L}$의 성분들은 식 (11.23)에서 분모에 나타난다.

예제 11.20 점 $P_1 = (4, -6, 5), P_2 = (2, -3, 0)$을 지나는 직선 l의 대칭방정식을 찾아라.

풀이 식 (11.23)를 이용하기 위하여 l에 평행한 벡터 $\mathbf{L}$을 찾자. P_1, P_2가 l에 서로 다른 점이므로 벡터 $\overrightarrow{P_1P_2}$가 바로 $\mathbf{L} = \overrightarrow{P_1P_2} = -2\mathbf{i} + 3\mathbf{j} - 5\mathbf{k}$이다. 따라서 구하는 대칭방정식은

$$\frac{x-4}{-2} = \frac{y+6}{3} = \frac{z-5}{-5} \quad \text{또는} \quad \frac{x-2}{-2} = \frac{y+3}{3} = \frac{z}{-5}$$

이다. □

예제 11.21 l은 $\frac{x-3}{-2} = \frac{y-1}{-1} = z + 2$를 가지는 직선이다. 이때 l에 평행한 벡터를 찾고 l상의 두 점을 구하여라.

풀이 주어진 방정식의 분모의 수가 직선 l에 평행한 벡터 $\mathbf{L}$의 성분이다. 따라서 $\mathbf{L} = -2\mathbf{i} - \mathbf{j} + \mathbf{k}$이다. 또한 주어진 방정식과 식 (11.23)를 비교하면 점 $P_0 = (3, 1, -2)$는 l상에 놓여 있다. l상의 또 다른 점 P_1을 구하기 위하여 $x = 1$로 놓자. 그러면 주어진 방정식은

$$\frac{1-3}{-2} = \frac{y-1}{-1} = z + 2$$

가 된다. 그래서 $y = 0$이고 $z = -1$이다. 그러므로 $P_1 = (1, 0, -1)$는 l에 있다. □

식 (11.22)에서 a, b, c가 동시에 0이 아니라는 가정하에서 l의 매개방정식으로부터 직선 l의 대칭방정식을 얻었다. 그러나 a, b, c 중 하나 또는 두 개가 0인 경우도 생각할 수 있다. $a = 0$이고, b, c는 0이 아니라고 하자. 그러면 식 (11.22)은

$$x = x_0, \quad y = y_0 + bt, \quad z = z_0 + ct$$

가 된다. 이것은 직선상의 모든 x-좌표가 x_0임을 의미한다. 위의 나머지 두 매개방정식을 t에 대하여 풀면

$$x = x_0, \quad \frac{y - y_0}{b} = \frac{z - z_0}{c}$$

이다. 예로서 $(-2, -1, 1)$을 지나고 $2j - 3k$에 평행한 직선의 방정식은

$$x = -2, \quad \frac{y + 1}{2} = \frac{z - 1}{-3}$$

이다. 더욱이 $a = b = 0$이고 $c \neq 0$이면 식 (11.22)은

$$x = x_0, \quad y = y_0, \quad z = z_0 + ct$$

가 된다. 따라서 l에 대한 대칭방정식은 $x = x_0$, $y = y_0$임을 의미한다. 그러므로 l은 (x_0, y_0, z_0)을 통과하는 수직선이다. $b = 0$ 또는 $c = 0$인 경우도 비슷한 대칭 방정식을 얻을 수 있다.

예제 11.22 점 $(10, -1, 1)$을 지나고 $2\mathbf{i} - 3\mathbf{k}$에 평행한 직선 l의 대칭방정식을 구하여라.

풀이 $b = 0$인 경우 식 (11.22)은

$$x = 10 + 2t, \quad y = -1 + 0 \cdot t, \quad z = 1 - 3t$$

가 된다. 따라서 구하는 대칭방정식은

$$y = -1, \quad \frac{x - 10}{2} = \frac{z - 1}{-3}$$

이다. □

점과 직선 사이의 거리

정리 11.5

l이 벡터 $\mathbf{L}$과 평행한 직선이고 P_1은 l상에 있지 않은 점이라고 하자. 그러면 P_1과 l 사이의 거리는 다음과 같다.

$$D = \frac{\|\mathbf{L} \times \overrightarrow{P_0P_1}\|}{\|\mathbf{L}\|} \quad (\text{단, } P_0\text{는 } l\text{상의 점이다.}) \tag{11.24}$$

[증명] θ를 $\mathbf{L}$과 $\overrightarrow{P_0P_1}$ 사이의 각이라 하자. 이때 $0 \le \theta \le \pi$이다(그림 11.23). 그러면 $D = \|\overrightarrow{P_0P_1}\| \sin\theta$이다.

$$\|\mathbf{L} \times \overrightarrow{P_0P_1}\| = \|\mathbf{L}\|\|\overrightarrow{P_0P_1}\| \sin\theta$$

이므로,

$$D = \frac{\|\mathbf{L} \times \overrightarrow{P_0P_1}\|}{\|\mathbf{L}\|}$$

이다. □

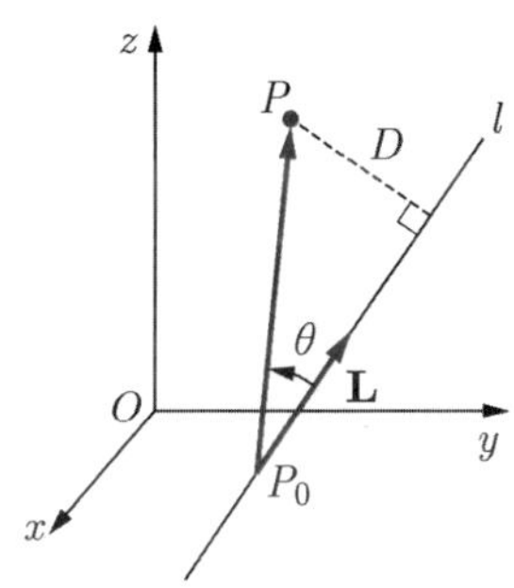

그림 11.23: 정리 11.5

예제 11.23 점 $(2,1,-1)$에서 직선 $x = 3t$, $y = 1 + 2t$, $z = -5 - t$까지의 거리 D를 구하여라.

풀이 점 $(0,1,-5)$는 직선 위에 있고 점 $(2,1,-1)$은 직선 위에 있지 않다. 또한 $3\mathbf{i}+2\mathbf{j}-\mathbf{k}$는 직선과 평행하다. 따라서

$$P_0 = (0,1,-5), \quad P_1 = (2,1,-1), \quad \mathbf{L} = 3\mathbf{i} + 2\mathbf{j} - \mathbf{k}$$

라 놓자. 그러면 식 (11.24)에 의하여

$$\begin{aligned} D = \frac{\|\mathbf{L} \times \overrightarrow{P_0P_1}\|}{\|\mathbf{L}\|} &= \frac{\|(3\mathbf{i} + 2\mathbf{j} - \mathbf{k}) \times (2\mathbf{i} + 4\mathbf{k})\|}{\|3\mathbf{i} + 2\mathbf{j} - \mathbf{k}\|} \\ &= \frac{\|8\mathbf{i} - 14\mathbf{j} - 4\mathbf{k}\|}{\sqrt{14}} = \frac{\sqrt{276}}{\sqrt{14}} = \frac{\sqrt{138}}{\sqrt{7}}. \end{aligned}$$

□

정리 11.5로부터 다음 형태의 곡면을 정의하고 이 곡면을 방정식으로 표현할 수 있다.

주어진 직선 l로부터의 거리가 모두 $a > 0$인 점의 집합을 축이 l이고 반경이 a인 **원주형 기둥면**(circular cylinder)이라고 부른다(그림 11.24).

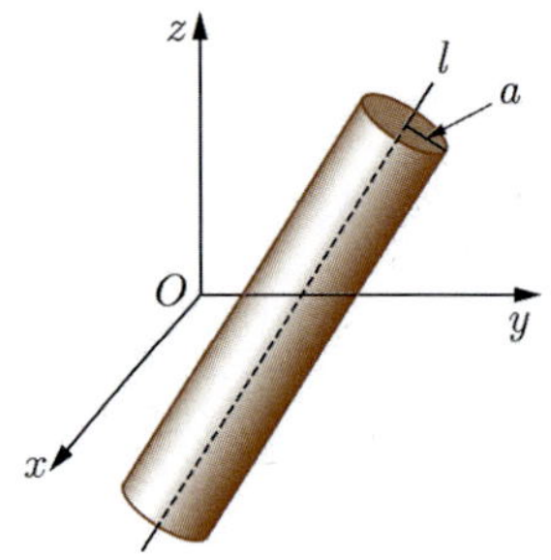

그림 11.24: 원주형 기둥면

정리 11.5의 식 (11.24)를 이용하여 축이 직선 ℓ이고 반경이 a인 기둥면의 식을 구하자. 직선 ℓ의 벡터식이

$$\mathbf{r} = \mathbf{r}_0 + t\mathbf{L}$$

이라 하고 기둥면 위의 점을 $P(x, y, z)$라 하면 식 11.24에 의하여

$$\|\mathbf{L} \times \overrightarrow{P_0P}\| = a\|\mathbf{L}\| \tag{11.25}$$

이 된다. 여기서 P_0는 축 ℓ상의 점이다.

예제 11.24 직선

$$x = \frac{y-1}{2} = \frac{z-2}{3}$$

을 축으로 하고 반경이 3인 기둥면의 식을 구하여라.

풀이 주어진 직선의 방향벡터는 $\mathbf{L} = \mathbf{i} + 2\mathbf{j} + 3\mathbf{k}$이고 직선을 지나는 점은 $P_0 = (0, 1, 2)$이므로 곡면상의 점을 $P = (x, y, z)$라고 하면

$$\begin{aligned}
\mathbf{L} \times \overrightarrow{P_0P} &= \begin{vmatrix} \mathbf{i} & \mathbf{j} & \mathbf{k} \\ 1 & 2 & 3 \\ x & y-1 & z-2 \end{vmatrix} \\
&= \begin{vmatrix} 2 & 3 \\ y-1 & z-2 \end{vmatrix}\mathbf{i} - \begin{vmatrix} 1 & 3 \\ x & z-2 \end{vmatrix}\mathbf{j} + \begin{vmatrix} 1 & 2 \\ x & y-1 \end{vmatrix}\mathbf{k} \\
&= [2(z-2) - 3(y-1)]\mathbf{i} - [(z-2) - 3x]\mathbf{j} + [y - 1 - 2x]\mathbf{k}
\end{aligned}$$

이므로 식 (11.25)로부터

$$\sqrt{(2z-3y-1)^2 + (z-3x-2)^2 + (y-2x-1)^2} = 3\sqrt{1^2 + 2^2 + 3^2}$$

이다. 제곱하여 정리하면

$$13x^2 + 10y^2 + 5z^2 - 4xy - 12yz - 6zx + 16x + 4y - 8z = 120. \qquad \square$$

예제 11.25 축이 z축이고 반경이 a인 기둥면의 식을 구하여라.

풀이 z-축의 식을 벡터식으로 표현하면

$$z\mathbf{k} = t\mathbf{k}$$

이다. $P_0 = \mathbf{0}$라 두고 $P = (x, y, z)$라 두면 $\mathbf{L} = \mathbf{k}$이고 $\mathbf{L} \times \overrightarrow{P_0P} = y\mathbf{i} + x\mathbf{j}$ 이므로

$$\|\mathbf{L} \times \overrightarrow{P_0P}\| = \sqrt{x^2 + y^2}$$

이다. 따라서 식 (11.25)에 의하여 $x^2 + y^2 = a^2$임을 얻는다(그림 11.25 참조). $\square$

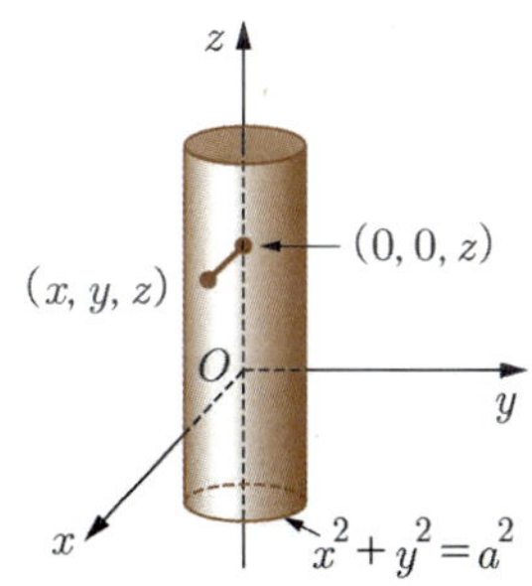

그림 11.25: 예제 11.25

위 $x^2 + y^2 = a^2$의 그래프는 3차원 공간에서는 **기둥면**(cylinder)(그림 11.25)이고 평면에서는 **원**이다.

연습문제 11.4

1. 점 $(3, 4, 5)$를 지나고 $\mathbf{L} = \frac{1}{2}\mathbf{i} - \frac{1}{3}\mathbf{j} + \frac{1}{6}\mathbf{k}$에 평행한 직선의 벡터방정식과 대칭방정식을 구하여라.
2. 점 $(-1, 1, 0)$과 $(-1, 1, 7)$을 지나는 대칭방정식을 구하여라.
3. 점 $(0, 0, 5)$와 $(1, -1, 4)$를 지나는 직선이 방정식 $\frac{x}{7} = \frac{y-3}{4} = \frac{z+9}{3}$로 표현되는 직선과 수직함을 증명하여라.
4. 점 $(2, 1, 0)$과 직선 $x = -2,\ y + 1 = z$사이의 거리 D를 구하여라.
5. 축이 y축이고 반경이 2인 기둥면의 방정식을 구하여라.
6. 축이 직선 $x = y = z$이고 반경이 5인 기둥면의 방정식을 구하여라.

7. 세 점 $(1,4,2),(4,-3,5),(-5,-10,-8)$이 동일 직선상의 점인지를 설명하여라.
8. 점 $(x,y,1)$이 $(2,5,7)$과 $(0,3,2)$를 통과하는 직선상에 놓일 때 실수 x, y를 구하여라.
9. 직선 $x=1+2t$, $y=2+3t$, $z=3-t$을 축으로 하고 반경 2인 기둥면의 식을 구하여라.
10. 직선 $\frac{x-1}{2}=\frac{y+1}{3}=\frac{z-1}{-1}$을 축으로 하고 반경 2인 기둥면의 식을 구하여라.
11. x축을 축으로 하고 반경이 a인 기둥면의 식을 구하여라.

Memo

11.5 공간에서의 평면

주어진 점을 지나고(포함하고) 주어진 직선에 수직인 평면은 오직 하나만 있다. 비슷하게 주어진 점을 지나고(포함하고) 주어진 영이 아닌 벡터에 수직인 평면도 오직 하나만 존재한다 (그림 11.26). 다시 말하면 평면은 점과 영이 아닌 벡터에 의하여 결정된다.

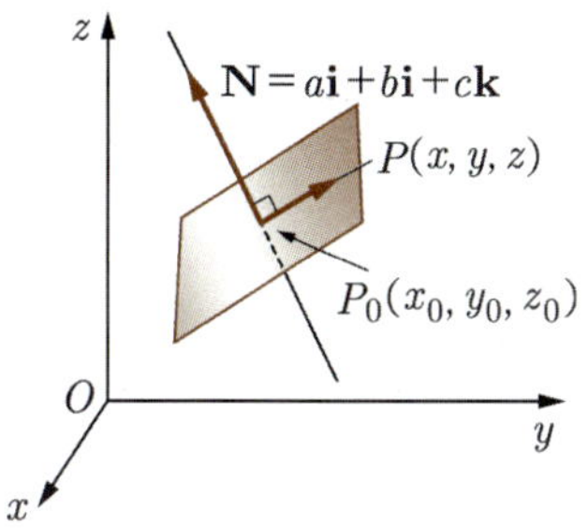

그림 11.26: 벡터 **N**에 수직인 평면

평면의 방정식

점 $P_0 = (x_0, y_0, z_0)$가 주어지고 $\mathbf{N} = a\mathbf{i} + b\mathbf{j} + c\mathbf{k}$가 영이 아닌 벡터라 하자. 그러면 점 $P = (x, y, z)$가 P_0을 포함하고 **N**에 수직인 평면 $\wp$에 놓일 필요충분조건은 벡터

$$\overrightarrow{P_0P} = (x - x_0)\mathbf{i} + (y - y_0)\mathbf{j} + (z - z_0)\mathbf{k}$$

가 **N**에 수직인 것이다(그림 11.26). 이것은 $\mathbf{N} \cdot \overrightarrow{P_0P} = 0$ 임을 의미하고 다음과 동치이다.

$$a(x - x_0) + b(y - y_0) + c(z - z_0) = 0 \tag{11.26}$$

식 (11.26)의 왼쪽을 전개하고 $d = ax_0 + by_0 + cz_0$로 놓으면 다음의 동치방정식을 얻는다.

$$ax + by + cz = d \tag{11.27}$$

식 (11.26)와 (11.27)은 모두 **N**에 수직이고 P_0을 포함하는 평면 $\wp$의 방정식을 나타낸다. 이때 벡터 **N**은 $\wp$에 **직교한다**(normal) 또는 $\wp$의 **직교벡터**라고 말한다.

예제 11.26 점 $(-2, 4, 5)$를 포함하고 벡터 $7\mathbf{i} - 6\mathbf{k}$에 수직인 평면의 방정식을 구하여라.

풀이 $x_0 = -2,\ y_0 = 4,\ z_0 = 5$와 $a = 7,\ b = 0,\ c = -6$을 식 (11.26)에 각각 대입하면

$$7(x + 2) + 0(y - 4) - 6(z - 5) = 0$$

을 얻는다. 따라서 정리하면 $7x - 6z = -44$이다. □

예제 11.27 점 $\left(\frac{1}{2}, 0, 3\right)$을 포함하고 직선 $\frac{x+1}{4} = \frac{y-2}{-1} = \frac{z}{5}$에 직교하는 평면 $\wp$의 방정식을 구하여라.

풀이 직선 l이 $\wp$에 직교하므로 l에 평행한 임의의 벡터는 $\wp$에 직교한다. 따라서 $\mathbf{N} = 4\mathbf{i} - \mathbf{j} + 5\mathbf{k}$로 놓자. 그러면

$$4\left(x - \frac{1}{2}\right) + (-1)(y-0) + 5(z-3) = 0.$$

평면 $\wp$의 방정식은 $4x - y + 5z = 17$ 이다. □

예제 11.28 평면 $2x - 3y + 7z = 25$에 직교하는 벡터를 구하여라.

풀이 주어진 방정식으로부터 찾는 벡터는 $2\mathbf{i} - 3\mathbf{j} + 7\mathbf{k}$이다. □

예제 11.29 평면 $3x - 4y + 5z = -2$ 위의 서로 다른 두 점을 구하여라.

풀이 평면상의 점을 찾는 가장 간단한 방법은 두 변수를 0으로 놓고 세 번째 변수에 대하여 방정식을 푸는 것이다. 따라서 $y = z = 0$으로 놓자. 그러면 $x = -\frac{2}{3}$이므로 구하는 점은 $\left(-\frac{2}{3}, 0, 0\right)$이다. 또 다른 한 점을 구하기 위하여 $x = z = 0$으로 놓자. 그러면 $y = \frac{1}{2}$이므로 평면상의 두 번째 점은 $\left(0, \frac{1}{2}, 0\right)$이다. □

예제 11.30 평면 $-4y + 5z = -2$ 위의 한 점을 구하여라.

풀이 $y = z = 0$으로 놓는 것은 불가능한 경우이다. 왜냐하면 $-4\cdot 0 + 5\cdot 0 = 0 \neq -2$. 그러나 $x = z = 0$으로 놓을 수 있다. 이 경우 $y = \frac{1}{2}$이므로 $\left(0, \frac{1}{2}, 0\right)$은 주어진 평면위의 점이다. 사실 모든 실수 x에 대하여 $\left(x, \frac{1}{2}, 0\right)$는 주어진 평면상의 점이다. □

세 개의 점 P_0, P_1, P_2가 그림 11-28처럼 동일직선상에 놓여있지 않을 때 이 세 점은 하나의 평면을 결정한다. 평면에 직교하는 하나의 벡터를 구하기 위하여 우선 두 벡터 $\overrightarrow{P_0P_1}$, $\overrightarrow{P_0P_2}$를 구하고 이 두 벡터의 외적을 구한다. $\overrightarrow{P_0P_1}, \overrightarrow{P_0P_2}$가 평면에 평행하므로 이들의 외적은 두 벡터에 수직하고, 따라서 평면에 직교한다(그림 11.27).

예제 11.31 세 점 $P_0 = (1, 0, 2)$, $P_1 = (-1, 3, 4)$, $P_2 = (3, 5, 7)$을 동시에 포함하는 평면의 방정식을 구하여라.

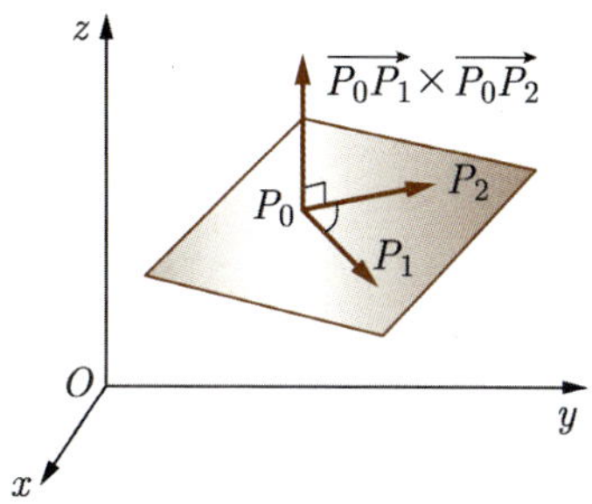

그림 11.27: 두 벡터 $\overline{P_0P_1}$, $\overline{P_0P_2}$ 로 생성된 평면

풀이 벡터 $\overrightarrow{P_0P_1} = -2\mathbf{i}+3\mathbf{j}+2\mathbf{k}, \overrightarrow{P_0P_2} = 2\mathbf{i}+5\mathbf{j}+5\mathbf{k}$가 서로 평행하지 않으므로 P_0, P_1, P_2는 한 평면을 결정한다.

$$\mathbf{N} = \overrightarrow{P_0P_1} \times \overrightarrow{P_0P_2} = \begin{vmatrix} \mathbf{i} & \mathbf{j} & \mathbf{k} \\ -2 & 3 & 2 \\ 2 & 5 & 5 \end{vmatrix} = 5\mathbf{i} + 14\mathbf{j} - 16\mathbf{k}$$

는 평면에 직교하고 $(1,0,2)$는 평면에 놓여 있으므로 식 (11.26)을 이용하면 구하는 방정식은

$$5(x-1) + 14(y-0) - 16(z-2) = 0, \text{ 즉 } 5x + 14y - 16z = -27$$

이다. □

점과 평면 사이의 거리

정리 11.6

$\wp$는 직교벡터 $\mathbf{N}$을 가진 평면이고 P_1을 $\wp$에 놓여 있지 않은 점이라고 하자. 그러면 P_1과 $\wp$사이의 거리 D는 다음과 같이 주어진다. $\wp$상의 임의의 점 P_0에 대하여

$$D = \frac{|\mathbf{N} \cdot \overrightarrow{P_0P_1}|}{\|\mathbf{N}\|}. \tag{11.28}$$

[증명] θ를 $\mathbf{N}$과 $\overrightarrow{P_0P_1}$ 사이의 각이라 놓자. 그러면 $0 \le \theta \le \pi$이다. $0 \le \theta \le \frac{\pi}{2}$이면

$$D = \|\overrightarrow{P_0P_1}\| \cos\theta$$

이다(그림 11.28의 (a)). $\frac{\pi}{2} < \theta \le \pi$이면

$$D = \|\overrightarrow{P_0P_1}\| \cos(\pi - \theta) = \|\overrightarrow{P_0P_1}\|(-\cos\theta)$$

이다(그림 11.28의 (b)).

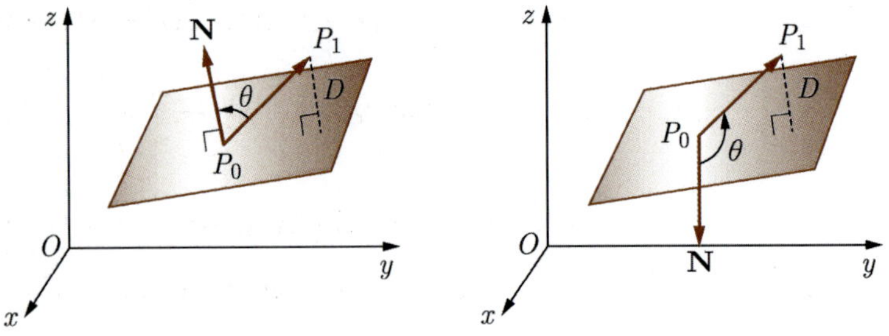

(a) $0 \le \theta \le \frac{\pi}{2}$ (b) $\frac{\pi}{2} < \theta \le \pi$

그림 11.28: 점과 평면 사이의 거리

θ가 어떤 경우든지 $D = \|\overrightarrow{P_0P_1}\||\cos\theta|$이다. 한편

$$|\mathbf{N} \cdot \overrightarrow{P_0P_1}| = \|\mathbf{N}\|\|\overrightarrow{P_0P_1}\||\cos\theta|$$

이므로

$$D = \|\overrightarrow{P_0P_1}\||\cos\theta| = \frac{|\mathbf{N} \cdot \overrightarrow{P_0P_1}|}{\|\mathbf{N}\|}$$

이다. □

예제 11.32 점 $P_1 = (-1, 1, 2)$과 평면 $3x - 2y + z = 1$ 사이의 거리 D를 계산하여라.

풀이 평면에 직교하는 벡터는 $\mathbf{N} = 3\mathbf{i} - 2\mathbf{j} + \mathbf{k}$이다. $x = y = 0$으로 놓으면 $z = 1$이다. 따라서 $P_0 = (0, 0, 1)$은 평면상의 점이다. 계산을 하면

$$\overrightarrow{P_0P_1} = (-1-0)\mathbf{i} + (1-0)\mathbf{j} + (2-1)\mathbf{k} = -\mathbf{i} + \mathbf{j} + \mathbf{k}$$

이고

$$\mathbf{N} \cdot \overrightarrow{P_0P_1} = (3)(-1) + (-2)(1) + (1)(1) = -3 - 2 + 1 = -4$$

이다. 위의 계산과 식 (11.28)에 의하여 구하는 거리는

$$D = \frac{|\mathbf{N} \cdot \overrightarrow{P_0P_1}|}{\|\mathbf{N}\|} = \frac{|-4|}{\sqrt{3^2 + (-2)^2 + (1)^2}} = \frac{4}{\sqrt{14}}$$

이다. □

연습문제 11.5

1. $P_0 = (-1, 2, 3)$, $\mathbf{N} = -4\mathbf{i} + 15\mathbf{j} - 12\mathbf{k}$를 갖는 평면의 방정식을 구하여라.

2. $P_0 = (2, 3, -5)$, $\mathbf{N} = \mathbf{i}$를 갖는 평면의 방정식을 구하여라.

3. 세 점 $(2, -1, 4)$, $(5, 3, 5)$, $(2, 4, 3)$을 포함하는 평면의 방정식을 구하여라.

4. 두 평행한 직선
$$\frac{x-1}{3} = \frac{y+1}{2} = \frac{z-5}{4}, \quad \frac{x+3}{3} = \frac{y-4}{2} = \frac{z}{4}$$
를 포함하는 평면의 방정식을 찾아라.

5. 점 $\left(2, \frac{1}{3}, \frac{1}{3}\right)$을 포함하고 직선 $x = \pi + 2t$, $y = 2\pi + 5t$, $z = 9t$에 수직인 평면의 방정식을 찾아라.

6. ℓ은 두 평면 $2x - 3y + 4z = 2$, $x - z = 1$의 공통부분이다. 이때 다음을 구하여라.
   (1) ℓ의 벡터방정식
   (2) 점 $(-9, 12, 14)$를 포함하고 ℓ에 수직인 평면의 방정식

7. 점 $(3, -1, 4)$와 평면 $2x - y + z = 5$ 사이의 거리 D를 구하여라.

8. 점 $(3, 1, 5)$와 $(5, -1, 3)$의 같은 거리에 있는 점들의 모임은 평면이다. 이때 이 평면의 방정식을 구하여라.

9. x, y, z의 절편이 각각 a, b, c인 평면의 방정식은 $\frac{x}{a} + \frac{y}{b} + \frac{z}{c} = 1$임을 보여라. 단, a, b, c는 모두 영이 아니다.

10. 점 $(-1, 2, 3)$을 포함하고 다음 조건을 만족하는 평면의 방정식을 각각 구하여라.
    (1) xy-평면에 평행하다. (2) x-축에 수직하다.
    (3) y-축에 수직하다.

11. 점 $(-2, 1, 4)$, $(0, 3, 1)$을 포함하고 벡터 $2i - 4j + 6k$에 평행한 직선을 포함하는 평면의 방정식을 구하여라.

12. 세 평면 $2x - 3y - z = 1$, $x + 3y + z = -2$, $y + z = 2$의 공통 부분의 모든 점을 구하여라.

13. 두 평면 $x - y + z = 2$, $3x - 3y + 3z = 1$사이의 거리 D를 구하여라.

14. 직선 $\frac{x+5}{7} = \frac{y-11}{9} = \frac{z}{45}$와 평면 $9x - 2y - z = 0$이 평행함을 증명하여라.

12. 벡터함수

CHAPTER 12

벡터함수

지금까지 정의역과 치역이 모두 실수인 함수들을 취급하였다. 이 장에서는 정의역이 실수이고 치역이 벡터인 새로운 형태의 함수를 공부하려고 한다. 이러한 형태의 함수를 벡터함수라고 하는데 많은 응용을 할 수 있다. 예를 들어 위성의 움직임을 기술하는 편리한 방법은 정의역은 시간을 나타내는 구간이고 각 시간 t에 대하여 함수값을 위성의 위치벡터인 벡터함수에 의하여 표현하는 것이다.

12.1 벡터함수의 정의와 예

수의 집합에서 또 다른 수의 집합으로의 대응을 함수라고 한다. 운동의 연구에서는 종종 수의 집합에서 벡터의 집합으로의 대응을 살펴볼 수 있다. 이러한 대응은 벡터함수를 결정한다.

정의 12.1

벡터함수는 다음 두 개의 부분으로 구성되어 있다. 즉 정의역은 실수의 집합이고 대응 규칙은 정의역의 각 실수를 오직 유일한 벡터로 대응시키는 것이다.

벡터함수의 정의역에서 실수를 t라고 표시하자. 또한 벡터함수를 $\mathbf{F}, \mathbf{G}, \mathbf{H}, \cdots$ 등으로 표시하겠다. 정의역의 실수가 벡터함수에 의하여 대응된 벡터의 모임을 벡터함수의 **치역**이라고 부른다. 특별한 언급이 없는 한, 벡터함수가 식으로 정의되었을 때 정의역은 이 식이 의미있도록 하는 모든 실수로 구성된다. 예를 들어

$$\mathbf{F}(t) = (2+3t)\,\mathbf{i} + (-1+t)\,\mathbf{j} + 2\mathbf{k}$$

$$\mathbf{G}(t) = \mathbf{i} + \sqrt{1+t}\mathbf{j} + t\,\mathbf{k}$$

$$\mathbf{H}(t) = a(t-\sin t)\,\mathbf{i} + a(1-\cos t)\,\mathbf{j}, \quad 0 \le t \le 4\pi$$

로 정의된 벡터함수의 정의역은 각각 $(-\infty, \infty), [-1, \infty), [0, 4\pi]$이다. 모든 벡터함수들은 세 개의 실함수 f_1, f_2, f_3에 의하여 다음과 같이 대응된다. $\mathbf{F}$의 정의역의 각 t에 대하여 $f_1(t)$, $f_2(t)$, $f_3(t)$를 각각 $\mathbf{F}(t)$의 $\mathbf{i}$, $\mathbf{j}$, $\mathbf{k}$의 성분이라고 하자. 그러면 f_1, f_2, f_3의 각 정의역은

$\mathbf{F}$의 정의역과 같고, $\mathbf{F}$의 정의역의 t에 대하여

$$\mathbf{F}(t) = f_1(t)\,\mathbf{i} + f_2(t)\,\mathbf{j} + f_3(t)\,\mathbf{k}$$

이다. 이때 f_1, f_2, f_3을 $\mathbf{F}$의 **성분함수**라고 부른다.

예제 12.1 벡터함수 $\mathbf{F}(t) = \ln t\,\mathbf{i} + \sqrt{1-t}\mathbf{j} + t^4\mathbf{k}$의 정의역을 구하고, 또한 성분함수를 구하여라.

풀이 $\mathbf{F}$의 정의역은 $\ln t$, $\sqrt{1-t}$, t^4 모두가 정의되는 t의 값들로 이루어져 있다. 따라서 구하는 정의역은 구간 $(0, 1]$이다. 또한 성분함수들은

$$f_1(t) = \ln t, \quad f_2(t) = \sqrt{1-t}, \quad f_3(t) = t^4$$

이다. □

일반적으로 벡터함수의 그래프를 그리는 것은 불가능하다. 왜냐하면 이것을 그리기 위해서는 4차원이 필요하다. 그러나 우리는 단지 $\mathbf{F}$의 치역만 그리는 것으로 벡터함수 $\mathbf{F}$를 묘사할 수 있다. 만약에 $\mathbf{F}(t)$를 공간상의 한 점으로 생각할 때 t가 증가함에 따라서 $\mathbf{F}(t)$는 공간상에서 곡선을 그린다. 따라서 $\mathbf{F}$의 치역은 공간에서 곡선에 대응된다. 이러한 곡선을 스케치하는 데 종종 화살표를 사용하는데 이는 t가 증가함에 따라서 곡선이 그려지는 방향을 표시한다(그림 12.1).

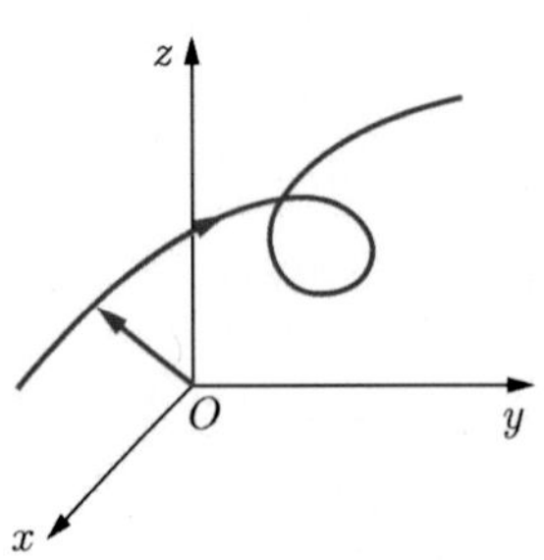

그림 12.1: 곡선

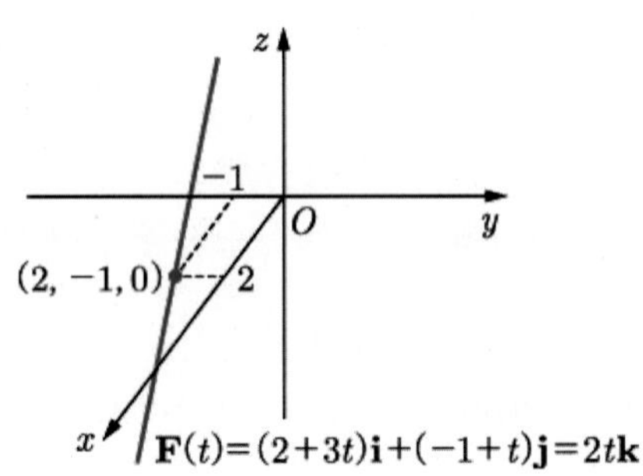

그림 12.2: 예제 12.2

예제 12.2 $\mathbf{F}(t) = (2+3t)\,\mathbf{i} + (-1+t)\,\mathbf{j} - 2t\mathbf{k}$에 의하여 그려지는 곡선을 스케치하여라.

풀이 (x, y, z)가 $\mathbf{F}(t)$에 대응되는 곡선상의 점이라 하자. 그러면

$$x = 2 + 3t, \quad y = -1 + t, \quad z = -2t$$

이다. 11.4절의 식 (11.22)으로부터 $(2, -1, 0)$을 지나고 벡터 $3\mathbf{i} + \mathbf{j} - 2\mathbf{k}$에 평행한 직선의 매개방정식임을 알 수 있다(그림 12.2). □

보다 일반적으로

$$\mathbf{F}(t) = (x_0 + at)\,\mathbf{i} + (y_0 + bt)\,\mathbf{j} + (z_0 + ct)\,\mathbf{k}$$

라 놓자. 단 x_0, y_0, z_0, a, b, c는 모두 상수이고 a, b, c는 동시에 모두가 0이 아니다. 예제 12.2에서처럼 F에 의하여 그려지는 곡선은 점 (x_0, y_0, z_0)를 통과하고 벡터 $a\mathbf{i} + b\mathbf{j} + c\mathbf{k}$에 평행한 직선이다.

예제 12.3 함수 $\mathbf{F}(t) = \cos t\,\mathbf{i} + \sin t\,\mathbf{j}$가 xy평면에서 원점을 중심으로 갖는 단위원 위를 시계 반대 방향으로 움직임을 보여라.

풀이 $\mathbf{F}$에 의하여 그려지는 곡선은 xy평면에 놓여 있다. 왜냐하면 $\mathbf{F}$의 $\mathbf{k}$성분은 0이다. 모든 t에 대하여 $\|\mathbf{F}(t)\| = \sqrt{\cos^2 t + \sin^2 t} = 1$이므로 이 곡선은 단위원상에 있다. 더욱이 $\mathbf{F}(t)$가 양 x축과 t라디안의 각을 만들고(그림 12.3), t가 모든 실수임을 가정하므로 원의 모든 점은 어떤 t에 대하여 $\mathbf{F}(t)$이다. 결과적으로 모든 원은 $\mathbf{F}$에 의하여 그려지고, 마지막으로 t가 증가함에 따라 벡터 $\mathbf{F}(t)$는 원을 시계 반대 방향으로 움직인다. □

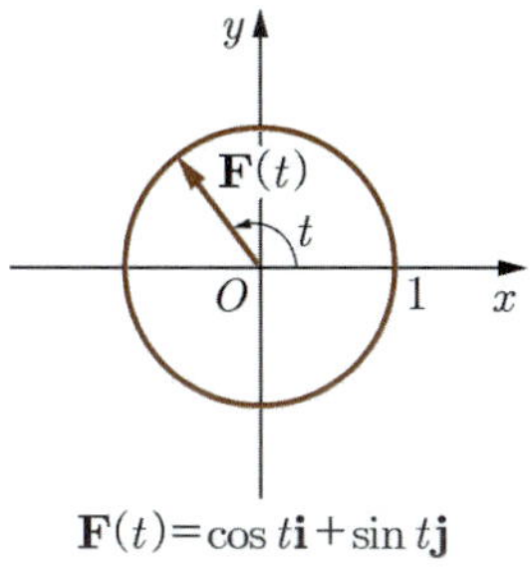

그림 12.3: 시계 반대 방향의 원

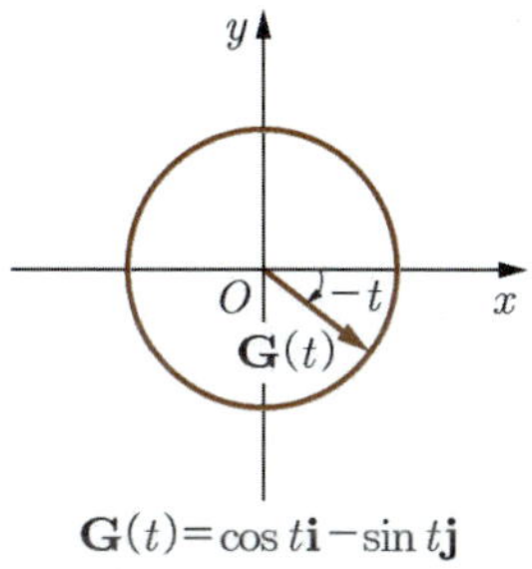

그림 12.4: 시계 방향의 원

예제 12.3에서 서술된 원을 **표준단위원**이라고 부른다. 단위원은 함수

$$\mathbf{G}(t) = \cos t\,\mathbf{i} - \sin t\,\mathbf{j} \tag{12.1}$$

에 의하여 시계 방향으로도 그려진다(그림 12.4).

예제 12.4 $\mathbf{F}(t) = \cos t\,\mathbf{i} + \cos t\,\mathbf{j} + \sqrt{2}\sin t\,\mathbf{k}$의 곡선을 그려라.

풀이 이 곡선도 또한 원이다. 이 사실을 보이기 위하여 (x, y, z)를 $\mathbf{F}(t)$에 대응하는 곡선상의 점이라 놓자. 그러면 $x = \cos t$, $y = \cos t$, $z = \sqrt{2}\sin t$이다. 이 방정식으로부터

$$x^2 + y^2 + z^2 = \cos^2 t + \cos^2 t + 2\sin^2 t = 2$$

이고 또한 $x = y$이다. 따라서 점 (x, y, z)는 반경이 $\sqrt{2}$인 구면과 평면 $x = y$ 위에 놓여 있다. 이로부터 이 곡선은 원에 놓여 있고 원의 모든 점은 $\mathbf{F}$에 의하여 그려짐을 알 수 있다(그림 12.5). □

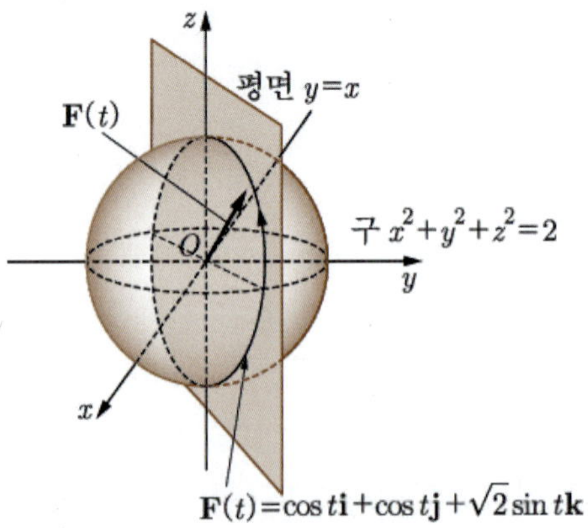

그림 12.5: 예제 12.4

벡터함수의 연산

정의 12.2

$\mathbf{F}, \mathbf{G}$는 벡터함수들이고 f, g는 실함수들이라 하자. 이때 함수 $\mathbf{F}+\mathbf{G}$, $\mathbf{F}-\mathbf{G}$, $f\mathbf{F}$, $\mathbf{F}\cdot\mathbf{G}$, $\mathbf{F}\times\mathbf{G}$ 및 $\mathbf{F}\circ g$를 각각 다음과 같이 정의한다.

$$(\mathbf{F}+\mathbf{G})(t) = \mathbf{F}(t)+\mathbf{G}(t), \quad (\mathbf{F}\cdot\mathbf{G})(t) = \mathbf{F}(t)\cdot\mathbf{G}(t)$$

$$(\mathbf{F}-\mathbf{G})(t) = \mathbf{F}(t)-\mathbf{G}(t), \quad (\mathbf{F}\times\mathbf{G})(t) = \mathbf{F}(t)\times\mathbf{G}(t)$$

$$(f\mathbf{F})(t) = f(t)\mathbf{F}(t), \quad (\mathbf{F}\circ g)(t) = \mathbf{F}(g(t))$$

단, 이들 함수의 정의역은 각 함수의 오른쪽 식이 의미있도록 하는 모든 t의 모임이다.

예제 12.5 $\mathbf{F}(t) = \cos t\,\mathbf{i} + \sin t\,\mathbf{j} + t\,\mathbf{k}$, $\mathbf{G}(t) = -\sin t\,\mathbf{i} + \cos t\mathbf{j} + t\,\mathbf{k}$ 그리고 $g(t) = \sqrt{t}$에 대해서 $\mathbf{F}+\mathbf{G}$, $\mathbf{F}-\mathbf{G}$, $g\mathbf{F}$, $\mathbf{F}\cdot\mathbf{G}$, $\mathbf{F}\times\mathbf{G}$, $\mathbf{F}\circ g$를 각각 계산하여라.

풀이 정의로부터 다음이 각각 계산된다.

$$(\mathbf{F}+\mathbf{G})(t) = (\cos t - \sin t)\,\mathbf{i} + (\sin t + \cos t)\,\mathbf{j} + 2t\,\mathbf{k}$$
$$(\mathbf{F}-\mathbf{G})(t) = (\cos t + \sin t)\,\mathbf{i} + (\sin t - \cos t)\,\mathbf{j}$$
$$(g\mathbf{F})(t) = \sqrt{t}\cos t\,\mathbf{i} + \sqrt{t}\sin t\,\mathbf{j} + t^{\frac{3}{2}}\mathbf{k}$$
$$(\mathbf{F}\cdot\mathbf{G})(t) = -\cos t\sin t + \sin t\cos t + t^2 = t^2$$
$$(\mathbf{F}\times\mathbf{G})(t) = t(\sin t - \cos t)\,\mathbf{i} - t(\sin t + \cos t)\,\mathbf{j} + \mathbf{k}$$
$$(\mathbf{F}\circ g)(t) = \mathbf{F}(g(t)) = \cos\sqrt{t}\mathbf{i} + \sin\sqrt{t}\mathbf{j} + \sqrt{t}\mathbf{k}$$

여기서 $g\mathbf{F}$와 $\mathbf{F}\circ g$의 정의역은 $[0,\infty)$이고, 나머지 경우는 모두 실수 전체의 집합이다. □

다음에서는 곡선을 그리기 위해 하나의 벡터함수를 다른 두 개의 벡터함수로 분해한다.

예제 12.6 $\mathbf{H}(t) = \cos t\,\mathbf{i} + \sin t\,\mathbf{j} + t\,\mathbf{k}$의 그래프를 그려라.

풀이 $\mathbf{F}(t) = \cos t\,\mathbf{i} + \sin t\,\mathbf{j}, \mathbf{G}(t) = t\,\mathbf{k}$로 각각 놓으면

$$\mathbf{H}(t) = \mathbf{F}(t) + \mathbf{G}(t) = \mathbf{F}(t) + t\,\mathbf{k}$$

이다. 따라서 $\mathbf{H}(t)$에 대응하는 점은 $\mathbf{F}(t)$에 대응하는 점보다 $|t|$ 단위만큼 위 또는 아래에 위치한다. 따라서 $\mathbf{F}$에 의한 곡선은 표준단위원이므로 $\mathbf{H}$에 의한 곡선은 그림 12.6과 같다. □

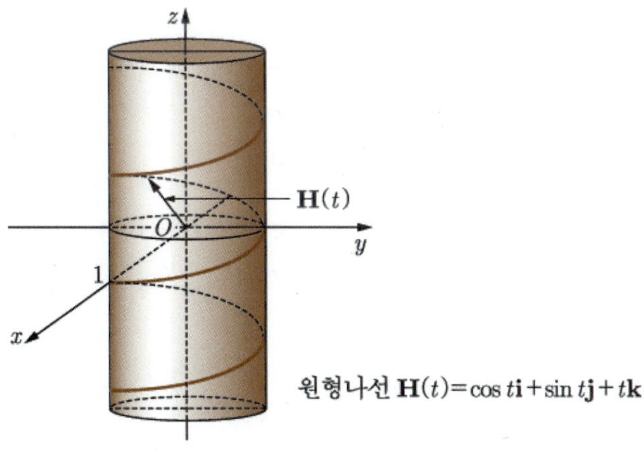

그림 12.6: 예제 12.6

예제 12.6에서 기술된 곡선을 **원형나선**(circular helix)[1]이라 부른다. 이 원형나선은 원형 기둥면 $x^2 + y^2 = 1$상에 놓임에 유의하여라.

이제 마지막 예로 원이 직선을 따라서 굴러갈 때 원상의 한 점에 의하여 그려진 곡선, 즉 **파선**(cycloid)에 대하여 공부하고자 한다(그림 12.7).

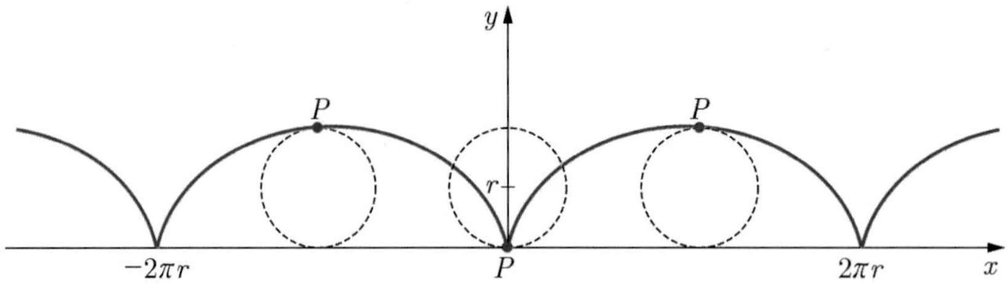

그림 12.7: 파선

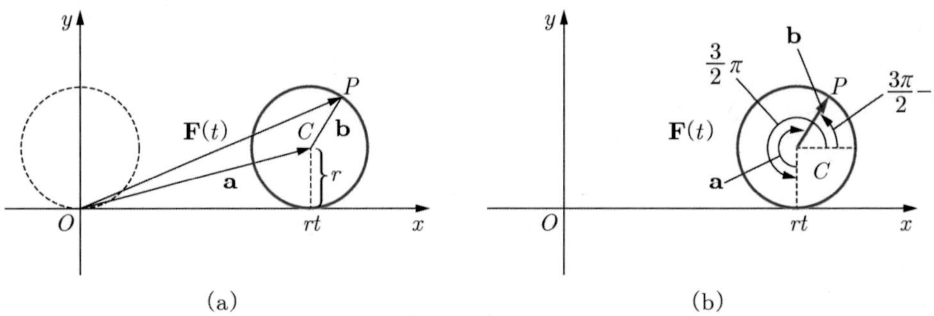

그림 12.8: 예제 12.7

예제 12.7 반지름이 r인 원이 단위시간당 1라디안 비율로 x축의 양의 방향으로 구른다. P는 시간이 0일 때 원점에 있는 원주상의 점이라고 하자. 이때 점 P의 움직임에 의하여 그려진 곡선을 나타내는 벡터함수 $\mathbf{F}$를 구하여라.

풀이 그림 12.8의 (a)처럼 원점에서 P까지의 벡터 $\mathbf{F}(t)$는 $\mathbf{a} + \mathbf{b}$로 쓰여진다. 단 $\mathbf{a}$는 원점에서 원의 중심 C까지의 벡터이고, $\mathbf{b}$는 C에서 P까지의 벡터이다. 우선 $\mathbf{a}$를 t로 표현하면

$$\mathbf{a} = rt\,\mathbf{i} + r\mathbf{j}$$

[1]균일한 자기장 속에서 입자는 자기장에 평행한 방향으로 등속운동을 하고 자기장에 수직인 방향으로 원운동을 한다. 이러한 두 힘이 합쳐지면 이러한 원형나선 운동을 하게 된다. 예제 12.6에서 **F**는 원 운동, **G**는 등속 운동을 나타내고 있다.

이다. 왜냐하면 시간 t에서 원이 x축을 따라서 수평거리 rt만큼 구른다. 이제

$$\mathbf{b} = r\cos\left(\frac{3}{2}\pi - t\right)\mathbf{i} + r\sin\left(\frac{3}{2}\pi - t\right)\mathbf{j}$$

로 표현됨을 보이자. t를 시간 0부터 $\overrightarrow{CP}$가 회전한 라디안 값으로 해석하자. 그러면 그림 12.8의 (b)처럼 $\overrightarrow{CP}$는 양 x축과 $\left(\frac{3}{2}\pi - t\right)$ 라디안 각을 만든다. 그래서

$$\mathbf{b} = \overrightarrow{CP} = r\cos\left(\frac{3}{2}\pi - t\right)\mathbf{i} + r\sin\left(\frac{3}{2}\pi - t\right)\mathbf{j}$$

로 표현된다. 그러므로 벡터함수 $\mathbf{F}$는 다음과 같다.

$$\begin{aligned}\mathbf{F}(t) = \mathbf{a} + \mathbf{b} &= (rt\,\mathbf{i} + r\mathbf{j}) + r\cos\left(\frac{3}{2}\pi - t\right)\mathbf{i} + r\sin\left(\frac{3}{2}\pi - t\right)\mathbf{j} \\ &= r(t - \sin t)\,\mathbf{i} + r(1 - \cos t)\,\mathbf{j}\end{aligned}$$

□

연습문제 12.1

1. $\mathbf{F}(t) = t\,\mathbf{i} + t^2\mathbf{j} + t^3\mathbf{k}$의 정의역과 성분함수들을 각각 결정하여라.
2. $\mathbf{F}(t) = t\,\mathbf{i} + t^2\mathbf{j} + t^2\mathbf{k}$, $\mathbf{G}(t) = \cos t\,\mathbf{i} + \sin t\,\mathbf{j} + \mathbf{k}$에서 $2\mathbf{F} - 3\mathbf{G}$와 $\mathbf{F} \times \mathbf{G}$를 각각 구하여라.
3. $\mathbf{F}(t) = \cos t\,\mathbf{i} + \sin t\,\mathbf{j} + \sqrt{t+2}\mathbf{k}$, $g(t) = t^{\frac{1}{3}}$에서 $\mathbf{F} \circ g$를 구하여라.
4. $\mathbf{F}(t) = t\,\mathbf{i}$, $-1 \le t \le \frac{1}{2}$의 곡선의 모양을 스케치하여라.
5. $\mathbf{F}(t) = 3\sin t\,\mathbf{i} + 3\sin t\,\mathbf{j} - 3\sqrt{2}\cos t\,\mathbf{k}$의 곡선의 모양을 그려라.
6. 곡선 $\mathbf{F}(t) = \cos \pi t\,\mathbf{i} + \sin \pi t\,\mathbf{j} + t\,\mathbf{k}$와 구면 $x^2 + y^2 + z^2 = 10$의 공통 부분의 점을 구하여라.

12.2 벡터함수의 극한과 연속성

벡터함수의 극한과 연속성의 정의는 실함수에서 정의했던 것과 비슷하다.

정의 12.3

$\mathbf{F}$는 t_0을 포함하는 어떤 열린구간(t_0 자신은 제외할 수 있다)의 각 점에서 정의된 벡터함수라 하자. $t \to t_0$일 때 $\|\mathbf{F}(t) - \mathbf{L}\| \to 0$ 이면 $\mathbf{L}$을 t_0에서 $\mathbf{F}$의 **극한**이라 하고 기호로 $\lim_{t\to t_0} \mathbf{F}(t) = \mathbf{L}$ 라고 쓴다.

$\lim_{t\to t_0} \mathbf{F}(t) = \mathbf{L}$의 직관적인 의미[2]는 t가 충분히 t_0에 가까워지면 $\mathbf{F}(t)$도 $\mathbf{L}$에 가까워짐을 말한다.

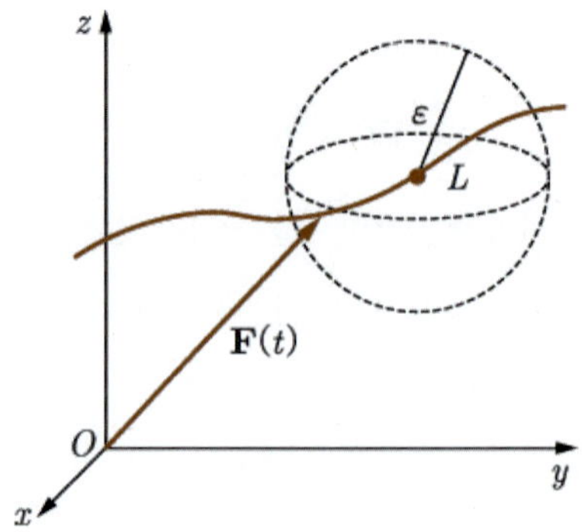

그림 12.9: $\lim_{t\to t_0} \mathbf{F}(t) = \mathbf{L}$

따라서 정의 12.3의 기하학적 해석은 다음과 같다. 중심이 $\mathbf{L}$인 임의의 구에 대하여 t_0에 관한 열린구간 I가 존재하여 $\mathbf{F}$가 I의 각 실수를 구 내부의 점으로 대응시킬 때

$$\lim_{t\to t_0} \mathbf{F}(t) = \mathbf{L}$$

이라고 표기한다.

벡터함수의 극한을 정의 12.3을 직접 이용하여 계산하는 것은 쉽지 않다. 그러나 다행히도 다음 정리를 이용하면 벡터함수의 극한을 쉽게 계산할 수 있다. 여기에서는 결과만 소개하고 증명은 생략한다.

[2]보다 엄밀한 정의는 다음과 같다.

임의의 $\varepsilon > 0$에 대해서 적당한 양수 δ가 존재하여 $0 < |t - t_0| < \delta$를 만족하는 모든 t에 대하여 $\|\mathbf{F}(t) - \mathbf{L}\| < \varepsilon$ 이 성립한다.

$\mathbf{F}(t)$와 $\mathbf{L}$을 공간상의 점으로 생각하면 $\|\mathbf{F}(t) - \mathbf{L}\| < \varepsilon$일 필요충분조건은 $\mathbf{F}(t)$가 중심이 $\mathbf{L}$이고 반경이 ε인 구(ball)의 내부에 있음을 말한다(그림 12.9).

정리 12.1

$t = t_0$ 에서 벡터함수 $\mathbf{F}(t) = f_1(t)\,\mathbf{i} + f_2(t)\,\mathbf{j} + f_3(t)\,\mathbf{k}$ 의 극한이 존재할 필요충분조건은 $t = t_0$ 에서 각 성분함수 $f_1(t)$, $f_2(t)$, $f_3(t)$의 극한이 존재하는 것이다. 이 경우

$$\lim_{t \to t_0} \mathbf{F}(t) = \left[\lim_{t \to t_0} f_1(t)\right] \mathbf{i} + \left[\lim_{t \to t_0} f_2(t)\right] \mathbf{j} + \left[\lim_{t \to t_0} f_3(t)\right] \mathbf{k}$$

이다.

예제 12.8 $\displaystyle\lim_{t \to 0} \left(2\cos t\,\mathbf{i} + \frac{\sin t}{t}\mathbf{j} + t^2\mathbf{k}\right)$를 구하여라.

풀이 정리 12.1을 적용하면

$$\begin{aligned}
&\lim_{t \to 0} \left(2\cos t\,\mathbf{i} + \frac{\sin t}{t}\mathbf{j} + t^2\mathbf{k}\right) \\
&= \left(\lim_{t \to 0} 2\cos t\right) \mathbf{i} + \left(\lim_{t \to 0} \frac{\sin t}{t}\right) \mathbf{j} + (\lim_{t \to 0} t^2)\mathbf{k} \\
&= 2\mathbf{i} + \mathbf{j}.
\end{aligned}$$

□

정리 12.1은 벡터함수의 적당한 결합 형태의 극한을 계산하는 공식을 유도하는 데 유용하다.

정리 12.2

$\mathbf{F}, \mathbf{G}$는 벡터함수이고 f, g는 실함수이라 하자. 극한 $\displaystyle\lim_{t \to t_0} \mathbf{F}(t)$, $\displaystyle\lim_{t \to t_0} \mathbf{G}(t)$, $\displaystyle\lim_{t \to t_0} f(t)$가 각각 존재한다고 가정하고, $\displaystyle\lim_{s \to s_0} g(s) = t_0$라 하자. 그러면 다음 성질이 성립한다.

(i) $\displaystyle\lim_{t \to t_0} (\mathbf{F} + \mathbf{G})(t) = \lim_{t \to t_0} \mathbf{F}(t) + \lim_{t \to t_0} \mathbf{G}(t)$

(ii) $\displaystyle\lim_{t \to t_0} (\mathbf{F} - \mathbf{G})(t) = \lim_{t \to t_0} \mathbf{F}(t) - \lim_{t \to t_0} \mathbf{G}(t)$

(iii) $\displaystyle\lim_{t \to t_0} (f\mathbf{F})(t) = \lim_{t \to t_0} f(t) \lim_{t \to t_0} \mathbf{F}(t)$

(iv) $\displaystyle\lim_{t \to t_0} (\mathbf{F} \cdot \mathbf{G})(t) = \lim_{t \to t_0} \mathbf{F}(t) \cdot \lim_{t \to t_0} \mathbf{G}(t)$

(v) $\displaystyle\lim_{t \to t_0} (\mathbf{F} \times \mathbf{G})(t) = \lim_{t \to t_0} \mathbf{F}(t) \times \lim_{t \to t_0} \mathbf{G}(t)$

(vi) $\displaystyle\lim_{s \to s_0} (\mathbf{F} \circ g)(s) = \lim_{t \to t_0} \mathbf{F}(t)$

예제 12.9 $\mathbf{F}(t) = \cos\pi t\,\mathbf{i} + 2\sin\pi t\,\mathbf{j} + 4t^2\mathbf{k}$이고 $\mathbf{G}(t) = t\,\mathbf{i} + t^3\mathbf{k}$일 때 다음을 각각 구하여라.

(i) $\displaystyle\lim_{t \to 1}(\mathbf{F} \cdot \mathbf{G})(t)$ (ii) $\displaystyle\lim_{t \to 1}(\mathbf{F} \times \mathbf{G})(t)$

풀이 (i) 우선 $\mathbf{F}$와 $\mathbf{G}$의 내적을 구하면

$$\begin{aligned}(\mathbf{F}\cdot\mathbf{G})(t) &= (\cos\pi t\,\mathbf{i} + 2\sin\pi t\,\mathbf{j} + 4t^2\mathbf{k})\cdot(t\,\mathbf{i} + t^3\mathbf{k}) \\ &= t\cos\pi t + 4t^5.\end{aligned}$$

따라서

$$\begin{aligned}\lim_{t\to1}(\mathbf{F}\cdot\mathbf{G})(t) &= \lim_{t\to1}(t\cos\pi t + 4t^5) \\ &= \cos\pi + 4 = 3.\end{aligned}$$

(ii) 정리 12.2의 (v)를 적용하기 위하여 $\lim\limits_{t\to1}\mathbf{F}(t)$와 $\lim\limits_{t\to1}\mathbf{G}(t)$를 각각 구하면

$$\lim_{t\to1}\mathbf{F}(t) = \cos\pi\mathbf{i} + 2\sin\pi\mathbf{j} + 4\mathbf{k} = -\mathbf{i} + 4\mathbf{k}$$

이고

$$\lim_{t\to1}\mathbf{G}(t) = \mathbf{i} + \mathbf{k}.$$

따라서

$$\lim_{t\to1}(\mathbf{F}\times\mathbf{G})(t) = (-\mathbf{i} + 4\mathbf{k})\times(\mathbf{i} + \mathbf{k}) = 5\mathbf{j}.$$

□

정의 12.4

벡터함수 $\mathbf{F}$가 $t = t_0$에서 정의되고 극한이 존재하여 $\lim\limits_{t\to t_0}\mathbf{F}(t) = \mathbf{F}(t_0)$을 만족할 때 $\mathbf{F}$는 $t = t_0$에서 **연속**이라고 한다.

극한에 관한 정리 12.1에 의하여 다음 정리 12.3은 쉽게 증명할 수 있다.

정리 12.3

벡터함수 $\mathbf{F}$가 점 t_0에서 연속이기 위한 필요충분조건은 $\mathbf{F}$의 각 성분함수들이 점 t_0에서 연속인 것이다.

또한 벡터 $\mathbf{F}$의 각 성분들이 I 위에서 연속일 때 벡터함수 $\mathbf{F}$가 I 위에서 연속이라고 한다.

연습문제 12.2

1. 다음 극한값을 각각 구하여라.

   (1) $\lim_{t\to 4}(\mathbf{i}-\mathbf{j}+\mathbf{k})$ (2) $\lim_{t\to \pi}(\tan t\,\mathbf{i}+3t\,\mathbf{j}-4\mathbf{k})$

   (3) $\lim_{t\to 2}\mathbf{F}(t)$, 단 $\mathbf{F}(t)=\begin{cases}5\mathbf{i}-\sqrt{2t^2+2t+4}\,\mathbf{j}+e^{-(t-2)}\mathbf{k}, & t<2\\ (t^2+1)\mathbf{i}+(4-t^3)\mathbf{j}+\mathbf{k}, & t>2\end{cases}$

   (4) $\lim_{t\to 3}\left(\dfrac{t^2-5t+6}{t-3}\mathbf{i}+\dfrac{t^2-2t-3}{t-3}\mathbf{j}+\dfrac{t^2+4t-21}{t-3}\mathbf{k}\right)$

2. 다음 각 함수의 연속인 구간을 구하여라.

   (1) $\mathbf{F}(t)=4\mathbf{j}-\sqrt{5}\mathbf{k}$ (2) $\mathbf{F}(t)=e^t\mathbf{i}+e^{-t}\mathbf{j}+\sqrt{2t}\mathbf{k}$

3. $\lim_{t\to\infty}\mathbf{F}(t)$를 정의하여라. 그리고 $\lim_{t\to\infty}\left(\dfrac{1}{t}\mathbf{i}+\dfrac{t-1}{t+1}\mathbf{j}+t^2\sin\dfrac{1}{t^3}\mathbf{k}\right)$를 구하여라.

4. $\mathbf{F}$와 $\mathbf{G}$는 각각 t_0에서 연속이라고 하자. 그리고 c는 임의의 실수이다. 다음의 각 함수가 t_0에서 연속임을 증명하여라.

   (1) $\mathbf{F}+\mathbf{G}$ (2) $c\mathbf{F}$

   (3) $\|\mathbf{F}\|$ (단, 모든 t에 대하여 $\|\mathbf{F}\|(t)=\|\mathbf{F}(t)\|$)

   (4) $\mathbf{F}\cdot\mathbf{G}$ (5) $\mathbf{F}\times\mathbf{G}$

Memo

12.3 벡터함수의 도함수 및 적분

벡터함수의 도함수의 정의도 극한과 연속성의 정의에서 보았듯이 실함수의 대응하는 정의와 아주 밀접하게 관련되어 있다.

정의 12.5

벡터함수 $\mathbf{F}$의 정의역의 실수 t_0를 잡자. 극한

$$\lim_{t \to t_0} \frac{\mathbf{F}(t) - \mathbf{F}(t_0)}{t - t_0}$$

이 존재할 때 이 극한을 t_0에서 $\mathbf{F}$의 **도함수**라 하고

$$\mathbf{F}'(t_0) = \lim_{t \to t_0} \frac{\mathbf{F}(t) - \mathbf{F}(t_0)}{t - t_0}$$

라고 쓴다. 이 경우 $\mathbf{F}$는 t_0에서 **미분가능하다**고 말한다.

벡터함수 $\mathbf{F}'$은 $\mathbf{F}$의 도함수라고 부르고, $\mathbf{F}'$의 정의역은 $\mathbf{F}$가 t에서 미분가능한 모든 실수 t로 구성된다. $\mathbf{F}$의 도함수에 대한 라이프니츠 기호는 $\dfrac{d\mathbf{F}}{dt}$이다.

$\mathbf{F}'(t_0)$의 기하학적 의미를 생각하자. $\mathbf{F}$에 의하여 그려지는 곡선을 C라 하자. $\mathbf{F}(t)$와 $\mathbf{F}(t_0)$에 대응하는 곡선 C상의 점을 각각 P와 P_0로 놓자. 그러면 $\mathbf{F}(t) - \mathbf{F}(t_0)$은 **할선벡터**(secant vector) $\overrightarrow{P_0P}$와 같은 방향을 가진다. $t > t_0$이면 $\dfrac{\mathbf{F}(t) - \mathbf{F}(t_0)}{t - t_0}$와 $\overrightarrow{P_0P}$는 같은 방향이고(그림 12.10의 (a)), $t < t_0$이면 $\dfrac{\mathbf{F}(t) - \mathbf{F}(t_0)}{t - t_0}$와 $\overrightarrow{PP_0}$는 같은 방향이다.(그림 12.10의 (b)) 따라서 $\mathbf{F}'(t_0)$가 존재한다면 이 값은 P_0을 통과하고 같은 방향인 할선벡터와 평행한 벡터의 극한이다.

결과적으로 $\mathbf{F}'(t_0)$는 P_0에서 C에 접한다고 말하는 것이 의미있다.

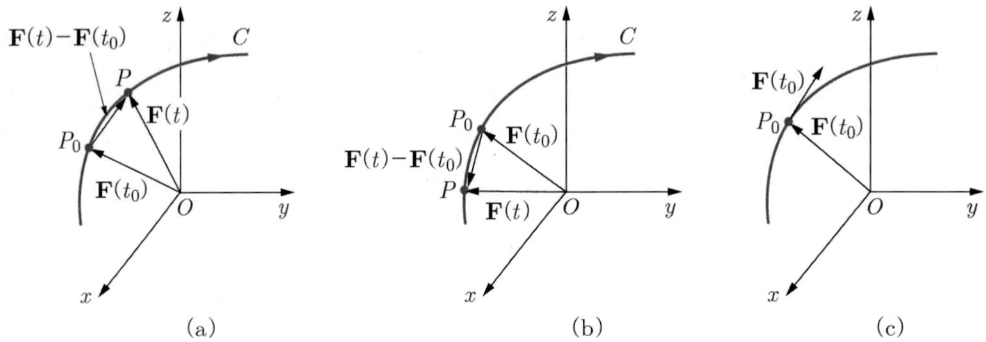

그림 12.10: 할선벡터

만일

$$\mathbf{F}(t) = f_1(t)\,\mathbf{i} + f_2(t)\,\mathbf{j} + f_3(t)\,\mathbf{k}$$

이면

$$\frac{\mathbf{F}(t) - \mathbf{F}(t_0)}{t - t_0} = \frac{f_1(t) - f_1(t_0)}{t - t_0}\mathbf{i} + \frac{f_2(t) - f_2(t_0)}{t - t_0}\mathbf{j} + \frac{f_3(t) - f_3(t_0)}{t - t_0}\mathbf{k}$$

이다.

정의 12.5를 이용하면 $\mathbf{F}'(t_0)$는 각 성분들의 도함수를 구함으로써 직접 얻을 수 있다.

정리 12.4

벡터함수 $\mathbf{F}(t) = f_1(t)\,\mathbf{i} + f_2(t)\,\mathbf{j} + f_3(t)\,\mathbf{k}$가 t_0에서 미분가능하기 위한 필요충분조건은 t_0에서 각 성분함수 $f_1(t)$, $f_2(t)$, $f_3(t)$가 미분가능한 것이다. 이 경우 다음이 성립한다.

$$\mathbf{F}'(t_0) = f_1'(t_0)\mathbf{i} + f_2'(t_0)\mathbf{j} + f_3'(t_0)\mathbf{k}$$

결과적으로 벡터함수의 도함수를 구하는 것은 실함수의 도함수를 구하는 방법과 비슷하다. 우선 상수벡터함수의 도함수를 계산하자.

예제 12.10 벡터함수 $\mathbf{F}(t) = a\mathbf{i} + b\mathbf{j} + c\mathbf{k}$에서 $\mathbf{F}'(t)$를 구하여라.

풀이 $f_1(t) = a, f_2(t) = b, f_3(t) = c$이므로 각 성분함수들은 모두 상수이다. 결과적으로

$$\mathbf{F}'(t) = 0\mathbf{i} + 0\mathbf{j} + 0\mathbf{k} = \mathbf{0}.$$

□

예제 12.10의 결과는 상수벡터함수의 도함수가 $\mathbf{0}$임을 말한다. 다음으로 일차벡터함수의 도함수를 구하자.

예제 12.11 벡터함수 $\mathbf{F}(t) = (x_0 + at)\,\mathbf{i} + (y_0 + bt)\,\mathbf{j} + (z_0 + ct)\,\mathbf{k}$에서 $\dfrac{d\mathbf{F}}{dt}$를 구하여라.

풀이 이 경우에 $f_1(t) = x_0 + at$, $f_2(t) = y_0 + bt$, $f_3(t) = z_0 + ct$이다. 그러므로 정리 12.4에 의하여

$$\frac{d\mathbf{F}}{dt}(t) = a\mathbf{i} + b\mathbf{j} + c\mathbf{k}.$$

□

예제 12.12 벡터함수 $\mathbf{F}(t) = t\cos t\,\mathbf{i} + t\sin t\,\mathbf{j} + t\,\mathbf{k}$에서 $\mathbf{F}'(\pi)$의 값을 구하여라.

풀이 우선 $\mathbf{F}(t)$의 도함수를 구하면

$$\mathbf{F}'(t) = (\cos t - t\sin t)\,\mathbf{i} + (\sin t + t\cos t)\,\mathbf{j} + \mathbf{k}.$$

$t = \pi$을 대입하면

$$\mathbf{F}'(\pi) = [-1 - \pi(0)]\mathbf{i} + [0 + \pi(-1)]\mathbf{j} + \mathbf{k} = -\mathbf{i} - \pi\mathbf{j} + \mathbf{k}.$$ □

우리는 대부분 벡터함수들이 구간 위에서 정의되는 것을 볼 수 있다. 벡터함수 $\mathbf{F}$의 각 성분 함수들이 I 위에서 각각 미분가능할 때 I 위에서 미분가능하다고 한다. 특히 $I = [a, b]$가 닫힌구간이면 $\mathbf{F}$의 미분가능성은 각 성분함수들이 a와 b에서 한쪽도함수를 가짐을 의미한다.

예를 들어 $\mathbf{F}(t) = |t|\mathbf{i} + |1-t|\mathbf{j}$로 정의된 함수는 $[0, 1]$에서 미분가능하지만 $[-1, 1]$에서는 미분불가능하다. 왜냐하면 $\mathbf{F}'(0)$이 존재하지 않기 때문이다. 또한 $[0, 2]$에서도 미분불가능하다. 역시 $\mathbf{F}'(1)$이 존재하지 않기 때문이다.

실함수 대부분의 미분공식들을 벡터함수의 유사한 형태로 확장시킬 수 있다. 그러나 다음 정리 12.5의 (v)는 순서에 주의를 요한다. 왜냐하면 외적은 교환법칙이 성립하지 않기 때문이다. 여기에서는 증명없이 벡터함수의 미분 법칙을 소개한다.

정리 12.5

$\mathbf{F}, \mathbf{G}$와 f가 각각 t_0에서 미분가능하고, g가 $g(s_0) = t_0$인 s_0에서 미분가능하다고 하자. 이 경우 다음의 등식이 성립한다.

(i) $(\mathbf{F} + \mathbf{G})'(t_0) = \mathbf{F}'(t_0) + \mathbf{G}'(t_0)$

(ii) $(\mathbf{F} - \mathbf{G})'(t_0) = \mathbf{F}'(t_0) - \mathbf{G}'(t_0)$

(iii) $(f\mathbf{F})'(t_0) = f'(t_0)\mathbf{F}(t_0) + f(t_0)\mathbf{F}'(t_0)$

(iv) $(\mathbf{F} \cdot \mathbf{G})'(t_0) = \mathbf{F}'(t_0) \cdot \mathbf{G}(t_0) + \mathbf{F}(t_0) \cdot \mathbf{G}'(t_0)$

(v) $(\mathbf{F} \times \mathbf{G})'(t_0) = \mathbf{F}'(t_0) \times \mathbf{G}(t_0) + \mathbf{F}(t_0) \times \mathbf{G}'(t_0)$

(vi) $(\mathbf{F} \circ g)'(s_0) = \mathbf{F}'(g(s_0))g'(s_0) = \mathbf{F}'(t_0)g'(s_0)$

예제 12.13 함수 $\mathbf{F}(t) = \tan^{-1} t\,\mathbf{i} + 5\mathbf{k}$, $\mathbf{G}(t) = \mathbf{i} + \ln t\,\mathbf{j} - 2t\,\mathbf{k}$에 대하여 $(\mathbf{F} \cdot \mathbf{G})'(t)$, $(\mathbf{F} \times \mathbf{G})'(t)$를 각각 구하여라.

풀이 구하고자하는 도함수를 구하는 방법은 두 가지가 있다.

첫째는 우선 $(\mathbf{F} \cdot \mathbf{G})(t)$, $(\mathbf{F} \times \mathbf{G})(t)$를 계산한 후 그 다음 각각 미분하는 것이고

둘째는 $\mathbf{F}'(t)$와 $\mathbf{G}'(t)$를 계산하고 정리 12.5을 이용하여 $(\mathbf{F} \cdot \mathbf{G})'$, $(\mathbf{F} \times \mathbf{G})'$를 구하는 것이다.

$(\mathbf{F}\cdot\mathbf{G})'(t)$를 구하기 위하여 첫째 방법을 이용하자. $(\mathbf{F}\cdot\mathbf{G})(t) = \tan^{-1}t - 10t$ 이므로

$$(\mathbf{F}\cdot\mathbf{G})'(t) = \frac{1}{t^2+1} - 10.$$

다음으로 $(\mathbf{F}\times\mathbf{G})'(t)$를 구하기 위하여 둘째 방법을 이용하자. 따라서 다음을 각각 계산하면

$$\mathbf{F}'(t) = \frac{1}{t^2+1}\mathbf{i}, \quad \mathbf{G}'(t) = \frac{1}{t}\mathbf{j} - 2\mathbf{k}$$

$$\mathbf{F}'(t)\times\mathbf{G}(t) = \begin{vmatrix} \mathbf{i} & \mathbf{j} & \mathbf{k} \\ \frac{1}{t^2+1} & 0 & 0 \\ 0 & \ln t & -2t \end{vmatrix} = \frac{2t}{t^2+1}\mathbf{j} + \frac{\ln t}{t^2+1}\mathbf{k}$$

$$\mathbf{F}(t)\times\mathbf{G}'(t) = \begin{vmatrix} \mathbf{i} & \mathbf{j} & \mathbf{k} \\ \tan^{-1}t & 0 & 5 \\ 0 & \frac{1}{t} & -2 \end{vmatrix} = -\frac{5}{t}\mathbf{i} + 2\tan^{-1}t\,\mathbf{j} + \frac{\tan^{-1}t}{t}\mathbf{k}.$$

이제 정리 12.5의 (v)를 적용하면

$$\begin{aligned}(\mathbf{F}\times\mathbf{G})'(t) &= \mathbf{F}'(t)\times\mathbf{G}(t) + \mathbf{F}(t)\times\mathbf{G}'(t) \\ &= -\frac{5}{t}\mathbf{i} + \left(\frac{2t}{t^2+1} + 2\tan^{-1}t\right)\mathbf{j} + \left(\frac{\ln t}{t^2+1} + \frac{\tan^{-1}t}{t}\right)\mathbf{k}. \quad \square\end{aligned}$$

다음 따름정리 12.6은 정리 12.5의 결과로 언뜻 보기에는 초등적인 것 같으나 의미있는 내용이다.

따름정리 12.6

$\mathbf{F}$는 구간 I에서 미분가능하고 모든 $t \in I$에 대하여 $\|\mathbf{F}(t)\| = c$인 c가 존재한다고 가정하자. 그러면

$$\mathbf{F}(t)\cdot\mathbf{F}'(t) = 0, \quad t \in I.$$

[증명] 가정에 의하여

$$\mathbf{F}(t)\cdot\mathbf{F}(t) = \|\mathbf{F}(t)\|^2 = c^2, \quad t \in I.$$

그러므로 $\mathbf{F}\cdot\mathbf{F}$는 상수실함수이고 도함수는 0이다. 결과적으로 정리 12.5의 (iv)를 적용하면

$$\mathbf{F}'(t)\cdot\mathbf{F}(t) + \mathbf{F}(t)\cdot\mathbf{F}'(t) = (\mathbf{F}\cdot\mathbf{F})'(t) = 0.$$

따라서

$$\mathbf{F}(t) \cdot \mathbf{F}'(t) = 0, \quad t \in I. \qquad \square$$

따름정리 12.6에 의하여 $\|\mathbf{F}\|$가 상수실함수이면 $\mathbf{F}$의 정의역의 원소 t에 대하여 $\mathbf{F}(t)$또는 $\mathbf{F}'(t)$가 $\mathbf{0}$이든지, $\mathbf{F}(t)$와 $\mathbf{F}'(t)$가 직교함을 의미한다. 예를 들어 S는 중심이 원점이고 반지름이 r인 구이고 $\mathbf{F}$가 S위에서 움직이는 물체의 위치를 나타낸다고 하면 $\|\mathbf{F}\| = r$이다. 결과적으로 따름정리 12.6은 모든 t에 대하여 $\mathbf{F}(t)$와 $\mathbf{F}'(t)$가 직교함을 의미한다.

실함수에서처럼 벡터함수에서도 2계, 3계, $\cdots$ 등의 고계도함수를 정의할 수 있다. t_0에서 $\mathbf{F}$의 2계도함수를 t_0에서 $\mathbf{F}'$의 도함수로 정의한다. 표시는 $\mathbf{F}''(t_0)$이다.

$$\mathbf{F}(t) = f_1(t)\,\mathbf{i} + f_2(t)\,\mathbf{j} + f_3(t)\,\mathbf{k}$$

이면 t_0에서 $\mathbf{F}$의 2계 도함수는

$$\mathbf{F}''(t_0) = f_1''(t_0)\mathbf{i} + f_2''(t_0)\mathbf{j} + f_3''(t_0)\mathbf{k}$$

이다. 일반적으로

$$\mathbf{F}''(t) = f_1''(t)\,\mathbf{i} + f_2''(t)\,\mathbf{j} + f_3''(t)\,\mathbf{k}$$

이다. 예를 들어

$$\mathbf{F}(t) = (t^{\frac{1}{2}} + t)\,\mathbf{i} + (t^3 + 1)\mathbf{j} + e^{2t}\mathbf{k}$$

이면

$$\mathbf{F}''(t) = -\frac{1}{4}t^{-\frac{3}{2}}\mathbf{i} + 6t\,\mathbf{j} + 4e^{2t}\mathbf{k}.$$

속도와 가속도

벡터함수의 도함수의 가장 중요한 물리적 응용은 물체 운동의 연구에서 볼 수 있다. 한 물체가 공간에서 움직일 때 그것의 **위치**의 좌표함수 x, y, z는 시간의 함수이다. 이 함수가 두 번 미분가능하다고 가정하자. 그리고 다음을 각각 정의한다.

위치: $\mathbf{r}(t) = x(t)\,\mathbf{i} + y(t)\,\mathbf{j} + z(t)\,\mathbf{k}$

속도: $\mathbf{v}(t) = \dfrac{d\mathbf{r}}{dt} = \dfrac{dx}{dt}\mathbf{i} + \dfrac{dy}{dt}\mathbf{j} + \dfrac{dz}{dt}\mathbf{k}$

속력: $\|\mathbf{v}(t)\| = \sqrt{\left(\dfrac{dx}{dt}\right)^2 + \left(\dfrac{dy}{dt}\right)^2 + \left(\dfrac{dz}{dt}\right)^2}$

가속도: $\mathbf{a}(t) = \dfrac{d\mathbf{v}}{dt} = \dfrac{d^2\mathbf{r}}{dt^2} = \dfrac{d^2x}{dt^2}\mathbf{i} + \dfrac{d^2y}{dt^2}\mathbf{j} + \dfrac{d^2z}{dt^2}\mathbf{k}$

평균속도는 $\dfrac{\mathbf{r}(t)-\mathbf{r}(t_0)}{t-t_0}$ 로 정의된다.

$$\mathbf{v}(t_0)=\mathbf{r}^{'}(t_0)=\lim_{t\to t_0}\frac{\mathbf{r}(t)-\mathbf{r}(t_0)}{t-t_0}$$

이므로 속도는 평균속도의 극한값이다(그림 12.11).

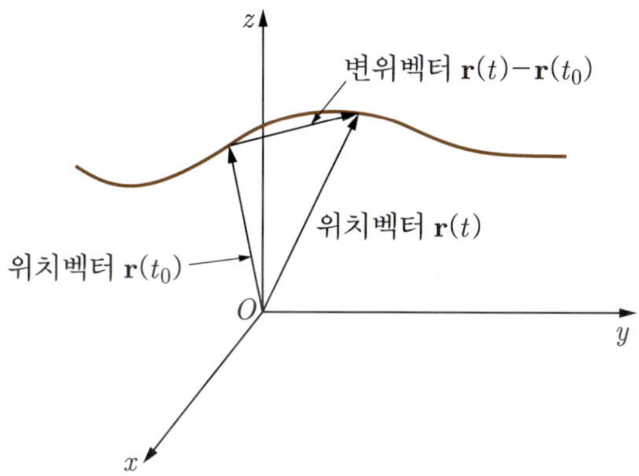

그림 12.11: 속도와 평균속도

예제 12.14 한 물체가 점 (a,b,c)에 정지되어 있다고 하자. 이때 $\mathbf{v}(t)=\mathbf{a}(t)=\mathbf{0}$임을 보여라.

풀이 위치벡터는 상수이다. 따라서 $\mathbf{r}(t)=a\mathbf{i}+b\mathbf{j}+c\mathbf{k}$로 주어진다. 그러므로

$$\mathbf{v}(t)=\frac{d\mathbf{r}}{dt}=\mathbf{0} \text{ 이고 } \mathbf{a}(t)=\frac{d\mathbf{v}}{dt}=\mathbf{0}.$$ □

예제 12.15 위치벡터 $\mathbf{r}(t)=(x_0+at)\,\mathbf{i}+(y_0+bt)\,\mathbf{j}+(z_0+ct)\,\mathbf{k}$에서 속도, 속력, 가속도를 각각 구하여라.

풀이 미분하면

$$\mathbf{v}(t)=\frac{d\mathbf{r}}{dt}=a\mathbf{i}+b\mathbf{j}+c\mathbf{k}.$$

그러므로

$$\mathbf{a}(t)=\frac{d\mathbf{v}}{dt}=\mathbf{0}$$

이고 속력은

$$\|\mathbf{v}(t)\|=\sqrt{a^2+b^2+c^2}.$$ □

예제 12.16 파선(cycloid) $\mathbf{r}(t) = r(t - \sin t)\,\mathbf{i} + r(1 - \cos t)\,\mathbf{j}$에서 $\mathbf{v}(t) = \mathbf{0}$인 모든 t의 값을 구하여라.

풀이 $\mathbf{r}$을 미분하면

$$\mathbf{v}(t) = \frac{d\mathbf{r}}{dt} = r(1 - \cos t)\,\mathbf{i} + r\sin t\,\mathbf{j}.$$

그러므로 $\mathbf{v}(t) = \mathbf{0}$일 필요충분조건은 $r(1 - \cos t) = 0 = r\sin t$이다. 따라서 t는 2π의 정수배이다. □

위 예제 12.16에서 t가 2π의 정수배이면 $\mathbf{r}(t)$는 x축상에 놓여 있는 **첨점**이라 불리는 파선상의 고립점 중의 하나이다. 파선상의 이러한 점에서는 정확하게 속도가 $\mathbf{0}$이다(그림 12.12).

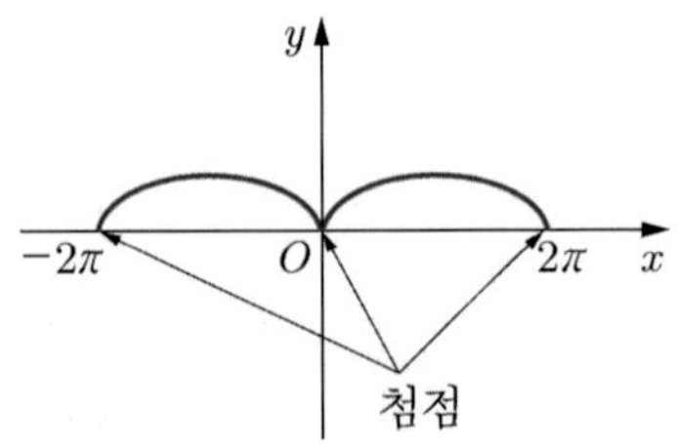

그림 12.12: 파선상의 첨점

예제 12.17 한 물체가 반지름 $r > 0$인 원을 일정한 속력 $v > 0$를 가지고 시계 반대 방향으로 움직이고 있다. 이 물체의 위치벡터가 방정식

$$\mathbf{r}(t) = r\left(\cos\frac{vt}{r}\mathbf{i} + \sin\frac{vt}{r}\mathbf{j}\right)$$

로 주어짐을 증명하여라. 그리고 이때 속도와 가속도를 각각 구하여라.

풀이 중심이 원점인 원이 xy-평면에 놓여 있도록 하자. 시간 $t = 0$일 때 물체가 양의 x축에 있어서 시계 반대 방향으로 움직인다. 임의의 시간 t에 대하여 $\theta(t)$를 벡터 $\mathbf{r}(t)$와 양의 x축 사이의 각이라고 놓자(그림 12.13). 그러면

$$\mathbf{r}(t) = r[(\cos\theta(t))\,\mathbf{i} + (\sin\theta(t))\mathbf{j}\,]. \tag{12.2}$$

$\theta(t)$를 r, t, v로 표현하기 위하여 식 (12.2)의 양변을 미분하면

$$\mathbf{v}(t) = r\theta'(t)[(-\sin\theta(t))\,\mathbf{i} + (\cos\theta(t))\mathbf{j}\,]. \tag{12.3}$$

물체가 시계 반대 방향으로 움직이기 때문에 θ는 증가한다. 따라서 $\theta'(t) > 0$. 그러므로 $r > 0$이므로

$$\|\mathbf{v}(t)\| = |r\theta'(t)| = r\theta'(t). \tag{12.4}$$

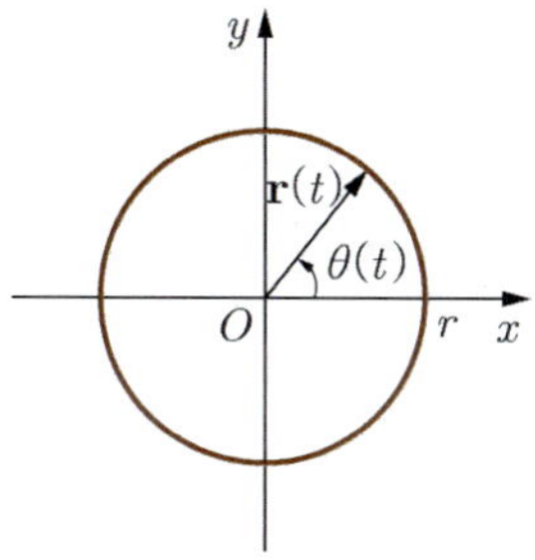

그림 12.13: 위치

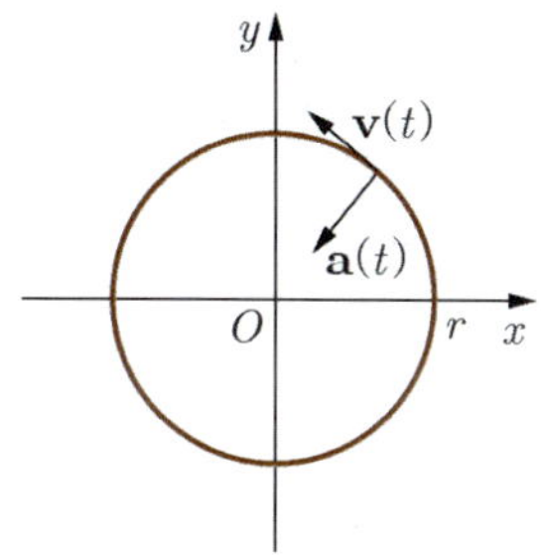

그림 12.14: 속도와 가속도

그러나 가정에 의하여 $\|\mathbf{v}(t)\| = v$. 식 (12.4)에 의하여 $\theta'(t) = \frac{v}{r}$. 가정에 의하여 $\theta(0) = 0$이므로 $\theta'(t) = \frac{v}{r}$를 적분하면 $\theta(t) = \frac{vt}{r}$. 식 (12.2)에 $\theta(t) = \frac{vt}{r}$를 대입하면

$$\mathbf{r}(t) = r\left(\cos\frac{vt}{r}\mathbf{i} + \sin\frac{vt}{r}\mathbf{j}\right).$$

연속적으로 두 번 미분하면

$$\mathbf{v}(t) = v\left(-\sin\frac{vt}{r}\mathbf{i} + \cos\frac{vt}{r}\mathbf{j}\right)$$

이고

$$\mathbf{a}(t) = -\frac{v^2}{r}\left(\cos\frac{vt}{r}\mathbf{i} + \sin\frac{vt}{r}\mathbf{j}\right) = -\frac{v^2}{r^2}\mathbf{r}(t).$$ □

벡터함수의 적분

벡터함수의 적분은 성분함수의 적분으로 다음과 같이 정의한다.

정의 12.6

벡터함수 $\mathbf{F}(t) = f_1(t)\,\mathbf{i} + f_2(t)\,\mathbf{j} + f_3(t)\,\mathbf{k}$의 부정적분 $\int \mathbf{F}(t)\,dt$와 정적분 $\int_a^b \mathbf{F}(t)\,dt$를 각각 다음과 같이 정의한다. 단 f_1, f_2, f_3는 구간 $[a, b]$에서 연속이다.

$$\int \mathbf{F}(t)\,dt = \left(\int f_1(t)\,dt\right)\mathbf{i} + \left(\int f_2(t)\,dt\right)\mathbf{j} + \left(\int f_3(t)\,dt\right)\mathbf{k},$$

$$\int_a^b \mathbf{F}(t)\,dt = \left(\int_a^b f_1(t)\,dt\right)\mathbf{i} + \left(\int_a^b f_2(t)\,dt\right)\mathbf{j} + \left(\int_a^b f_3(t)\,dt\right)\mathbf{k}$$

예제 12.18 벡터함수 $\mathbf{F}(t) = t\,\mathbf{i} + t^2\,\mathbf{j} + \sin t\,\mathbf{k}$에서 $\int \mathbf{F}(t)\,dt$, $\int_0^\pi \mathbf{F}(t)\,dt$를 각각 구하여라.

풀이 정의 12.6을 적용하면

$$\begin{aligned}\int \mathbf{F}(t)\,dt &= \left(\int t\,dt\right)\mathbf{i} + \left(\int t^2\,dt\right)\mathbf{j} + \left(\int \sin t\,dt\right)\mathbf{k} \\ &= \left(\frac{1}{2}t^2 + C_1\right)\mathbf{i} + \left(\frac{1}{3}t^3 + C_2\right)\mathbf{j} + (-\cos t + C_3)\mathbf{k}\end{aligned}$$

이고

$$\begin{aligned}\int_0^{\pi} \mathbf{F}(t)\,dt &= \left[\frac{1}{2}t^2\right]_0^{\pi}\mathbf{i} + \left[\frac{1}{3}t^3\right]_0^{\pi}\mathbf{j} + \left[-\cos t\right]_0^{\pi}\mathbf{k} \\ &= \frac{1}{2}\pi^2\mathbf{i} + \frac{1}{3}\pi^3\mathbf{j} + 2\mathbf{k}.\end{aligned}$$

□

f_1, f_2, f_3가 미분가능하고, f_1', f_2', f_3'도 연속이라고 하자. 벡터함수 $\mathbf{F}(t) = f_1(t)\,\mathbf{i} + f_2(t)\,\mathbf{j} + f_3(t)\,\mathbf{k}$에 대하여 정리 12.4와 정의 12.6로부터

$$\begin{aligned}\int \mathbf{F}'(t)\,dt &= \int [f_1'(t)\,\mathbf{i} + f_2'(t)\,\mathbf{j} + f_3'(t)\,\mathbf{k}]\,dt \\ &= \left(\int f_1'(t)\,dt\right)\mathbf{i} + \left(\int f_2'(t)\,dt\right)\mathbf{j} + \left(\int f_3'(t)\,dt\right)\mathbf{k} \\ &= [f_1(t) + C_1]\mathbf{i} + [f_2(t) + C_2]\mathbf{j} + [f_3(t) + C_3]\mathbf{k} \\ &= (f_1(t)\,\mathbf{i} + f_2(t)\,\mathbf{j} + f_3(t)\,\mathbf{k}) + (C_1\mathbf{i} + C_2\mathbf{j} + C_3\mathbf{k}) \\ &= \mathbf{F}(t) + (C_1\mathbf{i} + C_2\mathbf{j} + C_3\mathbf{k}).\end{aligned}$$

따라서

$$\int \mathbf{F}'(t)\,dt = \mathbf{F}(t) + \mathbf{C}. \tag{12.5}$$

단, $\mathbf{C}$는 상수벡터이다.

연습문제 12.3

1. 다음 함수의 미분을 구하여라.
   (1) $\mathbf{F}(t) = \mathbf{i} + t\,\mathbf{j} + t^5\mathbf{k}$
   (2) $\mathbf{F}(t) = \tan t\,\mathbf{i} + \mathbf{j} + \sec t\,\mathbf{k}$
   (3) $\mathbf{F}(t) = \sin^{-1} 4t\,\mathbf{i} - 3\tan^{-1}(2t-1)\mathbf{j} + 7\ln 3t^2\mathbf{k}$
   (4) $\mathbf{F}\cdot\mathbf{G}$, 단 $\mathbf{F}(t) = \left(\frac{3}{t}\right)\mathbf{i} - \mathbf{j}$, $\mathbf{G}(t) = t\,\mathbf{i} - e^{-t}\mathbf{j}$
   (5) $\mathbf{F}\times\mathbf{G}$, 단 $\mathbf{F}(t) = \left(\frac{3}{t}\right)\mathbf{i} - \mathbf{j}$, $\mathbf{G}(t) = t\,\mathbf{i} - e^{-t}\mathbf{j}$
   (6) $\mathbf{F}\circ g$, 단 $\mathbf{F}(t) = t^3\mathbf{i} - \sqrt{3}t\,\mathbf{j} + \frac{1}{t^2}\mathbf{k}$, $g(t) = \cos t$
2. 다음을 각각 계산하여라.

(1) $\int (t^2\mathbf{i} - (3t-1)\mathbf{j} - \frac{1}{t^3}\mathbf{k})\,dt$ (2) $\int (t\cos t\,\mathbf{i} + t\sin t\,\mathbf{j} + 3t^4\mathbf{k})\,dt$

(3) $\int_0^1 (e^t\mathbf{i} + e^{-t}\mathbf{j} + 2t\,\mathbf{k})\,dt$ (4) $\int_0^1 (\cosh t\,\mathbf{i} + \sinh t\,\mathbf{j} + \mathbf{k})\,dt$

(5) 위치함수 $\mathbf{H}(t) = e^t \sin t\,\mathbf{i} + e^t \cos t\,\mathbf{j} + e^t\mathbf{k}$의 속도, 속력, 가속도를 각각 구하여라.

(6) 가속도 $\mathbf{a}(t) = -32\mathbf{k}$, 초기속도 $V_0 = \mathbf{i} + \mathbf{j}$, 초기위치 $\mathbf{r}_0 = \mathbf{0}$을 만족하는 위치함수, 속도, 속력을 각각 구하여라.

(7) 함수 $\mathbf{F}(t) = \int_0^t (v\tan v^3\mathbf{i} + \cos e^v\mathbf{j} + e^{v^2}\mathbf{k})dv$에서 $\mathbf{F}'(t)$를 구하여라.

(8) 함수 $\mathbf{G}(t) = \int_0^{t^2} (\cos v\mathbf{i} + e^{-v^2}\mathbf{j} + \tan v\mathbf{k})dv$ 에서 $\mathbf{G}'(t)$를 구하여라.

(9) 함수 $\mathbf{F}(t) = \frac{4t}{1+4t^2}\mathbf{i} + \frac{1-4t^2}{1+4t^2}\mathbf{j}$에서 모든 t에 대하여 $\mathbf{F}(t)\cdot\mathbf{F}'(t) = 0$임을 보여라.

(10) 함수 $\mathbf{F}'(t) = \sin t\,\mathbf{i} - \cos t\,\mathbf{j}$에서 모든 t에 대하여 $\mathbf{F}(t)$와 $\mathbf{F}''(t)$가 평행임을 증명하여라. 또한 $\mathbf{F}(t)$와 $\mathbf{F}''(t)$가 같은 방향이 되는 t가 있는지 없는지를 결정하여라.

(11) 모든 t에 대하여 $\mathbf{F}''(t)$가 존재할 때 $\frac{d}{dt}(\mathbf{F}\times\mathbf{F}') = \mathbf{F}(t)\times\mathbf{F}''(t)$임을 보여라.

(12) 모든 t에 대하여 $\mathbf{F}(t)$와 $\mathbf{F}''(t)$가 평행하다고 가정하자. 이때 $\mathbf{F}\times\mathbf{F}'$이 상수임을 증명하여라.

Memo

12.4 곡선의 길이

12.1 절에서는 벡터함수에 의하여 그려지는 곡선을 공부하였다. 이제부터 곡선이라는 용어의 의미를 제한하려고 한다.

정의 12.7

곡선이라 함은 실수의 임의의 구간 위에서 정의된 연속벡터함수의 치역을 말한다.

지금까지 취급했던 모든 벡터함수들은 연속이고 이 함수들의 치역은 모두 곡선이다. 특별히 점, 직선, 선분, 원, 포물선, 파선, 원형나선 모두는 곡선이다. 일반적으로 C는 곡선을 표시하고 $\mathbf{r}$은 치역이 곡선 C인 벡터함수를 나타낼 것이다. 이때 C는 $\mathbf{r}$에 의하여 **매개화되었다**고 말하거나 또는 $\mathbf{r}$은 C의 **매개화**라고 부른다. 그러나 종종 $\mathbf{r}$을 곡선이라고도 하겠다. 예를 들어 곡선 $\mathbf{r}(t) = e^t\mathbf{i} + \cos t\,\mathbf{j} + 3\mathbf{k}$로 쓴다. 벡터함수 $\mathbf{r}$의 성분함수들은 x, y, z로 각각 표시하고 $\mathbf{r}(t) = x(t)\,\mathbf{i} + y(t)\,\mathbf{j} + z(t)\,\mathbf{k}$로 쓴다. 이때 $\mathbf{r}(t)$에 대응하는 점은 $(x(t), y(t), z(t))$이다.

우리는 곡선을 임의의 연속실함수의 그래프로 생각하는데 익숙해져 있으므로 정의 12.7은 이러한 종류의 곡선들도 포함하는 넓은 의미의 정의로 생각할 수 있다.

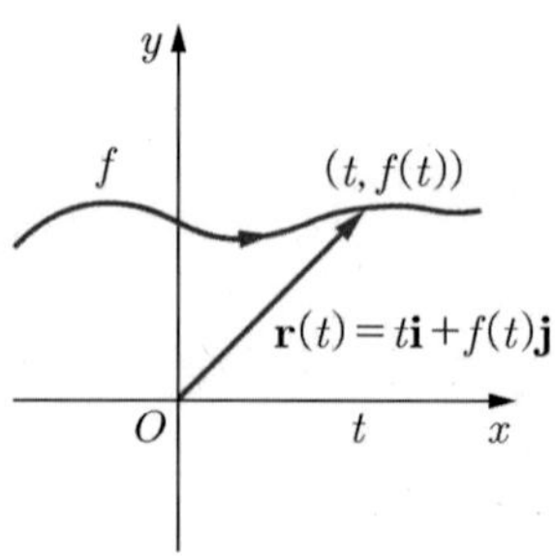

그림 12.15: 예제 12.19

예제 12.19 f는 구간 I에서 정의된 연속인 실함수라 하자. 이때 f의 그래프가 곡선임을 보이고 이 곡선의 매개화를 찾아라.

풀이 $\mathbf{r}(t) = t\,\mathbf{i} + f(t)\,\mathbf{j}$, $t \in I$로 정의된 벡터함수 $\mathbf{r}$은 연속이고 f의 그래프를 그린다(그림 12.15). 따라서 f의 그래프는 $\mathbf{r}$의 치역이고, 정의 12.7에 의하여 f의 그래프는 곡선이다. □

앞에서 보았던 것처럼 임의의 연속함수의 그래프를 매개화하는 것은 가능하다. 예를 들어 $f(t) = \ln t,\ t > 0$일 때 f의 그래프는 $\mathbf{r}(t) = t\,\mathbf{i} + \ln t\,\mathbf{j},\ t > 0$으로 매개화된다.

곡선의 성질

정의 12.8

곡선 C가 **닫힌곡선**이라 함은 C가 정의역이 닫힌구간 $[a, b]$이고, $\mathbf{r}(a) = \mathbf{r}(b)$를 만족하는 매개화를 가질 때를 말한다.

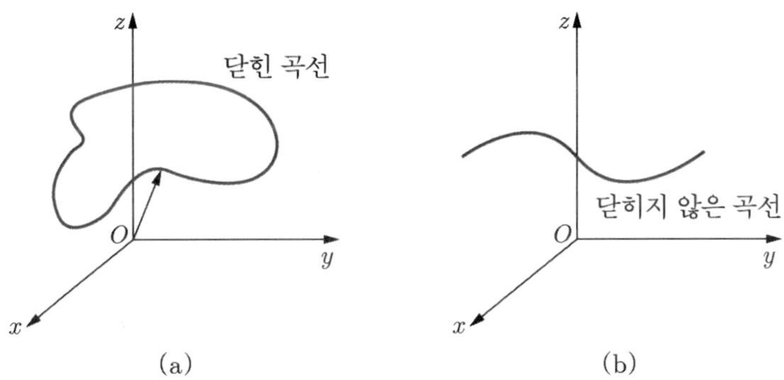

그림 12.16: 닫힌곡선, 닫히지 않은 곡선

즉 곡선의 시점과 종점이 일치할 때 곡선을 닫힌곡선이라고 한다(그림 12.16의 (a)). 예를 들어, $\mathbf{r}(t) = \cos t\,\mathbf{i} + \sin t\,\mathbf{j},\ 0 \le t \le 2\pi$가 표준원의 매개화이고 $\mathbf{r}(0) = \mathbf{r}(2\pi)$이므로 표준원은 닫힌곡선이다. 사실 임의의 원이나 타원은 닫힌곡선이다.

한편 그림 12.16의 (b)나 선분, 나선, 파선은 닫힌곡선이 아니다. 다음 곡선의 매끄러움을 생각하자.

정의 12.9

(i) 구간 I상에 정의된 벡터함수 $\mathbf{r}$이 **매끄럽다**함은 $\mathbf{r}$이 연속인 도함수를 갖고 I의 각 내점에 대하여 $\mathbf{r}'(t) \neq \mathbf{0}$일 때를 말한다. C가 매끄러운 매개화를 가질 때 C는 **매끄럽다**고 한다.

(ii) 구간 I상에 정의된 연속벡터함수 $\mathbf{r}$이 **조각적으로 매끄럽다**함은 I가 유한개의 구간들로 구성되고 $\mathbf{r}$이 유한개의 구간들에서 각각 매끄럽고 또한 $\mathbf{r}$이 I의 각 내점에서 한쪽도함수를 가질 때를 말한다. 곡선 C가 조각적으로 매끄러운 매개화를 가질 때 C는 **조각적으로 매끄러운 곡선**이라고 말한다.

직관적으로 그림 12.17의 (a)와 (b)의 모양의 곡선들이다.

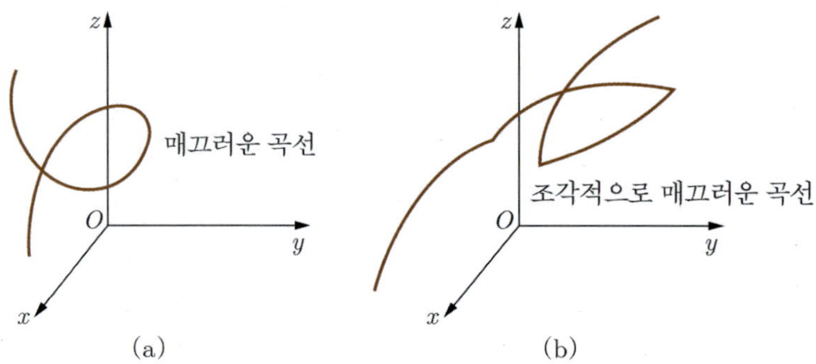

그림 12.17: 매끄러운 곡선, 조각적으로 매끄러운 곡선

물론 매끄러운 곡선은 언제나 조각적으로 매끄러운 곡선이지만, 역은 일반적으로 성립하지 않는다.

예제 12.20 원 $\mathbf{r}(t) = \cos t\,\mathbf{i} + \sin t\,\mathbf{j}$, $0 \le t \le 2\pi$가 매끄러움을 보여라.

풀이 함수 $\mathbf{r}$는 미분가능하다. 그리고 $\mathbf{r}'(t) = -\sin t\,\mathbf{i} + \cos t\,\mathbf{j}$, $0 \le t \le 2\pi$. 그러므로 $\mathbf{r}'$는 $[0, 2\pi]$에서 연속이고,

$$\|\mathbf{r}'(t)\| = \sqrt{(-\sin t)^2 + (\cos t)^2} = 1.$$

따라서 각 $t \in [0, 2\pi]$에 대하여 $\mathbf{r}'(t) \neq \mathbf{0}$이므로 정의 12.9의 (i)에 의하여 원은 매끄럽다. □

예제 12.21 나선(helix) $\mathbf{r}(t) = \cos t\,\mathbf{i} + \sin t\,\mathbf{j} + t\,\mathbf{k}$가 매끄러움을 보여라.

풀이 $\mathbf{r}'(t) = -\sin t\,\mathbf{i} + \cos t\,\mathbf{j} + \mathbf{k}$이므로 $\mathbf{r}'$은 연속이고, 모든 t에 대하여 $\mathbf{r}'(t) \neq \mathbf{0}$. 그러므로 나선은 매끄럽다(그림 12.6). □

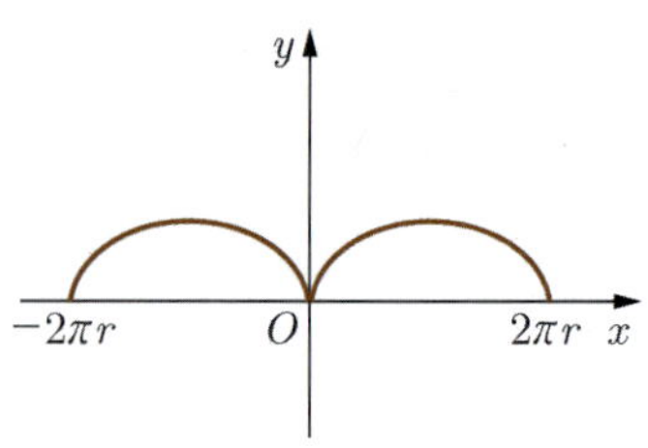

그림 12.18: 예제 12.22

예제 12.22 곡선 $\mathbf{r}(t) = r(t - \sin t)\,\mathbf{i} + r(1 - \cos t)\,\mathbf{j}, -2\pi \le t \le 2\pi$가 조각적으로 매끄러움을 보여라(그림 12.18).

풀이 미분하면 $\mathbf{r}'(t) = r(1 - \cos t)\,\mathbf{i} + r \sin t\,\mathbf{j}$. $\mathbf{r}'$은 비록 연속이지만 $\mathbf{r}'(0) = \mathbf{0}$이므로 $\mathbf{r}$은 매끄럽지 않다. 그러나 $t \neq -2\pi$, 0, 2π인 경우 $\mathbf{r}'(t) \neq \mathbf{0}$. 그러므로 $\mathbf{r}$는 $[-2\pi, 0]$과 $[0, 2\pi]$에서 매끄럽다. 결론적으로 $\mathbf{r}$은 조각적으로 매끄럽다. □

일반적으로 (x_0, y_0, z_0)에서 (x_1, y_1, z_1)까지의 선분의 매끄러운 매개화 $\mathbf{r}$을 다음과 같이 얻을 수 있다.

$$\mathbf{r}(t) = (x_0 + at)\,\mathbf{i} + (y_0 + bt)\,\mathbf{j} + (z_0 + ct)\,\mathbf{k}, 0 \le t \le 1$$

$$\text{단, } a = x_1 - x_0, \quad b = y_1 - y_0, \quad c = z_1 - z_0$$

예제 12.23 $(4, 3, 5)$에서 $(2, 8, 5)$까지의 선분의 매끄러운 매개화를 구하여라.

풀이 $x_0 = 4$, $y_0 = 3$, $z_0 = 5$, $x_1 = 2$, $y_1 = 8$, $z_1 = 5$로 놓으면 위의 결과에 의하여

$$\mathbf{r}(t) = (4 - 2t)\,\mathbf{i} + (3 + 5t)\,\mathbf{j} + 5\mathbf{k}, \quad 0 \le t \le 1.$$ □

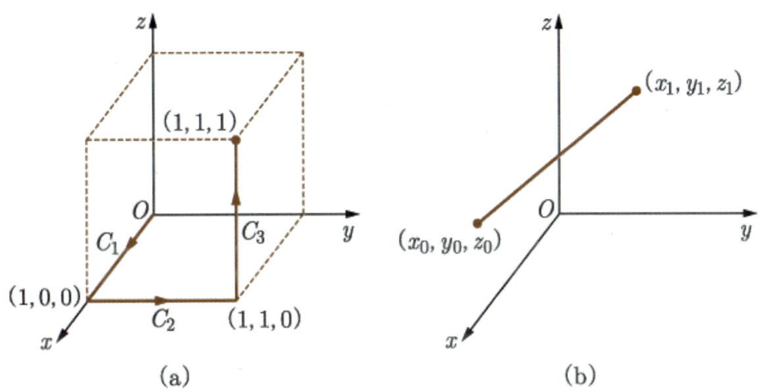

그림 12.19: 예제 12.24, 두 점을 연결하는 선분

예제 12.24 그림 12.19의 (a)와 같은 곡선 C의 조각적으로 매끄러운 매개화을 구하여라.

풀이 곡선 C는 선분 C_1, C_2, C_3로 구성되어 있다. C를 매개화하는 간단한 방법은 정의역 $[0, 1]$, $[1, 2]$, $[2, 3]$에서 각각 정의된 C_1, C_2, C_3을 우선 매개화하고 이들을 서로 결합

하면 된다. 따라서 $\mathbf{r}(t)$를 다음과 같이 놓는다.

$$\mathbf{r}(t) = \begin{cases} t\,\mathbf{i}, & 0 \le t \le 1 \;\; (C_1\text{을 매개화}) \\ \mathbf{i} + (t-1)\mathbf{j}, & 1 \le t \le 2 \;\; (C_2\text{을 매개화}) \\ \mathbf{i} + \mathbf{j} + (t-2)\mathbf{k}, & 2 \le t \le 3 \;\; (C_3\text{을 매개화}) \end{cases}$$

그러면 함수 $\mathbf{r}$은 정의 12.9의 (ii)의 조건을 만족한다. □

곡선의 길이

우선 가장 간단한 형태의 곡선의 길이 공식을 구하자.

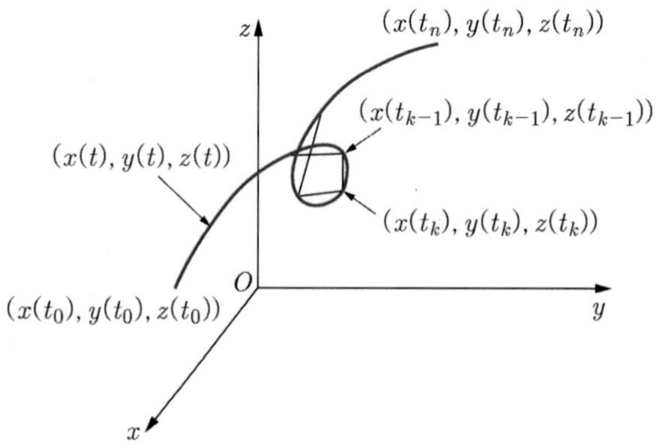

그림 12.20: 곡선의 길이

C를 공간에서 (x_0, y_0, z_0)와 (x_1, y_1, z_1)을 연결하는 선분이라 하자(그림 12.19의 (b)). 그러면 두 점 사이의 거리를 다음과 같이 C의 길이로 정의한다(식 (11.1)을 보라).

$$\mathcal{L} = \sqrt{(x_1 - x_0)^2 + (y_1 - y_0)^2 + (z_1 - z_0)^2} \tag{12.6}$$

다음으로 C가 $\mathbf{r}(t) = x(t)\,\mathbf{i} + y(t)\,\mathbf{j} + z(t)\,\mathbf{k}$, $a \le t \le b$로 매개화된 매끄러운 곡선에 대하여 생각하자.

$\wp = \{t_0, t_1, \cdots, t_n\}$을 $[a, b]$의 임의의 분할이라고 하고, L을 그림 12.20과 같은 **다각곡선**이라고 하자. L의 k번째 선분 L_k의 길이를 $\mathcal{L}_k$로 표시하자. 그러면 식 (12.6)에 의하여

$$\mathcal{L}_k = \sqrt{[x(t_k) - x(t_{k-1})]^2 + [y(t_k) - y(t_{k-1})]^2 + [z(t_k) - z(t_{k-1})]^2}.$$

평균값 정리에 의하여

$$\begin{aligned} x(t_k) - x(t_{k-1}) &= x^{'}(u_k)\Delta t_k, \\ y(t_k) - y(t_{k-1}) &= y^{'}(v_k)\Delta t_k, \\ z(t_k) - z(t_{k-1}) &= z^{'}(w_k)\Delta t_k \end{aligned}$$

을 만족하는 u_k, v_k, w_k가 $[t_{k-1}, t_k]$에 각각 존재한다. 단, $\Delta t_k = t_k - t_{k-1}$이다. 이것을 이용하여 $\mathcal{L}_k$을 다시 표현하면

$$\mathcal{L}_k = \sqrt{(x'(u_k))^2(\Delta t_k)^2 + (y'(v_k))^2(\Delta t_k)^2 + (z'(w_k))^2(\Delta t_k)^2}$$

또는 동치적으로

$$\mathcal{L}_k = \sqrt{(x'(u_k))^2 + (y'(v_k))^2 + (z'(w_k))^2}\,\Delta t_k. \tag{12.7}$$

$\wp$의 노름을 작게하면, C의 길이 $\mathcal{L}$은 근사적으로 $\sum_{k=1}^{n} \mathcal{L}_k$와 같다. 식 (12.7)을 이용하면

$$\sum_{k=1}^{n} \mathcal{L}_k = \sum_{k=1}^{n} \sqrt{(x'(u_k))^2 + (y'(v_k))^2 + (z'(w_k))^2}\,\Delta t_k \tag{12.8}$$

한편 식 (12.8)에서 오른쪽 수식은 근사적으로

$$\int_a^b \sqrt{(x'(t))^2 + (y'(t))^2 + (z'(t))^2}\,dt$$

이다. 또한

$$\sqrt{(x'(t))^2 + (y'(t))^2 + (z'(t))^2} = \|\mathbf{r}'(t)\|$$

이므로

$$\mathcal{L} = \int_a^b \|\mathbf{r}'(t)\|\,dt.$$

정의 12.10

C는 $[a, b]$에서 정의된 조각적으로 매끄러운 매개화 $\mathbf{r}$을 가지는 곡선이라 하자. 그러면 C의 길이 $\mathcal{L}$은 다음과 같이 정의한다.

$$\mathcal{L} = \int_a^b \|\mathbf{r}'(t)\|\,dt = \int_a^b \left\|\frac{d\mathbf{r}}{dt}\right\| dt \tag{12.9}$$

특히 $\mathbf{r}(t) = x(t)\,\mathbf{i} + y(t)\,\mathbf{j} + z(t)\,\mathbf{k}$, $(a \le t \le b)$인 경우 식 (12.9)는 다음과 같이 표현된다.

$$\begin{aligned}\mathcal{L} &= \int_a^b \sqrt{(x'(t))^2 + (y'(t))^2 + (z'(t))^2}\,dt \\ &= \int_a^b \sqrt{\left(\frac{dx}{dt}\right)^2 + \left(\frac{dy}{dt}\right)^2 + \left(\frac{dz}{dt}\right)^2}\,dt\end{aligned} \tag{12.10}$$

예제 12.25 원나선 $\mathbf{r}(t) = \cos t\,\mathbf{i} + \sin t\,\mathbf{j} + t\,\mathbf{k},\ 0 \le t \le 2\pi$ 에서 곡선의 길이 $\mathcal{L}$을 구하여라.

풀이 식 (12.10)을 이용하면

$$\begin{aligned}\mathcal{L} &= \int_0^{2\pi} \sqrt{(-\sin t)^2 + (\cos t)^2 + 1^2}\, dt \\ &= \int_0^{2\pi} \sqrt{2}\, dt = 2\sqrt{2}\pi.\end{aligned}$$

□

예제 12.26 곡선 $\mathbf{r}(t) = t\,\mathbf{i} + \frac{\sqrt{6}}{2}t^2\mathbf{j} + t^3\mathbf{k},\ -1 \le t \le 1$의 길이 $\mathcal{L}$을 구하여라.

풀이 식 (12.10)을 이용하면

$$\mathcal{L} = \int_{-1}^{1} \sqrt{1 + 6t^2 + 9t^4}\, dt = \int_{-1}^{1} (1 + 3t^2)\, dt = (t + t^3)\Big|_{-1}^{1} = 4.$$

□

예제 12.26의 함수를 약간 다르게 표현하면, 즉 $\mathbf{r}(t) = t\,\mathbf{i} + t^2\mathbf{j} + t^3\mathbf{k}\ (-1 \le t \le 1)$ 인 경우 이 함수에 대응하는 곡선의 길이는

$$\mathcal{L} = \int_{-1}^{1} \sqrt{1 + 4t^2 + 9t^4}\, dt$$

이다. 불행하게도 이 적분은 초등적인 방법으로 계산할 수가 없다. **사다리꼴 공식** 또는 **Simpson 법칙**에 의하여 근사적으로 계산할 수 있다. 실제적으로 대부분의 곡선의 길이는 단지 근사적으로 계산할 수 있다.

모든 곡선은 많은 매개화를 가진다. 예를 들어 두 점 $\left(\frac{1}{4}, \frac{1}{4}, \frac{1}{4}\right)$과 $(1, 1, 1)$ 사이의 직선 선분은 다음 함수로 매개화할 수 있다.

$$\begin{aligned}&\mathbf{r_1}(t) = t\,\mathbf{i} + t\,\mathbf{j} + t\,\mathbf{k}, \quad \frac{1}{4} \le t \le 1 \\ &\mathbf{r_2}(t) = (t-2)\mathbf{i} + (t-2)\mathbf{j} + (t-2)\mathbf{k}, \quad \frac{9}{4} \le t \le 3 \\ &\mathbf{r_3}(t) = t^2\mathbf{i} + t^2\mathbf{j} + t^2\mathbf{k}, \quad \frac{1}{2} \le t \le 1\end{aligned}$$

$\mathbf{r_1}, \mathbf{r_2}, \mathbf{r_3}$에 각각 적용하면 모두 같은 길이를 얻는다. 이러한 경우 곡선의 길이는 매개화에 **독립**되었다고 말한다.

정의 12.10로부터 극방정식 $r = f(\theta)$의 극방정식 그래프의 길이에 대한 식을 유도할 수 있다. 단, f'는 닫힌구간 $[\alpha, \beta]$에서 연속이다.

$r = f(\theta)$의 극방정식 그래프는

$$\mathbf{r}(\theta) = \overbrace{r\cos\theta}^{x}\,\mathbf{i} + \overbrace{r\sin\theta}^{y}\,\mathbf{j} = f(\theta)\cos\theta\,\mathbf{i} + f(\theta)\sin\theta\,\mathbf{j}$$

로 매개화된 곡선이다. 그러면

$$\mathbf{r}'(\theta) = [f'(\theta)\cos\theta - f(\theta)\sin\theta]\mathbf{i} + [f'(\theta)\sin\theta + f(\theta)\cos\theta]\mathbf{j}$$

따라서 극방정식 그래프의 길이 $\mathcal{L}$은

$$\begin{aligned}\mathcal{L} &= \int_\alpha^\beta \|\mathbf{r}'(\theta)\|\,d\theta \\ &= \int_\alpha^\beta \sqrt{[f'(\theta)\cos\theta - f(\theta)\sin\theta]^2 + [f'(\theta)\sin\theta + f(\theta)\cos\theta]^2}\,d\theta \qquad (12.11) \\ &= \int_\alpha^\beta \sqrt{[f(\theta)]^2 + [f'(\theta)]^2}\,d\theta.\end{aligned}$$

예제 12.27 원 $r = 3$의 길이를 구하여라.

풀이 원의 극방정식은 $r = 3,\ 0 \le \theta \le 2\pi$이다. 그러므로 $f(\theta) = 3$이고 $f'(\theta) = 0$. 공식 (12.11)에 의하여

$$\mathcal{L} = \int_0^{2\pi} \sqrt{3^2 + 0^2}\,d\theta = 6\pi.$$

□

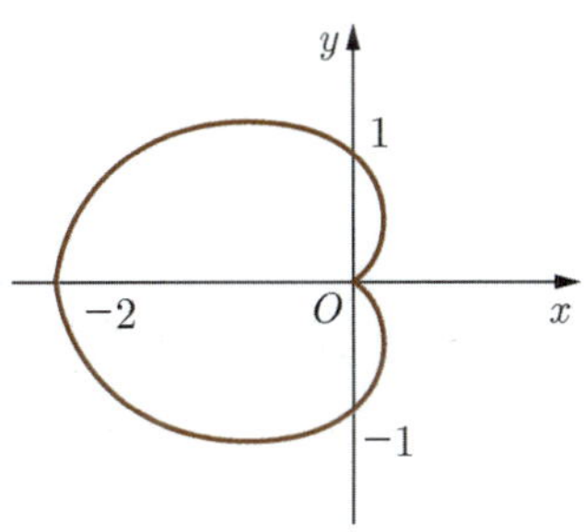

그림 12.21: 예제 12.28

예제 12.28 심장형 $r = 1 - \cos\theta,\ 0 \le \theta \le 2\pi$의 길이를 구하여라(그림 12.21).

풀이 $f(\theta) = 1 - \cos\theta$이고 $f'(\theta) = \sin\theta$이므로 식 (12.11)로부터

$$\begin{aligned}\mathcal{L} &= \int_0^{2\pi} \sqrt{(1-\cos\theta)^2 + \sin^2\theta}\,d\theta = \int_0^{2\pi} \sqrt{2(1-\cos\theta)}\,d\theta \\ &= \int_0^{2\pi} \sqrt{4\sin^2\frac{\theta}{2}}\,d\theta \qquad \left(\frac{1}{2}(1-\cos\theta) = \frac{\sin^2\theta}{2}\text{을 이용}\right) \\ &= 2\int_0^{2\pi} \sin\frac{\theta}{2}\,d\theta \qquad \left(\frac{\sin\theta}{2} \ge 0,\quad 0 \le \theta \le 2\pi\text{을 이용}\right) \\ &= 4\left[-\cos\frac{\theta}{2}\right]_0^{2\pi} = 8.\end{aligned}$$

□

호길이함수

C를 매끄러운 곡선이라고 하고 구간 I에서 정의된

$$\mathbf{r}(t) = x(t)\,\mathbf{i} + y(t)\,\mathbf{j} + z(t)\,\mathbf{k} \quad (t \in I)$$

는 C의 매개화라 하자. 또한 a는 I에서 고정된 수라고 하자. 이때 호길이함수 s는 다음과 같이 정의된다.

$$s(t) = \int_a^t \|\mathbf{r}'(u)\|\,du = \int_a^t \sqrt{(x'(u))^2 + (y'(u))^2 + (z'(u))^2}\,du \quad (t \in I) \tag{12.12}$$

만약 $t \geq a$이면 $s(t)$는 $\mathbf{r}(a)$와 $\mathbf{r}(t)$ 사이의 곡선 부분의 길이이다(그림 12.22).

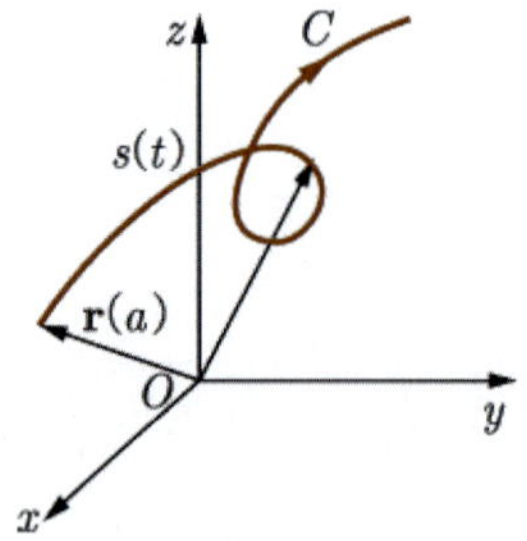

그림 12.22: 호길이함수

또한 $\mathbf{r}(t)$이 시간 $t \geq a$에 대하여 물체의 위치를 나타낼 때 $s(t)$는 시간 a에서 시간 t까지의 물체가 움직인 거리이다. 식 (12.12)를 t에 관하여 미분하면

$$s'(t) = \|\mathbf{r}'(t)\| = \sqrt{(x'(t))^2 + (y'(t))^2 + (z'(t))^2}.$$

동치적으로 다음과 같이 표현한다.

$$\frac{ds}{dt} = \left\|\frac{d\mathbf{r}}{dt}\right\| = \sqrt{\left(\frac{dx}{dt}\right)^2 + \left(\frac{dy}{dt}\right)^2 + \left(\frac{dz}{dt}\right)^2} \tag{12.13}$$

$\mathbf{r}$가 운동에서 한 물체의 위치를 나타내고 $\mathbf{r}$의 속도가 $\mathbf{v}$이면 12.3절의 속력의 정의로부터

$$\|\mathbf{r}'(t)\| = \|\mathbf{v}(t)\| = \frac{ds}{dt} \geq 0. \tag{12.14}$$

더욱이 $\mathbf{r}$이 매끄럽기 때문에 I의 각 내점에 대하여 $\dfrac{ds}{dt} > 0$. 따라서 t를 s의 함수로 간주할 수 있다(6.1절을 참고하여라). 그러므로 t에 의하여 결정되는 양(quantity)은 또한 s에 의존한다. 특히 C가 $t \in (a, b)$에 대하여 $\mathbf{r}(t)$에 의하여 매개화되고, C의 길이가 $\mathcal{L}$을 가지면 C는 $s \in [0, \mathcal{L}]$에 대하여 $\mathbf{r}(t(s))$에 의하여 매개화될 수 있다.

예제 12.29 $\mathbf{r}(t) = t\,\mathbf{i} + t^2\mathbf{j} + t^3\mathbf{k}$에서 $\dfrac{ds}{dt}$를 구하여라.

풀이 식 (12.13)을 이용하면

$$\begin{aligned}\frac{ds}{dt} &= \sqrt{\left(\frac{dx}{dt}\right)^2 + \left(\frac{dy}{dt}\right)^2 + \left(\frac{dz}{dt}\right)^2} \\ &= \sqrt{1 + (2t)^2 + (3t^2)^2} \\ &= \sqrt{1 + 4t^2 + 9t^4}.\end{aligned}$$

□

연습문제 12.4

1. $\mathbf{r}(t) = t\,\mathbf{i} + t^2\mathbf{j} + t^3\mathbf{k}$가 매끄러움을 보여라.

2. $\mathbf{r}(t) = \cos t^2\mathbf{i} + \sin^2 t\,\mathbf{j} + t^2\mathbf{k}$가 조각적으로 매끄러움을 보여라.

3. 다음 각 곡선의 매개화를 구하여라.
   (1) 점 $(-3, 2, 1)$에서 점 $(4, 0, 5)$까지의 직선
   (2) 반지름이 6이고 중심이 원점인 xy-평면에서의 원
   (3) $y = \tan x,\ 0 \le x \le \dfrac{\pi}{4}$의 그래프
   (4) xy평면에서 꼭지점 $(0, 0), (2, 0), (0, 2)$인 삼각형

4. 곡선 $\mathbf{r}(t) = \cos^3 t\,\mathbf{i} + \sin^3 t\,\mathbf{j},\ 0 \le t \le \dfrac{\pi}{2}$의 길이 $\mathcal{L}$을 구하여라.

5. 다음에서 각각 $\dfrac{ds}{dt}$를 구하여라.
   (1) $\mathbf{r}(t) = \sin 2t\,\mathbf{i} + \cos 2t\,\mathbf{j} + \dfrac{2}{3}t^{\frac{3}{2}}\mathbf{k}$　　(2) $\mathbf{r}(t) = 2t\,\mathbf{i} + t^2\mathbf{j} + \dfrac{1}{3}t^3\mathbf{k}$

6. $\mathbf{r} = a\sin\theta\,(0 \le \theta \le \pi,\ a > 0)$의 길이 $\mathcal{L}$을 구하여라.

7. $\mathbf{r}(t) = r(1 - \sin t)\,\mathbf{i} + r(1 - \cos t)\,\mathbf{j},\ 0 \le t \le 2\pi$는 파선의 한 호를 나타낸다. 이때 이 파선의 호길이함수를 구하여라.

8. 점 $(-1, 0)$을 제외한 원 $x^2 + y^2 = 1$을 매개화하면 다음과 같이 표현됨을 보여라.

$$\mathbf{r}(t) = \frac{1 - t^2}{1 + t^2}\mathbf{i} + \frac{2t}{1 + t^2}\mathbf{j}.$$ (단, 여기서 방향은 시계 반대 방향이다.)

9. 점 $(1, 0)$을 제외한 쌍곡선 $x^2 - y^2 = 1$의 양쪽 분지들을 매개화하면 다음과 같이 표현됨을 보여라.

$$\mathbf{r}(t) = \frac{t^2 + 1}{t^2 - 1}\mathbf{i} + \frac{2t}{t^2 - 1}\mathbf{j}, \quad |t| \ne 1$$

12.5 곡선의 접벡터와 법벡터

실함수 f 의 그래프상의 접선과 법선은 f 의 도함수에 의하여 정의되었다. 이제 벡터함수의 도함수를 이용하여 공간상의 곡선에 대해서도 유사한 정의를 하려고 한다. 공간상의 곡선의 접벡터와 법벡터는 직선이라기보다는 벡터일 것이다.

곡선의 접벡터

임의의 매끄러운 곡선은 매끄러운 매개화를 가지므로 이 절에서 취급하는 매끄러운 곡선의 매개화는 늘 매끄러움을 가정한다.

정의 12.11

C 는 구간 I 에서 정의된 매끄러운 곡선이고 $\mathbf{r}$ 은 C 의 매개화라 놓자. I 의 임의의 내점 t_0 에 대하여 점 $\mathbf{r}(t_0)$ 에서 **접벡터** $\mathbf{T}(t_0)$ 를 다음과 같이 정의한다(그림 12.23).

$$\mathbf{T}(t_0) = \frac{\mathbf{r}'(t_0)}{\|\mathbf{r}'(t_0)\|}$$

정의에 의하여 $\mathbf{T}(t_0)$ 는 단위벡터이다. 따라서 접벡터의 방향은 유일하게 결정된다. 12.3 절에서 벡터 $\mathbf{r}'(t_0)$ 을 $\mathbf{r}$ 에 의하여 그려진 곡선에 접하는 것으로 간주하였다. $\dfrac{\mathbf{r}'(t_0)}{\|\mathbf{r}'(t_0)\|}$ 는 $\mathbf{r}'(t_0)$ 와 늘 같은 방향이므로 $\mathbf{T}(t_0)$ 는 접벡터로 명명한 것은 정당하다.

일반적으로 I 의 모든 내점 t 에 대하여 접벡터 $\mathbf{T}(t)$ 는 다음과 같이 정의된다.

$$\mathbf{T}(t) = \frac{\mathbf{r}'(t)}{\|\mathbf{r}'(t)\|} = \frac{d\mathbf{r}/dt}{\|d\mathbf{r}/dt\|} \tag{12.15}$$

예제 12.30 원 $\mathbf{r}(t) = r\cos t\,\mathbf{i} + r\sin t\,\mathbf{j}$, $0 \le t \le 2\pi$ 에서 접벡터 $\mathbf{T}(t)$ 와 $\mathbf{T}(\pi/3)$ 의 값을 구하여라.

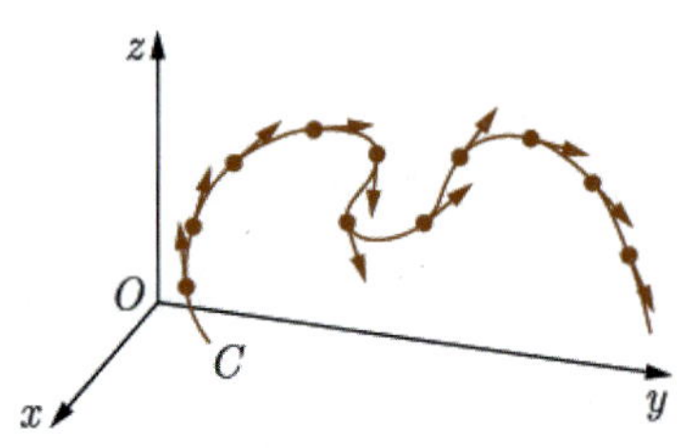

그림 12.23: 곡선의 접벡터

풀이 $\mathbf{r}'(t) = -r\sin t\,\mathbf{i} + r\cos t\,\mathbf{j}$이므로

$$\|\mathbf{r}'(t)\| = \sqrt{(-r\sin t)^2 + (r\cos t)^2} = r.$$

식 (12.15)에 의하여

$$\mathbf{T}(t) = \frac{\mathbf{r}'(t)}{\|\mathbf{r}'(t)\|} = -\sin t\,\mathbf{i} + \cos t\,\mathbf{j}\text{이고}\ \ \mathbf{T}\left(\frac{\pi}{3}\right) = -\frac{\sqrt{3}}{2}\mathbf{i} + \frac{1}{2}\mathbf{j}.$$ □

예제 12.30에서 주어진 위치함수 $\mathbf{r}(t)$에 대하여

$$\mathbf{T}(t)\cdot\mathbf{r}(t) = (-\sin t)(r\cos t) + (\cos t)(r\sin t) = 0, \quad \forall t \in [0, 2\pi].$$

따라서 모든 t에 대하여 접벡터와 위치벡터가 늘 수직임을 알 수 있다.

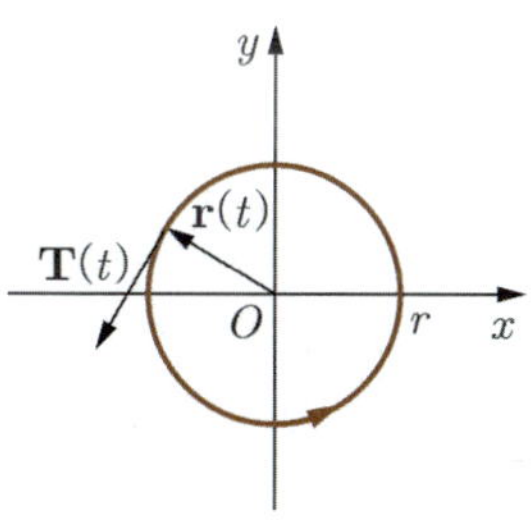

그림 12.24: 예제 12.30

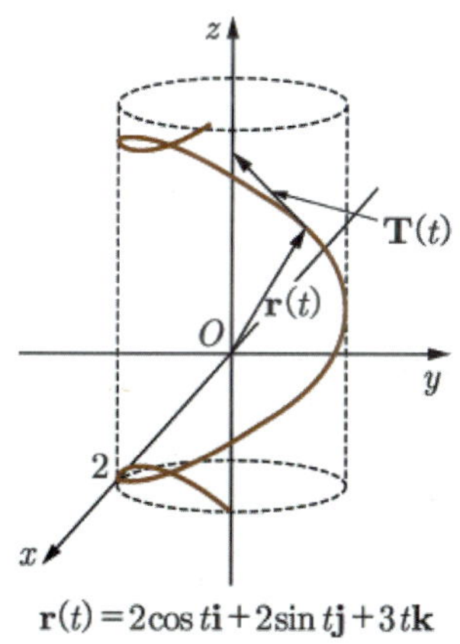

그림 12.25: 예제 12.31

예제 12.31 원형나선 $\mathbf{r}(t) = 2\cos t\,\mathbf{i} + 2\sin t\,\mathbf{j} + 3t\,\mathbf{k}$에서 접벡터 $\mathbf{T}(t)$를 구하여라.

풀이 $\dfrac{d\mathbf{r}}{dt} = -2\sin t\,\mathbf{i} + 2\cos t\,\mathbf{j} + 3\,\mathbf{k}$이고

$$\left\|\frac{d\mathbf{r}}{dt}\right\| = \sqrt{(-2\sin t)^2 + (2\cos t)^2 + 3^2} = \sqrt{13}$$

이므로 식 (12.15)로부터 다음의 결론을 얻는다.

$$\mathbf{T}(t) = \frac{\frac{d\mathbf{r}}{dt}}{\left\|\frac{d\mathbf{r}}{dt}\right\|} = -\frac{2}{\sqrt{13}}\sin t\,\mathbf{i} + \frac{2}{\sqrt{13}}\cos t\,\mathbf{j} + \frac{3}{\sqrt{13}}\mathbf{k}$$ □

임의의 주어진 한 점에서 실함수의 그래프상의 법선은 그 점에서 접선에 직교하도록 정의하였다. 유사하게 공간에서 곡선상의 주어진 점에서 법벡터를 접벡터에 직교하도록 정의

하기를 바란다. 그러나 공간에서는 주어진 벡터에 직교하는 벡터들이 무수히 많기 때문에 우리는 그들 중에서 유일하게 하나만 선택하는 방법이 필요하다.

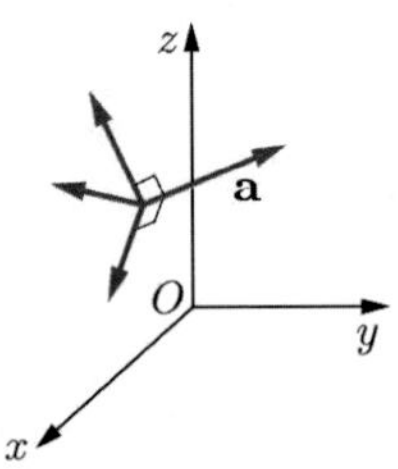

그림 12.26: 주어진 벡터 $\mathbf{a}$에 직교하는 벡터들

이제 곡선 C는 매끄럽고, 도함수 $\mathbf{r}'$도 매끄러운 매개화 $\mathbf{r}$을 갖는다고 가정하자. 그러면 $\mathbf{r}'$에 의하여 정의된 접벡터 $\mathbf{T}$는 미분가능하다. 더욱이 $\mathbf{T}$의 정의역의 모든 t에 대하여 $\|\mathbf{T}(t)\| = 1$이다. 따름정리 12.6으로부터 $\mathbf{T}'(t)$이 존재할 때는 늘 $\mathbf{T}'(t) \cdot \mathbf{T}(t) = 0$을 만족한다. 따라서 $\mathbf{T}'(t)$는 $\mathbf{T}(t)$에 직교한다. 그러므로 $\mathbf{T}'(t)$의 방향에서 단위벡터를 점 $\mathbf{r}(t)$에서 C의 법벡터로 선택하면 된다.

정의 12.12

C는 매끄러운 곡선이고 $\mathbf{r}$은 $\mathbf{r}'$이 매끄러운 I 위에서 정의된 C의 매개화라 하자. 그러면 $\mathbf{T}'(t_0) \neq 0$인 I의 내점 t_0에 대하여 점 $\mathbf{r}(t_0)$에서 **법벡터** $\mathbf{N}(t_0)$를 다음과 같이 정의한다.

$$\mathbf{N}(t_0) = \frac{\mathbf{T}'(t_0)}{\|\mathbf{T}'(t_0)\|}$$

일반적으로 I의 모든 t에 대하여 법벡터를 다음과 같이 정의한다.

$$\mathbf{N}(t) = \frac{\mathbf{T}'(t)}{\|\mathbf{T}'(t)\|} = \frac{d\mathbf{T}/dt}{\|d\mathbf{T}/dt\|} \tag{12.16}$$

예제 12.32 원 $\mathbf{r}(t) = r\cos t\,\mathbf{i} + r\sin t\,\mathbf{j}$에서 법벡터 $\mathbf{N}(t)$를 구하여라.

풀이 예제 12.30으로부터 $\mathbf{T}(t) = -\sin t\,\mathbf{i} + \cos t\,\mathbf{j}$이다. 그러므로 $\mathbf{T}'(t) = -\cos t\,\mathbf{i} - \sin t\,\mathbf{j}$이다. 모든 t에 대하여 $\|\mathbf{T}'(t)\| = 1$이므로 식 (12.16)으로부터

$$\mathbf{N}(t) = \frac{\mathbf{T}'(t)}{\|\mathbf{T}'(t)\|} = -\cos t\,\mathbf{i} - \sin t\,\mathbf{j} = -\frac{1}{r}\mathbf{r}(t).$$ □

예제 12.32으로부터 그림 12.27처럼 원 주위에서 시계 반대 방향으로 한 물체가 운동하는

길에서의 법벡터는 원의 중심을 향한다.

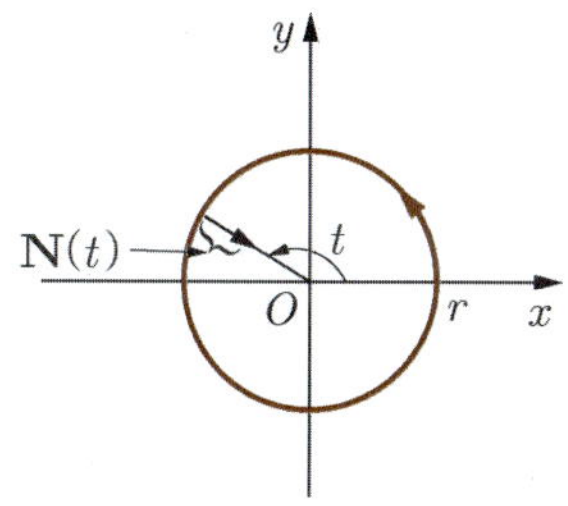

그림 12.27: 중심을 향하는 법벡터

시계 방향으로 운동하는 경우에도 역시 법벡터는 원의 중심을 향한다. 어떤 경우든지 원주상의 임의의 점에서 법벡터는 접벡터에 수직하고 $\frac{\pi}{2}$ 라디안만큼 접벡터를 회전하면 법벡터를 얻는다. 보다 일반적으로 xy 평면에서 매끄러운 곡선상의 한 점에서 접벡터로부터 법벡터를 얻는 방법을 구체적으로 서술하고자 한다.

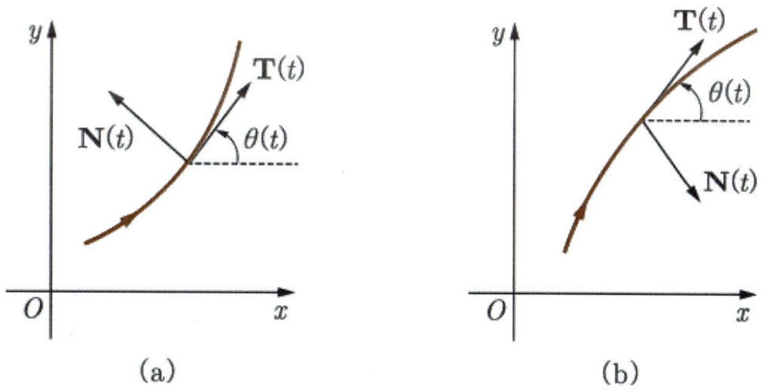

그림 12.28: 접벡터와 법벡터

$\theta(t)$를 양의 x축과 곡선상의 점 $\mathbf{r}(t)$에서의 접벡터 $\mathbf{T}(t)$ 사이의 시계 반대 방향의 각이라 놓자. (그림 12.28의 (a)) 그리고 θ가 t를 포함하는 열린구간에서 단조증가함수라고 가정하자. 그러면 다음을 얻는다.

$$\mathbf{T}(t) = \cos\theta(t)\,\mathbf{i} + \sin\theta(t)\,\mathbf{j} \tag{12.17}$$

연쇄법칙에 의하여

$$\mathbf{T}'(t) = -[\sin\theta(t)]\theta'(t)\,\mathbf{i} + [\cos\theta(t)]\theta'(t)\,\mathbf{j}.$$

그래서

$$\|\mathbf{T}'(t)\| = \sqrt{\{-[\sin\theta(t)]\theta'(t)\}^2 + \{[\cos\theta(t)]\theta'(t)\}^2} = \theta'(t).$$

그러므로

$$\mathbf{N}(t) = \frac{\mathbf{T}'(t)}{\|\mathbf{T}'(t)\|} = -\sin\theta(t)\,\mathbf{i} + \cos\theta(t)\,\mathbf{j}. \tag{12.18}$$

식 (12.17)과 (12.18)에서 $\mathbf{i}$, $\mathbf{j}$의 계수를 비교하면, $\mathbf{i}$와 $\mathbf{j}$의 성분을 교환하여 새로운 $\mathbf{i}$ 성분에 마이너스 기호를 붙이면 $\mathbf{T}(t)$의 공식이 $\mathbf{N}(t)$의 공식이 됨을 알 수 있다.

$$\cos\left(\theta(t)+\frac{\pi}{2}\right) = -\sin\theta(t), \qquad \sin\left(\theta(t)+\frac{\pi}{2}\right) = \cos\theta(t)$$

이므로 시계 반대 방향으로 $\mathbf{T}(t)$를 $\frac{\pi}{2}$ 라디안만큼 회전하면 $\mathbf{N}(t)$를 얻는다(그림 12.28의 (a)). 마찬가지로 θ가 단조감소하면, $\mathbf{N}(t) = \sin\theta(t)\,\mathbf{i} - \cos\theta(t)\,\mathbf{j}$이다. 이 경우에도 $\mathbf{T}(t)$를 시계 방향으로 $\frac{\pi}{2}$ 라디안만큼 회전하면 $\mathbf{N}(t)$를 얻는다(그림 12.28의 (b)).

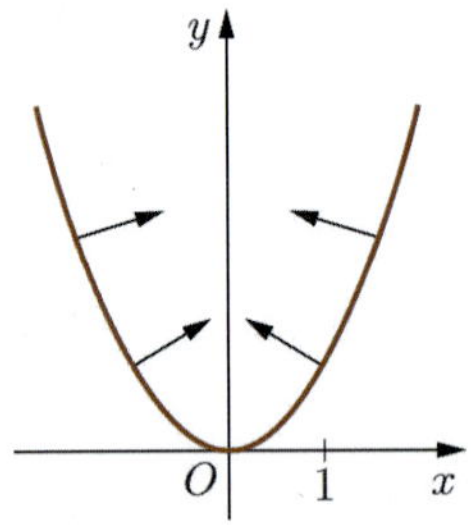

그림 12.29: 예제 12.33

예제 12.33 포물선 $\mathbf{r}(t) = t\,\mathbf{i} + t^2\mathbf{j}$에서 법벡터를 구하여라.

풀이 $\dfrac{d\mathbf{r}}{dt} = \mathbf{i} + 2t\,\mathbf{j}$이고 $\left\|\dfrac{d\mathbf{r}}{dt}\right\| = \sqrt{1+4t^2}$이다. 따라서

$$\mathbf{T}(t) = \frac{1}{\sqrt{1+4t^2}}\mathbf{i} + \frac{2t}{\sqrt{1+4t^2}}\mathbf{j}.$$

식 (12.16)를 이용하든지 $\theta(t)$가 증가함수임에 유의하여(그림 12.29) 예제 12.32에서 이용했던 방법을 사용하면 다음의 공식을 얻는다.

$$\mathbf{N}(t) = \frac{-2t}{\sqrt{1+4t^2}}\mathbf{i} + \frac{1}{\sqrt{1+4t^2}}\mathbf{j}.$$ □

그림 12.28의 (a)와 12.28의 (b)에서 주어진 곡선이 위로 오목(아래로 오목)인 구간들에서 법벡터의 $\mathbf{j}$ 성분은 양(음)이다. 그러므로 사인함수의 그래프의 법벡터들은 그림 12.30처럼 나타난다.

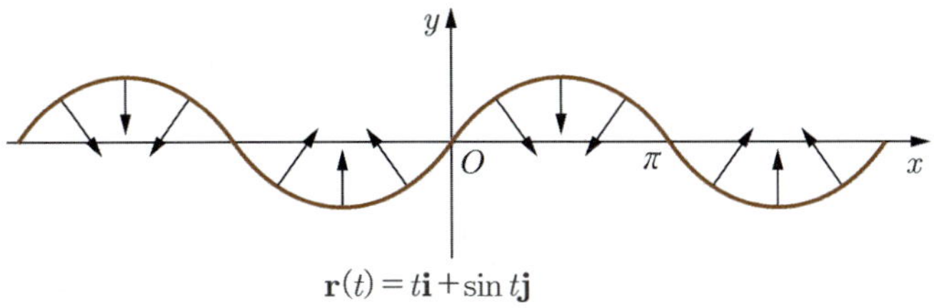

그림 12.30:

예제 12.34 원나선 $\mathbf{r}(t) = 2\cos t\,\mathbf{i} + 2\sin t\,\mathbf{j} + 3t\,\mathbf{k}$에서 법벡터 $\mathbf{N}(t)$를 구하여라.

풀이 예제 12.31로부터 $\mathbf{T}(t) = -\frac{2}{\sqrt{13}}\sin t\,\mathbf{i} + \frac{2}{\sqrt{13}}\cos t\,\mathbf{j} + \frac{3}{\sqrt{13}}\mathbf{k}$ 임을 알 수 있다.

$$\frac{d\mathbf{T}}{dt} = -\frac{2}{\sqrt{13}}\cos t\,\mathbf{i} - \frac{2}{\sqrt{13}}\sin t\,\mathbf{j}$$

이고

$$\left\|\frac{d\mathbf{T}}{dt}\right\| = \frac{2}{\sqrt{13}}$$

이므로 (12.16)를 이용하면 다음의 결과를 얻는다.

$$\mathbf{N}(t) = \frac{d\mathbf{T}/dt}{\|d\mathbf{T}/dt\|} = \frac{-(\frac{2}{\sqrt{13}})\cos t\,\mathbf{i} - (\frac{2}{\sqrt{13}})\sin t\,\mathbf{j}}{\frac{2}{\sqrt{13}}}$$
$$= -\cos t\,\mathbf{i} - \sin t\,\mathbf{j}$$ □

예제 12.34로부터 나선 위에서의 법벡터는 늘 z축과 직교하고 방향도 z축을 향한다.

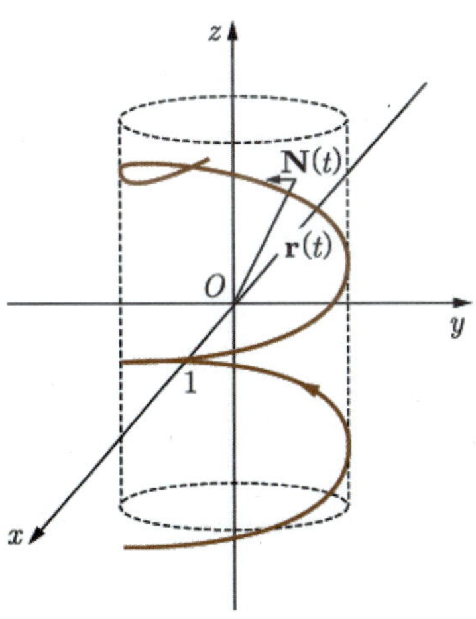

그림 12.31: 예제 12.34

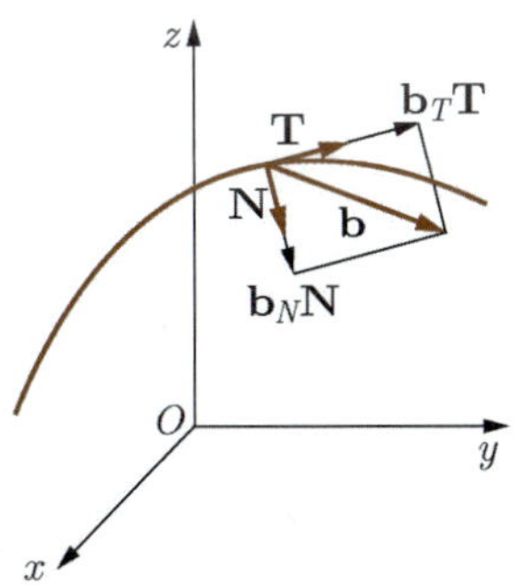

그림 12.32: 접성분과 법성분

임의의 매끄러운곡선 C 상의 임의의 점에서 접벡터 $\mathbf{T}$와 법벡터 $\mathbf{N}$이 늘 직교하므로 10.2

절의 결과로부터 $\mathbf{T}$와 $\mathbf{N}$에 의하여 결정된 평면상의 임의의 벡터 $\mathbf{b}$는 다음의 형태로 표현할 수 있다.

$$\mathbf{b} = b_{\mathbf{T}}\mathbf{T} + b_{\mathbf{N}}\mathbf{N}$$

이때 $b_{\mathbf{T}}$, $b_{\mathbf{N}}$을 각각 **접성분**과 **법성분**이라고 부른다. 우리가 공부해야 할 다음 과제는 C를 따라서 움직이는 물체의 속도벡터와 가속도벡터가 $\mathbf{T}$와 $\mathbf{N}$에 의하여 결정된 평면에 놓이는 것과 이들의 접성분과 법성분을 찾는 것이다.

속도 $\mathbf{v}$를 구하기 위하여 $\mathbf{r}$을 물체의 위치벡터로 표시하고 $\mathbf{T}$와 $\mathbf{N}$이 존재한다고 가정하자. 그러면 식 (12.15)에 의하여 다음이 성립한다.

$$\mathbf{v} = \frac{d\mathbf{r}}{dt} = \left\|\frac{d\mathbf{r}}{dt}\right\|\mathbf{T} = \|\mathbf{v}\|\mathbf{T} \tag{12.19}$$

따라서 $\mathbf{v}$의 접성분은 물체의 속력 $\|\mathbf{v}\|$이고 법성분은 0이다.

다음으로 가속도 $\mathbf{a}$를 찾기 위하여 식 (12.19)의 양변을 미분하면

$$\mathbf{a} = \frac{d\mathbf{v}}{dt} = \frac{d\|\mathbf{v}\|}{dt}\mathbf{T} + \|\mathbf{v}\|\frac{d\mathbf{T}}{dt}$$

를 얻는다. 식 (12.16)로부터 $\dfrac{d\mathbf{T}}{dt} = \left\|\dfrac{d\mathbf{T}}{dt}\right\|\mathbf{N}$이므로 $\mathbf{a}$의 방정식은

$$\mathbf{a} = \frac{d\|\mathbf{v}\|}{dt}\mathbf{T} + \|\mathbf{v}\|\left\|\frac{d\mathbf{T}}{dt}\right\|\mathbf{N}$$

가 된다. 따라서

$$\mathbf{a} = a_{\mathbf{T}}\mathbf{T} + a_{\mathbf{N}}\mathbf{N} \tag{12.20}$$

여기서

$$a_{\mathbf{T}} = \frac{d\|\mathbf{v}\|}{dt} \text{이고} \quad a_{\mathbf{N}} = \|\mathbf{v}\|\left\|\frac{d\mathbf{T}}{dt}\right\|. \tag{12.21}$$

이때 계수 $a_{\mathbf{T}}$와 $a_{\mathbf{N}}$을 각각 가속도의 **접성분**과 **법성분**이라고 부른다.

$\mathbf{T}$와 $\mathbf{N}$이 서로 수직인 단위벡터이므로 식 (12.20)과 (12.21)로부터 다음을 얻는다.

$$\begin{aligned}\|\mathbf{a}\|^2 = \mathbf{a}\cdot\mathbf{a} &= (a_{\mathbf{T}}\mathbf{T} + a_{\mathbf{N}}\mathbf{N})\cdot(a_{\mathbf{T}}\mathbf{T} + a_{\mathbf{N}}\mathbf{N}) \\ &= a_{\mathbf{T}}^2\|\mathbf{T}\|^2 + a_{\mathbf{N}}^2\|\mathbf{N}\|^2 \\ &= a_{\mathbf{T}}^2 + a_{\mathbf{N}}^2\end{aligned}$$

식 (12.21)에서의 $a_{\mathbf{N}} = \|\mathbf{v}\|\left\|\dfrac{d\mathbf{T}}{dt}\right\|$를 계산하는 것이 좀 어렵기 때문에 다음을 이용할 수 있다.

$$a_{\mathbf{N}} = \sqrt{\|\mathbf{a}\|^2 - a_{\mathbf{T}}^2} \tag{12.22}$$

예제 12.35 $\mathbf{r}(t) = t^2\mathbf{i} + t\,\mathbf{j} + t^2\mathbf{k}$에서 가속도의 접성분과 법성분을 각각 구하여라.

풀이 $\mathbf{r}$을 미분하면 $\mathbf{v} = 2t\,\mathbf{i} + \mathbf{j} + 2t\,\mathbf{k}$이다. 그러므로

$$\|\mathbf{v}\| = \sqrt{(2t)^2 + 1 + (2t)^2} = \sqrt{8t^2+1}.$$

이 사실과 식 (12.21)로부터

$$a_{\mathbf{T}} = \frac{d\|\mathbf{v}\|}{dt} = \frac{8t}{\sqrt{8t^2+1}}$$

를 얻는다. 다음으로 $a_{\mathbf{N}}$을 구하기 위하여

$$\mathbf{a} = \frac{d\mathbf{v}}{dt} = 2\mathbf{i} + 2\mathbf{k}$$

임에 유의하라. 따라서 $\|\mathbf{a}\| = \sqrt{2^2+2^2} = 2\sqrt{2}$이므로 식 (12.22)로부터 다음을 얻는다.

$$a_{\mathbf{N}} = \sqrt{\|\mathbf{a}\|^2 - a_{\mathbf{T}}^2} = \sqrt{8 - \frac{64t^2}{8t^2+1}} = \frac{2\sqrt{2}}{\sqrt{8t^2+1}}.$$ □

곡선의 방향

곡선 C의 조각적으로 매끄러운 매개화 $\mathbf{r} = x\mathbf{i} + y\mathbf{j} + z\mathbf{k}$는 C의 유한점을 제외하고는 모든 점에서 접벡터를 결정한다. $\mathbf{r}$에 의하여 그려지는 곡선 C의 방향으로 각 접벡터들이 향할 때 $\mathbf{r}$은 C의 **방향**을 결정한다고 말한다.(그림 12.33의 (a))

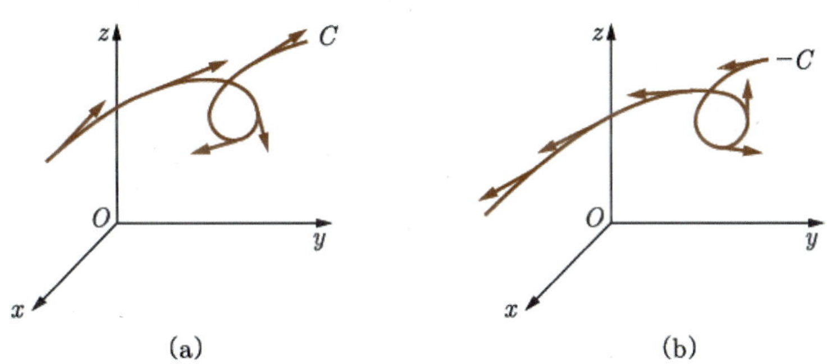

그림 12.33: 곡선의 방향

일반적으로 사람들이 고속도로에서 차를 운전할때 두 개의 방향에서 하듯이 주어진 곡선도 늘 두 방향을 가진다. 임의의 한 방향에 대한 접벡터는 다른 방향에 대한 접벡터와 늘 반대 방향을 갖는다. 더욱이 곡선 C가 일단 하나의 방향을 가지면 C에서의 접벡터들은 C의 매개화에 관계없이 늘 유일하게 결정된다.

$\mathbf{r}$을 $[a, b]$에서 C의 조각적으로 매끄러운 매개화라 가정하자. 그리고 $\mathbf{r}_1(t) = \mathbf{r}(a+b-t)$,

$a \le t \le b$로 놓자. 그러면 $\mathbf{r}_1$도 C의 조각적으로 매끄러운 매개화이고, $\mathbf{r}$에 의하여 결정된 방향과 반대의 방향을 결정한다.(그림 12.33의 (b))

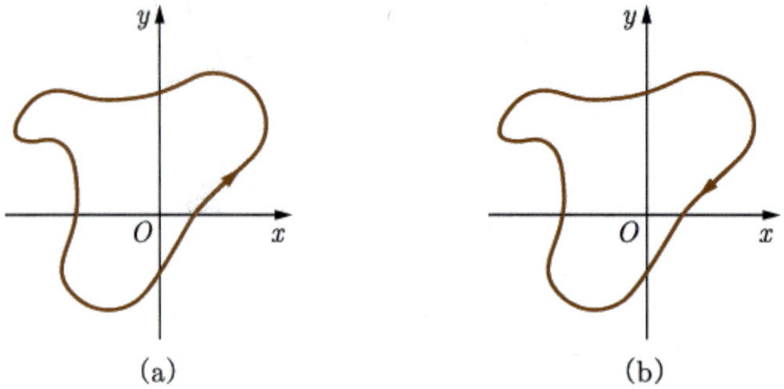

그림 12.34: 시계 반대 방향, 시계 방향

우리가 방향이 주어진 곡선 C를 생각할 때 이 곡선의 반대 방향을 가진 곡선은 $-C$이다. 자체가 꼬이지 않은 평면닫힌곡선은 위의 그림 12.34처럼 두 방향을 갖는데, 각각 **시계 반대 방향**(그림 12.34의 (a)), **시계 방향**(그림 12.34의 (b))이라고 부른다.

유향곡선이라 함은 곡선이 특별한 방향을 가지는 조각적으로 매끄러운 곡선을 말한다.

곡률

C를 매끄러운곡선이라 하자. 이때 접벡터의 크기는 늘 1이다. 그리고 주어진 곡선의 특성에 따라서 방향은 점에서 점으로 변한다. 예를 들어 그림 12.35의 (a)처럼 곡선이 직선이면 접벡터의 방향은 일정하다 그림 12.35의 (b)처럼 곡선이 완만하면 접벡터가 곡선을 따라서 느슨하게 변한다. 마지막으로 그림 12.35의 (c)인 경우처럼 급속도로 변하는 예도 있다.

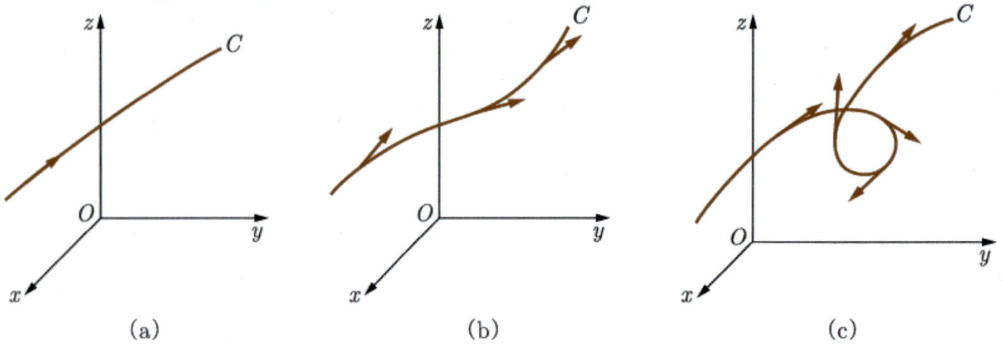

그림 12.35: 곡선에 따른 접벡터의 변화

그림 12.35는 호길이함수 s에 관한 접벡터의 변화율 $\dfrac{d\mathbf{T}}{ds}$가 주어진 곡선이 꼬이고 방향 전환하는 비율과 관계있음을 보여주고 있다.

$$\frac{d\mathbf{T}}{dt} = \frac{d\mathbf{T}}{ds}\frac{ds}{dt}$$

이므로

$$\frac{d\mathbf{T}}{ds} = \frac{d\mathbf{T}/dt}{ds/dt} = \frac{d\mathbf{T}/dt}{\|d\mathbf{r}/dt\|}$$

가 성립한다. 이 사실로부터 곡선의 **곡률** κ를 다음처럼 정의할 수 있다.

정의 12.13

C는 $\mathbf{r}'$이 미분가능하고 매끄러운 매개화 $\mathbf{r}$을 갖는 곡선이라고 가정하자. 이때 C의 **곡률** κ는 다음의 공식으로 표현된다.

$$k(t) = \frac{\|\mathbf{T}'(t)\|}{\|\mathbf{r}'(t)\|} = \frac{\|d\mathbf{T}/dt\|}{\|d\mathbf{r}/dt\|} \tag{12.23}$$

정의에 의하여 $\kappa(t)$는 0이 아닌 양수이지만 $\kappa(t) = 0$인 경우도 가능하다. 예를들면 직선의 곡률은 0이다. 왜냐하면 접벡터가 상수이기 때문이다.

예제 12.36 반경이 r인 원의 곡률은 $\dfrac{1}{r}$이다.

풀이 중심이 (x_0, y_0)인 원을 매개화하면

$$\mathbf{r}(t) = (x_0 + r\cos t)\,\mathbf{i} + (y_0 + r\sin t)\,\mathbf{j}$$

이다. 그러면 $\mathbf{r}'(t) = -r\sin t\,\mathbf{i} + r\cos t\,\mathbf{j}$이다. 더욱이 $\|\mathbf{r}'(t)\| = r$이고 $\mathbf{T}(t) = -\sin t\,\mathbf{i} + \cos t\,\mathbf{j}$이다. 식 (12.23)으로부터

$$k(t) = \frac{\|\mathbf{T}'(t)\|}{\|\mathbf{r}'(t)\|} = \frac{1}{r}\| - \cos t\,\mathbf{i} - \sin t\,\mathbf{j}\| = \frac{1}{r}.$$ □

예제 12.36으로부터 반경이 크면 클수록 곡률은 점점 작아짐을 알 수 있다. 또한 이것은 지구가 왜 평평해 보이는지를 설명해 주고 있다. 즉 지구의 반경은 대단히 크므로 어느 누구도 감지하기 힘든 곡률이 주어진다. 반경 r인 원의 곡률은 $\dfrac{1}{r}$이기 때문에 점 P에서 곡선 C의 **곡률반경** $\rho(t)$는 $\rho(t) = \dfrac{1}{\kappa(t)}$로 주어진다. 따라서 원의 곡률반경은 원의 반경과 같다. 다음의 예는 곡선이 곡률함수를 갖는 경우이다.

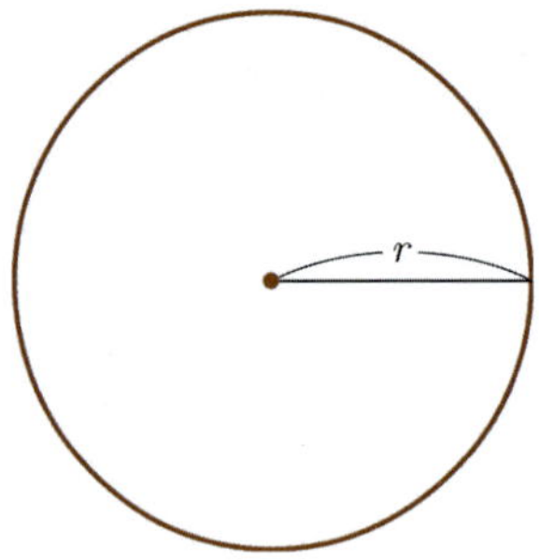

그림 12.36: 예제 12.36

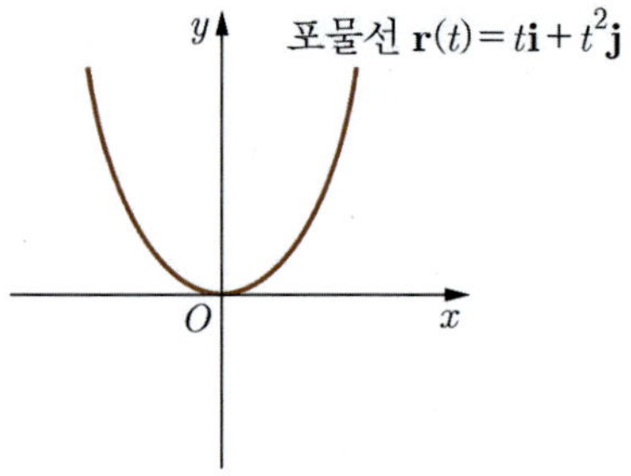

그림 12.37: 예제 12.37

예제 12.37 포물선 $\mathbf{r}(t) = t\,\mathbf{i} + t^2\mathbf{j}$의 곡률 κ를 구하여라.

풀이 필요한 계산을 하면 다음과 같다.

$$\frac{d\mathbf{r}}{dt} = \mathbf{i} + 2t\,\mathbf{j}, \quad \left\|\frac{d\mathbf{r}}{dt}\right\| = \sqrt{1+4t^2}$$
$$\mathbf{T}(t) = \frac{1}{\sqrt{1+4t^2}}\mathbf{i} + \frac{2t}{\sqrt{1+4t^2}}\mathbf{j}$$
$$\frac{d\mathbf{T}}{dt} = \frac{-4t}{(1+4t^2)^{3/2}}\mathbf{i} + \frac{2}{(1+4t^2)^{3/2}}\mathbf{j}$$
$$\left\|\frac{d\mathbf{T}}{dt}\right\| = \frac{2}{1+4t^2}$$

이상의 결과들을 공식 (12.23)에 대입하면

$$\kappa(t) = \frac{\|d\mathbf{T}/dt\|}{\|d\mathbf{r}/dt\|} = \frac{2/(1+4t^2)}{(1+4t^2)^{1/2}} = \frac{2}{(1+4t^2)^{3/2}}.$$

$t = 0$일 때 포물선의 곡률은 가장 크고 $|t|$가 증가함에 따라서 점점 감소한다. 아래 곡선이 y축에 대하여 대칭이므로 자연스럽게 곡률은 t와 $-t$인 경우 모두 같다. □

속도벡터와 가속도벡터를 접성분과 법성분으로 분해된 것을 이용하면 식 (12.23)보다 간단한 곡률함수의 공식을 얻을 수 있다. $\mathbf{r}$을 접벡터 $\mathbf{T}$와 법벡터 $\mathbf{N}$을 가진 매끄러운 곡선 C의 매개화라 하자. 그러면 식 (12.19)와 (12.20)으로부터 $\mathbf{v} = \|\mathbf{v}\|\mathbf{T}$이고 $\mathbf{a} = a_{\mathbf{T}}\mathbf{T} + a_{\mathbf{N}}\mathbf{N}$이다. $\mathbf{T}\times\mathbf{T} = \mathbf{0}$이므로

$$\begin{aligned}\mathbf{v}\times\mathbf{a} &= (\|\mathbf{v}\|\mathbf{T})\times(a_{\mathbf{T}}\mathbf{T} + a_{\mathbf{N}}\mathbf{N})\\ &= [(\|\mathbf{v}\|\mathbf{T})\times(a_{\mathbf{T}}\mathbf{T})] + [(\|\mathbf{v}\|\mathbf{T})\times(a_{\mathbf{N}}\mathbf{N})]\\ &= (\|\mathbf{v}\|a_{\mathbf{N}})(\mathbf{T}\times\mathbf{N}).\end{aligned} \tag{12.24}$$

$a_{\mathbf{N}} = \|\mathbf{v}\| \left\| \dfrac{d\mathbf{T}}{dt} \right\|$ 이고 $\mathbf{T}$, $\mathbf{N}$ 이 직교단위벡터이므로 식 (12.24)은 다음과 같다.

$$\|\mathbf{v} \times \mathbf{a}\| = \|\mathbf{v}\| a_{\mathbf{N}} = \|\mathbf{v}\|^2 \left\| \frac{d\mathbf{T}}{dt} \right\|.$$

그러나

$$\kappa = \frac{\|d\mathbf{T}/dt\|}{\|d\mathbf{r}/dt\|} = \frac{\|d\mathbf{T}/dt\|}{\|\mathbf{v}\|}.$$

따라서

$$\kappa = \frac{\|\mathbf{v} \times \mathbf{a}\|}{\|\mathbf{v}\|^3} \tag{12.25}$$

예제 12.38 식 (12.25)을 이용하여 곡선 $\mathbf{r}(t) = \dfrac{1}{3}t^3\mathbf{i} + \dfrac{\sqrt{2}}{2}t^2\mathbf{j} + t\,\mathbf{k}$ 의 곡률을 구하여라.

풀이 계산에 의하여

$$\begin{aligned} \mathbf{v} &= \frac{d\mathbf{r}}{dt} = t^2\mathbf{i} + \sqrt{2}t\,\mathbf{j} + \mathbf{k} \\ \|\mathbf{v}\| &= \sqrt{t^4 + 2t^2 + 1} = t^2 + 1 \\ \mathbf{a} &= \frac{d\mathbf{v}}{dt} = 2t\,\mathbf{i} + \sqrt{2}\mathbf{j} \end{aligned}$$

이고

$$\mathbf{v} \times \mathbf{a} = \begin{vmatrix} \mathbf{i} & \mathbf{j} & \mathbf{k} \\ t^2 & \sqrt{2}t & 1 \\ 2t & \sqrt{2} & 0 \end{vmatrix} = -\sqrt{2}\mathbf{i} + 2t\,\mathbf{j} - \sqrt{2}t^2\mathbf{k}.$$

따라서 식 (12.25)에 의하여

$$\kappa = \frac{\|\mathbf{v} \times \mathbf{a}\|}{\|\mathbf{v}\|^3} = \frac{\sqrt{\left(-\sqrt{2}\right)^2 + (2t)^2 + \left(-\sqrt{2}t^2\right)^2}}{(t^2+1)^3} = \frac{\sqrt{2}}{(t^2+1)^2}$$ □

$\mathbf{r}$ 이 xy 평면에서 곡선상에 움직이는 물체를 나타낼 때 다음 식이 성립한다.

$$\begin{aligned} \mathbf{r} &= x\mathbf{i} + y\mathbf{j} \\ \mathbf{v} &= \frac{dx}{dt}\mathbf{i} + \frac{dy}{dt}\mathbf{j} \\ \mathbf{a} &= \frac{d^2x}{dt^2}\mathbf{i} + \frac{d^2y}{dt^2}\mathbf{j} \end{aligned}$$

식 (12.25)에서 외적을 계산하면 다음 식을 얻는다.

$$\kappa = \frac{\left|\dfrac{dx}{dt}\dfrac{d^2y}{dt^2} - \dfrac{d^2x}{dt^2}\dfrac{dy}{dt}\right|}{\left[\left(\dfrac{dx}{dt}\right)^2 + \left(\dfrac{dy}{dt}\right)^2\right]^{3/2}} \tag{12.26}$$

특히 $x = t$인 경우는 다음 식을 얻는다.

$$\kappa = \frac{\left|\dfrac{d^2y}{dx^2}\right|}{\left[1 + \left(\dfrac{dy}{dx}\right)^2\right]^{3/2}}. \tag{12.27}$$

예제 12.39 파선의 한 호 $\mathbf{r}(t) = r(t - \sin t)\,\mathbf{i} + r(1 - \cos t)\,\mathbf{j},\ 0 < t < 2\pi$의 곡률을 구하여라.

풀이 계산에 의하여

$$\begin{aligned} x(t) &= r(t - \sin t) & y(t) &= r(1 - \cos t) \\ \frac{dx}{dt} &= r(1 - \cos t) & \frac{dy}{dt} &= r\sin t \\ \frac{d^2x}{dt^2} &= r\sin t & \frac{d^2y}{dt^2} &= r\cos t \end{aligned}$$

이다. 그러면 식 (12.26) 에 의하여

$$\begin{aligned} \kappa &= \frac{|r(1-\cos t)(r\cos t) - (r\sin t)(r\sin t)|}{[r^2(1-\cos t)^2 + r^2\sin^2 t]^{3/2}} \\ &= \frac{r^2(1-\cos t)}{[r^2(2 - 2\cos t)]^{3/2}} = \frac{1}{2^{3/2} r\sqrt{1 - \cos t}}. \end{aligned}$$

□

연습문제 12.5

1. 곡선 $\mathbf{r}(t) = 2t\,\mathbf{i} + t^2\mathbf{j} + \frac{1}{3}t^3\mathbf{k}$에서 접벡터와 법벡터를 구하여라.
2. 곡선 $\mathbf{r}(t) = e^t\sin t\,\mathbf{i} + e^t\cos t\,\mathbf{j} + t\,\mathbf{k}$에서 곡률을 구하여라.
3. 곡선 $\mathbf{r}(t) = 2\cosh t\,\mathbf{i} + 3\sinh t\,\mathbf{j},\ t_0 = 0$에서 곡률을 구하여라.
4. 방정식 $y = \ln x$의 그래프에서 곡률을 계산하여라.
5. 곡선 $\mathbf{r}(t) = \frac{4}{5}\cos t\,\mathbf{i} + (1 - \sin t)\,\mathbf{j} - \frac{3}{5}\cos t\,\mathbf{k}$의 가속도벡터의 접성분과 법성분을 각각 찾아라.
6. 다음 그림과 같이 주어진 곡선을 각각 매개화하여라.

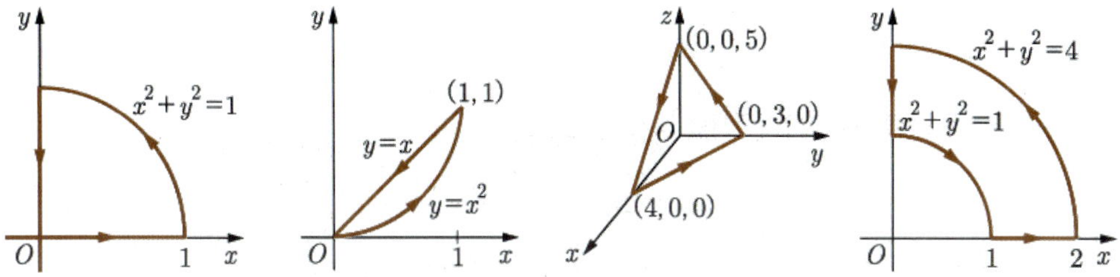

7. 곡률이 최대, 최소가 되는 타원 $4x^2 + 9y^2 = 36$상의 모든 점을 각각 찾아라.

8. $y = e^x$ 상의 점으로 곡률이 최대가 되는 점을 구하여라.

9. f의 그래프는 $(a, f(a))$에서 변곡점을 갖는다고 가정하자. 이때 점 $(a, f(a))$에서 그래프의 곡률이 0이 됨을 밝혀라.

10. 나선 $\mathbf{r}(t) = \cos t\,\mathbf{i} + \sin t\,\mathbf{j} + t\,\mathbf{k}$가 상수함수 곡률을 가짐을 보여라.

11. 극방정식 $r = f(\theta)$의 극좌표 그래프의 곡률은 다음과 같이 주어짐을 보여라.

$$\kappa(\theta) = \frac{|2[f'(\theta)]^2 - f(\theta)f''(\theta) + [f(\theta)]^2|}{[(f'(\theta))^2 + (f(\theta))^2]^{3/2}}$$

12. 세 잎 장미 $r = \sin\theta$, $0 < \theta < \dfrac{\pi}{3}$의 한 잎에서 곡률을 구하여라.

13. 심장형 $r = 1 - \cos\theta$, $0 < \theta < 2\pi$에서 곡률을 계산하여라.

14. 점 $(0, 1)$에서 평면곡선 $y = \cos x$의 곡률원의 방정식을 구하여라.

15. 접벡터 $\mathbf{T}$와 법벡터 $\mathbf{N}$에 동시에 수직인 새로운 벡터 $\mathbf{B} = \mathbf{T} \times \mathbf{N}$을 **종법벡터**(binormal vector)라고 한다. 이때 벡터 $\mathbf{B}$도 단위벡터이다. 나선 $\mathbf{r}(t) = \cos t\,\mathbf{i} + \sin t\,\mathbf{j} + t\,\mathbf{k}$에서 종법벡터를 구하여라.

16. (1) κ는 구간 I에서 정의된 미분가능한 음이 아닌 함수라 하자. 그리고 a는 I의 내점이라고 놓자. 또한 $\theta(t) = \displaystyle\int_a^t \kappa(u)\,du$ 이고 $\mathbf{r}(t) = \left[\displaystyle\int_a^t \cos\theta(u)\,du\right]\mathbf{i} + \left[\displaystyle\int_a^t \sin\theta(u)\,du\right]\mathbf{j}$ 라 하자. 이때 $\mathbf{r}$에 의하여 그려진 곡선 C의 곡률이 κ임을 보여라.
    (2) (1)을 이용하여 곡률이 $\kappa(t) = \dfrac{1}{\sqrt{1-t^2}}$, $-1 < t < 1$인 곡선을 구하여라.
    (3) (1)을 이용하여 곡률이 $\kappa(t) = \dfrac{1}{1+t^2}$ 인 곡선을 구하여라.

17. 현수선 $\mathbf{r}(t) = t\,\mathbf{i} + \cosh t\,\mathbf{j}$의 곡률이 $\kappa(t) = \dfrac{1}{\cosh^2 t}$ 임을 밝혀라.

18. C는 $xy = 1$, $x > 0$의 그래프를 나타낸다.
    (1) C의 곡률을 구하여라.
    (2) C의 곡률의 최대값을 구하여라.
    (3) 점 $(1, 1)$에서 C의 곡률반경을 구하여라.

19. Descartes 의 자폐선(folium) $\mathbf{r}(t) = \dfrac{3t}{1+t^3}\mathbf{i} + \dfrac{3t^2}{1+t^3}\mathbf{j}$는 원점을 통과함을 보이고 원점에서의 접선이 x축과 평행함을 보여라.

20. 한 대의 자동차가 곡선 $y = \dfrac{2}{3}x^{\frac{2}{3}}$ 을 여행한다고 가정하자. 단, 이때 x 의 좌표는 $x(t) = \left(\dfrac{3}{2}t\right)^{2/3} - 1$, $t > 1$ 로 주어진다. 이때 자동차의 속력이 일정함을 보여라.

Memo

13. 편도함수

13.1 다변수함수

13.2 극한과 연속

13.3 편도함수

13.4 연쇄법칙

13.5 방향도함수와 그래디언트

13.6 접평면과 미분근사식

13.7 극값과 Lagrange 승수법

CHAPTER 13

편도함수

지금까지 실수값 및 벡터값을 가지는 일변수함수에 대하여 공부하였다. 실제로 자연현상에서는 그러한 함수로 표현될 수 있으며 대부분의 물리량은 1변수보다 다변수에 더 많이 의존하게 된다. 예를 들면, 금속표면 위의 한 점에서의 온도는 그 점의 좌표에 의존한다. 여러 다른 양에 의존하는 임의의 양은 다변수함수를 결정하는 것처럼 생각할 수 있다. 이 장에서는 다변수함수의 미분을 다루기로 한다.

13.1 다변수함수

평면 또는 **공간** 위의 한 점을 실수값으로 대응시키는 관계를 **다변수함수**라고 한다. 이 때 정의역을 평면의 부분집합으로 가지는 다변수함수를 **2변수함수**라 부르고 공간의 부분집합으로 가지는 다변수함수를 **3변수함수**라 한다.

다변수함수는 f 또는 g로 나타내며 평면 위의 점 (x, y)에서 2변수함수 f의 값을 $f(x, y)$로 쓰고, 공간 위의 점 (x, y, z)에서 3변수함수 f의 값을 $f(x, y, z)$라 쓴다. 특별한 언급이 없는 한 함수값이 정의되는 평면 또는 공간의 집합을 정의역으로 한다.

예제 13.1 $f(x, y) = \sqrt{9 - 4x^2 - y^2}$의 정의역을 구하여라.

풀이 근호 안의 값이 음이 아닌 실수이어야 하므로 타원 $4x^2 + y^2 = 9$에 의해 둘러싸인 xy평면의 영역이 f의 정의역이다. 즉 부등식 $4x^2 + y^2 \le 9$를 만족하는 점 (x, y)의 집합이 f의 정의역이다. □

다변수함수의 연산 및 합성

다변수함수 f와 g가 주어져 있을 때 **합, 차, 곱, 몫**을 다음과 같이 정의한다.

$$(f+g)(x,y) = f(x,y) + g(x,y)$$
$$(f-g)(x,y) = f(x,y) - g(x,y)$$
$$(fg)(x,y) = f(x,y)g(x,y)$$
$$(f/g)(x,y) = f(x,y)/g(x,y)$$

3변수에 대해서 위와 같은 방법으로 정의한다. 함수 $f+g$, $f-g$, fg의 정의역은 함수 f의 정의역과 함수 g의 정의역의 교집합이고 함수 f/g의 정의역은 f의 정의역과 g의 정의역 중 g의 함수값을 0으로 하지 않은 점의 집합과의 공통집합이 된다.

예제 13.2 함수 $F(x,y) = xy + \dfrac{y^2}{x^2}$의 정의역을 구하여라.

풀이 F를 함수 $f(x,y) = xy$와 $g(x,y) = \dfrac{y^2}{x^2}$의 합으로 생각할 수 있다. f의 정의역은 평면 전체의 집합이고 g의 정의역은 분모가 0이 아닌 원소의 집합 $\{(x,y)|x \neq 0\}$이므로 F의 정의역은 f의 정의역과 g의 정의역의 교집합인 $\{(x,y)|x \neq 0\}$이다. □

다변수함수에 대해서도 1변수함수의 경우와 같이 합성함수를 정의할 수 있다. f가 2변수함수이고 g가 1변수함수일 때 **합성함수** $g \circ f$를 $f(x,y)$가 g의 정의역에 속하는 f의 정의역의 모든 (x,y)에 대하여

$$(g \circ f)(x,y) = g(f(x,y))$$

로 정의한다. 3변수함수와 1변수함수의 경우도 위와 같은 방법으로 정의할 수 있다.

예제 13.3 함수 $F(x,y) = \sqrt{\ln(4-x^2-y^2)}$에 대해서 $F = g \circ f$가 성립하는 2변수함수 f와 1변수함수 g를 구하여라. F의 정의역을 구하여라.

풀이 F를 합성함수로 표현하는 방법은 많이 있다. $f(x,y) = \ln(4-x^2-y^2)$와 $g(t) = \sqrt{t}$라 두면 $F = g \circ f$가 된다. 함수 f의 정의역은 부등식 $4-x^2-y^2 > 0$를 만족하는 모든 점 (x,y)이고 g의 정의역은 모든 음이 아닌 실수집합이다. 그러므로 $g \circ f$의 정의역은 $4-x^2-y^2 > 0$와 $\ln(4-x^2-y^2) \geq 0$을 만족하는 모든 점 (x,y)이다. $\ln(4-x^2-y^2) \geq 0$이기 위한 필요충분조건은 $4-x^2-y^2 \geq 1$이므로 $F = g \circ f$의 정의역은 $x^2+y^2 \leq 3$인 모든 (x,y)이다. □

2변수함수의 그래프

2변수함수의 **그래프**는 f의 정의역에 속하는 (x, y)에 대해 순서쌍 $(x, y, f(x, y))$의 집합이다. $z = f(x, y)$라고 하면 f의 그래프는 $z = f(x, y)$인 모든 점 (x, y, z)의 집합이다. 2변수함수 f의 그래프를 그리기 위해서는 $z = c$인 평면과 f의 그래프와의 교점들의 집합을 구하면 좋다. 그러한 교점들의 집합을 평면 $z = c$에서의 f의 그래프의 **자취**(trace)라고 한다. 그러므로 평면 $z = c$에서의 f의 그래프의 자취는 $f(x, y) = c$인 점 (x, y, z)의 집합이다.

등고선

자취와 밀접한 개념은 등고선의 개념이다. $f(x, y) = c$를 만족하는 xy평면 위의 점 (x, y)의 집합을 f의 **등고선**이라 한다(그림 13.1).

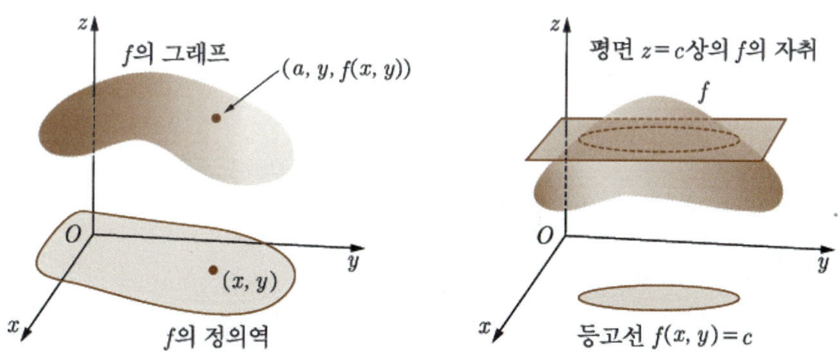

그림 13.1: f의 그래프, 등고선

예제 13.4 $f(x, y) = x^2 + y^2$일 때 f의 그래프를 그리고 등고선을 구하여라.

풀이 만일 $c > 0$이면 등고선 $f(x, y) = c$는 반지름이 $\sqrt{c}$인 원

$$x^2 + y^2 = c$$

이다. 그러므로 평면 $z = c$ 위에서 그래프의 자취는 마찬가지로 반지름이 $\sqrt{c}$인 원이다. 등고선 $f(x, y) = 0$은 점 $(0, 0)$이다. $c < 0$에 대해서 등고선 $f(x, y) = c$는 점을 포함하지 않는다(그림 13.2). □

등위면

2변수함수의 경우와 마찬가지로 3변수함수일 때도 등위면을 정의할 수 있다. 임의의 수 c에 대해서 $f(x, y, z) = c$가 되는 점 (x, y, z)의 집합을 f의 **등위면**이라 하고 이것을 대응되는

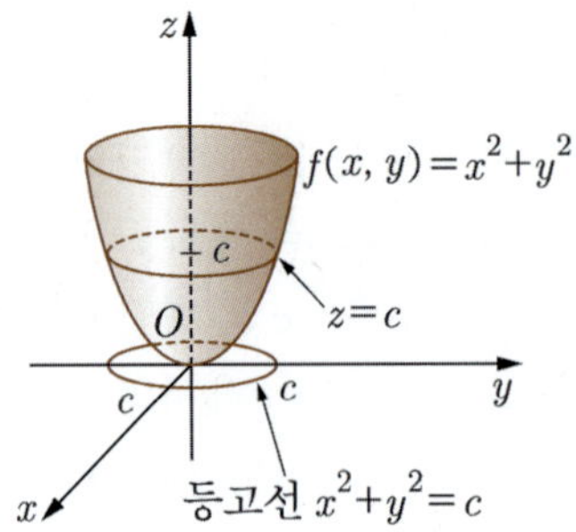

그림 13.2: 등고선

방정식 $f(x, y, z) = c$와 동일시 하기로 하자. 예를 들어 $f(x, y, z)$가 공간상의 한 영역의 임의의 점 (x, y, z)에서 온도를 나타내는 함수라 하면 등위면 $f(x, y, z) = c$는 온도가 c로 일정한 곡면이고 이러한 곡면을 **등온면**이라 한다. 이와 비슷하게 $V(x, y, z)$가 (x, y, z)에서의 전위이면 등위면 $V(x, y, z) = c$를 **등전위면**[1]이라 한다.

원점을 중심으로 하는 구는 함수

$$f(x, y, z) = x^2 + y^2 + z^2$$

의 등위면이다. 또한 z축을 축으로 갖는 임의의 기둥면는 함수

$$f(x, y, z) = x^2 + y^2$$

의 등위면이다. 임의의 2변수함수의 그래프는 등위면으로 볼 수 있다. 즉

$$g(x, y, z) = z - f(x, y, z)$$

라 두면 등위면 $g(x, y, z) = 0$은 방정식 $z = f(x, y)$의 그래프이다. 이러한 이유로 2변수함수의 그래프를 **곡면**이라 부른다.

등위면을 그리기 위해 등위면과 $z = c$, $y = c$ 및 $x = c$와 같은 평면의 교점을 이용한다. 이러한 교점을 그 평면에서의 등위면의 **자국**이라 부른다.

2차곡면

가장 중요한 등위면들은 2차곡면이라 불리는 곡면으로 2차 다항함수

$$Ax^2 + By^2 + Cz^2 + Dxy + Exz + Fyz + Gx + Hy + Iz + J$$

의 등위면이다. 2차곡면에는 9종류의 중요한 곡면이 있다. 각각의 경우에 나오는 상수 a, b, c는 양수라고 가정하자.

[1]대기전기학에 따르면 평범한 날씨에 광할한 사막이나 바다에서 전기 퍼텐셜이 지표면에서 1m씩 높아질 때마다 100V씩이 높아진다고 한다. 그래서 등전위면은 지표면에 평행하게 형성된다. 그러나 그 주변의 사람이 지표면상에 있으면 접지현상으로 인하여 사람의 키만큼 주변의 등전위면이 상승한다.

타원면

$$\frac{x^2}{a^2} + \frac{y^2}{b^2} + \frac{z^2}{c^2} = 1$$

좌표면과 평행인 임의의 평면에서의 타원면의 자국은 타원 또는 점이거나 만나지 않는다. 특히 $a = b = c$일 때 방정식은 $x^2 + y^2 + z^2 = a^2$이 되고 이것은 반지름이 a인 구이다(그림 13.3).

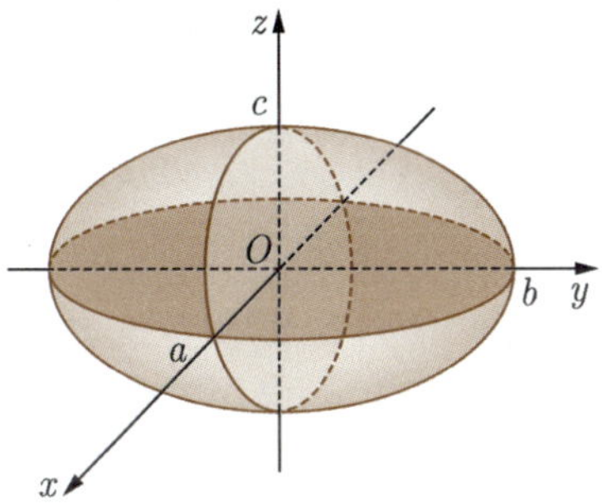

그림 13.3: 타원면

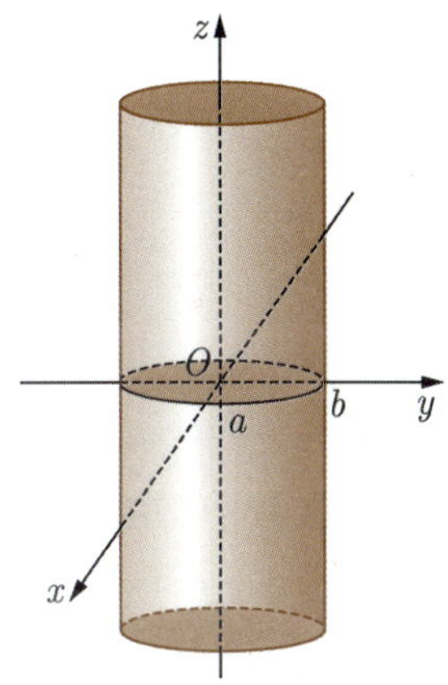

그림 13.4: 타원형 기둥면

타원형 기둥면

$$\frac{x^2}{a^2} + \frac{y^2}{b^2} = 1$$

$z = 0$과 나란한 임의의 평면에서의 타원형 기둥면의 자취는 타원 $\frac{x^2}{a^2} + \frac{y^2}{b^2} = 1$이다. 특히 $a = b$이면 곡면은 원통형 기둥면이다(그림 13.4).

타원형 쌍뿔곡면

$$\frac{x^2}{a^2} + \frac{y^2}{b^2} = \frac{z^2}{c^2}$$

xy평면에 평행인 임의의 뿔의 자취는 타원(만일 $a = b$이면 원)이거나 한 점이다. 평면 $x = 0$과 $y = 0$ 중 어느 하나와의 자취는 원점을 지나는 두 개의 직선이다. 만일 $a = b$이면 **쌍원뿔곡면**이라고 부른다(그림 13.5).

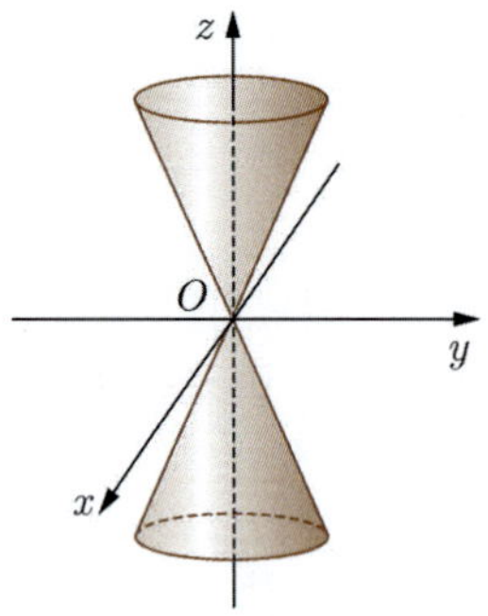

그림 13.5: 타원형 쌍뿔곡면

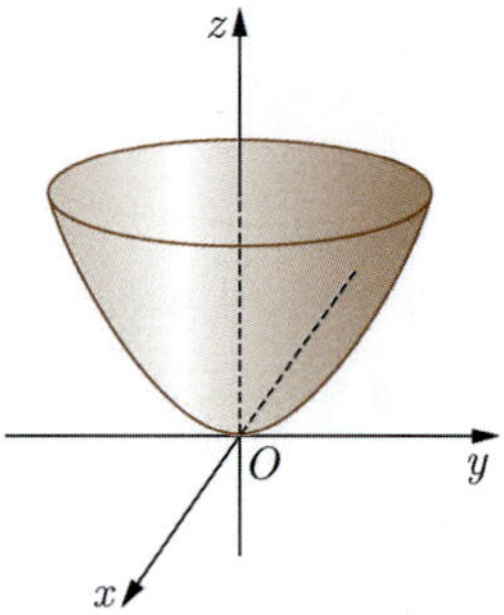

그림 13.6: 타원형 포물면

타원형 포물면

$$\frac{x^2}{a^2} + \frac{y^2}{b^2} = \frac{z}{c}$$

xy 평면에 평행인 임의의 평면에서의 자취가 타원(만일 $a = b$이면 원)이거나, 점 또는 공집합이다. 평면 $x = 0$과 $y = 0$에서의 자취는 포물선이다. 만일 $a = b$이면 곡면을 **원형포물면**이라고 부른다(그림 13.6).

포물형 기둥면

$$z = ax^2$$

평면 $y = 0$에서의 기둥면의 자취는 포물선 $z = ax^2$이다(그림 13.7).

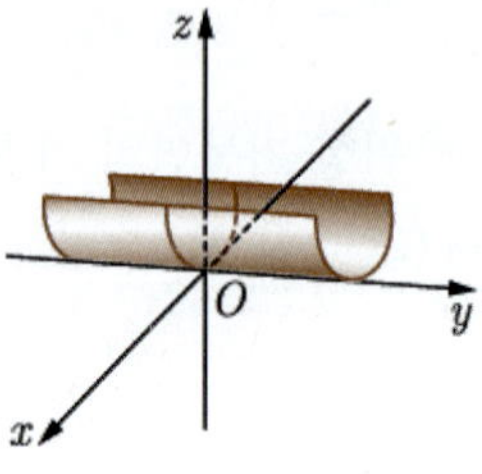

그림 13.7: 포물형 기둥면

쌍곡형 포물면

$$\frac{y^2}{b^2} - \frac{x^2}{a^2} = \frac{z}{c}$$

평면 $x = 0$에서의 자취가 위로 열린 포물선이고, $y = 0$에서의 자취가 아래로 열린 포물선이다.

평면 $z = 0$에서의 자취는 두 개의 교차하는 직선으로 이루어져 있다. xy평면에 나란한 다른 평면에의 자취는 쌍곡선이다. 이 곡면은 안장점 O을 가지고 있다(그림 13.8).

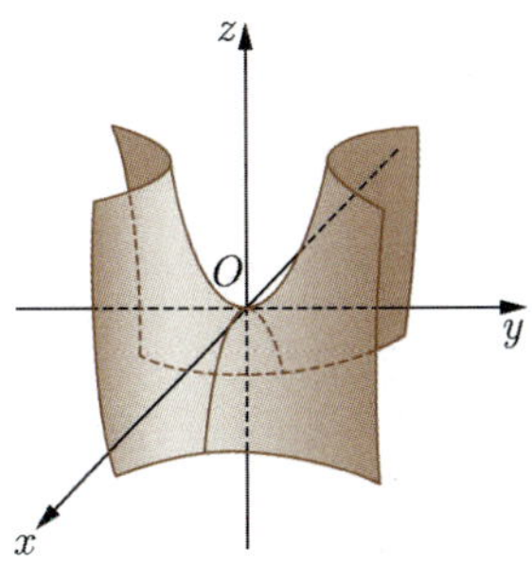

그림 13.8: 쌍곡형 포물면

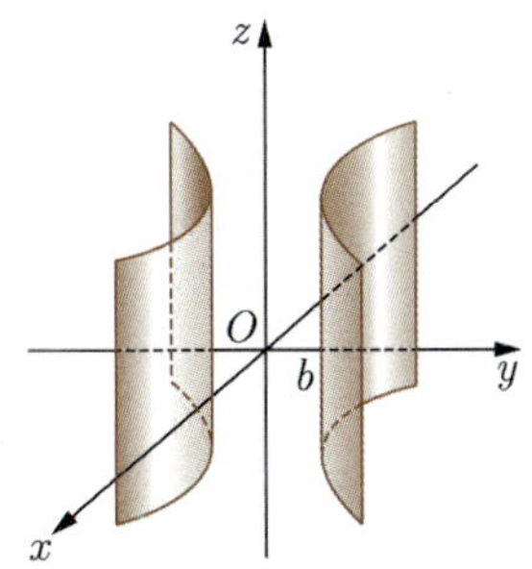

그림 13.9: 쌍곡형 기둥면

쌍곡형 기둥면

$$\frac{y^2}{b^2} - \frac{x^2}{a^2} = 1$$

xy-평면에 나란한 임의의 평면에서의 자취는 쌍곡선 $\frac{y^2}{b^2} - \frac{x^2}{a^2} = 1$이다(그림 13.9).

한 잎 쌍곡면

$$\frac{x^2}{a^2} + \frac{y^2}{b^2} - \frac{z^2}{c^2} = 1$$

평면 $x = 0$과 $y = 0$에서의 자취가 쌍곡선이고 xy평면과 나란한 임의의 평면에서의 자취는 타원($a = b$이면 원)이다(그림 13.10).

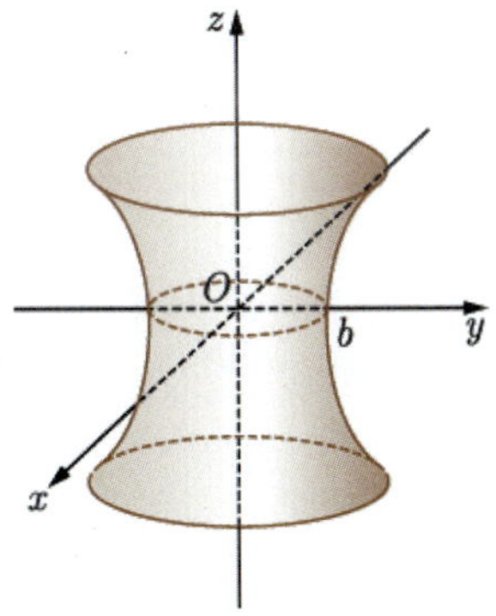

그림 13.10: 한 잎 쌍곡면

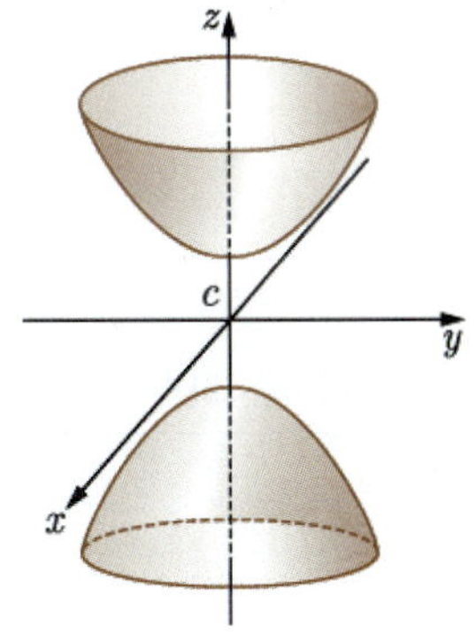

그림 13.11: 두 잎 쌍곡면

두 잎 쌍곡면

$$\frac{z^2}{c^2} - \frac{x^2}{a^2} - \frac{y^2}{b^2} = 1$$

xz 평면 또는 yz 평면에 나란한 임의의 평면에서의 자취는 쌍곡선이다. xy 평면과 나란한 임의의 평면에서의 자취는 타원($a = b$일 때는 원)이거나 점 또는 공집합이다(그림 13.11).

연습문제 13.1

1. 다음 함수의 정의역을 구하여라.
   (1) $f(x, y) = \sqrt{x} + \sqrt{y}$
   (2) $f(x, y) = \sin \dfrac{1}{xy}$
   (3) $f(x, y) = \ln \dfrac{x^2 + y^2}{(x^2 - y^2)^2}$
   (4) $f(x, y, z) = \sqrt{1 - x^2 - y^2 - z^2}$
   (5) $f(x, y, z) = \dfrac{xyz}{(x + y)^3 - (x + z)^3}$

2. 등고선 $f(x, y) = c$ 또는 등위면 $f(x, y, z) = c$를 그려라.
   (1) $f(x, y) = 6x^2, \quad c = 6, 24$
   (2) $f(x, y) = x^2 + 4y^2, \quad c = 1, 4$
   (3) $f(x, y) = x^2 - y^2, \quad c = -1, 0, 1$
   (4) $f(x, y) = 2y - \cos x, \quad c = 0, 1, 2$
   (5) $f(x, y, z) = 2x - 4y + z, \quad c = -1$
   (6) $f(x, y, z) = x^2 + y^2 - z^2, \quad c = 0$
   (7) $f(x, y, z) = z - 1 - x^2 - y^2, \quad c = 2$

3. 다음 방정식의 그래프를 그려라.
   (1) $f(x, y) = 2x - 3y + 4$
   (2) $f(x, y) = \sqrt{4 - x^2 - y^2}$
   (3) $z = x^3 + 1$
   (4) $x^2 + 2y^2 + 3z^2 = 6$
   (5) $x^2 + z^2 = 4$
   (6) $y = 1 - x^2$
   (7) $z = y^2 - 4x^2$
   (8) $y^2 - x^2 = 4$
   (9) $z^2 + 4y^2 - 2x^2 = 1$
   (10) $z^2 - 4y^2 - x^2 = 1$

4. $F = g \circ f$가 성립하는 2변수함수 f와 1변수함수 g를 구하여라.
   (1) $F(x, y) = \sqrt{4 - x^2 - y^2}$
   (2) $F(x, y) = e^{x\sqrt{y}}$
   (3) $F(x, y) = \left(\sin \dfrac{x^2}{x^2 + y^2}\right)^{2/3} - 4$

5. 축 위에 놓여진 무한히 긴 전하를 가진 전선에 의한 (x, y, z)에서 전기장의 세기는

$$E(x, y, z) = \frac{c}{\sqrt{x^2 + y^2}} \quad (c\text{는 상수})$$

로 주어진다. 이때 E의 등전위선을 그려라.

6. 얇은 금속판이 xy평면의 제1사분면에 있고 (x, y)에서 온도가

$$T(x, y) = xy$$

로 주어진다고 하자. 이때 등온선을 그려라.

Memo

13.2 극한과 연속

제2장에서 실수값을 가지는 함수의 극한과 제12장에서 벡터값을 가지는 함수의 극한을 정의하였다. 이 절에서는 다변수함수의 경우에 극한을 정의하기로 한다.

점 (x, y)가 (x_0, y_0)로 충분히 가깝게 갈 때 $f(x, y)$가 L에 충분히 가까이가면 (x, y)이 (x_0, y_0)로 다가갈 때 L을 $f(x, y)$의 **극한**이라고 하고 기호로

$$\lim_{(x,y)\to(x_0,y_0)} f(x, y) = L$$

과 같이 쓴다. 3변수함수에 대해서도 위와 같의 정의할 수 있다.

주의 13.1 점 (x, y)가 (x_0, y_0)로 접근하는 경로는 1변수함수의 경우와는 달리 무한히 많이 있다. 정확하게 기술하려면 ε-δ 논법으로 정의하여야 한다.[2]

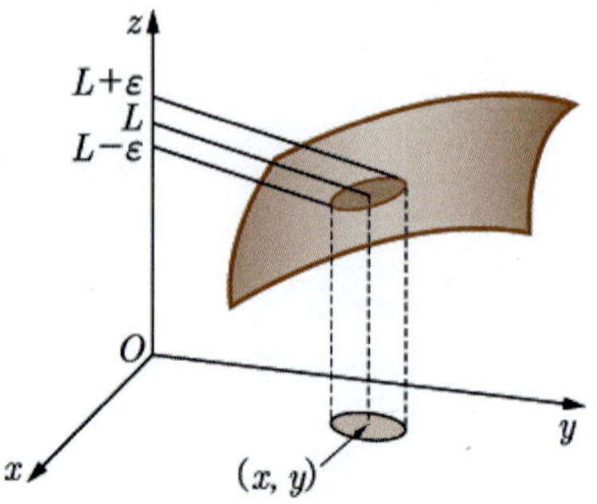

그림 13.12: $\lim_{(x,y)\to(x_0,y_0)} f(x, y) = L$

예제 13.5 $\lim_{(x,y)\to(x_0,y_0)} x = x_0$, $\lim_{(x,y)\to(x_0,y_0)} y = y_0$

극한이 존재하면 그 값이 유일해야 한다. 그러므로 극한이 존재하지 않음을 보이기 위해서는 서로 다른 특별한 방향으로 점들이 주어진 점으로 가까이 다가갈 때 서로 다른 극한값을 가짐을 보이면 된다.

예제 13.6 $\lim_{(x,y)\to(0,0)} \dfrac{xy}{x^2 + y^2}$은 극한값을 가지지 않는다.

[2] $\lim_{(x,y)\to(x_0,y_0)} f(x, y) = L$을 다음과 같이 정의한다.

임의의 $\varepsilon > 0$에 대해서 $\delta > 0$가 존재하여 $\|(x, y) - (x_0, y_0)\| < \delta$인 모든 (x, y)에 대하여 $|f(x, y) - L| < \varepsilon$이 성립한다.

풀이 만일 $y=0$이고 $x\neq 0$이면 $\dfrac{xy}{x^2+y^2}=0$. 그러나 $x=y\neq 0$이면

$$\frac{xy}{x^2+y^2}=\frac{x^2}{2x^2}=\frac{1}{2}$$

이므로 서로 다른 방향에서 원점으로 접근함에 따라 수렴값이 다르므로 극한값은 존재하지 않는다. □

정리 13.1

만일 $\displaystyle\lim_{(x,y)\to(x_0,y_0)} f(x,y)$와 $\displaystyle\lim_{(x,y)\to(x_0,y_0)} g(x,y)$의 극한값이 존재하면

(i) $\displaystyle\lim_{(x,y)\to(x_0,y_0)} (f+g)(x,y)=\lim_{(x,y)\to(x_0,y_0)} f(x,y)+\lim_{(x,y)\to(x_0,y_0)} g(x,y)$

(ii) $\displaystyle\lim_{(x,y)\to(x_0,y_0)} (f-g)(x,y)=\lim_{(x,y)\to(x_0,y_0)} f(x,y)-\lim_{(x,y)\to(x_0,y_0)} g(x,y)$

(iii) $\displaystyle\lim_{(x,y)\to(x_0,y_0)} (fg)(x,y)=\lim_{(x,y)\to(x_0,y_0)} f(x,y)\lim_{(x,y)\to(x_0,y_0)} g(x,y)$

(iv) $\displaystyle\lim_{(x,y)\to(x_0,y_0)} \left(\frac{f}{g}\right)(x,y)=\frac{\displaystyle\lim_{(x,y)\to(x_0,y_0)} f(x,y)}{\displaystyle\lim_{(x,y)\to(x_0,y_0)} g(x,y)}$, 단 $\displaystyle\lim_{(x,y)\to(x_0,y_0)} g(x,y)\neq 0$

위의 정리 13.1은 3변수함수에 대해서도 똑같이 성립한다.

예제 13.7 $\displaystyle\lim_{(x,y)\to(-1,2)} \frac{x^3+y^3}{x^2+y^2}=\frac{7}{5}$임을 보이여라.

풀이 예제 13.5에서

$$\lim_{(x,y)\to(-1,2)} x=-1 \text{ 이고 } \lim_{(x,y)\to(-1,2)} y=2$$

이므로 정리 13.1의 (iii)에 의하여

$$\begin{aligned} \lim\nolimits_{(x,y)\to(-1,2)} x^3 &= -1, \qquad & \lim\nolimits_{(x,y)\to(-1,2)} y^3 &= 8, \\ \lim\nolimits_{(x,y)\to(-1,2)} x^2 &= 1, \qquad & \lim\nolimits_{(x,y)\to(-1,2)} y^2 &= 4. \end{aligned}$$

그러므로 정리 13.1의 (i), (iv)에 의하여

$$\begin{aligned} \lim_{(x,y)\to(-1,2)} \frac{x^3+y^3}{x^2+y^2} &= \frac{\displaystyle\lim_{(x,y)\to(-1,2)} (x^3+y^3)}{\displaystyle\lim_{(x,y)\to(-1,2)} (x^2+y^2)} \\ &= \frac{\displaystyle\lim_{(x,y)\to(-1,2)} x^3+\lim_{(x,y)\to(-1,2)} y^3}{\displaystyle\lim_{(x,y)\to(-1,2)} x^2+\lim_{(x,y)\to(-1,2)} y^2}=\frac{-1+8}{1+4}=\frac{7}{5}. \end{aligned}$$

□

정리 13.2

f는 2변수함수이고 극한

$$\lim_{(x,y)\to(x_0,y_0)} f(x,y) = L$$

이 존재하고, g가 L에서 연속인 1변수함수라고 가정하면

$$\lim_{(x,y)\to(x_0,y_0)} g(f(x,y)) = g(L)$$

이 성립한다.

예제 13.8 $\displaystyle\lim_{(x,y)\to(e,1)} \ln\frac{x}{y}$의 극한을 구하여라.

풀이 먼저 $f(x,y) = \dfrac{x}{y}$ 이고 $g(t) = \ln t$라 두면 정리 13.1의 (iv)에 의하여

$$\lim_{(x,y)\to(e,1)} f(x,y) = \frac{\displaystyle\lim_{(x,y)\to(e,1)} x}{\displaystyle\lim_{(x,y)\to(e,1)} y} = \frac{e}{1} = e$$

이다. g는 e에서 연속이고 $g(e) = 1$이므로 정리 13.2로부터

$$\lim_{(x,y)\to(e,1)} \ln\frac{x}{y} = \lim_{(x,y)\to(e,1)} g(f(x,y)) = g(e) = 1$$

이다. □

정의 13.1

2변수함수 f가

$$\lim_{(x,y)\to(x_0,y_0)} f(x,y) = f(x_0,y_0)$$

이 성립하면 f는 **점** (x_0,y_0)**에서 연속**이라고 한다. 함수 f가 정의역의 각 점에서 연속이면 f는 **연속**이라고 한다. 3변수함수에서도 위와 같이 정의할 수 있다.

예제 13.5은 $f(x,y) = x$와 $g(x,y) = y$은 연속함수임을 보여 주고 있다. 마찬가지로 정리 13.1은 연속함수의 합, 차, 곱, 몫은 연속함수임을 보여 준다. 따라서 다항함수와 유리함수는 연속함수이다. 그리고 정리 13.2는 다변수 연속함수와 1변수 연속함수의 합성함수도 또한 연속함수임을 보여 준다.

예제 13.9 $F(x,y) = \sin\dfrac{xy}{1+x^2+y^2}$이 연속함수임을 보여라.

풀이 먼저

$$f(x,y)=\frac{xy}{1+x^2+y^2},\quad g(t)=\sin t$$

라 두면 $F=g\circ f$ 이다. 이때 f 와 g 는 모두 연속함수이므로 합성함수 F 도 연속함수이다. □

연습문제 13.2

1. 다음 극한값을 구하여라.

(1) $\displaystyle\lim_{(x,y)\to(1,0)}\frac{x^2-xy+1}{x^2+y^2}$ (2) $\displaystyle\lim_{(x,y)\to(\ln 2,0)}e^{2x+y^2}$

(3) $\displaystyle\lim_{(x,y)\to(0,0)}\frac{\sin(x^2+y^2)}{x^2+y^2}$ (4) $\displaystyle\lim_{(x,y)\to(1,0)}xe^{-1/|y|}$

(5) $\displaystyle\lim_{(x,y)\to(0,0)}xy\frac{x^2-y^2}{x^2+y^2}$ (6) $\displaystyle\lim_{(x,y)\to(0,0)}\frac{xy}{\sqrt{x^2+y^2}}$

(7) 극한 $\displaystyle\lim_{(x,y)\to(0,0)}\frac{x^2-y^2}{x^2+y^2}$ 이 존재하지 않음을 증명하여라.

(8) $f(x,y)=e^{x^2y}$ 이고 $g(t)=\ln t$ 일 때 극한 $\displaystyle\lim_{(x,y)\to(-1,1)}g(f(x,y))$ 를 구하여라.

2. 다음 함수 f 가 연속임을 설명하여라.

(1) $f(x,y)=xy^2$ (2) $f(x,y)=\dfrac{x^2+y^2}{x^2+y^2-1}$

(3) $f(x,y,z)=\sin(xyz-1)$ (4) $f(x,y)=\begin{cases}\dfrac{x^2y^2}{x^2+y^2} & (x,y)\neq(0,0)\\ 0 & (x,y)=(0,0)\end{cases}$

3. $f(x,y)=\begin{cases}\dfrac{xy^2}{x^3+y^3}, & (x,y)\neq(0,0)\\ 0, & (x,y)=(0,0)\end{cases}$ 일 때, f 는 $(0,0)$ 에서 연속이 아님을 보여라.

13.3 편도함수

f를 2변수함수라고 하자. 만일 두 변수 중의 한 변수 $y = y_0$를 고정시키면 $f(x, y_0)$은 x만의 함수가 된다. 이러한 함수 $f(x, y_0)$가 x_0에서 도함수를 가지면 그 도함수를 (x_0, y_0)에서의 편도함수라 한다.

정의 13.2

f를 2변수함수라 하고 점 (x_0, y_0)이 f의 정의역에 있을 때, 극한

$$\lim_{h\to 0} \frac{f(x_0 + h, y_0) - f(x_0, y_0)}{h} \tag{13.1}$$

이 존재하면 식 (13.1)의 극한값을 $f_x(x_0, y_0)$라 쓰고 이것을 점 (x_0, y_0)에서 x에 관한 f의 **편도함수**라고 한다. 위와 같은 방법으로 점 (x_0, y_0)에서 y에 관한 f의 편도함수를

$$f_y(x_0, y_0) = \lim_{h\to 0} \frac{f(x_0, y_0 + h) - f(x_0, y_0)}{h} \tag{13.2}$$

로 정의한다(그림 13.13).

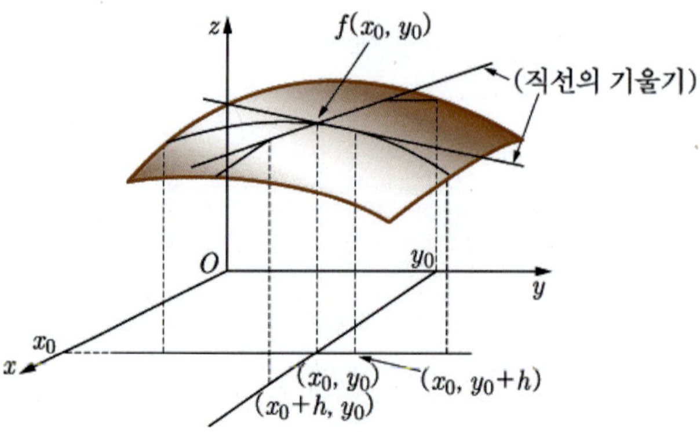

그림 13.13: 편도함수의 정의

정의 13.2로부터 정의된 함수 f_x와 f_y를 각각 $\dfrac{\partial f}{\partial x}$와 $\dfrac{\partial f}{\partial y}$로 표현하기도 한다.

예제 13.10 $f(x, y) = 24xy - 6x^2y$일 때 f_x, f_y 및 $f_x(1, 2)$와 $f_y(1, 2)$를 각각 구하여라.

풀이 y를 상수로 고정하고 x에 관해 f를 미분하면

$$f_x(x, y) = 24y - 12xy$$

이다. x를 상수로 고정하고 y에 관해 f를 미분하면

$$f_y(x, y) = 24x - 6x^2.$$

한편 $f_x(1, 2) = 24 \cdot 2 - 12 \cdot 1 \cdot 2 = 24$ 이고 $f_y(1, 2) = 24 \cdot 1 - 6 \cdot 1^2 = 18$이다. □

예제 13.11 $z = x^2 \cos y$일 때 $\dfrac{\partial z}{\partial x}$ 및 $\dfrac{\partial z}{\partial y}$를 구하여라.

풀이 $\dfrac{\partial z}{\partial x} = 2x \cos y, \quad \dfrac{\partial z}{\partial y} = -x^2 \sin y$ □

정리 13.3

f와 g가 편도함수를 가진다고 가정하면 다음이 성립한다.

$$(f+g)_x = f_x + g_x, \quad (f+g)_y = f_y + g_y,$$

$$(f-g)_x = f_x - g_x, \quad (f-g)_y = f_y - g_y,$$

$$(fg)_x = f_x g + f g_x, \quad (fg)_y = f_y g + f g_y,$$

$$\left(\frac{f}{g}\right)_x = \frac{f_x g - f g_x}{g^2}, \quad \left(\frac{f}{g}\right)_y = \frac{f_y g - f g_y}{g^2}$$

예제 13.12 $f(x, y) = \dfrac{x^3 y - x y^3}{x^2 + y^2}$ 일 때 f_x와 f_y를 구하여라.

풀이 f가 유리함수이므로 $f_x(x, y)$와 $f_y(x, y)$는 분모가 0이 아닌 모든 x와 y에 대해 정의된다. 정리 13.3에 의하여

$$f_x(x, y) = \frac{(3x^2 y - y^3)(x^2 + y^2) - (x^3 y - x y^3) 2x}{(x^2 + y^2)^2} = \frac{x^4 y + 4x^2 y^3 - y^5}{(x^2 + y^2)^2}.$$

같은 방법으로

$$f_y(x, y) = \frac{x^5 - 4x^3 y^2 - x y^4}{(x^2 + y^2)^2}.$$ □

다음 예제는 편도함수의 정의를 사용하여야만 풀 수 있다.

예제 13.13 함수 f가

$$f(x, y) = \begin{cases} \dfrac{x^3 y - x y^3}{x^2 + y^2}, & (x, y) \neq (0, 0) \\ 0, & (x, y) = (0, 0) \end{cases}$$

일 때 $f_x(0,0) = f_y(0,0) = 0$임을 보여라.

풀이 모든 h에 대하여 $f(h,0) = 0$이므로

$$f_x(0,0) = \lim_{h\to 0} \frac{f(h,0) - f(0,0)}{h - 0} = \lim_{h\to 0} \frac{0-0}{h-0} = 0.$$

같은 방법으로 모든 h에 대하여 $f(0,h) = 0$이므로

$$f_y(0,0) = \lim_{h\to 0} \frac{f(0,h) - f(0,0)}{h - 0} = \lim_{h\to 0} \frac{0-0}{h-0} = 0.$$

□

3변수함수에 대한 편도함수도 2변수함수의 경우와 같이 정의할 수 있다. 만일 $w = f(x,y,z)$일 때 각 변수에 관한 도함수를 각각 $\frac{\partial w}{\partial x}$, $\frac{\partial w}{\partial y}$, $\frac{\partial w}{\partial z}$ 또는 f_x, f_y, f_z 라고 쓴다.

예제 13.14 $f(x,y,z) = e^{2x}\cos z + e^{3y}\sin z$일 때 f의 편도함수를 구하여라.

풀이 먼저 y와 z를 상수로 고정하고 x에 관해 미분하면

$$\frac{\partial f}{\partial x} = 2e^{2x}\cos z.$$

다음 x와 z를 상수로 고정하고 y에 관해 미분하면

$$\frac{\partial f}{\partial y} = 3e^{3y}\sin z.$$

마지막으로 x와 y를 상수로 고정하고 z에 관해 미분하면

$$\frac{\partial f}{\partial z} = -e^{2x}\sin z + e^{3y}\cos z.$$

□

고계도함수

1변수함수가 2계, 3계도함수를 갖는 것과 같이 다변수함수도 고계도함수를 갖는다. f가 x, y의 함수일 때 1계도함수는 f_x와 f_y이고 2계도함수는 1계도함수의 편도함수로 정의한다. 다시 말하면

$$
\begin{aligned}
(f_x)_x &\text{를 } f_{xx} \text{ 또는 } \frac{\partial^2 f}{\partial x^2} \\
(f_x)_y &\text{를 } f_{xy} \text{ 또는 } \frac{\partial^2 f}{\partial y \partial x} \\
(f_y)_x &\text{를 } f_{yx} \text{ 또는 } \frac{\partial^2 f}{\partial x \partial y} \\
(f_y)_y &\text{를 } f_{yy} \text{ 또는 } \frac{\partial^2 f}{\partial y^2}
\end{aligned}
$$

로 쓴다. 여기서 f_{xy}와 f_{yx}를 **혼합 편도함수**라고 한다.

예제 13.15 $f(x,y) = \sin xy^2$일 때 f의 모든 2계도함수를 구하여라.

풀이 1계도함수는

$$f_x(x,y) = y^2 \cos xy^2 \text{ 이고 } f_y(x,y) = 2xy \cos xy^2$$

1계도함수를 다시 편미분하여

$$\begin{aligned} f_{xx}(x,y) &= -y^4 \sin xy^2, \\ f_{xy}(x,y) &= 2y \cos xy^2 - 2xy^3 \sin xy^2, \\ f_{yx}(x,y) &= 2y \cos xy^2 - 2xy^3 \sin xy^2, \\ f_{yy}(x,y) &= 2x \cos xy^2 - 4x^2y^2 \sin xy^2. \end{aligned}$$

□

다음 예제 13.16은 정의를 사용하여 편도함수를 구하여야 한다.

예제 13.16 함수

$$f(x,y) = \begin{cases} \dfrac{x^3y - xy^3}{x^2+y^2} & (x,y) \neq (0,0) \\ 0 & (x,y) = (0,0) \end{cases}$$

일 때 $f_{xy}(0,0) \neq f_{yx}(0,0)$임을 증명하여라.

풀이 예제 13.12으로부터

$$f_x(0,y) = \frac{0^4 \cdot y + 4 \cdot 0^2 \cdot y^3 - y^5}{(0^2+y^2)^2} = -y, \quad y \neq 0$$

$$f_y(x,0) = \frac{x^5 - 4x^3 \cdot 0^2 - x \cdot 0^4}{(x^2+0^2)^2} = x, \quad x \neq 0$$

이고 더욱이 예제 13.13로부터 $f_x(0,0) = 0 = f_y(0,0)$이므로

$$f_{xy}(0,0) = \lim_{h\to 0} \frac{f_x(0,h) - f_x(0,0)}{h-0} = \lim_{h\to 0} \frac{-h-0}{h-0} = -1$$

$$f_{yx}(0,0) = \lim_{h\to 0} \frac{f_y(h,0) - f_y(0,0)}{h-0} = \lim_{h\to 0} \frac{h-0}{h-0} = 1$$

이다. 따라서 $f_{xy}(0,0) \neq f_{yx}(0,0)$이다. □

예제 13.15에서 계산한 혼합형 미분은 일치한다. 그러나 예제 13.16은 일치하지 않는다. 대부분의 경우 혼합형 미분은 다음 정리에 의해 일치한다.

정리 13.4 (클레로(Clairaut)의 정리)

f가 2변수함수이고 f_{xy}와 f_{yx}가 점 (x_0, y_0)에서 연속이면

$$f_{xy}(x_0, y_0) = f_{yx}(x_0, y_0)$$

이다.

연습문제 13.3

1. 다음 함수의 1계도함수 및 2계도함수를 구하여라.
   (1) $f(x, y) = 2x + 3x^2y^4$
   (2) $f(x, y) = \sqrt{(1 - x^{2/3})^3 - y^2}$
   (3) $f(x, y) = (\sin x^2y)^3$
   (4) $f(x, y, z) = x(\cos y)e^z$
   (5) $f(x, y, z) = \left(\dfrac{x}{y}\right)^z$
   (6) $f(x, y, z) = \sin^{-1} \dfrac{1}{1 + xyz^2}$

2. 주어진 점에서 f의 1계편도함수를 구하여라.
   (1) $f(x, y) = \sqrt{4x^2 + y^2}, \quad (2, -3)$
   (2) $f(x, y, z) = xy^2 \sin z, \quad (-1, 2, 0)$
   (3) $f(x, y) = \begin{cases} \dfrac{x^2y^3}{x^2 + 4y^3} & (x, y) \neq (0, 0) \\ 0 & (x, y) = (0, 0) \end{cases}, \quad (0, 0)$

3. $f(x) = \displaystyle\int_{\pi}^{x^2+y^2} \sin t^2 \, dt$일 때 f_x와 f_y를 구하여라.

4. f의 2계도함수를 구하여라.
   (1) $f(x, y) = 3x^2 - \sqrt{2}xy^2 + y^5 - 2$
   (2) $f(x, y) = \dfrac{x^2 - y^2}{x^2 + y^2}$
   (3) $f(x, y, z) = z \cos xy$
   (4) $f(x, y, z) = e^{x^2} \sin yz + \ln(x^2 + y^2 + z^2)$

5. 연습문제 13.2의 문제 3의 함수 f는 $(0, 0)$에서 연속이 아니라도 $(0, 0)$에서 편도함수를 가짐을 증명하여라.

13.4 연쇄법칙

우리는 제2장에서 미분가능한 함수 f와 g의 합성함수 $g \circ f$도 미분가능하고 $u = f(x)$이고 $y = g(u) = g(f(x))$일 때

$$\frac{dy}{dx} = \frac{dy}{du}\frac{du}{dx}$$

임을 증명하였다. 이 절에서는 다변수함수에서도 마찬가지로 이와 유사한 연쇄법칙이 성립하는 것을 1변수함수의 연쇄법칙을 이용하여 증명한다.

연쇄법칙

모든 함수는 미분가능이라고 가정하자. $z = f(x, y)$, $x = g_1(t)$, $y = g_2(t)$이면 $z = f(g_1(t), g_2(t))$이고

$$\frac{dz}{dt} = \frac{\partial z}{\partial x}\frac{dx}{dt} + \frac{\partial z}{\partial y}\frac{dy}{dt}. \tag{13.3}$$

$z = f(x, y)$, $x = g_1(u, v)$, $y = g_2(u, v)$이면, $z = f(g_1(u, v), g_2(u, v))$이고

$$\begin{aligned} \frac{\partial z}{\partial u} &= \frac{\partial z}{\partial x}\frac{\partial x}{\partial u} + \frac{\partial z}{\partial y}\frac{\partial y}{\partial u}, \\ \frac{\partial z}{\partial v} &= \frac{\partial z}{\partial x}\frac{\partial x}{\partial v} + \frac{\partial z}{\partial y}\frac{\partial y}{\partial v}. \end{aligned} \tag{13.4}$$

$w = f(x, y, z)$, $x = g_1(t)$, $y = g_2(t)$, $z = g_3(t)$이면 $w = f(g_1(t), g_2(t), g_3(t))$ 이고

$$\frac{dw}{dt} = \frac{\partial w}{\partial x}\frac{dx}{dt} + \frac{\partial w}{\partial y}\frac{dy}{dt} + \frac{\partial w}{\partial z}\frac{dz}{dt}. \tag{13.5}$$

$w = f(x, y, z)$, $x = g_1(u, v)$, $y = g_2(u, v)$, $z = g_3(u, v)$이면 $w = f(g_1(u, v),\ g_2(u, v),\ g_3(u, v))$이고

$$\begin{aligned} \frac{\partial w}{\partial u} &= \frac{\partial w}{\partial x}\frac{\partial x}{\partial u} + \frac{\partial w}{\partial y}\frac{\partial y}{\partial u} + \frac{\partial w}{\partial z}\frac{\partial z}{\partial u}, \\ \frac{\partial w}{\partial v} &= \frac{\partial w}{\partial x}\frac{\partial x}{\partial v} + \frac{\partial w}{\partial y}\frac{\partial y}{\partial v} + \frac{\partial w}{\partial z}\cdot\frac{\partial z}{\partial v}. \end{aligned} \tag{13.6}$$

예제 13.17 $z = x^2 e^y$, $x = \sin t$, $y = t^3$일 때 $\dfrac{dz}{dt}$를 구하여라.

풀이 위의 식 (13.3)을 사용하면

$$\begin{aligned} \frac{dz}{dt} &= \frac{\partial z}{\partial x}\frac{dx}{dt} + \frac{\partial z}{\partial y}\frac{dy}{dt} = 2xe^y \cos t + x^2 e^y (3t^2) \\ &= 2(\sin t)e^{t^3} \cos t + 3(\sin^2 t)e^{t^3} t^2. \end{aligned}$$

□

예제 13.18 $z = x\ln y$, $x = u^2 + v^2$, $y = u^2 - v^2$ 일 때 $\dfrac{\partial z}{\partial u}$ 와 $\dfrac{\partial z}{\partial v}$ 를 구하여라.

풀이 식 (13.4)를 사용하면

$$\begin{aligned}\frac{\partial z}{\partial u} &= \frac{\partial z}{\partial x}\frac{\partial x}{\partial u} + \frac{\partial z}{\partial y}\frac{\partial y}{\partial u} = (\ln y)(2u) + \left(\frac{x}{y}\right)(2u)\\ &= 2u\ln(u^2 - v^2) + 2u\frac{u^2+v^2}{u^2-v^2},\\ \frac{\partial z}{\partial v} &= \frac{\partial z}{\partial x}\frac{\partial x}{\partial v} + \frac{\partial z}{\partial y}\frac{\partial y}{\partial v} = (\ln y)(2v) + \left(\frac{x}{y}\right)(-2v)\\ &= 2v\ln(u^2 - v^2) - 2v\frac{u^2+v^2}{u^2-v^2}.\end{aligned}$$ □

예제 13.19 $w = x\cos yz^2$, $x = \sin t$, $y = t^2, z = e^t$ 일 때 $\dfrac{dw}{dt}$ 를 구하여라.

풀이 식 (13.5)를 사용하면

$$\begin{aligned}\frac{dw}{dt} &= \frac{\partial w}{\partial x}\frac{dx}{dt} + \frac{\partial w}{\partial y}\frac{dy}{dt} + \frac{\partial w}{\partial z}\frac{dz}{dt}\\ &= \cos yz^2\cos t - xz^2(\sin yz^2)(2t) - 2xyz(\sin yz^2)(e^t)\\ &= \cos(t^2e^{2t})\cos t - 2te^{2t}\sin t\sin(t^2e^{2t}) - 2t^2e^{2t}\sin t\sin(t^2e^{2t}).\end{aligned}$$ □

예제 13.20 $w = \sqrt{x} + y^2z^3$, $x = 1 + u^2 + v^2$, $y = uv$, $z = 3u$ 일 때 $\dfrac{\partial w}{\partial u}$ 와 $\dfrac{\partial w}{\partial v}$ 를 구하여라.

풀이 식 (13.6)을 사용하면

$$\begin{aligned}\frac{\partial w}{\partial u} &= \frac{\partial w}{\partial x}\frac{\partial x}{\partial u} + \frac{\partial w}{\partial y}\frac{\partial y}{\partial u} + \frac{\partial w}{\partial z}\frac{\partial z}{\partial u}\\ &= \frac{1}{2\sqrt{x}}(2u) + 2yz^3(v) + 3y^2z^2(3) = \frac{u}{\sqrt{1+u^2+v^2}} + 135u^4v^2,\\ \frac{\partial w}{\partial v} &= \frac{\partial w}{\partial x}\frac{\partial x}{\partial v} + \frac{\partial w}{\partial y}\frac{\partial y}{\partial v} + \frac{\partial w}{\partial z}\frac{\partial z}{\partial v}\\ &= \frac{1}{2\sqrt{x}}(2v) + 2yz^3(u) + 3y^2z^2(0) = \frac{v}{\sqrt{1+u^2+v^2}} + 54u^5v.\end{aligned}$$ □

예제 13.21 $z = f(u - v, v - u)$ 일 때 $\dfrac{\partial z}{\partial u} + \dfrac{\partial z}{\partial v} = 0$ 임을 보여라.

풀이 $x = u - v$, $y = v - u$ 라 두면, $z = f(x, y)$ 이고 식 (13.4)를 이용하면

$$\frac{\partial z}{\partial u} = \frac{\partial z}{\partial x}\frac{\partial x}{\partial u} + \frac{\partial z}{\partial y}\frac{\partial y}{\partial u} = \frac{\partial z}{\partial x}(1) + \frac{\partial z}{\partial y}(-1)$$

$$\frac{\partial z}{\partial v} = \frac{\partial z}{\partial x}\frac{\partial x}{\partial v} + \frac{\partial z}{\partial y}\frac{\partial y}{\partial v} = \frac{\partial z}{\partial x}(-1) + \frac{\partial z}{\partial y}(1)$$

이므로

$$\frac{\partial z}{\partial u} + \frac{\partial z}{\partial v} = 0. \qquad \square$$

음함수의 미분

제3장에서 연쇄법칙을 이용하여 1변수함수의 음함수의 미분을 배웠다. 이 절에서는 f가 2변수함수일 때의 음함수의 미분에 대해 알아보기로 한다. 먼저 f는 편도함수를 가진다고 가정하자. 방정식

$$f(x, y) = 0$$

이 y를 x의 음함수로 정의한다고 가정하자.

만일 $\dfrac{\partial f}{\partial y}$가 0이 아니고 $\dfrac{dy}{dx}$가 존재하면 연쇄법칙을 이용하여 $\dfrac{dy}{dx}$에 대한 공식을 만들 수 있다. $z = f(x, y)$, $x = x$, $y = g_2(x)$일 때 (13.3)으로부터

$$0 = \frac{dz}{dx} = \frac{\partial z}{\partial x}\frac{dx}{dx} + \frac{\partial z}{\partial y}\frac{dy}{dx} = \frac{\partial z}{\partial x} + \frac{\partial z}{\partial y}\frac{dy}{dx}.$$

$\dfrac{dy}{dx}$에 관해 풀면

$$\frac{dy}{dx} = \frac{-\partial z/\partial x}{\partial z/\partial y}, \quad \frac{\partial z}{\partial y} \neq 0. \tag{13.7}$$

예제 13.22 $x^3 + y^3 = 2xy$일 때 $\dfrac{dy}{dx}$를 구하여라.

풀이 $z = x^3 + y^3 - 2xy$라 두면

$$\frac{\partial z}{\partial x} = 3x^2 - 2y \text{이고} \quad \frac{\partial z}{\partial y} = 3y^2 - 2x.$$

따라서 식 (13.7)에 의해

$$\frac{dy}{dx} = \frac{-(3x^2 - 2y)}{3y^2 - 2x} = \frac{2y - 3x^2}{3y^2 - 2x}, \quad 3y^2 \neq 2x. \qquad \square$$

미분가능함수

연쇄법칙을 증명함으로써 다음 정리를 증명할 수 있고, 이와 더불어 다변수함수의 미분가능성의 개념을 정의할 수 있다.

정리 13.5

f가 점 (x_0, y_0)를 중심으로 하는 원판 D를 포함하는 집합 전체에서 편도함수를 가지고 f_x와 f_y가 (x_0, y_0)에서 연속이라 하면 2변수함수 ε_1와 ε_2가 존재하여 D의 원소 (x, y)에 대하여

$$\begin{aligned} f(x,y) - f(x_0,y_0) &= f_x(x_0,y_0)(x-x_0) + f_y(x_0,y_0)(y-y_0) \\ &\quad + \varepsilon_1(x,y)(x-x_0) + \varepsilon_2(x,y)(y-y_0) \end{aligned}$$

가 성립한다. 여기서 $\lim_{(x,y)\to(x_0,y_0)} \varepsilon_1(x,y) = 0$이고 $\lim_{(x,y)\to(x_0,y_0)} \varepsilon_2(x,y) = 0$이다.

정리 13.5는 다음 정의가 가능하게 한다.

정의 13.3

f가 2변수함수일 때 (x_0, y_0)를 중심으로 하는 원판 D와 2변수함수 ε_1과 ε_2가 존재하여

$$\begin{aligned} f(x,y) - f(x_0,y_0) &= f_x(x_0,y_0)(x-x_0) + f_y(x_0,y_0)(y-y_0) \\ &\quad + \varepsilon_1(x,y)(x-x_0) + \varepsilon_2(x,y)(y-y_0) \end{aligned}$$

이 성립하는 함수 f를 (x_0, y_0)에서 **미분가능**하다고 한다. 여기서

$$\lim_{(x,y)\to(x_0,y_0)} \varepsilon_1(x,y) = 0\text{이고} \quad \lim_{(x,y)\to(x_0,y_0)} \varepsilon_2(x,y) = 0.$$

정리 13.5를 위의 정의 13.3으로 다시 말하면, f가 중심이 (x_0, y_0)인 원판 D에서 편도함수를 가지고 f_x와 f_y가 (x_0, y_0)에서 연속이면 f는 (x_0, y_0)에서 미분가능하다.

일반적으로 f가 (x_0, y_0)에서 미분가능함을 증명하는 것보다 (x_0, y_0)를 중심으로 하는 원판 전체에서 연속인 편도함수를 가진다는 것을 보이는 것이 쉽다.

정리 13.6

f는 점 (x_0, y_0)에서 미분가능한 2변수함수라고 하고 g_1과 g_2는 t_0에서 미분가능한 1변수함수라고 하자. $x_0 = g_1(t_0)$, $y_0 = g_2(t_0)$라 두고

$$F(t) = f(g_1(t), g_2(t))$$

라 가정하면 F는 t_0에서 미분가능하고

$$F'(t_0) = f_x(x_0, y_0)g_1'(t_0) + f_y(x_0, y_0)g_2'(t_0)$$

이다.

정리 13.7

f가 점 (x_0, y_0)에서 미분가능한 2변수함수라고 하고 g_1과 g_2는 점 (u_0, v_0)에서 편도함수를 가지는 2변수함수라고 하자. $x_0 = g_1(u_0, v_0)$ 이고 $y_0 = g_2(u_0, v_0)$라 하고 $F(u, v) = f(g_1(u, v), g_2(u, v))$라 하면 F는 점 (u_0, v_0)에서 편도함수를 가지고 다음이 성립한다.

$$F_u(u_0, v_0) = f_x(x_0, y_0)(g_1)_u(u_0, v_0) + f_y(x_0, y_0)(g_2)_u(u_0, v_0),$$
$$F_v(v_0, v_0) = f_x(x_0, y_0)(g_1)_v(u_0, v_0) + f_y(x_0, y_0)(g_2)_v(u_0, v_0)$$

3변수함수에 대해서 정의 13.3과 정리 13.6, 정리 13.7을 그대로 적용할 수 있다.

연습문제 13.4

1. $\dfrac{du}{dt}$를 구하여라.
   (1) $u = \ln(3x^2 + y^2)$, $x = e^{2t}$, $y = t^{1/3}$
   (2) $u = \sin x + \cos xy, x = t^2$, $y = \ln t$
   (3) $u = \tan^{-1}(y^2 - x^2)$, $x = \sin t$, $y = \cos t$
   (4) $u = \sin xy^2z^3, x = 3t$, $y = t^{1/2}$, $z = t^{1/3}$

2. $\dfrac{\partial w}{\partial u}$와 $\dfrac{\partial w}{\partial v}$을 구하여라.
   (1) $w = \dfrac{4}{xy} - \dfrac{x}{y}$, $x = u^2$, $y = uv$
   (2) $w = \ln(x^2 - y^2)$, $x = u - v$, $y = u^2 + v^2$
   (3) $w = 2e^{x^2y}$, $x = \sqrt{uv}$, $y = \dfrac{1}{u}$
   (4) $w = \sin 2x \cos 3y$, $x = (u+v)^2$, $y = (u-v)^2$
   (5) $w = 2^{x-y}$, $x = u\cos v$, $y = u \sin v$
   (6) $w = y \ln xz$, $x = ve^u$, $y = u^2v^4$, $z = ue^v$

3. 음함수의 미분을 사용하여 $\dfrac{dy}{dx}$를 구하여라.
   (1) $x^3 + 4x^2y - 3xy^2 + 2y^3 + 5 = 0$
   (2) $x^2 + y^2 + \sin xy^2 = 0$

4. z를 x와 y의 함수라고 할 때 음함수의 편미분을 이용하여 $\dfrac{\partial z}{\partial x}$와 $\dfrac{\partial z}{\partial y}$를 구하여라.
   (1) $x^2z^2 - 2xyz + z^3y^2 = 3$
   (2) $x - yz + \cos xyz = 2$
   (3) $\dfrac{1}{z} + \dfrac{1}{y+z} + \dfrac{1}{x+y+z} = \dfrac{1}{2}$

5. $z = f(x, y)$, $x = r\cos\theta$, $y = r\sin\theta$일 때 다음을 보여라.
   (1) $\dfrac{\partial z}{\partial x} = \dfrac{\partial z}{\partial r}\cos\theta - \dfrac{\partial z}{\partial \theta}\dfrac{\sin\theta}{r}$이고 $\dfrac{\partial z}{\partial y} = \dfrac{\partial z}{\partial r}\sin\theta + \dfrac{\partial z}{\partial \theta}\dfrac{\cos\theta}{r}$
   (2) $\left(\dfrac{\partial z}{\partial x}\right)^2 + \left(\dfrac{\partial z}{\partial y}\right)^2 = \left(\dfrac{\partial z}{\partial r}\right)^2 + \dfrac{1}{r^2}\left(\dfrac{\partial z}{\partial \theta}\right)^2$

6. $f(x, y) = \begin{cases} \dfrac{xy}{x^2 + y^2}, & (x, y) \neq (0, 0) \\ 0, & (x, y) = (0, 0) \end{cases}$ 일 때 f는 $(0, 0)$에서 미분가능하지 않음을 증명하여라.

13.5 방향도함수와 그래디언트

함수의 편도함수는 좌표축에 평행인 직선을 따라 함수의 변화율을 나타내고 있다. 이 절에서는 좌표축에 평행이 아닌 직선을 따라 함수의 변화율을 생각하기로 한다.

정의 13.4

점 (x_0, y_0)를 중심으로 하는 원판 D를 포함하는 집합에서 정의된 함수 f에 대하여 $\mathbf{u} = a_1\mathbf{i} + a_2\mathbf{j}$는 단위벡터라고 하면 점 (x_0, y_0)에서 $\mathbf{u}$ 방향으로의 f의 **방향도함수** $D_{\mathbf{u}}f(x_0, y_0)$는

$$D_{\mathbf{u}}f(x_0, y_0) = \lim_{h\to 0} \frac{f(x_0 + ha_1, y_0 + ha_2) - f(x_0, y_0)}{h}$$

로 정의한다(그림 13.14). 만일 $\mathbf{u} = \mathbf{i}$이면

$$D_{\mathbf{u}}f(x_0, y_0) = \lim_{h\to 0} \frac{f(x_0 + h, y_0) - f(x_0, y_0)}{h} = f_x(x_0, y_0)$$

이고 $\mathbf{u} = \mathbf{j}$이면

$$D_{\mathbf{u}}f(x_0, y_0) = \lim_{h\to 0} \frac{f(x_0, y_0 + h) - f(x_0, y_0)}{h} = f_y(x_0, y_0)$$

이다.

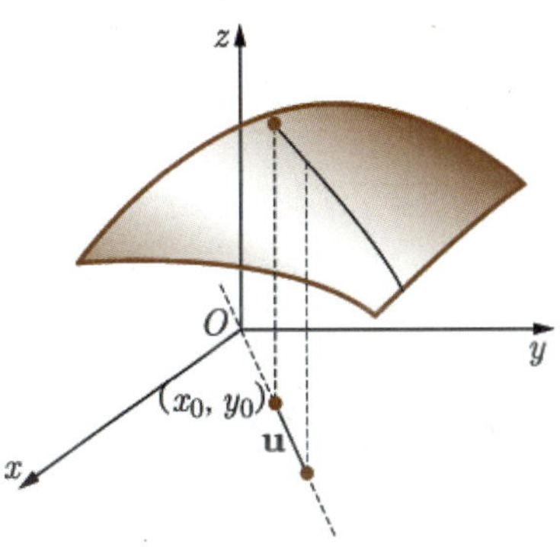

그림 13.14: 방향도함수

정리 13.8

f가 점 (x_0, y_0)에서 미분가능하면 f는 점 (x_0, y_0)에서 모든 방향에 대한 방향도함수를 가진다. 더욱이 $\mathbf{u} = a_1\mathbf{i} + a_2\mathbf{j}$가 단위벡터이면

$$D_{\mathbf{u}}f(x_0, y_0) = f_x(x_0, y_0)a_1 + f_y(x_0, y_0)a_2. \tag{13.8}$$

[증명] $F(h) = f(x_0 + ha_1,\ y_0 + ha_2)$라 두면

$$\frac{F(h) - F(0)}{h - 0} = \frac{f(x_0 + ha_1, y_0 + ha_2) - f(x_0, y_0)}{h}$$

이므로 $D_{\mathbf{u}}f(x_0, y_0)$가 존재하기 위한 필요충분조건은 $F'(0)$이 존재하는 것이다. 만일 $g_1(h) = x_0 + ha_1$와 $g_2(h) = y_0 + ha_2$라 두면 $F(h) = f(g_1(h), g_2(h))$이고 $g_1(0) = x_0,\ g_2(0) = y_0$. h를 t_0로 바꾸고 0을 t_0로 바꾸면 정리 13.6의 가정이 만족된다. 따라서 $F'(0)$이 존재하고

$$\begin{aligned} D_{\mathbf{u}}f(x_0, y_0) &= F'(0) = f_x(x_0, y_0)g_1'(0) + f_y(x_0, y_0)g_2'(0) \\ &= f_x(x_0, y_0)a_1 + f_y(x_0, y_0)a_2. \end{aligned}$$ □

3변수함수에 대해서 $\mathbf{u} = a_1\mathbf{i} + a_2\mathbf{j} + a_3\mathbf{k}$이 단위벡터이면 방향도함수는

$$D_{\mathbf{u}}f(x_0, y_0, z_0) = \lim_{h \to 0} \frac{f(x_0 + ha_1, y_0 + ha_2, z_0 + ha_3) - f(x_0, y_0, z_0)}{h}$$

와 같이 정의하고 f가 (x_0, y_0, z_0)에서 미분가능하면

$$D_{\mathbf{u}}f(x_0, y_0, z_0) = f_x(x_0, y_0, z_0)a_1 + f_y(x_0, y_0, z_0)a_2 + f_z(x_0, y_0, z_0)a_3. \tag{13.9}$$

예제 13.23 $f(x, y) = 6 - 3x^2 - y^2$이고 $\mathbf{u} = \frac{1}{\sqrt{2}}\mathbf{i} - \frac{1}{\sqrt{2}}\mathbf{j}$일 때 $D_{\mathbf{u}}f(1, 2)$를 구하여라.

풀이 $\mathbf{u}$가 단위벡터임을 주의하자. 정리 13.8의 식 (13.8)을 이용하기 위해 먼저 f의 편도함수를 계산하면

$$f_x(x, y) = -6x \text{ 이고 } f_y(x, y) = -2y$$

이다. 따라서 식 (13.8)에 의하여

$$\begin{aligned} D_{\mathbf{u}}f(1, 2) &= f_x(1, 2)\frac{1}{\sqrt{2}} + f_y(1, 2)\left(-\frac{1}{\sqrt{2}}\right) \\ &= (-6)\left(\frac{1}{\sqrt{2}}\right) + (-4)\left(-\frac{1}{\sqrt{2}}\right) = -\sqrt{2}. \end{aligned}$$ □

예제 13.24 $f(x, y, z) = xe^{y^2 z}$이고 $\mathbf{a} = \mathbf{i} - \mathbf{j} + 2\mathbf{k}$일 때 $(2, 1, 0)$에서의 $\mathbf{a}$ 방향에 대한 방향도함수를 구하여라.

풀이 벡터 $\mathbf{a}$는 단위가 아니므로 $\mathbf{a}$와 같은 방향인 단위벡터 $\mathbf{u}$를 계산하면

$$\mathbf{u} = \frac{\mathbf{a}}{\|\mathbf{a}\|} = \frac{1}{\sqrt{6}}\mathbf{i} - \frac{1}{\sqrt{6}}\mathbf{j} + \frac{2}{\sqrt{6}}\mathbf{k}$$

이고 f의 편도함수는

$$f_x(x, y, z) = e^{y^2 z}, \quad f_y(x, y, z) = 2xyze^{y^2 z}, \quad f_z(x, y, z) = xy^2e^{y^2 z}$$

이므로 식 (13.9)에 의하여

$$\begin{aligned} D_{\mathbf{u}}f(2,1,0) &= f_x(2,1,0)\left(\frac{1}{\sqrt{6}}\right) + f_y(2,1,0)\left(-\frac{1}{\sqrt{6}}\right) + f_z(2,1,0)\left(\frac{2}{\sqrt{6}}\right) \\ &= 1 \times \frac{1}{\sqrt{6}} + 0 \times \left(-\frac{1}{\sqrt{6}}\right) + 2 \times \frac{2}{\sqrt{6}} = \frac{5}{\sqrt{6}}. \end{aligned}$$

□

정의 13.5

f가 (x_0, y_0)에서 편도함수를 가지는 2변수함수라고 하자. 점 (x_0, y_0)에서 f의 **그래디언트** $\mathrm{grad}f(x_0, y_0)$ 또는 $\nabla f(x_0, y_0)$은

$$\mathrm{grad}f(x_0, y_0) = \nabla f(x_0, y_0) = f_x(x_0, y_0)\mathbf{i} + f_y(x_0, y_0)\mathbf{j} \tag{13.10}$$

로 정의한다.

3변수함수 f에 대한 그래디언트 $\mathrm{grad}f(x_0, y_0, z_0)$ 또는 $\nabla f(x_0, y_0, z_0)$ 도 위와 비슷하게 정의할 수 있다. 즉

$$\begin{aligned} \mathrm{grad}f(x_0, y_0, z_0) &= \nabla f(x_0, y_0, z_0) \\ &= f_x(x_0, y_0, z_0)\mathbf{i} + f_y(x_0, y_0, z_0)\mathbf{j} + f_z(x_0, y_0, z_0)\mathbf{k} \end{aligned} \tag{13.11}$$

예제 13.25 $f(x, y) = \sin xy$일 때 f의 그래디언트와 $\nabla f\left(\frac{\pi}{3}, 1\right)$을 구하여라.

풀이 정의에 의하여

$$\nabla f(x, y) = f_x(x, y)\mathbf{i} + f_y(x, y)\mathbf{j} = y\cos xy\mathbf{i} + x\cos xy\mathbf{j}$$

이므로 따라서

$$\nabla f\left(\frac{\pi}{3}, 1\right) = \cos\frac{\pi}{3}\mathbf{i} + \frac{\pi}{3}\cos\frac{\pi}{3}\mathbf{j} = \frac{1}{2}\mathbf{i} + \frac{\pi}{6}\mathbf{j}.$$

□

예제 13.26 $f(x, y, z) = \dfrac{1}{\sqrt{x^2 + y^2 + z^2}}$ 일 때 f의 그래디언트와 $\nabla f(2\sqrt{2},\ 2\sqrt{2}, -3)$을 구하여라.

풀이 정의에 의하여

$$\begin{aligned} \nabla f(x, y, z) &= f_x(x, y, z)\mathbf{i} + f_y(x, y, z)\mathbf{j} + f_z(x, y, z)\mathbf{k} \\ &= -\frac{x}{(x^2 + y^2 + z^2)^{3/2}}\mathbf{i} - \frac{y}{(x^2 + y^2 + z^2)^{3/2}}\mathbf{j} - \frac{z}{(x^2 + y^2 + z^2)^{3/2}}\mathbf{k} \\ &= -\frac{1}{(x^2 + y^2 + z^2)^{3/2}}(x\,\mathbf{i} + y\,\mathbf{j} + z\,\mathbf{k}) \end{aligned}$$

이고 따라서

$$\nabla f(2\sqrt{2}, 2\sqrt{2}, -3) = \frac{1}{125}(-2\sqrt{2}\mathbf{i} - 2\sqrt{2}\mathbf{j} + 3\mathbf{k}). \qquad \square$$

정리 13.8의 식 (13.8)에 의하면 단위벡터 $\mathbf{u} = a_1\mathbf{i} + a_2\mathbf{j}$일 때

$$D_{\mathbf{u}}f(x_0, y_0) = f_x(x_0, y_0)a_1 + f_y(x_0, y_0)a_2 \tag{13.12}$$

이므로 정의 13.5의 식 (13.10)를 이용하면 식 (13.12)는

$$D_{\mathbf{u}}f(x_0, y_0) = \nabla f(x_0, y_0) \cdot \mathbf{u} \tag{13.13}$$

로 나타낼 수 있다. 만일 $\nabla f(x_0, y_0) = \mathbf{0}$이면 식 (13.13)에 의하여 모든 단위벡터 $\mathbf{u}$에 대해서 $D_{\mathbf{u}}f(x_0, y_0) = 0$이다. 만일 $\nabla f(x_0, y_0) \neq \mathbf{0}$이면 $\mathbf{u}$의 함수로서 $D_{\mathbf{u}}f(x_0, y_0)$의 최대값을 결정할 수 있다. 더욱이 $D_{\mathbf{u}}f(x_0, y_0)$가 최대가 되게 하는 $\mathbf{u}$의 방향을 결정할 수 있다. $\mathbf{u}$를 평면 위의 임의의 단위벡터라 하고 ϕ를 $\mathbf{u}$와 $\nabla f(x_0, y_0)$의 사잇각이라 하면

$$\begin{aligned} D_{\mathbf{u}}f(x_0, y_0) &= \nabla f(x_0, y_0) \cdot \mathbf{u} = \|\mathbf{u}\| \|\nabla f(x_0, y_0)\| \cos\phi \\ &= \|\nabla f(x_0, y_0)\| \cos\phi \end{aligned}$$

이것으로부터 $D_{\mathbf{u}}f(x_0, y_0)$의 최대값은 $\|\nabla f(x_0, y_0)\|$이고, $\phi = 0$일 때 이 값을 얻을 수 있다. 즉 $\mathbf{u}$가 $\nabla f(x_0, y_0)$과 같은 방향일 때 성립한다. 이것을 다음과 같이 정리할 수 있다.

정리 13.9

f가 (x_0, y_0)에서 미분가능한 2변수함수일 때 다음이 성립한다.

(i) 임의의 단위벡터 $\mathbf{u}$에 대해서 $D_{\mathbf{u}}f(x_0, y_0) = [\nabla f(x_0, y_0)] \cdot \mathbf{u}$.

(ii) $D_{\mathbf{u}}f(x_0, y_0)$의 최대값은 $\|\nabla f(x_0, y_0)\|$이다.

(iii) 만일 $\nabla f(x_0, y_0) \neq \mathbf{0}$이면, $D_{\mathbf{u}}f(x_0, y_0)$은 $\mathbf{u}$의 함수로 생각하여 $\mathbf{u}$가 $\nabla f(x_0, y_0)$와 같은 방향일 때 최대값을 가진다.

위의 정리 13.9는 3변수함수에 대해서도 똑같이 성립한다.

예제 13.27 $f(x, y) = 6 - 3x^2 - y^2$일 때 $(1, 2)$에서 f가 가장 빨리 증가하는 방향을 구하여라.

풀이 예제 13.23으로부터

$$f_x(x, y) = -6x \text{ 이고 } f_y(x, y) = -2y.$$

그러므로

$$\nabla f(1, 2) = f_x(1, 2)\mathbf{i} + f_y(1, 2)\mathbf{j} = -6\mathbf{i} - 4\mathbf{j}.$$

따라서 점 $(1,2)$에서 f가 가장 빠르게 증가하는 방향은

$$\frac{1}{\|-6\mathbf{i}-4\mathbf{j}\|}(-6\mathbf{i}-4\mathbf{j}) \quad \text{또는} \quad -\frac{3}{\sqrt{13}}\mathbf{i}-\frac{2}{\sqrt{13}}\mathbf{j}.$$

□

수직 벡터로서의 그래디언트

매끄러운 곡선 C는 C 위의 점 (x_0, y_0)에서 미분가능한 함수 f의 등고선이라고 하자. 점 (x, y)가 C를 따라 움직일 때 함수값 $f(x, y)$는 가정에 의해 상수이고 변하지 않는다. 점 (x_0, y_0)에서 C에 접하는 단위벡터 $\mathbf{u}$의 방향에 관하여 f의 변화율이 0이다. 즉,

$$D_{\mathbf{u}}f(x_0, y_0) = 0.$$

식 (13.13)에 의하여 $\nabla f(x_0, y_0)$에 수직인 임의의 단위벡터 $\mathbf{u}$에 대해서 $D_{\mathbf{u}}f\ (x_0, y_0) = 0$이다. 이러한 결과를 종합하면 $\nabla f(x_0, y_0)$은 점 (x_0, y_0)에서 C에 수직이다(그림 13.15).

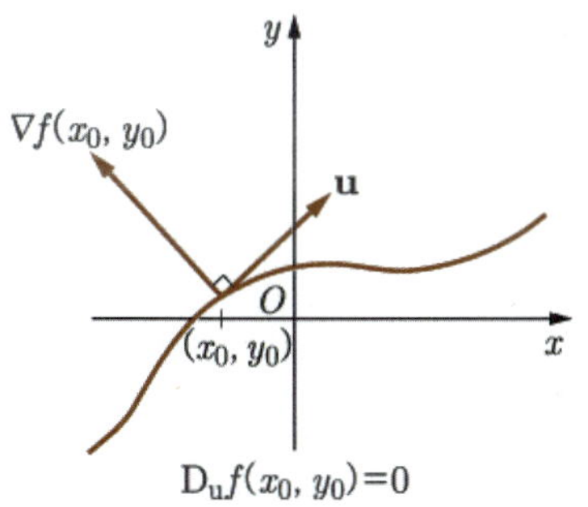

그림 13.15: 그래디언트

정리 13.10

f가 (x_0, y_0)에서 미분가능하고 $f(x_0, y_0) = c$라고 하자. 만일 등고선 $f(x, y) = c$가 매끄럽고 $\nabla f(x_0, y_0) \neq \mathbf{0}$이면 $\nabla f(x_0, y_0)$은 (x_0, y_0)에서 등고선 $f(x, y) = c$에 수직이다.

[증명] C가 주어진 등고선이고 I는 구간이고 I에 속하는 t에 대해 $\mathbf{r}(t) = x(t)\mathbf{i} + y(t)\mathbf{j}$은 C의 매끄러운 매개화이다. 제12장으로부터 $\dfrac{d\mathbf{r}}{dt}$은 C에 접하고 구간 I 위의 모든 점 t에서 $f(x(t), y(t)) = c$이므로

$$0 = \frac{dc}{dt} = \frac{d}{dt}f(x(t), y(t)) = \frac{\partial f}{\partial x}\frac{dx}{dt} + \frac{\partial f}{\partial y}\frac{dy}{dt} = \nabla f(x(t), y(t)) \cdot \frac{d\mathbf{r}}{dt}.$$

이것은 $\nabla f(x_0, y_0)$이 (x_0, y_0)에서 C의 접선에 수직임을 말한다. 그러므로 C에 수직이다. □

예제 13.28 곡선 $x^2 - xy + 3y^2 = 5$가 매끄럽다고 가정하고 $(1, -1)$에서 곡선에 수직인 단위벡터를 구하여라.

풀이 $f(x, y) = x^2 - xy + 3y^2$라 두면 주어진 곡선은 등고선 $f(x, y) = 5$이다. 정리 13.10으로부터 $\nabla f(1, -1)$은 $(1, -1)$에서 주어진 곡선에 대해 수직이다. f의 그래디언트는

$$\nabla f(x, y) = (2x - y)\mathbf{i} + (-x + 6y)\mathbf{j}$$

이고, 따라서

$$\nabla f(1, -1) = 3\mathbf{i} - 7\mathbf{j}$$

단위벡터는

$$\mathbf{u} = \frac{\nabla f(1, -1)}{\|\nabla f(1, -1)\|} = \frac{1}{\sqrt{58}}(3\mathbf{i} - 7\mathbf{j}).$$ □

f가 점 (x_0, y_0, z_0)에서 미분가능한 3변수함수이고 $f(x_0, y_0, z_0) = c$이라 하자. 만일 C가 등위면 $f(x, y, z) = c$ 위의 임의의 매끄러운 곡선이고 C가 (x_0, y_0, z_0)를 지나면 정리 13.10의 증명과 같은 방법으로 다음 사실을 증명할 수 있다. **만일 $\nabla f(x_0, y_0, z_0) \neq 0$이면 $\nabla f(x_0, y_0, z_0)$은 (x_0, y_0, z_0)에서 C의 접선벡터와 수직이다.**

$\nabla f(x_0, y_0, z_0)$은 점 (x_0, y_0, z_0)에서 이와 같은 임의의 곡선 C의 접선벡터에 수직이므로, 이와 같은 모든 접선벡터는 접평면이라 불리는 단일평면 내에 속한다.

정의 13.6

f는 f의 등위면 S 위의 점 (x_0, y_0, z_0)에서 미분가능하다고 하자. 만일 $\nabla f(x_0, y_0, z_0) \neq \mathbf{0}$이면 법선벡터가 $\nabla f(x_0, y_0, z_0)$이고 (x_0, y_0, z_0)을 지나는 평면을 (x_0, y_0, z_0)에서 S에 **접평면**이라 하고 $\nabla f(x_0, y_0, z_0)$을 S의 **법선벡터**라고 한다(그림 13.16).

이 경우

$$\nabla f(x_0, y_0, z_0) = f_x(x_0, y_0, z_0)\mathbf{i} + f_y(x_0, y_0, z_0)\mathbf{j} + f_z(x_0, y_0, z_0)\mathbf{k}$$

이고, $\nabla f(x_0, y_0, z_0)$이 (x_0, y_0, z_0)에서 접평면에 수직이므로 접평면의 방정식은

$$f_x(x_0, y_0, z_0)(x - x_0) + f_y(x_0, y_0, z_0)(y - y_0) + f_z(x_0, y_0, z_0)(z - z_0) = 0.$$

예제 13.29 구 $x^2 + y^2 + z^2 = 4$ 위의 점 $(-1, 1, \sqrt{2})$에 접하는 평면의 방정식을 구하여라.

풀이 구는 등위면 $f(x, y, z) = 4$이다. 여기서 $f(x, y, z) = x^2 + y^2 + z^2$이고 점 $(-1, 1, \sqrt{2})$

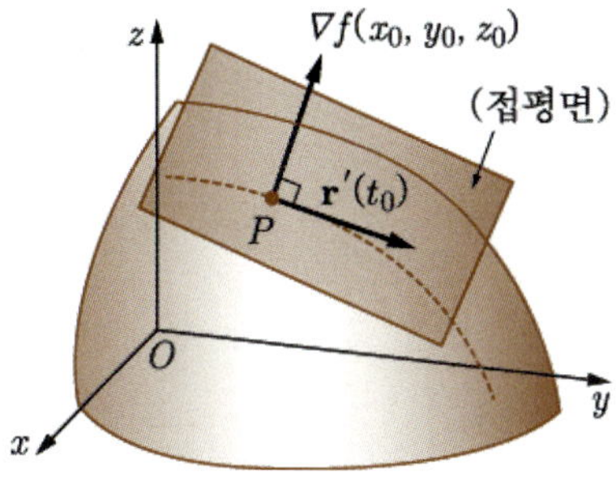

그림 13.16: 접평면과 그래디언트

에서 f의 편미분은

$$f_x(-1, 1, \sqrt{2}) = -2, \quad f_y(-1, 1, \sqrt{2}) = 2, \quad f_z(-1, 1, \sqrt{2}) = 2\sqrt{2}.$$

그러므로 $(-1, 1, \sqrt{2})$에서 접평면의 방정식은

$$-2(x - (-1)) + 2(y - 1) + 2\sqrt{2}(z - \sqrt{2}) = 0.$$

즉, $-x + y + \sqrt{2}z = 4$. □

연습문제 13.5

1. 주어진 점 P와 벡터 $\mathbf{a}$에 대한 함수 f의 방향도함수를 구하여라.
   (1) $f(x, y) = 2x^2 - 3xy + y^2 + 15, \quad P(1, 1); \mathbf{a} = \frac{1}{\sqrt{2}}\mathbf{i} + \frac{1}{\sqrt{2}}\mathbf{j}$
   (2) $f(x, y) = \sin xy^2, \quad P\left(\frac{1}{\pi}, \pi\right); \mathbf{a} = \mathbf{i} - 3\mathbf{j}$
   (3) $f(x, y, z) = x^3y^2z, \quad P(2, -1, 2); \mathbf{a} = 2\mathbf{i} - \mathbf{j} - 2\mathbf{k}$
   (4) $f(x, y, z) = y\sin^{-1} xz, \quad P\left(\frac{1}{\sqrt{2}}, 0, \frac{1}{\sqrt{2}}\right); \mathbf{a} = -2\mathbf{i} - 2\mathbf{j} - 2\mathbf{k}$

2. 다음 함수의 그래디언트를 구하여라.
   (1) $f(x, y) = 3x - 5y$
   (2) $f(x, y) = y^2 + x\sin x^2y$
   (3) $f(x, y, z) = 2x^2 - y^2 - 4z^2$
   (4) $f(x, y, z) = ze^{-x}\tan y$

3. 주어진 점에서 f가 가장 빨리 증가하는 방향을 찾아라.
   (1) $f(x, y) = e^x(\cos y + \sin y), \ (0, 0)$
   (2) $f(x, y) = 3x^2 + 4y^2, \ (-1, 1)$
   (3) $f(x, y, z) = \ln(x^2 + y^2 + z^2), \ (2, 0, 1)$
   (4) $f(x, y, z) = \cos xyz, \ \left(\frac{1}{3}, \frac{1}{2}, \pi\right)$

4. 주어진 점에서 함수의 그래프에 접하는 평면의 식을 구하여라.

(1) $f(x, y) = xy - x + y + 5$, $(0, 2)$

(2) $f(x, y) = \sin \pi xy$, $(-\sqrt{2}, \sqrt{2})$

Memo

13.6 접평면과 미분근사식

f가 (x_0, y_0)에서 미분가능하다고 가정하자. 그러면

$$\begin{aligned} f(x,y) - f(x_0,y_0) =& f_x(x_0,y_0)(x-x_0) + f_y(x_0,y_0)(y-y_0) \\ &+ \varepsilon_1(x,y)(x-x_0) + \varepsilon_2(x,y)(y-y_0) \end{aligned} \tag{13.14}$$

가 성립한다. 여기서 2변수함수 ε_1과 ε_2는

$$\lim_{(x,y)\to(x_0,y_0)} \varepsilon_1(x,y) = \lim_{(x,y)\to(x_0,y_0)} \varepsilon_2(x,y) = 0 \tag{13.15}$$

이다. 식 (13.15)의 극한이 0이므로 (x, y)가 (x_0, y_0)에 충분히 가까운 점이면 두 수 $f(x, y)-f(x_0, y_0)$와 $f_x(x_0, y_0)(x - x_0) + f_y(x_0, y_0)(y - y_0)$이 거의 같은 값이다. 즉

$$f(x,y) - f(x_0,y_0) \approx f_x(x_0,y_0)(x-x_0) + f_y(x_0,y_0)(y-y_0) \tag{13.16}$$

또는

$$f(x,y) \approx f(x_0,y_0) + f_x(x_0,y_0)(x-x_0) + f_y(x_0,y_0)(y-y_0). \tag{13.17}$$

13.5절에서 점 $(x_0, y_0, f(x_0, y_0))$에서 f의 그래프에 접하는 평면 위의 임의의 점 (x, y, z)는

$$z = f(x_0,y_0) + f_x(x_0,y_0)(x-x_0) + f_y(x_0,y_0)(y-y_0) \tag{13.18}$$

를 만족한다. 식 (13.17)와 (13.18)의 우변이 같으므로 (x, y)가 (x_0, y_0)에 가까운 점이면 식 (13.17)를 사용하여 $f(x, y)$의 근삿값을 구할 수 있다. 위의 사실을 정리하면 h와 k가 충분히 작은 수일 때

$$f(x_0+h, y_0+k) \approx f(x_0,y_0) + f_x(x_0,y_0)h + f_y(x_0,y_0)k \tag{13.19}$$

가 성립한다.

예제 13.30 $\sqrt{(3.012)^2 + (3.997)^2}$의 근삿값을 구하여라.

풀이 3.012는 3에 가깝고 3.997은 4에 가까운 수이므로

$$f(x,y) = \sqrt{x^2+y^2}$$

라 두고 $x_0 = 3,\ y_0 = 4,\ h = 0.012,\ k = -0.003$이라 택하면

$$f_x(x,y) = \frac{x}{\sqrt{x^2+y^2}} \text{이고 } f_y(x,y) = \frac{y}{\sqrt{x^2+y^2}}$$

이므로 $f_x(3,4) = \dfrac{3}{5}$이고 $f_y(3,4) = \dfrac{4}{5}$이다.

그러므로 식 (13.19)에 의하여

$$\begin{aligned}\sqrt{(3.012)^2+(3.997)^2} &= f(3.012, 3.997)\\ &\approx f(3,4)+f_x(3,4)(0.012)+f_y(3,4)(-0.003)\\ &= 5+\frac{3}{5}\times 0.012+\frac{4}{5}\times(-0.003)=5.0048.\end{aligned}$$ □

3변수함수에 대해서는 식 (13.19)과 비슷한 근사식을 갖는다.

$$\begin{aligned}f(x_0+h, y_0+k, z_0+l) \approx\ & f(x_0,y_0,z_0)+f_x(x_0,y_0,z_0)h\\ &+f_y(x_0,y_0,z_0)k+f_z(x_0,y_0,z_0)l\end{aligned} \tag{13.20}$$

전미분

f가 2변수함수일 때 f가 미분가능한 f의 정의역의 점 (x, y)에서 식 (13.19)을 이용하면

$$f(x+h, y+k)-f(x,y) \approx f_x(x,y)h+f_y(x,y)k \tag{13.21}$$

를 얻는다. 식 (13.21)의 오른쪽 식 $f_x(x,y)h+f_y(x,y)k$를 증분 h와 k를 갖는 (x, y)에서 f의 **전미분**이라 부르고 이것을 df라 쓴다. 따라서

$$df = f_x(x,y)\,h+f_y(x,y)\,k. \tag{13.22}$$

특히 $g_1(x,y)=x$이고 $g_2(x,y)=y$일 때 dg_1을 dx, dg_2를 dy라고 쓰면 $dx=h$, $dy=k$ 이므로 식 (13.22)는

$$df = f_x(x,y)\,dx+f_y(x,y)\,dy \text{또는 } df=\frac{\partial f}{\partial x}dx+\frac{\partial f}{\partial y}dy. \tag{13.23}$$

예제 13.31 $f(x,y)=xy^2+y\sin x$일 때 df를 구하여라.

풀이 $\dfrac{\partial f}{\partial x}=y^2+y\cos x$이고 $\dfrac{\partial f}{\partial y}=2xy+\sin x$이므로 식 (13.23)로부터

$$df=(y^2+y\cos x)\,dx+(2xy+\sin x)\,dy.$$ □

3변수함수에 대하여 식 (13.23)와 비슷한 식이 성립한다.

$$df=f_x(x,y,z)\,dx+f_y(x,y,z)\,dy+f_z(x,y,z)\,dz \tag{13.24}$$

예제 13.32 $f(x,y,z)=x^2\ln(y-z)$일 때 df를 구하여라.

풀이 f를 편미분하면

$$\frac{\partial f}{\partial x} = 2x\ln(y-z), \quad \frac{\partial f}{\partial y} = \frac{x^2}{y-z}, \quad \frac{\partial f}{\partial z} = \frac{-x^2}{y-z} = \frac{x^2}{z-y}$$

이므로 식 (13.24)에 의하여

$$df = 2x\ln(y-z)\,dx + \frac{x^2}{y-z}\,dy + \frac{x^2}{z-y}\,dz.$$

□

연습문제 13.6

1. 주어진 점에서 f의 근삿값을 구하여라.
   (1) $f(x,y) = \sqrt{x^2+y^2}$, $(3.01, 4.03)$
   (2) $f(x,y) = \sin \pi xy$, $(-1.97, 2.005)$
   (3) $f(x,y) = \ln(x^2+y^2)$, $(-0.03, 0.98)$
   (4) $f(x,y,z) = xyz^2$, $(-2.1, 1.01, 0.989)$

2. 다음 근삿값을 구하여라.
   (1) $\sqrt[4]{(1.9)^3+(2.1)^3}$
   (2) $(16.05)^{1/4}(7.95)^{2/3}$
   (3) $e^{0.1}\ln 0.9$
   (4) $\sin\frac{9\pi}{20}\cos\frac{9\pi}{30}$

3. 전미분 df를 구하여라.
   (1) $f(x,y) = 3x^3 - x^2y + y + 17$
   (2) $f(x,y) = y\ln\frac{1+x}{1-x}$
   (3) $f(x,y) = \cos(x+y) + \cos(x-y)$
   (4) $f(x,y) = x\tan y + y\cot x$
   (5) $f(x,y,z) = z^2\sqrt{1+x^2+y^2}$
   (6) $f(x,y,z) = xe^{y^2-z^2}$

13.7 극값과 Lagrange 승수법

1변수함수와 마찬가지로 다변수함수에 대해서도 주어진 집합 내에서 극댓값과 극솟값을 고려할 수 있다.

정의 13.7

f가 2변수함수라 하고 R을 f의 정의역에 포함된 집합이라 하자. f가 R 내의 모든 점 (x, y)에 대해 $f(x, y) \le f(x_0, y_0)$[또는 $f(x, y) \ge f(x_0, y_0)$]일 때 f는 점 (x_0, y_0)에서 R 위에서 **최댓값**(또는 **최솟값**)을 가진다고 한다. 만약 R이 f의 정의역이면 f는 점 (x_0, y_0)에서 **최댓값**(또는 **최솟값**)을 가진다고 한다. 만일 점 (x_0, y_0)을 중심으로 하는 원판 D가 존재하고 f의 정의역에 포함되며 D 내의 모든 점 (x, y)에 대해 $f(x, y) \le f(x_0, y_0)$[또는 $f(x, y) \ge f(x_0, y_0)$]이면 f는 **극댓값**(또는 **극솟값**)을 가진다고 한다. 최댓값과 최솟값을 통틀어 **대역극값**이라 하고 극댓값과 극솟값을 통틀어 **극값**이라 한다.

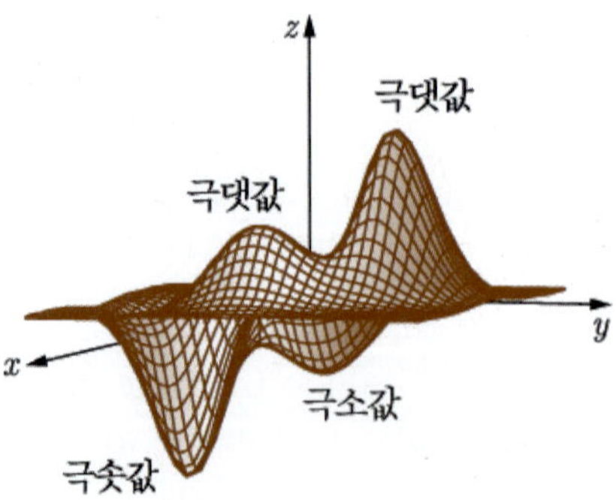

그림 13.17: 여러 가지 극값

1변수함수에서 극값은 임계점, 즉 $f'(x_0) = 0$이거나 $f'(x_0)$이 존재하지 않는 점 x_0에서 나타난다. 먼저 f가 (x_0, y_0)에서 극값을 가진다고 가정하자.

$$g(x) = f(x, y_0) \text{ 이고 } G(y) = f(x_0, y)$$

라 두면 g는 x_0에서 극값을 가지고 G는 y_0에서 극값을 가진다. 그러므로 $f_x(x_0, y_0)$와 $f_y(x_0, y_0)$가 존재하면

$$f_x(x_0, y_0) = g'(x_0) = 0, \quad f_y(x_0, y_0) = G'(y_0) = 0.$$

정리 13.11

f가 (x_0, y_0)에서 극값을 가진다고 하자. 만일 f가 (x_0, y_0)에서 편도함수를 가지면

$$f_x(x_0, y_0) = f_y(x_0, y_0) = 0.$$

f가 점 (x_0, y_0)에서 $f_x(x_0, y_0) = f_y(x_0, y_0) = 0$이거나 편도함수 중 어느 하나가 존재하지 않을 때 **임계점**을 가진다고 한다.

예제 13.33 $f(x, y) = 3 - x^2 + 2x - y^2 - 4y$일 때 f의 모든 임계점을 구하여라.

풀이 f의 편도함수는 f의 정의역 내의 모든 점에서 존재하므로 극값은 f_x와 f_y가 모두 0이 되는 점에서 주어진다. 편도함수는

$$f_x(x, y) = -2x + 2, \quad f_y(x, y) = -2y - 4$$

이므로 $f_x(x, y) = f_y(x, y) = 0$으로부터 $(x, y) = (1, -2)$가 f의 유일한 임계점이다. □

예제 13.34 $f(x, y) = \sqrt{x^2 + y^2}$일 때 f의 모든 임계점과 모든 극값을 구하여라.

풀이 f를 편미분하면

$$f_x(x, y) = \frac{x}{\sqrt{x^2 + y^2}}, \quad f_y(x, y) = \frac{y}{\sqrt{x^2 + y^2}}.$$

편도함수는 원점을 제외한 모든 점에서 존재하고 원점은 f의 정의역에 속하므로 원점은 f의 임계점이다. 또한 $f_x(x, y) = f_y(x, y) = 0$으로부터 $(x, y) = (0, 0)$은 f의 임계점이다. $f(0, 0) = 0$이고 모든 (x, y)에 대해 $f(x, y) \geq 0$이므로 0은 f의 유일한 최솟값(극솟값)이고 극댓값은 없다. □

예제 13.35 $f(x, y) = y^2 - x^2$일 때 원점은 임계점이지만 $f(0, 0)$이 f의 극값이 아님을 보여라.

풀이 $f_x(x, y) = -2x$, $f_y(x, y) = 2y$이므로 $(0, 0)$은 f의 유일한 임계점이다. 그러나

$$f(x, 0) = -x^2 < 0\,(x \neq 0)\text{이고} \quad f(0, y) = y^2 > 0\,(y \neq 0)$$

이므로 $f(0, 0) = 0$은 f의 극값이 아니다. □

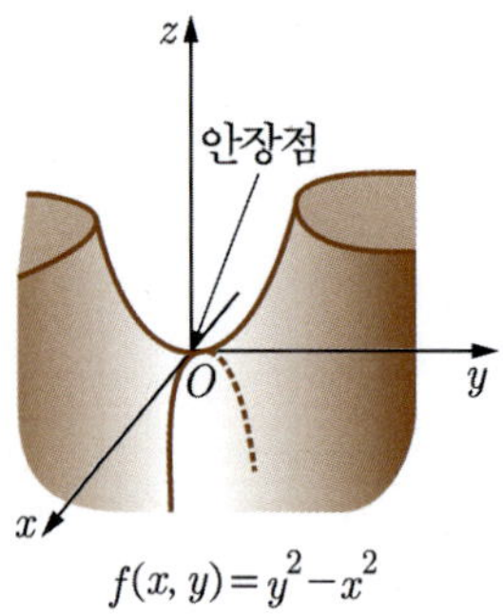

그림 13.18: 예제 13.35

위의 예제 13.35와 같이 만일 f가 $f_x(x_0, y_0) = f_y(x_0, y_0) = 0$이고 (x_0, y_0)을 지나는 두 직선이 있다고 하자. 그러면 한 직선에서는 f가 극솟값을 가지고 다른 직선에서는 f가 극댓값을 가질 때 점 (x_0, y_0)를 f의 **안장점**이라고 한다.

극값 판정

(x_0, y_0)이 f의 임계점이라고 하자. f가 (x_0, y_0)에서 극값 또는 안장점을 갖는지의 여부는 f의 2계편도함수에 의해 쉽게 알 수 있다.

정리 13.12 (극값 판정)

f가 (x_0, y_0)에서 임계점을 가지고, f가 (x_0, y_0)를 중심으로 하는 원판 내에서 두 번 미분가능하고 연속인 편도함수를 가진다고 가정하자.

$$D(x, y) = f_{xx}(x, y)f_{yy}(x, y) - [f_{xy}(x, y)]^2$$

이라 두면

(i) $D(x_0, y_0) > 0$이고 $f_{xx}(x_0, y_0) < 0$이면 f는 (x_0, y_0)에서 극댓값을 가진다.

(ii) $D(x_0, y_0) > 0$이고 $f_{xx}(x_0, y_0) > 0$이면 f는 (x_0, y_0)에서 극솟값을 가진다.

(iii) $D(x_0, y_0) < 0$이면 f는 (x_0, y_0)에서 안장점을 가진다.

만일 $D(x_0, y_0) = 0$이면 f는 (x_0, y_0)에서 극값을 가질 수도 있고 갖지 않을 수도 있다.

위의 정리 13.12의 $D(x, y)$를 (x, y)에서 f의 **판별식**이라 부른다. $D(x_0, y_0) = 0$인 임계점 (x_0, y_0)을 **퇴화점**이라 하고 $D(x_0, y_0) \neq 0$인 임계점을 **비퇴화점**이라 한다.

예제 13.36 $f(x,y)=y^4-x^4$, $g(x,y)=x^4+y^4$, $h(x,y)=x^3+y^3$이라 하자. 그러면 $(0,0)$은 f, g, h의 임계점이고, 각각의 경우에

$$D(0,0)=0$$

이다. 그러나 f는 $(0,0)$에서 안장점을 가지고 $g(x,y)$는 $(0,0)$에서 최솟값 0을 가지고 h는 $(0,0)$에서 극값도 안장점도 가지지 않는다.

예제 13.37 $f(x,y)=x^2-2xy+\frac{1}{3}y^3-3y$일 때 f의 극값 및 f의 안장점을 구하여라.

풀이 $f_x(x,y)=2x-2y$, $f_y(x,y)=-2x+y^2-3$이므로 $f_x(x,y)=f_y(x,y)=0$으로부터 연립방정식 $x=y$, $-2x+y^2-3=0$을 얻고 이를 풀면 점 $(x,y)=(3,3)$, $(-1,-1)$을 얻는다. 따라서 f의 임계점은 $(3,3)$과 $(-1,-1)$이다.

$$f_{xx}(x,y)=2,\quad f_{yy}(x,y)=2y,\quad f_{xy}(x,y)=-2$$

이므로

$$\begin{aligned}D(3,3)&=f_{xx}(3,3)f_{yy}(3,3)-[f_{xy}(3,3)]^2=2\times 6-(-2)^2=8>0\\ D(-1,-1)&=f_{xx}(-1,-1)f_{yy}(-1,-1)-[f_{xy}(-1,-1)]^2\\ &=2\times(-2)-(-2)^2=-8<0.\end{aligned}$$

$D(3,3)>0$이고 $f_{xx}(3,3)=2>0$이므로 f는 $(3,3)$에서 극솟값 $f(3,3)=-9$를 가진다. $D(-1,-1)<0$이므로 f는 $(-1,-1)$에서 안장점 $(-1,-1,f(-1,-1))=(-1,-1,\frac{5}{3})$를 가진다. □

때로는 제약된 조건 안에서 주어진 함수의 극값을 구해야 되는 경우도 있다. $g(x,y)=c$인 등고선 위에서 2변수함수 f의 극값을 구하는 문제를 생각하자. 즉 등고선 $g(x,y)=c$ 위에서 f의 극값을 찾는다. 만일 f가 (x_0,y_0)을 지나는 등고선 위에서 극값을 가지면 어떤 조건하에서

$$\nabla f(x_0,y_0)=\lambda\nabla g(x_0,y_0) \tag{13.25}$$

이 성립하는 λ가 존재한다.

정리 13.13 (Lagrange 승수법)

f와 g가 점 (x_0,y_0)에서 미분가능하다고 하자. $g(x,y)=c$는 점 (x_0,y_0)을 포함하는 매끄러운 등고선이고 (x_0,y_0)는 곡선의 끝점이 아니다. 만일 $\nabla g(x_0,y_0)\neq\mathbf{0}$이고 f가 점 (x_0,y_0)의 등고선 위에서 극값을 가진다면 λ가 존재하여 다음이 성립한다.

$$\nabla f(x_0,y_0)=\lambda\nabla g(x_0,y_0) \tag{13.26}$$

[증명] C가 등고선 $g(x,y)=c$이고 I는 구간이라 하고

$$\mathbf{r}(t)=x(t)\mathbf{i}+y(t)\mathbf{j},\quad t\in I$$

는 C의 매끄러운 매개화 곡선이다. 만일 $\mathbf{r}(t_0)=(x_0,y_0)$이고 $F(t)=f(x(t),y(t))$이면 $f(x_0,y_0)$가 C 위에서 f의 극값이라는 가정으로부터 $F(t_0)=f(x_0,y_0)$가 F의 극값임을 의미한다. 따라서 $F'(t_0)=0$. 그런데 연쇄법칙(정리 13.6)에 의하여

$$\begin{aligned} 0=F'(t_0) &= f_x(x_0,y_0)x'(t_0)+f_y(x_0,y_0)y'(t_0) \\ &= \nabla f(x_0,y_0)\cdot\mathbf{r}'(t_0). \end{aligned}$$

이것으로부터 $\nabla f(x_0,y_0)\neq\mathbf{0}$이면 $\nabla f(x_0,y_0)$은 곡선 C의 접선벡터인 $\mathbf{r}'(t_0)$와 서로 수직이다. 그러나 $\nabla g(x_0,y_0)$는 등고선 C에 수직이므로 $\nabla f(x_0,y_0)=\mathbf{0}$이거나 $\nabla f(x_0,y_0)$은 평행하여야 한다. 즉, (13.26)이 증명되었다. □

정리 13.13의 식 (13.26)의 상수 λ를 f와 g의 Lagrange 승수라고 한다. 3변수함수에 대해서도 똑같이 적용할 수 있다.

예제 13.38 $f(x,y)=x^2+4y^3$이라고 하자. 타원 $x^2+2y^2=1$ 위에서 f의 최댓값과 최솟값을 구하여라.

풀이 $g(x,y)=x^2+2y^2$이라 두면 제약 조건은 $g(x,y)=x^2+2y^2=1$.
$\nabla f(x,y)=2x\mathbf{i}+12y^2\mathbf{j}$ 이고 $\nabla g(x,y)=2x\mathbf{i}+4y\mathbf{j}$ 이므로 $\nabla f(x,y)=\lambda\nabla g(x,y)$로부터

$$2x=2x\lambda,\quad 12y^2=4y\lambda \tag{13.27}$$

를 얻는다. 첫째 식으로부터 $x=0$ 또는 $\lambda=1$을 얻는다. 먼저 $x=0$일 때 제약 조건 $x^2+2y^2=1$로부터

$$0^2+2y^2=1\text{이고}\quad y=\frac{1}{\sqrt{2}}\ \text{또는}\ -\frac{1}{\sqrt{2}}.$$

만일 $\lambda=1$이면 식 (13.27)의 두 번째부터 $12y^2=4y$이거나 $y=0$이거나 $y=\frac{1}{3}$이다. 위 제약 조건에 의하여

$$\text{만일}\ y=0\text{이면}\ x^2+2\times0^2=1\text{이고}\ x=1\ \text{또는}\ x=-1,$$

$$\text{만일}\ y=\frac{1}{3}\text{이면}\ x^2+2\times\left(\frac{1}{3}\right)^2=1\text{이고}\ x=\frac{\sqrt{7}}{3}\ \text{또는}\ x=-\frac{\sqrt{7}}{3}.$$

그러므로 f의 극값은 $\left(0, \pm\frac{1}{\sqrt{2}}\right)$과 $(\pm 1, 0)$, $\left(\pm\frac{\sqrt{7}}{3}, \frac{1}{3}\right)$에서

$$f\left(0, \frac{1}{\sqrt{2}}\right) = \sqrt{2}, \quad f(1,0) = 1 = f(-1,0)$$
$$f\left(0, -\frac{1}{\sqrt{2}}\right) = -\sqrt{2}, \quad f\left(\frac{\sqrt{7}}{3}, \frac{1}{3}\right) = \frac{25}{27} = f\left(-\frac{\sqrt{7}}{3}, \frac{1}{3}\right).$$ □

예제 13.39 원점에서 곡면 $xy + 2xz = 5\sqrt{5}$ 위의 점까지 최소 거리를 구하여라.

풀이 점 (x, y, z)부터 원점까지의 거리가

$$f_1(x, y, z) = \sqrt{x^2 + y^2 + z^2}$$

이므로 곡면에서 f_1의 최솟값을 구하면 된다. 문제를 계산하기 쉽게 하기 위해

$$f(x, y, z) = x^2 + y^2 + z^2$$

라 두고 제약 조건

$$g(x, y, z) = xy + 2xz = 5\sqrt{5} \tag{13.28}$$

에서 f를 최소화하여야 한다. f_1과 f는 같은 점에서 극값을 갖는다.

$$\nabla f(x, y, z) = 2x\mathbf{i} + 2y\mathbf{j} + 2z\mathbf{k}, \quad \nabla g(x, y, z) = (y + 2z)\mathbf{i} + x\mathbf{j} + 2x\mathbf{k}$$

이고 $\nabla f(x, y, z) = \lambda \nabla g(x, y, z)$로부터

$$2x = (y + 2z)\lambda, \quad 2y = x\lambda, \quad 2z = 2x\lambda \tag{13.29}$$

이다. 식 (13.29)에서 $\lambda = 0$이면 $x = y = z = 0$이므로 $g(0, 0, 0) = 0$. 이것은 식 (13.28)에 모순이다. 따라서 $\lambda \neq 0$이다. 식 (13.31)의 두 번째와 세 번째 식을 첫째 식에 대입하면

$$\frac{4y}{\lambda} = 5y\lambda \tag{13.30}$$

식 (13.30)에서 $y = 0$이면 $x = z = 0$이므로 식 (13.28)에 모순이다. 따라서 $y \neq 0$. 그러므로

$$\lambda^2 = \frac{4}{5}. \tag{13.31}$$

식 (13.29)을 식 (13.28)에 대입하면

$$5\sqrt{5} = xy + 2xz = \left(\frac{2y}{\lambda}\right) y + 2\left(\frac{2y}{\lambda}\right)(2y) = \frac{10}{\lambda} y^2. \tag{13.32}$$

식 (13.32)에 의하여 $\lambda > 0$이고 식 (13.31)에 의하여 $\lambda = \frac{2}{\sqrt{5}}$이다. 이를 식 (13.32)에

대입하면

$$y = 1 \text{ 또는 } y = -1$$

식 (13.29)에 대입하면

$$y = 1\text{일 때 } x = \sqrt{5}\text{이고 } z = 2,$$
$$y = -1\text{일 때 } x = -\sqrt{5}\text{이고 } z = -2.$$

그러므로 극점은 $(\sqrt{5}, 1, 2)$과 $(-\sqrt{5}, -1, -2)$이고 최소 거리는

$$f_1(\sqrt{5}, 1, 2) = f_1(-\sqrt{5}, -1, -2) = \sqrt{10}.$$

□

연습문제 13.7

1. 다음 함수의 모든 임계점을 구하고, 그 임계점의 극댓값, 극솟값 및 안장점을 결정하여라.
   (1) $f(x, y) = x^2 + 2y^2 - 6x + 8y - 1$
   (2) $f(x, y) = x^2 - 2y^2 - 6x + 8y + 3$
   (3) $f(x, y) = x^2 + 6xy + 2y^2 - 6x + 10y - 2$
   (4) $f(x, y) = x^2 - xy - 2y^2 + 7x - 8y + 3$
   (5) $f(x, y) = x^2y - 2xy + 2y^2 - 15y$
   (6) $f(x, y) = x^3 - 6x^2 - 3y^2$
   (7) $f(x, y) = e^x \sin y$
   (8) $f(x, y) = e^{xy}$
   (9) $f(x, y) = \sin x + \sin y,\ -\frac{\pi}{2} < x < \frac{\pi}{2},\ -\frac{\pi}{2} < y < \frac{2\pi}{2}$

2. 주어진 제약 조건에서 f의 최댓값과 최솟값을 구하여라.
   (1) $f(x, y) = x + y^2, x^2 + y^2 = 4$
   (2) $f(x, y) = xy, (x + 1)^2 + y^2 = 1$
   (3) $f(x, y, z) = y^3 + xz^2, x^2 + y^2 + z^2 = 1$
   (4) $f(x, y, z) = xyz, x^2 + y^2 + 4z^2 = 6$
   (5) $f(x, y, z) = x^2 + 2y^2 + z^2, x + y + z = 4$

3. 원점에서 곡면 $x^2 - yz = 1$에 가장 가까운 점을 찾아라.

14. 중적분

14.1 2중적분

14.2 극좌표상의 2중적분

14.3 표면적

14.4 3중적분

14.5 원통좌표계상의 3중적분

14.6 구면좌표계상의 3중적분

14.7 2중적분에서의 변수변환

CHAPTER 14

중적분

제5장, 제7장, 제8장을 통하여 일변수함수의 적분의 정의, 성질 및 응용에 관하여 다루었다. 이 장에서는 평면 또는 공간의 영역 위에서의 중적분의 정의 및 성질에 대해 알아보기로 한다.

14.1 2중적분

xy평면 내의 영역 R에서 음이 아닌 연속함수 f의 그래프와 R의 경계를 지나는 수직면으로 둘러싸인 입체영역 D를 생각하자(그림 14.1 참조).

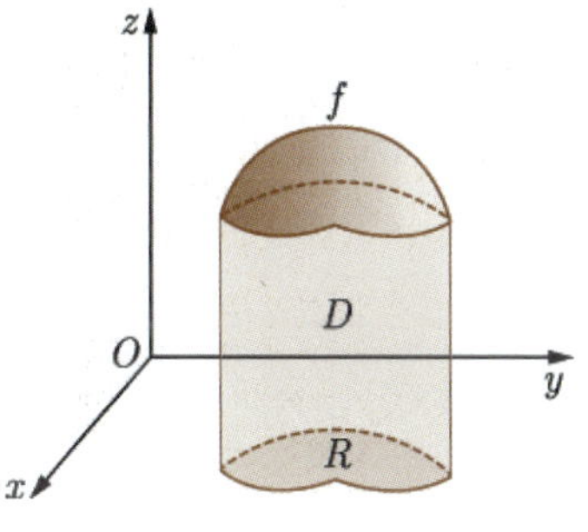

그림 14.1: 입체영역

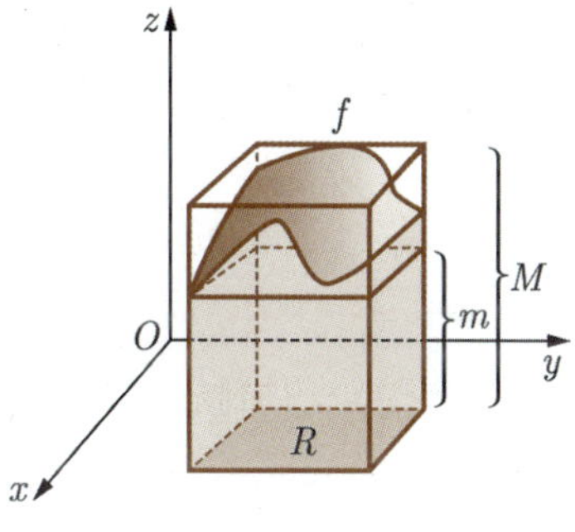

그림 14.2: $mA \leq V \leq MA$

먼저 f가 사각형 R에서 음이 아닌 연속함수인 경우를 생각하자(그림 14.2 참조). 그러면 f는 R에서 최솟값 m과 최댓값 M을 갖는다. 따라서 입체영역 D는 높이가 m이고 밑면이 R인 직육면체와 높이가 M이고 밑면이 R인 직육면체 사이에 놓여 있게 된다. 그러므로 D의 부피 V는 이러한 두 직육면체의 부피의 사이에 있게 된다. 그러므로 A가 R의 넓이라면

$$mA \leq V \leq MA.$$

다음 R을 직사각형 R_1, R_2, $\cdots$, R_n으로 분할한다(그림 14.3 참조). 1과 n 사이의 각 k에 대하여 m_k와 M_k를 R_k에서의 f의 최솟값과 최댓값이라 하자. ΔA_k를 R_k의 넓이라고

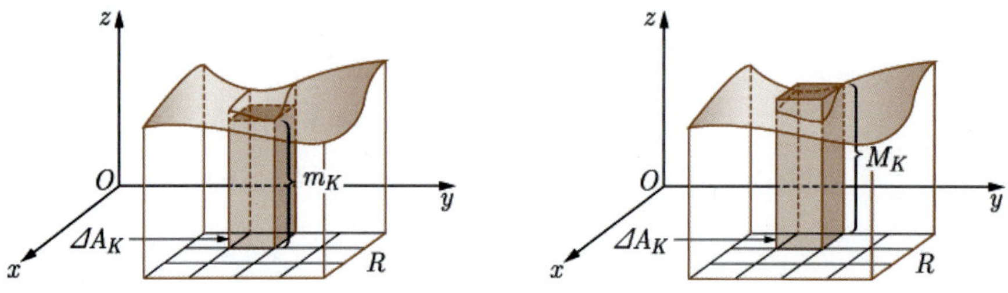

(a) 직육면체 부피 $= m_K \Delta A_K$　　(b) 직육면체 부피 $= M_K \Delta A_K$

그림 14.3: 영역 R의 분할

하자. 높이가 m_k 이고 밑변이 R_k 인 직육면체는 D에 완전히 포함되므로 D의 부피는 이러한 직육면체의 합보다는 크다(그림 14.3의 (a)). 따라서

$$\sum_{k=1}^{n} m_k \Delta A_k \leq V. \tag{14.1}$$

한편 밑변이 R_k 이고 높이가 M_k 인 직육면체들은 D를 포함한다(그림 14.3의 (b)). 따라서

$$V \leq \sum_{k=1}^{n} M_k \Delta A_k \tag{14.2}$$

식 (14.1)과 (14.2)를 합치면

$$\sum_{k=1}^{n} m_k \Delta A_k \leq V \leq \sum_{k=1}^{n} M_k \Delta A_k$$

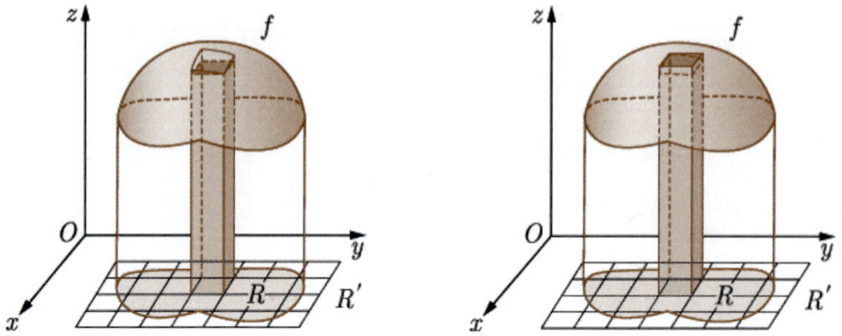

그림 14.4:

이제 R이 유계인 영역이라고 가정하자. 그러면 R은 직사각형 R'에 포함된다(그림 14.4 참조). R'을 직사각형들로 분할하여 그 모임을 $\wp$라 하면 $\wp$의 원소들 중 몇몇은 R에 완전히 포함되거나 R에 부분적으로 포함되거나, 혹은 R에 포함되지 않는다. $\wp$의 원소들 중 R에 완전히 포함되는 것을 R_1, R_2, R_n이라 하고, $R_{n+1}, \cdots, R_p$을 R에 일부분이 포함되는 직사각형이라 하고 나머지들은 R의 바깥에 있는 사각형이다. 만일 R_k가 R에 완전히 포함되면 m_k를 R_k에서의 f의 최솟값이라 두고, R_k가 일부분 또는 전부 포함되면 M_k를 R_k

에서의 f의 최댓값이라 두자. ΔA_k를 임의의 직사각형 R_k의 넓이라고 두면

$$\sum_{k=1}^{n} m_k \Delta A_k \le V \le \sum_{k=1}^{p} M_k \Delta A_k. \tag{14.3}$$

식 (14.3)의 왼쪽의 합을 $\wp$에 대한 f의 **하합**이라 부르고 $L_f(\wp)$로 나타낸다. (14.3)의 오른쪽의 합을 $\wp$에 대한 f의 **상합**이라 하고, $U_f(\wp)$이라고 나타낸다. 이러한 기호로 식 (14.3)을 다시 쓰면

$$L_f(\wp) \le V \le U_f(\wp) \tag{14.4}$$

만일 분할 $\wp$의 노름 $\|\wp\|$를

$$\|\wp\| = \max\{\|R_k\|,: k = 1, 2, \ldots, p\}$$

으로 정의하자. 여기서 $\|R_k\|$은 R_k의 임의의 두 꼭지점들 간의 최대 거리이다. 만일 극한

$$\lim_{\|\wp\|\to 0} L_f(\wp) = \lim_{\|\wp\|\to 0} U_f(\wp) = I \tag{14.5}$$

가 존재하면, 그 공통값 I를 D의 **부피** V로 정의한다.

f가 R 위에서 음이 아닐 필요가 없을 때, 마찬가지로 하합 $L_f(\wp)$과 상합 $U_f(\wp)$를 정의할 수 있다. 위와 같이 극한 (14.5)가 성립할 때 함수 f는 R에서 **적분가능**하다고 하고, 공통값 I를

$$\iint_R f(x, y)\, dA$$

라고 나타내고 R 위에서 f의 **2중적분**이라고 부른다.

함수 f가 영역 R에서 연속함수이면 다음 정리가 성립한다.

정리 14.1

R이 xy평면에서 유계영역이고, f가 R에서 연속인 함수라고 하자.

(i) f는 R에서 적분가능하다.

(ii) 만일 f가 R 위에서 음이 아니면, f의 그래프와 R 사이의 입체도형의 부피 V는 다음과 같다.

$$V = \iint_R f(x, y)\, dA$$

하합 $L_f(\wp)$과 상합 $U_f(\wp)$은 $\iint_R f(x, y)\, dA$의 근삿값이다. 이와 다른 합도 $\iint_R f(x, y)\, dA$의 근삿값으로 생각할 수 있다. $\wp$가 R을 포함하는 직사각형을 분할하여 $R_1, \cdots, R_n$이 R에 완전히 포함되는 직사각형이라고 하자. 1과 n 사이의 각각 k에 대해 (x_k, y_k)를 R_k의

임의의 점이라고 하자. 그러면 합

$$R_f(\wp) = \sum_{k=1}^{n} f(x_k, y_k)\Delta A_k$$

를 R 위에서 f의 Riemann 합이라고 부른다. R에 부분적으로 포함된 직사각형에 대한 합이 없으므로 하합은 Riemann 합이지만 상합은 Riemann 합이 아니다. 실제로 아래 정리와 같다.

정리 14.2

f가 유계인 영역 R에서 적분가능하고 R'이 R을 포함하는 직사각형이면

$$\iint_R f(x,y)\,dA = \lim_{\|\wp\|\to 0} \sum_{k=1}^{n} f(x_k, y_k)\Delta A_k.$$

예제 14.1 R을 $y = 1 - x$의 그래프와 x축의 $[-2, 1]$ 사이의 삼각형이라고 하자. $f(x,y) = 4 - y$, $(x,y) \in R$라고 가정하자. R'과 R'의 분할 $\wp$를 그림 14.5와 같이 놓는다. $L_f(\wp)$과 $U_f(\wp)$ 구하여라. (x_k, y_k)를 R_k의 중점이라 할 때 f의 Riemann 합을 구하여라.

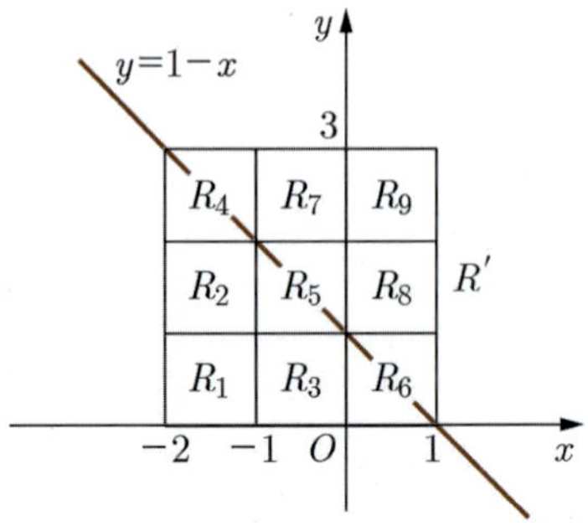

그림 14.5: 예제 14.1

풀이 한 변의 길이가 1인 정사각형이므로 모든 k에 대해서 $\Delta A_k = 1$. 아홉 개의 정사각형 중 R_1, R_2, R_3만이 R 내에 완전히 포함되고 R_1, R_2, $\cdots$, R_8만이 R의 점을 포함한다. 그러므로 $n = 3$이고 $p = 8$이다.

$m_1 = 3$, $m_2 = 2$, $m_3 = 3$이므로

$$L_f(\wp) = \sum_{k=1}^{3} m_k \Delta A_k = 3 \times 1 + 2 \times 1 + 3 \times 1 = 8.$$

이때 $M_1 = 4$, $M_2 = 3$, $M_3 = 4$, $M_4 = 2$, $M_5 = 3$, $M_6 = 4$, $M_7 = 2$, $M_8 = 3$

이므로

$$U_f(\wp) = \sum_{k=1}^{8} M_k \Delta A_k = 25$$

분할된 영역 내의 세 개의 정사각형 R_1, R_2, R_3만이 R에 포함되므로 Riemann 합은

$$\begin{aligned}\sum_{k=1}^{3} f(x_k, y_k) &= f\left(-\frac{3}{2}, \frac{1}{2}\right)\Delta A_1 + f\left(-\frac{3}{2}, \frac{3}{2}\right)\Delta A_2 + f\left(-\frac{1}{2}, \frac{1}{2}\right)\Delta A_3 \\ &= \frac{7}{2}\times 1 + \frac{5}{2}\times 1 + \frac{7}{2}\times 1 = \frac{19}{2}.\end{aligned}$$

□

정의 14.1

R을 평면 위의 영역이라 하자.

(i) 구간 $[a, b]$에서 정의된 두 개의 연속함수 g_1과 g_2가 존재하여 $a \le x \le b$인 x에 대해 $g_1(x) \le g_2(x)$이고 R이 $[a, b]$ 위의 g_1과 g_2의 그래프 사이의 영역이면 R을 **수직적 단일영역**이라 한다(그림 14.6의 (a)).

(ii) 구간 $[c, d]$에서 정의된 두 개의 연속함수 h_1과 h_2가 존재하여 $c \le y \le d$인 y에 대해 $h_1(y) \le h_2(y)$이고 R이 $[c, d]$ 위의 h_1과 h_2의 그래프 사이의 영역이면 R을 **수평적 단일영역**이라 한다(그림 14.6의 (b)).

(iii) R이 수직적 단일영역 및 수평적 단일영역이면 **단일영역**이라고 한다(그림 14.6의 (c)).

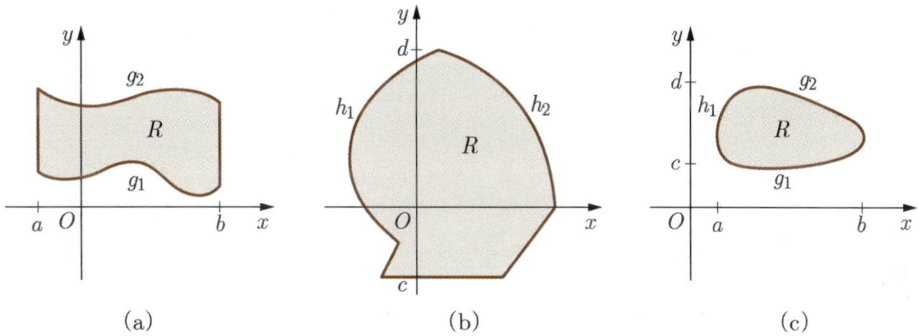

그림 14.6: 수직적 단일영역, 수평적 단일영역, 단일영역

2중적분의 계산

수직적 단일영역 위에서 2중적분을 계산하는 법을 알아보자. f를 $[a, b]$ 위의 g_1과 g_2의 그래프 사이의 수직적 단일영역 R 위에서 음이 아닌 연속함수라고 하자. D는 g의 그래프와

R 사이의 입체영역이라 하자. f는 각 변수에 대해 각각 연속이므로 임의의 $x \in [a,b]$에서 D의 절단면의 면적 $A(x)$가

$$A(x) = \int_{g_1(x)}^{g_2(x)} f(x,y)\,dy$$

이고, $A(x)$는 $[a,b]$에서 연속이므로 D의 부피 V는

$$V = \int_a^b A(x)\,dx = \int_a^b \left[\int_{g_1(x)}^{g_2(x)} f(x,y)\,dy\right] dx$$

이다. 그런데 정의 14.1에 의하여 V는

$$V = \iint_R f(x,y)\,dA$$

이므로

$$\iint_R f(x,y)\,dA = \int_a^b \left[\int_{g_1(x)}^{g_2(x)} f(x,y)\,dy\right] dx.$$

비슷하게 R이 $[c,d]$ 위의 h_1와 h_2의 그래프 사이의 수평적 단일영역이면

$$\iint_R f(x,y)\,dA = \int_c^d \left[\int_{h_1(y)}^{h_2(y)} f(x,y)\,dx\right] dy.$$

적분

$$\int_a^b \left[\int_{g_1(x)}^{g_2(x)} f(x,y)\,dy\right] dx \text{ 와 } \int_c^d \left[\int_{h_1(y)}^{h_2(y)} f(x,y)\,dx\right] dy \tag{14.6}$$

를 **반복적분**이라 부른다. 즉

$$\int_a^b \left[\int_{g_1(x)}^{g_2(x)} f(x,y)\,dy\right] dx$$

를 계산하기 위해서는 x를 고정하고

$$h(x) = \int_{g_1(x)}^{g_2(x)} f(x,y)\,dy$$

를 계산하고 $h(x)$를 x에 대해 적분한다. 통상 식 (14.6)에 나타나는 괄호는 생략하고

$$\int_a^b \left[\int_{g_1(x)}^{g_2(x)} f(x,y)\,dy\right] dx\text{를 } \int_a^b \int_{g_1(x)}^{g_2(x)} f(x,y)\,dy\,dx\text{로}$$

$$\int_c^d \left[\int_{h_1(y)}^{h_2(y)} f(x,y)\,dx\right] dy\text{를 } \int_c^d \int_{h_1(y)}^{h_2(y)} f(x,y)\,dx\,dy\text{로}$$

쓴다.

정리 14.3 (푸비니(Fubini)의 정리)

f가 xy평면의 영역 R 위에서 연속이라 하자.

(i) 만일 R이 $[a,b]$ 위의 g_1과 g_2의 그래프 사이의 수직적 단일영역이면, f는 R에서 적분가능하고

$$\iint_R f(x,y)\,dA = \int_a^b \int_{g_1(x)}^{g_2(x)} f(x,y)\,dy\,dx.$$

(ii) 만일 R이 $[c,d]$ 위의 h_1과 h_2의 그래프 사이의 수평적 단일영역이면, f는 R에서 적분가능하고

$$\iint_R f(x,y)\,dA = \int_c^d \int_{h_1(y)}^{h_2(y)} f(x,y)\,dx\,dy.$$

만일 R이 단일영역이면, 정리 14.3의 (i)과 (ii)에 의하여

$$\iint_R f(x,y)\,dA = \int_a^b \int_{g_1(x)}^{g_2(x)} f(x,y)\,dy\,dx = \int_c^d \int_{h_1(y)}^{h_2(y)} f(x,y)\,dx\,dy.$$

예제 14.2 R이 직선 $x=-1$, $x=2$, $y=0$, $y=2$에 의해 둘러싸인 직사각형 영역이라 하자. $\iint_R x^2y\,dA$를 구하여라.

풀이 R이 $-1 \le x \le 2$에 대해 그래프 $y=0$과 $y=2$의 그래프 사이의 수직적 단일영역이므로

$$\iint_R f(x,y)\,dA = \int_{-1}^2 \int_0^2 x^2y\,dy\,dx.$$

반복적분을 계산하기 위해 각 $x \in [-1,2]$를 고정하고 $\int_0^2 x^2y\,dy$를 계산하자.

$$\int_0^2 x^2y\,dy = x^2 \int_0^2 y\,dy = 2x^2$$

따라서

$$\iint_R f(x,y)\,dA = \int_{-1}^2 \int_0^2 x^2y\,dy\,dx = \int_{-1}^2 2x^2\,dx = \frac{2}{3}\Big[x^3\Big]_{-1}^2 = 6. \qquad \square$$

예제 14.2는 R을 $0 \le y \le 2$에서 $x=-1$과 $x=2$의 그래프 사이의 수평적 단일영역으로

볼 수 있으므로 같은 방법으로 계산할 수 있다.

$$\iint_R f(x,y)\,dA = \int_0^2 \int_{-1}^2 x^2 y\,dx\,dy = \int_0^2 y\left(\frac{1}{3}\Big[x^3\Big]_{-1}^2\right)\,dy$$
$$= \int_0^2 y\left(\frac{8}{3} - \left(-\frac{1}{3}\right)\right)\,dy = \int_0^2 3y\,dy = \frac{3}{2}\Big[y^2\Big]_0^2 = 6$$

예제 14.3 R과 f가 예제 14.1과 같을 때 $\iint_R f(x,y)\,dA$를 구하여라.

풀이 영역 R이 단일영역이므로 두 가지의 반복적분으로 구할 수 있다. R을 $-2 \le x \le 1$ 위의 $y = 0$과 $y = 1 - x$ 사이의 수직적 단일영역으로 볼 수 있다. 따라서

$$\iint_R f(x,y)\,dA = \int_{-2}^1 \int_0^{1-x} (4-y)\,dy\,dx = \int_{-2}^1 \left[4y - \frac{y^2}{2}\right]_0^{1-x}\,dx$$
$$= \int_{-2}^1 \left(4(1-x) - \frac{(1-x)^2}{2}\right)\,dx = \int_{-2}^1 \left(\frac{7}{2} - 3x - \frac{x^2}{2}\right)\,dx$$
$$= \left[\frac{7}{2}x - \frac{3}{2}x^2 - \frac{x^3}{6}\right]_{-2}^1 = \frac{27}{2}.$$

R을 $0 \le y \le 3$ 위의 $x = -2$와 $x = 1 - y$의 그래프 사이의 수평적 단일영역으로 볼 수 있으므로

$$\iint_R f(x,y)\,dA = \int_0^3 \int_{-2}^{1-y} (4-y)\,dx\,dy = \int_0^3 \Big[(4-y)x\Big]_{-2}^{1-y}\,dy$$
$$= \int_0^3 (4-y)((1-y)-(-2))\,dy = \int_0^3 (12 - 7y + y^2)\,dy$$
$$= \left[12y - \frac{7}{2}y^2 + \frac{y^3}{3}\right]_0^3 = \frac{27}{2}.$$

□

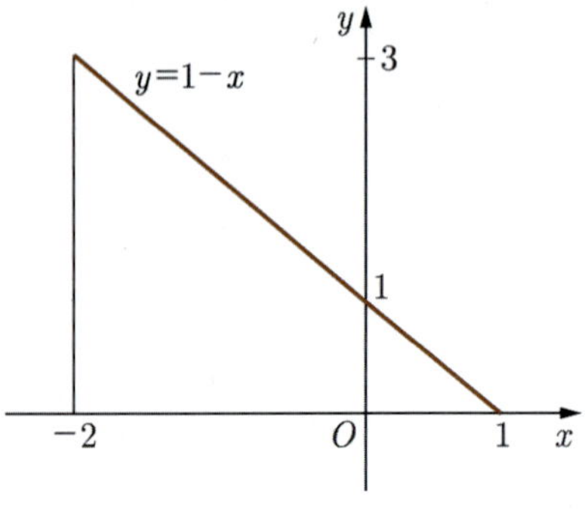

그림 14.7: 예제 14.3

예제 14.4 R을 $y = x^2$과 $y = x + 6$의 그래프 사이의 영역이라 할 때 다음을 구하여라.

$$\iint_R x\,dA$$

풀이 $-2 \le x \le 3$일 때 $x^2 \le x + 6$이므로

$$\begin{aligned}\iint_R x\,dA &= \int_{-2}^{3}\int_{x^2}^{x+6} x\,dy\,dx = \int_{-2}^{3}\Big[xy\Big]_{x^2}^{x+6} dx\\ &= \int_{-2}^{3}(x^2 + 6x - x^3)\,dx\\ &= \left[\frac{x^3}{3} + 3x^2 - \frac{x^4}{4}\right]_{-2}^{3} = \frac{125}{12}.\end{aligned}$$

□

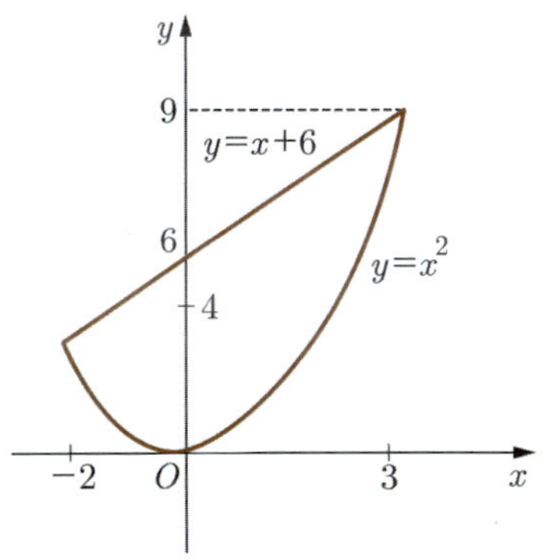

그림 14.8: 예제 14.4

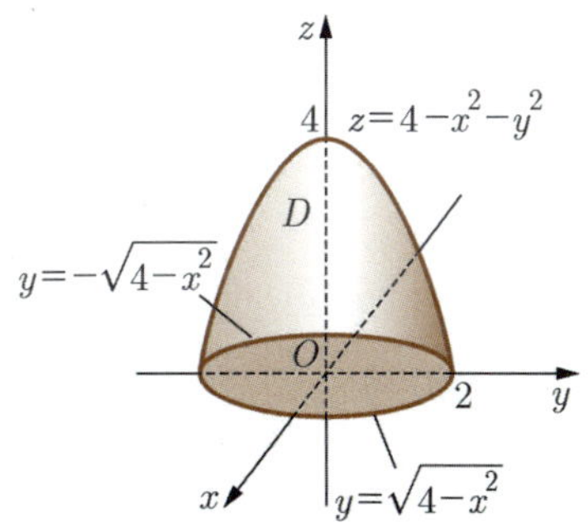

그림 14.9: 예제 14.5

예제 14.5 위로는 포물면 $z = 4 - x^2 - y^2$과 아래로는 xy평면에 둘러싸인 입체도형 D의 부피를 구하여라.

풀이 D와 xy평면과의 교선을 원 $x^2 + y^2 = 4$에 둘러싸인 영역 R이다. 정의 14.1에 의하여

$$V = \iint_R (4 - x^2 - y^2)\,dA.$$

R은 $-2 \le x \le 2$에 대해 $y = -\sqrt{4 - x^2}$와 $y = \sqrt{4 - x^2}$의 그래프 사이의 수직적 단일영역이므로 $x = 2\sin\theta$로 치환하여 적분하면

$$\begin{aligned}
V &= \int_{-2}^{2}\int_{-\sqrt{4-x^2}}^{\sqrt{4-x^2}}(4-x^2-y^2)\,dy\,dx \\
&= \int_{-2}^{2}\left[(4-x^2)y-\frac{y^3}{3}\right]_{-\sqrt{4-x^2}}^{\sqrt{4-x^2}}dx \\
&= \frac{4}{3}\int_{-2}^{2}(4-x^2)^{\frac{3}{2}}\,dx && (x=2\sin\theta\text{를 이용}) \\
&= \frac{64}{3}\int_{-\frac{\pi}{2}}^{\frac{\pi}{2}}\cos^4\theta d\theta && (\text{공식(7.9)를 이용}) \\
&= \frac{64}{3}\left[\frac{1}{4}\cos^3\theta\sin\theta+\frac{3}{8}\cos\theta\sin\theta+\frac{3}{8}\theta\right]_{-\frac{\pi}{2}}^{\frac{\pi}{2}} \\
&= 8\pi.
\end{aligned}$$

□

평면 위의 영역 R의 넓이 A는

$$A=\iint_R 1\,dA$$

로 정의한다. R이 $[a,b]$ 위의 $g_1\le g_2$인 두 개의 연속함수 g_1과 g_2의 그래프 사이의 영역일 때 정리 14.3에 의하여

$$A=\iint_R 1\,dA=\int_a^b\int_{g_1(x)}^{g_2(x)}1\,dy\,dx=\int_a^b[g_2(x)-g_1(x)]\,dx$$

이다. R이 단일영역인 경우 $\displaystyle\iint_R f(x,y)\,dA$는

$$\int_a^b\int_{g_1(x)}^{g_2(x)}f(x,y)\,dy\,dx\text{또는}\quad\int_c^d\int_{h_1(y)}^{h_2(y)}f(x,y)\,dx\,dy$$

로 계산할 수 있다. 이들 중 어느 것은 계산하기 쉽고, 어느 것은 매우 어렵다.

예제 14.6 $\displaystyle\int_0^9\int_{\sqrt{y}}^3\sin\pi x^3\,dx\,dy$를 계산하여라.

풀이 R은 $0\le y\le 9$ 및 $x=\sqrt{y}$와 $x=3$의 그래프 사이의 수평적 단일영역이고 또한 R은

$0 \le x \le 3$ 및 $y = 0$과 $y = x^2$의 그래프 사이의 수직적 단일영역이다.

$$\begin{aligned}\int_0^9 \int_{\sqrt{y}}^3 \sin \pi x^3 \, dx \, dy &= \iint_R \sin \pi x^3 \, dx \, dy = \int_0^3 \int_0^{x^2} \sin \pi x^3 \, dy \, dx \\ &= \int_0^3 \Big[y \sin \pi x^3 \Big]_0^{x^2} dx = \int_0^3 x^2 \sin \pi x^3 \, dx \\ &= -\frac{1}{3\pi} \Big[\cos \pi x^3 \Big]_0^3 = \frac{2}{3\pi}\end{aligned}$$

□

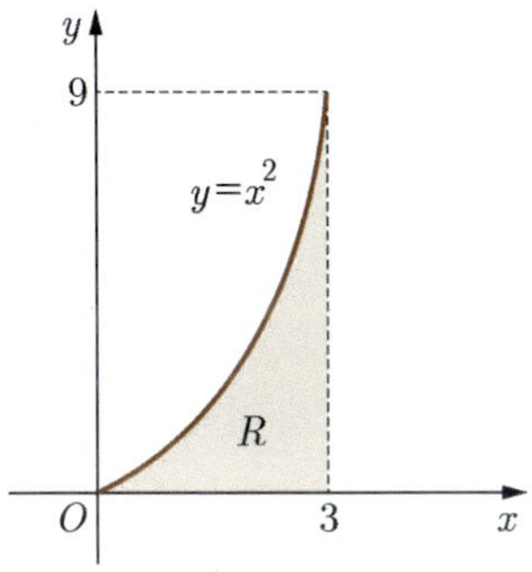

그림 14.10: 예제 14.6

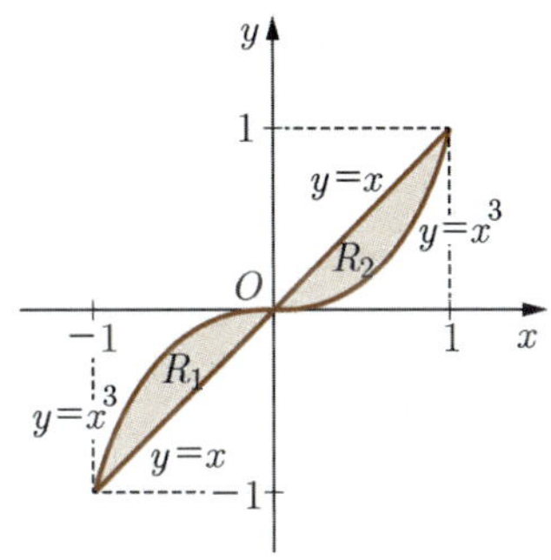

그림 14.11: 예제 14.7

R은 두 개 이상의 수직 또는 수평 단순부분영역으로 이루어져 있으며, 임의의 두 부분 영역은 단지 경계만을 공통 부분을 가진다고 가정하면, R 위에서 연속인 임의의 함수 f는 R에서 적분가능하고

$$\iint_R f(x,y)\, dA = \iint_{R_1} f(x,y)\, dA + \iint_{R_2} f(x,y)\, dA + \cdots + \iint_{R_n} f(x,y)\, dA. \tag{14.7}$$

예제 14.7 R은 $y = x$와 $y = x^3$의 그래프 사이의 영역일 때 다음을 구하여라.

$$\iint_R (x-1)\, dA$$

풀이 R이 두 개의 수직적 단일영역 R_1과 R_2로 이루어져 있다(그림 14.11). 따라서

$$\begin{aligned}
\iint_R (x-1)\,dA &= \iint_{R_1} (x-1)\,dy\,dx + \iint_{R_2} (x-1)\,dy\,dx \\
&= \int_{-1}^{0}\int_{x}^{x^3} (x-1)\,dy\,dx + \int_0^1 \int_{x^3}^{x} (x-1)\,dy\,dx \\
&= \int_{-1}^{0} \Big[(x-1)y\Big]_x^{x^3} dx + \int_0^1 \Big[(x-1)y\Big]_{x^3}^{x} dx \\
&= \int_{-1}^{0} (x-1)(x^3-x)\,dx + \int_0^1 (x-1)(x-x^3)\,dx \\
&= \int_{-1}^{0} (x^4-x^3-x^2+x)\,dx - \int_0^1 (x^4-x^3-x^2+x)\,dx \\
&= -\frac{1}{2}.
\end{aligned}$$

□

연습문제 14.1

1. R, f, R', $\wp$은 예제 14.1과 같을 때 다음 경우의 Riemann 합을 구하여라.
   (1) R_1, R_2, R_3의 왼쪽 아랫 부분 꼭지점　　(2) R_1, R_2, R_3의 오른쪽 윗 부분 꼭지점

2. R을 직선 $y = 2x$, $x = 0$, $y = 4$에 의해 둘러싸인 삼각형 영역이고, R'을 직선 $x = 0$, $x = 2$, $y = 0$, $y = 4$를 한 변으로 하는 직사각형이라고 하자. R'의 분할 $\wp$가 한 변의 길이가 1인 정사각형의 집합이라 가정하자. 만일 $f(x,y) = x + y, (x,y) \in R$이면 다음을 구하여라.
   (1) $L_f(\wp)$　　(2) $U_f(\wp)$
   (3) R에 포함되는 $\wp$의 원소인 정사각형의 중심을 사용한 f의 Riemann 합

3. 다음 반복적분을 구하여라.
   (1) $\displaystyle\int_0^1 \int_{-1}^{1} x\,dy\,dx$　　(2) $\displaystyle\int_0^1 \int_0^1 e^{x+y}\,dy\,dx$
   (3) $\displaystyle\int_0^1 \int_x^{x^2} 1\,dy\,dx$　　(4) $\displaystyle\int_0^1 \int_0^3 x\sqrt{x^2+y}\,dy\,dx$
   (5) $\displaystyle\int_0^2 \int_0^{\sqrt{4-y^2}} y\,dx\,dy$　　(6) $\displaystyle\int_0^{2\pi} \int_0^{1+\cos\theta} r\,dr\,d\theta$

4. 다음 2중적분을 계산하여라.
   (1) $\displaystyle\iint_R (x+y)\,dA$, R은 직선 $x = 2$, $x = 3$, $y = 4$, $y = 6$에 의해 둘러싸인 영역
   (2) $\displaystyle\iint_R (x+y)\,dA$, R은 직선 $y = 2x$, $x = 0$, $y = 4$에 의해 둘러싸인 영역

(3) $\displaystyle\iint_R xy^2\,dA$, R은 포물선 $y = 4 - x^2$과 x축의 $[-1, 1]$ 사이의 영역

(4) $\displaystyle\iint_R (3x-5)\,dA$, R은 직선 $y = x+5,\ y = -x+7,\ x = 10$에 의해 둘러싸인 영역

(5) $\displaystyle\iint_R xy\,dA$, R은 $y = x$와 $y = x^2$의 그래프에 의해 둘러싸인 영역

(6) $\displaystyle\iint_R x dA$, R은 원판 $x^2 + y^2 \le 16$

(7) $\displaystyle\iint_R xy^2\,dA$, R은 $y \ge 1 - x$와 $x^2 + y^2 \le 1$의 공통영역

4. 다음 도형의 면적을 구하여라.

(1) 포물선 $y = x^2$과 $y = \sqrt{x}$에 의해 둘러싸인 영역

(2) 곡선 $y = \cosh x$와 $y = \sinh x(-1 \le x \le 1)$의 그래프에 의해 둘러싸인 영역

(3) 포물선 $x = y^2$과 $x = 32 - y^2$에 의해 둘러싸인 영역

6. 적분의 순서를 바꾸어서 다음 적분을 계산하여라.

(1) $\displaystyle\int_0^1 \int_y^1 e^{x^2}\,dx\,dy$　　(2) $\displaystyle\int_0^2 \int_{1+y^2}^5 ye^{(x-1)^2}\,dx\,dy$

(3) $\displaystyle\int_0^1 \int_{\arcsin y}^{\frac{\pi}{2}} \sec^2(\cos x)\,dx\,dy$　　(4) $\displaystyle\int_1^e \int_0^{\ln x} y\,dy\,dx$

(5) $\displaystyle\int_1^e \int_{1/e}^{1/y} \cos(x - \ln x)\,dx\,dy$　　(6) $\displaystyle\int_0^{\pi^{1/3}} \int_{y^2}^{\pi^{2/3}} \sin x^{\frac{3}{2}}\,dx\,dy$

14.2 극좌표상의 2중적분

원이나 심장형과 같은 xy평면 위의 어떤 영역은 직교좌표보다는 극좌표에서 보다 쉽게 표현할 수 있다. 따라서 극좌표를 이용하여 이러한 영역 위의 적분을 보다 쉽게 계산할 수 있다. 먼저 다음과 같은 영역을 생각하자(그림 14.12 참조). h_1과 h_2는 구간 $[\alpha, \beta]$ 위에서 연속이고

$$0 \le \beta - \alpha \le 2\pi, \quad 0 \le h_1(\theta) \le h_2(\theta) \quad (\alpha < \theta < \beta)$$

라고 가정하자. R은 직선 $\theta = \alpha$와 $\theta = \beta$, $r = h_1(\theta)$와 $r = h_2(\theta)$의 그래프에 의해 둘러싸인 영역이라고 하자. 이러한 영역 R을 $[\alpha, \beta]$ 위의 h_1과 h_2의 극방정식 그래프 사이의 영역이라고 한다. 이러한 영역 R을 일반적으로 수평, 수직적 단일영역이 아니지만, 이러한 R 위에서 연속인 모든 함수는 R 위에서 적분가능하다. 따라서

$$\iint_R f(x, y)\, dA$$

는 존재한다.

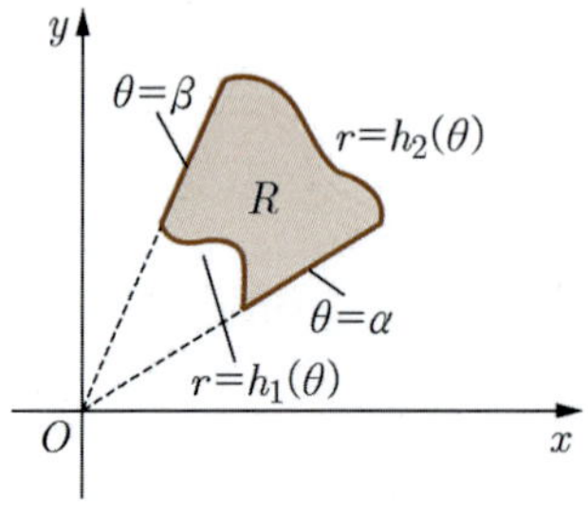

그림 14.12: $[\alpha, \beta]$상의 극방정식 h_1과 h_2 사이의 영역

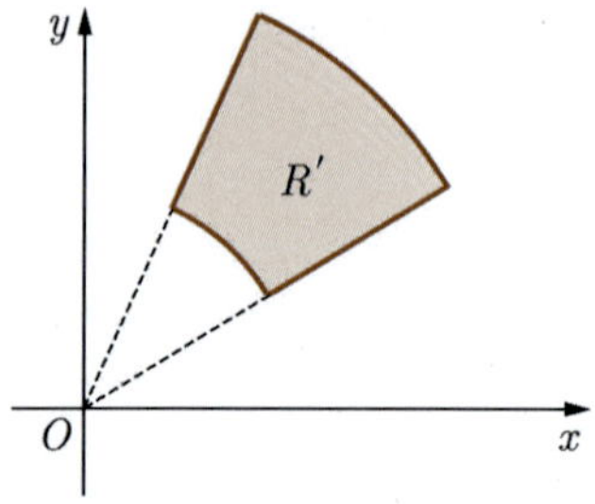

그림 14.13: 원주

다음은 적분 $\iint_R f(x, y)\, dA$를 계산하는 법을 알아보기로 하자. f가 R에서 음이 아니라고 하자. 적분 $\iint_R f(x, y)\, dA$는 f의 그래프와 R 사이의 입체영역 D의 부피이다. $\iint_R f(x, y)\, dA$의 정의에서는 R의 분할을 직사각형으로 나누었어도, R을 다른 형태의 도형으로 나누어도 상관없다. 극좌표의 경우에는 먼저 R을 두 개의 원호 사이의 영역인 부채꼴 모양의 영역 R'으로 R이 포함되도록 그리고, R'을 부채꼴 모양의 작은 영역으로 분할하여 그 중 R에 완전히 포함되는 작은 영역을 R_1, R_2, $\cdots$, R_n이라고 하자(그림 14.13와 14.14 참조).

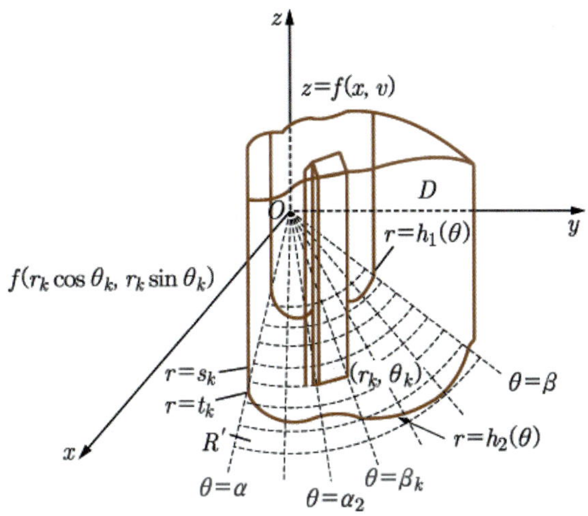

그림 14.14: 영역의 분할

1과 n 사이의 값 k에 대해, R_k는 직선 $\theta = \alpha_k$와 $\theta = \beta_k$ 또한 원호 $r = s_k$와 $r = t_k$로 둘러싸여 있다. 더욱이

$$r_k = \frac{1}{2}(s_k + t_k), \quad \theta_k = \frac{1}{2}(\alpha_k + \beta_k)$$

라 두면 (r_k, θ_k)는 R_k의 중심의 극좌표이다. 8.8절에서 R_k의 면적은

$$\begin{aligned}\frac{1}{2}t_k^2(\beta_k - \alpha_k) - \frac{1}{2}s_k^2(\beta_k - \alpha_k) &= \frac{1}{2}(t_k + s_k)(t_k - s_k)(\beta_k - \alpha_k)\\ &= r_k(t_k - s_k)(\beta_k - \alpha_k)\end{aligned}$$

이다. 따라서 밑면이 R_k이고 높이가 $f(r_k \cos\theta_k, r_k \sin\theta_k)$인 입체영역의 부피는 R_k를 가지고 있는 D의 부피의 근삿값이 된다(그림 **??**). 따라서

$$\iint_R f(x, y)\, dA \approx \sum_{k=1}^{n} f(r_k \cos\theta_k, r_k \sin\theta_k) r_k (t_k - s_k)(\beta_k - \alpha_k). \tag{14.8}$$

그러나 R을 $r\theta$평면에서 $[\alpha, \beta]$에서 정의된 $r = h_1(\theta)$와 $r = h_2(\theta)$의 그래프 사이의 수평단일영역 S에 대응시키고(그림 **??**), R'을 분할한 작은 부채꼴영역 R_k는 $r\theta$평면에서 직선 $\theta = \alpha_k$, $\theta = \beta_k$, $r = s_k$, $r = t_k$에 위해 둘러싸인 직사각형 S_k에 대응된다. S_k의 면적 ΔS_k는 $(t_k - s_k)(\beta_k - \alpha_k)$이므로

$$\begin{aligned}&\sum_{k=1}^{n} f(r_k \cos\theta_k, r_k \sin\theta_k) r_k (t_k - s_k)(\beta_k - \alpha_k)\\ &= \sum_{k=1}^{n} f(r_k \cos\theta_k, r_k \sin\theta_k) r_k \Delta S_k\end{aligned} \tag{14.9}$$

식 (14.9)의 우변은 중적분 $\iint_R f(r\cos\theta, r\sin\theta)\, r\, dS$ 의 Riemann 합이다. 따라서

$$\sum_{k=1}^{n} f(r_k\cos\theta, r_k\sin\theta)\, r_k \Delta S_k \approx \iint_S f(r\cos\theta, r\sin\theta)\, r\, dS \tag{14.10}$$

그런데 S는 수평단일영역이므로 정리 14.3의 (ii)로부터

$$\iint_S f(r\cos\theta, r\sin\theta)\, r\, dS = \int_\alpha^\beta \int_{h_1(\theta)}^{h_2(\theta)} f(r\cos\theta, r\sin\theta)\, r\, dr\, d\theta. \tag{14.11}$$

정리 14.4

h_1과 h_2는 $[\alpha,\beta]$, $0 \le \beta - \alpha \le 2\pi$ 에서 연속이고 $\theta \in [\alpha,\beta]$에 대해서 $0 \le h_1(\theta) \le h_2(\theta)$ 라고 가정하자. R을 $[\alpha,\beta]$ 위의 $r = h_1(\theta)$와 $r = h_2(\theta)$의 극방정식 그래프 사이의 영역이라고 하자. 만일 f가 R에서 연속이면

$$\iint_R f(x,y)\, dA = \int_\alpha^\beta \int_{h_1(\theta)}^{h_2(\theta)} f(r\cos\theta, r\sin\theta)\, r\, dr\, d\theta \tag{14.12}$$

이다. f가 R 위에서 음이 아니면 f의 그래프와 R 사이의 영역의 부피 V는

$$V = \int_\alpha^\beta \int_{h_1(\theta)}^{h_2(\theta)} f(r\cos\theta, r\sin\theta)\, r\, dr\, d\theta$$

이고 R의 면적 A는

$$A = \int_\alpha^\beta \int_{h_1(\theta)}^{h_2(\theta)} r\, dr\, d\theta.$$

예제 14.8 R은 원 $r = 1$과 $r = 2$, 직선 $\theta = \alpha$와 $\theta = \beta$, $0 \le \beta - \alpha \le 2\pi$에 의해 둘러싸인 영역이라고 하자. 적분

$$\iint_R (3x + 8y^2)\, dA \tag{14.13}$$

를 극좌표 위의 반복적분으로 나타내고, 다음 각 경우에 대해 식 (14.13)를 구하여라.

(1) $\alpha = 0$, $\beta = \frac{\pi}{2}$ (2) $\alpha = 0$, $\beta = \pi$ (3) $\alpha = 0$, $\beta = 2\pi$

풀이 정리 14.4에 의해

$$\begin{aligned}\iint_R (3x+8y^2)\,dA &= \int_\alpha^\beta \int_1^2 (3r\cos\theta + 8r^2\sin^2\theta)\,r\,dr\,d\theta \\ &= \int_\alpha^\beta \int_1^2 (3r^2\cos\theta + 8r^3\sin^2\theta)\,dr\,d\theta \\ &= \int_\alpha^\beta \Big[r^3\cos\theta + 2r^4\sin^2\theta\Big]_1^2\,d\theta \\ &= \int_\alpha^\beta (7\cos\theta + 30\sin^2\theta)\,d\theta \\ &= \Big[7\sin\theta + 15\theta - \frac{15}{2}\sin 2\theta\Big]_\alpha^\beta \\ &= 7(\sin\beta - \sin\alpha) + 15(\beta-\alpha) - \frac{15}{2}(\sin 2\beta - \sin 2\alpha)\end{aligned} \tag{14.14}$$

위 공식 (14.14)에 α, β의 값을 각각 대입하면

(i) $\displaystyle\iint_R (3x+8y^2)\,dA = \int_0^{\frac{\pi}{2}} \int_1^2 (3r\cos\theta + 8r^2\sin^2\theta)\,r\,dr\,d\theta = 7 + \frac{15}{2}\pi$

(ii) $\displaystyle\iint_R (3x+8y^2)\,dA = \int_0^{\pi} \int_1^2 (3r\cos\theta + 8r^2\sin^2\theta)\,r\,dr\,d\theta = 15\pi$

(iii) $\displaystyle\iint_R (3x+8y^2)\,dA = \int_0^{2\pi} \int_1^2 (3r\cos\theta + 8r^2\sin^2\theta)\,r\,dr\,d\theta = 30\pi$ □

예제 14.9 D는 기둥면 $r=\cos\theta$를 측면으로 위로는 원뿔 $z = 16 - \sqrt{x^2+y^2}$, 아래로는 xy평면에 의해 둘러싸인 입체영역이라 할 때 D의 부피 V를 구하여라.

풀이 R은 $\theta \in \left[-\frac{\pi}{2}, \frac{\pi}{2}\right]$에 대해서 $r=0$과 $r=\cos\theta$의 극방정식 그래프 사이의 영역이므로

$$\begin{aligned}V &= \iint_R (16 - \sqrt{x^2+y^2})\,dA = \int_{-\frac{\pi}{2}}^{\frac{\pi}{2}} \int_0^{\cos\theta} (16-r)\,r\,dr\,d\theta \\ &= \int_{-\frac{\pi}{2}}^{\frac{\pi}{2}} \int_0^{\cos\theta} (16r - r^2)\,dr\,d\theta = \int_{-\frac{\pi}{2}}^{\frac{\pi}{2}} \Big[8r^2 - \frac{r^3}{3}\Big]_0^{\cos\theta} dr\,d\theta \\ &= \int_{-\frac{\pi}{2}}^{\frac{\pi}{2}} \Big(8\cos^2\theta - \frac{\cos^3\theta}{3}\Big)\,d\theta \quad (\cos^3\theta = \cos\theta(1-\sin^2\theta)\text{을 이용}) \\ &= \int_{-\frac{\pi}{2}}^{\frac{\pi}{2}} \Big(4 + 4\cos 2\theta - \frac{\cos\theta}{3} + \frac{\cos\theta\sin^2\theta}{3}\Big)\,d\theta \\ &= \Big[4\theta + 2\sin 2\theta - \frac{\sin\theta}{3} + \frac{\sin^3\theta}{9}\Big]_{-\pi/2}^{\pi/2} \\ &= 4\pi - \frac{4}{9}.\end{aligned}$$

□

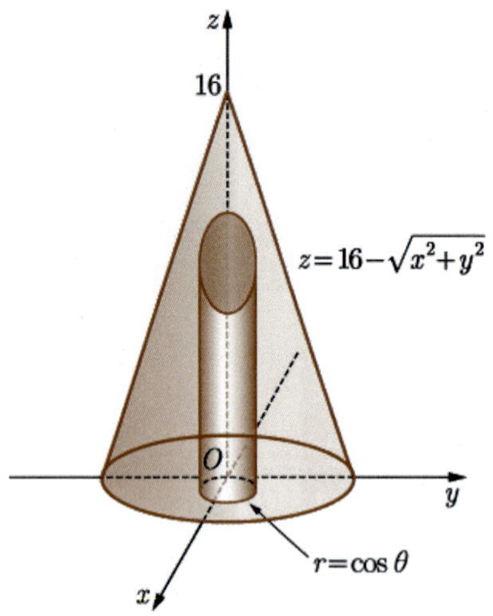

그림 14.15: 예제 14.9

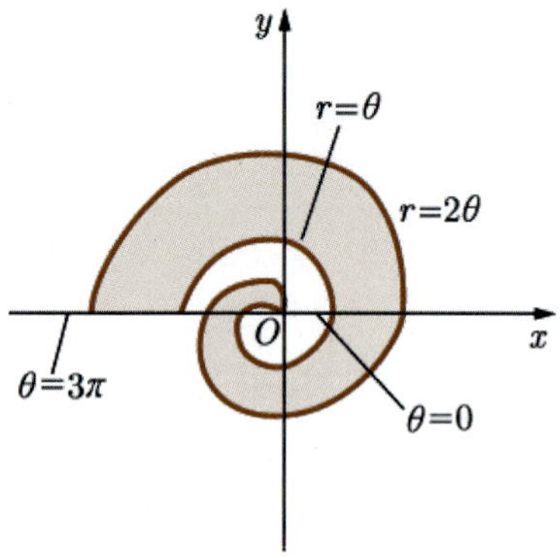

그림 14.16: 예제 14.10

2중적분이 공식 (14.12)에 의하여 계산될 때 h_1과 h_2는 $[\alpha, \beta]$ 위에서 음이 아니어야 한다. 예제 14.9의 디스크를 둘러싸는 원은 $r = \cos\theta$, $0 \le \theta \le \pi$로도 표현될 수 있다.

그러나 $\cos\theta$는 $\frac{\pi}{2} \le \theta \le \pi$에서 음수이므로

$$\int_0^{\pi}\int_0^{\cos\theta}(16-r)\,r\,dr\,d\theta \ne \int_{-\frac{\pi}{2}}^{\frac{\pi}{2}}\int_0^{\cos\theta}(16-r)\,r\,dr\,d\theta.$$

이 절의 시작부분에서 $0 \le \beta - \alpha \le 2\pi$은 R의 각 점이 $r\theta$평면에서 정확하게 한 점만을 대응하도록 함이다. 그러나 어떤 영역에서는 $\beta - \alpha > 2\pi$ 일지라도 위의 성질이 성립할 수가 있다.

예제 14.10 R은 $0 \le \theta \le 3\pi$에 대해서 $r = \theta$와 $r = 2\theta$의 극방정식 그래프 사이의 영역이라고 하자. 다음을 구하여라.

$$\iint_R (x^2 + y^2)\,dA$$

풀이 $\displaystyle\iint_R (x^2+y^2)\,dA = \int_0^{3\pi}\int_{\theta}^{2\theta}(r^2)\,r\,dr\,d\theta = \frac{729}{4}\pi^5.$ □

연습문제 14.2

1. 다음 적분을 극좌표의 반복적분으로 바꾸고 적분값을 구하여라.
   (1) $\displaystyle\iint_R xy\,dA$, R은 $r=5$에 의해 둘러싸인 영역
   (2) $\displaystyle\iint_R (x^2+y^2)^{1/2}\,dA$, R은 $r=2+\cos\theta$에 의해 둘러싸인 영역
   (3) $\displaystyle\iint_R x^2\,dA$, R은 $r=4\sin\theta$에 의해 둘러싸인 영역

2. 다음 영역의 부피 및 넓이를 구하여라.
   (1) 평면 $z=0$과 $z=4$와 기둥면 $r=2\cos\theta$에 의해 둘러싸인 입체도형
   (2) 평면 $z=4+x+2y$, 기둥면 $x^2+y^2=1$과 xy평면에 의해 둘러싸인 입체도형
   (3) 구 $x^2+y^2+z^2=4$의 안쪽과 기둥면 $x^2+y^2=1$의 바깥쪽 및 xy평면의 윗부분으로 둘러싸인 영역
   (4) 달팽이 곡선 $r=2+\sin\theta$에 의해 둘러싸인 영역
   (5) 심장형 곡선 $r=1+\cos\theta$의 안쪽과 원 $r=\dfrac{1}{2}$의 바깥쪽으로 둘러싸인 영역
   (6) $r=\sin\theta-\cos\theta$의 곡선으로 둘러싸인 영역
   (7) 구간 $[0,3\pi]$에서 와선 $r=e^{\theta}$과 $r=e^{2\theta}$의 사이의 영역

3. 다음 적분을 극좌표 위의 반복적분으로 바꾸고 적분값을 계산하여라.
   (1) $\displaystyle\int_0^1\int_0^{\sqrt{1-x^2}} 1dydx$
   (2) $\displaystyle\int_0^1\int_0^{\sqrt{1-y^2}} \sin(x^2+y^2)dxdy$
   (3) $\displaystyle\int_0^1\int_0^{\sqrt{1-x^2}} e^{-(x^2+y^2)}dydx$
   (4) $\displaystyle\int_0^1\int_{-\sqrt{x-x^2}}^{\sqrt{x-x^2}} (x^2+y^2)dydx$

4. 극좌표를 사용하여 이상적분

$$\int_0^{\infty} e^{-x^2}\,dx$$

   의 값을 구하여라
   (힌트 : $A=\displaystyle\int_0^{\infty} e^{-x^2}dx$일 때 $A^2=\displaystyle\int_0^{\infty}\int_0^{\infty} e^{-(x^2+y^2)}dxdy$임을 이용하여라.)

14.3 표면적

$\sum$를 xy평면에서 수직 또는 수평적 단일영역 R 위에서 연속인 함수 f의 공간상의 그래프라 하고 f는 R 위에서 연속인 편도함수를 가진다고 가정하자.

R'을 R을 포함하는 직사각형이라 하고 R'을 부분사각형으로 분할하여 그 중 $R_1, \cdots, R_n$이 R에 완전히 포함된다고 하자. 1과 n 사이의 임의의 k에 대해서 (x_k, y_k)를 x_k와 y_k를 최솟값으로 갖는 R_k의 모서리점이라고 하자. 즉, $R_k = [x_k, x_{k+1}] \times [y_k, y_{k+1}]$일 때의 점 (x_k, y_k)를 말한다.

Δx_k와 Δy_k는 R_k의 이웃한 두 변의 길이이고 ΔA_k는 R_k의 면적이라고 하자. 점 $(x_k, y_k, f(x_k, y_k))$에서 $\sum$에 접하는 평면 위로의 R_k의 사영은 평행사변형 R_k'을 얻는다 (그림 14.17).

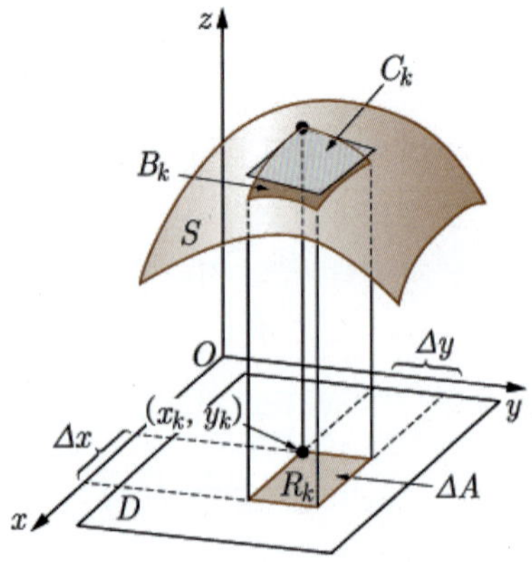

그림 14.17: 영역의 분할

R_k'의 면적 $\Delta A_k'$을 R_k에 대응하는 $\sum$의 한 부분의 면적의 근삿값으로 생각한다. 벡터

$$\mathbf{i} + f_x(x_k, y_k)\mathbf{k} \text{ 와 } \mathbf{j} + f_y(x_k, y_k)\mathbf{k}$$

는 R_k'의 이웃한 두 면에 나란하므로

$$B_k = \Delta x_k \mathbf{i} + f_x(x_k, y_k)\Delta x_k \mathbf{k} \text{ 와 } C_k = \Delta y_k \mathbf{j} + f_y(x_k, y_k)\Delta y_k \mathbf{k}$$

은 R_k'의 이웃한 두면을 이룬다. 따라서

$$\begin{aligned}
\Delta A_k' &= \|B_k \times C_k\| \\
&= \| - f_x(x_k, y_k)\Delta x_k \Delta y_k \mathbf{i} - f_y(x_k, y_k)\Delta x_k \Delta y_k \mathbf{j} + \Delta x_k \Delta y_k \mathbf{k}\| \\
&= \sqrt{[f_x(x_k, y_k)]^2 + [f_y(x_k, y_k)]^2 + 1}\,\Delta x_k \Delta y_k \\
&= \sqrt{[f_x(x_k, y_k)]^2 + [f_y(x_k, y_k)]^2 + 1}\,\Delta A_k
\end{aligned}$$

이므로

$$\sum_{k=1}^{n} \Delta A_k' = \sum_{k=1}^{n} \sqrt{[f_x(x_k, y_k)]^2 + [f_y(x_k, y_k)]^2 + 1}\, \Delta A_k \tag{14.15}$$

합 $\sum_{k=1}^{n} \Delta A_k'$은 $\sum$의 표면적 S의 근삿값이고 식 (14.15)의 우변은

$$\iint_R \sqrt{[f_x(x_k, y_k)]^2 + [f_y(x_k, y_k)]^2 + 1}\, dA$$

에 수렴하는 Riemann 합이다. 따라서 다음 정의를 얻는다.

정의 14.2

R이 수직 또는 수평적 단일영역이고 f가 R 위에서 연속인 편도함수를 갖는다고 하자. 만일 $\sum$가 R 위에서 f의 그래프이면 $\sum$의 **표면적** S는 다음과 같다.

$$S = \iint_R \sqrt{[f_x(x, y)]^2 + [f_y(x, y)]^2 + 1}\, dA. \tag{14.16}$$

예제 14.11 반지름이 a인 반구의 표면적을 구하여라.

풀이 반구의 중심을 공간좌표상에서 원점에 고정하고 반구를 xy 평면의 위쪽에 두면 상반구의 방정식은 $f(x, y) = \sqrt{a^2 - x^2 - y^2}$가 되므로 영역 $R = \{(x, y) \mid x^2 + y^2 \leq a^2\}$에 대하여 반구의 표면적 S는 다음과 같다.

$$S = \iint_R \sqrt{[f_x(x, y)]^2 + [f_y(x, y)]^2 + 1}\, dydx$$

$f(x, y) = \sqrt{a^2 - x^2 - y^2}$를 각각 x와 y에 대해서 편미분하면

$$f_x = -\frac{x}{\sqrt{a^2 - x^2 - y^2}}, \quad f_y = -\frac{y}{\sqrt{a^2 - x^2 - y^2}}$$

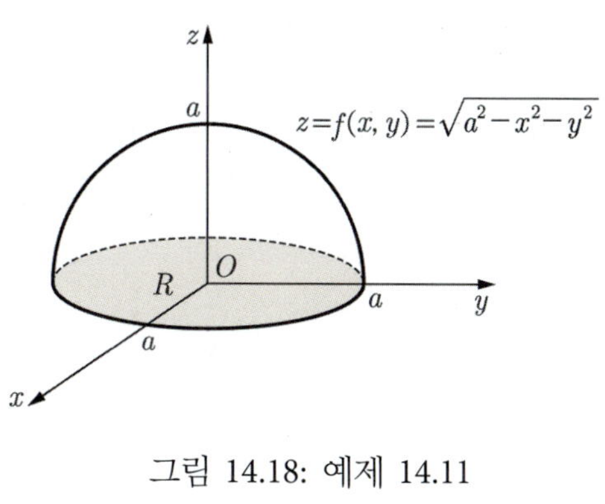

그림 14.18: 예제 14.11

이다. 식 (14.16)에 의하여

$$\begin{aligned} S &= \iint_R \sqrt{[f_x(x,y)]^2 + [f_y(x,y)]^2 + 1}\, dA \\ &= \iint_R \sqrt{\left(-\frac{x}{\sqrt{a^2-x^2-y^2}}\right)^2 + \left(-\frac{y}{\sqrt{a^2-x^2-y^2}}\right)^2 + 1}\, dA \\ &= \iint_R \frac{a}{\sqrt{a^2-x^2-y^2}} dydx \end{aligned}$$

이다. R이 원판이므로 극좌표를 이용하여 적분하면

$$\begin{aligned} S &= \int_0^{2\pi} \int_0^a \frac{a}{\sqrt{a^2-r^2}} r\, dr\, d\theta \\ &= a \int_0^{2\pi} \left[-\sqrt{a^2-r^2}\right]_0^a d\theta \\ &= a^2 \int_0^{2\pi} d\theta = 2\pi a^2. \end{aligned}$$

□

예제 14.12 R이 직선 $x=0$, $x=3$, $y=0$, $y=2$에 의해 둘러싸인 직사각형이라고 하고 $f(x,y) = \frac{2}{3}x^{\frac{3}{2}}$일 때 R 위에서의 f의 그래프의 표면적 S를 구하여라.

풀이 $f_x(x,y) = x^{1/2}$이고 $f_y(x,y) = 0$이므로 식 (14.16)를 이용하면

$$S = \iint\limits_R \sqrt{(x^{1/2})^2 + 0 + 1}\, dA = \int_0^3 \int_0^2 \sqrt{x+1}\, dy\, dx = \frac{28}{3}.$$

□

예제 14.13 xy평면 위의 포물면 $z = 4 - x^2 - y^2$의 표면적 S를 구하여라.

풀이 주어진 표면은 원 $x^2 + y^2 = 4$로 둘러싸인 xy평면 내의 영역 R 위에 있다. 만일 $f(x,y) = 4 - x^2 - y^2$이면

$$f_x(x,y) = -2x \text{이고} \quad f_y(x,y) = -2y$$

이므로

$$S = \iint\limits_R \sqrt{4x^2 + 4y^2 + 1}\, dA$$

이다. 극좌표를 이용하면

$$S = \int_0^{2\pi} \int_0^2 \sqrt{4r^2+1}\, r\, dr\, d\theta = \frac{1}{6}\pi(17\sqrt{17} - 1).$$

□

연습문제 14.3

1. 주어진 표면의 표면적을 구하여라.

(1) 8분면 중 1분면에서의 평면 $x+2y+3z=6$의 표면적

(2) xy평면 위에 있는 포물면 $z=9-x^2-y^2$의 표면적

(3) 내부에 기둥면 $x^2+y^2=1$이 있는 구 $x^2+y^2+z^2=4$의 표면적

(4) 내부에 포물면 $x^2+y^2=8z$가 있는 구 $x^2+y^2+z^2=9$의 표면적

Memo

14.4 3중적분

적분, 2중적분과 비슷하게 3중적분은 삼변수함수에 대해서 정의할 수 있다.

3중적분의 정의

R이 수직 또는 수평적 단일영역이고 F_1과 F_2는 R 위에서 연속이고 모든 $(x,y) \in R$에 대해

$$F_1(x,y) \le F_2(x,y)$$

를 만족한다. D를

$$(x,y) \in R\text{이고} \quad F_1(x,y) \le z \le F_2(x,y)$$

인 모든 (x,y,z)로 이루어진 입체영역이라고 하자. 이러한 D를 **R 위에서 F_1과 F_2의 그래프 사이의 입체영역**이라고 부른다(그림 14.19 참조).

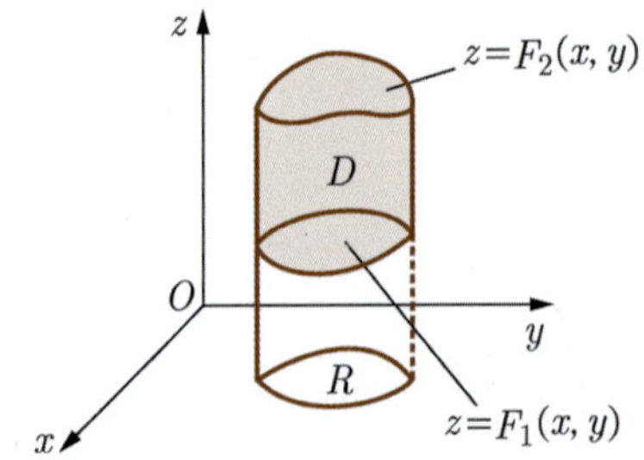

그림 14.19: R상의 그래프 F_1과 F_2사이의 입체영역

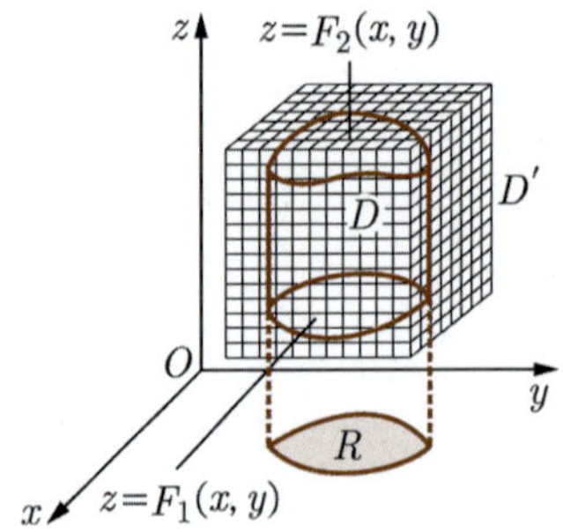

그림 14.20: 입체영역의 분할

D'를 D를 둘러싸는 직육면체라고 하고, $\wp$를 D'의 분할이라 하고 $D_1, \cdots, D_n$이 D에 완전히 포함되는 작은 직육면체라고 하자. 또 $D_{n+1}, \cdots, D_p$를 D에 부분적으로 포함되는 작은 직육면체라고 하자(그림 14.20 참조). f가 D 위에서 연속이라 가정하고 m_k를 $D_k(1 \le k \le n)$ 위에서 f의 최솟값, M_k를 $D_k(1 \le k \le p)$ 위에서 f의 최댓값이라 하자. 만일 ΔV_k가 D_k의 부피이고

$$L_f(\wp) = \sum_{k=1}^{n} m_k \Delta V_k, \quad U_f(\wp) = \sum_{k=1}^{p} M_k \Delta V_k$$

이면, D를 포함하는 임의의 직육면체 D'의 모든 분할 $\wp$에 대해서

$$L_f(\wp) \le I \le U_f(\wp)$$

를 만족하는 단 하나의 수 I가 존재함을 보일 수 있다.

정의 14.3

D를 xy평면에서 수직 또는 수평적 단일영역 R 위의 두 연속함수 F_1과 F_2의 그래프 사이의 입체영역이라고 하자. 만일 f가 D 위에서 연속이면, D를 포함하는 임의의 직육면체의 모든 분할에 대해 $L_f(\wp)$와 $U_f(\wp)$ 사이에 놓여 있는 유일한 수를

$$\iiint_D f(x,y,z)\,dV$$

라고 쓰고 D 위에서 f의 **3중적분**이라고 한다.

(x_k, y_k, z_k)를 $D_k(1 \leq k \leq n)$ 내의 임의의 점이라고 하자. 그러면

$$\sum_{k=1}^{n} f(x_k, y_k, z_k)\Delta V_k$$

는 D 위에서 f의 Riemann 합이고 $\displaystyle\iiint_D f(x,y,z)\,dV$로 근사시킬 수 있다. 즉

$$\iiint_D f(x,y,z)\,dV = \lim_{\|\wp\|\to 0} \sum_{k=1}^{n} f(x_k, y_k, z_k)\,\Delta V_k$$

이다. 여기서 $\|\wp\|$는 $\wp$ 내의 부분 직육면체의 대각선 길이 중에서 가장 큰 것이고 분할 $\wp$의 **노름**이라고 부른다.

3중적분의 계산 일반적으로 하합, 상합, Riemann 합은 3중적분을 계산하는 데 효과적이지 않다. 반면 반복적분은 3중적분을 계산하는 데 효과적이다.

정리 14.5

D가 xy평면 내에서 수직 또는 수평적 단일영역 R 위에서 두 연속함수 F_1과 F_2의 그래프 사이의 입체영역이라고 하고, f가 D에서 연속이면

$$\iiint_D f(x,y,z)\,dV = \iint_R \left(\int_{F_1(x,y)}^{F_2(x,y)} f(x,y,z)dz\right) dA. \tag{14.17}$$

예제 14.14 R은 xy평면에서 직선

$$x = \frac{1}{6}, \quad x = 1, \quad y = 0, \quad y = \pi$$

에 의해 둘러싸인 직사각형이고, D는 R 위의 $z = 0$과 $z = 2$의 그래프 사이의 직육면체이다. 이때 $\displaystyle\iiint_D zx\sin xy\,dV$를 구하여라.

풀이 식 (14.17)을 사용하면

$$\begin{aligned}\iiint_D zx\sin xy\,dV &= \int_{\frac{1}{6}}^{1}\int_0^{\pi}\int_0^2 zx\sin xy\,dz\,dy\,dx\\ &= \int_{\frac{1}{6}}^{1}\int_0^{\pi}\left[\frac{z^2x}{2}\sin xy\right]_0^2 dy\,dx\\ &= \int_{\frac{1}{6}}^{1}\int_0^{\pi} 2x\sin xy\,dy\,dx\\ &= \int_{\frac{1}{6}}^{1} -2\Big[\cos xy\Big]_0^{\pi} dx = \frac{5}{3}+\frac{1}{\pi}.\end{aligned}$$

□

예제 14.15 R은 xy평면 내에서 $0 \le x \le 1$일 때 $y=0$과 $y=x$의 그래프 사이의 삼각형이고, D는 R 위에서 곡면 $z=-y^2$과 $z=x^2$의 그래프 사이의 입체도형(그림 **??**)일 때 $\iiint_D (x+1)\,dV$를 계산하여라.

풀이 식 (14.17)에 의하여

$$\begin{aligned}\iiint_D (x+1)\,dV &= \int_0^1\int_0^x\int_{-y^2}^{x^2}(x+1)\,dz\,dy\,dx\\ &= \int_0^1\int_0^x\Big[(x+1)z\Big]_{-y^2}^{x^2} dy\,dx\\ &= \int_0^1\int_0^x (x+1)(x^2+y^2)\,dy\,dx\\ &= \int_0^1 (x+1)\left[x^2y+\frac{y^3}{3}\right]_0^x dx\\ &= \frac{4}{3}\int_0^1 (x^4+x^3)\,dx\\ &= \frac{3}{5}.\end{aligned}$$

□

예제 14.16 D는 두 개의 포물면

$$z = 3-x^2-y^2,\quad z=-5+x^2+y^2,\quad x\ge 0,\quad y\ge 0$$

에 의해 둘러싸인 입체도형이다(그림 14.21). 이때 $\iiint_D y\,dV$를 구하여라.

풀이 먼저 xy평면 위의 영역 R을 구하자. 두 포물면의 식의 공통부분을 구하자. 연립방정식

$$3-x^2-y^2 = -5+x^2+y^2$$

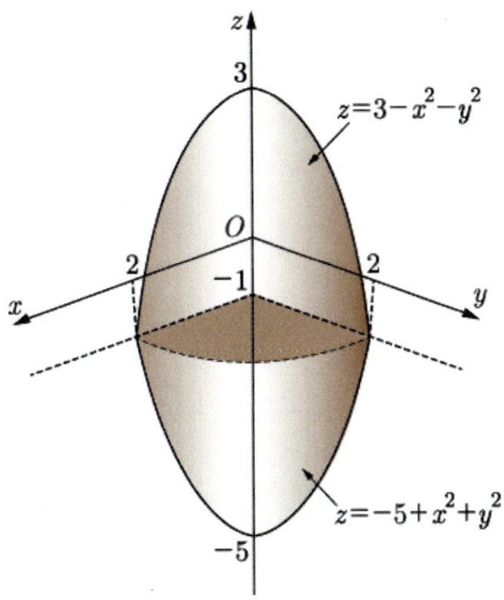

그림 14.21: 예제 14.16

을 정리하면 $x^2 + y^2 = 4$이고, 만일 $x^2 + y^2 = 4$이면

$$z = 3 - x^2 - y^2 = 3 - 4 = -1$$

이므로 두 포물면은 $z = -1$에서 공통부분을 가진다. 따라서 xy평면 내에서의 대응하는 영역 R은 1사분면 내의 원 $x^2 + y^2 = 4$ 내에 놓여 있는 수평적 단일영역이고 $0 \le y \le 2$인 y에 대해서 $x = 0$과 $x = \sqrt{4 - y^2}$의 그래프 사이의 영역이다. R에서는

$$3 - x^2 - y^2 \ge -5 + x^2 + y^2$$

이므로

$$\begin{aligned}
\iiint_D y\,dV &= \int_0^2 \int_0^{\sqrt{4-y^2}} \int_{-5+x^2+y^2}^{3-x^2-y^2} y\,dz\,dx\,dy \\
&= \int_0^2 \int_0^{\sqrt{4-y^2}} \Big[yz\Big]_{-5+x^2+y^2}^{3-x^2-y^2} dxdy \\
&= \int_0^2 \int_0^{\sqrt{4-y^2}} y(8 - 2x^2 - 2y^2)\,dx\,dy \\
&= \int_0^2 \Big[y(8 - 2y^2)x - \frac{2}{3}yx^3\Big]_0^{\sqrt{4-y^2}} dy \\
&= \frac{4}{3}\int_0^2 y(4 - y^2)^{3/2}\,dy \\
&= \frac{128}{15}.
\end{aligned}$$

□

3중적분에 의한 부피

D가 xy평면 내의 영역 R 위에서 두 연속함수 F_1과 F_2의 그래프 사이의 입체영역이라 하자. D의 부피 V는

$$V = \iiint_D 1\,dV \tag{14.18}$$

로 정의한다. 정리 14.5에 의하여 식 (14.18)은

$$V = \iiint_D 1dV = \iint_R \left[\int_{F_1(x,y)}^{F_2(x,y)} 1\,dz\right] dA = \iint_R [F_2(x,y) - F_1(x,y)]\,dA.$$

예제 14.17 D는 $z = x^2 + 2y + 1$과 $z = y + 2$의 그래프 사이의 제1팔분면의 입체영역일 때 D의 부피 V를 구하여라.

풀이 먼저 영역 R을 구하자. 곡면 $z = x^2 + 2y + 1$과 $z = y + 2$는 곡선

$$x^2 + 2y + 1 = y + 2\text{또는}\;\; y = 1 - x^2$$

에서 만난다. D가 제 1 팔분면에 있으므로 R을 제1사분면 내에 있어야 한다. 그러므로 R은 $[0,1]$에서 $y = 0$과 $y = 1 - x^2$의 그래프 사이의 수직적 단일영역이다. R 내에서 $x^2 + 2y + 1 \le y + 2$이므로 식 (14.18)에 의하여

$$\begin{aligned} V = \iiint_D 1\,dV &= \int_0^1 \int_0^{1-x^2} \int_{x^2+2y+1}^{y+2} 1\,dz\,dy\,dx \\ &= \int_0^1 \int_0^{1-x^2} \Big[z\Big]_{x^2+2y+1}^{y+2} dy\,dx \\ &= \int_0^1 \int_0^{1-x^2} (1 - x^2 - y)\,dy\,dx \\ &= \int_0^1 \left[(1-x^2)y - \frac{1}{2}y^2\right]_0^{1-x^2} dx \\ &= \int_0^1 \frac{1}{2}(1-x^2)^2\,dx \\ &= \frac{1}{2}\left[x - \frac{2}{3}x^3 + \frac{x^5}{5}\right]_0^1 \\ &= \frac{4}{15}. \end{aligned}$$

□

연습문제 14.4

1. 다음 반복적분을 계산하여라.

(1) $\displaystyle\int_0^3 \int_{-1}^1 \int_2^4 (y - xz)\, dz\, dy\, dx$

(2) $\displaystyle\int_{-1}^1 \int_0^x \int_{x-y}^{x+y} (z - 2x - y)\, dz\, dy\, dx$

(3) $\displaystyle\int_0^{\frac{\pi}{2}} \int_0^1 \int_0^{\sqrt{1-x^2}} x \cos z\, dy\, dx\, dz$

(4) $\displaystyle\int_0^{\ln 3} \int_0^1 \int_0^y (z^2 + 1)e^{y^2}\, dx\, dz\, dy$

(5) $\displaystyle\int_{-15}^{13} \int_1^e \int_0^{1/\sqrt{x}} z(\ln x)^2\, dz\, dx\, dy$

(6) $\displaystyle\int_{-\frac{\pi}{2}}^{\frac{\pi}{2}} \int_{-\cos z}^{\cos z} \int_{-\cos zy}^{\cos zy} xcoszy\, dx\, dy\, dz$

2. 다음 적분을 계산하여라.

(1) $\displaystyle\iiint_D e^y dV$, 여기서 D는 평면 $y = 1$, $z = 0$, $y = x$, $y = -x$, $x = y$에 의해 둘러싸인 입체영역

(2) $\displaystyle\iiint_D \frac{1}{x} dV$, 여기서 D는 평면 $x + y + z = 4$, $y = x$, $x = 1$, $x = 2$, $z = 0$, $y = 0$ 에 의해 둘러싸인 프리즘

(3) $\displaystyle\iiint_D zy dV$, 여기서 D는 평면 $z = 1$의 위쪽과 원뿔 $z = \sqrt{x^2 + y^2}$의 아래쪽에 의해 둘러싸인 입체영역

3. 다음 영역의 부피를 구하여라.

(1) 평면 $x + 3y + 6z = 1$과 세 좌표평면에 의해 둘러싸인 입체영역

(2) 평면 $z = 10 + x + y$, $y = 2 - x$, $y = x$, $z = 0$, $x = 0$에 의해 둘러싸인 제1팔분면의 입체도형

(3) 윗면은 $z = 2x$, 아랫면은 xy평면, 타원형기둥면 $2x^2 + y^2 = 1$과 $y = 0$을 변으로 하는 입체도형

(4) 윗면은 $z = 4(x^2 + y^2)$, 아랫면은 $z = -2$, $y = x$와 $y = x^2$을 측면으로 하는 입체도형

14.5 원통좌표계상의 3중적분

어떤 중적분은 직교좌표계에서보다 극좌표에서 더 쉽게 계산할 수가 있다. 이 절에는 원통좌표계를 도입하고 이를 이용하여 3중적분을 계산하도록 한다.

원통좌표계

(x, y, z)가 공간 위의 점 P의 직교좌표라고 하자. 만일 (r, θ)가 점 (x, y)에 대한 극좌표이면 (r, θ, z)를 P에 대한 **원통좌표**라고 부른다.

점 P의 직교좌표 (x, y, z)가 주어지면, 공식

$$x^2 + y^2 = r^2\text{과} \quad \tan\theta = \frac{y}{x}(x \neq 0)$$

를 이용하여 P의 원통좌표를 구할 수 있다.

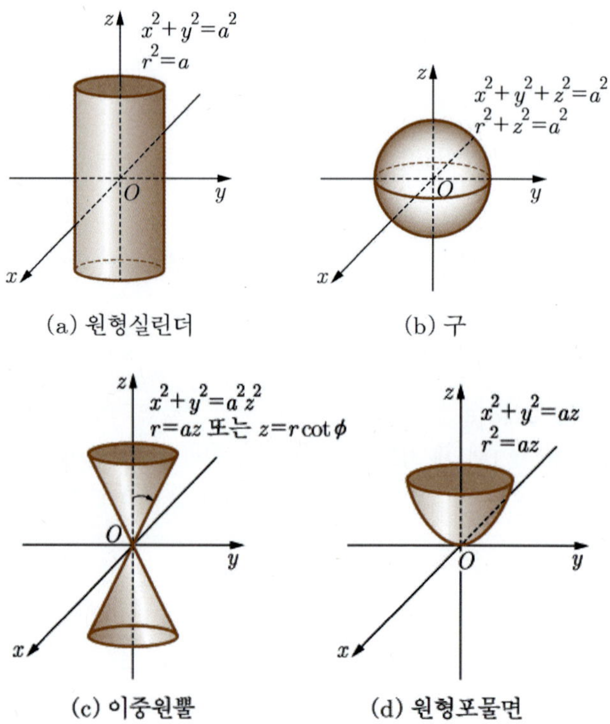

(a) 원형실린더 (b) 구

(c) 이중원뿔 (d) 원형포물면

그림 14.22: 원통좌표계에 의한 곡면의 방정식

다음 표는 직교좌표와 원통좌표에서 각 곡면의 표현이다.

곡면	직교좌표	원통좌표
원통	$x^2+y^2=a^2$	$r=a$
구	$x^2+y^2+z^2=a^2$	$r^2+z^2=a^2$
원뿔	$x^2+y^2=a^2z^2$	$r=az$ 또는 $z=r\cot\phi$
포물면	$x^2+y^2=az$	$r^2=az$

원통좌표계에서의 3중적분

정리 14.5에 의하면 적당한 조건 아래에서

$$\iiint_D f(x,y,z)\,dV = \iint_R \left[\int_{F_1(x,y)}^{F_2(x,y)} f(x,y)\,dz\right] dA$$

가 성립한다. 그런데 정리 14.4를 이용하면 2중적분을 극좌표 위에서 표현이 가능하므로 이것을 결합하면 다음 정리를 얻는다.

정리 14.6

D가 R 위에서 F_1과 F_2의 그래프 사이의 입체영역이고 R은 구간 $[\alpha,\beta]$ $(0\le\beta-\alpha\le 2\pi)$ 위에서 $0\le h_1(\theta)\le h_2(\theta)$를 만족하는 h_1과 h_2의 극방정식 그래프 사이의 평면영역이다. 만일 f가 D에서 연속이면

$$\iiint_D f(x,y,z)\,dV = \int_\alpha^\beta \int_{h_1(\theta)}^{h_2(\theta)} \int_{F_1(r\cos\theta,r\sin\theta)}^{F_2(r\cos\theta,r\sin\theta)} f(r\cos\theta,r\sin\theta,z)\,r\,dz\,dr\,d\theta.$$

예제 14.18 반지름이 a이고 높이가 h인 원기둥의 부피를 구하여라.

풀이 원기둥 D는 공간상의 $0\le r\le a$, $0\le\theta\le 2\pi$, $0\le z\le h$ 을 만족하는 원통좌표계의 점 (r,θ,z) 들의 집합이므로, 체적 V는 다음과 같다.

$$\begin{aligned} V &= \iiint_D 1\,dV = \int_0^h \int_0^{2\pi} \int_0^a r\,drd\theta dz \\ &= \int_0^h \int_0^{2\pi} \left[\frac{1}{2}r^2\right]_0^a d\theta dz \\ &= \int_0^h \int_0^{2\pi} \frac{1}{2}a^2\,d\theta dz \\ &= \pi a^2 h \end{aligned}$$

□

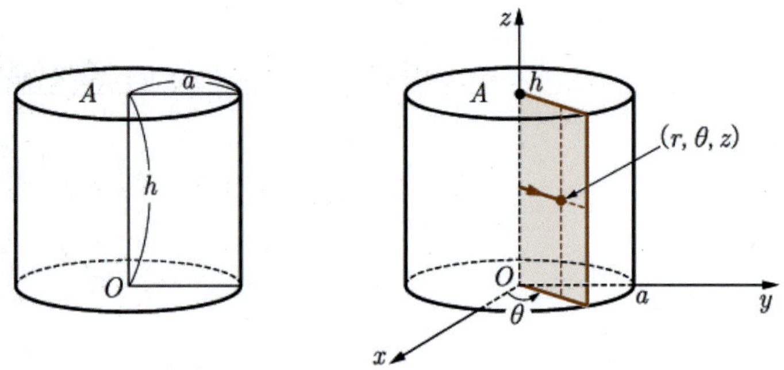

그림 14.23: 예제 14.18

예제 14.19 D는 위로는 $y+z=4$, 아래는 xy평면, 그리고 원통 $x^2+y^2=16$을 측면으로 둘러싸인 입체도형이다(그림 14.24). 이때 $\iiint_D \sqrt{x^2+y^2}\,dV$을 구하여라.

풀이 D는 원판 $x^2+y^2 \le 16$인 R 위에서 $z=0$과 $z=4-y$인 그래프 사이의 입체영역이고 R을 극좌표로 바꾸면

$$r=0\text{과}\quad r=4 \quad (0\le\theta\le 2\pi)$$

의 그래프 사이의 영역이다. 따라서 원통좌표계에서 D는

$$z=0\text{과}\quad z=4-r\sin\theta \quad (r,\theta)\in R$$

의 그래프 사이의 입체영역이다. 정리 14.6을 응용하면

$$\begin{aligned}\iiint_D \sqrt{x^2+y^2}dV &= \int_0^{2\pi}\int_0^4\int_0^{4-r\sin\theta} r\cdot r\,dz\,dr\,d\theta \\ &= \int_0^{2\pi}\int_0^4 \Big[r^2 z\Big]_0^{4-r\sin\theta} dr\,d\theta \\ &= \int_0^{2\pi}\int_0^4 (4r^2-r^3\sin\theta)\,dr\,d\theta \\ &= \int_0^{2\pi}\left[\frac{4}{3}r^3-\frac{r^4}{4}\sin\theta\right]_0^4 d\theta \\ &= \int_0^{2\pi}\left(\frac{256}{3}-64\sin\theta\right)d\theta \\ &= \frac{512}{3}\pi.\end{aligned}$$

□

예제 14.20 원점을 중심으로 하고 반지름이 a인 구의 내부와 원통 $r=a\cos\theta$의 내부의 공통 부분(그림 14.25)의 부피 V를 구하여라.

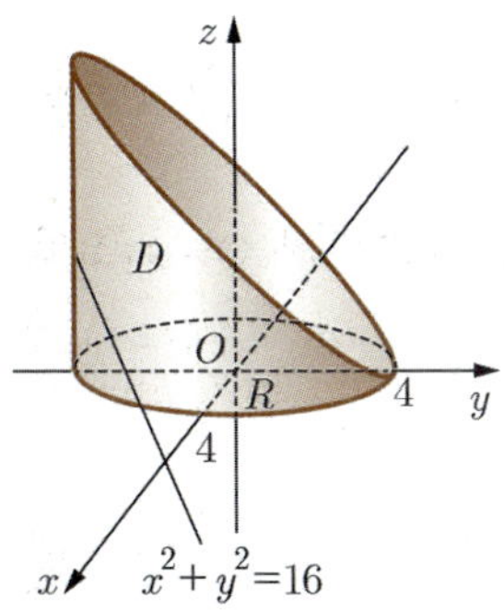

그림 14.24: 예제 14.19

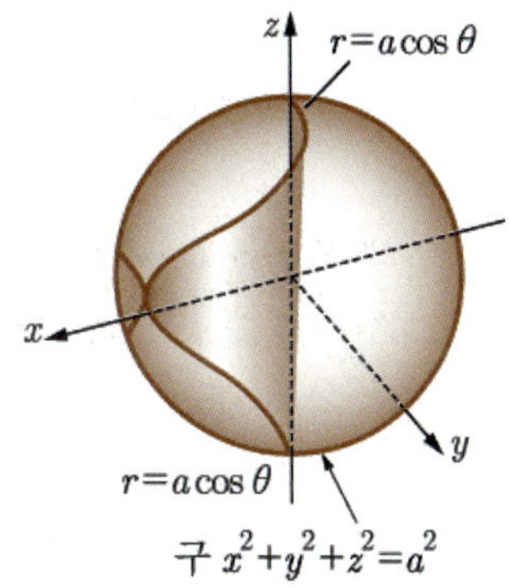

그림 14.25: 예제 14.20

풀이 R은

$$r = 0\text{과}\ \ r = a\cos\theta \quad \left(-\frac{\pi}{2} \le \theta \le \frac{\pi}{2}\right)$$

의 극방정식 그래프에 의해 둘러싸인 영역이고, D는

$$z = -\sqrt{a^2 - r^2}\ \text{과}\ \ z = \sqrt{a^2 - r^2} \quad (r,\theta) \in R$$

의 그래프 사이의 입체도형이다. 영역의 대칭성을 이용하여 적분하면

$$\begin{aligned}
V = \iiint_D 1\,dV &= \int_{-\frac{\pi}{2}}^{\frac{\pi}{2}} \int_0^{a\cos\theta} \int_{-\sqrt{a^2-r^2}}^{\sqrt{a^2-r^2}} 1 \cdot r\,dz\,dr\,d\theta \\
&= 4\int_0^{\frac{\pi}{2}} \int_0^{a\cos\theta} \int_0^{\sqrt{a^2-r^2}} rdzdrd\theta \\
&= 4\int_0^{\frac{\pi}{2}} \int_0^{a\cos\theta} r\sqrt{a^2-r^2}drd\theta \\
&= \frac{4}{3}a^3 \int_0^{\frac{\pi}{2}} (1-\sin^3\theta)d\theta = \frac{4}{3}a^3 \int_0^{\frac{\pi}{2}} \{1-(1-\cos^2\theta)\sin\theta\}d\theta \\
&= \frac{4}{3}a^3 \int_0^{\frac{\pi}{2}} (1-\sin\theta+\cos^2\theta\sin\theta)\,d\theta \\
&= \frac{4}{3}a^3 \Big[\theta+\cos\theta-\frac{1}{3}\cos^3\theta\Big]_0^{\pi/2} = \frac{4}{3}a^3\left(\frac{\pi}{2}-\frac{2}{3}\right) \\
&= \frac{2}{9}a^3(3\pi-4).
\end{aligned}$$

□

예제 14.21 D는 구 $r^2 + z^2 = a^2$과 $z = r\cot\phi$의 위쪽 원뿔 사이의 입체도형이다(그림 14.26, 그림 14.27). 여기서 ϕ는 양의 z축과 원뿔면과의 사잇각이다. 이때 D의 부피를 구하여라.

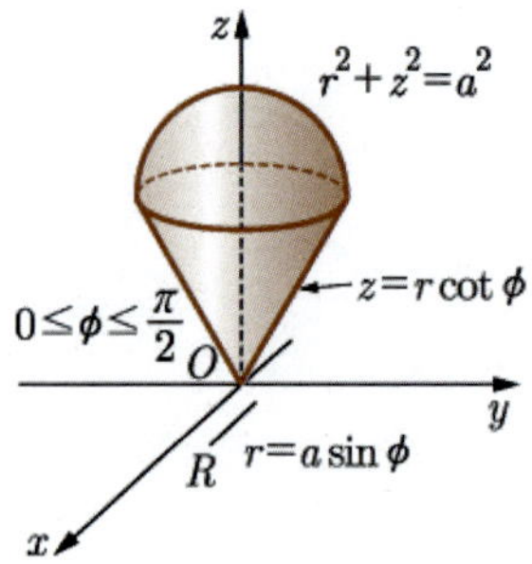

그림 14.26: 예제 14.21

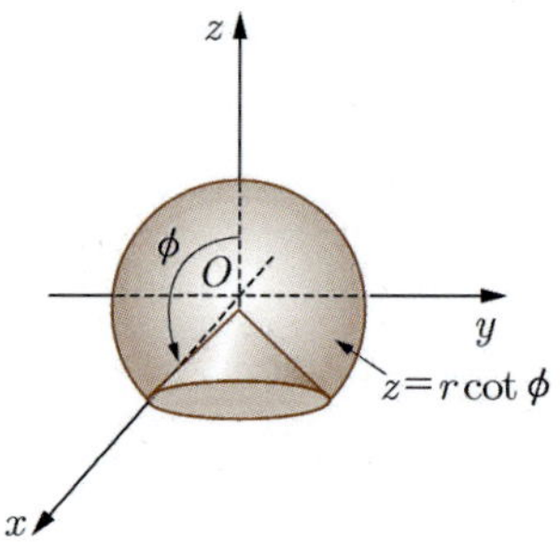

그림 14.27: 예제 14.21

풀이 먼저 $0 \le \phi \le \frac{\pi}{2}$ 인 경우를 생각하자. 공통 부분을 구하면

$$r^2(1+\cot^2\phi) = a^2$$

이므로 $r = a\sin\phi$. 따라서 D는 원 $r = a\sin\phi$에 의해 둘러싸인 평면 영역 R 위의 원뿔과 구면 사이의 입체도형이다(그림 14.26). 그러므로

$$\begin{aligned}
V = \iiint_D 1\,dV &= \int_0^{2\pi}\int_0^{a\sin\phi}\int_{r\cot\phi}^{\sqrt{a^2-r^2}} 1\cdot r\,dz\,dr\,d\theta \\
&= \int_0^{2\pi}\int_0^{a\sin\phi}(r\sqrt{a^2-r^2} - r^2\cot\phi)\,dr\,d\theta \\
&= \int_0^{2\pi}\int_0^{a\sin\phi}\Big[-\frac{1}{3}(a^2-r^2)^{3/2} - \frac{r^3}{3}\cot\phi\Big]_0^{a\sin\phi} d\theta \\
&= \int_0^{2\pi}\left(-\frac{1}{3}\left(a^2-a^2\sin^2\phi\right)^{3/2} - \frac{a^3\sin^3\phi}{3}\cot\phi + \frac{a^3}{3}\right) d\theta \\
&= \frac{2\pi a^3}{3}(1-\cos\phi).
\end{aligned}$$

만일 $\frac{\pi}{2} < \phi \le \pi$이면 원뿔은 xy평면 아래쪽이다(그림 14.27). 따라서 구하고자 하는 도형의 부피는 전체 구의 부피 $\frac{4\pi}{3}a^3$에서 밑면은 구이고 윗면은 원뿔인 입체영역의 부피를 빼면된다. 풀이의 첫 번째 부분처럼 후자의 부피는

$$\frac{2\pi}{3}a^3\left[1-\cos(\pi-\phi)\right]$$

이므로

$$V = \frac{4\pi a^3}{3} - \frac{2\pi a^3}{3}\left[1-\cos(\pi-\phi)\right] = \frac{2\pi a^3}{3}(1-\cos\phi).$$ □

예제 14.22 적분 $\int_{-2}^{2}\int_{-\sqrt{4-x^2}}^{\sqrt{4-x^2}}\int_{(x^2+y^2)^2}^{1} x^2\,dz\,dy\,dx$를 구하여라.

풀이 첫 번째와 두 번째 적분 구간은 xy평면 위에서 원 $x^2+y^2=4$에 의해 둘러싸인 영역이므로 원통좌표계를 이용하면

$$\begin{aligned}
\int_{-2}^{2}\int_{-\sqrt{4-x^2}}^{\sqrt{4-x^2}}\int_{(x^2+y^2)^2}^{1} x^2 dzdydx &= \int_0^{2\pi}\int_0^2\int_{r^4}^{1}(r\cos\theta)^2\,r\,dz\,dr\,d\theta \\
&= \int_0^{2\pi}\int_0^2 r^3\cos^2\theta\Big[z\Big]_{r^4}^{1}\,dr\,d\theta \\
&= \int_0^{2\pi}\int_0^2 (r^3-r^7)\cos^2\theta\,dr\,d\theta \\
&= \int_0^{2\pi}\cos^2\theta\Big[\frac{r^4}{4}-\frac{r^8}{8}\Big]_0^2\,d\theta \\
&= -28\int_0^{2\pi}\cos^2\theta\,d\theta \\
&= -28\int_0^{2\pi}\left(\frac{1}{2}+\frac{1}{2}\cos 2\theta\right)\,d\theta \\
&= -28\pi.
\end{aligned}$$

□

연습문제 14.5

1. 다음 직교방정식을 원통좌표의 방정식으로 바꾸고 그래프를 그려라.

(1) $y=-4$ (2) $x=5z$

(3) $x+y+z=3$ (4) $x^2+y^2+z^2=16$

(5) $x^2+y^2+z=1$ (6) $4x^2+4y^2-z^2=0$

(7) $x^2+y^2+3z^2=9$

2. 다음 반복적분을 구하여라.

(1) $\int_0^{2\pi}\int_1^2\int_0^5 e^z\,r\,dz\,dr\,d\theta$

(2) $\int_0^{\pi/2}\int_0^1\int_0^{\sqrt{1-r^2}} r\sin\theta\,dz\,dr\,d\theta$

(3) $\int_{-\pi/2}^{0}\int_0^{2\sin\vartheta}\int_0^{r^2} r^2\cos\theta\,dz\,dr\,d\theta$

(4) $\int_{-\pi/4}^{\pi/4}\int_0^{1-2\cos^2\theta}\int_0^1 r\sin\theta\,dz\,dr\,d\theta$

3. 다음 3중적분을 원통좌표계를 이용하여 반복적분으로 고치고 그 값을 구하여라.

(1) $\displaystyle\iiint_D (x^2+y^2)\,dV$, 여기서 D는 원통 $x^2+y^2=1$과 평면 $z=0, z=4$에 의해 둘러싸인 입체영역

(2) $\displaystyle\iiint_D z\,dV$, 여기서 D는 제1팔분면에 놓여있는 구 $x^2+y^2+z^2 \le 1$의 한 부분이다.

(3) $\displaystyle\iiint_D y^2\,dV$, 여기서 D는 원통 $x^2+y^2=1$과 구 $x^2+y^2+z^2=4$의 공통 부분이다.

(4) $\displaystyle\iiint_D yz\,dV$, D는 구 $x^2+y^2+z^2 \le 1$에서 원통 $r=\cos\theta$를 제거한 부분이다.

4. 다음 영역의 부피를 구하여라.

(1) 아래는 곡면 $z=\sqrt{r}$와 위는 평면 $z=1$에 의해 둘러싸인 입체도형

(2) 위로는 구면 $x^2+y^2+z^2=2$와 아래는 포물면 $z=x^2+y^2$에 의해 둘러싸인 입체도형

(3) 위로는 곡면 $z=e^{-x^2-y^2}$, 아래로는 xy평면, 측면으로 원통 $x^2+y^2=1$로 둘러싸인 입체영역

(4) 구면 $x^2+y^2+z^2=4$의 내부와 원뿔 $z^2=3x^2+3y^2$의 윗부분의 공통부분의 입체영역

(5) 구면 $r^2+z^2=a^2$와 $r=a\sin\theta$의 내부인 입체영역

5. 반지름이 a인 구의 부피를 원통좌표계를 이용하여 구하여라. (힌트 : 적분영역이 $0 \le r \le a$, $0 \le \theta \le 2\pi$, $-\sqrt{a^2-r^2} \le z \le \sqrt{a^2-r^2}$ 임을 이용하여라.)

14.6 구면좌표계상의 3중적분

구면좌표계상의 3중적분

(x, y, z)와 (r, θ, z)는 $0 \le \theta \le 2\pi$이고 $r \ge 0$인 공간의 한 점 P에 대한 직교 및 원통좌표라고 하자. ρ를 선분 OP의 길이라고 하고 $\rho \neq 0$이면 ϕ를 양의 z축과 OP와의 사잇각으로 두고, 만일 $\rho = 0$이면 ϕ를 임의로 선택하자. 따라서 점 P는 ρ, ϕ, θ에 의해 결정된다. 이러한 (ρ, ϕ, θ)를 P에 대한 **구면좌표**라고 부른다(그림 14.28). 삼각함수로부터

$$r = \rho \sin\phi \text{이고} \quad z = \rho\cos\phi.$$

우리는 쉽게 구면좌표와 직교좌표와의 관계식을 알 수 있다.

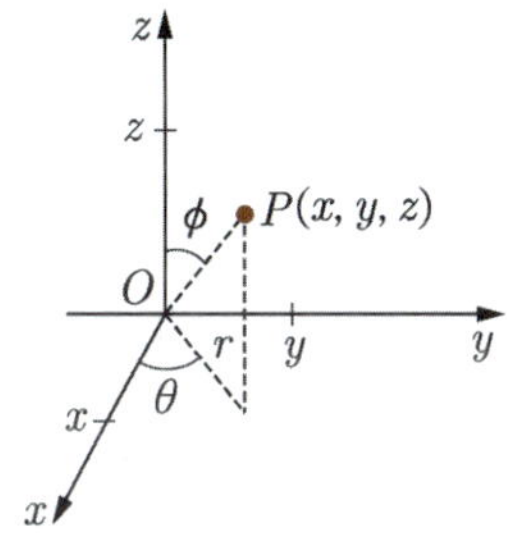

그림 14.28: 구면좌표계

$$x = r\cos\theta = \rho\sin\phi\cos\theta$$
$$y = r\sin\theta = \rho\sin\phi\sin\theta$$
$$z = \rho\cos\phi$$

예를 들면 구면좌표 $\left(8, -\frac{\pi}{3}, -\frac{\pi}{6}\right)$인 점을 직교좌표로 바꾸면

$$\begin{aligned} x &= 8\sin\left(-\frac{\pi}{3}\right)\cos\left(-\frac{\pi}{6}\right) = -6, \\ y &= 8\sin\left(-\frac{\pi}{3}\right)\sin\left(-\frac{\pi}{6}\right) = 2\sqrt{3}, \\ z &= 8\cos\left(-\frac{\pi}{3}\right) = 4. \end{aligned}$$

다음 표는 구면좌표 ρ, ϕ, θ가 상수인 곡면을 나열하였다.

곡면	방정식
구면	$\rho = a$
원뿔	$\phi = a$
반평면	$\theta = a$

직육면체가 직교좌표에서는 적분을 하기 위한 기본적인 형태인 것처럼 구면좌표계에서는 구면쐐기가 기본형이다. 구면쐐기 D는 곡면

$$\rho = \rho_0 \text{와} \quad \rho = \rho_1, \quad \phi = \phi_0 \text{와} \quad \phi = \phi_1, \quad \theta = \theta_0 \text{와} \quad \theta = \theta_1$$

에 의해 둘러싸인 입체영역이다. 여기서

$$0 \le \rho_0 \le \rho_1, \quad 0 \le \phi_0 \le \phi_1 \le \pi \text{이고} \quad 0 \le \theta_0 \le \theta_1 \le 2\pi.$$

위의 구면쐐기 D의 부피(자세한 계산과정은 생략)는

$$V = \frac{\rho_1^3 - \rho_0^3}{3}(\cos\phi_0 - \cos\phi_1)(\theta_1 - \theta_0). \tag{14.19}$$

V를 좀 더 유용한 형태로 나타내기 위해 구간 $[\rho_0, \rho_1]$ 위에서 함수 ρ^3와 $[\phi_0, \phi_1]$ 위에서 cos 함수에 대한 평균값 정리를 사용하면 식 (14.19)은 $\rho_0 \le \rho_1^* \le \rho_1$와 $\phi_0 \le \phi_1^* \le \phi_1$인 ρ_1^*와 ϕ_1^*가 존재하여

$$\rho_1^3 - \rho_0^3 = 3(\rho_1^*)^2(\rho_1 - \rho_2), \quad \cos\phi_1 - \cos\phi_0 = (-\sin\phi_1^*)(\phi_1 - \phi_0)$$

따라서 식 (14.19)은

$$V = (\rho_1^*)^2(\sin\phi_1^*)(\rho_1 - \rho_0)(\phi_1 - \phi_0)(\theta_1 - \theta_0). \tag{14.20}$$

구면좌표계에서의 3중적분

h_1, h_2, F_1, F_2는 연속함수이고, D는 $\alpha \le \theta \le \beta$, $0 \le \beta - \alpha \le 2\pi$, $0 \le h_1(\theta) \le \phi \le h_2(\theta) \le \pi$, $F_1(\phi, \theta) \le \rho \le F_2(\phi, \theta)$를 만족하는 공간 위의 구면좌표 (ρ, ϕ, θ)의 집합이라 하자. f가 D 위에서 연속일 때 $\iiint_D f(x, y, z)\, dV$를 구면좌표계를 이용하여 구하자.

먼저 D를 포함하는 구면쐐기 D'을 그리고 D'을 작은 구변쐐기로 분할하여 그 중 $D_1, D_2, \cdots, D_n$을 D에 완전히 포함되는 것으로 하자. 1과 n 사이의 각 k에 대해서 D_k는 곡면

$$\rho = \rho_{k-1}, \quad \rho = \rho_k, \quad \phi = \phi_{k-1}, \quad \phi = \phi_k, \quad \theta = \theta_{k-1}, \quad \theta = \theta_k$$

에 의해 둘러싸인 영역이다. 식 (14.20)에 의하면 쐐기 D_k의 부피는

$$V_k = (\rho_k^*)^2 \sin\phi_k^* \Delta\rho_k \Delta\phi_k \Delta\theta_k.$$

여기서 $\rho_{k-1} \le \rho_k^* \le \rho_k$이고 $\phi_{k-1} \le \phi_k^* \le \phi_k$. 이것으로부터 3중적분 $\iiint_D f(x, y, z)\, dV$는 대략

$$\sum_{k=1}^{n} f(\rho_k^* \sin\phi_k^* \cos\theta_k, \rho_k^* \sin\phi_k^* \sin\theta_k, \rho_k^* \cos\phi_k^*)(\rho_k^*)^2 \sin\phi_k^* \Delta\rho_k\, \Delta\phi_k\, \Delta\theta_k$$

이다. 위의 합은 14.2절과 마찬가지로 3중적분에 대한 Riemann 합

$$\int_{\alpha}^{\beta}\int_{h_1(\theta)}^{h_2(\theta)}\int_{F_1(\phi,\theta)}^{F_2(\phi,\theta)} f(\rho\sin\phi\cos\theta, \rho\sin\phi\sin\theta, \rho\cos\phi)\rho^2\sin\phi\, d\rho\, d\phi\, d\theta$$

이다.

정리 14.7

α와 β는 $\alpha \le \beta \le \alpha + 2\pi$인 수이고 h_1, h_2, F_1, F_2는 $0 \le h_1 \le h_2 \le \pi$이고 $0 \le F_1 \le F_2$인 연속함수라고 하자. D는 공간 위에서

$$\alpha \le \theta \le \beta, \quad h_1(\theta) \le \phi \le h_2(\theta), \quad F_1(\phi,\theta) \le \rho \le F_2(\phi,\theta)$$

를 만족하는 구면좌표점 (ρ, ϕ, θ)로 이루어진 입체영역이라고 하자. 만일 f가 D에서 연속이면

$$\iiint_D f(x,y,z)\, dV$$
$$= \int_{\alpha}^{\beta}\int_{h_1(\theta)}^{h_2(\theta)}\int_{F_1(\phi,\theta)}^{F_2(\phi,\theta)} f(\rho\sin\phi\cos\theta, \rho\sin\phi\sin\theta, \rho\cos\phi)\rho^2\sin\phi\, d\rho\, d\phi\, d\theta.$$

예제 14.23 반지름이 a인 구의 부피를 구하여라.

풀이 D는 공간 위에서 $0 \le \rho \le a$, $0 \le \phi \le \pi$, $0 \le \theta \le 2\pi$를 만족하는 구면좌표 (ρ, ϕ, θ)로 이루어진 입체영역이다.

$$\begin{aligned} V &= \int_0^{2\pi}\int_0^{\pi}\int_0^{a} \rho^2 \sin\phi\, d\rho\, d\phi\, d\theta \\ &= \int_0^{2\pi}\int_0^{\pi}\left[\frac{\rho^3}{3}\right]_0^a \sin\phi\, d\phi\, d\theta \\ &= \frac{a^3}{3}\int_0^{2\pi}\Big[-\cos\phi\Big]_0^{\pi} d\theta \\ &= \frac{4}{3}\pi a^3. \end{aligned}$$

□

예제 14.24 D는 구면 $\rho = 1$과 $\rho = 2$ 사이의 입체영역일 때 적분 $\iiint_D z^2\, dV$를 구하여라.

풀이 D는 $0 \le \theta \le 2\pi$, $0 \le \phi \le \pi$, $1 \le \rho \le 2$를 만족하는 구면좌표점 (ρ, ϕ, θ)의

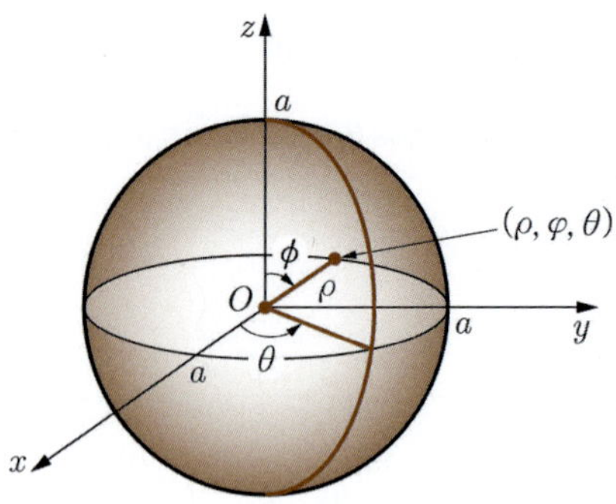

그림 14.29: 예제 14.23

집합이다. $z = \rho\cos\phi$이므로 정리 14.7에 의하여

$$\begin{aligned}\iiint_D z^2 dV &= \int_0^{2\pi}\int_0^{\pi}\int_1^2 (\rho^2\cos^2\phi)\rho^2\sin\phi\,d\rho\,d\phi\,d\theta \\ &= \int_0^{2\pi}\int_0^{\pi}\int_1^2 \rho^4\cos^2\phi\sin\phi\,d\rho\,d\phi\,d\theta \\ &= \int_0^{2\pi}\int_0^{\pi}\cos^2\phi\sin\phi\Big[\frac{\rho^5}{5}\Big]_1^2 d\phi\,d\theta \\ &= \int_0^{2\pi}\int_0^{\pi}\frac{31}{5}\cos^2\phi\sin\phi\,d\phi\,d\theta \\ &= \int_0^{2\pi}\frac{31}{5}\Big[-\frac{1}{3}\cos^3\phi\Big]_0^{\pi} d\theta \\ &= \frac{62}{15}\int_0^{2\pi} d\theta = \frac{124}{15}\pi.\end{aligned}$$

□

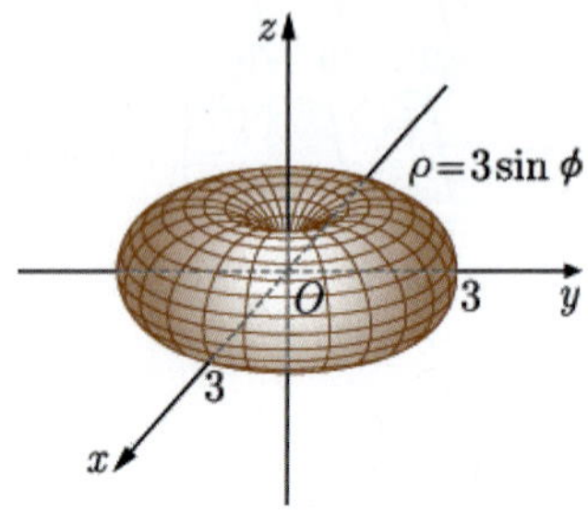

그림 14.30: 예제 14.25

예제 14.25 토러스 $\rho = 3\sin\phi$에 의해 둘러싸인 입체영역의 부피 V를 구하여라.

풀이 D는 $0 \le \theta \le 2\pi$, $0 \le \phi \le \pi$, $0 \le \rho \le 3\sin\phi$를 만족하는 구면좌표점 (ρ,ϕ,θ)의

집합이므로

$$V = \iiint_D 1dV = \int_0^{2\pi}\int_0^{\pi}\int_0^{3\sin\phi} \rho^2 \sin\phi\, d\rho\, d\phi\, d\theta$$
$$= \int_0^{2\pi}\int_0^{\pi} 9\sin^4\phi\, d\phi\, d\theta$$
$$= \int_0^{2\pi} 9\Big[-\frac{1}{4}\sin^3\phi\cos\phi - \frac{3}{8}\sin\phi\cos\phi + \frac{3}{8}\phi\Big]_0^{\pi} d\theta$$
$$= \int_0^{2\pi} \frac{27\pi}{8}\, d\theta = \frac{27}{4}\pi^2.$$ □

연습문제 14.6

1. 다음 구면좌표의 점을 그리고, 직교좌표로 바꾸어라.
   (1) $(1, \frac{\pi}{2}, \frac{\pi}{6})$
   (2) $(2, \pi, \frac{\pi}{2})$
   (3) $(3, \frac{\pi}{4}, \frac{4\pi}{3})$
   (4) $(\frac{1}{2}, \frac{\pi}{3}, \frac{5}{4}\pi)$
   (5) $(1, 0, \frac{7}{6}\pi)$
   (6) $(5, \frac{\pi}{2}, 0)$

2. 다음 직교좌표를 구면좌표로 바꾸어라.
   (1) $(1, 0, 1)$
   (2) $(3, 0, 0)$
   (3) $(2, 2, \frac{2\sqrt{2}}{\sqrt{3}})$
   (4) $(2\sqrt{2}, -2\sqrt{2}, -4\sqrt{3})$

3. 다음 반복적분을 구하여라.
   (1) $\int_0^{2\pi}\int_0^{\pi/4}\int_0^{1} \rho^2 \sin\phi\, d\rho\, d\phi\, d\theta$
   (2) $\int_0^{2\pi}\int_0^{\pi/2}\int_1^{3} \rho^3 \cos\phi \sin\phi\, d\rho\, d\phi\, d\theta$
   (3) $\int_0^{\pi}\int_0^{\pi/2}\int_0^{\sin\phi} \rho^2 \sin\phi\, d\rho\, d\phi\, d\theta$
   (4) $\int_{\pi/4}^{\pi/3}\int_0^{\theta}\int_0^{9\sec\phi} \rho\cos^2\phi\cos\theta\, d\rho\, d\phi\, d\theta$

4. 다음 적분을 구면좌표를 이용하여 반복적분으로 나타내어 적분값을 구하여라.

   (1) $\iiint_D (x^2+y^2)\, dV$, D는 $x^2+y^2+z^2 \le 1$인 구이다.

   (2) $\iiint_D (x^2+y^2+z^2)\, dV$, D는 위로는 구면 $x^2+y^2+z^2=1$과 아래는 원뿔 $z^2=x^2+y^2$의 윗부분에 의해 둘러싸인 입체영역이다.

(3) $\displaystyle\iiint_D \frac{1}{x^2+y^2+z^2}\,dV$, D는 원뿔 $z=\sqrt{3x^2+3y^2}$과 구면 $x^2+y^2+z^2=9$와 $x^2+y^2+z^2=81$에 의해 둘러싸인 xy평면의 윗부분의 입체영역이다.

(4) $\displaystyle\iiint_D \sqrt{z}\,dV$, D는 구면 $x^2+y^2+z^2=16$과 평면 $z=0$, $x=\sqrt{3y}$, $x=y$에 의해 둘러싸인 제1팔분면에 있는 입체영역이다.

5. 다음 영역의 부피를 구하여라.

(1) 위로는 구면 $x^2+y^2+z^2=4$와 아래로 원뿔 $z^2=x^2+y^2$의 윗부분으로 둘러싸인 입체도형

(2) 위로는 구면 $x^2+y^2+z^2=4z$와 아래로 원뿔 $z^2=x^2+y^2$의 윗부분으로 둘러싸인 입체도형

(3) 아래는 xy평면이고 위로는 곡면 $\rho=1+\cos\phi$로 둘러싸인 입체도형

Memo

14.7 2중적분에서의 변수변환

단일적분에서 변수를 치환시키면 더 쉽게 적분할 수 있다. 중적분에서도 이와 마찬가지로 극좌표 및 원통좌표, 구면좌표 등을 이용하여 주어진 중적분 등을 쉽게 구할 수 있다. 이 절에서는 2중적분 및 3중적분의 일반적인 영역을 변환하였을 때 좌표변환에 따른 새로운 공식을 유도하기로 한다.

2중적분의 변수변환

극좌표에서의 적분을 위한 공식은 다음과 같다.

$$\iint_S f(x,y)\,dA = \iint_S f(r\cos\theta, r\sin\theta)\,r\,dr\,d\theta \tag{14.21}$$

여기서 S는 좌표평면 $r\theta$에서 적당한 영역이다. 식 (14.21)에서 변수 x, y는 방정식

$$x = r\cos\theta, \quad y = r\sin\theta \tag{14.22}$$

에 의하여 변수 r과 θ로 치환된다. 이러한 변수의 치환으로 $r\theta$평면의 영역 S는 xy평면 R에 대응된다. 좀 더 일반적으로 xy평면에서 영역 R을 나타내는 변수 x, y를 변화시켜 uv 평면에서 영역 S의 점을 나타내는 변수 u와 v를 얻고자 한다. 이것을 함수로 나타내면

$$x = g_1(u,v), \quad y = g_2(u,v), \quad (u,v) \in S \tag{14.23}$$

이다. 여기서 g_1, g_2는 연속적으로 미분가능한 함수이고 $(x,y) \in R$이다. 식 (14.23)과 같이 정의된 함수를 **변환**이라고 부르고 T로 나타낸다. 그러므로 T는 S의 원소 (u,v)에 대해

$$T(u,v) = (x,y)$$

로 정의된다. R의 각 점 (x,y)는 S의 오직 한 점 (u,v)로 대응된다고 가정하자. 더욱이 T의 Jacobi 행렬식

$$\frac{\partial(x,y)}{\partial(u,v)} = \begin{vmatrix} \dfrac{\partial x}{\partial u} & \dfrac{\partial x}{\partial v} \\ \dfrac{\partial y}{\partial u} & \dfrac{\partial y}{\partial v} \end{vmatrix} = \frac{\partial x}{\partial u}\frac{\partial y}{\partial v} - \frac{\partial x}{\partial v}\frac{\partial y}{\partial u}$$

가 필요하다.

예제 14.26 변환 T가

$$x = \frac{u}{v}\text{와} \;\; y = v$$

로 정의되었다고 가정하자. T의 Jacobi 행렬식을 구하여라.

풀이 정의에 의하여

$$\frac{\partial(x,y)}{\partial(u,v)} = \begin{vmatrix} \dfrac{\partial x}{\partial u} & \dfrac{\partial x}{\partial v} \\ \dfrac{\partial y}{\partial u} & \dfrac{\partial y}{\partial v} \end{vmatrix} = \begin{vmatrix} \dfrac{1}{v} & -\dfrac{u}{v^2} \\ 0 & 1 \end{vmatrix} = \frac{1}{v}. \qquad \square$$

이제 T를 uv평면의 점을 xy평면 위의 점으로 대응시키는 변환이라고 하자. T가 식 (14.23)과 같이 정의되어 있다고 가정하고 S는 꼭지점

$$(u,v), \quad (u+h,v), \quad (u+h,v+k), \quad (u,v+k)$$

인 직사각형(그림 14.31의 (a))이라 가정하면 S의 면적 A_S는 hk이다. 만일 h와 k가 매우 작으면 g_1과 g_2의 연속성으로부터 S의 상 R이 xy평면에서 다음의 꼭지점

$$(x,y), (g_1(u,v), g_2(u,v)), (g_1(u+h,v), g_2(u+h,v)), (g_1(u,v+k), g_2(u,v+k))$$

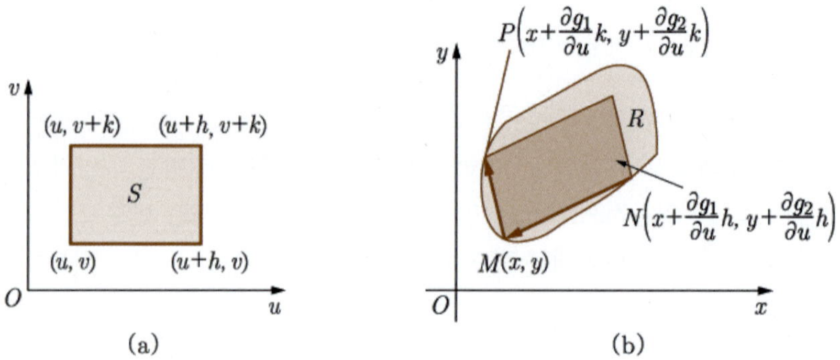

그림 14.31: 변환 T에 의한 상

으로 이루어진 평행사변형임을 알 수 있다(그림 14.31의 (b)). 그런데 v는 (u,v)와 $(u+h,v)$를 잇는 직선 위에서 상수이므로 편미분 $\dfrac{\partial g_1}{\partial u}$와 $\dfrac{\partial g_2}{\partial u}$의 정의로부터 만일 h가 작으면

$$g_1(u+h,v) \approx g_1(u,v) + \frac{\partial g_1}{\partial u}h \qquad = x + \frac{\partial g_1}{\partial u}h, \tag{14.24}$$

$$g_2(u+h,v) \approx g_2(u,v) + \frac{\partial g_2}{\partial u}h \qquad = y + \frac{\partial g_2}{\partial u}h. \tag{14.25}$$

마찬가지로 u가 (u,v)와 $(u,v+k)$를 잇는 직선 위에서 상수이므로 k가 작으면

$$g_1(u,v+k) \approx g_1(u,v) + \frac{\partial g_1}{\partial v}k = x + \frac{\partial g_1}{\partial v}k, \tag{14.26}$$

$$g_2(u,v+k) \approx g_2(u,v) + \frac{\partial g_2}{\partial v}k = y + \frac{\partial g_2}{\partial v}k. \tag{14.27}$$

식 (14.24)~(14.27)을 사용하면 h와 k가 작을 때 평행사변형은 점

$$M=(x,y), N=\left(x+\frac{\partial g_1}{\partial u}h, y+\frac{\partial g_2}{\partial u}h\right), \quad P=\left(x+\frac{\partial g_1}{\partial v}k, y+\frac{\partial g_2}{\partial v}k\right)$$

에 의해 결정된 평행사변형과 거의 유사하다. 후자의 평행사변형의 면적 A는 외적 $\overrightarrow{MN}\times\overrightarrow{MP}$의 길이이다.

$$\begin{aligned}\overrightarrow{MN}\times\overrightarrow{MP} &= \begin{vmatrix}\mathbf{i} & \mathbf{j} & \mathbf{k}\\ \frac{\partial g_1}{\partial u}h & \frac{\partial g_2}{\partial u}h & 0\\ \frac{\partial g_1}{\partial v}k & \frac{\partial g_2}{\partial v}k & 0\end{vmatrix}\\ &= \left[\left(\frac{\partial g_1}{\partial u}h\right)\left(\frac{\partial g_2}{\partial v}k\right)-\left(\frac{\partial g_2}{\partial u}h\right)\left(\frac{\partial g_1}{\partial v}k\right)\right]\mathbf{k}\end{aligned}$$

이므로

$$\begin{aligned}\|\overrightarrow{MN}\times\overrightarrow{MP}\| &= \left|\frac{\partial g_1}{\partial u}\frac{\partial g_2}{\partial u}-\frac{\partial g_2}{\partial u}\frac{\partial g_1}{\partial u}\right||hk|\\ &= \left|\frac{\partial(x,y)}{\partial(u,v)}\right||hk|\\ &= \left|\frac{\partial(x,y)}{\partial(u,v)}\right|A_S\end{aligned}$$

따라서

$$A\approx\left|\frac{\partial(x,y)}{\partial(u,v)}\right|A_S. \tag{14.28}$$

이제 R이 직사각형이라고 더 이상 가정하지 않는다. R이 매끄러운 경계를 가진다고 가정하면 중적분 $\iint_R f(x,y)\,dA$를 $\sum_{k=1}^{n} f(x_k,y_k)\,\Delta A_k$인 형태의 Riemann 합으로 근사시킬 수 있다. 여기서 ΔA_k는 $k=1,\cdots,n$에 대해 R에 포함되는 적당히 작은 직사각형 R_k의 면적이다. 식 (14.28)을 사용하면 다음 정리를 얻는다.

정리 14.8

S와 R은 각각 uv평면 및 xy평면의 집합이고 각각은 구분적으로 매끄러운 경계를 가지고 있다고 가정한다. T가 S에서 R로의 변환 $x=g_1(u,v)$ 이고 $y=g_2(u,v)$에 의해 정의되었다고 하자. 여기서 g_1과 g_2는 S 위에서 연속인 편도함수를 갖는다. R의 각 점 (x,y)는 S의 유일한 점 (u,v)의 상이고 유한개의 점을 제외한 S 위에서 $\frac{\partial(x,y)}{\partial(u,v)}\neq 0$ 이라고 가정하면

$$\iint_R f(x,y)\,dA = \iint_S f(g_1(u,v), g_2(u,v)) \left|\frac{\partial(x,y)}{\partial(u,v)}\right| dA. \qquad (14.29)$$

직교좌표를 극좌표로 바꾸기 위해

$$x = r\cos\theta, \quad y = r\sin\theta \qquad (14.30)$$

를 사용하면 식 (14.30)은

$$\frac{\partial(x,y)}{\partial(r,\theta)} = \begin{vmatrix} \dfrac{\partial x}{\partial r} & \dfrac{\partial x}{\partial \theta} \\ \dfrac{\partial y}{\partial r} & \dfrac{\partial y}{\partial \theta} \end{vmatrix} = \begin{vmatrix} \cos\theta & -r\sin\theta \\ \sin\theta & r\cos\theta \end{vmatrix} = r.$$

그러므로 $r\theta$ 평면의 영역 S가 식 (14.30)와 같이 주어진 변환하에서 영역 R에 대응되면 식 (14.29)은

$$\iint_R f(x,y)\,dA = \iint_S f(r\cos\theta, r\sin\theta) r\,dr\,d\theta.$$

예제 14.27 영역 R이 제1사분면 내의 직선 $y = x$와 $y = 2x$, 쌍곡선 $xy = 1$과 $xy = 3$에 의해 둘러싸인 영역(그림 14.32) 일 때 $\displaystyle\iint_R x^3 y\,dA$를 계산하여라. T는

$$x = \frac{u}{v}, \quad y = v \qquad (14.31)$$

로 정의되어 있다.

풀이 예제 14.26에서

$$\frac{\partial(x,y)}{\partial(u,v)} = \frac{1}{v}$$

이다. T에 의해 R이 T의 상이 되도록 하는 uv 평면의 영역 S를 구하자. 쌍곡선 $xy = 1$ 위의 점에 대해서 식 (14.31)를 이용하면

$$1 = xy = \left(\frac{u}{v}\right) v = u$$

이므로 T는 직선 $u = 1$을 쌍곡선 $xy = 1$로 사상시킨다. 마찬가지로 쌍곡선 $xy = 3$에 대해서

$$3 = xy = \left(\frac{u}{v}\right) = u$$

를 얻고 T는 직선 $u = 3$을 쌍곡선 $xy = 3$으로 사상시킨다. 다음 직선 $y = x$ 위의 점에 대해 식 (14.31)를 이용하면

$$v = y = x = \frac{u}{v}$$

이므로 $v^2 = u$ 또는 $v = \sqrt{u}$를 얻는다. 마찬가지로 $y = 2x$ 위의 점에 대해서

$$v = y = 2x = 2\frac{u}{v}$$

이므로 $v^2 = 2u$ 또는 $v = \sqrt{2u}$를 얻는다. 따라서 S는 uv평면 내의 직선 $u = 1$, $u = 3$과 포물선 $v = \sqrt{u}$, $v = \sqrt{2u}$에 의해 둘러싸인 영역이다(그림 14.33). 정리 14.8를 이용하면

$$\begin{aligned}\iint_R x^3 y\,dA &= \iint_S \left(\frac{u}{v}\right)^3 v \left|\frac{\partial(x,y)}{\partial(u,v)}\right| dA \\ &= \int_1^3 \int_{\sqrt{u}}^{\sqrt{2u}} \frac{u^3}{v^3} \cdot v \cdot \frac{1}{v}\,dv\,du \\ &= \int_1^3 \int_{\sqrt{u}}^{\sqrt{2u}} \frac{u^3}{v^3}\,dv\,du = \int_1^3 \frac{1}{4}u^2\,du = \frac{13}{6}.\end{aligned}$$

□

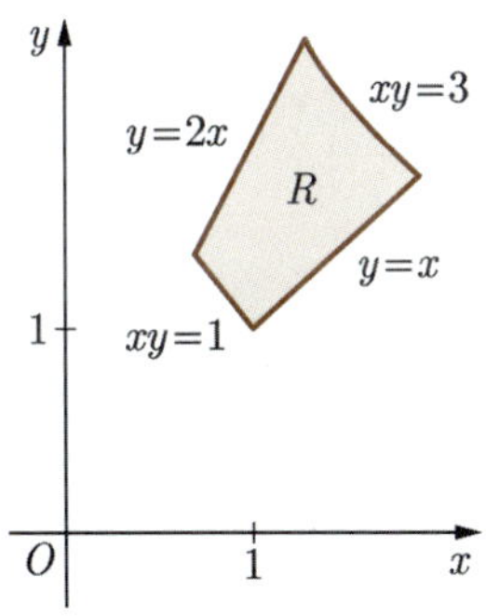

그림 14.32: 예제 14.27

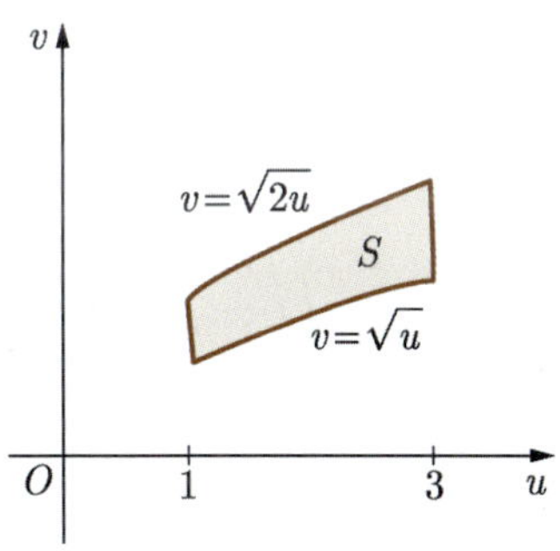

그림 14.33: 예제 14.27

2중적분 $\iint_R f(x,y)\,dA$가 주어졌다고 하자. 그런데 피적분함수 f나 영역 R이 복잡하여 적분을 구하기 힘들다면 다음과 같은 절차로 구하면 된다.

1. 적분의 정보를 활용하여 xy평면의 영역 R에서 uv평면의 영역 S로의 변환 T_R을 정의한다.
2. 변환에의한 R의 상 S를 결정한다.
3. S로부터 R로의 변환 T을 얻기 위해서 T_R을 정의하는 방정식으로부터 x와 y에 관하여 푼다.
4. $\dfrac{\partial(x,y)}{\partial(u,v)}$을 계산한다.
5. (14.29)의 방법으로 $\iint_R f(x,y)\,dA$을 계산한다.

예제 14.28 영역 R의 경계가 네 개의 직선 $2x+3y=1$, $2x+3y=3$, $x-2y=2$, $x-2y=-2$에 의해 둘러싸인 평행사변형이다. 적분 $\iint_R 7xy\,dA$를 구하여라.

풀이 R이 평행사변형이므로 적분값을 구하기가 쉽지 않다. R의 경계 부분을 나타내는 식 중 $2x+3y$와 $x-2y$가 있으므로 변환 T_R을

$$u = 2x+3y, \quad v = x-2y \tag{14.32}$$

라 두면 T_R에 의한 R의 상 S는 uv 평면에서

$$u=1, \quad u=3, \quad v=2, \quad v=-2$$

로 둘러싸인 직사각형이다. 식 (14.32)을 다시 x와 y에 관하여 풀면

$$x = \frac{1}{7}(2u+3v), \quad y = \frac{1}{7}(u-2v)$$

이다. 위 식은 S에서 R로의 변환 T이다. T의 Jacobi 행렬식은

$$\frac{\partial(x,y)}{\partial(u,v)} = \begin{vmatrix} \dfrac{\partial x}{\partial u} & \dfrac{\partial x}{\partial v} \\ \dfrac{\partial y}{\partial u} & \dfrac{\partial y}{\partial v} \end{vmatrix} = \begin{vmatrix} \dfrac{2}{7} & \dfrac{3}{7} \\ \dfrac{1}{7} & -\dfrac{2}{7} \end{vmatrix} = -\frac{1}{7}$$

이므로

$$\begin{aligned} \iint_R 7xy\,dA &= \iint_S (2u+3v)\frac{1}{7}(u-2v)\left|-\frac{1}{7}\right| dA \\ &= \iint_S \frac{1}{49}(2u^2-uv-6v^2)\,dA \\ &= \int_1^3 \int_{-2}^2 \frac{1}{49}(2u^2-uv-6v^2)\,dv\,du \\ &= \frac{1}{49}\int_1^3 (8u^2-32)du = \frac{16}{147}. \end{aligned}$$

□

예제 14.29 R은 타원 $x^2+\dfrac{y^2}{4}=1$에 의해 둘러싸인 영역일 때 $\iint_R (x^2+y^2)\,dA$를 계산하여라.

풀이 R의 경계 $1 = x^2+\dfrac{y^2}{4} = x^2+\left(\dfrac{y}{2}\right)^2$를 하자. 변환 T_R을

$$u = x, \qquad v = \frac{1}{2}y \tag{14.33}$$

라 두면 T_R은 타원에서 단위원으로의 함수가 된다. 그러므로 S는 단위원 $u^2+v^2 \le 1$이다. 식 (14.33)에서 x, y에 관하여 풀면

$$x = u, \quad y = 2v$$

이므로

$$\frac{\partial(x,y)}{\partial(u,v)} = \begin{vmatrix} \dfrac{\partial x}{\partial u} & \dfrac{\partial x}{\partial v} \\ \dfrac{\partial y}{\partial u} & \dfrac{\partial y}{\partial v} \end{vmatrix} = \begin{vmatrix} 1 & 0 \\ 0 & 2 \end{vmatrix} = 2.$$

그러므로

$$\iint_R (x^2+y^2)\,dA = \iint_S [u^2+(2v)^2] \left|\frac{\partial(x,y)}{\partial(u,v)}\right| dA = \iint_S (u^2+4v^2)\,2\,dA.$$

S는 단위원이므로 $u = r\cos\theta$, $v = r\sin\theta$인 극좌표로 변환하면

$$\begin{aligned}\iint_S (u^2+4v^2)\,2\,dA &= 2\iint_S (u^2+v^2+3v^2)\,dA \\ &= 2\int_0^{2\pi}\int_0^1 (r^2+3r^2\sin^2\theta)\,r\,dr\,d\theta \\ &= \frac{1}{2}\int_0^{2\pi}(1+3\sin^2\theta)\,d\theta = \frac{5}{2}\pi.\end{aligned}$$ □

때로는 피적분함수에서 직접 x, y에 관해 풀 필요가 없는 경우도 있다. 이 경우

$$\frac{\partial(x,y)}{\partial(u,v)} = \frac{1}{\dfrac{\partial(u,v)}{\partial(x,y)}} \tag{14.34}$$

을 이용하면 쉽게 해결된다.

예제 14.30 R이 $y=0$, $y=x$, $x+y=\dfrac{\pi}{4}$에 의해 둘러싸인 삼각형일 때 중적분 $\displaystyle\iint_R \frac{\sin(x-y)}{\cos(x+y)}\,dA$를 구하여라.

풀이 피적분함수가 복잡하므로 직접 계산하기 어렵다. 따라서 변환 T_R을

$$u = x-y, \qquad v = x+y$$

라 두면 T_R에 의해 직선 $y=0$은 $u=v$로, $y=x$는 $u=0$으로, $x+y=\frac{\pi}{4}$는 $v=\frac{\pi}{4}$로 변환되어 T_R에 의한 R의 상 S는 $u=v$, $u=0$, $v=\frac{\pi}{4}$에 의해 둘러싸인 삼각형이 된다. 정의에 의하여

$$\frac{\partial(u,v)}{\partial(x,y)} = \begin{vmatrix} \dfrac{\partial u}{\partial x} & \dfrac{\partial u}{\partial y} \\ \dfrac{\partial v}{\partial x} & \dfrac{\partial v}{\partial y} \end{vmatrix} = \begin{vmatrix} 1 & -1 \\ 1 & 1 \end{vmatrix} = 2$$

이므로 식 (14.34)를 이용하면

$$\begin{aligned}\iint_R \frac{\sin(x-y)}{\cos(x+y)}\,dA &= \iint_S \frac{\sin u}{\cos v}\left|\frac{\partial(x,y)}{\partial(u,v)}\right| dA = \int_0^{\frac{\pi}{4}}\int_0^{v} \frac{\sin u}{\cos v}\,\frac{1}{2}\,du\,dv \\ &= \frac{1}{2}\int_0^{\frac{\pi}{4}} \left[-\frac{\cos u}{\cos v}\right]_{u=0}^{u=v} dv \\ &= \frac{1}{2}\int_0^{\frac{\pi}{4}} \left(-1+\frac{1}{\cos v}\right) dv \\ &= \frac{1}{2}\int_0^{\frac{\pi}{4}} (-1+\sec v)\,dv \\ &= \frac{1}{2}\Big[-v+\ln|\sec v+\tan v|\Big]_0^{\pi/4} \\ &= \frac{1}{2}\left[\ln(\sqrt{2}+1)-\frac{\pi}{4}\right].\end{aligned}$$

□

3중적분을 위한 변수변환

만일 변환 T가

$$x = f(u,v,w), \quad y = g(u,v,w), \quad z = h(u,v,w)$$

로 정의되고 T는 uvw공간의 영역 E를 xyz공간의 영역 D 위로 사상시킨다고 하면 식 (14.29)에 대응하는 3중적분 공식은

$$\iiint_D F(x,y,z)\,dV = \iiint_E F(f(u,v,w), g(u,v,w), h(u,v,w))\left|\frac{\partial(x,y,z)}{\partial(u,v,w)}\right| dV \quad (14.35)$$

이다. 여기서

$$\frac{\partial(x,y,z)}{\partial(u,v,w)} = \begin{vmatrix} \frac{\partial x}{\partial u} & \frac{\partial x}{\partial v} & \frac{\partial x}{\partial w} \\ \frac{\partial y}{\partial u} & \frac{\partial y}{\partial v} & \frac{\partial y}{\partial w} \\ \frac{\partial z}{\partial u} & \frac{\partial z}{\partial v} & \frac{\partial z}{\partial w} \end{vmatrix}. \quad (14.36)$$

예제 14.31 식 (14.35)을 사용하여 정리 14.7에 나타난 구면좌표상의 적분 공식을 유도하여라.

풀이 이 경우

$$x = \rho\sin\phi\cos\theta, \quad y = \rho\sin\phi\sin\theta, \quad z = \rho\cos\phi$$

이므로

$$\frac{\partial(x,y,z)}{\partial(\rho,\phi,\theta)} = \begin{vmatrix} \sin\phi\cos\theta & \rho\cos\phi\cos\theta & -\rho\sin\phi\sin\theta \\ \sin\phi\sin\theta & \rho\cos\phi\sin\theta & \rho\sin\phi\cos\theta \\ \cos\phi & -\rho\sin\phi & 0 \end{vmatrix} = \rho^2\sin\phi$$

이다. $0 \le \phi \le \pi$이고 $\rho^2\sin\phi \ge 0$이므로 식 (14.35)로부터

$$\iiint_D F(x,y,z)\,dV = \iiint_E F(\rho\sin\phi\cos\theta, \rho\sin\phi\sin\theta, \rho\cos\phi)\,\rho^2\sin\phi\,dV.$$

만일 영역 E가 $\rho\phi\theta$공간에서

$$\alpha \le \theta \le \beta, \quad h_1(\theta) \le \phi \le h_2(\theta), \quad F_1(\phi,\theta) \le \rho \le F_2(\phi,\theta)$$

로 정의되고 h_1, h_2, F_1, F_2가 연속이고 $0 \le \beta - \alpha \le 2\pi$, $0 \le h_1 \le h_2 \le \pi$이고 $0 \le F_1 \le F_2$이면 식 (14.35)에 의하여

$$\iiint_D F(x,y,z)\,dV$$
$$= \int_\alpha^\beta \int_{h_1(\theta)}^{h_2(\theta)} \int_{F_1(\phi,\theta)}^{F_2(\phi,\theta)} F(\rho\sin\phi\cos\theta, \rho\sin\phi\sin\theta, \rho\cos\phi)\rho^2\sin\phi\,d\rho\,d\phi\,d\theta. \quad \square$$

연습문제 14.7

1. 다음 변환의 Jacobi 행렬식을 구하여라.

(1) $x = 3u - 4v$, $y = \dfrac{1}{2}u + \dfrac{1}{6}v$

(2) $x = \cos u + \sin v$, $y = \sin u + \cos v$

(2) $x = e^v, y = ue^v$

(4) $x = au$, $y = bv$, $z = w$

(3) $x = \dfrac{u}{v^2}$, $y = \dfrac{v}{w^2}$, $z = \frac{w}{u^2}$

2. 주어진 변환을 사용하여 적분값을 계산하여라.

(1) $\displaystyle\iint_R \frac{y}{x-3y}\,dA, R$은 직선 $y=1$, $y = \dfrac{1}{4}x$, $x-3y=e$로 둘러싸인 영역이다. $x=3u+v$, $y=u$를 이용하여라.

(2) $\displaystyle\iint_R xy^2\,dA, R$은 직선 $x-y=2$, $x-y=-1$, $2x+3y=1$, $2x+3y=0$으로 둘러싸인 영역이다. $x = \frac{1}{5}(3u+v)$, $y = \frac{1}{5}(v-2u)$를 이용하여라.

(3) $\displaystyle\iint_R \frac{y}{x}e^{x^2-y^2}\,dA$, R은 쌍곡선 $x^2-y^2=1, x^2-y^2=4$와 직선 $x=2y$, $x=\sqrt{2}y$에 의해 둘러싸인 1사분면의 영역이다. $x = u\sec u$, $y = u\tan v$, $u>0$, $0<u<\frac{\pi}{2}$를 이용하여라.

(4) $\displaystyle\iint_R y\cos xy\,dA$, R은 곡선 $xy=\frac{\pi}{2}$, $xy=\pi$, $y(2-x)=2$, $y(2-x)=4$에 의해 둘러싸인 영역이다. $x=\frac{2v}{u+v}$, $y=u+v$를 이용하여라.

(5) $\displaystyle\iint_D (x^2+y^2)\,dA$, D는 좌표평면과 포물면 $z=x^2+y^2$, $z=4(x^2+y^2)$과 평면 $z=1$, $z=4$에 의해 둘러싸인 제1팔분면내의 입체영역이다. $x=\frac{v}{u}\cos w$, $y=\frac{v}{u}\sin w$, $z=v^2$, $u>0$, $v\geq 0$, $0\leq w\leq\frac{\pi}{2}$를 이용하여라.

3. 다음 적분을 적당한 변환을 사용하여 구하여라.

(1) $\displaystyle\iint_R 49x^2y\,dA$, R은 직선 $2x-y=1$, $2x-y=-2$, $x+3y=0$, $x+3y=1$에 의해 둘러싸인 영역

(2) $\displaystyle\iint_R \left(\frac{x-2y}{x+2y}\right)^3 dA$, R은 직선 $x-2y=1$, $x-2y=-2$, $x+2y=1$, $x+2y=3$에 의해 둘러싸인 영역

(3) $\displaystyle\iint_R \left(1+\frac{x^2}{16}+\frac{y^2}{25}\right)^{3/2} dA$, R은 타원 $\frac{x^2}{16}+\frac{y^2}{25}=1$의 내부 영역

(4) $\displaystyle\iint_R \sin\left[\pi\left(\frac{y-x}{y+x}\right)\right] dA$, R은 $x+y=1$, $x+y=2$, $x=0$, $y=0$으로 둘러싸인 영역

(5) $\displaystyle\iint_R (x-y)^2\sin^2(x+y)\,dA$, R은 꼭지점을 $(\pi,0),(2\pi,\pi),(\pi,2\pi)$, $(0,\pi)$로 하는 평행사변형

(6) $\displaystyle\iint_R e^{(2x-y)/(x+y)}\,dA$, R은 직선 $x=2y$, $y=2x$, $x+y=1$, $x+y=2$로 둘러싸인 영역

15. 벡터장의 미적분

15.1 벡터장

15.2 선적분

15.3 선적분의 기본정리

15.4 Green 정리

15.5 곡면적분과 유향곡면상의 적분

15.6 Stokes 정리와 발산정리

CHAPTER 15

벡터장의 미적분

이 장에서는 공간 위의 점을 벡터로 대응시키는 벡터장(또는 벡터함수)의 미적분에 대해 공부하기로 한다. 지구의 중력장은 대표적인 벡터장이다.

먼저 벡터장을 정의하고 벡터장의 선적분, 곡면적분을 다루른 후 Green 정리, Stokes 정리, 발산정리를 다룬다.

15.1 벡터장

지구의 중력장은 공간상의 한 점 (x, y, z)를 지구가 (x, y, z)에 놓여진 단위질량에 영향을 주는 힘을 대응한다. 비슷하게 주어진 전하에 의한 전기장은 공간상의 점 (x, y, z)를 주어진 전하가 (x, y, z)에 놓여진 양의 단위전하에 미치는 전기적인 힘으로 대응한다. 이러한 대응을 **벡터장**이라 부른다.

정의 15.1

벡터장 $\mathbf{F}$는 **정의역**이라 부르는 공간상의 점들의 집합 D와 D의 각 점 (x, y, z)를 오직 한 개의 벡터 $\mathbf{F}(x, y, z)$로 대응시키는 법칙으로 이루어진다.

예제 15.1

(1) $\mathbf{F}(x, y, z) = \mathbf{j}$ (2) $\mathbf{F}(x, y, z) = z\mathbf{j}$ (3) $\mathbf{F}(x, y, z) = x\mathbf{i} + y\mathbf{j}$

(4) 점 (x, y, z)에 놓여진 단위 점질량과 원점에 놓여진 주어진 점질량 m 사이의 중력장은

$$\mathbf{F}(x, y, z) = \frac{-Gm}{(x^2 + y^2 + z^2)^{3/2}}(x\mathbf{i} + y\mathbf{j} + z\mathbf{k}) \tag{15.1}$$

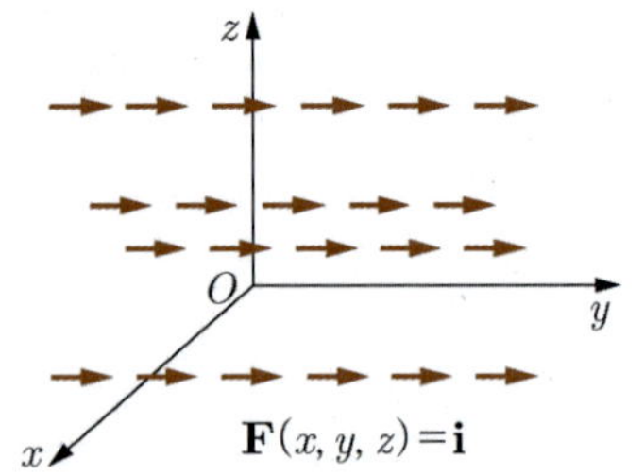

그림 15.1: 예제 15.1 (1)

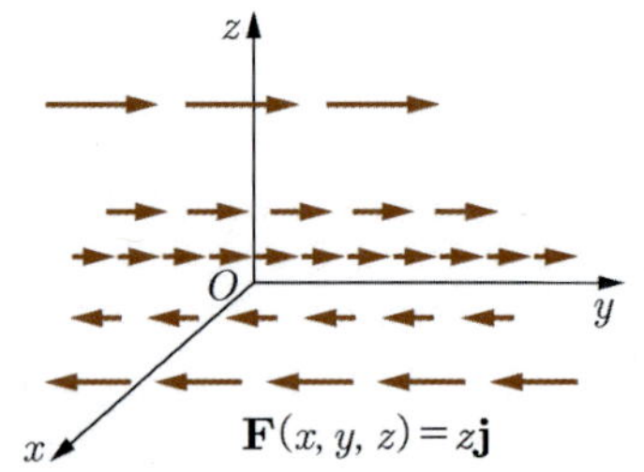

그림 15.2: 예제 15.1 (2)

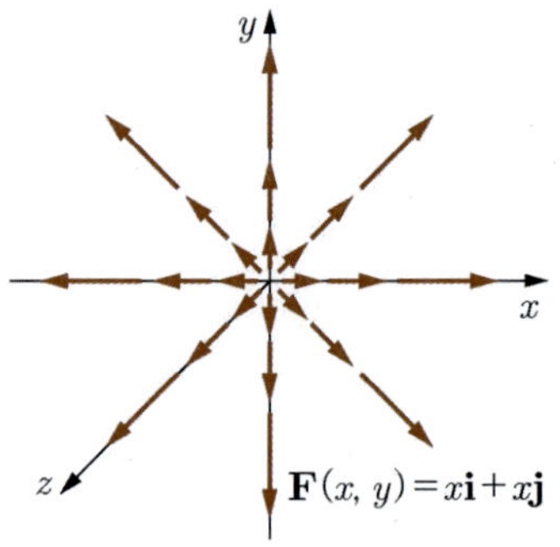

그림 15.3: 예제 15.1 (3)

이다(그림15.4). 여기서 G는 중력상수이다. 비슷하게 만일 전하량 q가 원점에 놓여 있을 때 쿨롱의 법칙에 따르면 전기장 E는

$$\mathbf{E}(x, y, z) = \frac{q}{4\pi\varepsilon_0(x^2 + y^2 + z^2)^{3/2}}(x\mathbf{i} + y\mathbf{j} + z\mathbf{k})$$

이다. 여기서 ε_0는 대략 $8.854 \times 10^{-12} C^2/Nm^2$ (또는 F/m)는 중요한 물리 상수인 진공 상태의 유전율이다.

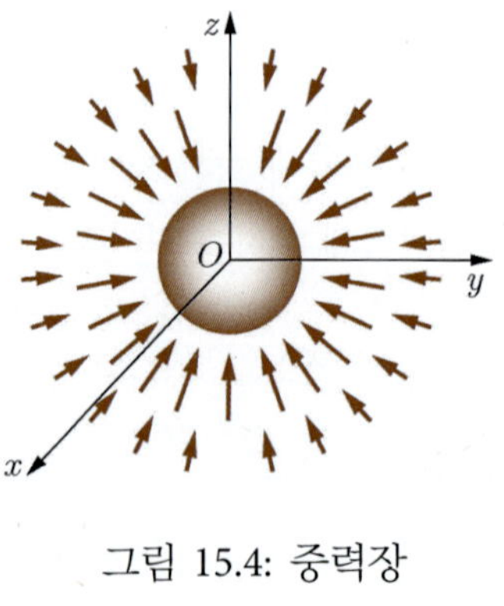

그림 15.4: 중력장

벡터를 성분으로 표현할 수 있는 것처럼 벡터장도 성분함수로 나타낼 수 있다. 즉

$$\mathbf{F}(x, y, z) = M(x, y, z)\mathbf{i} + N(x, y, z)\mathbf{j} + P(x, y, z)\mathbf{k}$$

로 쓸 수 있다. 식 (15.1)을 다시 쓰면

$$\mathbf{F}(x, y, z) = \frac{-Gmx}{(x^2 + y^2 + z^2)^{3/2}}\mathbf{i} + \frac{-Gmy}{(x^2 + y^2 + z^2)^{3/2}}\mathbf{j} + \frac{-Gmz}{(x^2 + y^2 + z^2)^{3/2}}\mathbf{k}. \quad (15.2)$$

$\mathbf{F} = M\mathbf{i} + N\mathbf{j} + P\mathbf{k}$라고 할 때, $\mathbf{F}$의 각 성분 M, N, P가 (x, y, z)에서 연속이면 $\mathbf{F}$를 (x, y, z)에서 **연속**이라고 부른다. 위의 중력장 $\mathbf{F}$와 전기장 $\mathbf{E}$는 모두 연속벡터장이다. 실제로 우리가 생각한 모든 벡터장은 정의역의 모든 점에서 연속이다.

벡터장으로서의 그래디언트

f가 3변수의 미분가능한 함수라고 가정하자. f의 그래디언트 ∇f는 실제로 벡터장이다. 즉

$$\nabla f(x,y,z) = \text{grad } f(x,y,z) = \frac{\partial f}{\partial x}(x,y,z)\mathbf{i} + \frac{\partial f}{\partial y}(x,y,z)\mathbf{j} + \frac{\partial f}{\partial z}(x,y,z)\mathbf{k}.$$

이다. 만일 벡터장 $\mathbf{F}$가 어떤 다변수의 미분가능한 함수 f의 ∇f와 일치하면 $\mathbf{F}$를 **보존벡터장**이라 부르고, f를 $\mathbf{F}$의 **Potential 함수**라고 한다. 예를 들어 $f(x,y,z) = \dfrac{Gm}{(x^2+y^2+z^2)^{1/2}}$은

$$\nabla f(x,y,z) = -\frac{Gm}{(x^2+y^2+z^2)^{3/2}}(x\mathbf{i}+y\mathbf{j}+z\mathbf{k}) = \mathbf{F}(x,y,z)$$

이므로 중력장 $\mathbf{F}$는 보존벡터장이고 f는 중력장 $\mathbf{F}$의 potential 함수이다. 이와 마찬가지로 전기장 $\mathbf{E}$ 또한 보존벡터장임을 알 수 있다.

벡터장의 발산

벡터장의 도함수는 두 가지가 있는데, 하나는 실수값 함수이고 다른 하나는 벡터장이다. 벡터장 도함수의 첫 번째 형태인 발산에 대해 살펴보자.

정의 15.2

$\mathbf{F} = M\mathbf{i} + N\mathbf{j} + P\mathbf{k}$는 벡터장이고 $\dfrac{\partial M}{\partial x}, \dfrac{\partial N}{\partial y}, \dfrac{\partial P}{\partial z}$가 존재한다 하자. $\mathbf{F}$의 발산 div$\mathbf{F}$(또는 $\nabla\cdot\mathbf{F}$)는 다음과 같이 정의한다.

$$\begin{aligned}\text{div } \mathbf{F}(x,y,z) &= \nabla\cdot\mathbf{F}(x,y,z)\\ &= \frac{\partial M}{\partial x}(x,y,z) + \frac{\partial N}{\partial y}(x,y,z) + \frac{\partial P}{\partial z}(x,y,z)\end{aligned} \tag{15.3}$$

벡터장 $\mathbf{F}$의 발산 div $\mathbf{F}$는 실수값 함수임을 정의로부터 알 수 있다. 편의상 기호 ∇를

$$\nabla = \frac{\partial}{\partial x}\mathbf{i} + \frac{\partial}{\partial y}\mathbf{j} + \frac{\partial}{\partial z}\mathbf{k} \tag{15.4}$$

로 정의하면 $\mathbf{F}$의 발산 div$\mathbf{F}$는 ∇와 $\mathbf{F}$의 내적 $\nabla\cdot\mathbf{F}$와 같이 기호로 정의됨을 알 수 있다.

예제 15.2 $\mathbf{F}$가 (15.2)와 같이 주어진 중력장일 때 div $\mathbf{F} = 0$임을 보여라.

풀이

$$\frac{\partial M}{\partial x}(x,y,z) = \frac{-Gm(x^2+y^2+z^2)^{3/2} - (-Gmx)\left(\frac{3}{2}\right)(2x)(x^2+y^2+z^2)^{1/2}}{(x^2+y^2+z^2)^3}$$
$$= \frac{Gm(2x^2-y^2-z^2)}{(x^2+y^2+z^2)^{5/2}}$$

마찬가지로

$$\frac{\partial N}{\partial y}(x,y,z) = \frac{Gm(2y^2-z^2-x^2)}{(x^2+y^2+z^2)^{5/2}},$$
$$\frac{\partial P}{\partial z}(x,y,z) = \frac{Gm(2z^2-x^2-y^2)}{(x^2+y^2+z^2)^{5/2}}$$

이므로

$$\text{div }\mathbf{F} = \frac{\partial M}{\partial x} + \frac{\partial N}{\partial y} + \frac{\partial P}{\partial z} = 0.$$ □

위의 예제 15.2와 같이 div $\mathbf{F} = 0$인 벡터장 $\mathbf{F}$을 **자유발산장**이라고 한다.

발산의 개념은 한 영역을 통하여 흐르는 유체의 연구로부터 시작된다. $\mathbf{v}$를 스크린과 같은 표면을 통하여 흐르는 유체(예를 들어 **공기**)의 속도장이라고 하자. 물리적으로 div $\mathbf{v}(x,y,z)$은 (x,y,z)에서 유체의 단위부피당 흐르는 유체의 질량의 (시간에 관한) 비율을 나타낸다. 만일 div $\mathbf{v}(x,y,z) > 0$이면 (x,y,z)을 **소스**라 부르고 div $\mathbf{v}(x,y,z) < 0$이면 **싱크**라고 한다. 소스점에서는 양의 질량(positive mass)만큼 흘러나오고 싱크점에서는 흘러들어가는 것을 말한다. 만일 영역의 모든 점 (x,y,z)에서 div $\mathbf{v}(x,y,z) = 0$이면, 영역에는 소스도 싱크도 없다. 속도장이 자유발산인 유체를 **비압축 유체**라고 한다.

예제 15.3 $\mathbf{v}(x,y,z) = x^3yz^2\mathbf{i} + x^2y^2z^2\mathbf{j} + x^2yz^3\mathbf{k}$일 때 소스점과 싱크점을 구하여라.

풀이 div$\mathbf{v}(x,y,z) = 3x^2yz^2 + 2x^2yz^2 + 3x^2yz^2 = 8x^2yz^2$이므로 (x,y,z)가 임의의 좌표평면상에 있으면 div$\mathbf{v}(x,y,z) = 0$이다. 만일 $y > 0$이고 x와 z가 0이 아니면 div$\mathbf{v}(x,y,z) > 0$이다. 따라서 소스점들은 xz평면 오른쪽에 있고 싱크점들은 왼쪽에 있다. □

벡터장의 회전

벡터장 도함수의 두 번째 형태는 회전이다.

정의 15.3

$\mathbf{F} = M\mathbf{i} + N\mathbf{j} + P\mathbf{k}$는 벡터장이고 M, N, P의 1계 편도함수가 모두 존재한다고 하자. $\mathbf{F}$의 **회전** curl $\mathbf{F}$를

$$\text{curl } \mathbf{F}(x, y, z) = \left(\frac{\partial P}{\partial y} - \frac{\partial N}{\partial z}\right)\mathbf{i} + \left(\frac{\partial M}{\partial z} - \frac{\partial P}{\partial x}\right)\mathbf{j} + \left(\frac{\partial N}{\partial x} - \frac{\partial M}{\partial y}\right)\mathbf{k} \qquad (15.5)$$

로 정의한다. 이것을 기억하는 데 도움을 주기 위해 curl $\mathbf{F}$를 기호로 표현하면

$$\text{curl } \mathbf{F} = \nabla \times \mathbf{F} = \begin{vmatrix} \mathbf{i} & \mathbf{j} & \mathbf{k} \\ \dfrac{\partial}{\partial x} & \dfrac{\partial}{\partial y} & \dfrac{\partial}{\partial z} \\ M & N & P \end{vmatrix}. \qquad (15.6)$$

예제 15.4 $\mathbf{F}(x, y, z) = xz\mathbf{i} + xy^2z\mathbf{j} - e^{2y}\mathbf{k}$일 때 curl $\mathbf{F}$를 구하여라.

풀이 정의에 의하여

$$\begin{aligned} \text{curl } \mathbf{F}(x, y, z) = \nabla \times \mathbf{F} &= \begin{vmatrix} \mathbf{i} & \mathbf{j} & \mathbf{k} \\ \dfrac{\partial}{\partial x} & \dfrac{\partial}{\partial y} & \dfrac{\partial}{\partial z} \\ xz & xy^2z & -e^{2y} \end{vmatrix} \\ &= (-2e^{2y} - xy^2)\mathbf{i} + (x - 0)\mathbf{j} + (y^2z - 0)\mathbf{k} \\ &= (-2e^{2y} - xy^2)\mathbf{i} + x\mathbf{j} + y^2z\mathbf{k}. \end{aligned}$$

□

$\mathbf{v}$가 입체영역을 통하여 흐르는 유체의 속도장을 나타낸다고 가정하면 curl $\mathbf{v}$은 축에 관하여 회전하려는 유체의 경향을 잴 수 있다(그림 15.5). 때로는 curl $\mathbf{F}$를 rot $\mathbf{F}$라고 쓰기도 하며, 만일 curl $\mathbf{F} = \mathbf{0}$이면 $\mathbf{F}$를 **비회전벡터장**이라고 한다.

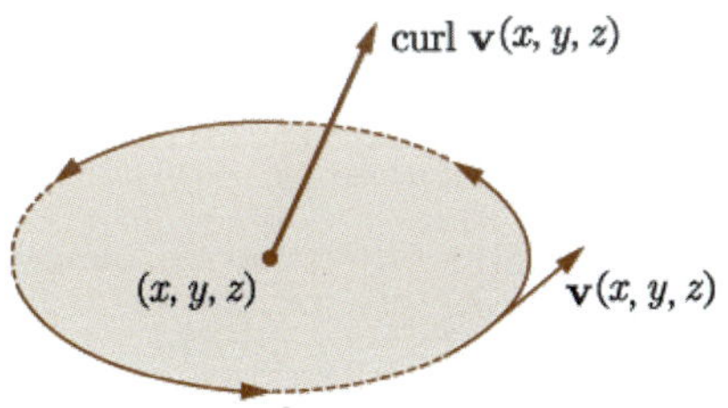

그림 15.5: curl $\mathbf{v}$

그래디언트, 발산, 회전에 관하여 다음과 같은 관계식이 성립한다.

$$\text{div}(\text{curl } \mathbf{F}) = 0 \qquad (15.7)$$

$$\text{curl}(\text{grad } f) = \mathbf{0} \tag{15.8}$$

$$\text{div}(\text{grad } f) = \frac{\partial^2 f}{\partial x^2} + \frac{\partial^2 f}{\partial y^2} + \frac{\partial^2 f}{\partial z^2} \tag{15.9}$$

식 (15.9)의 오른쪽을 f의 Laplacian이라 부르고 $\nabla^2 f$ 또는 Δf라고 쓴다. 특히 방정식

$$\nabla^2 f = 0 \tag{15.10}$$

을 **Laplace 방정식**이라 부르고 Laplace 방정식의 해를 **조화함수**라고 부른다.

f, M, N이 이변수함수이고 $\mathbf{F} = M\mathbf{i} + N\mathbf{j}$이면 2차원의 경우에 대해서도 그래디언트, 발산, 회전, Laplacian을 정의할 수 있다.

$$\text{grad } f(x, y) = \frac{\partial f}{\partial x}\mathbf{i} + \frac{\partial f}{\partial y}\mathbf{j}$$

$$\text{div } \mathbf{F}(x, y) = \frac{\partial M}{\partial x} + \frac{\partial N}{\partial y}$$

$$\text{curl } \mathbf{F}(x, y) = \left(\frac{\partial N}{\partial x} - \frac{\partial M}{\partial y}\right)\mathbf{k}$$

$$\nabla^2 f(x, y) = \frac{\partial^2 f}{\partial x^2} + \frac{\partial^2 f}{\partial y^2}$$

그래디언트로 함수 찾기

일변수함수는 도함수를 적분함으로써 구할 있는 것처럼 다변수함수는 연속적인 적분을 통하여 그래디언트로부터 구할 수 있다.

예제 15.5 grad $f(x, y) = y^3\mathbf{i} + 3xy^2\mathbf{j}$를 만족하는 2변수함수 f를 구하여라.

풀이 $\frac{\partial f}{\partial x}\mathbf{i} + \frac{\partial f}{\partial y}\mathbf{j} = \text{grad } f(x, y) = y^3\mathbf{i} + 3xy^2\mathbf{j}$ 이므로

$$\frac{\partial f}{\partial x} = y^3 \text{이고 } \frac{\partial f}{\partial y} = 3xy^2 \tag{15.11}$$

식 (15.11)의 첫 번째 식을 x에 관하여 양변을 **편적분**[1]하면

$$f(x, y) = xy^3 + g(y) \tag{15.12}$$

여기서 $g(y)$는 x에 관하여 상수이다. 식 (15.12)의 양변을 y에 관해서 편미분하면

$$\frac{\partial f}{\partial y} = 3xy^2 + \frac{dg}{dy}. \tag{15.13}$$

[1]편미분의 반대 개념으로 여러 개의 변수 중 하나만 변수로 보고 나머지는 상수로 생각하여 한 변수에 관하여 적분하는 것을 의미한다. 이 경우에 x에 관하여 편적분이라는 말은 x를 제외한 나머지는 모두 상수로 취급하여 x에 대해서 적분한다는 의미이다.

식 (15.13)과 (15.11)의 두 번째를 비교하면

$$\frac{dg}{dy} = 0$$

이므로 $g(y) = C$(상수). 따라서

$$f(x, y) = xy^3 + C. \qquad \square$$

예제 15.6 grad $f(x, y, z) = (2xy + z^2)\mathbf{i} + x^2\mathbf{j} + (2xz + \pi\cos\pi z)\mathbf{k}$를 만족하는 3변수함수를 구하여라.

풀이

$$\begin{aligned}\frac{\partial f}{\partial x}\mathbf{i} + \frac{\partial f}{\partial y}\mathbf{j} + \frac{\partial f}{\partial z}\mathbf{k} &= \text{grad } f(x, y, z) \\ &= (2xy + z^2)\mathbf{i} + x^2\mathbf{j} + (2xz + \pi\cos\pi z)\mathbf{k}\end{aligned}$$

이므로

$$\frac{\partial f}{\partial x} = 2xy + z^2, \quad \frac{\partial f}{\partial y} = x^2, \quad \frac{\partial f}{\partial z} = 2xz + \pi\cos\pi z \tag{15.14}$$

식 (15.14)의 첫 번째 등식의 양변을 x에 관하여 편적분하면

$$f(x, y, z) = x^2y + xz^2 + g(y, z) \tag{15.15}$$

여기서 g는 x에 관해서 상수이다. 식 (15.15)의 양변을 y에 관해 편미분하면

$$\frac{\partial f}{\partial y} = x^2 + \frac{\partial g}{\partial y}. \tag{15.16}$$

식 (15.16)과 (15.14)의 두 번째 등식을 비교하면

$$\frac{\partial g}{\partial y} = 0.$$

따라서 g는 y에 관하여 상수이다. 그러므로 식 (15.15)를 다시 쓰면

$$f(x, y, z) = x^2y + xz^2 + h(z). \tag{15.17}$$

다시 식 (15.17)의 양변을 z에 관하여 편미분하면

$$\frac{\partial f}{\partial z} = 2xz + \frac{dh}{dz}. \tag{15.18}$$

식 (15.18)과 (15.14)의 세 번째 등식을 비교하면

$$\frac{dh}{dz} = \pi\cos\pi z.$$

그러므로 $h(z) = \sin\pi z + C$, C는 상수. 따라서 식 (15.17)은

$$f(x, y, z) = x^2y + xz^2 + \sin\pi z + C. \qquad \square$$

만일 $\mathbf{F} = M\mathbf{i} + N\mathbf{j} + P\mathbf{k}$가 벡터장이고 M, N, P가 연속인 편도함수를 가지고, $\mathbf{F} = \text{grad}\, f$인 f가 존재한다면, 식 (15.8)에 의하여 curl $\mathbf{F}$ = curl (grad$f$) $= \mathbf{0}$.
그런데 curl $\mathbf{F} = \mathbf{0}$은

$$\frac{\partial P}{\partial y} = \frac{\partial N}{\partial z}, \quad \frac{\partial M}{\partial z} = \frac{\partial P}{\partial x}, \quad \frac{\partial N}{\partial x} = \frac{\partial M}{\partial y} \tag{15.19}$$

와 동치이다. 그러나 식 (15.19)를 만족하는 벡터장 $\mathbf{F} = M\mathbf{i} + N\mathbf{j} + P\mathbf{k}$은 일반적으로 스칼라함수의 그래디언트일 필요는 없다. 만일 $\mathbf{F}$의 정의역이 3차원 전체이거나, 구 또는 평행육면체(좀 더 일반적으로 D가 구멍이 없으면)이면 역이 성립한다.

정리 15.1

$\mathbf{F} = M\mathbf{i} + N\mathbf{j} + P\mathbf{k}$이 벡터장이라 하자. 만일 연속인 혼합편도함수를 가지는 스칼라 함수 f가 존재하고 grad $f = \mathbf{F}$이면 식 (15.19)가 성립한다.

만일 $\mathbf{F}$의 정의역이 3차원 공간 전체이고 식 (15.19)가 성립하면, $\mathbf{F} = \text{grad}\, f$인 스칼라 함수 f가 존재한다.

예제 15.7 $\mathbf{F}(x, y, z) = 2xyz\mathbf{i} + x^2z\mathbf{j} + (x^2y+1)\mathbf{k}$와 $\mathbf{G}(x, y, z) = yz\cos xy\mathbf{i} + xz\cos xy\mathbf{j} + \cos xy\mathbf{k}$일 때 $\mathbf{F}$는 어떤 스칼라함수의 그래디언트이고, $\mathbf{G}$는 어떠한 스칼라함수의 그래디언트도 아님을 보여라.

풀이 먼저 $\mathbf{F}$에 대해서

$$\frac{\partial P}{\partial y} = x^2 = \frac{\partial N}{\partial z}, \quad \frac{\partial M}{\partial z} = 2xy = \frac{\partial P}{\partial x}, \quad \frac{\partial N}{\partial x} = 2xz = \frac{\partial M}{\partial y}$$

이다. $\mathbf{F}$의 정의역은 3차원 전체이므로 정리 15.1에 의하여 $\mathbf{F}$는 어떤 스칼라함수의 그래디언트이다. 그러나 $\mathbf{G}$에 대해서는

$$\frac{\partial P}{\partial y} = -x\sin xy \neq \frac{\partial N}{\partial z} = x\cos xy$$

이므로 식 (15.19)가 성립하지 않으므로 정리 15.1에 의하여 $\mathbf{G}$는 어떠한 스칼라함수의 그래디언트도 될 수 없다. □

벡터장 $\mathbf{F}$가

$$\mathbf{F}(x, y) = M(x, y)\mathbf{i} + N(x, y)\mathbf{j}$$

이면 식 (15.19)는

$$\frac{\partial N}{\partial x} = \frac{\partial M}{\partial y}.$$

예제 15.8 $\mathbf{F}(x,y) = y^2e^{xy}\mathbf{i} + (1+xy)e^{xy}\mathbf{j}$와 $\mathbf{G}(x,y) = \dfrac{x}{y}\mathbf{i} + \dfrac{y}{x}\mathbf{j}$일 때 $\mathbf{F}$는 어떤 스칼라함수의 그래디언트이고 $\mathbf{G}$는 어떠한 스칼라함수의 그래디언트도 아님을 보여라.

풀이 $\mathbf{F}$에 대하여

$$\frac{\partial N}{\partial x} = ye^{xy} + (1+xy)ye^{xy} = (2y+xy^2)e^{xy},$$
$$\frac{\partial M}{\partial y} = 2ye^{xy} + y^2xe^{xy} = (2y+xy^2)e^{xy}$$

이다. $\dfrac{\partial N}{\partial x} = \dfrac{\partial M}{\partial y}$ 이고 $\mathbf{F}$의 정의역이 xy평면이므로 정리 15.1에 의하여 $\mathbf{F}$는 어떤 스칼라함수의 그래디언트이다. $\mathbf{G}$에 대해서

$$\frac{\partial N}{\partial x} = -\frac{y}{x^2}\text{이고} \quad \frac{\partial M}{\partial y} = -\frac{x}{y^2}$$

이므로 $\mathbf{G}$는 어떠한 스칼라함수의 그래디언트도 아니다. □

연습문제 15.1

1. 주어진 벡터장의 회전, 발산을 구하여라.
   (1) $\mathbf{F}(x,y) = x\mathbf{i} + y\mathbf{j}$
   (2) $\mathbf{F}(x,y) = \dfrac{x}{x^2+y^2}\mathbf{i} + \dfrac{y}{x^2+y^2}\mathbf{j}$
   (3) $\mathbf{F}(x,y,z) = x^2\mathbf{i} + y^2\mathbf{j} + z^2\mathbf{k}$
   (4) $\mathbf{F}(x,y,z) = e^x\cos y\mathbf{i} + e^x\sin y\mathbf{j} + z\mathbf{k}$

2. f가 Laplace 방정식을 만족함을 보여라.
   (1) $f(x,y) = x^2 - y^2$
   (2) $f(x,y,z) = \dfrac{1}{\sqrt{x^2+y^2+z^2}}$

3. $\mathbf{F} = \text{grad } f$을 만족하는 f가 존재하는지를 조사하고, 존재하면 f를 구하여라.
   (1) $\mathbf{F}(x,y) = e^y\mathbf{i} + (xe^y + y)\mathbf{j}$
   (2) $\mathbf{F}(x,y) = (\sin xy)\mathbf{i} + (\cos xy)\mathbf{j}$
   (3) $\mathbf{F}(x,y) = (3x^2y^2 + 3y)\mathbf{i} + (2x^3y + 3x)\mathbf{j}$
   (4) $\mathbf{F}(x,y,z) = yz\mathbf{i} + xz\mathbf{j} + xy\mathbf{k}$
   (5) $\mathbf{F}(x,y,z) = (y^2+x^2)\mathbf{i} + (z^2+y^2)\mathbf{j} + (x^2+z^2)\mathbf{k}$
   (6) $\mathbf{F}(x,y,z) = yze^{xy}\mathbf{i} + xze^{xy}\mathbf{j} + (e^{xy} + \cos z)\mathbf{k}$

4. $\mathbf{F}$와 $\mathbf{G}$는 벡터장이고 f는 3변수함수일 때 $f\mathbf{F}$, $\mathbf{F}\cdot\mathbf{G}$, $\mathbf{F}\times\mathbf{G}$를 다음과 같이 정의한다.

$$(f\mathbf{F})(x,y,z) = f(x,y,z)\mathbf{F}(x,y,z)$$
$$(\mathbf{F}\cdot\mathbf{G})(x,y,z) = \mathbf{F}(x,y,z)\cdot\mathbf{G}(x,y,z)$$
$$(\mathbf{F}\times\mathbf{G})(x,y,z) = \mathbf{F}(x,y,z)\times\mathbf{G}(x,y,z)$$

필요한 편도함수는 존재하고 연속이라고 가정하자. 이때 다음 공식을 증명하여라.

(1) $\mathrm{div}(\mathrm{curl}\ \mathbf{F}) = 0$ (2) $\mathrm{curl}(\mathrm{grad}\ f) = \mathbf{0}$

(3) $\mathrm{div}(f\mathbf{F}) = f\mathrm{div}\ \mathbf{F} + (\mathrm{grad}\ f)\cdot\mathbf{F}$

(4) $\mathrm{div}(\mathbf{F}\times\mathbf{G}) = (\mathrm{curl}\ \mathbf{F})\cdot\mathbf{G} - \mathbf{F}\cdot(\mathrm{curl}\ \mathbf{G})$

(5) $\mathrm{curl}(f\mathbf{F}) = f(\mathrm{curl}\ \mathbf{F}) + (\mathrm{grad}\ f)\times\mathbf{F}$

5. $\mathbf{F}$와 $\mathbf{G}$는 벡터장이고 $\mathbf{F} = \mathrm{curl}\ \mathbf{G}$이면 $\mathbf{G}$를 $\mathbf{F}$의 벡터 potential이라고 한다. 만일 $\mathbf{F}$가 벡터 potential을 가지면 $\mathbf{F}$는 자유발산임을 보여라.

6. 전선의 전류와 관련된 자기유도장 $\mathbf{B}$는

$$\mathbf{B}(x,y,z) = I\left(\frac{-y}{x^2+y^2}\mathbf{i} + \frac{x}{x^2+y^2}\mathbf{j}\right).$$

여기서 I는 상수,

$$\mathbf{G}(x,y,z) = -\frac{I}{2}\ln(x^2+y^2)\mathbf{k}$$

이면 $\mathbf{G}$는 $\mathbf{B}$의 벡터 potential임을 증명하여라.

7. $\mathbf{F}(x,y,z) = 8\mathbf{i}$일때 $\mathbf{F}$의 벡터 potential을 구하여라.

Memo

15.2 선적분

이 절에서는 제4장에 도입된 단일 적분보다 더 일반화된 적분을 정의한다. 실수 위의 구간 $[a,b]$에서 정의된 함수의 적분 대신 공간 위의 곡선 C 위에서 정의된 함수의 적분을 다루고자 한다. 이러한 형태의 적분을 **선적분**이라 부른다.

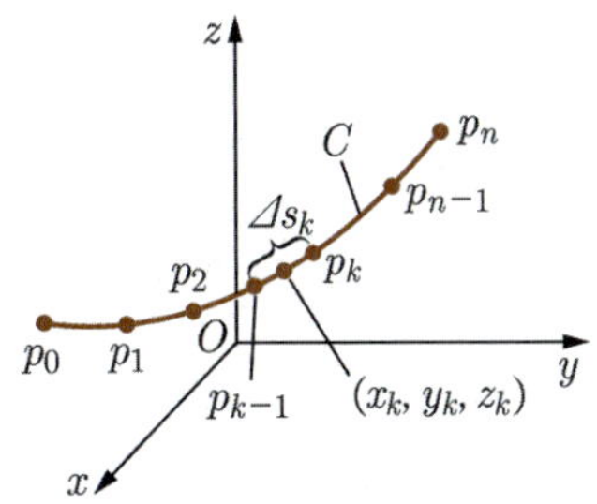

그림 15.6:

전선이 공간상의 유한길이로 조각적으로 매끄러운 곡선 C로 주어지고 C 위의 임의의 점 (x,y,z)에서 전선의 밀도가 $f(x,y,z)$라고 가정하자. C를 따라서 작은 부분의 점 $P_0, P_1, \ldots, P_n$을 택하여 얻은 C의 임의의 분할을 생각한다. 1과 n 사이의 각 정수 k에 대해 (x_k, y_k, z_k)를 P_{k-1}과 P_k 사이에 있는 C의 임의의 점이라 하고 Δs_k를 P_{k-1}과 P_k 사이에 있는 C의 부분의 길이라고 하자(그림 15.6). 만약 Δs_k가 작으면 $P_{k-1}P_k$ 사이의 전선의 부분의 질량은 대략 $f(x_k, y_k, z_k)\Delta s_k$이다. 따라서 전선 전체의 질량 m은 대략

$$\sum_{k=1}^{n} f(x_k, y_k, z_k)\Delta s_k \tag{15.20}$$

이고 (15.20)은 $\|\wp\| = \max(\Delta s_1, \ldots, \Delta s_n) \to 0$일 때 m으로 수렴할 것이다. 만일 f가 C의 모든 점에서 연속이면 (15.20)은 실제로 극한을 가지고, 이 극한을 C 위에서 f의 **선적분**이라 한다.

정의 15.4

f는 유한길이를 가지는 조각적으로 매끄러운 곡선 C 위에서 연속이라 하자. C 위에서 f의 선적분 $\int_C f(x,y,z)\,ds$는

$$\int_C f(x,y,z)\,ds = \lim_{\|\wp\|\to 0} \sum_{k=1}^{n} f(x_k, y_k, z_k)\Delta s_k \tag{15.21}$$

로 정의한다.

(15.21)의 값은 C를 매개화하면 쉽게 구할 수 있다. C가 구간 $[a,b]$ 위에서 매끄러운

벡터함수 $\mathbf{r}(t) = x(t)\mathbf{i} + y(t)\mathbf{j} + z(t)\mathbf{k}$ 으로 매개화되었다고 가정하면

$$\int_C f(x,y,z)\,ds = \int_a^b f(x(t),y(t),z(t)) \left\| \frac{d\mathbf{r}}{dt} \right\| dt \tag{15.22}$$

임을 보일 수 있고, 또한 C 의 임의의 매끄러운 매개화 $\mathbf{r}$ 에 대해서 $\int_C f(x,y,z)\,ds$ 는 일정함을 보일 수 있다.

예제 15.9 C 가 $(0,0,0)$ 와 $(1,-3,2)$ 를 잇는 선분일 때 $\int_C (x+y^2-2z)\,ds$ 를 구하여라.

풀이 C 를

$$\mathbf{r}(t) = t\mathbf{i} - 3t\mathbf{j} + 2t\mathbf{k}, \qquad 0 \le t \le 1$$

으로 매개화하면 $x(t) = t,\ y(t) = -3t,\ z(t) = 2t$ 이고

$$\left\| \frac{d\mathbf{r}}{dt} \right\| = \sqrt{\left(\frac{dx}{dt}\right)^2 + \left(\frac{dy}{dt}\right)^2 + \left(\frac{dz}{dt}\right)^2} = \sqrt{1^2 + (-3)^2 + 2^2} = \sqrt{14}$$

이므로 (15.22) 로부터

$$\begin{aligned}\int_C (x+y^2-2z)\,ds &= \int_0^1 (t + (-3t)^2 - 2(2t))\sqrt{14}\,dt \\ &= \sqrt{14}\int_0^1 (-3t+9t^2)\,dt \\ &= \frac{3}{2}\sqrt{14}.\end{aligned}$$

□

만일 $\mathbf{r}$ 이 $[a,b]$ 위에서 C 의 매개함수라고 하자. C 의 길이는

$$\int_C 1\,ds = \int_a^b \left\| \frac{d\mathbf{r}}{dt} \right\| dt.$$

곡선 C 가 매끄러운 곡선들 $C_1, C_2, \ldots, C_n$ 으로 이루어졌다고 가정하고 f 가 C 위에서 연속이면

$$\int_C f(x,y,z)\,ds = \int_{C_1} f(x,y,z)\,ds + \int_{C_2} f(x,y,z)\,ds + \cdots + \int_{C_n} f(x,y,z)\,ds$$

이다.

예제 15.10 C 는 그림15.7과 같이 두 개의 곡선 C_1 과 C_2 로 이루어져 있다. $\int_C (1+xy)\,ds$ 를 계산하여라.

풀이 곡선 C_1 과 C_2 를 매개화하면

$$\begin{aligned} &C_1 : \mathbf{r}_1(t) = 2\cos t\mathbf{i} + 2\sin t\mathbf{j}, && -\frac{\pi}{2} \le t \le \frac{\pi}{2} \\ &C_2 : \mathbf{r}_2(t) = -2t\mathbf{j}, && -1 \le t \le 1 \end{aligned}$$

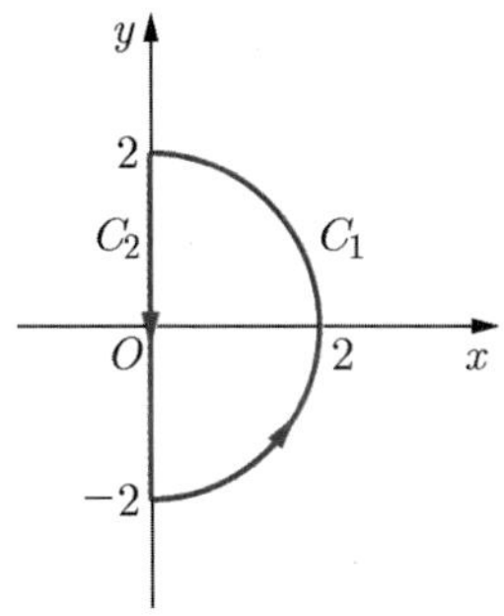

그림 15.7: 예제 15.10

따라서

$$\left\|\frac{d\mathbf{r}_1}{dt}\right\| = \sqrt{(-2\sin t)^2 + (2\cos t)^2} = 2\text{이고 } \left\|\frac{d\mathbf{r}_2}{dt}\right\| = 2$$

이므로

$$\int_{C_1} (1+xy)\,ds = \int_{-\frac{\pi}{2}}^{\frac{\pi}{2}} [1+(2\cos t)(2\sin t)]2\,dt = \Big[2(t+2\sin^2 t)\Big]_{-\frac{\pi}{2}}^{\frac{\pi}{2}} = 2\pi,$$

$$\int_{C_2} (1+xy)\,ds = \int_{-1}^{1} [1+0(-2t)]2\,dt = \Big[2t\Big]_{-1}^{1} = 4.$$

그러므로

$$\int_C (1+xy)\,ds = \int_{C_1} (1+xy)\,ds + \int_{C_2} (1+xy)\,ds = 2\pi + 4. \qquad \square$$

벡터장의 선적분

공간상의 한 점 P에서 Q까지 직선을 따라 일정한 힘 $\mathbf{F}$를 가하여 물체를 움직이면, 힘에 의한 물체에 행해진 일 W는

$$W = \mathbf{F} \cdot \overrightarrow{PQ}$$

이다. 이제 물체가 공간상의 유한길이를 갖는 매끄러운 곡선 C를 따라 움직이고 벡터장 $\mathbf{F}$는 물체에 가하는 연속적인 힘이라고 가정하자. 이때 물체가 C를 따라 움직이며 힘에 의해 물체에 행해진 일을 구하자.

물체가 움직인 C의 방향으로 정하고 C를 잘게 잘라서 C 위의 점을 $P_0, P_1, \ldots, P_n$을 택함으로써 C의 임의의 분할 $\wp$를 선택한다. 1과 n 사이의 각 정수 k에 대해 Δs_k를 P_{k-1}과 P_k 사이의 곡선의 길이를 나타내고 (x_k, y_k, z_k)를 곡선의 이 부분 위의 점이라고 하자. 만일 Δs_k가 작으면 물체가 P_{k-1}부터 P_k까지 C를 따라 움직일 때 이것은 점 (x_k, y_k, z_k)에서 단위접선벡터 $\mathbf{T}(x_k, y_k, z_k)$의 방향으로 거의 움직인다(그림 15.8). 따라서 C의 이 부분

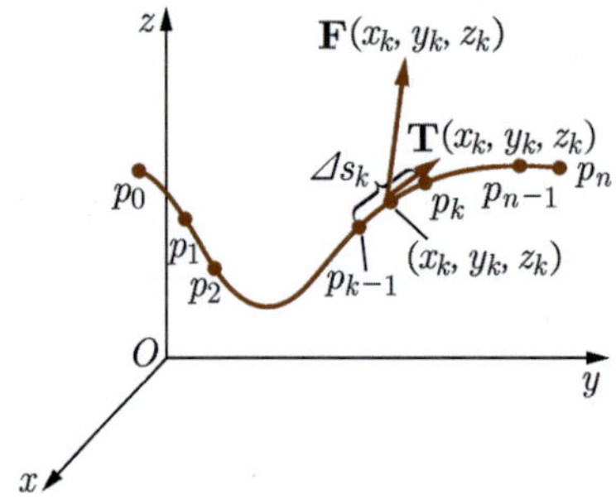

그림 15.8: 곡선의 분할

위에서 물체에 행한 일의 양은 대략

$$\mathbf{F}(x_k, y_k, z_k) \cdot [\Delta s_k \mathbf{T}(x_k, y_k, z_k)] = [\mathbf{F}(x_k, y_k, z_k) \cdot \mathbf{T}(x_k, y_k, z_k)]\Delta s_k$$

이다. 이것으로부터 곡선 C 전체를 따라 움직이는 물체에 행한 일의 총량은 대략

$$\sum_{k=1}^{n} \mathbf{F}(x_k, y_k, z_k) \cdot \mathbf{T}(x_k, y_k, z_k)\, \Delta s_k$$

이다. 이것으로부터 분할을 더욱더 세분하면 힘에 의한 일 W는

$$W = \int_C \mathbf{F}(x, y, z) \cdot \mathbf{T}(x, y, z)\, ds$$

이다.

정의 15.5

$\mathbf{F}$를 매끄러운 유향곡선 C 위에서 연속벡터장이라고 하자. C 위에서 $\mathbf{F}$의 **선적분** $\int_C \mathbf{F} \cdot d\mathbf{r}$은

$$\int_C \mathbf{F} \cdot d\mathbf{r} = \int_C \mathbf{F}(x, y, z) \cdot \mathbf{T}(x, y, z)\, ds \tag{15.23}$$

으로 정의한다. 여기서 $\mathbf{T}(x, y, z)$는 주어진 유향곡선 C 위의 점 (x, y, z)에서 단위접선 벡터이다.

정의 15.4에서 선적분 $\int_C f(x, y, z)\, ds$에서 C는 방향을 갖는 것을 요구하지 않는다. 그러나 선적분 $\int_C \mathbf{F} \cdot d\mathbf{r}$에서 C는 방향을 가져야 한다. 즉 선적분 $\int_C \mathbf{F} \cdot d\mathbf{r}$은 C의 방향에 의존한다. 그러나 C의 방향을 유도하는 어떠한 특별한 매끄러운 매개화 $\mathbf{r}$에는 독립적이다. $\int_C \mathbf{F} \cdot d\mathbf{r}$을 구하기 위해 $\mathbf{r} = x\mathbf{i} + y\mathbf{j} + z\mathbf{k}$이 정의역을 $[a, b]$으로 하는 C의 매개화라고

하자. 매개화는 C에 주어진 방향으로 유도한다고 가정하면 12.5절에서

$$\mathbf{T}(x(t), y(t), z(t)) = \frac{d\mathbf{r}/dt}{\|d\mathbf{r}/dt\|}$$

이므로 (15.22)와 정의 15.5로부터

$$\begin{aligned}\int_C \mathbf{F}\cdot d\mathbf{r} &= \int_a^b \left[\mathbf{F}(x(t), y(t), z(t))\cdot \frac{d\mathbf{r}/dt}{\|d\mathbf{r}/dt\|}\right]\left\|\frac{d\mathbf{r}}{dt}\right\| dt \\ &= \int_a^b \mathbf{F}(x(t), y(t), z(t))\cdot \frac{d\mathbf{r}}{dt}\, dt.\end{aligned}$$

그러므로

$$\int_C \mathbf{F}\cdot d\mathbf{r} = \int_a^b \mathbf{F}(x(t), y(t), z(t))\cdot \frac{d\mathbf{r}}{dt}\, dt. \tag{15.24}$$

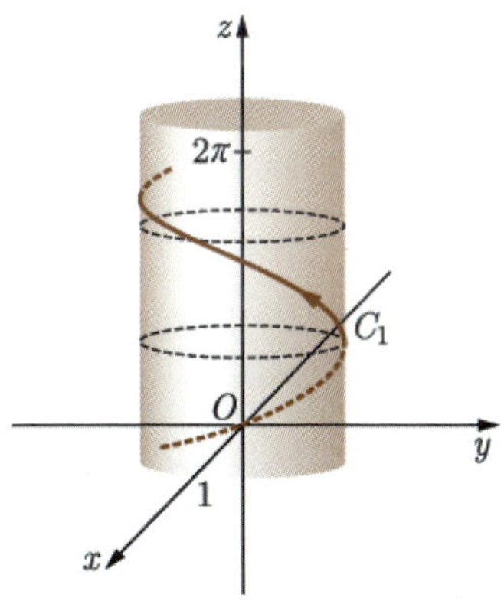

그림 15.9: 예제 15.11

예제 15.11 입자가 매개화

$$\mathbf{r}(t) = \cos t\mathbf{i} + \sin t\mathbf{j} + t\mathbf{k}, \qquad 0 \le t \le 2\pi$$

인 곡선 C(그림 15.9)을 따라

$$\mathbf{F}(x, y, z) = -zy\mathbf{i} + zx\mathbf{j} + xy\mathbf{k}$$

로 주어진 힘으로 움직인다. 이때 힘에 의해 입자가 행해진 일 W를 구하여라.

풀이 $x(t) = \cos t$, $y(t) = \sin t$, $z(t) = t$이고

$$\frac{d\mathbf{r}}{dt} = -\sin t\mathbf{i} + \cos t\mathbf{j} + \mathbf{k}$$

이다. 식 (15.24)를 사용하면

$$\begin{aligned} W = \int_C \mathbf{F}\cdot d\mathbf{r} &= \int_0^{2\pi} \mathbf{F}(x(t), y(t), z(t))\cdot \frac{d\mathbf{r}}{dt}\,dt \\ &= \int_0^{2\pi} (-t\sin t\mathbf{i} + t\cos t\mathbf{j} + \cos t\sin t\mathbf{k})\cdot(-\sin t\mathbf{i} + \cos t\mathbf{j} + \mathbf{k})\,dt \\ &= \int_0^{2\pi} (t + \cos t\sin t)\,dt = 2\pi^2. \end{aligned}$$

□

곡선 $-C$의 방향은 곡선 C의 방향의 반대이므로 $-C$ 위의 임의의 점에서 접선벡터는 C의 같은 점에서의 접선벡터의 음의 방향이다. 따라서

$$\int_{-C} \mathbf{F}\cdot d\mathbf{r} = -\int_C \mathbf{F}\cdot d\mathbf{r}.$$

선적분의 다른 형식

$\mathbf{F} = M\mathbf{i} + N\mathbf{j} + P\mathbf{k}$은 매개화된 $\mathbf{r}(t) = x(t)\mathbf{i} + y(t)\mathbf{j} + z(t)\mathbf{k}$ $(t \in [a, b])$ 매끄러운 유향곡선 C 위에서 정의된 연속벡터장이다. 그러면 식 (15.24)에 의하여

$$\begin{aligned} &\int_C \mathbf{F}\cdot d\mathbf{r} \\ &= \int_a^b \mathbf{F}(x(t), y(t), z(t))\cdot\frac{d\mathbf{r}}{dt}\,dt \\ &= \int_a^b \Big[M(x(t), y(t), z(t))\mathbf{i} + N(x(t), y(t), z(t))\mathbf{j} \\ &\qquad + P(x(t), y(t), z(t))\mathbf{k}\Big]\cdot\left[\frac{dx}{dt}\mathbf{i} + \frac{dy}{dt}\mathbf{j} + \frac{dz}{dt}\mathbf{k}\right]dt \\ &= \int_a^b \left[M(x(t), y(t), z(t))\frac{dx}{dt} + N(x(t), y(t), z(t))\frac{dy}{dt} + P(x(t), y(t), z(t))\frac{dz}{dt}\right]dt. \end{aligned}$$

위의 등식 중 마지막 적분을

$$\int_C M(x, y, z)\,dx + N(x, y, z)\,dy + P(x, y, z)\,dz$$

또는 좀더 간단하게

$$\int_C M\,dx + N\,dy + P\,dz$$

와 같이 쓴다. 즉,

$$\begin{aligned} &\int_C M(x, y, z)\,dx + N(x, y, z)\,dy + P(x, y, z)\,dz \qquad (15.25) \\ &= \int_a^b \left[M(x(t), y(t), z(t))\frac{dx}{dt} + N(x(t), y(t), z(t))\frac{dy}{dt} + P(x(t), y(t), z(t))\frac{dz}{dt}\right]dt. \end{aligned}$$

예제 15.12 C는 매개화

$$\mathbf{r}(t) = t\mathbf{i} + t^2\mathbf{j} + t^3\mathbf{k}, \qquad t \in [0,1]$$

인 비틀린 3차 곡선이다. 이때 $\int_C xy\,dx + 3zx\,dy - 5x^2yz\,dz$를 구하여라.

풀이 $x(t) = t$, $y(t) = t^2$, $z(t) = t^3$ 이므로 식 (15.25)에 의하여

$$\begin{aligned}\int_C xy\,dx + 3zx\,dy - 5x^2yz\,dz &= \int_0^1 (t)(t^2)(1) + 3(t^3)(t)(2t) - 5(t^2)(t^2)(t^3)(3t^2)]\,dt \\ &= \int_0^1 (t^3 + 6t^5 - 15t^9)\,dt \\ &= -\frac{1}{4}.\end{aligned}$$

□

만일 유향곡선 C가 매끄럽지 않고 조각적으로 매끄러운 곡선이면 C를 매끄러운 곡선 $C_1, C_2, \ldots, C_n$으로 합성하면 $\int_C M\,dx + N\,dy + P\,dz$를

$$\int_C M\,dx + N\,dy + P\,dz = \sum_{k=1}^{n} \int_{C_k} M\,dx + N\,dy + P\,dz$$

로 정의한다. 이와 마찬가지로

$$\int_C \mathbf{F} \cdot d\mathbf{r} = \sum_{k=1}^{n} \int_{C_k} \mathbf{F} \cdot d\mathbf{r}$$

로 정의한다.

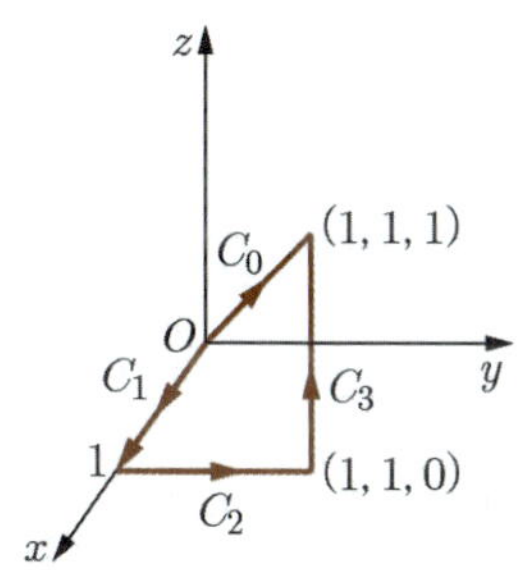

그림 15.10: 예제 15.13

예제 15.13 곡선 C_0, C_1, C_2, C_3가 그림 15.10과 같고 C가 C_1, C_2, C_3로 합성된 곡선이라 할 때

$$\int_C yz\,dx + xz\,dy + xy\,dz = \int_{C_0} yz\,dx + xz\,dy + xy\,dz$$

임을 보여라.

풀이 각 곡선을 매개화하면 다음과 같다.

$$C_0 : \mathbf{r}_0(t) = t\mathbf{i} + t\mathbf{j} + t\mathbf{k} \qquad t \in [0,1] \quad \left(\frac{dx}{dt} = \frac{dy}{dt} = \frac{dz}{dt} = 1\right)$$
$$C_1 : \mathbf{r}_1(t) = t\mathbf{i} \qquad t \in [0,1] \quad \left(\frac{dx}{dt} = 1, \frac{dy}{dt} = \frac{dz}{dt} = 0\right)$$
$$C_2 : \mathbf{r}_2(t) = \mathbf{i} + t\mathbf{j} \qquad t \in [0,1] \quad \left(\frac{dy}{dt} = 1, \frac{dx}{dt} = \frac{dz}{dt} = 0\right)$$
$$C_3 : \mathbf{r}_3(t) = \mathbf{i} + \mathbf{j} + t\mathbf{k} \qquad t \in [0,1] \quad \left(\frac{dz}{dt} = 1, \frac{dx}{dt} = \frac{dy}{dt} = 0\right)$$

따라서

$$\int_{C_0} yz\,dx + xz\,dy + xy\,dz = \int_0^1 [(t\cdot t)1 + (t\cdot t)1 + (t\cdot t)1]\,dt = \int_0^1 3t^2\,dt = 1$$
$$\int_{C_1} yz\,dx + xz\,dy + xy\,dz = \int_0^1 [(0\cdot 0)1 + (t\cdot 0)0 + (t\cdot 0)0]\,dt = \int_0^1 0\,dt = 0$$
$$\int_{C_2} yz\,dx + xz\,dy + xy\,dz = \int_0^1 [(t\cdot 0)0 + (1\cdot 0)1 + (1\cdot t)0]\,dt = \int_0^1 0\,dt = 0$$
$$\int_{C_3} yz\,dx + xz\,dy + xy\,dz = \int_0^1 [(1\cdot t)0 + (1\cdot t)0 + (1\cdot 1)1]\,dt = \int_0^1 1\,dt = 1.$$

이것을 결합하면

$$\int_C yz\,dx + xz\,dy + xy\,dz = \sum_{k=1}^{3} \int_{C_k} yz\,dx + xz\,dy + xy\,dz$$
$$= 1 = \int_{C_0} yz\,dx + xz\,dy + xy\,dz.$$

□

2차원 평면에서도 (15.24) 및 (15.25)와 같은 공식이 성립한다.

$$\int_C \mathbf{F}\cdot d\mathbf{r} = \int_a^b \mathbf{F}[x(t), y(t)]\cdot \frac{d\mathbf{r}}{dt}\,dt,$$
$$\int_C M(x,y)\,dx + N(x,y)\,dy = \int_a^b \left[M(x(t),y(t))\frac{dx}{dt} + N(x(t),y(t))\frac{dy}{dt}\right] dt.$$

예제 15.14 C가 시계 반대 방향의 원 $x^2 + y^2 = 4$일 때 $\int_C y\,dx + xy\,dy$을 구하여라.

풀이 원 C를

$$\mathbf{r}(t) = 2\cos t\,\mathbf{i} + 2\sin t\,\mathbf{j}, \qquad t \in [0, 2\pi]$$

로 매개화하면

$$\begin{aligned}\int_C y\,dx + xy\,dy &= \int_0^{2\pi} [(2\sin t)(-2\sin t) + (2\cos t)(2\sin t)(2\cos t)]\,dt \\ &= 4\int_0^{2\pi} (-\sin^2 t + 2\cos^2 t\sin t)\,dt \\ &= 4\int_0^{2\pi} \left[\frac{\cos 2t - 1}{2} + 2\cos^2 t\sin t\right] dt = -4\pi.\end{aligned}$$ □

연습문제 15.2

1. 다음 선적분을 계산하여라.
   (1) $\displaystyle\int_C (9+8y^{1/2})\,ds$, C는 $\mathbf{r}(t) = 2t^{3/2}\mathbf{i} + t^2\mathbf{j}$ $t \in [0,1]$
   (2) $\displaystyle\int_C xy\,ds$, C는 $x^2+y^2=4$인 원
   (3) $\displaystyle\int_C (x^3+y^3)\,ds$, C는 $\mathbf{r}(t) = \cos^3 t\mathbf{i} + \sin^3 t\mathbf{j}$, $t \in \left[0, \frac{\pi}{2}\right]$
   (4) $\displaystyle\int_C 2xyz\,ds$, C는 $\mathbf{r}(t) = e^t\mathbf{i} + e^{-t}\mathbf{j} + \sqrt{2}t\mathbf{k}$, $t \in [0,1]$
   (5) $\displaystyle\int_C (y+2z)\,ds$, C는 $(-1,0,0)$에서 $(0,1,0)$, $(0,1,0)$에서 $(0,0,1)$, $(0,0,1)$에서 $(-1,0,0)$으로 잇는 삼각형 경로

2. $\displaystyle\int_C \mathbf{F}\cdot d\mathbf{r}$을 계산하여라. 여기서 C는 $\mathbf{r}(t)$로 매개화되었다.
   (1) $\mathbf{F}(x,y,z) = z\mathbf{i} - y\mathbf{j} - x\mathbf{k}$, $\mathbf{r}(t) = 5\mathbf{i} - \sin t\mathbf{j} - \cos t\mathbf{k}$, $0 \le t \le \dfrac{\pi}{4}$
   (2) $\mathbf{F}(x,y,z) = -z\mathbf{i} + x\mathbf{j}$, $\mathbf{r}(t) = \cos t\mathbf{i} + \sin t\mathbf{k}$, $0 \le t \le \pi$
   (3) $\mathbf{F}(x,y,z) = 5e^{\sin\pi x}\mathbf{i} - 4e^{\cos\pi x}\mathbf{j}$, $\mathbf{r}(t) = \frac{1}{2}\mathbf{i} + 2\mathbf{j} - \ln(\cosh t)\mathbf{k}$, $0 \le t \le \frac{\pi}{6}$

3. $\mathbf{F}(x,y,z) = xy\mathbf{i} + 2z\mathbf{j} + (y+z)\mathbf{k}$일 때 각 경우에 대해서 $\displaystyle\int_C \mathbf{F}\cdot d\mathbf{r}$을 구하여라.
   (1) C는 $(0,0,0)$에서 $(0,-1,0)$을 잇는 선분과 $(0,-1,0)$에서 $(1,1,2)$를 잇는 선분의 합성
   (2) C는 $(0,0,0)$에서 $(0,1,1)$을 잇는 선분과 $(0,1,1)$에서 $(1,1,2)$를 잇는 선분의 합성
   (3) C는 $\mathbf{r}(t) = t\mathbf{i} + 2\mathbf{j} + 2t^2\mathbf{k}$, $0 \le t \le 1$으로 매개화된 포물형 곡선

4. 다음 선적분을 구하여라.
   (1) $\displaystyle\int_C y\,dx - x\,dy + xyz^2\,dz$, C는 $\mathbf{r}(t) = e^{-t}\mathbf{i} + e^t\mathbf{j} + t\mathbf{k}$, $0 \le t \le 1$
   (2) $\displaystyle\int_C y(x^2+y^2)\,dx - x(x^2+y^2)\,dy + xy\,dz$, C는 $\mathbf{r}(t) = \cos t\mathbf{i} + \sin t\mathbf{j} + t\mathbf{k}$, $-\pi \le t \le \pi$

(3) $\displaystyle\int_C \frac{1}{1+x^2}\,dx + \frac{2}{1+y^2}\,dy$, C는 $(1,0)$부터 $(0,1)$까지 잇는 단위원의 일부분인 사분원

(4) $\displaystyle\int_C x\ln\frac{xz}{y}\,dx + \cos\frac{\pi xy}{z}\,dy$, C는 $(1,1,1)$부터 $(2,2,2)$까지의 성분과 $(2,2,2)$부터 $(4,2,2)$까지의 선분의 합성

Memo

15.3 선적분의 기본정리

이 절에서는 어떤 벡터장 $\mathbf{F}$와 어떤 곡선 C에 관한 선적분 $\int_C \mathbf{F}\cdot d\mathbf{r}$을 응용할 수 있는 미적분학의 기본정리의 일반화를 공부한다.

정리 15.2 (선적분의 기본정리)

C는 시점 (x_0, y_0, z_0)와 종점 (x_1, y_1, z_1)을 잇는 유향곡선이라 하자. f는 C의 모든 점에서 미분가능한 3변수함수라고 하자. 만일 grad f가 C 위에서 연속이면

$$\int_C \text{grad } f\cdot d\mathbf{r} = f(x_1, y_1, z_1) - f(x_0, y_0, z_0).$$

[증명] 먼저 C가 매끄러운 곡선인 경우일 때를 생각하자. $\mathbf{r}$을 $[a, b]$에서 정의된 C의 매끄러운 매개화라고 하자. 그러면 연쇄법칙과 미적분학의 기본정리에 의하여

$$\begin{aligned}\int_C \text{grad } f\cdot d\mathbf{r} &= \int_a^b [\text{grad } f(x(t), y(t), z(t))]\cdot\frac{d\mathbf{r}}{dt}\,dt\\ &= \int_a^b \Big[\frac{\partial f}{\partial x}(x(t), y(t), z(t))\frac{\partial x}{\partial t} + \frac{\partial f}{\partial y}(x(t), y(t), z(t))\frac{\partial y}{\partial t}\\ &\qquad + \frac{\partial f}{\partial z}(x(t), y(t), z(t))\frac{\partial z}{\partial t}\Big]\,dt\\ &= \int_a^b \frac{d}{dt}f(x(t), y(t), z(t))\,dt\\ &= f(x(b), y(b), z(b)) - f(x(a), y(a), z(a))\\ &= f(x_1, y_1, z_1) - f(x_0, y_0, z_0).\end{aligned}$$

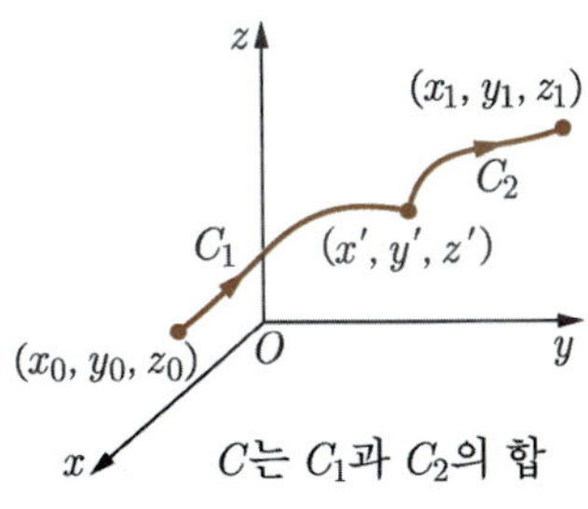

그림 15.11: 두 곡선의 합

만일 C가 조각적으로 매끄러우면 C를 두 개의 매끄러운 곡선 C_1과 C_2로 이루어져 있다고 가정해도 된다(그림 15.11 참조). 여기서 C_1은 (x_0, y_0, z_0)와 (x', y', z')을 잇는 곡선이고, C_2는 (x', y', z')와 (x_1, y_1, z_1)을 잇는 곡선이다. 매끄러운 곡선에

대한 증명을 이용하면

$$\begin{aligned}\int_C \operatorname{grad} f \cdot d\mathbf{r} &= \int_{C_1} \operatorname{grad} f \cdot d\mathbf{r} + \int_{C_2} \operatorname{grad} f \cdot d\mathbf{r} \\ &= \Big[f(x',y',z') - f(x_0,y_0,z_0)\Big] + \Big[f(x_1,y_1,z_1) - f(x',y',z')\Big] \\ &= f(x_1,y_1,z_1) - f(x_0,y_0,z_0).\end{aligned}$$

□

만일 연속벡터장 $\mathbf{F}$가 함수 f의 그래디언트이면

$$\begin{aligned}\int_C \mathbf{F} \cdot d\mathbf{r} &= \int_C \operatorname{grad} f \cdot d\mathbf{r} \\ &= f(x_1,y_1,z_1) - f(x_0,y_0,z_0)\end{aligned} \tag{15.26}$$

이므로 공식 (15.26)을 사용하여 $\int_C \mathbf{F} \cdot d\mathbf{r}$을 구하려면 $\mathbf{F}$의 potential 함수 f를 구하여야 한다.

예제 15.15 C는 $\left(1,-1,-\frac{1}{2}\right)$와 $\left(1,1,\frac{1}{2}\right)$을 잇는 매개화

$$\mathbf{r}(t) = -\cos \pi t^4 \mathbf{i} + t^{5/3}\mathbf{j} + \frac{t}{t^2+1}\mathbf{k}, \qquad -1 \le t \le 1$$

로 표현된 곡선이다. $\mathbf{F}(x,y,z) = (2xy+z^2)\mathbf{i} + x^2\mathbf{j} + (2xz + \pi\cos \pi z)\mathbf{k}$일 때 $\int_C \mathbf{F} \cdot d\mathbf{r}$를 구하여라.

풀이 15.1절 예제 15.6에서 $\mathbf{F} = \operatorname{grad} f$, 여기서 f는

$$f(x,y,z) = x^2y + xz^2 + \sin \pi z$$

이므로 선적분의 기본정리에 의하여

$$\begin{aligned}\int_C \mathbf{F} \cdot d\mathbf{r} &= f\left(1,1,\frac{1}{2}\right) - f\left(1,-1,-\frac{1}{2}\right) \\ &= \left(1+\frac{1}{4}+1\right) - \left(-1+\frac{1}{4}-1\right) = 4.\end{aligned}$$

□

선적분의 기본정리는 2차원 평면에서도 자연스럽게 유도될 수 있다. f는 시점 (x_0,y_0)와 종점 (x_1,y_1)을 잇는 유향곡선 C의 각 점에서 미분가능한 이변수함수라고 하자. 만일 grad f가 C 위에서 연속이면

$$\int_C \operatorname{grad} f \cdot d\mathbf{r} = f(x_1,y_1) - f(x_0,y_0).$$

더구나 $\mathbf{F}$가 $\mathbf{F} = \text{grad}\, f$인 연속벡터장이면

$$\int_C \mathbf{F} \cdot d\mathbf{r} = f(x_1, y_1) - f(x_0, y_0).$$

예제 15.16 C는 시점 $(0,0)$과 종점 $(2,4)$를 잇는 포물선 $y = x^2$의 한 부분이다. $\mathbf{F}(x,y) = y^3\mathbf{i} + 3xy^2\mathbf{j}$일 때 $\int_C \mathbf{F} \cdot d\mathbf{r}$을 구하여라.

풀이 15.1절 예제 15.5에서 $\mathbf{F} = \text{grad}\, f$, $f(x,y) = xy^3$이므로

$$\int_C \mathbf{F} \cdot d\mathbf{r} = f(2,4) - f(0,0) = 2 \cdot 4^3 - 0 = 128.$$ □

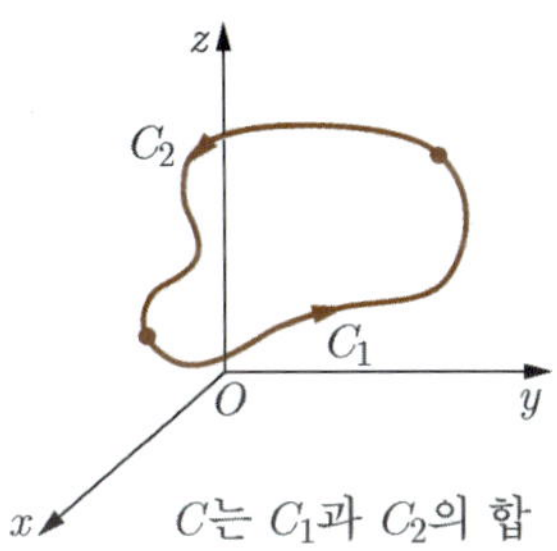

그림 15.12: 두 곡선의 합

경로의 독립성

선적분의 기본정리는 $\mathbf{F}$가 미분가능한 함수 f의 그래디언트이고 정의역 D를 가지면 선적분 $\int_C \mathbf{F} \cdot d\mathbf{r}$의 값은 D내의 유향곡선의 시점과 종점에만 의존한다고 말한다. 따라서 만일 C_1이 D내의 유향곡선으로 C와 같은 시점과 종점을 가지면

$$\int_C \mathbf{F} \cdot d\mathbf{r} = \int_{C_1} \mathbf{F} \cdot d\mathbf{r}.$$

좀 더 일반적으로 $\mathbf{F}$가 정의역 D에서 연속인 벡터장이고 D 내의 같은 시점과 종점을 가지는 임의의 두 개의 유향곡선 C_1과 C_2(그림 15.12)에 대해서 $\int_{C_1} \mathbf{F} \cdot d\mathbf{r} = \int_{C_2} \mathbf{F} \cdot d\mathbf{r}$이 성립하면 $\int_C \mathbf{F} \cdot d\mathbf{r}$은 **경로의 독립**이라고 한다. $\int_C \mathbf{F} \cdot d\mathbf{r}$이 경로에 독립이면 $\mathbf{F}$의 정의역 D 내의 임의의 닫힌 유향곡선 C에 $\int_C \mathbf{F} \cdot d\mathbf{r} = 0$ 이다. 또한 만일 D 내의 모든 닫힌 유향곡선 C에 대해 $\int_C \mathbf{F} \cdot d\mathbf{r} = 0$ 이면 $\mathbf{F} = \text{grad}\, f$임을 보일 수 있다.

정리 15.3

다음 명제 (i), (ii), (iii)은 동치이다.

(i) $\mathbf{F} = \text{grad}\, f$, 즉 $\mathbf{F}$가 보존벡터장이다.

(ii) $\int_C \mathbf{F} \cdot d\mathbf{r}$이 경로에 독립이다.

(iii) $\int_C \mathbf{F} \cdot d\mathbf{r} = 0$, C는 $\mathbf{F}$의 정의역에 놓여 있는 임의의 닫힌 유향곡선.

일반적으로 (i)이면

(iv) $\text{curl}\, \mathbf{F} = \mathbf{0}$.

만일 $\mathbf{F}$의 정의역이 3차원 공간 전체이거나 구멍이 없는 임의의 영역이면 (iv) $\Rightarrow$ (i) 이 성립한다. 즉 (i), (ii), (iii), (iv)는 모두 동치이다.

연습문제 15.3

1. 다음 각 선적분이 경로에 독립임을 보이고 적분값을 구하여라.

(1) $\int_C (e^x + y)\, dx + (x + 2y)\, dy$, C는 xy평면에서 $(0, 1)$과 $(2, 3)$을 잇는 조각적으로 매끄러운 곡선

(2)] $\int_C y\, dx + (x + z)\, dy + y\, dz$, C는 $\mathbf{r}(t) = \dfrac{t^2+1}{t^2-1}\mathbf{i} + \cos \pi t\mathbf{j} + 2t \sin \pi t\mathbf{k}$, $0 \le t \le \dfrac{1}{2}$

(3) $\int_C (\cos x + 2yz)\, dx + (\sin y + 2xz)\, dy + (z + 2xy)\, dz$, C는 $(0, 0, 0)$에서 $\left(\pi, \pi, \dfrac{1}{\pi}\right)$을 잇는 조각적으로 매끄러운 곡선

(4) $\int_C e^{-x} \ln y\, dx - \dfrac{e^{-x}}{y}\, dy + z\, dz$, C는 $\mathbf{r}(t) = (t-1)\mathbf{i} + e^{t^4}\mathbf{j} + (t^2+1)\mathbf{k}$, $0 \le t \le 1$

2. $\mathbf{F}(x, y) = \dfrac{y}{x^2+y^2}\mathbf{i} - \dfrac{x}{x^2+y^2}\mathbf{j}$일 때 다음을 보여라.

(1) $\text{curl}\, \mathbf{F} = \mathbf{0}$

(2) R은 원 $x^2 + y^2 = 1$을 포함하지만 원점을 포함하지 않는 평면의 임의의 영역일 때 $\int_C \mathbf{F} \cdot d\mathbf{r}$이 R내의 경로에 독립이 아니다.

15.4 Green 정리

정리 15.4 (Green 정리)

R은 시계 반대 방향을 가지는 조각적으로 매끄러운 경계 C를 가지는 xy평면 내의 단일영역이고, M과 N이 R 위에서 연속인 편도함수를 가지는 2변수함수라고 하면

$$\int_C M(x,y)\,dx + N(x,y)\,dy = \iint_R \left(\frac{\partial N}{\partial x} - \frac{\partial M}{\partial y}\right) dA.$$

[증명] 다음 등식

$$\int_C N(x,y)\,dy = \iint_R \frac{\partial N}{\partial x}\,dA, \tag{15.27}$$

$$\int_C M(x,y)\,dx = -\iint_R \frac{\partial M}{\partial y}\,dA \tag{15.28}$$

임을 보이면 충분하다. 편의상 (15.28)만 증명하면 된다. 먼저 R이 구간 $[a,b]$ 위의 g_1과 g_2의 그래프 사이의 영역이라고 가정하자. 우변은

$$-\iint_R \frac{\partial M}{\partial y}\,dA = -\int_a^b \int_{g_1(x)}^{g_2(x)} \frac{\partial M}{\partial y}\,dy\,dx = \int_a^b [M(x,g_1(x)) - M(x,g_2(x))]\,dx.$$

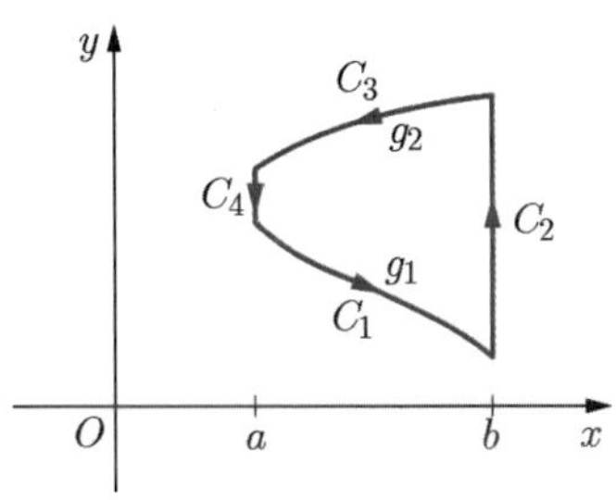

그림 15.13:

한편 R의 경계 C는 C_1, C_2, C_3, C_4로 합성되어 있으며

$$C_1 : \mathbf{r}_1(t) = t\mathbf{i} + g_1(t)\mathbf{j}, \qquad t \in [a,b]$$

$$C_2 : \mathbf{r}_2(t) = b\mathbf{i} + t\mathbf{j}, \qquad t \in [g_1(b), g_2(b)]$$

$$C_3 : \mathbf{r}_3(t) = (a+b-t)\mathbf{i} + g_2(a+b-t)\mathbf{j}, \qquad t \in [a,b]$$

$$C_4 : \mathbf{r}_4(t) = a\mathbf{i} + (g_1(a) + g_2(a) - t)\mathbf{j}, \qquad t \in [g_1(a), g_2(a)]$$

라고 가정하자(그림 15.13 참조). 각각의 경우 $\int_{C_i} M(x,y)\,dx$를 계산하자. 먼저 C_2

와 C_4 위에서 x는 상수이므로 $\frac{dx}{dt} = 0$이고, 따라서

$$\int_{C_2} M(x,y)\,dx = \int_{C_4} M(x,y)\,dx = 0.$$

그러므로

$$\begin{aligned}
\int_C M(x,y)\,dx &= \int_{C_1} M(x,y)\,dx + \int_{C_2} M(x,y)\,dx + \int_{C_3} M(x,y)\,dx + \int_{C_4} M(x,y)\,dx \\
&= \int_{C_1} M(x,y)\,dx + \int_{C_3} M(x,y)\,dx \\
&= \int_a^b M(t, g_1(t))1\,dt + \int_a^b M(a+b-t, g_2(a-b-t))(-1)\,dt \\
&= \int_a^b M(t, g_1(t))\,dt + \int_a^b M(u, g_2(u))\,du \qquad (u = a+b-t) \\
&= \int_a^b [M(x, g_1(x)) - M(x, g_2(x))]\,dx.
\end{aligned}$$

따라서

$$\int_C M(x,y)\,dx = -\iint_R \frac{\partial M}{\partial y}\,dA.$$

□

예제 15.17 C가 시계 반대 방향의 원 $x^2+y^2=4$일 때 적분 $\int_C -x^2y\,dx + x^3\,dy$를 구하여라.

풀이 $M = -x^2y$와 $N = x^3$이라 두면

$$\frac{\partial N}{\partial x} = 3x^2, \qquad \frac{\partial M}{\partial y} = -x^2$$

이므로 Green 정리에 의하여 주어진 적분은

$$\begin{aligned}
\iint_R \left(\frac{\partial N}{\partial x} - \frac{\partial M}{\partial y}\right) dA &= \iint_R (3x^2 + x^2)\,dA \\
&= \int_0^{2\pi}\int_0^2 4(r\cos\theta)^2 r\,dr\,d\theta = 16\int_0^{2\pi} \cos^2\theta\,d\theta = 16\pi.
\end{aligned}$$

□

Green 정리를 이용하면 xy평면 내의 도형의 면적을 구할 수 있다. R이 조각적으로 매끄러운 경계 C를 가지는 단일영역이라고 하자. 만일 M과 N을

$$\frac{\partial N}{\partial x} - \frac{\partial M}{\partial y} = 1 \tag{15.29}$$

이 성립하도록 택하면, R의 넓이 A는

$$A = \iint_R 1\, dA = \iint_R \left(\frac{\partial N}{\partial x} - \frac{\partial M}{\partial y} \right) dA = \int_C M(x,y)\, dx + N(x,y)\, dy.$$

통상 (15.29)가 성립하도록 M과 N을 다음의 하나

$$\begin{aligned} M(x,y) &= 0, & N(x,y) &= x \\ M(x,y) &= -y, & N(x,y) &= 0 \\ M(x,y) &= -\frac{1}{2}y, & N(x,y) &= \frac{1}{2}x \end{aligned}$$

로 택하면

$$A = \int_C x\, dy = -\int_C y\, dx = \frac{1}{2}\int_C x\, dy - y\, dx. \tag{15.30}$$

예제 15.18 타원

$$\frac{x^2}{a^2} + \frac{y^2}{b^2} = 1$$

에 의해 둘러싸인 영역 R의 넓이를 구하여라.

풀이 타원을 시계 반대 방향의 곡선으로 매개화하면

$$\mathbf{r}(t) = a\cos t\mathbf{i} + b\sin t\mathbf{j}, \qquad 0 \le t \le 2\pi.$$

따라서 (15.30)에 의하여

$$\begin{aligned} A = \frac{1}{2}\int_C x\, dy - y\, dx &= \frac{1}{2}\int_0^{2\pi} [(a\cos t)(b\cos t) - (b\sin t)(-a\sin t)]\, dt \\ &= \frac{1}{2}\int_0^{2\pi} ab\, dt = \pi ab. \end{aligned}$$

□

연습문제 15.4

1. C가 시계 반대 방향일 때 $\int_C M(x,y)\, dx + N(x,y)\, dy$를 구하여라.
   (1) $M(x,y) = xy$, $N(x,y) = x^{\frac{3}{2}} + y^{\frac{3}{2}}$, C는 꼭지점 $(0,0)$, $(1,0)$, $(1,1)$, $(0,1)$을 가지는 사각형
   (2) $M(x,y) = y\cos x$, $N = x\sin y$, C는 꼭지점 $(0,0)$, $\left(\frac{\pi}{2}, 0\right)$, $\left(0, \frac{\pi}{2}\right)$을 가지는 삼각형
   (3) $M(x,y) = (x^2+y^2)^{3/2} = N(x,y)$, C는 원 $x^2+y^2=1$

2. 각 곡선이 시계 반대 방향일 때 선적분을 구하여라.
   (1) $\int_C (y^3+y)\, dx + 3y^2 x\, dy$, C는 원 $x^2+y^2=10^2$

(2) $\int_C y\,dx - x\,dy$, C는 심장형 $r = 1 - \cos\theta$

(3) $\int_C (2xy^3 + \cos x)\,dx + (3x^2y^2 + 5x)\,dy$, C는 원 $x^2 + y^2 = 8^2$

(4) $\int_C (x\cos^2 x - y)\,dx + (x - e^y)\,dy$, C는 $(-1, 1)$, $(-1, 0)$, $(0, 0)$, $(0, 1)$인 사각형

(5) $\int_C xy^2\,dx + (x^4 + x^2y)\,dy$, C는 $x^4 + y^4 = 1$의 그래프

(6) $\int_C (\cos^2 x + e^x)\,dx + e^y\,dy$, C는 $x^6 + y^8 = 1$의 그래프

3. $\mathbf{F} = M\mathbf{i} + N\mathbf{j}$이 단일영역 R 위에서 연속인 벡터장이고, R의 경계 C는 시계 반대 방향을 가질 때 다음을 증명하여라.

(1) $\int_C \mathbf{F} \cdot d\mathbf{r} = \int_C M(x, y)\,dx + N(x, y)\,dy = \iint_R \text{curl } \mathbf{F} \cdot \mathbf{k}\,dA$

(2) $\int_C \mathbf{F} \cdot \mathbf{n}\,ds = \iint_R \text{div } \mathbf{F}(x, y)\,dA$, $\mathbf{n}$은 xy평면 내의 곡선 C의 단위 법선벡터

4. C가 시계 반대 방향일 때 $\int_C \mathbf{F} \cdot d\mathbf{r}$을 구하여라.

(1) $\mathbf{F}(x, y) = y\mathbf{i} + 3x\mathbf{j}$, C는 원 $x^2 + y^2 = 4$

(2) $\mathbf{F}(x, y) = y \sin x\mathbf{i} - \cos x\mathbf{j}$, C는 $y \geq 0$일 때 반원 $x^2 + y^2 = 9$이고 $-3 \leq x \leq 3$에서는 $y = 0$로 이루어진 곡선

5. 주어진 영역의 넓이 A를 구하여라.

(1) $C : \mathbf{r}(t) = \cos^3 t\mathbf{i} + \sin^3 t\mathbf{j}$, $0 \leq t \leq 2\pi$에 의한 영역

(2) 위로는 $C : \mathbf{r}(t) = (t - \sin t)\mathbf{i} + (1 - \cos t)\mathbf{j}$, $0 \leq t \leq 2\pi$으로 아래는 x축으로 둘러싸인 영역

15.5 곡면적분과 유향곡면상의 적분

Σ는 xy평면 내의 수직 또는 수평단일영역들의 유한개로 이루어진 영역 R 위에서 정의된 연속도함수를 가지는 함수의 그래프라고 하자. g는 Σ 위에서 연속이라고 하자. 예를 들어 Σ를 얇은 금속판이라 하고 g를 (x, y, z)에서 Σ의 질량밀도라고 생각하면 금속판의 질량 m을 구하기 위해 R을 둘러싸는 직사각형 R'을 택하고 $\wp$를 R'의 분할로 부분사각형 $R_1, \ldots, R_n$이 R에 완전히 포함되고 $\Sigma_1, \Sigma_2, \ldots, \Sigma_n$ 을 $R_1, \ldots, R_n$의 Σ 위로의 사영이라 하고 $\Delta S_1, \Delta S_2, \ldots, \Delta S_n$을$\Sigma_1, \Sigma_2, \ldots, \Sigma_n$의 표면적이라 하자. 1과 n 사이의 각 정수 k에 대해서 (x_k, y_k, z_k)를 Σ_k의 임의의 점이라 하자(그림 15.14). 만일 $\|\wp\|$이 충분히 작으면,

$$m \approx \sum_{k=1}^{n} g(x_k, y_k, z_k)\Delta S_k. \tag{15.31}$$

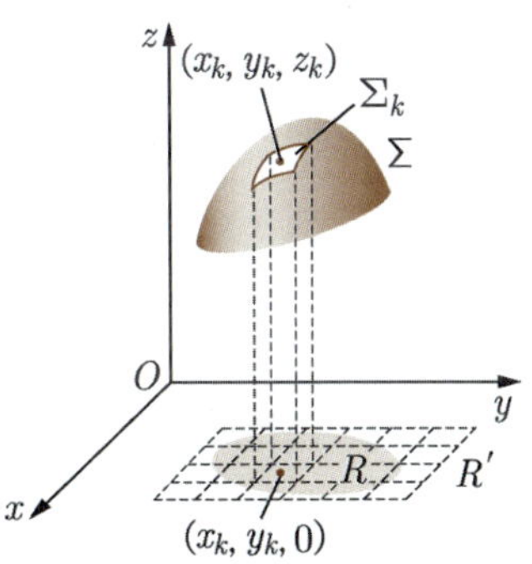

그림 15.14:

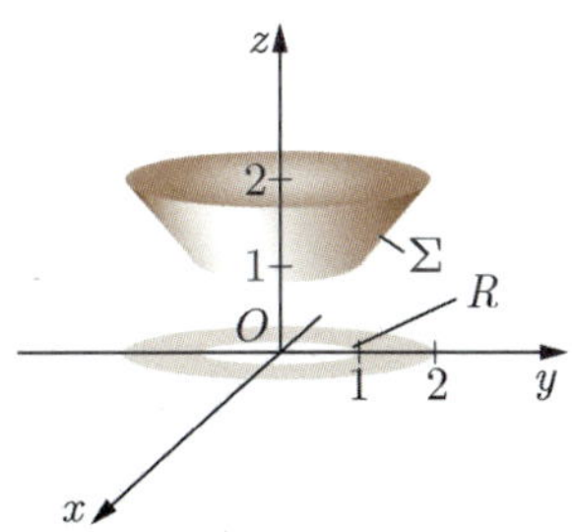

그림 15.15: 예제 15.19

정의 15.6

위와 같은 조건에서 Σ 위에서 g의 **곡면적분** $\iint_\Sigma g(x, y, z)\, dS$는 다음과 같이 정의한다.

$$\iint_\Sigma g(x, y, z)\, dS = \lim_{\|\wp\|\to 0} \sum_{k=1}^{n} g(x_k, y_k, z_k)\Delta S_k \tag{15.32}$$

14.3절의 곡면 면적에 관한 공식을 이용하면, Σ가 R 위에서 f의 그래프이면

$$\iint_\Sigma g(x, y, z)\, dS = \iint_R g(x, y, f(x, y))\sqrt{[f_x(x, y)]^2 + [f_y(x, y)]^2 + 1}\, dA. \tag{15.33}$$

임을 보일 수 있다.

예제 15.19 $\iint_\Sigma z^2\, dS$를 구하여라. 여기서 Σ는 $1 \le x^2 + y^2 \le 4$인 원뿔 $z = \sqrt{x^2 + y^2}$의 부분이다(그림 15.15).

풀이 R은 환 $1 \le x^2 + y^2 \le 4$이고 R의 모든 (x, y)에 대해서

$$f(x, y) = \sqrt{x^2 + y^2}$$

이면 Σ는 R 위에서의 f의 그래프이다. 따라서 (15.5)을 이용하면

$$\begin{aligned}\iint_{\Sigma} z^2\, dS &= \iint_R (x^2 + y^2)\sqrt{(f_x)^2 + (f_y)^2 + 1}\, dA = \iint_R (x^2 + y^2)\sqrt{2}\, dA \\ &= \sqrt{2}\int_0^{2\pi}\int_1^2 r^2 r\, dr\, d\theta = \frac{15\sqrt{2}}{4}\int_0^{2\pi} 1\, d\theta = \frac{15\pi\sqrt{2}}{2}.\end{aligned}$$ □

곡면 Σ가 여러 개의 곡면 $\Sigma_1, \Sigma_2, \ldots, \Sigma_n$들로 이루어졌다고 가정하자. 즉 $\Sigma = \Sigma_1 + \cdots + \Sigma_n$이라 하고 g가 Σ 위에서 연속이면

$$\iint_{\Sigma} g(x, y, z)\, dS = \iint_{\Sigma_1} g(x, y, z)\, dS + \iint_{\Sigma_2} g(x, y, z)\, dS + \cdots + \iint_{\Sigma_n} g(x, y, z)\, dS. \tag{15.34}$$

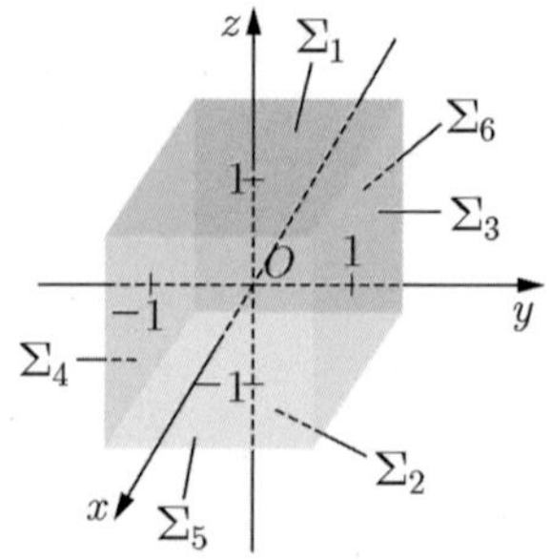

그림 15.16: 예제 15.20

예제 15.20 $\iint_{\Sigma} (x + y + z)\, dS$를 구하어라. 여기서 Σ는 원점을 중심으로 하는 정육면체이다(그림 15.16).

풀이 $\Sigma = \Sigma_1 + \cdots + \Sigma_6$이므로 (15.34)에 의하여

$$\iint_{\Sigma} (x + y + z)\, dS = \sum_{k=1}^{6} \iint_{\Sigma_k} (x + y + z)\, dS.$$

먼저 $-1 \le x \le 1$이고 $-1 \le y \le 1$에 대해서 $f_1(x, y) = 1$이면 Σ_1은 f_1의 그래프이고, (15.5)에 의하여

$$\begin{aligned}\iint_{\Sigma_1} (x + y + z)\, dS &= \int_{-1}^{1}\int_{-1}^{1} (x + y + 1)\sqrt{0 + 0 + 1}\, dy\, dx \\ &= \int_{-1}^{1} (2x + 2)\, dx = 4.\end{aligned}$$

두 번째 $-1 \le x \le 1$이고 $-1 \le y \le 1$에 대해서 $f_2(x,y) = -1$이면 Σ_2는 f_2의 그래프이고, (15.5)에 의하여

$$\begin{aligned}\iint_{\Sigma_2} (x+y+z)\,dS &= \int_{-1}^{1}\int_{-1}^{1} (x+y-1)\sqrt{0+0+1}\,dy\,dx \\ &= \int_{-1}^{1} (2x-2)\,dx = -4.\end{aligned}$$

나머지의 곡면적분도 이와 같은 방법으로 하면

$$\iint_{\Sigma_1} (x+y+z)\,dS = \iint_{\Sigma_3} (x+y+z)\,dS = \iint_{\Sigma_5} (x+y+z)\,dS = 4$$

이고

$$\iint_{\Sigma_2} (x+y+z)\,dS = \iint_{\Sigma_4} (x+y+z)\,dS = \iint_{\Sigma_6} (x+y+z)\,dS = -4$$

이므로

$$\iint_{\Sigma} (x+y+z)\,dS = \sum_{k=1}^{6} \iint_{\Sigma_k} (x+y+z)\,dS = 0.$$

□

유향곡면

15.2절에서 유향곡선 C 위에서 벡터장 $\mathbf{F}$의 선적분 $\int_C \mathbf{F} \cdot d\mathbf{r}$을 공부하였다. 이 절에서 주어진 벡터장 $\mathbf{F}$의 곡면적분을 하기 위해서는 곡면의 방향이 필요하다. 우리는 곡면의 안쪽 면과 바깥쪽 면이 있다고 생각하는데 이러한 두 면의 존재성을 알기 위해서 곡면 Σ는 경계점이 아닌 점에서 접평면을 가진다고 가정하자. 곡면 위의 그러한 점에서 두 개의 법선벡터가 존재하고 서로 반대 방향을 가진다. 만일 각각의 경계점이 아닌 점에서 선택한 법선벡터가 Σ 위에서 연속적으로 변하도록 하나의 법선을 택할 수 있으면 Σ를 **유향곡면**이라 한다. 이와 같은 법선의 선택은 Σ에 대한 방향을 주고 Σ을 유향곡면으로 만든다. 예를 들어 구, 포물면, 그 외의 곡면은 유향곡면이다. 그러나 Möbius의 곡면은 유향곡면이 아니다.
Σ가 유향곡면이라 하고 $\mathbf{n}$을 Σ의 경계점이 아닌 점에서의 바깥 방향의 단위법선 벡터라고 하자. $\mathbf{F}$가 벡터장일 때 Σ 위에서 유향적분을

$$\iint_{\Sigma} \mathbf{F} \cdot \mathbf{n}\,dS \tag{15.35}$$

로 정의한다. Σ가 R 위에서 연속도함수를 가지는 함수 f의 그래프이면 바깥 방향의 단위 법선벡터는

$$\mathbf{n} = \frac{-f_x\mathbf{i} - f_y\mathbf{j} + \mathbf{k}}{\sqrt{(f_x)^2 + (f_y)^2 + 1}}$$

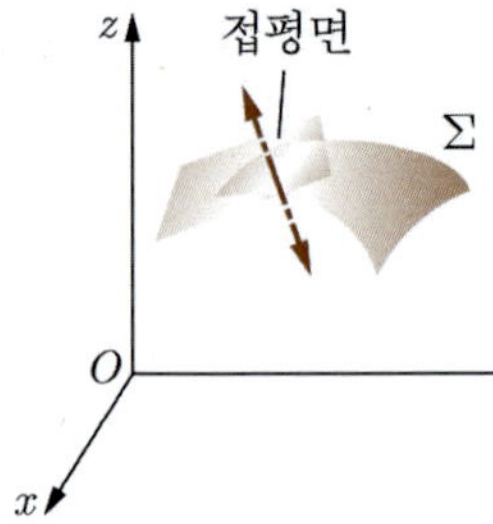

Σ의 각 점에서 두 개의
단위법벡터가 존재한다.

그림 15.17: (a)

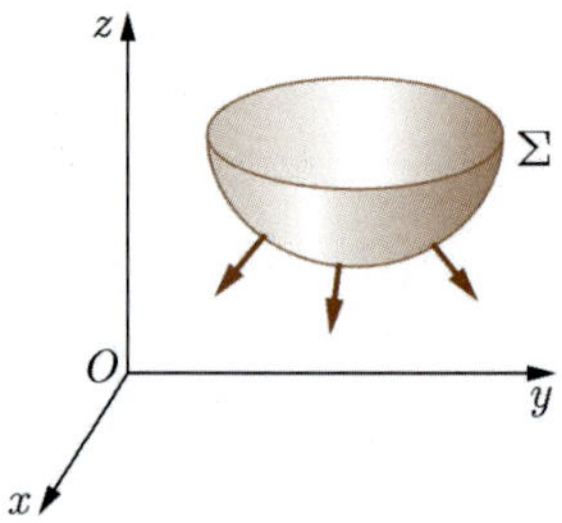

곡면의 방향 중 한 개의
방향을 가진 유향곡면

그림 15.18: (b)

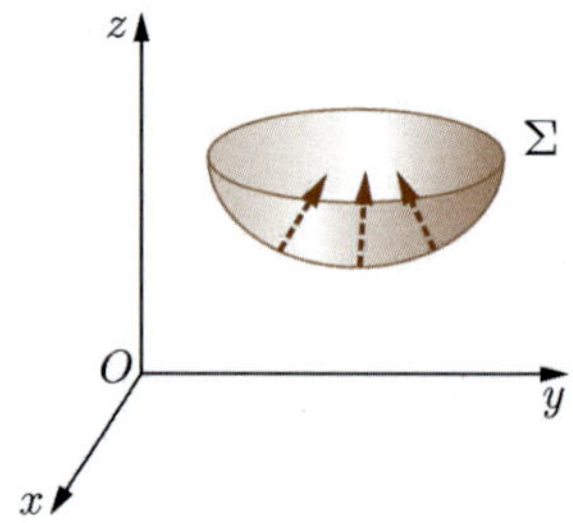

(b)와 반대방향을 가진
유향곡면

그림 15.19: (c)

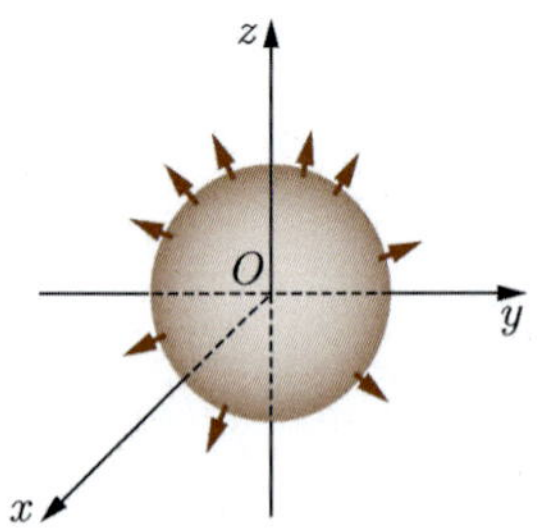

구면의 방향

그림 15.20: (d)

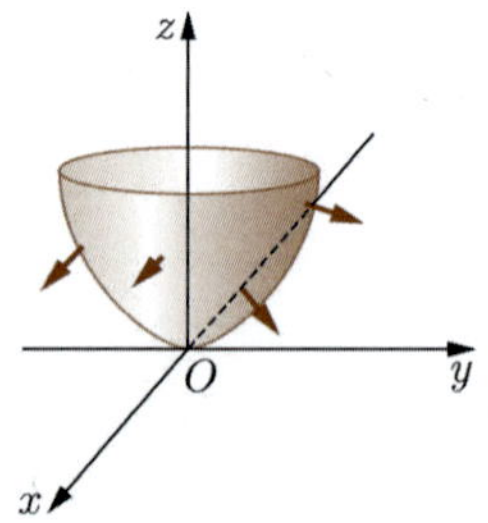

포물면의 방향

그림 15.21: (e)

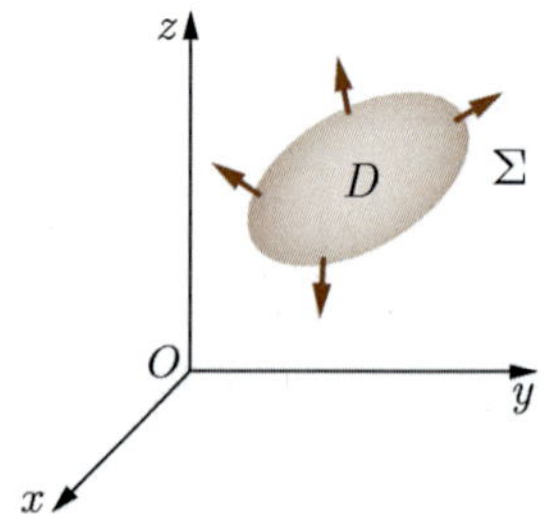

입체영역의 경계는
통상 바깥방향으로 주어진다.

그림 15.22: (f)

이므로 $\mathbf{F} = M\mathbf{i} + N\mathbf{j} + P\mathbf{k}$ 일 때

$$\begin{aligned}
&\iint_\Sigma \mathbf{F}\cdot\mathbf{n}\,dS \\
&= \iint_R (M\mathbf{i}+N\mathbf{j}+P\mathbf{k})\cdot\left[\frac{-f_x\mathbf{i}-f_y\mathbf{j}+\mathbf{k}}{\sqrt{(f_x)^2+(f_y)^2+1}}\right]\sqrt{(f_x)^2+(f_y)^2+1}\,dA \qquad (15.36)\\
&= \iint_R [-M(x,y,f(x,y))f_x(x,y) - N(x,y,f(x,y))f_y(x,y) + P(x,y,f(x,y))]\,dA.
\end{aligned}$$

Σ가 여러 개의 유향곡면 $\Sigma_1, \ldots, \Sigma_n$ 으로 이루어지고 각 곡면의 공통부분이 서로 반대방향으로 붙어 있으면

$$\iint_\Sigma \mathbf{F}\cdot\mathbf{n}\,dS = \iint_{\Sigma_1}\mathbf{F}\cdot\mathbf{n}\,dS + \cdots + \iint_{\Sigma_n}\mathbf{F}\cdot\mathbf{n}\,dS. \qquad (15.37)$$

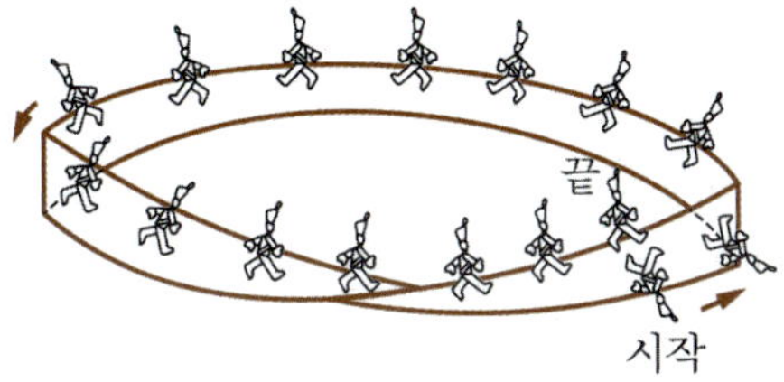

그림 15.23:

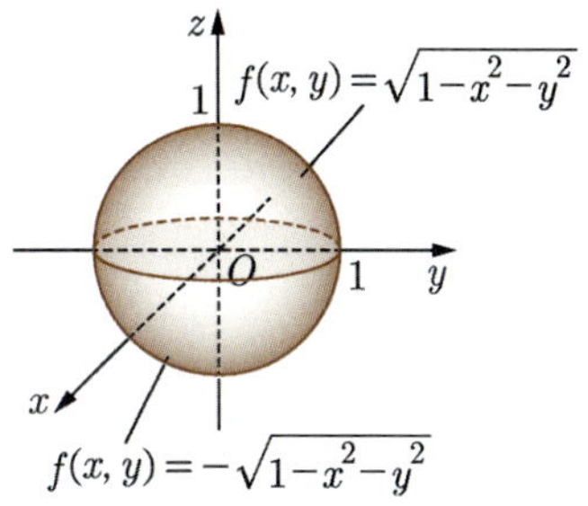

그림 15.24: 예제 15.21

예제 15.21 Σ는 단위구면 $x^2+y^2+z^2=1$이고 방향법선벡터는 구의 바깥 방향이다(그림 15.24). $\mathbf{F}(x,y,z)=z\mathbf{k}$일 때 $\iint_\Sigma \mathbf{F}\cdot\mathbf{n}\,dS$를 구하여라.

풀이 $\mathbf{F}(x,y,z)=z\mathbf{k}$이므로 $M=N=0$이고 $P(x,y,z)=z$. Σ를 상반구 Σ_1과 하반구 Σ_2로 나누면 Σ_1은 원 $x^2+y^2=1$로 둘러싸인 영역 R 위의 $z=\sqrt{1-x^2-y^2}$의 그래프이고 Σ_1에 대한 법선은 위쪽 방향이다. 그러므로 $f(x,y)=\sqrt{1-x^2-y^2}$이면 식 (15.36)에 의해

$$\begin{aligned}\iint_{\Sigma_1}\mathbf{F}\cdot\mathbf{n}\,dS &= \iint_R P(x,y,f(x,y))\,dA = \iint_R \sqrt{1-x^2-y^2}\,dA\\ &= \int_0^{2\pi}\int_0^1 \sqrt{1-r^2}r\,dr\,d\theta\\ &= \int_0^{2\pi}\frac{1}{3}\,d\theta = \frac{2}{3}\pi.\end{aligned}$$

같은 방법으로 Σ_2는 R위에서 $z=-\sqrt{1-x^2-y^2}$의 그래프이고 Σ_2에 대한 법선벡터는 아래 방향이다. 따라서 $f(x,y)=-\sqrt{1-x^2-y^2}$이면

$$\iint_{\Sigma_2}\mathbf{F}\cdot\mathbf{n}\,dS = \iint_R -P(x,y,f(x,y))\,dA = \iint_R \sqrt{1-x^2-y^2}\,dA = \frac{2}{3}\pi.$$

그러므로 (15.5)에 의하여

$$\iint_\Sigma \mathbf{F}\cdot\mathbf{n}\,dS = \iint_{\Sigma_1}\mathbf{F}\cdot\mathbf{n}\,dS + \iint_{\Sigma_2}\mathbf{F}\cdot\mathbf{n}\,dS = \frac{4}{3}\pi.$$

□

연습문제 15.5

1. $\iint_\Sigma g(x, y, z)\, dS$를 계산하여라.

(1) $g(x, y, z) = x$, Σ는 제1팔분면에 있는 평면 $2x + 3y + z = 6$의 부분

(2) $g(x, y, z) = 2x^2 + 1$, Σ는 원통 $x^2 + y^2 = 4$ 내부에 있는 평면 $z = 3x - 2$의 부분

(3) $g(x, y, z) = \sqrt{4x^2 + 4y^2 + 1}$, Σ는 평면 $y = z$아래에 있는 포물면 $z = x^2 + y^2$의 부분

(4) $g(x, y, z) = xy$, Σ는 xy평면 위에 놓여 있는 포물면 $z = 4 - x^2 - y^2$의 부분

(5) $g(x, y, z) = z(x^2 + y^2)$, Σ는 반구면 $\sqrt{x^2 + y^2 + z^2} = 2$

(6) $g(x, y, z) = x + 1$, Σ는 꼭지점$(0, 0, 0)$, $(1, 0, 0)$, $(0, 1, 0)$, $(0, 0, 1)$을 갖는 사면체

2. $\iint_\Sigma \mathbf{F} \cdot \mathbf{n}\, dS$를 구하여라. 단 $\mathbf{n}$은 단위법선벡터이다.

(1) $\mathbf{F}(x, y, z) = y\mathbf{i} - x\mathbf{j} + 8\mathbf{k}$, Σ는 xy평면 윗부분에 놓여 있는 포물면 $z = 9 - x^2 - y^2$의 부분, $\mathbf{n}$은 위쪽 방향의 법선벡터

(2) $\mathbf{F}(x, y, z) = y\mathbf{i} - x\mathbf{j} + z^2\mathbf{k}$, Σ는 꼭지점$(0, 0, 0)$, $(1, 0, 0)$, $(1, 1, 0)$, $(0, 1, 0)$을 가지는 사각형 위의 원뿔 $z = \sqrt{x^2 + y^2}$의 부분, $\mathbf{n}$은 위쪽 방향

(3) $\mathbf{F}(x, y, z) = x\mathbf{i} + y\mathbf{j} + z\mathbf{k}$, Σ는 꼭지점$(0, 0, 0)$, $(1, 0, 0)$, $(1, 1, 0)$, $(0, 1, 0)$, $(0, 0, 1)$, $(1, 0, 1)$, $(1, 1, 1)$, $(0, 1, 1)$을 가지는 정육면체이다.

(4) $\mathbf{F}(x, y, z) = x\mathbf{i} + y\mathbf{j} + z\mathbf{k}$, Σ는 평면 $y = -2$와 $y = 1$ 사이의 실린더 $x^2 + z^2 = 1$의 부분, $\mathbf{n}$은 y축으로부터 나오는 방향

(5) $\mathbf{F}(x, y, z) = -y\mathbf{i} + x\mathbf{j} + z^4\mathbf{k}$, Σ는 구면 $x^2 + y^2 + z^2 = 4$, $\mathbf{n}$은 구면의 바깥 방향

15.6 Stokes 정리와 발산정리

Stokes 정리는 Green 정리의 3차원의 관점에 관한 정리이다. Σ가 곡선 C에 의해 둘러싸인 유향곡면이라 하자. Σ 위의 임의의 점에서 Σ의 방향을 주는 법선 방향으로 엄지손가락이 향하도록 오른손을 놓는다고 상상하자. 만일 엄지손가락이 법선 방향을 향하도록 유지하면서 C를 향하도록 하면, 나머지 손가락은 C 위에 방향을 정하는 방법으로 자연스럽게 비틀린다. 이 방향을 Σ에 의해 C 위에 유도된 방향이라고 한다(그림 15.25).

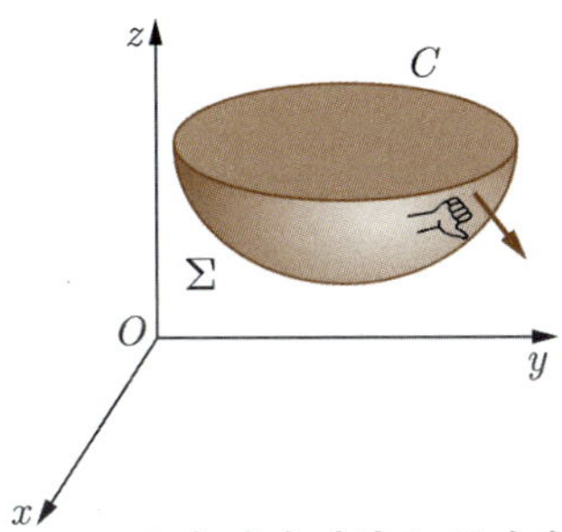

곡면 위의 방향은 곡면의 경계 위에서 방향을 유도한다.

그림 15.25: 유도된 방향

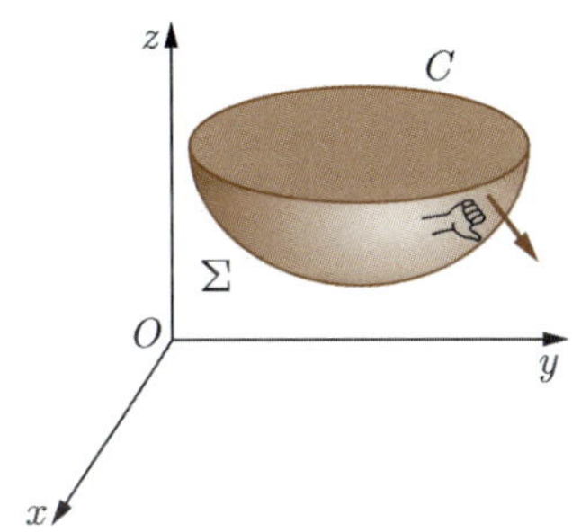

그림 15.26: Stokes 정리

정리 15.5 (Stokes 정리)

Σ는 유한 곡면면적을 가지고 있는 유향곡면이라 하고, $\mathbf{n}$을 곡면의 바깥 방향의 단위 법선벡터라고 하자, Σ는 닫힌 조각적으로 매끄러운 곡선 C에 의해 둘러싸여 있다고 가정하자. C의 방향은 Σ에 의해 도입되었다고 하자(그림15.26). $\mathbf{F}$가 Σ 위에서 정의된 연속벡터장이고, $\mathbf{F}$의 성분함수가 Σ의 경계가 아닌 점에서 연속인 편도함수를 가지면

$$\int_C \mathbf{F}\cdot d\mathbf{r} = \iint_\Sigma \text{curl } \mathbf{F}\cdot\mathbf{n}\, dS. \tag{15.38}$$

만일 $\mathbf{F} = M\mathbf{i} + N\mathbf{j} + P\mathbf{k}$이면

$$\int_C M(x,y,z)\,dx + N(x,y,z)\,dy + P(x,y,z)\,dz = \iint_\Sigma \text{curl } \mathbf{F}\cdot\mathbf{n}\, dS \tag{15.39}$$

이다.

예제 15.22 C는 그림 15.27과 같이 평면 $z = \dfrac{y}{2}$에 놓여 있는 유향삼각형이다. 만일

$$\mathbf{F}(x,y,z) = -3y^2\mathbf{i} + 4z\mathbf{j} + 6x\mathbf{k}$$

일 때 $\int_C \mathbf{F}\cdot d\mathbf{r}$를 구하여라.

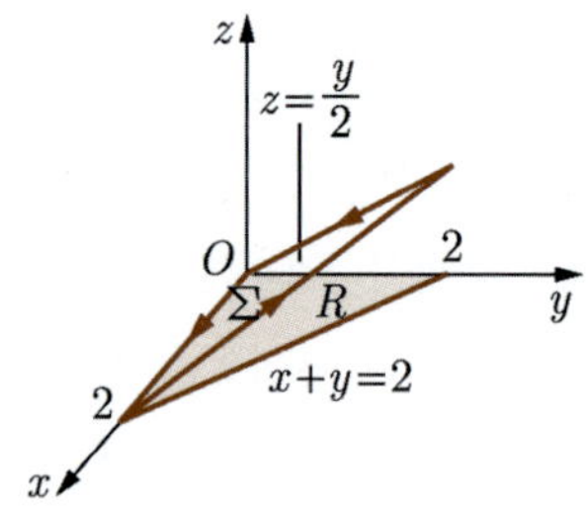

그림 15.27: 예제 15.22

풀이 Stokes 정리를 이용하면

$$\int_C \mathbf{F}\cdot d\mathbf{r} = \iint_\Sigma \text{curl } \mathbf{F}\cdot\mathbf{n}\, dS.$$

Σ는 경계 C를 가지는 삼각형 곡면이고 법선벡터가 위쪽 방향인 방향을 가진다. 먼저

$$\text{curl } \mathbf{F} = \begin{vmatrix} \mathbf{i} & \mathbf{j} & \mathbf{k} \\ \dfrac{\partial}{\partial x} & \dfrac{\partial}{\partial y} & \dfrac{\partial}{\partial z} \\ -3y^2 & 4z & 6x \end{vmatrix} = -4\mathbf{i} - 6\mathbf{j} + 6y\mathbf{k}$$

이고 $f(x,y) = \dfrac{y}{2}$과 두 변 Σ는 좌표축과 직선 $x+y=2$에 의해 둘러싸인 1사분면의 삼각형 영역 R위에서 f의 그래프이므로

$$\begin{aligned}\iint_\Sigma \text{curl } \mathbf{F}\cdot\mathbf{n}\, dS &= \int_0^2\int_0^{2-x}\left[-(-4)0-(-6)\frac{1}{2}+6y\right] dy\, dx \\ &= \int_0^2\int_0^{2-x}(3+6y)\, dy\, dx \\ &= 3\int_0^2 (6-5x+x^2)\, dx = 14.\end{aligned}$$

□

만일 두 개의 유향곡면 Σ_1과 Σ_2가 같은 곡선 C에 의해 둘러싸이고, C위에 같은 방향을 도입한다고 가정하자. 만일 $\mathbf{n}_1$과 $\mathbf{n}_2$가 각각 Σ_1과 Σ_2의 법선벡터이면 Stokes 정리에 의하여

$$\iint_{\Sigma_1} \text{curl } \mathbf{F}\cdot\mathbf{n}_1\, dS = \int_C \mathbf{F}\cdot d\mathbf{r} = \iint_{\Sigma_2} \text{curl } \mathbf{F}\cdot\mathbf{n}_2\, dS. \tag{15.40}$$

예제 15.23 Σ_1이 반타원구면

$$z = 2\sqrt{1-x^2-y^2}$$

이고 $\mathbf{n}$이 위쪽 방향으로 방향을 가지고 있다 하자(그림 15.28).

$$\mathbf{F}(x,y,z) = x^2\mathbf{i} + y^2\mathbf{j} + z^2\tan xy\mathbf{k}$$

일 때 $\iint_{\Sigma} \text{curl } \mathbf{F} \cdot \mathbf{n}\, dS$를 구하라.

풀이 먼저 curl $\mathbf{F}$를 계산하자.

$$\text{curl } \mathbf{F} = \begin{vmatrix} \mathbf{i} & \mathbf{j} & \mathbf{k} \\ \dfrac{\partial}{\partial x} & \dfrac{\partial}{\partial y} & \dfrac{\partial}{\partial z} \\ x^2 & y^2 & z^2 \tan xy \end{vmatrix} = xz^2 \sec^2 xy\mathbf{i} - yz^2 \sec^2 xy\mathbf{j}$$

Σ_2을 xy평면에서 Σ_1의 경계와 같은 단위원판이라 두면 (15.43)의 조건을 만족하므로

$$\begin{aligned} \iint_{\Sigma_1} \text{curl } \mathbf{F} \cdot \mathbf{n}\, dS &= \iint_{\Sigma_2} \text{curl } \mathbf{F} \cdot \mathbf{n}\, dS \\ &= \iint_{\Sigma_2} (xz^2 \sec^2 xy\mathbf{i} - yz^2 \sec xy\mathbf{j}) \cdot \mathbf{k}\, dS \\ &= \iint_{\Sigma_2} 0\, dS = 0. \end{aligned}$$

□

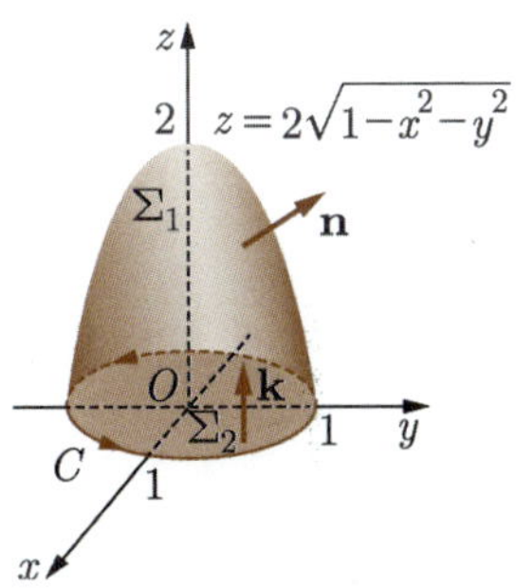

그림 15.28: 예제 15.23

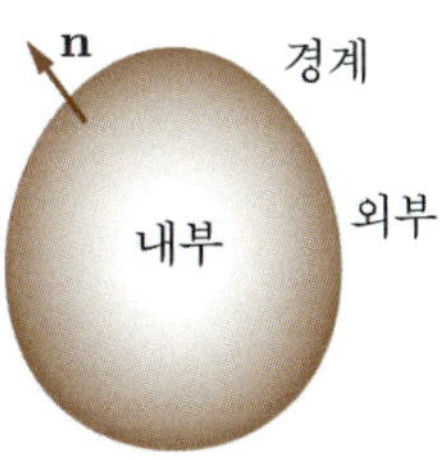

그림 15.29: 단일입체영역

발산정리는 그린정리와 비슷한 2차원 및 고차원의 형태이다. 입체영역 D가 xy평면 내의 단일영역 R 위에서 정의된 두 함수 F_1과 F_2의 그래프 사이의 입체영역이고 D가 각각 xz 평면과 yz 평면에 대해서도 대응되는 성질을 가지는 성질들을 가질 때 **단일입체영역**이라 한다(그림 15.29).

통상 구, 반구, 타원체, 정육면체, 정사면체에 의해 둘러싸인 영역들이 단일입체영역이다. 지금부터는 임의의 단일입체영역 D는 유향경계표면을 가지고 법선벡터는 D의 바깥 방향이라고 가정한다.

정리 15.6 (발산정리)

D가 단일입체영역으로 경계면 Σ가 D에서 나오는 방향의 법선벡터 $\mathbf{n}$에 의해 방향화되어 있고, $\mathbf{F}$는 D에서 연속인 편도함수를 가지는 성분함수로 된 벡터장이라 하자. 그러면

$$\iint_{\Sigma} \mathbf{F} \cdot \mathbf{n}\, dS = \iiint_{D} \operatorname{div} \mathbf{F}(x, y, z)\, dV. \tag{15.41}$$

예제 15.24 Σ가 구면 $x^2 + y^2 + z^2 = 4$(그림 15.31)이고 $\mathbf{F}(x, y, z) = 4x\mathbf{i} + 4y\mathbf{j} + 4z\mathbf{k}$일 때 적분 $\iint_{\Sigma} \mathbf{F} \cdot \mathbf{n}\, dS$를 구하여라.

풀이 D가 구 $x^2 + y^2 + z^2 \leq 4$ 이고

$$\operatorname{div} \mathbf{F}(x, y, z) = 4 + 4 + 4 = 12$$

이므로 발산정리를 이용하면

$$\iiint_{D} \operatorname{div} \mathbf{F}(x, y, z)\, dV = \iiint_{D} 12\, dV = 12 \times \frac{4}{3}\pi \times 2^3 = 128\pi. \qquad \square$$

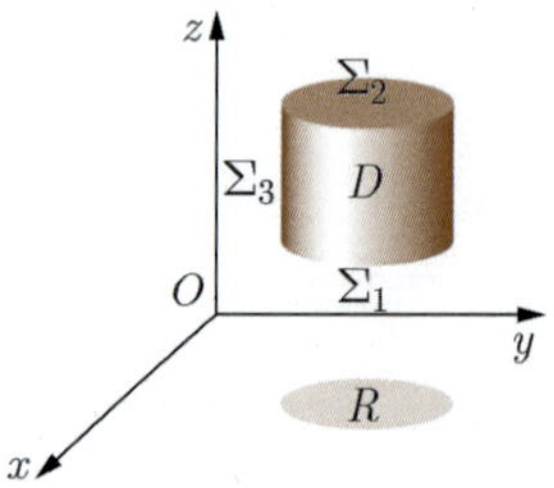

그림 15.30: 단일입체영역

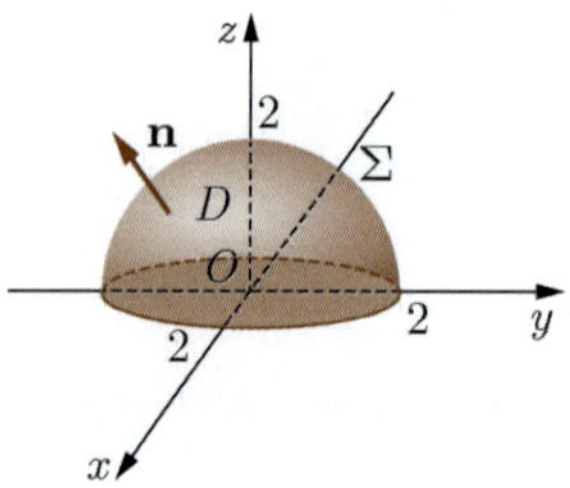

그림 15.31: 예제 15.24

예제 15.25 D는 xy평면과 반구 $z = \sqrt{4 - x^2 - y^2}$로 둘러싸인 영역이라 하자. $\mathbf{F}(x, y, z) = x^3\mathbf{i} + y^3\mathbf{j} + z^3\mathbf{k}$일 때 $\iint_{\Sigma} \mathbf{F} \cdot \mathbf{n}\, dS$를 구하여라. 여기서 Σ는 D의 경계면이다.

풀이 div $\mathbf{F}(x,y,z) = 3x^2 + 3y^2 + 3z^2 = 3(x^2+y^2+z^2)$ 이므로

$$\begin{aligned}\iint_\Sigma \mathbf{F}\cdot\mathbf{n}\,dS &= \iiint_D \text{div}\,\mathbf{F}(x,y,z)\,dV = \iiint_D 3(x^2+y^2+z^2)\,dV \\ &= \int_0^{2\pi}\int_0^{\frac{\pi}{2}}\int_0^2 (3\rho^2)\rho^2\sin\phi\,d\rho\,d\phi\,d\theta \\ &= \frac{96}{5}\int_0^{2\pi}\int_0^{\frac{\pi}{2}} \sin\phi\,d\phi\,d\theta \\ &= \frac{96}{5}\int_0^{\frac{\pi}{2}} d\theta = \frac{192}{5}\pi.\end{aligned}$$

□

예제 15.26 Σ는 그림 15.32과 같은 정육면체이고 $\mathbf{F}(x,y,z) = x\mathbf{i} + y\mathbf{j} + z^2\mathbf{k}$ 일 때 $\iint_\Sigma \mathbf{F}\cdot\mathbf{n}\,dS$를 구하여라.

풀이 div $\mathbf{F}(x,y,z) = 1+1+2z = 2(1+z)$. D를 경계가 Σ인 입체영역이라 하고 발산정리를 사용하면

$$\begin{aligned}\iint_\Sigma \mathbf{F}\cdot\mathbf{n}\,dS &= \iiint_D 2(1+z)\,dV \\ &= \int_0^1\int_0^1\int_0^1 2(1+z)\,dz\,dy\,dx \\ &= \int_0^1\int_0^1 3\,dy\,dx = 3.\end{aligned}$$

□

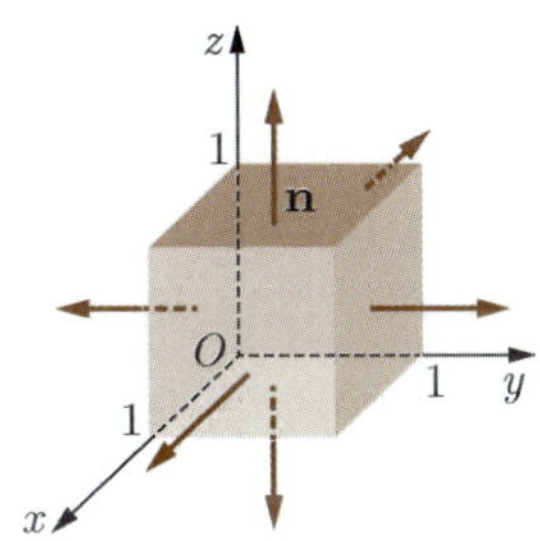

그림 15.32: 단일입체영역

연습문제 15.6

1. Stokes 정리를 써서 $\int_C \mathbf{F}\cdot d\mathbf{r}$을 구하여라. 여기서 C는 Σ을 둘러싸는 곡선이고 Σ로부터 유도된 방향을 가진다.
   (1) $\mathbf{F}(x,y,z) = z\mathbf{i} + x\mathbf{j} + y\mathbf{k}$, Σ는 제1팔분면에 있는 포물선 $z = 1 - x^2 - y^2$, $\mathbf{n}$은 아래 방향

(2) $\mathbf{F}(x, y, z) = y^2\mathbf{i} + xy\mathbf{j} - 2xz\mathbf{k}$, Σ는 반구 $z = \sqrt{4 - x^2 - y^2}$, $\mathbf{n}$은 위쪽방향

(3) $\mathbf{F}(x, y, z) = \dfrac{1}{\sqrt{x^2 + y^2 + z^2 + 1}}(x\mathbf{i} + y\mathbf{j} + z\mathbf{k})$, C는 포물면 $2z = x^2 + y^2$와 원통 $x^2 + y^2 = 2x$의 교선으로 시계 반대 방향의 곡선

(4) $\mathbf{F}(x, y, z) = 3y\mathbf{i} + 2z\mathbf{j} - x\mathbf{k}$, C는 꼭지점 $(1, 0, 0)$, $(0, 1, 0)$, $(0, 0, 1)$을 가지는 삼각형으로 시계 반대 방향인 곡선

2. Stokes 정리를 사용하여 $\displaystyle\iint_\Sigma \text{curl } \mathbf{F} \cdot \mathbf{n}\, dS$를 구하여라.

(1) $\mathbf{F}(x, y, z) = xz\mathbf{i} + (y^2 + 2x)\mathbf{j} + x\mathbf{k}$, Σ는 xy평면 윗부분의 포물면 $z = 9 - x^2 - y^2$, $\mathbf{n}$은 위쪽 방향이다.

(2) $\mathbf{F}(x, y, z) = x\mathbf{i} + (x^2 + y^2 + z^2)\mathbf{j} + z(y^4 - 1)\mathbf{k}$, Σ는 정점이 $(0, 0, 6)$이고 밑면이 xy평면의 꼭지점 $(-1, 1)$, $(1, -1)$, $(1, 1)$, $(-1, 1)$로 하는 정사각형인 피라미드의 네 면으로 이루어져 있다.

(3) $\mathbf{F}(x, y, z) = z^2y\mathbf{i} - x\mathbf{j} + z\sin x^2y^2z\mathbf{k}$, Σ는 평면 $z = -1$과 $z = 2$ 사이의 $x^2 + y^2 = 15$인 원통부분, $\mathbf{n}$은 z축으로부터 멀어지는 방향

(4) $\mathbf{F}(x, y, z) = (3y^2z + y)\mathbf{i} + y\mathbf{j} + 3xy^2\mathbf{k}$, Σ는 x축에 관하여 원 $r = \sin\theta$를 회전하여 얻은 상반면 부분, $\mathbf{n}$은 원환면의 바깥 방향

3. 발산정리를 사용하여 $\displaystyle\iint_\Sigma \mathbf{F} \cdot \mathbf{n}\, dS$를 구하여라. $\mathbf{n}$은 Σ에 대해 바깥 방향인 법선벡터이다.

(1) $\mathbf{F}(x, y, z) = x^2\mathbf{i} + xy\mathbf{j} - 2xz\mathbf{k}$, Σ는 꼭지점 $(0, 0, 0)$, $(1, 0, 0)$, $(0, 1, 0)$, $(0, 0, 1)$을 가지는 4면체

(2) $\mathbf{F}(x, y, z) = x\mathbf{i} + y\mathbf{j} + z\mathbf{k}$, Σ는 제1팔분면에서 평면 $z = 0$과 $z = 1$ 사이에 있는 원통 $x^2 + y^2 = 1$내부의 입체영역의 경계면이다.

(3) $\mathbf{F}(x, y, z) = 2x\mathbf{i} + xy\mathbf{j} + xz\mathbf{k}$, Σ는 구 $x^2 + y^2 + z^2 = 1$

(4) $\mathbf{F}(x, y, z) = y(x^2 + y^2)^{3/2}\mathbf{i} - x(x^2 + y^2)^{3/2}\mathbf{j} + (z + 1)\mathbf{k}$, Σ는 위는 평면 $z = 2x$와 아래는 포물면 $z = x^2 + y^2$에 둘러싸인 입체도형의 경계면

(5) $\mathbf{F}(x, y, z) = -2x\mathbf{i} + 4y\mathbf{j} - 7z\mathbf{k}$, Σ는 구 $x^2 + y^2 + z^2 = 4$의 내부와 원통 $x^2 + y^2 = 1$의 외부로 둘러싸인 입체도형의 경계면

(6) $\mathbf{F}(x, y, z) = x^3y^2z^2\mathbf{i} - x^4yz^2\mathbf{j}$일 때 $\displaystyle\iiint_D \text{div } \mathbf{F}(x, y, z)\, dV$를 구하여라. 여기서 D는 구 $x^2 + y^2 + z^2 \le 1$이다.

4. $\mathbf{F}(x, y, z) = x\mathbf{i} + y\mathbf{j} + z\mathbf{k}$이고 D는 경계면 Σ를 갖는 단일입체영역이라 하자. 법선벡터 $\mathbf{n}$은 바깥 방향이다. D의 부피 V는

$$V = \frac{1}{3}\iint_\Sigma \mathbf{F} \cdot \mathbf{n}\, dS$$

임을 보여라.

5. D는 경계면 Σ를 갖는 단일입체영역이고, f와 g는 D에서 연속인 도함수를 가지는 3변수 함수라 하자.

(1) 등식

$$\iint_{\Sigma} (g\nabla f) \cdot \mathbf{n}\, dS = \iiint_{D} [g\nabla^2 f + (\nabla g) \cdot (\nabla f)]\, dV$$

임을 보여라 (힌트: 등식 div $(g\mathbf{F}) = g$div $\mathbf{F} + (\nabla g) \cdot \mathbf{F}$을 이용하여라).

(2) (1)을 사용하여

$$\iint_{\Sigma} (g\nabla f) - f\nabla g) \cdot \mathbf{n}\, dS = \iiint_{D} (g\nabla^2 f - f\nabla^2 g)\, dV$$

를 증명하여라.

부록

적분표

연습문제 해답

부록 A

적분표

A.1 삼각함수 형태

(1) $\int \sin x\,dx = -\cos x + C$

(2) $\int \cos x\,dx = \sin x + C$

(3) $\int \tan x\,dx = -\ln|\cos x| + C$

(4) $\int \cot x\,dx = \ln|\sin x| + C$

(5) $\int \sec x\,dx = \ln|\sec x + \tan x| + C$

(6) $\int \csc x\,dx = -\ln|\csc x + \cot x| + C$

(7) $\int \sec^2 x\,dx = \tan x + C$

(8) $\int \csc^2 x\,dx = -\cot x + C$

(9) $\int \sec x \tan x\,dx = \sec x + C$

(10) $\int \cos x \cot x\,dx = -\csc x + C$

(11) $\int \sin^2 x\,dx = \frac{1}{2}x - \frac{1}{4}\sin 2x + C$

(12) $\int \cos^2 x\,dx = \frac{1}{2}x + \frac{1}{4}\sin 2x + C$

(13) $\int \tan^2 x\,dx = \tan x - x + C$

(14) $\int \sec^3 x\,dx = \frac{1}{2}\sec x \tan x + \frac{1}{2}\ln|\sec x + \tan x| + C$

(15) $\int \sin^4 x\,dx = -\frac{1}{4}\sin^3 x \cos x - \frac{3}{8}\sin x \cos x + \frac{3}{8}x + C$

(16) $\int \cos^4 x\,dx = \frac{1}{4}\cos^3 x \sin x + \frac{3}{8}\cos x \sin x + \frac{3}{8}x + C$

(17) $\int \sin^n x\,dx = -\frac{1}{n}\sin^{n-1} x \cos x + \frac{n-1}{n}\int \sin^{n-2} x\,dx$

(18) $\int \cos^n x\,dx = \frac{1}{n}\cos^{n-1} x \sin x + \frac{n-1}{n}\int \cos^{n-2} x\,dx$

(19) $\int \tan^n x\,dx = \frac{1}{n-1}\tan^{n-1} x - \int \tan^{n-2} x\,dx$

(20) $\int \cot^n x\,dx = -\frac{1}{n-1}\cot^{n-1} x - \int \cot^{n-2} x\,dx$

(21) $$\int \sec^n x\,dx = \frac{1}{n-1}\sec^{n-2}x\tan x + \frac{n-2}{n-1}\int \sec^{n-2}x\,dx$$

(22) $$\int \csc^n x\,dx = -\frac{1}{n-1}\csc^{n-2}x\cot x + \frac{n-2}{n-1}\int \csc^{n-2}x\,dx$$

(23) $$\int \sin ax \sin bx\,dx = \frac{-1}{2(a+b)}\sin(a+b)x + \frac{1}{2(a-b)}\sin(a-b)x + C$$

(24) $$\int \cos ax \cos bx\,dx = \frac{1}{2(a+b)}\sin(a+b)x + \frac{1}{2(a-b)}\sin(a-b)x + C$$

(25) $$\int \sin ax \cos bx\,dx = \frac{-1}{2(a+b)}\cos(a+b)x + \frac{-1}{2(a-b)}\cos(a-b)x + C$$

(26) $$\int x\sin x\,dx = -x\cos x + \sin x + C$$ (27) $$\int x\cos x\,dx = x\sin x + \cos x + C$$

(28) $$\int x^2\sin x\,dx = -x^2\cos x + 2x\sin x + 2\cos x + C$$

(29) $$\int x^2\cos x\,dx = x^2\sin x + 2x\cos x - 2\sin x + C$$

(30) $$\int x^n\sin x\,dx = -x^n\cos x + n\int x^{n-1}\cos x\,dx$$

(31) $$\int x^n\cos x\,dx = x^n\sin x - n\int x^{n-1}\sin x\,dx$$

(32) $$\int \sin^m x\cos^n x\,dx = -\frac{\sin^{m-1}x\cos^{n+1}x}{m+n} + \frac{m-1}{m+n}\int \sin^{m-2}x\cos^n x\,dx$$
$$= \frac{\sin^{m+1}x\cos^{n-1}x}{m+n} + \frac{n-1}{m+n}\int \sin^m x\cos^{n-2}x\,dx$$

A.2 역삼각함수 형태

(33) $$\int \sin^{-1}x\,dx = x\sin^{-1}x + \sqrt{1-x^2} + C$$

(34) $$\int \cos^{-1}x\,dx = x\cos^{-1}x - \sqrt{1-x^2} + C$$

(35) $$\int \tan^{-1}x\,dx = x\tan^{-1}x - \frac{1}{2}\ln(x^2+1) + C$$

(36) $$\int \cot^{-1}x\,dx = x\cot^{-1}x + \frac{1}{2}\ln(x^2+1) + C$$

(37) $$\int \sec^{-1}x\,dx = x\sec^{-1}x - \ln|x+\sqrt{x^2-1}| + C$$

(38) $$\int \csc^{-1}x\,dx = x\csc^{-1}x + \ln|x+\sqrt{x^2-1}| + C$$

A.3 지수 및 대수함수 형태

(39) $\displaystyle\int e^x\,dx = e^x + C$

(40) $\displaystyle\int a^x\,dx = \frac{a^x}{\ln a} + C$

(41) $\displaystyle\int xe^x\,dx = xe^x - e^x + C$

(42) $\displaystyle\int x^n e^x\,dx = x^n e^x - n\int x^{n-1}e^x\,dx$

(43) $\displaystyle\int x^n a^x\,dx = \frac{x^n a^x}{\ln a} - \frac{n}{\ln a}\int x^{n-1}a^x\,dx + C$

(44) $\displaystyle\int \frac{1}{x}\,dx = \ln|x| + C$

(45) $\displaystyle\int \ln x\,dx = x\ln x - x + C$

(46) $\displaystyle\int (\ln x)^n\,dx = x(\ln x)^n - n\int (\ln x)^{n-1}\,dx$

(47) $\displaystyle\int \frac{1}{x\ln x}\,dx = \ln|\ln x| + C$

(48) $\displaystyle\int x^n \ln x\,dx = \frac{1}{n+1}x^{n+1}\ln x - \frac{1}{(n+1)^2}x^{n+1} + C$

(49) $\displaystyle\int e^{ax}\sin bx\,dx = \frac{e^{ax}}{a^2+b^2}(a\sin bx - b\cos bx) + C$

(50) $\displaystyle\int e^{ax}\cos bx\,dx = \frac{e^{ax}}{a^2+b^2}(a\cos bx + b\sin bx) + C$

A.4 쌍곡선함수 형태

(51) $\displaystyle\int \sinh x\,dx = \cosh x + C$

(52) $\displaystyle\int \cosh x\,dx = \sinh x + C$

(53) $\displaystyle\int \tanh x\,dx = \ln\cosh x + C$

(54) $\displaystyle\int \coth x\,dx = \ln|\sinh x| + C$

(55) $\displaystyle\int \text{sech}\ x\,dx = \tan^{-1}(\sinh x) + C$

(56) $\displaystyle\int \text{csch}\ x\,dx = \ln\left|\tanh\frac{1}{2}x\right| + C$

(57) $\displaystyle\int \text{sech}^2\ x\,dx = \tanh x + C$

(58) $\displaystyle\int \text{csch}^2\ x\,dx = -\coth x + C$

(59) $\displaystyle\int \text{sech}\ x\tanh x\,dx = -\text{sech}\ x + C$

(60) $\displaystyle\int \text{csch}\,x\coth x\,dx = -\text{csch}\ x + C$

(61) $\displaystyle\int \sinh^2 x\,dx = \frac{1}{4}\sinh 2x - \frac{1}{2}x + C$

(62) $\displaystyle\int \cosh^2 x\,dx = \frac{1}{4}\sinh 2x + \frac{1}{2}x + C$

(63) $\displaystyle\int e^{ax}\sinh bx\,dx = \frac{e^{ax}}{a^2-b^2}(a\sinh bx - b\cosh bx) + C$

(64) $\displaystyle\int e^{ax}\cosh bx\,dx = \frac{e^{ax}}{a^2-b^2}(a\cosh bx - b\sinh bx) + C$

A.5 $a^2 - x^2$을 포함하는 형태

(65) $\displaystyle\int \frac{1}{a^2 - x^2}\,dx = \frac{1}{2a}\ln\left|\frac{x+a}{x-a}\right| + C$ (66) $\displaystyle\int \frac{1}{\sqrt{a^2 - x^2}}\,dx = \sin^{-1}\frac{x}{a} + C$

(67) $\displaystyle\int \sqrt{a^2 - x^2}\,dx = \frac{x}{2}\sqrt{a^2 - x^2} + \frac{a^2}{2}\sin^{-1}\frac{x}{a} + C$

(68) $\displaystyle\int x^2\sqrt{a^2 - x^2}\,dx = \frac{x}{8}(2x^2 - a^2)\sqrt{a^2 - x^2} + \frac{a^4}{8}\sin^{-1}\frac{x}{a} + C$

(69) $\displaystyle\int \frac{\sqrt{a^2 - x^2}}{x}\,dx = \sqrt{a^2 - x^2} - a\ln\left|\frac{a + \sqrt{a^2 - x^2}}{x}\right| + C$

(70) $\displaystyle\int \frac{\sqrt{a^2 - x^2}}{x^2}\,dx = -\frac{1}{x}\sqrt{a^2 - x^2} - \sin^{-1}\frac{x}{a} + C$

(71) $\displaystyle\int \frac{x^2}{\sqrt{a^2 - x^2}}\,dx = -\frac{x}{2}\sqrt{a^2 - x^2} + \frac{a^2}{2}\sin^{-1}\frac{x}{a} + C$

(72) $\displaystyle\int \frac{1}{x\sqrt{a^2 - x^2}}\,dx = -\frac{1}{a}\ln\left|\frac{a + \sqrt{a^2 - x^2}}{x}\right| + C$

(73) $\displaystyle\int \frac{1}{x^2\sqrt{a^2 - x^2}}\,dx = -\frac{1}{a^2 x}\sqrt{a^2 - x^2} + C$

(74) $\displaystyle\int (a^2 - x^2)^{\frac{3}{2}}\,dx = -\frac{x}{8}(2x^2 - 5a^2)\sqrt{a^2 - x^2} + \frac{3a^4}{8}\sin^{-1}\frac{x}{a} + C$

(75) $\displaystyle\int \frac{1}{(a^2 - x^2)^{\frac{3}{2}}}\,dx = \frac{x}{a^2\sqrt{a^2 - x^2}} + C$

A.6 $x^2 + a^2$을 포함하는 형태

(76) $\displaystyle\int \frac{1}{x^2 + a^2}\,dx = \frac{1}{a}\tan^{-1}\frac{x}{a} + C$

(77) $\displaystyle\int \sqrt{x^2 + a^2}\,dx = \frac{x}{2}\sqrt{x^2 + a^2} + \frac{a^2}{2}\ln|x + \sqrt{x^2 + a^2}| + C$

(78) $\displaystyle\int x^2\sqrt{x^2 + a^2}\,dx = \frac{x}{8}(2x^2 + a^2)\sqrt{x^2 + a^2} - \frac{a^4}{8}\ln|x + \sqrt{x^2 + a^2}| + C$

(79) $\displaystyle\int \frac{\sqrt{x^2 + a^2}}{x}\,dx = \sqrt{x^2 + a^2} - a\ln\left|\frac{a + \sqrt{x^2 + a^2}}{x}\right| + C$

(80) $\displaystyle\int \frac{\sqrt{x^2 + a^2}}{x^2}\,dx = -\frac{\sqrt{x^2 + a^2}}{x} + \ln|x + \sqrt{x^2 + a^2}| + C$

(81) $\displaystyle\int (x^2 + a^2)^{\frac{3}{2}}\,dx = \frac{x}{8}(2x^2 + 5a^2)\sqrt{x^2 + a^2} + \frac{3a^4}{8}\ln|x + \sqrt{x^2 + a^2}| + C$

(82) $\displaystyle\int \frac{1}{\sqrt{x^2 + a^2}}\,dx = \ln|x + \sqrt{x^2 + a^2}| + C = \sinh^{-1}\frac{x}{a} + C$

(83) $\displaystyle\int \frac{x^2}{\sqrt{x^2 + a^2}}\,dx = \frac{x}{2}\sqrt{x^2 + a^2} - \frac{a^2}{2}\ln|x + \sqrt{x^2 + a^2}| + C$

(84) $\displaystyle\int \frac{1}{x\sqrt{x^2+a^2}}\,dx = -\frac{1}{a}\ln\left|\frac{a+\sqrt{x^2+a^2}}{x}\right| + C = -\frac{1}{a}\sinh^{-1}\frac{a}{x} + C$

(85) $\displaystyle\int \frac{1}{x^2\sqrt{x^2+a^2}}\,dx = -\frac{\sqrt{x^2+a^2}}{a^2x} + C$

(86) $\displaystyle\int \frac{1}{(x^2+a^2)^{\frac{3}{2}}}\,dx = \frac{x}{a^2\sqrt{x^2+a^2}} + C$

A.7 $x^2 - a^2$을 포함하는 형태

(87) $\displaystyle\int \frac{1}{x^2-a^2}\,dx = \frac{1}{2a}\ln\left|\frac{x-a}{x+a}\right| + C$

(88) $\displaystyle\int \frac{1}{x\sqrt{x^2-a^2}}\,dx = \frac{1}{a}\sec^{-1}\left|\frac{x}{a}\right| + C = \frac{1}{a}\cos^{-1}\left|\frac{a}{x}\right| + C$

(89) $\displaystyle\int \sqrt{x^2-a^2}\,dx = \frac{x}{2}\sqrt{x^2-a^2} - \frac{a^2}{a}\ln|x+\sqrt{x^2-a^2}| + C$

(90) $\displaystyle\int x^2\sqrt{x^2-a^2}\,dx = \frac{x}{8}(2x^2-a^2)\sqrt{x^2-a^2} - \frac{a^4}{8}\ln|x+\sqrt{x^2-a^2}| + C$

(91) $\displaystyle\int \frac{\sqrt{x^2-a^2}}{x}\,dx = \sqrt{x^2-a^2} - a\sec^{-1}\left|\frac{x}{a}\right| + C$

(92) $\displaystyle\int \frac{\sqrt{x^2-a^2}}{x^2}\,dx = -\frac{\sqrt{x^2-a^2}}{x} + \ln|x+\sqrt{x^2-a^2}| + C$

(93) $\displaystyle\int (x^2-a^2)^{\frac{3}{2}}\,dx = \frac{x}{8}(2x^2-5a^2)\sqrt{x^2-a^2} + \frac{3a^4}{8}\ln|x+\sqrt{x^2-a^2}| + C$

(94) $\displaystyle\int \frac{1}{\sqrt{x^2-a^2}}\,dx = \ln|x+\sqrt{x^2-a^2}| + C = \cosh^{-1}\frac{x}{a} + C$

(95) $\displaystyle\int \frac{x^2}{\sqrt{x^2-a^2}}\,dx = \frac{x}{2}\sqrt{x^2-a^2} + \frac{a^2}{2}\ln|x+\sqrt{x^2-a^2}| + C$

(96) $\displaystyle\int \frac{1}{x^2\sqrt{x^2-a^2}}\,dx = \frac{\sqrt{x^2-a^2}}{a^2x} + C$

(97) $\displaystyle\int \frac{1}{(x^2-a^2)^{\frac{3}{2}}}\,dx = -\frac{x}{a^2\sqrt{x^2-a^2}} + C$

A.8 $a + bx$를 포함하는 형태

(98) $\displaystyle\int \frac{x}{a+bx}\,dx = \frac{1}{b^2}(a+bx-a\ln|a+bx|) + C$

(99) $\displaystyle\int \frac{x^2}{a+bx}\,dx = \frac{1}{b^3}\left[\frac{1}{2}(a+bx)^2 - 2a(a+bx) + a^2\ln|a+bx|\right] + C$

(100) $\displaystyle\int \frac{x}{(a+bx)^2}\,dx = \frac{1}{b^2}\left(\frac{a}{a+bx} + \ln|a+bx|\right) + C$

$$(101)\ \int \frac{x^2}{(a+bx)^2}\,dx = \frac{1}{b^3}\left(a+bx-\frac{a^2}{a+bx}-2a\ln|a+bx|\right)+C$$

$$(102)\ \int \frac{1}{x(a+bx)}\,dx = \frac{1}{a}\ln\left|\frac{x}{a+bx}\right|+C$$

$$(103)\ \int \frac{1}{x^2(a+bx)}\,dx = -\frac{1}{ax}+\frac{b}{a^2}\ln\left|\frac{a+bx}{x}\right|+C$$

$$(104)\ \int \frac{1}{x(a+bx)^2}\,dx = \frac{1}{x(a+bx)}+\frac{1}{a^2}\ln\left|\frac{x}{a+bx}\right|+C$$

A.9 $\sqrt{a+bx}$를 포함하는 형태

$$(105)\ \int x\sqrt{a+bx}\,dx = \frac{2}{15b^3}(3bx-2a)(a+bx)^{\frac{3}{2}}+C$$

$$(106)\ \int x^n\sqrt{a+bx}\,dx = \frac{2x^n(a+bx)^{\frac{3}{2}}}{b(2n+3)}-\frac{2an}{b(2n+3)}\int x^{n-1}\sqrt{a+bx}\,dx$$

$$(107)\ \int \frac{x}{\sqrt{a+bx}}\,dx = \frac{2}{3b^2}(bx-2a)\sqrt{a+bx}+C$$

$$(108)\ \int \frac{x^n}{\sqrt{a+bx}}\,dx = \frac{2x^n\sqrt{a+bx}}{b(2n+1)}-\frac{2an}{b(2n+1)}\int \frac{x^{n-1}}{\sqrt{a+bx}}\,dx$$

$$(109)\ \int \frac{1}{x\sqrt{a+bx}}\,dx = \begin{cases} \dfrac{1}{\sqrt{a}}\ln\left|\dfrac{\sqrt{a+bx}-\sqrt{a}}{\sqrt{a+bx}+\sqrt{a}}\right|+C & (\text{단}, a>0) \\ \dfrac{2}{\sqrt{-a}}\tan^{-1}\sqrt{\dfrac{a+bx}{-a}}+C & (\text{단}, a<0) \end{cases}$$

$$(110)\ \int \frac{1}{x^n\sqrt{a+bx}}\,dx = -\frac{\sqrt{a+bx}}{a(n-1)x^{n-1}}-\frac{b(2n-3)}{2a(n-1)}\int \frac{1}{x^{n-1}\sqrt{a+bx}}\,dx$$

$$(111)\ \int \frac{\sqrt{a+bx}}{x}\,dx = 2\sqrt{a+bx}+a\int \frac{1}{x\sqrt{a+bx}}\,dx$$

$$(112)\ \int \frac{\sqrt{a+bx}}{x^n}\,dx = -\frac{(a+bx)^{\frac{3}{2}}}{a(n-1)x^{n-1}}-\frac{b(2n-5)}{2a(n-1)}\int \frac{\sqrt{a+bx}}{x^{n-1}}\,dx$$

A.10 $\sqrt{2ax-x^2}$을 포함하는 형태

$$(113)\ \int \sqrt{2ax-x^2}\,dx = \frac{x-a}{2}\sqrt{2ax-x^2}+\frac{a^2}{2}\cos^{-1}\left(1-\frac{x}{a}\right)+C$$

$$(114)\ \int x\sqrt{2ax-x^2}\,dx = \frac{2x^2-ax-3a^2}{6}\sqrt{2ax-x^2}+\frac{a^2}{2}\cos^{-1}\left(1-\frac{x}{a}\right)+C$$

$$(115)\ \int \frac{\sqrt{2ax-x^2}}{x}\,dx = \sqrt{2ax-x^2}+a\cos^{-1}\left(1-\frac{x}{a}\right)+C$$

$$(116)\ \int \frac{\sqrt{2ax-x^2}}{x^2}\,dx = -\frac{2\sqrt{2ax-x^2}}{x}-\cos^{-1}\left(1-\frac{x}{a}\right)+C$$

(117) $\displaystyle\int \frac{1}{\sqrt{2ax - x^2}}\,dx = \cos^{-1}\left(1 - \frac{x}{a}\right) + C$

(118) $\displaystyle\int \frac{x}{\sqrt{2ax - x^2}}\,dx = -\sqrt{2ax - x^2} + a\cos^{-1}\left(1 - \frac{x}{a}\right) + C$

(119) $\displaystyle\int \frac{x^2}{\sqrt{2ax - x^2}}\,dx = -\frac{x + 3a}{2}\sqrt{2ax - x^2} + \frac{3a^2}{2}\cos^{-1}\left(1 - \frac{x}{a}\right) + C$

(120) $\displaystyle\int \frac{1}{x\sqrt{2ax - x^2}}\,dx = -\frac{\sqrt{2ax - x^2}}{ax} + C$

(121) $\displaystyle\int \frac{1}{(2ax - x^2)^{3/2}}\,dx = \frac{x - a}{a^2\sqrt{2ax - x^2}} + C$

부록 B

연습문제 정답

연습문제 0.1

3. (1) $x < -\frac{23}{2}$ 또는 $x > -\frac{19}{4}$ (3) $-a < x < 3a$

연습문제 0.2

1. (1) $-\frac{27}{8}$ (3) $\frac{1}{4}$ (5) $\frac{1}{2}$

2.

(1) $-ab^5$ (3) b^{-11} (5) cd^{-2}

(7) $-2a^5b^{11}$ (9) $\frac{1}{r} + \frac{1}{s} - \frac{2}{r+s}$

연습문제 0.3

1. (1) $7x + 4y$ (3) $5x + 2y - 2z^2w$ (5) $2xy - yz - 2xz$

2.

(1) $4x^2 + 9y^2 + 12xy$

(3) $4x^2w + 9y^2w + 25z^2w + 12xyw + 30yzw + 20xzw$

(5) $x^5 + 5x^4y + 10x^3y^2 + 10x^2y^3 + 5xy^4 + y^5$

3.

(1) x의 차수: 2, y의 차수: 3, x^2의 계수: y, y^3의 계수: x

(3) x의 차수: 2, y의 차수: 3, x^2의 계수: 1, y^3의 계수: 1

(5) x의 차수: 3, y의 차수: 3, x^3의 계수: 1, x^2의 계수: $4y$, y^3의 계수: 1,
y의 계수: $4x^2$

연습문제 0.4

1.

(1) $(x+1)(x+2)$ (3) $(y-3)(y-5)$ (5) $9(a+1)(a^2+3a+3)$

(7) $2\left(x-\frac{9}{4}+\frac{\sqrt{273}}{4}\right)\left(x-\frac{9}{4}-\frac{\sqrt{273}}{4}\right)$ (9) $(x^2+4)(x+1)$

(11) $x^4(x-2y)(x^2+2xy+4y^2)$ (13) $(4x-3y)(3x+10y)$

(15) $(2x+2y+z)(x+y+3z)$

2.

(1) $\left(x+\frac{3}{2}\right)^2+\frac{11}{4}$ (3) $(y-2)^2+11$

(5) $2\left(a+\frac{3}{4}\right)^2+\frac{7}{8}$ (7) $\left(x-\frac{9}{2}\right)^2-\frac{137}{4}$

연습문제 0.5

1. (1) 항등식 (3) 항등식 (5) 항등식 (7) 방정식 (9) 항등식

2.

(1) $x=-\frac{2}{3}$ (3) $x=-\frac{3}{a}$, (단, $a\neq 0$)

(5) $x=-1$ (7) $x=\frac{-b\pm\sqrt{b^2-12}}{2}$

연습문제 0.6

1.

(1) $\frac{4x^2+13x+4}{x^2+5x+6}$ (3) $\frac{y^4-4y^2+16y-9}{y^3+15y^2+3y+45}$ (5) $\frac{a^5+2a^4+3a^3+3a^2+3a}{a^3+a^2+a-3}$

(7) $\frac{-3x^2+4x-6}{(2x-3)(x+1)(x-3)}$ (9) $\frac{-x^3-4x}{x^5+x^4+8x^3+8x^2+16x+16}$

2.

(1) $\frac{1}{2(x-1)}+\frac{1}{2(x+3)}$ (3) $\frac{2}{x+2}$ (5) $\frac{1}{4x^2}-\frac{1}{4(x+2)^2}-\frac{1}{(x+2)^3}$

연습문제 0.7

1.

(1) $x > -\dfrac{3}{2}$

(3) $a > 0$일 때 $x < -\dfrac{1}{3a}$, $a < 0$일 때 $x > -\dfrac{1}{3a}$

(5) $-1 < a < 1$일 때 $x \geq -\dfrac{b}{(a^2-1)}$, $a < -1$ 또는 $a > 1$일 때 $x \leq -\dfrac{b}{(a^2-1)}$

(7) $1 \neq x \in \mathbb{R}$

(9) $a > 0$일 때 $\dfrac{-1-\sqrt{1-4ab}}{2a} \leq x \leq \dfrac{-1+\sqrt{1-4ab}}{2a}$, $a < 0$일 때 $x \leq \dfrac{-1-\sqrt{1-4ab}}{2a}$ 또는 $x \geq \dfrac{-1+\sqrt{1-4ab}}{2a}$, $a = 0$일 때 $x \leq -b$

(11) $a \leq 0$ 또는 $a \geq 2^{\frac{2}{3}}$일 때 $x < \dfrac{-a^2-\sqrt{a^4-4a}}{2}$ 또는 $x > \dfrac{-a^2+\sqrt{a^4-4a}}{2}$, $0 < a < 2^{\frac{2}{3}}$일 때 $\mathbb{R}$

연습문제 0.8

1. (1) $\begin{pmatrix} 9 & 1 \\ -1 & 5 \end{pmatrix}$ (2) 2 (3) $\begin{pmatrix} 0 & -2 & -4 \\ 0 & 0 & 0 \\ 0 & 1 & 2 \end{pmatrix}$

(4) $\begin{pmatrix} 0 & 1 & 2 \\ 1 & 1 & -6 \end{pmatrix}$ (5) $\begin{pmatrix} 4 \\ -1 \end{pmatrix}$ (6) $\begin{pmatrix} -1 & 5 \\ -3 & 5 \end{pmatrix}$

5. (1) 0 (2) $(x-y)(y-z)(z-x)$ (3) 1

(4) 45

8. $A^{-1} = \frac{1}{2}\begin{pmatrix} -4 & 2 \\ 3 & -1 \end{pmatrix}$, $B^{-1} = \frac{1}{6}\begin{pmatrix} 0 & -1 & 2 \\ 10 & 1 & \\ 2 & 1 & 0 \end{pmatrix}$, $C^{-1} = \begin{pmatrix} 0 & -1 & -1 \\ 2 & 1 & 2 \\ -1 & -1 & -1 \end{pmatrix}$

연습문제 1.1

1.

(1) $y = 2x - 9$ (2) $y = -\dfrac{1}{2}x - \dfrac{3}{2}$ (3) $2x + 3y = -3$

(4) $y = \dfrac{3}{2}x - \dfrac{15}{2}$ (5) $y = -\dfrac{3}{4}x - \dfrac{3}{4}$

2. (1) $d = \dfrac{7}{5}$ (2) $d = \dfrac{18}{3}$

3. $\dfrac{6}{5}$

연습문제 1.2

1.

(1) 정의역: $[-1,1]$, 치역: $[0,1]$

(2) 정의역: ±1을 제외한 모든 실수, 치역: 0과 $\frac{1}{2}$을 제외한 모든 실수

(3) 정의역: $[-3,-2\sqrt{2}]\cup[2\sqrt{2},3]$, 치역: $[0,1]$

3. (1) $\left[-\frac{3}{2},\infty\right]$ (2) $x\neq\frac{1}{4}, x\in R$

4.

(1) $f+g=x^3+2+\dfrac{2}{x-1}$, 단 정의역은 $x\neq1$인 모든 실수

(3) $f\circ g=\left(\dfrac{2}{x-1}\right)^3+2$, 단 정의역은 $x\neq1$인 모든 실수

5.

(1) $g(x)=\sqrt{x}$, $f(x)=x+7$

(2) $g(x)=x^{15}$, $f(x)=x^2+x$

7. $g(x)=a(x+p)+b-ax+b=ax+ap+b-ax-b=ap$

연습문제 1.3

4.

(1) $\log_2 8=3$ (2) $\log_a \dfrac{a^x}{a^y}=x-y$ (3) $\log_a a^xa^y=x+y$

(4) $\log_a(a^x)^y=xy$ (5)$\log_{ab} a^xb^x=x$

8.

(1) $\log_{10}5=1-x$ (2) $\log_{10}24=3x+y$ (3) $\log_{10}0.48=4x+y-2$

연습문제 1.4

1.

(1) $\dfrac{\pi}{6}$ (2) $\dfrac{\pi}{4}$ (3) $\dfrac{3}{4}\pi$ (4) $\dfrac{5}{4}\pi$ (5) $\dfrac{7}{4}\pi$

(6) $\dfrac{5}{36}\pi$ (7) $\dfrac{1}{10}\pi$ (8) $\dfrac{4}{5}\pi$ (9) $\dfrac{89}{90}\pi$ (10) $\dfrac{81}{36}\pi$

7. $P(x,y)$를 $\dfrac{\pi}{2}$만큼 회전: $(-y,x)$, $P(x,y)$를 $\dfrac{3\pi}{2}$만큼 회전: $(y,-x)$

13. (1) $\cot\theta$ (3) $2\csc^2\theta$

연습문제 1.5

5.

(1) $\sin 15^\circ = \dfrac{\sqrt{6}-\sqrt{2}}{4}$ (2) $\cos 15^\circ = \dfrac{\sqrt{6}-\sqrt{2}}{4}$

(3) $\sin 105^\circ = \dfrac{\sqrt{6}+\sqrt{2}}{4}$ (4) $\cos 105^\circ = \dfrac{\sqrt{2}-\sqrt{6}}{4}$

(5) $\tan 15^\circ = 2-\sqrt{3}$ (6) $\tan 75^\circ = 2+\sqrt{3}$

11.

(1) $\cos 75^\circ + \cos 15^\circ = \dfrac{\sqrt{6}}{2}$ (2) $\sin 75^\circ - \sin 15^\circ = \dfrac{\sqrt{2}}{2}$

(3) $\cos 75^\circ - \cos 15^\circ = -\dfrac{\sqrt{2}}{2}$

연습문제 2.1

1. (1) 0 (2) 발산 (3) 1 (4) 0 (5) 발산

연습문제 2.2

1. (1) 8 (3) $\dfrac{1}{2}$ (5) 2 (7) $\dfrac{3}{2}$ (9) 1
2. 0

연습문제 2.3

1. (1) 25 (3) 2
2. (1) $\sqrt{10}$ (3) 3
3. $-\dfrac{1}{4}$

연습문제 2.4

1. (1) $\lim_{x\to 0^-} f(x) = 0,\ \lim_{x\to 0^+} f(x) = 1$ (3) 1
   (5) 0 (7) 발산
2. (1) ∞ (3) ∞
3. (1) 9 (3) 2
4. (1) $-\infty$ (3) ∞ (5) ∞ (7) $\frac{1}{2}$

연습문제 2.5

1.
   (1) 모든 실수에서 연속 (3) $[3, \infty]$에서 연속
   (5) 정수를 제외한 실수에서 연속
2.
   (1) $f(x) = \dfrac{x^2 - 9}{x - 3},\ x \neq 3$
   $f(x) = 6,\ x = 3$

   (2) $g(x) = \dfrac{x^4 + 2x^2 - 3}{x + 1},\ x \neq -1$
   $g(x) = -8,\ x = -1$

연습문제 3.1

1. (3) -6 (5) -6
2.
   (1) 접선의 방정식 : $y = 3x + 2$, 법선의 방정식 : $y = -\dfrac{1}{3}x - \dfrac{4}{3}$
   (3) 접선의 방정식 : $y = 1$, 법선의 방정식 : $x = 0$

3. 교점 : $(4, 2)$, 접선의 방정식 : $y = \dfrac{1}{4}x + 1$
4. (1) 5
5. (1) $f'(x) = 5$ (3) $f'(x) = 2ax + b$

연습문제 3.2

1. (1) $f'(x) = 5x^4 - 8x^7$ (3) $f'(t) = 36t^{-10}$

   (5) $f'(x) = \left(1 + \frac{1}{x^2}\right)\left(x^2 - \frac{1}{x^2}\right) + \left(x - \frac{1}{x}\right)\left(2x + \frac{2}{x^3}\right)$

2. (1) 23 (3) $-\frac{17}{9}$

3. $y = -\frac{1}{2}x + 1$

4. $y = 2x + 1, \quad y = -2x + 9$

5. $a = 3, b = 2$

연습문제 3.3

1. (1) $f'(x) = 3\cos x - 5\sin x$ (3) $g'(x) = \frac{3}{2}\tan^2\frac{x}{2}\sec^2\frac{x}{2}$

3.
   (1) $4(2x+3)\sin^3(x^2+3x)\cos(x^2+3x)$

   (3) $-8t\cos^3(\sin t^2)\sin(\sin t^2)\cos t^2$

연습문제 3.4

1. (1) $y' = \frac{x}{y}$ (3) $y' = \frac{2x - y}{x + \cos y}$ (5) $y' = \frac{\sqrt{y^3}}{\sqrt{x}}$

2. $y = 1$

3. $y' = \frac{-y}{x + 3y^2}, \quad y'' = \frac{2xy}{(x + 3y^2)^3}$

5. (1) $\frac{dx}{dt} = -\frac{-x\cos y}{\sin y}\frac{dy}{dt}$ (3) $\frac{dx}{dt} = \frac{-4x^2 - xy}{y^2}\frac{dy}{dt}$

연습문제 3.5

1.
   (1) $y'' = \frac{-2}{(x+1)^3}$

   (3) $y'' = -\frac{243}{16}(3x^3+2)^{-\frac{7}{4}}x^4 + \frac{18}{4}(3x^2+2)^{-\frac{3}{4}}x$

연습문제 3.6

1. 900 cm/sec
3. 800 feet/sec^2
5. $\frac{5}{6\pi}$ cm/sec, $\frac{5}{3\pi}$ cm/sec
7. $\sqrt{2}$ m/sec
9. $\frac{1}{12}$ feet/sec

연습문제 3.7

1. (1) $dy = (3x^2 - 4x)dx$ (3) $dy = 2(x+a)dx$
   (5) $dy = -\cos(\cos x)\sin x\,dx$
3. 244.8π
5. (1) 3.872983

연습문제 4.1

1. (1) $x = \pm 1, x = \pm\sqrt{2}$ (3) $\frac{\pi}{2} + n\pi, n \in \mathbb{Z}$
2. (1) 최솟값 : 2, 최댓값 : 6 (3) 최솟값 : 0, 최댓값 : 4

연습문제 4.2

1. (1) $C = 0,\ \pi,\ 2\pi$ (3) $C = \frac{9}{4}$
4. (1) $f(x) = \pi x + 2\pi$ (3) $f(x) = -x + 2$
5. (1) $(-\infty, \infty)$: 단조증가 (3) $(-\infty, 1)$: 단조증가, $(1, \infty)$: 단조증가

연습문제 4.3

1. (1) 국소극대값 : 18, 국소극소값 : -14 (3) 국소극대값 : 1
   (5) 없음
5. $a = 6, b = 9$

연습문제 4.4

1. 가로 : $\sqrt{2}a$, 세로 : $\sqrt{2}a$

3. 24분 후, 볼 수 있다.

5. $(1, 1)$

연습문제 4.5

1. (1)

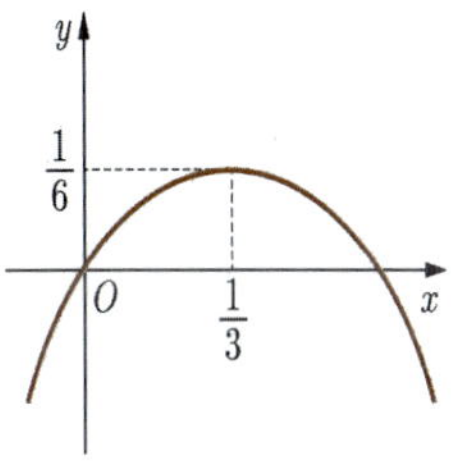

(3)

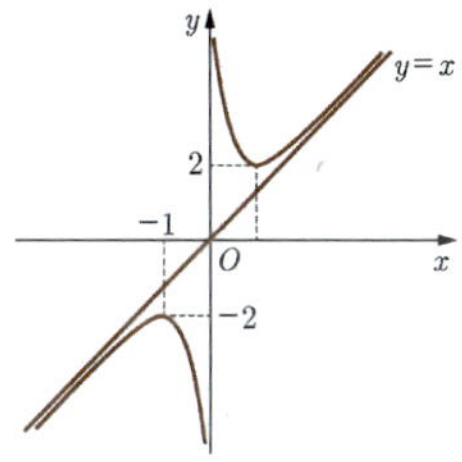

(5)

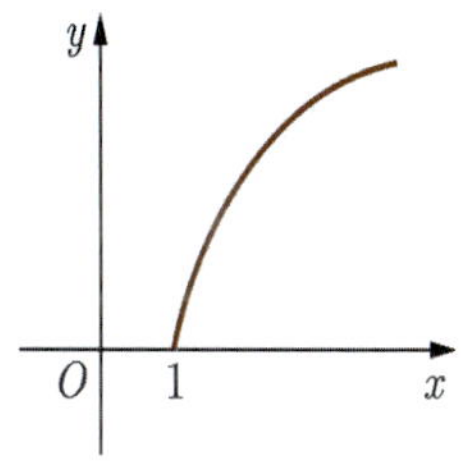

2. (1) $(-2, 0)$ (3) $(-1, 9)$ (5) 없음

연습문제 4.6

1. (1) $\dfrac{1}{3}$ (3) $-\infty$ (5) 0

2. (1) 수평점근선 : $y = \frac{3}{2}$

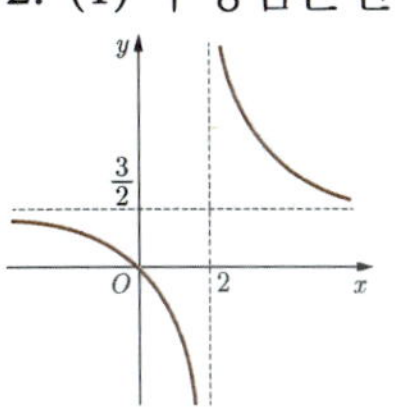

(3) 수평점근선 : $y = 1$

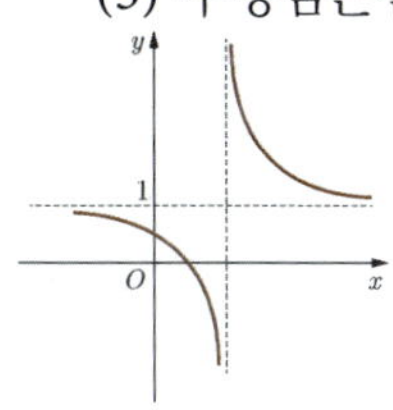

3. $y = 2x + 3$

연습문제 4.7

1.

(1)

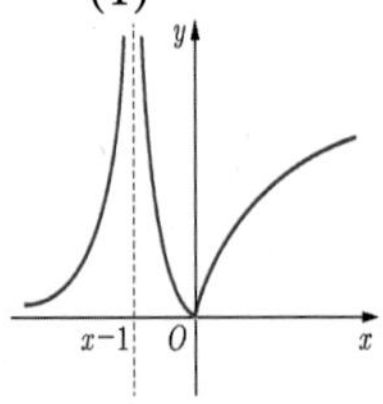

(3)

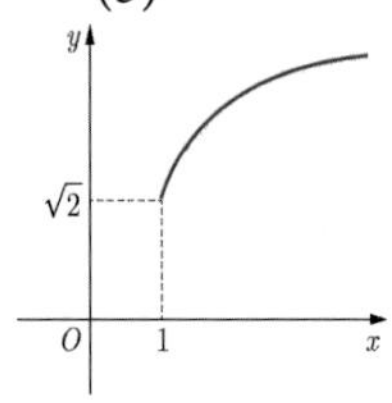

(5)

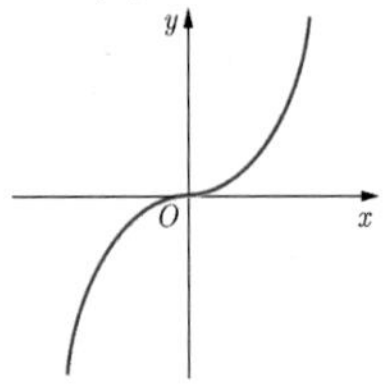

(7)

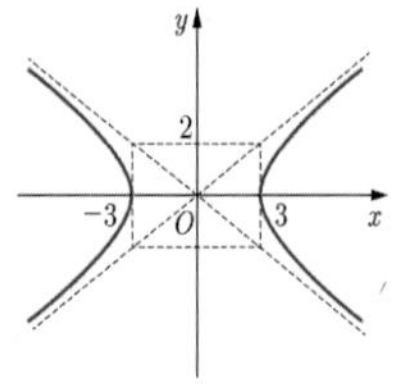

3.

(1)

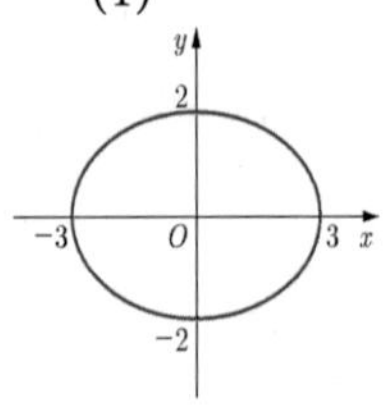

(3)

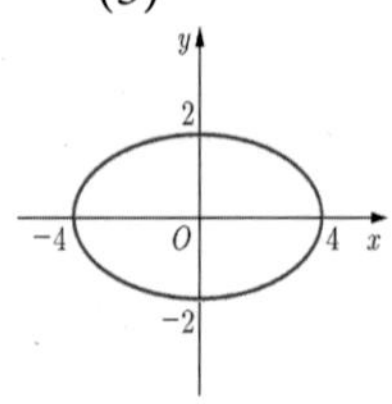

연습문제 5.2

1. (1) 상계 : 4, 하계 : 0
   (3) 상계 : $\dfrac{\pi}{4}$, 하계 : $\dfrac{\sqrt{2}}{8}\pi$
   (5) 상계 : 10, 하계 : 2

연습문제 5.3

1. (1) $G^{'}(x) = x\sin x$
   (3) $G^{'}(x) = -\sqrt{1+x^2} + 2x\sqrt{1+x^4}$
2. (1) 4
   (3) $\sqrt{3}$
   (5) $\sqrt{2}-1$
3. (1) $\dfrac{2}{5}$
   (3) $\sqrt{2}-1$
   (5) $\dfrac{\pi}{4}$

연습문제 5.4

1. (1) $\dfrac{2}{3}x^3 - \dfrac{7}{4}x^4 + \dfrac{4}{5}x^5 + C$
   (3) $\dfrac{x^3}{3} - \tan x + C$

(5) $\frac{2}{3}x^{\frac{3}{2}} + 2x^{\frac{1}{2}} + C$ (7) $\frac{4}{3}x^3 + 2x^2 + x + C$

2. (1) $\frac{17}{3}$ (3) $-\frac{136}{3}$ (5) 18 (7) $-1 - 2\sqrt{2}$

연습문제 5.5

1.
(1) $\frac{1}{6}(4x-5)^{\frac{3}{2}} + C$ (3) $\frac{1}{2}\sin x^2 + C$

(5) $\frac{2}{7}(x+3)^{\frac{7}{2}} - \frac{12}{5}(x+3)^{\frac{5}{2}} + 6(x+3)^{\frac{3}{2}} + C$

(7) $\frac{3}{2}\cos(-2x) + C$ (9) $\frac{1}{3}\cos^{-3} t + C$

(10) $-\frac{2}{5}\frac{1}{(x^2-3x+1)^{\frac{5}{2}}} + C$

2. (1) $-\frac{1}{160}(2-5x^4)^8 + C$ (3) $\frac{1}{3}(\sin 2x)^{\frac{3}{2}} + C$

(5) $\frac{4}{3}(1+\sqrt{x})^{\frac{3}{2}} + C$ (7) $\frac{2}{9}(3x+7)^{\frac{3}{2}} + C$

(9) $\frac{2}{9}(1-\cos 3\theta)^{\frac{3}{2}} + C$

4. (1) 0 (3) π^2 (5) 8

연습문제 5.6

1. (1) $\frac{2}{3}(\ln 2 - \ln 3)$ (3) $\ln|\sin x| + C$

(5) $\frac{1}{2}(\ln x)^2 + C$ (7) $-\ln|1-\sin x| + C$

2. (1) $y' = \frac{2x-5}{x^2-5x+6}$ (3) $f'(x) = \frac{x+\sqrt{x^2-1}}{\sqrt{x^2-1}(x+\sqrt{x^2-1})}$

(5) $f'(x) = \frac{1}{2(x-3)} - \frac{1}{2(x-2)}$

연습문제 6.1

1. (1) $(-\infty, 0), (0, \infty)$ (3) $(-\infty, -1) \cup (-1, 1) \cup (1, \infty)$

(5) $(n\pi, n\pi + \pi),\ n \in \mathbf{Z}$

2. (1) $y = \sqrt[3]{\dfrac{-x-1}{4}}$ (3) $y = \dfrac{1}{5x+2}$
4. (1) $\dfrac{1}{37}$ (3) $\dfrac{1}{4}$
5. (1) $\dfrac{dx}{dy} = \dfrac{x^3+1}{3x^2}$ (3) $\dfrac{dx}{dy} = \cos^2 x$

연습문제 6.2

1. (1) $y' = \dfrac{e^{\sqrt{x+1}}}{2\sqrt{x+1}}$ (3) $f'(x) = \dfrac{-2e^x}{(e^x-1)^2}$
   (5) $y' = 2x10^{x^2}(\ln 10) + 20x^{19}$ (7) $y' = 3e^{3x}\sec^2 e^{3x}$
2. (1) $2e^{\sqrt{x}} + C$ (3) $\ln(e^x + e^{-x}) + C$
   (5) $\dfrac{\ln 2}{2}(\log_2 x)^2 + C$ (7) $-\dfrac{1}{2}\left[\ln(1+e^{-x})\right]^2 + C$
3. (1) $\left(\dfrac{1}{2}, \sqrt{e}\right)$ (2) $\left(\dfrac{\ln 2}{4}, e^{\frac{3\ln 2}{4}}\right)$
5. $f^{(n)}(x) = (n+x)e^x$
7. $y = \ln\left(\dfrac{x+1}{1-x}\right)$

연습문제 6.3

1. (1) $\dfrac{\pi}{3}$ (3) $-\dfrac{1}{2}$ (5) 1
2. (1) $f'(x) = \dfrac{3}{\sqrt{1-9x^2}}$ (3) $f'(x) = \dfrac{1}{1+x^2}\cos(\tan^{-1} x)$
3. $\dfrac{56}{65}$
5. (1) $\dfrac{1}{12}\tan^{-1}\dfrac{3}{4}x + C$ (3) $\dfrac{1}{10}\sec^{-1}\left|\dfrac{\sqrt{2}}{5}x^2\right| + C$
   (5) $-\tan^{-1} e^{-x} + C$

연습문제 6.4

1. (1) 0 (3) $\ln(2+\sqrt{5})$
3.
   (1) $f'(x) = -\dfrac{1}{2\sqrt{x}}\text{sech}\,\sqrt{x}\tanh\sqrt{x}$
   (3) $f'(x) = (2\sinh\sqrt{1-x^2})\left(-\dfrac{x}{\sqrt{1-x^2}}\right)\cosh\sqrt{1-x^2}$

4. (1) $\ln \dfrac{10+\sqrt{101}}{5+\sqrt{26}}$ (3) $\dfrac{1}{2}\ln(1+\sqrt{2})$

5. $\dfrac{(e^3+e^4)-(e^{-3}+e^{-4})}{2}$

연습문제 6.5

1. (1) 0 (3) 1
2. (1) 0 (3) $-\infty$
3. (1) 0 (3) $\frac{1}{6}$

연습문제 7.1

1.

(1) $-x\cos x+\sin x+C$ (3) $\ln|\cos x|+x\tan x+C$

(5) $x\{(\ln x)^2-2\ln x+2\}+C$ (7) $-e^{-x}(1+x)+C$

(9) $\dfrac{1}{2}e^x(\sin x-\cos x)+C$ (11) $\dfrac{1}{\ln 2}\cdot t2^t-\dfrac{1}{(\ln 2)^2}\cdot 2^t+C$

(13) $\dfrac{1}{\ln 6}(x\ln x-x)+C$ (15) $t^2\sinh t-2t\cosh t+2\sinh t+C$

(17) $x\sin^{-1}3x+\dfrac{1}{3}\sqrt{1-9x^2}+C$ (19) $\dfrac{x}{2}\{\sin(\ln x)-\cos(\ln x)\}+C$

(21) $\dfrac{x^2}{2}\ln(x+1)-\dfrac{1}{4}x^2+\dfrac{1}{2}x-\dfrac{1}{2}\ln|x+1|+C$

(23) $\dfrac{\pi^2}{8}+1$ (25) $\dfrac{64}{5}\ln 4-\dfrac{124}{25}$

(27) $\dfrac{5}{27}e^3-\dfrac{2}{27}$

(29) $-\cos x\tan^{-1}(\cos x)+\dfrac{1}{2}\ln(1+\cos^2 x)+C$

(31) $2(\sqrt{t}\sin\sqrt{t}+\cos\sqrt{t})+C$

(35) $x(\ln|x|)^3-3x(\ln|x|)^2+6x\cdot\ln|x|-6x+C$

연습문제 7.2

1.

(1) $\dfrac{1}{5}\cos^5 x-\dfrac{1}{3}\cos^3 x+C$ (3) $\dfrac{1}{2}$

(5) $\dfrac{1}{54}\sin^9 6x-\dfrac{1}{66}\sin^{11}6x+C$

(7) $-\frac{1}{10}\sin^9 w\cos w+\frac{11}{80}\sin^7 w\cos w-\frac{1}{160}\sin^5 w\cos w$
$-\frac{1}{128}\sin^3 w\cos w+\frac{3}{256}w-\frac{3}{512}\sin 2w+C$

(9) $-\frac{1}{4}\cos^3 x\sin x+\frac{1}{8}\sin x\cos x+\frac{17}{8}x+C$

(11) $-2+\frac{3\sqrt{2}}{2}$

(13) $\frac{1}{6}\sec^6 x-\frac{1}{2}\sec^4+\frac{1}{2}\sec^2 x+C$

(15) $\frac{1}{6}\tan^6 x+\frac{1}{4}\tan^4 x+C$

(17) $\frac{1}{3}\sec^3 x+C$

(19) $-\frac{1}{7}\tan^7(1-y)-\frac{1}{5}\tan^5(1-y)+C$

(21) $\frac{1}{5}\sec^5 x+C$

(23) $-\frac{1}{4}\cot^4 x+C$

(25) $-\frac{1}{3}(1-2\sqrt{2})$

(27) $\sin x$

(29) $\frac{1}{2}\tan^2 x+C$

(31) $-\frac{1}{2}\cos^2 x+C$

(33) $\tan x-x+C$

(35) $-\frac{1}{4}\csc^4 x+\csc^2 x+\ln|\sin x|+C$

(37) $-\frac{3}{4}$

(39) $\frac{1}{2}\cos x-\frac{1}{4}\cos 2x+C$

(41) $\frac{1}{16}\sin 8x+\frac{1}{4}\sin 2x+C$

(43) $2-\sqrt{2}$

(45) $\ln|1-\cos x|+C$

연습문제 7.3

1.

(1) $\frac{\pi}{8}$

(3) π

(5) $\frac{t}{18(9+t^2)}-\frac{\tan^{-1}\frac{t}{3}}{54}+C$

(7) $\frac{x}{\sqrt{1+2x^2}}+C$

(9) $\frac{x}{-16\sqrt{9x^2-4}}\left(\frac{3x^2}{9x^2-4}-1\right)+C$

(11) $\frac{\pi}{12}$

(13) $\frac{1}{2}\cdot\sin^{-1}h(1+2x)=\frac{1}{2}\ln|\sqrt{4x^2+4x+2}+2x+1|+C$

(15) $\frac{1}{2}\tan^{-1}\frac{t+1}{2}+C$

(17) $\frac{x\sqrt{9x^2-1}}{18}+\frac{\ln(3x+\sqrt{9x^2-1})}{54}+C$

(19) $\frac{-\sqrt{9-4x^2}}{9x}+C$

(21) $\sqrt{x^2+1}\left(\frac{-1}{3x^3}-\frac{1}{3x}\right)+C$

(23) $-2\sqrt{-x^2+4x-3}+\sin^{-1}(x-2)+C$

(25) $-\frac{2}{3}\sqrt{1-e^{3w}}+C$

(27) $\frac{1}{4}\left(x\sqrt{1-x^2}-\sin^{-1}x+2x^2\cdot\sin^{-1}x\right)+C$

연습문제 7.4

1.

(1) $\ln(1+x)+C$

(3) $t-2\tan^{-1}t+C$

(5) $x+x^2+8\ln(x-2)+C$

(7) $-\frac{9}{2}\ln(t-3)+\frac{15}{2}\ln(t-5)+C$

(9) $x+\frac{3}{2}\ln(x-1)-\frac{1}{2}\ln(x+1)+C$

(11). $\frac{3}{2-2x^2}+C$

(13) $\frac{x}{2(1-x^2)}-\frac{1}{4}\ln(1-x)+\frac{1}{4}\ln(x+1)+C$

(15) $\frac{1-x}{4(1+x^2)}-\frac{1}{2}\tan^{-1}x+\frac{1}{4}\ln(x-1)-\frac{1}{8}\ln(x^2+1)+C$

(17) $x-\ln(1+e^x)+C$

(19) $\frac{1}{2}(-x+\tan^{-1}x+x^2\cdot\tan^{-1}x)+C$

2.

(1) $2\sqrt{x}-2\tan^{-1}(\sqrt{x})+\ln(1+x)+C$

(3) $-6\sqrt[6]{x}+2\sqrt{x}-\frac{6}{5}x^{\frac{5}{6}}+\frac{6}{7}x^{\frac{7}{6}}+6\tan^{-1}(x^{\frac{1}{6}})+C$

(5) $\frac{4}{3}-\ln 3$

3. (1) $\frac{2}{\sqrt{3}}\tan^{-1}\left(\frac{2\tan\frac{x}{2}+1}{\sqrt{3}}\right)+C$ (3) $-\frac{2\tanh^{-1}\left(\frac{1-2\tan\frac{x}{2}}{\sqrt{5}}\right)}{\sqrt{5}}+C$

연습문제 7.5

1. (1) $\frac{3}{2}$ (2) $\frac{5}{6}$ (3) $\frac{16}{15}$

2. (1) $\frac{9}{5}$ (2) $\frac{137}{170}$ (3) $\frac{4}{5}+\frac{4}{13}+\frac{4}{29}+\frac{4}{53}$

3. (1) $1+\sqrt{2}$ (2) $3+\sqrt{2}$ (3) $\frac{3+\sqrt{35}}{2\sqrt{2}}$

4. 좌: $\frac{1}{4}(2-\sqrt{2}+2\sqrt{3}-\sqrt{6})$,   우: $\frac{1}{4}(3\sqrt{2}+\sqrt{6}-4)$

5. 좌=우= $\frac{\pi}{4}\left(\frac{3}{2}+\frac{4}{2+\sqrt{2}}\right)$

6. 좌= $\frac{3}{5}$,   우= $\frac{2}{15}$

7. 좌 = 우 = $\frac{1+\sqrt{2}}{2}$

8. 좌 = $\left(\frac{4+\sqrt{2+\sqrt{3}}+\sqrt{2+\sqrt{2}}+2\sqrt{3}}{12\sqrt{2}}\right)\pi$,

$$\text{우} = \left(\frac{2\sqrt{2+\sqrt{3}}+\sqrt{2+\sqrt{2}}+2\sqrt{2}+\sqrt{3}}{12\sqrt{2}}\right)\pi$$

9. 1

10. 4

연습문제 7.6

1.
   (1) 10 (3) $\frac{3}{2}$ (5) 발산 (7) 발산
   (9) 발산 (11) 발산 (13) $2\sqrt{e-1}$ (15) $\frac{1}{2}$
   (17) $\frac{1}{2}$ (19) $\frac{3}{8}\pi$ (21) $\frac{\pi}{4}$ (23) 발산

연습문제 8.1

1. (1) $\frac{56}{3}$ (3) $\frac{3}{2}\ln 2 - \frac{1}{2}$ (5) $2\left(1-\frac{1}{e}\right)$
2. (1) $\frac{2\sqrt{3}}{3}+2$ (3) $\frac{1}{2}$ (5) $\ln 2$ (7) $\frac{26}{15}+\frac{6\sqrt{3}}{5}$
3. (1) $\frac{1}{3}$ (3) $3\ln 2 - 2$ (5) $\frac{9}{2}$ (7) 4

연습문제 8.2

1. (1) $\frac{\pi}{5}$ (3) $\frac{\pi^2}{2}$ (5) $\frac{\pi}{4}(1+e^2)$ (7) $6\pi - \frac{4\sqrt{2}}{9}\pi$
2. (1) $\frac{\pi}{2}(e^4-e^2)$ (3) $\frac{\pi^2}{6}$
3. (1) 4π (3) $\frac{\pi}{2}$
4. (1) $\frac{16}{3}$

연습문제 8.3

1. (1) $\frac{14}{3}\pi$ (3) $(9\ln 3 - 4)\pi$
2. (1) $\left(\frac{2\sqrt{2}}{3}-\frac{1}{3}\right)\pi$ (3) $(2-\sqrt{2})\pi$
3. (1) $\frac{\pi}{6}$

4. $\frac{4}{3}\pi a^3$

5. $\frac{1}{3}\pi a^2 h$

연습문제 8.4

1.

(1) $4\sqrt{5}$

(3) $-\frac{\sqrt{5}}{2}+\sqrt{17}-\frac{1}{4}(\sin^{-1}h2-\sin^{-1}h4)=\sqrt{17}-\frac{\sqrt{5}}{2}+\frac{1}{4}\ln|\sqrt{17}+4|-\frac{1}{4}\ln|\sqrt{5}+2|$

(5) $\frac{3}{16}+\ln 5-\frac{7}{8}\ln 2$

(7) $\frac{3}{4}$

(9) $2(\sqrt{2}+1-\sqrt{1+e^{\sqrt{3}}})$

2. (1) $2\sqrt{3}+\ln(2+\sqrt{3})$ (3) $\sqrt{2}(e^{\pi}-1)$ (5) $\ln(\sqrt{2}+1)$

연습문제 8.5

2. (1) $(\frac{3}{2}\sqrt{2},\ \frac{3}{2}\sqrt{2})$ (3) $(\frac{3}{2},\ \frac{3}{2}\sqrt{3})$ (5) $(0,-2)$ (7) $(0,0)$

3.

(1) $(3\sqrt{2},\ \frac{\pi}{4}+2n\pi),\ \ (-3\sqrt{2},\ \frac{5\pi}{4}+2n\pi)$

(3) $(5,\ \frac{\pi}{2}+2n\pi),\ (-5,\ \frac{3\pi}{2}+2n\pi)$

(5) $(6,\ \frac{\pi}{3}+2n\pi),\ (-6,\ \frac{4\pi}{3}+2n\pi)$

(7) $(4,\ -\frac{\pi}{6}+2n\pi),\ (-4,\ \frac{5\pi}{6}+2n\pi)$

연습문제 8.6

1. (1) $3r\cos\theta+2r\sin\theta=4$ (3) $r^2+8r^2\sin^2\theta+1$

(5) $r^2=6r^3\cos\theta-8r^3\cos^3\theta$

2. (1) $x^2+y^2=25$ (3) $y=6x$ (5) $x^3+y^2(x-2)=0$

연습문제 8.7

1. (1) $\frac{\sqrt{3}}{3}$ (3) $\frac{-\sin 3+3\cos 3}{-\cos 3-3\sin 3}$

3. (1) $\psi=\frac{3\pi}{4}$ (3) $\psi=\tan^{-1}\left(\frac{\pi}{2}\right),\ \ \psi=\tan^{-1}\left(\frac{3\pi}{2}\right)$

연습문제 8.8

1. (1) 16π (3) $\dfrac{3\pi}{4} - \dfrac{9\sqrt{3}}{16}$
3. (1) $-\dfrac{1}{4} + \dfrac{\pi}{8}$ (3) $\sqrt{3} - \dfrac{\pi}{3}$

연습문제 9.1

1. (1) 유계(진동) (3) 유계 아님, 증가 (5) 유계 아님, 증가
3. (1) 수렴 (3) 발산 (5) 수렴 (7) 수렴
   (9) 수렴 (11) 수렴 (13) 수렴 (15) 수렴
   (17) 수렴 (19) 수렴 (21) 수렴 (23)수렴

연습문제 9.2

1. (1) 수렴 (3) 발산 (5) 발산 (7) 발산 (9) 수렴 (11) 수렴

연습문제 9.3

1. (1) 수렴 (3) 수렴 (5) 수렴 (7) 수렴 (9) 수렴
   (11) 수렴 (13) 수렴 (15) 발산 (17) $p > 1$일 때 수렴

연습문제 9.4

1. (1) 발산 (3) 발산 (5) 수렴 (7) 수렴 (9) 수렴 (11) 수렴
   (13) 수렴 (15) 수렴

연습문제 9.5

1. (1) 수렴 (3) 발산 (5) 발산 (7) 수렴 (9) 수렴
2. (1) $\displaystyle\sum_{n=1}^{4}(-1)^{n+1}\frac{1}{n^3}$

3. (1) 조건부수렴 (3) 절대수렴 (5) 조건부수렴 (7) 발산

연습문제 9.6

1. (1) $P_5(x) = 1 - \dfrac{x^2}{2!} + \dfrac{x^2}{4!}$ (3) $P_4(x) = 1 - x + x^2 - x^3 + x^4$
   (5) $P_4(x) = 1 + \dfrac{x^2}{2!} + \dfrac{x^4}{4!}$ (7) $P_3(x) = -\dfrac{x^2}{2!}$
2. (1) 1.648 (3) 0.309
3. (1) $P_2(x) = 1 - \dfrac{x^2}{6}$

연습문제 9.7

1. (1) $-1 \le x \le 1$ (3) $-3 \le x < 3$ (5) $-1 \le x \le 1$
   (7) $-\infty < x < \infty$ (9) $-\infty < x < \infty$ (11) $-1 \le x \le 1$
   (13) $-1 \le x < 1$
2. (1) $\dfrac{\ln(1+x)}{x}$

연습문제 9.8

1. (1) $\displaystyle\sum_{n=1}^{\infty}(-1)^{n+1}\frac{(2x)^{2n-1}}{(2n-1)!}$ (3) $\displaystyle\sum_{n=0}^{\infty}\frac{(\ln 10)^n}{n!}x^n$
2. (1) $\displaystyle\sum_{n=0}^{\infty}\frac{x^{2n}}{(2n)!}$
3.
   (1) $P_n(x) = 4 - 5(x+1) + 6(x+1)^2 - 4(x+1)^3 + (x+1)^4$
   (3) $P_n(x) = 43 - 26(x+3) + 4(x+3)^2$
   (5) $P_n(x) = \displaystyle\frac{1}{2}\sum_{n=0}^{\infty}\left[(-1)^n\frac{\sqrt{3}}{(2n)!}\left(x-\frac{\pi}{3}\right)^{2n} + \frac{1}{(2n+1)!}\left(x-\frac{\pi}{3}\right)^{2n+1}\right]$
4. (1) 1 (3) $\dfrac{1}{5}$

연습문제 10.1

1. $y^2 + 4y + 16x + 20 = 0$
3. $y^2 + 4y + (8 \pm \sqrt{15})x + 3 = 0$

5. $(0,0)$
7. $d=-\frac{1}{2}$, 접점 $k=(-1,\frac{1}{2})$

연습문제 10.2

1.

(1) 초점 : $(0,0)$, 꼭지점 : $(0,1),(0,-1)$
(2) 초점 : $(0,-\frac{\sqrt{3}}{2}),(0,\frac{\sqrt{3}}{2})$, 꼭지점 : $(0,-1),(0,1)$
(3) 초점 : $(-1,3-\frac{2\sqrt{6}}{5}),(-1,3+\frac{2\sqrt{6}}{5})$, 꼭지점 : $(-1,2),(-1,4)$
(4) 초점 : $(-3,6),(-3,0)$, 꼭지점 : $(-3,8),(-3,-2)$
(5) 초점 : $(-\frac{1}{2},5+2\sqrt{6}),(-\frac{1}{2},5-2\sqrt{6})$, 꼭지점 : $(-\frac{1}{2},5+4\sqrt{2}),(-\frac{1}{2},5-4\sqrt{2})$

3. $\frac{(x-2)^2}{21}+\frac{(y-5)^2}{25}=1$
5. $y=-\frac{b^2x_0}{a^2y_0}x+\frac{b^2}{y_0}$

연습문제 10.3

1. (1) $x^2-y^2=1$

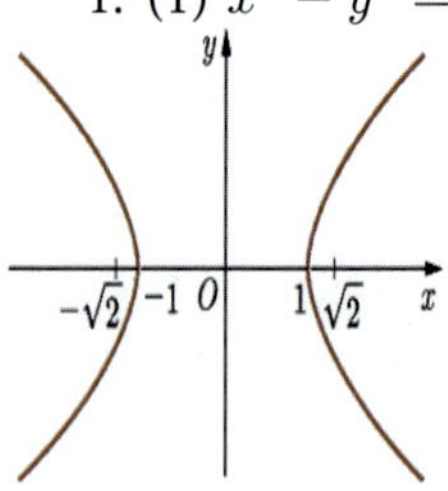

(2) $-\frac{9x^2}{8}+9y^2=1$

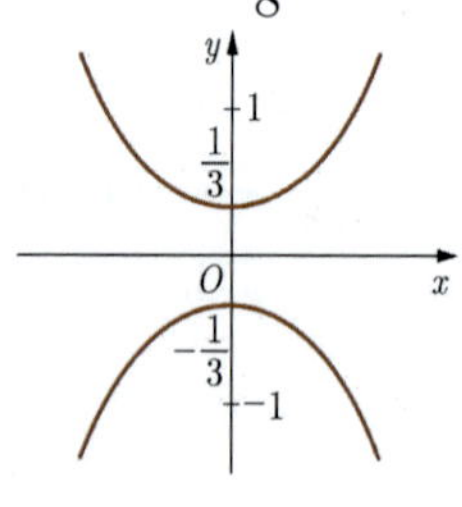

(3) $-\frac{x^2}{16}+\frac{y^2}{9}=1$

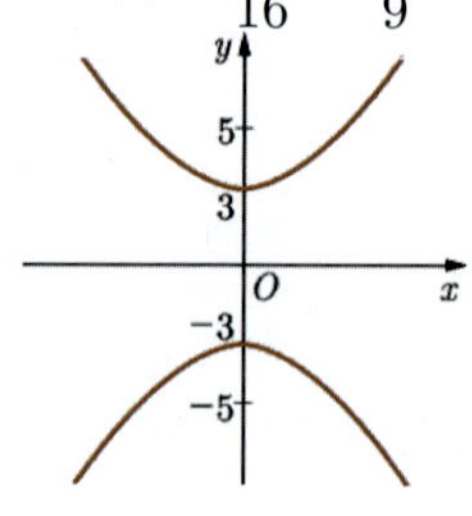

(4) $x^2-\frac{y^2}{2}=1$

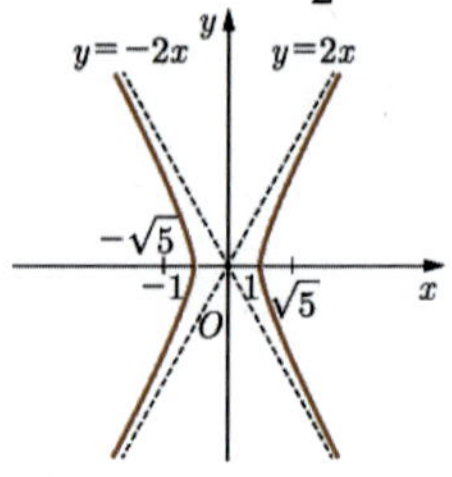

(5) $\frac{x^2}{16}-\frac{y^2}{16}=1$

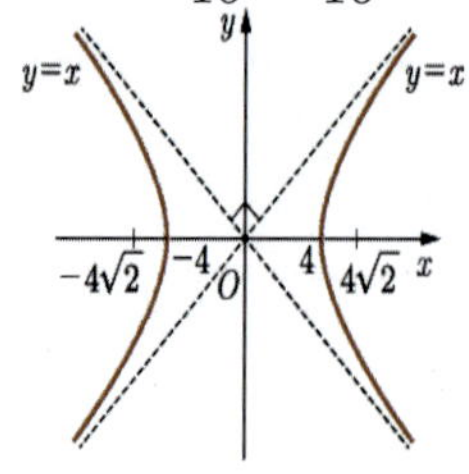

3. $c=-\frac{7}{36}$
5. $d=\pm3$

연습문제 10.4

1.

(1) $-\frac{X^2}{8}+\frac{Y}{8}=1$, 쌍곡선 (2) $\frac{X^2}{4}+\frac{3Y^2}{4}=1$, 타원

(3) $\frac{X^2}{4}+\frac{Y^2}{9}=1$, 타원 (4) $(Y-1)^2-3X=0$, 포물선

(5) $2(Y-1)^2-(X-1)^2=1$, 쌍곡선

연습문제 10.5

1. (1) $e=\frac{4}{5}$ (2) $e=\frac{\sqrt{58}}{3}$ (3) $e=1$

3. (1) 포물선, $y=-1$ (2) 타원, $y=-\frac{25}{3}$

5. $p:(-6,4\sqrt{3}),(-6,-4\sqrt{3})$

연습문제 11.1

1. $3\mathbf{i}-2\mathbf{j}+\sqrt{7}\mathbf{k}$

3. 13

5. $\sqrt{14}$

7. $(x+3)^2+(y+4)^2+(z-2)^2=25$, 반경 : 5, 중심 :$(-3,-4,2)$

연습문제 11.2

1. $\cos\theta=\frac{\sqrt{3}}{\sqrt{29}}$

3. $\mathbf{Pr_a b}=\frac{4}{9}\mathbf{i}-\frac{2}{9}\mathbf{j}+\frac{4}{9}\mathbf{k}$

5. $\mathbf{a}=\mathbf{i},\mathbf{b}=\mathbf{j},\mathbf{c}=\mathbf{k}$

연습문제 11.3

1. $\mathbf{c}\cdot(\mathbf{a}\times\mathbf{b})=55$

5. 15

7. 예

9. $\frac{95}{2}\mathbf{i}+17\mathbf{j}-11\mathbf{k}$

연습문제 11.4

1. 벡터방정식 : $L = (3 + \frac{1}{2}t)\mathbf{i} + (4 - \frac{1}{3}t)\mathbf{j} + (5 + \frac{1}{6}t)\mathbf{k}$,

   대칭방정식 : $\frac{x-3}{\frac{1}{2}} = \frac{y-4}{-\frac{1}{3}} = \frac{z-5}{\frac{1}{6}}$

5. $x^2 + z^2 = 4$

7. 아니오

연습문제 11.5

1. $4x - 15y + 12z = 2$

3. $3x - y - 5z = -13$

5. $6x + 15y + 27z = 26$

7. $\sqrt{6}$

11. $3y + 2z = 11$

13. $\frac{5\sqrt{3}}{9}$

연습문제 12.1

1. 정의역 : $(-\infty, \infty)$, 성분함수 : $f_1(t) = t, \quad f_2(t) = t^2, \quad f_3(t) = t^3$

3. $(\mathbf{F} \cdot g)(t) = \cos(t^{\frac{1}{3}})\mathbf{i} + \sin(t^{\frac{1}{3}})\mathbf{j} + \left(\sqrt{t^{\frac{1}{3}} + 2}\right)\mathbf{k}$

5.

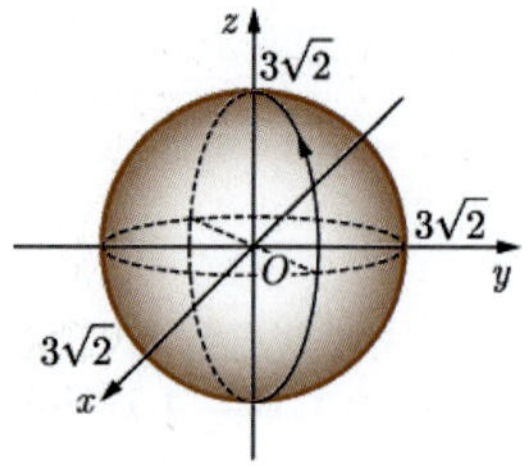

연습문제 12.2

1. (1) $\mathbf{i} - \mathbf{j} + \mathbf{k}$ (2) $3\pi\mathbf{j} - 4\mathbf{k}$

   (3) $5\mathbf{i} - 4\mathbf{j} + \mathbf{k}$ (4) $\mathbf{i} + 4\mathbf{j} + 10\mathbf{k}$

3. $\mathbf{j}$

연습문제 12.3

1.

(1) $F'(t) = \mathbf{j} + 5t^4\mathbf{k}$

(2) $F'(t) = \sec^2 t\,\mathbf{i} + \sec t\,\tan t\,\mathbf{k}$

(3) $F'(t) = \dfrac{4}{\sqrt{1-16t^2}}\mathbf{i} - \dfrac{3}{2t^2-2t+1}\mathbf{j} + \dfrac{14}{t}\mathbf{k}$

(4) $(F \cdot G)'(t) = -e^{-t}\,\mathbf{j}$

(5) $(F \times G)'(t) = \left(\dfrac{3}{t^2}e^{-t} + \dfrac{3}{t}e^{-t} + 1\right)\mathbf{k}$

2. (1) $\dfrac{t^3}{3}\mathbf{i} - (\dfrac{3}{2}t^2 - t)\mathbf{j} + \dfrac{1}{2t^2}\mathbf{k} + C$ (3) $(e-1)\mathbf{i} + (1-e^{-1})\mathbf{j} + \mathbf{k}$

(5) 속도 : $\mathbf{v}(t) = (e^t \sin t + e^t \cos t)\mathbf{i} + (e^t \cos t - e^t \sin t)\mathbf{j} + e^t\mathbf{k}$,

속력 : $\|\mathbf{v}(t)\| = e^t\sqrt{3}$,

가속도 : $\mathbf{a}(t) = 2e^t \cos t\,\mathbf{i} - 2e^t \sin t\,\mathbf{j} + e^t\mathbf{k}$

(7) $F'(t) = t\tan t^3\mathbf{i} + \cos e^t\mathbf{j} + e^{t^2}\mathbf{k}$

연습문제 12.4

3. (1) $\mathbf{r}(t) = (-3+7t)\mathbf{i} + (2-2t)\mathbf{j} + (1+4t)\mathbf{k}, \quad 0 \le t \le 1$

(2) $\mathbf{r}(t) = 6\cos t\,\mathbf{i} + 6\sin t\,\mathbf{j}, \quad 0 \le t \le 2\pi$

(3) $\mathbf{r}(t) = t\,\mathbf{i} + \tan t\,\mathbf{j}, \quad 0 \le t \le \dfrac{\pi}{4}$

(4)
$$\begin{aligned}\mathbf{r}(t) &= 2t\,\mathbf{i}, & (0 \le t \le 1)\\ &= (4-2t)\mathbf{i} + (2t-2)\mathbf{j}, & (1 \le t \le 2)\\ &= (6-2t)\mathbf{j}, & (2 \le t \le 3)\end{aligned}$$

5. (1) $\sqrt{4+t}$ (2) t^2+2

7. $S(t) = rt$, (단, $0 \le t \le 2\pi$)

연습문제 12.5

1. $T = \dfrac{2}{2+t^2}\mathbf{i} + \dfrac{2t}{2+t^2}\mathbf{j} + \dfrac{t^2}{2+t^2}\mathbf{k}$, $N = -\dfrac{2t}{2+t^2}\mathbf{i} + \dfrac{2-t^2}{2+t^2}\mathbf{j} + \dfrac{2t}{2+t^2}\mathbf{k}$

3. $\dfrac{2}{9}$ 5. $\mathbf{a}_T = 0, \quad \mathbf{a}_N = 1$

7. 최대점 : $(3,0), (-3,0)$, 최소점 : $(0,2), (0,-2)$

13. $\kappa = \dfrac{3\sqrt{2}}{4(1-\cos\theta)^{\frac{1}{2}}}$

15. $$\mathbf{B} = \mathbf{T} \times \mathbf{N} = \begin{vmatrix} \mathbf{i} & \mathbf{j} & \mathbf{k} \\ -\frac{1}{\sqrt{2}}\sin t & \frac{1}{\sqrt{2}}\cos t & \frac{1}{\sqrt{2}} \\ -\cos t & -\sin t & 0 \end{vmatrix}$$
$$= \left(\frac{1}{\sqrt{2}}\sin t\right)\mathbf{i} - \left(\frac{1}{\sqrt{2}}\cos t\right)\mathbf{j} + \frac{1}{\sqrt{2}}\mathbf{k}$$

연습문제 13.1

1.

(1) $\{(x,y) \in \mathbf{R}^2 | x \geq 0, y \geq 0\}$

(2) $\{(x,y) \in \mathbf{R}^2 | x \neq 0, y \neq 0\}$

(3) $\{(x,y) \in \mathbf{R}^2 | y \neq x, y \neq -x\}$

(4) $\{(x,y,z) \in \mathbf{R}^3 | x^2 + y^2 + z^2 \leq 1\}$

(5) $\{(x,y,z) \in \mathbf{R}^3 | y \neq z\}$

2.

(1)

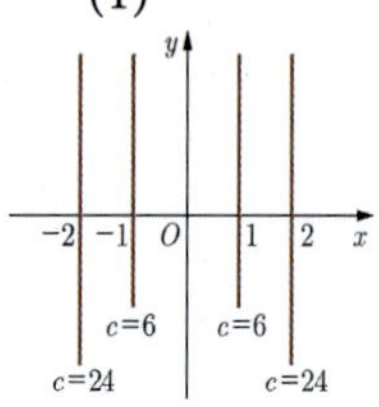

(2)

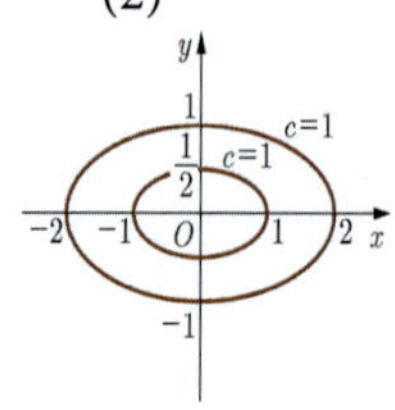

(3)

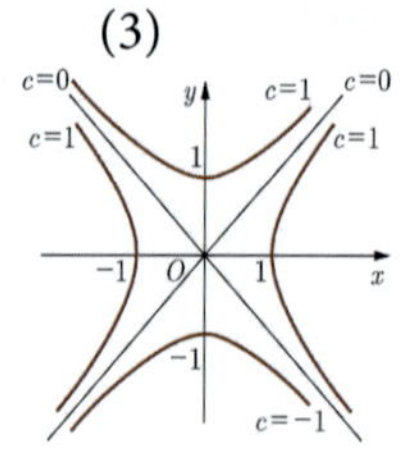

(4)

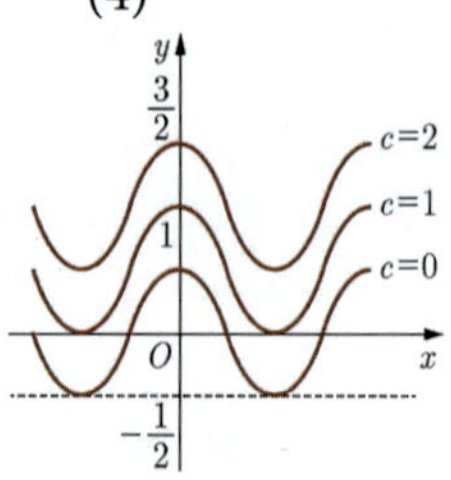

(5)

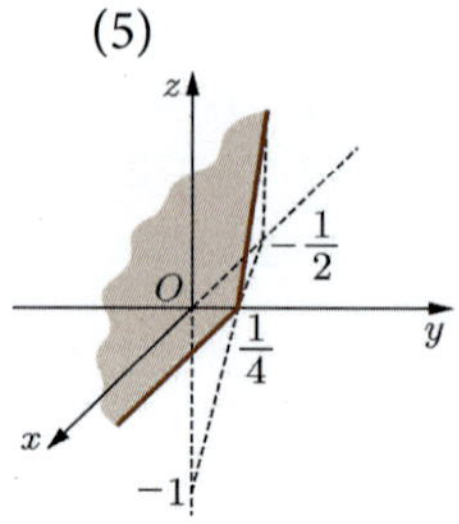

(6)

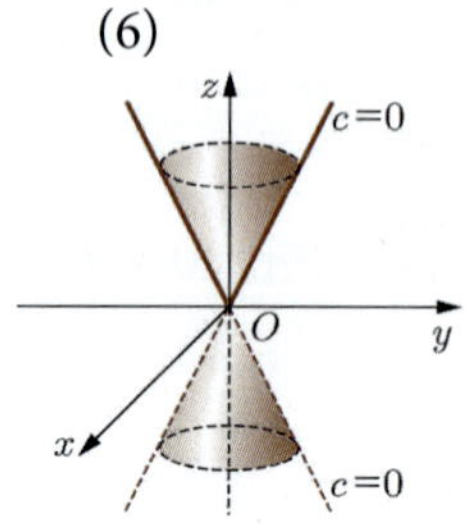

(7)

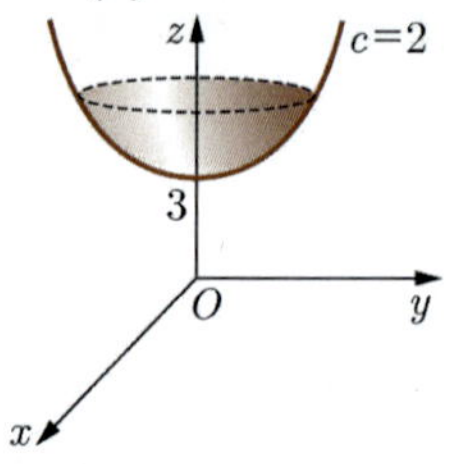

3.

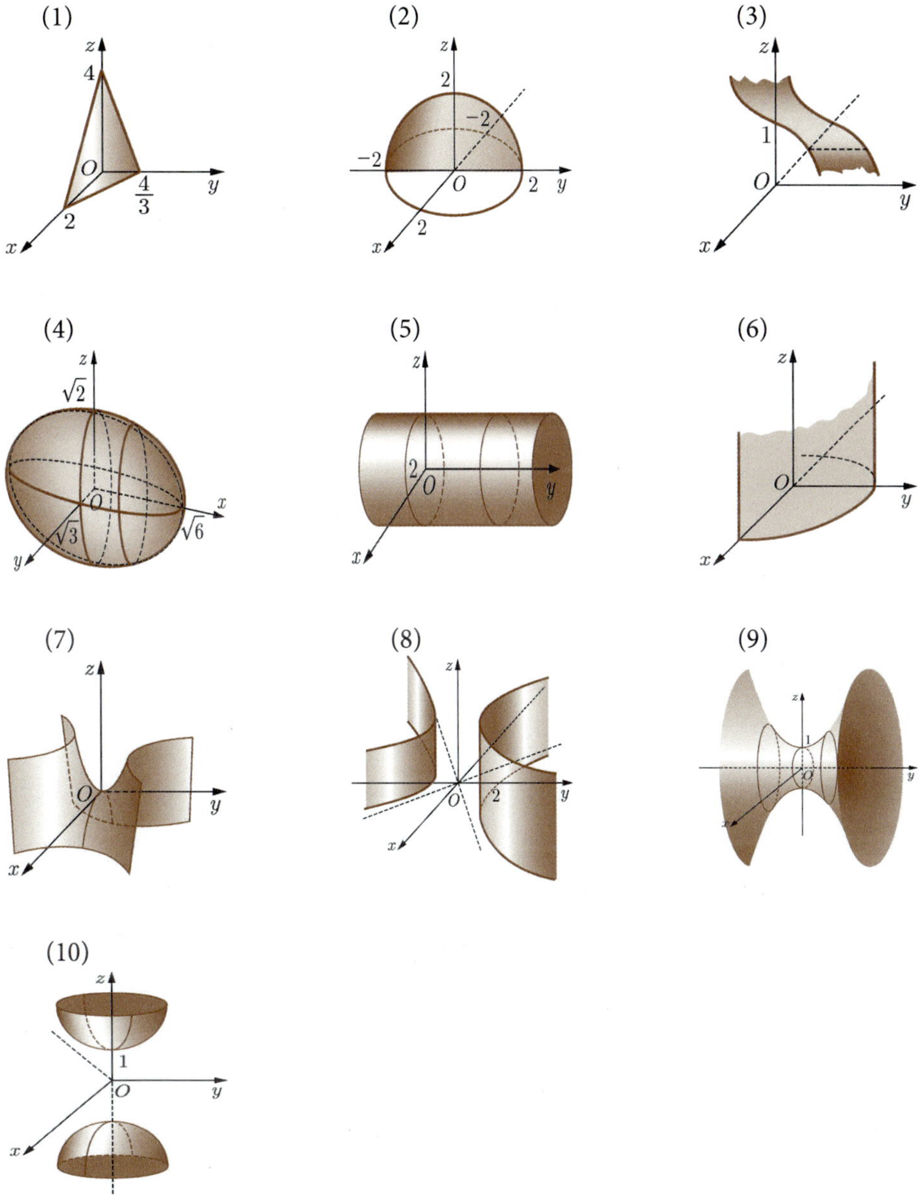

4.

(1) $g(t) = \sqrt{t}$, $f(x, y) = 4 - x^2 - y^2$

(2) $g(t) = e^t$, $f(x, y) = x\sqrt{y}$

(3) $g(t) = (\sin t)^{\frac{2}{3}} - 4$, $f(x, y) = \dfrac{x^2}{x^2 + y^2}$

연습문제 13.2

1. (1) 2 (2) 4 (3) 1 (4) 0 (5) 0 (6) 0

(7) x축을 따라서 원점으로 근접하는 극한과 y축을 따라서 원점으로 근접하는 극한이 서로 다름을 보이면 된다.

(8) 1

2.

(1) $g(x,y) = x, h(x,y) = y^2$이라 두면 g와 f는 다항함수이므로 연속함수이다. 정리 13.1에 의하여 $f(x,y) = g(x,y)h(x,y)$는 연속이다.

(2) $g(x,y) = x^2+y^2, h(x,y) = x^2+y^2-1$이라 두면 g와 f는 연속이다. $x^2+y^2 \neq 1$일 때 정리 13.1에 의하여 $f(x,y) = \dfrac{g(x,y)}{h(x,y)}$는 연속이다.

(3) $g(t) = \sin t$, $h(x,y,z) = xyz-1$이라 두면 g와 h는 연속함수이다. $f(x,y,z) = (g \circ h)(x,y,z)$이고 정리 13.2에 의하여 f는 연속이다.

(4) $g(x,y) = x^2y^2$, $h(x,y) = x^2+y^2$이라 하면, g, h는 모든 $(x,y) \in \mathbb{R}^2$에서 연속함수이고, $(x,y) \neq (0,0)$ 일 때 정리 13.1에 의하여 $f(x,y) = \dfrac{g(x,y)}{h(x,y)}$ (단, $h(x,y) \neq 0$)는 연속이다. 또한 $\displaystyle\lim_{(x,y)\to(0,0))} f(x,y) = 0$이고 $f(0.0) = 0$이므로, $(x,y) = (0,0)$에서도 연속이다. 그러므로 $f(x,y)$는 모든 $(x,y) \in \mathbb{R}^2$에서 연속이다.

3.

(1) $g(x) = f(x,y)$라 두고 $\displaystyle\lim_{x\to 0} g(x) = 0$임을 증명하면 된다. $h(y) = f(x,y)$라 두고 $\displaystyle\lim_{y\to 0} h(y) = 0$임을 증명하면 된다.

(2) (x,y)가 x의 양축을 따라 원점으로 근접할 때의 극한과 $y=x$를 따라 원점으로 근접할 때의 극한이 서로 다름을 보이면 된다.

연습문제 13.3

1. (1) $f_x = 2+6xy^4$, $f_y = 12x^2y^3$

$f_{xx} = 6y^4, f_{yy} = 36x^2y^2, f_{xy} = f_{yx} = 24xy^3$

(3) $f_x = 6xy\sin^2 x^2y\cos x^2y$, $f_y = 3x^2\sin^2 x^2y\cos x^2y$

$f_{xx} = 24x^2y^2(\sin^3 x^2y)(\cos^2 x^2y) - 12(\sin^3 x^2y)x^2y^2 + 6y(\sin^2 x^2y)(\cos x^2y)$

$f_{yy} = 6x^4(\sin x^2y)(\cos^2 x^2y) - 3x^4(\sin^3 x^2y)$

$f_{xy} = f_{yx} = 12x^3y(\cos^2 x^2y)(\sin x^2y) - 6x^3y(\sin^3 x^2y) + 6x(\cos x^2y)(\sin^2 x^2y)$

(5) $f_x = \dfrac{z}{x}\left(\dfrac{x}{y}\right)^z$, $f_y = -\dfrac{z}{y}\left(\dfrac{x}{y}\right)^z$, $f_z = \left(\dfrac{x}{y}\right)^z \ln\dfrac{x}{y}$

$$f_{xx} = \left(\frac{x}{y}\right)^z \cdot \frac{z^2 - z}{x^2},\ f_{yy} = \left(\frac{x}{y}\right)^z \cdot \frac{z^2 + z}{y^2},$$
$$f_{zz} = \left(\frac{x}{y}\right)^z \left(\ln\frac{x}{y}\right)^2\ f_{xy} = -\frac{z^2}{xy}\left(\frac{x}{y}\right)^z,$$
$$f_{yz} = -\frac{1}{y}\left(1 + z\ln\frac{x}{y}\right)\left(\frac{x}{y}\right)^z,\ f_{xz} = \frac{1}{x}\left(1 + z\ln\frac{x}{y}\right)\left(\frac{x}{y}\right)^z$$

2. (1) $f_x(2,3) = \frac{8}{5},\quad f_y(2,-3) = -\frac{3}{5}$
   (2) $f_x(-1,2,0) = 0,\quad f_y(-1,2,0) = 0,\quad f_z(-1,2,0) = -4$
   (3) $f_x(0,0) = f_y(0,0) = 0$
3. $f_x(x,y) = 2x\sin(x^2+y^2)^2,\quad f_y(x,y) = 2y\sin(x^2+y^2)^2$
4.
   (1) $f_{xx} = 6,\quad f_{xy} = f_{yx} = -2\sqrt{2}y,\quad f_{yy} = -2\sqrt{2}x + 20y^3$
   (2) $f_{xx} = 4y^2(y^2 - 3x^2)(x^2+y^2)^{-3},\ f_{xy} = 8xy(x^2-y^2)(x^2+y^2)^{-3},$
   $f_{yy} = 4x^2(3y^2 - x^2)(x^2+y^2)^{-3}$
   (3) $f_{xx} = -y^2z\cos xy,\ f_{yy} = -x^2z\cos xy,\ f_{zz} = 0\ f_{xz} = -y\sin xy,\ f_{yz} = -x\sin xy,$
   $f_{xy} = -xyz\cos xy - z\sin xy$
   (4) $f_{xx} = (2+4x^2)e^{x^2}\sin yz + \frac{2(-x^2+y^2+z^2)}{(x^2+y^2+z^2)^2},\ f_{yy} = -z^2e^{x^2}\sin yz + \frac{2(x^2-y^2+z^2)}{(x^2+y^2+z^2)^2},$
   $f_{zz} = -y^2e^{x^2}\sin yz + \frac{2(x^2+y^2-z^2)}{(x^2+y^2+z^2)^2},\ f_{xy} = 2xze^{x^2}\cos yz - 4xy(x^2+y^2+z^2)^{-2},$
   $f_{yz} = e^{x^2}(\cos z - yz\sin yz) - 4yz(x^2+y^2+z^2)^{-2},$
   $f_{zx} = 2xye^{x^2}\cos yz - 4zx(x^2+y^2+z^2)^{-2}$
5. $f_x(0,0) = f_y(0,0) = 0$을 보이면 된다.

연습문제 13.4

1. (1) $\frac{12e^{4t} + \frac{2}{3}t^{-\frac{1}{3}}}{3e^{4t} + t^{\frac{2}{3}}}$ (3) $\frac{-2\sin t\cos t}{2\sin^4 t - 2\sin^2 t + 1}$
2. (1) $\frac{\partial w}{\partial u} = \frac{-12 - u^4}{u^4 v},\quad \frac{\partial w}{\partial v} = \frac{-4 + u^4}{u^3v^2}$
   (3) $\frac{\partial w}{\partial u} = 0,\ \frac{\partial w}{\partial v} = 2e^v$
   (5) $\frac{\partial w}{\partial u} = 2^{u(\cos v - \sin v)}(\cos v - \sin v)\ln 2$
   $\frac{\partial w}{\partial v} = -2^{u(\cos v - \sin v)}u(\cos v + \sin v)\ln 2$
3. (1) $\frac{-3x^2 - 8xy + 3y^2}{4x^2 - 6xy + 6y^2}$ (2) $\frac{-2x - y^2\cos xy^2}{2y + 2xy\cos xy^2}$
4. (1) $\frac{\partial z}{\partial x} = \frac{2yz - 2xz^2}{2x^2z - 2xy + 3y^2z^2},\quad \frac{\partial z}{\partial y} = \frac{2xz - 2z^3y}{2x^2z - 2xy + 3y^2z^2}$

(2) $\dfrac{\partial z}{\partial x} = \dfrac{1 - yz\sin xyz}{y + xy\sin xyz}, \dfrac{\partial z}{\partial y} = \dfrac{-z - xz\sin xyz}{y + xy\sin xyz}$

(3) $\dfrac{\partial z}{\partial x} = \dfrac{z^2(y+z)^2}{(x+y+z)^2(y+z)^2 + (x+y+z)^2z^2 + (y+z)^2z^2}$,

$\dfrac{\partial z}{\partial y} = \dfrac{z^2[(y+z)^2 + (x+y+z)^2]}{(x+y+z)^2(y+z)^2 + (x+y+z)^2z^2 + (y+z)^2z^2}$

연습문제 13.5

1. (1) 0 (3) $\dfrac{64}{3}$
2. (1) $3\mathbf{i} - 5\mathbf{j}$ (3) $4x\mathbf{i} - 2y\mathbf{j} - 8z\mathbf{k}$
3. (1) $\dfrac{1}{\sqrt{2}}(\mathbf{i} + \mathbf{j})$ (3) $\dfrac{1}{\sqrt{5}}(2\mathbf{i} + \mathbf{k})$
4. (1) $x + y - z = -5$ (3) $x - y - \sqrt{2}z = 2$ (5) $\sqrt{2}x - z = 1$

연습문제 13.6

1. (1) 5.03 (3) -0.04
2. (1) 2 (3) -0.1
3. (1) $(9x^2 - 2xy)dx + (-x^2 + 1)dy$

   (3) $-[\sin(x+y) + \sin(x-y]dx + [-\sin(x+y) + \sin(x-y)]dy$

   (5) $\dfrac{xz^2}{\sqrt{1+x^2+y^2}}dx + \dfrac{yz^2}{\sqrt{1+x^2+y^2}}dy + 2z\sqrt{1+x^2+y^2}dz$

연습문제 13.7

1. (1) 극소점 : $(3, -2)$ (2) 안장점 : $(3, 2)$ (3) 안장점 : $(-3, 2)$

   (4) 안장점 : $(-4, -1)$ (5) 극소점 : $(1, 4)$, 안장점 : $(-3, 0)$, $(5, 0)$

   (6) 극대점 : $(0, 0)$, 안장점 : $(4, 0)$ (7) 임계점이 없다.

   (8) 안장점 : $(0, 0)$ (9) 임계점이 없다.
2. (1) 최댓값 : $\dfrac{17}{4}$, 최솟값 : -2 (2) 최댓값 : $\dfrac{3\sqrt{3}}{4}$, 최솟값 : $-\dfrac{3\sqrt{3}}{4}$

   (3) 최댓값 : 1, 최솟값 : -1 (4) 최댓값 : $\sqrt{2}$, 최솟값 : $-\sqrt{2}$

   (5) 최솟값 : $\dfrac{32}{5}$
3. $(1, 0, 0)$, $(-1, 0, 0)$

연습문제 14.1

1. (1) 11 (2) 8
2. (1) 5 (2) 29 (3) 7
3. (1) 1 (3) $-\frac{1}{6}$ (5) $\frac{8}{3}$
4. (1) 15 (3) 0 (5) $\frac{1}{24}$ (7) $\frac{1}{20}$
5. (1) $\frac{1}{3}$ (3) $\frac{512}{3}$
6. (1) $\frac{1}{2}(e-1)$ (3) $\tan 1$ (5) $-\sin 1 + \sin\left(\frac{1}{e}+1\right)$

연습문제 14.2

1. (1) 0 (2) $\frac{22}{3}\pi$ (3) 8π
2. (1) 4π (3) $2\sqrt{3}\pi$ (5) $\frac{5\pi}{6} + \frac{7\sqrt{3}}{8}$ (7) $\frac{1}{8}(e^{12\pi} - 2e^{6\pi} + 1)$
3. (1) $\frac{\pi}{4}$ (3) $\frac{\pi}{2} - \frac{\pi}{e}$
4. $\frac{\sqrt{\pi}}{2}$

연습문제 14.3

1. (1) $6\sqrt{14}$ (2) $\frac{\pi}{6}(37\sqrt{37}-1)$ (3) $8\pi(1+\sqrt{3})$ (4) 12π

연습문제 14.4

1. (1) -54 (2) 0 (3) $\frac{1}{3}$
   (4) $\frac{2}{3}e^{(\ln 3)^2} - \frac{2}{3}$ (5) $\frac{14}{3}$ (6) 0
2. (1) $2e-4$ (2) $\frac{7}{4}$ (3) 0
3. (1) $\frac{1}{108}$ (2) $\frac{34}{3}$ (3) $\frac{1}{3}$ (4) $\frac{71}{105}$

연습문제 14.5

1. (1) $r\sin\theta = -4$ (2) $z = \frac{1}{5}r\cos\theta$ (3) $r(\cos\theta + \sin\theta) + z = 3$
   (4) $r^2 + z^2 = 16$ (5) $r^2 + z = 1$ (6) $4r^2 = z^2$
   (7) $r^2 + 3z^2 = 9$
2. (1) $3\pi(e^5 - 1)$ (2) $\frac{1}{3}$ (3) $-\frac{16}{15}$ (4) 0
3. (1) 2π (2) $\frac{\pi}{16}$ (3) $\pi\left(\frac{64}{15} - \frac{11\sqrt{3}}{5}\right)$ (4) 0
4. (1) $\frac{\pi}{5}$ (2) $\frac{4\pi}{3}(\sqrt{2} - 1)$ (3) $\pi(1 - e^{-1})$
   (4) $\frac{8}{3}\pi(2 - \sqrt{3})$ (5) $\frac{4}{3}a^3\left(\frac{\pi}{2} - \frac{2}{3}\right)$

연습문제 14.6

1. (1) $\left(\frac{\sqrt{3}}{2}, \frac{1}{2}, 0\right)$ (2) $(0, 0, -2)$ (3) $\left(-\frac{3\sqrt{2}}{4}, \frac{3\sqrt{6}}{4}, \frac{3\sqrt{2}}{2}\right)$
   (4) $\left(-\frac{\sqrt{6}}{8}, -\frac{\sqrt{6}}{8}, \frac{1}{4}\right)$ (5) $(0, 0, 1)$ (6) $(5, 0, 0)$
2. (1) $\left(\sqrt{2}, \frac{\pi}{4}, 0\right)$ (2) $(3, 0, 0)$
   (3) $\left(\frac{4\sqrt{6}}{3}, \frac{\pi}{3}, \frac{\pi}{4}\right)$ (4) $\left(8, \frac{5\pi}{6}, \frac{5\pi}{4}\right)$
3. (1) $\frac{\pi}{3}(2 - \sqrt{2})$ (2) 20π
   (3) $\frac{\pi^2}{16}$ (4) $\frac{27\pi}{4}(\sqrt{3} - \frac{3}{4}\sqrt{2}) + \frac{81}{4}(1 - \sqrt{2})$
4. (1) $\frac{8\pi}{15}$ (2) $\frac{2 - \sqrt{2}}{7}\pi$ (3) $6\pi(2 - \sqrt{3})$ (4) $\frac{128}{63}\pi$
5. (1) $\frac{8}{3}\pi(2 - \sqrt{2})$ (2) 8π (3) $\frac{5}{2}\pi$

연습문제 14.7

1. (1) $\frac{5}{2}$ (2) $-\cos(u + v)$ (3) $-e^{2^v}$
   (4) ab (5) $\frac{-7}{u^2v^2w^2}$
2. (1) $\frac{1}{4}(e^2 - 3)$ (2) $\frac{133}{2500}$ (3) $\frac{1}{4}(e^4 - e)\ln\frac{3}{2}$

(4) 1 (5) $\frac{315}{128}\pi$

3. (1) $\frac{7^2 \times 395}{4^5}$ (2) $\frac{5}{12}$ (3) $2\sqrt{2}\pi$

(4) 0 (5) $\frac{\pi}{3}$ (6) $\frac{1}{2}(e-1)$

연습문제 15.1

1. (1) curl $\mathbf{F}(x,y) = \mathbf{0}$, div$\mathbf{F}(x,y) = 2$
   (2) curl $\mathbf{F}(x,y) = \mathbf{0}$, div$\mathbf{F}(x,y) = 0$
   (3) curl $\mathbf{F}(x,y,z) = \mathbf{0}$, div$\mathbf{F}(x,y,z) = 2(x+y+z)$

   (4) curl $\mathbf{F}(x,y,z) = 2e^x \sin y\mathbf{k}$, div$\mathbf{F}(x,y,z) = 1 + 2e^x \cos y$

2. (1) div$(\nabla f) = 0$ 이므로 만족 (2) div$(\nabla f) = 0$ 이므로 만족
3. (1) $xe^y + \frac{1}{2}y^2 +$ 상수 (2) 없음
   (3) $x^3y^2 + 3xy +$ 상수 (4) $xyz +$ 상수
   (5) 없음 (6) $ze^{xy} + \sin z +$ 상수
5. 벡터장 $\mathbf{F}$에 대해 div(curl $\mathbf{F}$) $= 0$ 임을 이용하여 div $\mathbf{F} = 0$을 보이면 된다.
6. curl $\mathbf{G} = \mathbf{B}$ 을 보이면 된다.
7. $8y\mathbf{k}$

연습문제 15.2

1. (1) $\frac{26\sqrt{3}}{6}$ (2) 0 (3) $\frac{6}{5}$
   (4) $4\sqrt{2}(1-e^{-1})$ (5) $3\sqrt{2}$
2. (1) $\frac{5}{2}\sqrt{2} - \frac{21}{4}$ (2) $\frac{1}{2}\pi$ (3) 0
3. (1) $\frac{37}{6}$ (2) 7 (3) 5
4. (1) $-\frac{5}{3}$ (2) -2π (3) $\frac{\pi}{4}$ (4) $4\ln 2 - \frac{9}{2}$

연습문제 15.3

1. (1) $\dfrac{\partial(e^x+y)}{\partial y}=\dfrac{\partial(x+2y)}{\partial x}$ 이므로 $\mathbf{F}$는 보존벡터장, 즉 경로에 독립이다. 적분값 : e^2+13

(2) $\dfrac{\partial(z+2xy)}{\partial y}=\dfrac{\partial(\sin y+2xz)}{\partial x}$, $\dfrac{\partial(z+2xy)}{\partial x}=\dfrac{\partial(\cos x+2yz)}{\partial z}$, $\dfrac{\partial(\cos x+2yz)}{\partial y}=\dfrac{\partial(\sin y+2xz)}{\partial x}$ 이므로 $\mathbf{F}$는 보존벡터장, 즉 경로에 독립이다. 적분값 : $2+2\pi+\dfrac{1}{2\pi^2}$

(3) $\pi^2-\dfrac{15}{8}$ (4) $\dfrac{1}{2}$

연습문제 15.4

1. (1) $\dfrac{1}{2}$ (2) $\dfrac{\pi}{2}-2$ (3) 0
2. (1) -100π (2) -3π (3) 320π
   (4) 2 (5) 0 (6) 0
4. (1) 8π (2) 0
5. (1) $\dfrac{3}{8}\pi$ (2) 3π

연습문제 15.5

1. (1) $3\sqrt{14}$ (2) $12\pi\sqrt{10}$ (3) $\dfrac{3}{2}\pi$
   (4) 16π (5) $\dfrac{2}{3}\sqrt{3}$
2. (1) 72π (2) $\frac{2}{3}$ (3) 3
   (4) 6π (5) $\frac{320}{3}\pi$

연습문제 15.6

1. (1) $\dfrac{4}{3}+\dfrac{\pi}{4}$ (2) 0 (3) 0 (4) -2
2. (1) 18π (2) 0 (3) 0 (4) 0
3. (1) $\dfrac{1}{24}$ (2) $\dfrac{3}{4}\pi$ (3) $\dfrac{8\pi}{3}$
   (4) $\dfrac{\pi}{2}$ (5) $-20\sqrt{3}\pi$ (6) $-\dfrac{8\pi}{315}$

찾아보기